"十三五"国家重点出版物出版规划项目

国家出版基金项目
NATIONAL PUBLICATION FOUNDATION

小麦工业手册

（第二卷）

小麦加工

总主编◎卞　科
主　编◎温纪平

中国轻工业出版社

图书在版编目（CIP）数据

小麦工业手册．第二卷，小麦加工/温纪平主编；卞科总主编．—北京：中国轻工业出版社，2021.12
“十三五”国家重点出版物出版规划项目
ISBN 978-7-5184-3391-9

Ⅰ．①小… Ⅱ．①温… ②卞… Ⅲ．①小麦—粮食加工—手册 Ⅳ．①S512.1-62 ②TS211-62

中国版本图书馆 CIP 数据核字（2021）第 027044 号

责任编辑：马　妍　潘博闻
策划编辑：马　妍　　责任终审：唐是雯　　封面设计：锋尚设计
版式设计：砚祥志远　　责任校对：宋绿叶　　责任监印：张　可

出版发行：中国轻工业出版社（北京东长安街 6 号，邮编：100740）
印　　刷：三河市万龙印装有限公司
经　　销：各地新华书店
版　　次：2021 年 12 月第 1 版第 1 次印刷
开　　本：787×1092　1/16　印张：34
字　　数：785 千字
书　　号：ISBN 978-7-5184-3391-9　定价：180.00 元
邮购电话：010-65241695
发行电话：010-85119835　传真：85113293
网　　址：http://www.chlip.com.cn
Email：club@chlip.com.cn
如发现图书残缺请与我社邮购联系调换
201205K1X101ZBW

丛书前言

民为国基，谷为民命。粮食产业是关系国计民生的根本产业。保障国家粮食安全是一个永恒课题，任何时候这根弦都不能松。粮食安全包含粮食数量安全和粮食质量安全，如何从粮食产后环节减损、提质、增效，是实现粮食高质量发展，建设粮食产业强国的重要手段。以“粮头食尾”和“农头工尾”为抓手，围绕国家粮食安全战略和乡村振兴战略“两大战略”，突出产业链、价值链、供应链“三链协同”，大力推动粮食产业高质量发展，着力构建现代化粮食产业体系，实现粮食安全和现代高效农业相统一，不断提高农业质量效益和竞争力，确保国家粮食安全。

小麦是我国主要的粮食作物，2020 年产量为 1.34 亿吨，在口粮中占有重要地位。世界上约有 35%的人口以小麦作为主粮，中国的口粮消费总量中小麦约占 43%，小麦是人类食物的重要来源。小麦的储藏、加工和利用对确保我国粮食安全具有重要意义。

《小麦工业手册（四卷本）》围绕小麦产业链中小麦储藏、小麦加工、小麦淀粉、面制品四个环节组织编写，分别为：《小麦工业手册（第一卷）：小麦储藏》《小麦工业手册（第二卷）：小麦加工》《小麦工业手册（第三卷）：小麦淀粉》《小麦工业手册（第四卷）：面制品》。

本丛书由河南工业大学卞科教授担任总主编，组织粮食行业专家共同编写。其中，《小麦工业手册（第一卷）：小麦储藏》由王殿轩教授组织编写；《小麦工业手册（第二卷）：小麦加工》由温纪平教授组织编写；《小麦工业手册（第三卷）：小麦淀粉》由郑学玲教授组织编写；《小麦工业手册（第四卷）：面制品》由陈洁教授组织编写。在编写过程中，作者团队根据多年来科研与实践经验积累，结合国内外小麦工业领域大量的科技成果与文献资料，注重应用，突出理论实践相结合，力求反映小麦工业领域的新知识、新工艺、新设备、新成果，做到内容实用、重点突出、特色明显。对于指导小麦科学储藏、加工和利用发挥着重要的作用。

本丛书入选“十三五”国家重点出版物出版规划项目，可作为粮食行业工程技术人员参考用书，也可作为粮食领域科研人员和相关院校师生的参考书。

感谢国家小麦产业技术体系、河南省小麦产业技术体系提供的持续专项资金资助以及其他专项资金资助，感谢河南工业大学粮油食品学院以及相关单位为本书编写提供的技术和文献资料支持。

鉴于编者知识水平有限，本丛书不足和谬误之处，恳请广大读者给予批评指正，以便改进和完善，不胜感激。

卞科

2021 年 1 月

前言

《小麦工业手册（四卷本）》丛书围绕小麦工业中的小麦储藏、小麦加工、小麦淀粉、面制品四个关键工业环节分为四个分册进行编写，涉及储藏、小麦粉加工（小麦初加工）、淀粉加工（小麦深加工）以及面制食品加工。小麦加工是本套丛书四卷中的第二卷。小麦加工是以小麦为原料通过干法加工得到小麦粉，属于小麦初加工范畴，是小麦工业中的重要一环。

小麦加工是我国粮食加工行业的主力军。近年来，小麦加工理论、加工装备、自动化智能化水平发展迅速，从业人员迫切需求小麦加工工业系统的参考书。《小麦工业手册（第二卷）：小麦加工》正是基于当前小麦加工业发展的迫切需要而编写。在编写过程中，我们根据多年来科研与实践经验积累，结合国内外小麦加工工业领域的科技成果与文献资料，注重应用，突出理论实践相结合，力求反映小麦加工领域的新知识、新工艺、新设备、新成果，做到内容实用、重点突出、特色明显。

本书由河南工业大学温纪平担任主编，林江涛、关二旗、刘翀担任副主编，具体编写分工如下：任传顺（第一章），关二旗（第二章），李萌萌、温纪平（第三章），林江涛、郭嘉（第四章），刘翀（第五章第一节），吴建章（第五章第二节），毛广卿（第六章），李利民、李力（第七章），王晓曦、李广涛（第八章、第十章），马玉峰（第九章）。温纪平负责第一章、第三章审稿，毛广卿负责第二章、第六章审稿，林江涛负责第四章审稿，吴建章负责第五章审稿，李利民负责第七章审稿，王晓曦负责第八章、第九章、第十章审稿，全书由温纪平统稿，卞科审核。

本书从工程和设计应用角度，围绕小麦加工各个环节，介绍了小麦加工产品与副产品、小麦加工前处理、小麦制粉、小麦粉后处理、小麦制粉厂通风除尘与气力输送、机械输送、工厂供电及自动化、小麦制粉厂厂房建筑、生产安全及生产质量控制与技术管理等方面的内容。内容侧重于小麦加工技术应用，为从事小麦加工的工程技术人员查阅参考所用，也可作为粮食工业部门、科研院所及小麦加工企业等专业技术人员、科研人员和相关院校师生的参考书，能够适应多层次读者的需要。

在本书编写的过程中，参阅了国内外专家和学者的优秀论著及公开发表的文献资料，借鉴并引用部分有价值的资料及研究成果，对此表示诚挚的谢意。感谢中粮（郑州）粮油工业有限公司马玉峰和郑州中诺农业科技有限公司李广涛参加本书部分章节编写，感谢布勒（无锡）商业有限公司、吉必圣粮食机械制造（北京）有限公司、中粮工程装备（张家口）有限公司、扬州市仙龙粮食机械有限公司、沧州开发区恒祥生粮食机械有限公司、常州利康环保设备制造有限公司、哈尔滨联科包装机械有限公司、焦作胜利粮油设备有限公司、河南金谷实业发展有限公司、四川自立机械有限公司、镇江市丹徒区粮机厂有限公司、蚌埠市风机厂、山东章晃机械工业有限公司、秦皇岛市鸿瑞科技开发有限公司、西门子（中国）有限公司（北京）、施耐德电气（中国）有限公司（北京）、威埃姆输送机械（无锡）有限公司、沈阳宝船面粉公司粮食食品机械厂、河南知秋粮机机械装备有限公司等小麦加工装备企业为本书提供了相关资料。

由于对小麦加工工程实践掌握不足，以及编者水平所限，书中难免有疏忽与错漏之处，恳请读者不吝赐教，以便进一步的修改完善。

编　者

2021 年 1 月

目录

第一章
小麦制粉基础知识

我国是世界第一小麦生产大国，小麦种植面积约为3000万hm^2，年产量1.2亿t左右，约占全国粮食总产量的22%，占世界小麦总产量的20%左右。小麦种植已有几千年的历史，品种繁多，分布广泛，主要种植冬小麦和春小麦。冬小麦种植于除海南省、港澳台地区外的我国长城以南所有省份，春小麦主要种植于长城以北的省份以及甘肃省、新疆维吾尔自治区等部分地区。在全国各小麦产区中黄淮海麦区所占比重最大。我国也是小麦消费大国，全国有半数左右的人口以小麦粉为主食，每年的小麦粉消费量达7000万t以上。随着消费水平的提高，人们对面制品的质量、安全要求越来越高，如何保证小麦粉质量，其关键在于原料、加工工艺和操作管理等环节的效果控制。

小麦制粉工艺效果与小麦的品种、加工工艺、加工设备、设备的操作、生产管理等因素有关，尤其是设备的操作、生产管理。了解小麦的商品特性和工艺品质，熟悉制粉厂的生产工艺和设备的作用、结构、工作原理和操作规程，掌握工艺和设备操作、维护，严格生产管理，是取得良好小麦加工工艺效果的前提。

第一节 小麦原料和成品的质量标准

一、小麦的分类方法

1. 冬麦和春麦

小麦按播种季节，分为冬麦和春麦两种。冬麦为秋末冬初播种，次年夏初收获，生长期较长，品质较好；春麦为同年春季播种，当年秋季收获。

2. 白麦和红麦

小麦按麦粒的皮色，分为白麦和红麦两种。白麦的皮层呈白色、乳白色或黄白色；红麦的皮层呈深红色或红褐色。

3. 硬麦和软麦

小麦按麦粒胚乳结构，分为硬麦和软麦两种。硬麦的胚乳结构紧密，呈半透明状，也称角质或玻璃质；软麦的胚乳结构疏松，呈石膏状，也称粉质。角质部分占该麦粒横截面1/2以上的籽粒为角质粒；而角质部分不足该麦粒横截面1/2的籽粒为粉质粒。

二、小麦的分类与质量指标

我国GB 1351—2008《小麦》中规定：我国小麦根据色泽、粒质分为五类。该标准适用于收购、储存、运输、加工、销售的商品小麦。

1. 分类

（1）硬质白小麦　种皮为白色或黄白色的麦粒不低于90%，硬度指数不低于60的小麦。

（2）软质白小麦　种皮为白色或黄白色的麦粒不低于90%，硬度指数不高于45的小麦。

（3）硬质红小麦　种皮为深红色或红褐色的麦粒不低于90%，硬度指数不低于60的小麦。

（4）软质红小麦　种皮为深红色或红褐色的麦粒不低于90%，硬度指数不高于45的小麦。

（5）混合小麦　不符合（1）~（4）规定的小麦。

2. 质量指标

我国小麦质量指标，主要是以容重（粮食行业专有名称，标准的物理量名称为体积质量）、蛋白质和湿面筋含量以及面团稳定时间等定等，分小麦、优质强筋小麦、优质弱筋小麦三类。一般小麦品质指标如表1-1所示；强筋小麦品质指标如表1-2所示；弱筋小麦品质指标如表1-3所示。

表1-1　一般小麦品质指标

<table>
<tr><th rowspan="2">等级</th><th rowspan="2">容重/（g/L）</th><th rowspan="2">不完善粒/%</th><th colspan="2">杂质/%</th><th rowspan="2">水分/%</th><th rowspan="2">色泽、气味</th></tr>
<tr><th>总量</th><th>矿物质</th></tr>
<tr><td>1</td><td>≥790</td><td>≤6.0</td><td rowspan="5">≤1.0</td><td rowspan="5">≤0.5</td><td rowspan="5">≤12.5</td><td rowspan="5">正常</td></tr>
<tr><td>2</td><td>≥770</td><td>≤6.0</td></tr>
<tr><td>3</td><td>≥750</td><td>≤6.0</td></tr>
<tr><td>4</td><td>≥730</td><td>≤8.0</td></tr>
<tr><td>5</td><td>≥710</td><td>≤10.0</td></tr>
<tr><td>等外</td><td><710</td><td>—</td><td>—</td><td>—</td><td>—</td><td>—</td></tr>
</table>

注："—"为不要求。

表1-2　强筋小麦品质指标

<table>
<tr><th colspan="4" rowspan="2">项目</th><th colspan="2">指标</th></tr>
<tr><th>一等</th><th>二等</th></tr>
<tr><td rowspan="8">籽粒</td><td colspan="2">容重/（g/L）</td><td>≥</td><td colspan="2">770</td></tr>
<tr><td colspan="2">水分/%</td><td>≤</td><td colspan="2">12.5</td></tr>
<tr><td colspan="2">不完善粒/%</td><td>≤</td><td colspan="2">6.0</td></tr>
<tr><td rowspan="2">杂质/%</td><td>总量</td><td>≤</td><td colspan="2">1.0</td></tr>
<tr><td>矿物质</td><td>≤</td><td colspan="2">0.5</td></tr>
<tr><td colspan="3">色泽、气味</td><td colspan="2">正常</td></tr>
<tr><td colspan="2">降落数值/s</td><td>≥</td><td colspan="2">300</td></tr>
<tr><td colspan="2">粗蛋白质/%（干基）</td><td>≥</td><td>15.0</td><td>14.0</td></tr>
</table>

续表

项目			指标	
			一等	二等
小麦粉	湿面筋/%（14%水分基）	≥	35.0	32.0
	面团稳定时间/min	≥	10.0	7.0
	烘焙品质评分值/分	≥	80	

表 1-3　弱筋小麦品质指标

项目				指标
籽粒	容重/（g/L）		≥	750
	水分/%		≤	12.5
	不完善粒/%		≤	6.0
	杂质/%	总量	≤	1.0
		矿物质	≤	0.5
	色泽、气味			正常
	降落数值/s		≥	300
	粗蛋白质/%（干基）		≤	11.5
小麦粉	湿面筋/%（14%水分基）		≤	22.0
	面团稳定时间/min		≤	2.5

注：1. 各类小麦按容重分为五等，低于五等的为等外小麦。
2. 小麦赤霉病粒最大允许含量为4.0%，单粒赤霉病按不完善粒归属。
3. 使用有皮磨、心磨系统的制粉设备制备检验用小麦粉。出粉率应控制在60%~65%，灰分值应不大于0.65%（以干基计）。制成的小麦粉应充分混匀后装入聚乙烯袋或其他干燥密封容器内放置至少一周时间，待小麦粉品质趋于稳定后，方可进行粉质试验和烘焙试验。
4. 降落数值、粗蛋白质含量、湿面筋含量、面团稳定时间及烘焙品质评分值等，必须达到表1-2和表1-3中规定的指标，其中有一项不合格者，不作为强（弱）筋小麦。

小麦的质量标准见GB 1351—2008《小麦》；GB/T 17892—1999《优质小麦 强筋小麦》；GB/T 17893—1999《优质小麦 弱筋小麦》。

三、小麦粉成品的分类

1. 等级小麦粉

在制粉过程中，按照小麦粉的加工精度，利用各系统生产出的小麦粉，按照一定的等级标准进行粉流配粉，得到质量不同的等级小麦粉。

2. 高低筋小麦粉

利用高筋小麦，通过一定的制粉工艺生产出高面筋含量的小麦粉，为高筋小麦粉；

同样利用低筋小麦，采取相应的制粉工艺生产出一定质量的低面筋含量的小麦粉，为低筋小麦粉。

3. 专用小麦粉

采用品质较好的优质小麦，依据不同用途小麦粉质量品质的要求，采取合理的小麦搭配，通过清理、制粉和配粉，得到具有一定质量指标、并能满足制品和食品工艺特性和食用效果要求的专一用途小麦粉，为专用小麦粉。

四、小麦粉的质量标准

1. 等级小麦粉的质量标准

等级小麦粉又称通用小麦粉，在其质量标准中主要规定了八项指标要求，等级指标及其他质量指标如表 1-4 所示。所涉及质量指标主要为小麦粉的加工精度指标和储藏性能指标。其中灰分和粉色指标以及粗细度指标，主要反映小麦粉中存有麸皮的含量，体现的是小麦粉的加工精度；含砂量和磁性金属物表示小麦粉中外来无机杂质的含量，反映了小麦清理的效率；水分反映小麦粉是否有利于储藏；脂肪酸值以及气味口味则反映小麦粉品质是否变劣；对小麦粉的湿面筋含量则没有过细的要求。

表 1-4　　等级小麦粉质量标准

等级	加工精度	灰分/%（以干基计）	粗细度/%	面筋/%（以湿基计）	含砂量/%	磁性金属物/（g/kg）	水分/%	脂肪酸值/（mg/100g）（以湿基计）	气味口味
特制一等	按实物标准样品对照检验粉色麸星	≤0.70	全部通过 CB36 号筛，留存在 CB42 号筛的不超过 10.0%	≥26.0	≤0.02	≤0.003	14.0	≤80	正常
特制二等	同上	≤0.85	全部通过 CB30 号筛，留存在 CB36 号筛的不超过 10.0%	≥25.0	≤0.02	≤0.003	14.0	≤80	正常
标准粉	同上	≤1.10	全部通过 CQ20 号筛，留存在 CB30 号筛的不超过 20.0%	≥24.0	≤0.02	≤0.003	13.5	≤80	正常
普通粉	同上	≤1.40	全部通过 CQ20 号筛	≥22.0	≤0.02	≤0.003	13.5	≤80	正常

等级小麦粉的分类根据加工精度，具体指标为灰分含量，详见 GB/T 1355—1986《小麦粉》。主要分为特制一等、特制二等、标准粉和普通粉，各种等级的小麦粉的其他指标基本相同。

2. 高低筋小麦粉的质量标准

（1）高筋小麦粉质量标准　为适用于硬质小麦的加工，并提供作为生产面包等高面筋食品使用的高筋小麦粉，我国于1988年制定了高筋小麦质量标准。高筋小麦粉以面筋含量和灰分等，高筋小麦粉质量标准如表1-5所示，检验粉色、麸星的标准样品按照GB/T 1355—1986《小麦粉》中规定制发的实物标准样品。其中，一等高筋小麦粉对应特制一等小麦粉标准样品，二等高筋小麦粉对应特制二等小麦粉标准样品，详见GB/T 8607—1988《高筋小麦粉》。

表1-5 高筋小麦粉质量标准

指标	等级	
	1	2
面筋/%（以湿基计）	≥30.0	
蛋白质/%（以干基计）	≥12.2	
灰分/%（以干基计）	≤0.70	≤0.85
粉色，麸星	按实物标准样品对照检验	
粗细度	全部通过CB36号筛，留存在CB42号筛的不超过10.0%	全部通过CB30号筛，留存在CB36号筛的不超过10.0%
含砂量/%	≤0.02	
磁性金属物/(g/kg)	≤0.003	
水分/%	≤14.5	
脂肪酸值（以湿基计）	≤80	
气味、口味	正常	

（2）低筋小麦粉质量标准　为适用于软质小麦的加工，并提供作为生产饼干、糕点等低面筋食品使用的低筋小麦粉，我国制定了低筋小麦粉质量标准。低筋小麦粉以面筋含量和灰分分等，低筋小麦粉质量标准如表1-6所示。检验粉色、麸星的标准样品按照GB/T 1355—1986《小麦粉》中规定制发的实物标准样品。其中，一等低筋小麦粉对应特制一等小麦粉标准样品，二等低筋小麦粉对应特制二等小麦粉标准样品，详见GB/T 8608—1988《低筋小麦粉》。

表1-6 低筋小麦粉质量标准

指标	等级	
	1	2
面筋/%（以湿基计）	<24.0	
蛋白质/%（以干基计）	≤10.0	
灰分/%（以干基计）	≤0.60	≤0.80
粉色、麸星	按实物标准样品对照检验	

续表

指标	等级	
	1	2
粗细度	全部通过 CB36 号筛，留存在 CB42 号筛的不超过 10.0%	全部通过 CB30 号筛，留存在 CB36 号筛的不超过 10.0%
含砂量/%	≤0.02	
磁性金属物/（g/kg）	≤0.003	
水分/%	≤14.0	
脂肪酸值（以湿基计）	≤80	
气味、口味	正常	

3. 专用小麦粉质量标准

专用小麦粉是根据小麦粉所要加工的面制品种类来分类的。根据我国专用粉市场需求，在 1993 年制定了我国专用粉质量标准。具体分为面包、面条、饺子、馒头、发酵饼干、酥性饼干、蛋糕、糕点和自发粉等九种专用粉，其质量指标如表 1-7～表 1-17 所示。在具体的每一种专用小麦粉中以灰分含量、湿面筋含量、面筋筋力稳定时间以及降落数值指标不同各分为两个等级。专用粉的储藏性能指标以及含砂量、磁性金属物指标与等级小麦粉相应的质量指标相同，灰分指标至少要达到特一粉以上水平，品质指标则比等级小麦粉要求严格，见 LS/T 3201—1993《面包用小麦粉》、LS/T 3202—1993《面条用小麦粉》、LS/T 3203—1993《饺子用小麦粉》、LS/T 3204—1993《馒头用小麦粉》、LS/T 3205—1993《发酵饼干用小麦粉》、LS/T 3206—1993《酥性饼干用小麦粉》、LS/T 3207—1993《蛋糕用小麦粉》、LS/T 3208—1993《糕点用小麦粉》、LS/T 3209—1993《自发小麦粉》、LS/T 3210—1993《小麦胚（胚片、胚粉）》、NY/T 3218—2018《食用小麦麸皮》。

表 1-7　　面包粉质量指标

LS/T 3201—1993《面包用小麦粉》			
项目		精制级	普通级
水分/%		≤14.5	
灰分/%（以干基计）		≤0.60	≤0.75
粗细度	CB30 号筛通过率	全通	
	CB36 号筛留存	≤15.0%	
湿面筋/%		≥33	≥30
粉质曲线稳定时间/min		≥10	≥7
降落数值/s		250～350	

表 1-8 面条粉质量指标

LS/T 3202—1993《面条用小麦粉》			
项目		精制级	普通级
水分/%		≤14.5	
灰分/%（以干基计）		≤0.55	≤0.70
粗细度	CB36 号筛通过率	全通	
	CB42 号筛留存	≤10.0%	
湿面筋/%		≥28	≥26
粉质曲线稳定时间/min		≥4.0	≥3.0
降落数值/s		≥200	

表 1-9 饺子粉质量指标

LS/T 3203—1993《饺子用小麦粉》			
项目		精制级	普通级
水分/%		≤14.5	
灰分/%（以干基计）		≤0.55	≤0.70
粗细度	CB36 号筛通过率	全通	
	CB42 号筛留存	≤10.0%	
湿面筋/%		28~32	
粉质曲线稳定时间/min		≥3.5	
降落数值/s		≥200	

表 1-10 馒头粉质量标准

LS/T 3204—1993《馒头用小麦粉》		
项目	精制级	普通级
水分/%	≤14.5	
灰分/%（以干基计）	≤0.55	≤0.70
粗细度	全通 CB36 号筛	
湿面筋/%	25~30	
粉质曲线稳定时间/min	≥3.0	
降落数值/s	≥250	

表 1-11　发酵饼干粉质量标准

LS/T 3205—1993《发酵饼干用小麦粉》			
项目		精制级	普通级
水分/%		≤14.0	
灰分/%（以干基计）		≤0.55	≤0.70
粗细度	CB36 号筛通过率	全通	
	CB42 号筛留存	≤10.0%	
湿面筋/%		24~30	
粉质曲线稳定时间/min		≤3.5	
降落数值/s		250~350	

表 1-12　酥性饼干粉质量标准

LS/T 3206—1993《酥性饼干用小麦粉》			
项目		精制级	普通级
水分/%		≤14.5	
灰分/%（以干基计）		≤0.55	≤0.70
粗细度	CB36 号筛通过率	全通	
	CB42 号筛留存	≤10.0%	
湿面筋/%		22~26	
粉质曲线稳定时间/min		≤2.5	≤3.5
降落数值/s		≥150	

表 1-13　蛋糕粉质量标准

LS/T 3207—1993《蛋糕用小麦粉》		
项目	精制级	普通级
水分/%	≤14.0	
灰分/%（以干基计）	≤0.53	≤0.65
粗细度	全通 CB42 号筛	
湿面筋/%	≤22	≤24
粉质曲线稳定时间/min	≤1.5	≤2.0
降落数值/s	≥250	

表 1-14　　糕点粉质量标准

LS/T 3208—1993《糕点用小麦粉》			
项目		精制级	普通级
水分/%		≤14.0	
灰分/%（以干基计）		≤0.55	≤0.70
粗细度	CB36 号筛通过率	全通	
	CB42 号筛留存	≤10.0%	
湿面筋/%		≤22	≤24
粉质曲线稳定时间/min		≤1.5	≤2.0
降落数值/s		≥160	

表 1-15　　自发粉质量标准

LS/T 3209—1993《自发小麦粉》			
项目	指标	项目	指标
水分/%	≤14.0	混合均匀度/%	变异系数≤7.0
酸度/（mL 碱液/10g 粮食）	0~6	馒头比容/（mL/g）	≥1.7
保质期	≥3 个月		

注：1. 自发小麦粉是一种以小麦粉为原料，添加食用疏松剂，不需要发酵便可以制作馒头（包子、花卷）以及蛋糕等膨松食品的方便食料。
2. 所用原料应符合 GB/T 1355—1986《小麦粉》中“特制一等粉”的规定。
3. 食品添加剂应符合 GB 2760—2014《食品安全国家标准　食品添加剂使用标准》的规定，粗细度应全通 CQ20 号筛。
4. 感官指标为白色粉状；无霉变和结块；气味正常，无异味和异臭。
5. 理化指标按照 LS/T 3209—1993《自发小麦粉》。

表 1-16　　小麦胚质量标准

LS/T 3210—1993《小麦胚（胚片、胚粉）》

1. 分等：

等级	灰分/%（以干基计）	产品分类	粗细度
一等	≤4.6	片状	片状
		粗粒	全通 JQ20 号筛，JQ23 号筛留存不超过 10%
		粉状	全通 CB36 号筛，CB42 号筛留存不超过 10%
二等	≤5.2	片状	片状
		粗粒	全通 JQ20 号筛，JQ23 号筛留存不超过 10%
		粉状	全通 CB30 号筛，CB36 号筛留存不超过 10%

续表

等级	灰分/%（以干基计）	产品分类	粗细度
三等	≤5.8	片状	片状
		粗粒	全通 JQ20 号筛，JQ23 号筛留存不超过 10%
		粉状	全通 JQ20 号筛，CB30 号筛留存不超过 20%

2. 质量标准：

等级	粗蛋白质/%	水分/%	脂肪酸值/（mg/100g）（以湿基计）	气味与口味
一等	≥28	≤4.0	≤140	正常
二等	≥25	≤4.0	≤140	正常
三等	≥22	≤4.0	≤140	正常

3. 保质期：袋装产品 6~8 月份≥1 个月；其他月份≥2 个月。

表 1-17　小麦麸皮质量标准

NY/T 3218—2018《食用小麦麸皮》		
指标	**要求**	**检验方法**
色泽	具有本产品固有的色泽	GB/T 5492—2008《粮油检验　粮食、油料的色泽、气味、口味鉴定》
气味	具有本产品固有气味，无异味	
组织状态	片状或粉状，干燥松散，无结块，无霉变	
异物	不得检出	正常视力下无可见外来异物
水分/%	<12	GB 5009.3—2016《食品安全国家标准　食品中水分的测定》
灰分/%（以干基计）	≤5.0	GB 5009.4—2016《食品安全国家标准　食品中灰分的测定》
粗蛋白/%（以干基计）	≥16	GB 5009.5—2016《食品安全国家标准　食品中蛋白质的测定》
含砂量/%	≤0.02	GB/T 5508—2011《粮油检验　粉类粮食含砂量测定》
磁性金属物/（g/kg）	≤0.003	GB/T 5509—2008《粮油检验　粉类磁性金属物测定》
总膳食纤维/%（以干基计）	≥38	GB 5009.88—2014《食品安全国家标准　食品中膳食纤维的测定》
脂肪酸值/（mg/100g）（以干基 KOH 计）	≤120	GB/T 15684—2015《谷物碾磨制品　脂肪酸值的测定》

专用小麦粉质量指标除了对精度指标和储藏指标有同样要求之外，更着重于小麦粉

品质指标的要求，对湿面筋含量、稳定时间、降落数值以及食品制品品质评分也有严格的规定。这些品质指标的制定使小麦粉不仅限于加工精度，而且与面制品的最终质量联系起来，这就使小麦粉生产有的放矢，使优质的面制品有了原料的保证。

五、小麦主要进口国小麦粉质量标准

美国小麦质量标准，主要是以容重、损坏粒、夹杂粒、皱缩粒和缺陷粒等定等，分一等、二等、三等、四等和五等小麦共五类，质量指标如表 1-18 所示。美国面包专用粉主要是以烘焙质量、蛋白质含量、吸水量及稳定时间、降落数值等为判定指标，质量指标如表 1-19 所示。

表 1-18 美国小麦质量指标

等级	最低值		最高值						
	容重/（磅/蒲式耳）		损坏粒		夹杂物/%	皱缩粒及破损粒/%	缺陷粒/%	其他小麦	
	小麦等级	其他类及子类别/磅	损坏粒/%	总损坏粒/%				对照/%	总等级/%
一等	58.0	60.0	0.2	2.0	0.4	3.0	3.0	1.0	3.0
二等	57.0	58.0	0.2	4.0	0.7	5.0	5.0	2.0	5.0
三等	55.0	56.0	0.5	7.0	1.3	8.0	8.0	3.0	10.0
四等	53.0	54.0	1.0	10.0	3.0	12.0	12.0	10.0	10.0
五等	50.0	51.0	3.0	15.0	5.0	20.0	20.0	10.0	10.0

注：1 磅（1b）= 0.453592kg；1 美蒲式耳 = 35.238L。

表 1-19 美国面包专用粉质量指标

试验项目	最高分数	达到下列要求允许满分	以下情况不能接受	减分范围	减分范围
烘焙质量	70	体积比≥5.0	体积比<4.2	4.6<体积比<5.0 减 10 分	4.2≤体积比<4.6 减 20 分
蛋白质/%	10	≥12	<11	11.5≤蛋白质<12 减 3 分	11≤蛋白质<11.5 减 9 分
粉质测定仪吸水量/mL	4	≥62	<57	60<吸水量<62 减 2 分	57≤吸水量≤60 减 3 分
粉质测定仪稳定时间/min	4	≥7	<5	6≤稳定时间<7 减 2 分	5≤稳定时间<5 减 3 分
降落数值/s	4	225～275	<200 或>300	275<降落数值≤300，或者 200≤降落数值<225 减 2 分	—

注：面包的体积比 = 成品体积（cm^3）/成品质量（g）。

哈萨克斯坦冬小麦质量标准，主要是以外观状态、颜色、气味、容重、面筋质量及面筋指数、降落数值、杂质、黑穗粒等定等，分高级、一等、二等、三等、四等和五等小麦共六类，冬小麦标准如表 1-20 所示。哈萨克斯坦小麦粉主要是以颜色、气味、味道、矿物质含量、水分、灰分、研磨细度、面筋和金属性杂质等为判定指标，小麦粉标准如表 1-21 所示。

表 1-20　　哈萨克斯坦冬小麦标准

冬小麦质量指标						
名称	高级	一等	二等	三等	四等	五等
外观状态	处于健康，不发热的状态					
颜色	正常，这种类型的健康谷物特有颜色					
气味	特别是健康的小麦籽粒，没有霉菌，发芽，霉味，艾草，黑穗病和其他外来气味					
容重/（g/L），不低于	760	750	730	710	700	没有要求
面筋/%，不低于	32	28	25	23	18	没有要求
面筋质量或面筋指数	45~75 50~100	45~80 50~100	45~80 50~100	20~100 20~100	20~100 20~100	没有要求
蛋白质/%，干物质时，不低于	15	13.5	12.5	11.5	9.5	没有要求
降落数值/s，不低于	200	200	200	160	80	没有要求
粮食杂质/%，不高于	15	15	15	15	15	15
腐烂物/%，不高于	1	1	1	1	1	1
难以分开的杂质/%，不高于	2	2	2	杂质范围内		
黑穗粒/%，不高于	10	10	10	10	10	10
有害生物感染	不允许					

表 1-21　　哈萨克斯坦小麦粉标准

指标名称	级别				
	粗面粉	高级	一级	二级	粗粮粉（饲料）
颜色	白色或带淡黄色调				—
气味	小麦粉特有气味，没有异味，不发霉				
味道	小麦粉特有味道，没有异味，无酸味，无苦味				

续表

指标名称	级别				
	粗面粉	高级	一级	二级	粗粮粉（饲料）
水分/%，不高于	15	15	15	15	15
灰分/%，不高于	0.60	0.55	0.75	1.25	2
粗磨细度/%，不高于	2	5	2	2	—
	织网 No. 23	织网 No. 43	织网 No. 35	织网 No. 27	
通过丝织物筛	不高于 10	—	不低于 80	不低于 65	不低于 35
	织网 No. 35		织网 No. 43	织网 No. 38	织网 No. 38
面筋/%，不低于	30.0	30.0	30.0	25.0	20.0
金属磁性杂质/(g/kg)，不高于	3.0	3.0	3.0	3.0	3.0
有害生物感染	不允许				

加拿大、澳大利亚、法国的小麦标准如表 1-22~表 1-27 所示。

表 1-22　加拿大西部红色春小麦等级

等级名称	质量标准				杂质最大限度/%			
					小麦以外杂质		其他类别或品种的小麦	
	最小容重/（kg/100L）	品种	玻璃质粒最低含量/%（重量计）	完善程度	粮粒以外的杂质	小麦以外包括粮粒在内的杂质总数	杜伦小麦	包括杜伦小麦在内的总数
加西红春小麦一号	79	马魁斯品种或相当于马魁斯品种	65	刚好完全成熟，籽粒无损伤	0.2	0.4	0.5	1.5
加西红春小麦二号	77.5	马魁斯品种或相当于马魁斯品种	—	比较成熟，允许含有中等程度的褪色粒或冻伤粒，但无严重气候损伤粒	0.3	0.75	1.5	3.0

续表

等级名称	质量标准				杂质最大限度/%			
					小麦以外杂质		其他类别或品种的小麦	
	最小容重/（kg/100L）	品种	玻璃质粒最低含量/%（重量计）	完善程度	粮粒以外的杂质	小麦以外包括粮粒在内的杂质总数	杜伦小麦	包括杜伦小麦在内的总数
加西红春小麦三号	76.5	制粉品质尚好的任何红春小麦品种	—	因冻伤未成熟粒或其他损伤粒而从较高等级降等的	0.5	1.25	2.5	5.0

表 1-23　加拿大西部红色冬小麦等级

等级名称	质量标准				杂质最大限度/%			
					小麦以外杂质		其他类别或品种的小麦	
	最小容重/（kg/100L）	品种	玻璃质粒最低含量/%（重量计）	完善程度	粮粒以外的杂质	小麦以外包括粮粒在内的杂质总数	对照类别	包括对照类别在内的其他类小麦总数
加西红冬小麦一号	79	红色冬小麦的任何品种	50	刚好完全成熟，籽粒无损伤	0.2	0.4	1	3
加西红冬小麦二号	76.5	红色冬小麦的任何品种	35	比较成熟，无严重气候损伤粒	0.3	0.7	2	5
加西红冬小麦三号	74	红色冬小麦的任何品种	—	因未成熟粒或其他损伤粒而从较高等级降等的	0.5	1.3	3	10

表 1-24　加拿大西部白色软质春小麦等级

等级名称	质量标准		杂质最大限度/%		
			小麦以外杂质		其他类别或品种的小麦
	最小容重/（kg/100L）	完善程度	粮粒以外的杂质	总数	
加西白软春麦一号	78	刚好完全成熟，籽粒无损伤	0.2	0.75	1.5

续表

等级名称	质量标准		杂质最大限度/%		
			小麦以外杂质		其他类别或品种的小麦
	最小容重/（kg/100L）	完善程度	粮粒以外的杂质	总数	
加西白软春麦二号	75.5	比较成熟，无严重气候损伤粒	0.3	1.0	3.0
加西白软春麦三号	75	因未成熟粒或其他损伤粒而从较高等级降等的	0.5	1.5	5.0
加西白软春麦四号	69	—	—	3	10

表 1-25　加拿大西部琥珀杜伦小麦等级

等级名称	质量标准				杂质最大限度/%			
					小麦以外杂质		其他类别或品种的小麦	
	最小容重/（kg/100L）	品种	玻璃质粒最低含量/%（重量计）	完善程度	粮粒以外的杂质	小麦以外包括粮粒在内的杂质总数	其他类别	总数
加西琥珀杜伦小麦一号	80	海克里斯品种或相当海克里斯品种	80	刚好完全成熟，无损伤籽粒	0.2	0.5	2.0	3
加西琥珀杜伦小麦二号	79.5	海克里斯品种或相当海克里斯品种	60	比较成熟，无严重气候损伤粒	0.3	0.8	2.5	5
加西琥珀杜伦小麦三号	78	海克里斯品种或相当海克里斯品种	40	因未成熟粒或其他损伤粒而从较高等级降等的	0.5	1.0	3.5	7
加西琥珀杜伦小麦四号	75	琥珀杜伦小麦品种	—	因未成熟粒或其他损伤粒而从较高等级降等的	0.5	3.0	10	15
加西琥珀杜伦小麦五号	73	琥珀杜伦小麦品种	—	刚好完全甜，除了由于重量轻或籽粒受损而从较高等级降等的	1.0	5.0	15	—

表 1-26　澳大利亚制粉类小麦质量指标

项目	上等硬质小麦	硬质小麦	标准白麦	软粒小麦
容重/（kg/100L）	79.4	80.0	79.4	81.2
千粒重/g	35.2	37.2	37.0	34.8
硬度/P.S.I	15.0	14.0	18.0	25.0
蛋白质/%（11%含水量）	14.2	12.2	10.8	9.9
灰分/%	1.50	1.50	1.41	1.38
降落数值/s	494	460	422	372
含杂/%	2.5	2.6	3.1	3.2
出粉率/%	75	74	75	74
小麦粉灰分/%	0.50	0.48	0.47	0.45
小麦粉蛋白质/%（13.5%含水量）	13.1	11.0	9.6	8.8
湿面筋/%	40.0	33.7	28.2	26.2

表 1-27　法国小麦等级标准

等级	蛋白质/%（以干基计）	烘焙强度/10^{-4}J	降落数值/s	物理指标				
				容重/（g/L）	水分/%	破损/%	生芽/%	杂质含量/%
E	≥12	≥250	≥220	760	15	4	2	2
1	11~12.5	160~250	≥220	760	15	4	2	2
2	10.5~11.5	按约定要求	≥180	760	15	4	2	2
3a	<10.5	不要求	不要求	≥740	15	4	2	2

第二节
制粉的基本知识

一、小麦的籽粒结构

小麦籽粒形状近似于椭圆或长圆形，顶部有一簇茸毛，常称为麦毛；小麦的腹部有一沟槽，称为腹沟。小麦籽粒由皮层、胚乳、胚三部分组成。其结构如图 1-1 所示。

1. 皮层

小麦皮层也称麦皮，其重量占整粒小麦的 14.5%~18.5%。按其组织结构分为七层：由外向里依次为表皮、外果皮、中果皮、内果皮、种皮、珠心层、糊粉层。外六层统称为外皮层，因含粗纤维较多，口感粗糙，人体难以消化吸收，应尽量避免将其磨入小麦粉。小麦皮层的最内层为糊粉层，又称外胚乳或内皮层。

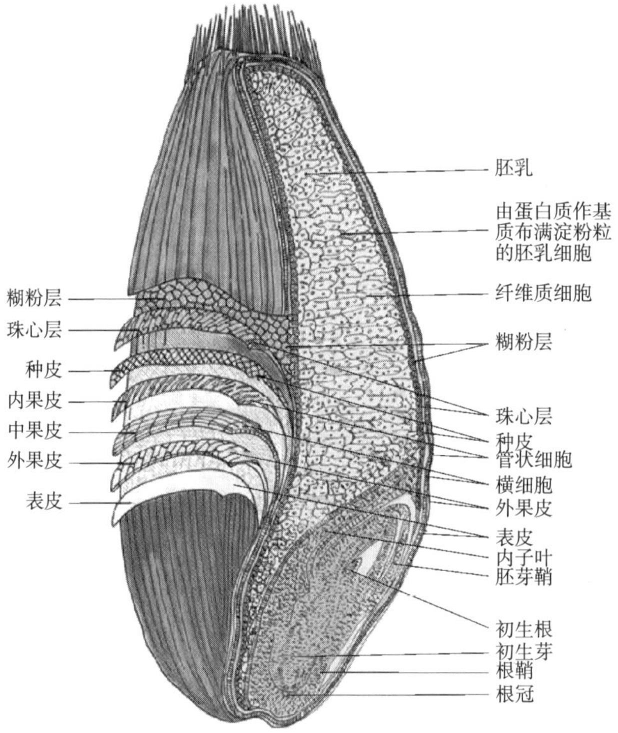

图 1-1　小麦籽粒结构

表皮：为皮层的最外层，表面角质化，呈稻秆似的黄色，细胞为长形、纵向排列。

外果皮：果皮最外层，由几排与麦粒长轴平行分布的长方形细胞组成，细胞壁很厚，有孔纹，外表面角质化，呈稻秆似的黄色。麦粒顶端表皮细胞为等径多角形，其中有一些突出为麦毛。

中果皮：由几层薄壁细胞组成，紧贴外果皮的一层形状与其相似，另外 1~2 层细胞被压成不规则形。

内果皮：由一层横向排列整齐的长形厚壁细胞和一层纵向分散排列的管状薄壁细胞组成。麦粒发育初期细胞内含有叶绿素。

以上四层总称为果皮，果皮占麦粒重量的 3%~5%，吸水后易刮去。

种皮：细胞呈斜长形，并含有色素，决定了小麦的色泽，也称小麦色素层。

珠心层：极薄，细胞结构不明显，其与种皮结合紧密，在 50℃下不易透水。

种皮和珠心层占小麦籽粒重量的 2.5%~3%。

糊粉层：为小麦皮层最里边的一层，占皮层重量的 40%~50%，营养丰富，粗纤维含量较外皮层少，且灰分较高，在磨制低等级粉时，为提高出粉率可将其磨入。

种皮、珠心层及糊粉层统称为种皮。种皮含有膳食纤维，有一定的利用价值。

2. 胚乳

胚乳占小麦重量的 78%~84%，含有大量的淀粉和一定数量的蛋白质，易于人体消化吸收，是制粉过程中重要的提取部分。胚乳的含量越多，出粉率就越高；胚乳中蛋白质（面筋）的数量和质量，是直接影响小麦粉品质和制品效果的因素；胚乳中细胞结构的紧密程度不同，呈角质和粉质的程度也不同，由此分别成为硬质小麦或软质小麦。硬质小麦在制粉过程中可得到数量较多的麦渣和麦心，在制品流动性好、易筛理，而胚乳较易从皮层上刮净，硬质小麦胚乳中蛋白质含量较多，形成面筋的数量多，一般品质较好，适于制作高等级的高筋小麦粉。软质小麦皮层韧性大，胚乳疏松，在制粉过程中易研磨成粉，由于其面筋含量低，易于制作饼干粉等低筋小麦粉。

在小麦籽粒中，面筋的数量是由胚乳中心到其接近糊粉层逐渐增加，面筋的质量（品质）则由糊粉层向胚乳中心逐渐提高。

3. 胚

胚的含量占麦粒重量的1.5%~3.9%。胚是麦粒中生命活动最强的部分，完善健康的胚可使小麦获得好的水分调节效果。胚中含有大量的脂肪和较多的蛋白质、糖、维生素等，若将其磨入小麦粉可增加小麦粉的营养成分，但黄色的脂肪容易酸败变质，而影响小麦粉的色泽和储存。因麦胚具有较大的韧性，在研磨中利用挤压可将其压扁成片状，从制粉工艺中提取。

二、小麦的基本特性

小麦品质主要包括加工品质、食用品质、营养品质、卫生品质等。各品质间既存在区别，又互相联系。品质的优劣通过品质指标反映出来，如出粉率、粉色、灰分等反映加工品质；面筋的数量与质量、烘烤实验、面包体积、评分、纹理等反映食用品质；营养物质的含量、消化吸收率、蛋白质效价、生物价等反映营养品质；有毒物质、有毒微生物、重金属污染等反映卫生品质。本章主要介绍与小麦加工品质有关的物理品质和化学品质。

1. 小麦的物理特性

（1）小麦籽粒形状与大小　小麦籽粒呈椭圆形或卵圆形，横截面近似心脏形，其大小用粒径（长、宽、厚）表示。我国普通小麦的粒度范围，如表1-28所示。

表1-28　小麦的粒度范围

	长度/mm	宽度/mm	厚度/mm
范围	4.5~8.0	2.2~4.0	2.1~3.7
平均	6.2±0.5	3.2±0.3	2.9±0.3

了解小麦粒度，即可较准确地选配小麦清理设备的筛孔形状与规格。一般认为，大粒麦比小粒麦的表面积比例少；长度与宽（厚）度差越小，其皮层含量越小，出粉率则越高。

（2）麦粒均匀度　麦粒均匀度通常用两相邻分级筛面上留存的小麦比例表示。一般认为留存在两相邻筛面上的数量在80%以上者为均匀；70%~80%者为一般；低于70%为较差。

均匀度好的小麦，有利于清理、水分调节和制粉。对均匀度较差的小麦，在清理过程中，最好采用按粒度分级清理，将大、小粒小麦分别清理和水分调节，然后分别研磨制粉，这样可获得较理想的制粉效果。

（3）麦粒色泽与气味　正常的麦粒具有其特有的颜色、光泽与气味。受小麦生长条件、成熟程度、储存时间与环境、赤霉病菌、霉变、受潮、发芽等因素影响，会造成麦粒颜色和气味的异常。对于色泽和气味变化比较大的小麦，应视其情况，单独处理或按一定比例搭配加工，以保证小麦粉质量和制粉效果。

（4）容重与千粒重　小麦的容重（kg/m^3或 g/L）是评定小麦品质的主要指标，为世界各国普遍采用。容重的大小受籽粒形状、饱满程度、表面状态、水分、含杂等因素影响。容重越大，质量越好，在其他条件相同的情况下，出粉率越高。我国小麦容重一般为 680~820g/L。

千粒重是指 1000 粒小麦的重量（g）。在同样条件下，千粒重大说明饱满、充实、粒大、胚乳比例高。为避免水分影响，在标明千粒重的同时，应注明水分或用干物质表示。我国小麦千粒重一般为 19.0~61.3g，平均 35.69g。

（5）散落性与自动分级性　将一管状筒竖立在平面上，筒内装满小麦，然后将筒向上提起，小麦自筒内流出而自然形成一个圆锥形麦堆。麦堆斜面与水平面的夹角称自然坡角（或称静止角）。该角的大小表示该批小麦的散落性好坏，其大小受籽粒表面状态、粒形、水分、含杂等因素的影响。我国小麦的自然坡角一般为 23°~38°。该角越大，散落性越差，在小麦的清理过程中，容易造成设备与管道的堵塞或仓底结拱。

散粒小麦群体在流动或振动过程中，比重（粮食行业专用名称，标准物理量名称为相对密度）小、体积大、表面粗糙的浮在上层；而比重大、体积小、表面光滑的沉到下层，这种现象称为自动分级。物料的自动分级被用于小麦和在制品的筛理除杂和分级，但也会造成散装麦仓中的小麦质量不均衡的现象。

（6）小麦的悬浮速度　把麦粒置于垂直管道内，自下而上通入气流，当麦粒重力等于气流作用力时，麦粒在管道内处于悬浮状态，此时的气流速度称为该小麦的悬浮速度。

了解小麦、小麦各在制品、各种杂质的悬浮速度，便于小麦的除杂和在制品的分级。

（7）小麦的空隙度和导热性　粮堆的体积由小麦籽粒体积和籽粒空隙体积组成。空隙体积占粮堆总体积的百分比称为粮堆的空隙度。该值大，粮堆内热量向外散发快，有利于粮食的安全保管。空隙大小受粮粒形状、杂质性质与含量、储存条件等因素的影响，小麦空隙度一般为 40%左右。

小麦具有传递热量的性能，称为小麦的导热性。小麦是热的不良导体，在密闭状态下，粮堆空隙度越大，热的传导越慢；而水分越高，热传导越快。因此，在小麦接收储存时，应充分考虑小麦的水分与储存时间，确保小麦的安全储存。

（8）小麦的结构力学特性　小麦在研磨时，受到磨辊的压力、剪力和切力作用所产生的抵抗破碎的能力，称为小麦的结构力学性质。该性质与小麦的组织结构（角质率和硬度）有关，它直接影响小麦的吸湿性、粉碎能耗、磨辊参数配备、筛理效率和出粉率等。

不同类型的小麦及其组成部分的结构力学性质有较大的差别。皮层的抗破坏力比胚乳大得多，麦粒及各部分的水分不同，所需的破坏力也不同。麦粒与胚乳的抗破坏力随水分的增高而降低，而皮层的抗破坏力则随水分的增加而增大。小麦制粉正是利用了这些力学特性，对小麦进行适宜的水分调节，使皮层的抗破坏能力增加，麦粒及胚乳的抗破坏能力降低，从而有利于皮层与胚乳的分离。在保持皮层完整的前提下，使用较小的动力，将胚乳磨细成粉。由此可知，控制入磨小麦的水分，是保证小麦粉质量和降低动力消耗的关键。

2. 小麦化学组成

（1）水分　小麦水分是小麦粉水分的来源，其高低不仅直接影响小麦粉的水分指标，而且与制粉工艺指标密切相关。水分高，胚乳难以剥刮，流动性和散落性差，物料的流动和筛理困难。水分低，胚乳不易破碎，皮层易碎，小麦粉质量差。生产中控制和掌握适宜的入磨小麦水分是制粉操作的首要前提。

（2）淀粉　淀粉是小麦的主要营养成分，全部集中在胚乳中，是制粉过程需提取的部分。温度超过60℃时，淀粉会糊化。若遇到水汽凝结现象时，糊化的淀粉会堵塞筛孔或结块影响物料流动。

（3）蛋白质　小麦中含多种蛋白质，占比例较大的是麦醇溶蛋白、麦谷蛋白、麦清蛋白和麦球蛋白。其中麦醇溶蛋白和麦谷蛋白构成面筋。小麦糊粉层和胚中的蛋白质含量较高，但都不能形成面筋。面筋是小麦蛋白独有的特性，其数量与质量是衡量小麦粉品质的重要指标。国产小麦的蛋白质含量平均在13%左右，粗蛋白高的可达20%，低的仅为9%。一般认为粗蛋白含量大于16%的为高蛋白小麦；12%~16%的为中蛋白小麦；低于12%的为低蛋白小麦。

硬麦的蛋白质含量高且质量好，软麦则相反。同时，软麦蛋白质主要集中在胚乳的外层，硬麦分布则较均匀。小麦发芽、受热、受冻、虫蚀、霉变时，其面筋的数量和质量都将大大降低。在生产中应严格控制研磨温度，使物料温度不超过60℃，否则会造成蛋白质变性，影响小麦粉品质。

（4）脂肪　小麦的脂肪主要存在于胚中，含量约为14%，而胚乳的脂肪含量仅为0.6%。因脂肪容易酸败变质，且影响粉色，所以在磨制高等级粉时，应尽量避免将麦胚磨入粉中。

（5）灰分　灰分是指小麦及产品经充分燃烧后剩下的矿物质。小麦各组成部分的灰分分布极不均匀，皮层最高，胚乳最低。灰分是衡量小麦粉质量的主要指标之一，小麦粉精度越高，灰分含量越低。小麦灰分高，说明胚乳含量少，生产时出粉率较低。

（6）纤维素　纤维素是人体不能消化吸收的糖类。若混入小麦粉，不仅影响粉色，而且影响小麦粉的食用品质。小麦的纤维素主要存在于皮层，胚乳中含量极少。因此，小麦粉中纤维素的含量是评定小麦粉质量的重要指标。

（7）降落数值　降落数值反映小麦中α-淀粉酶的活力。发芽小麦中α-淀粉酶的活力增加，小麦粉的筋力下降，用此制成的面包纹理变粗、面包芯发黏。一般新小麦降落数值为300~350s，少量发芽时为200s左右，严重发芽时为70~100s。

第二章
小麦加工前处理

第一节
除杂与分级

小麦加工前处理的除杂和分级主要依据处理对象的外形尺寸、颗粒表面物理属性以及比重（粮食行业专用，标准物理量名称为相对密度）的差异性。小麦除杂与分级的基本方法主要包括风选法（空气动力学特性的不同）、筛选法（宽度与厚度的不同）、精选法（形状与长度的不同）、比重分选法（比重的不同）、磁选法（磁性的不同）、撞击法（强度的不同）、色选法（颜色的不同）等。

一、风选

风选是根据小麦、杂质之间的空气动力学性质差异，利用气流进行分选分离或分级的过程。不同谷物及杂质其空气中悬浮速度有明显差异，如小麦 9~11m/s，稻谷 7.7~9.5m/s，玉米 11~14m/s，大麦 9~11m/s，荞麦 7.5~8.7m/s，粟 8.5m/s，小米 13.2m/s 等。

（一）垂直吸风分离器

垂直吸风分离器是主要的轻杂去除设备，其工作原理与结构如图 2-1 所示。

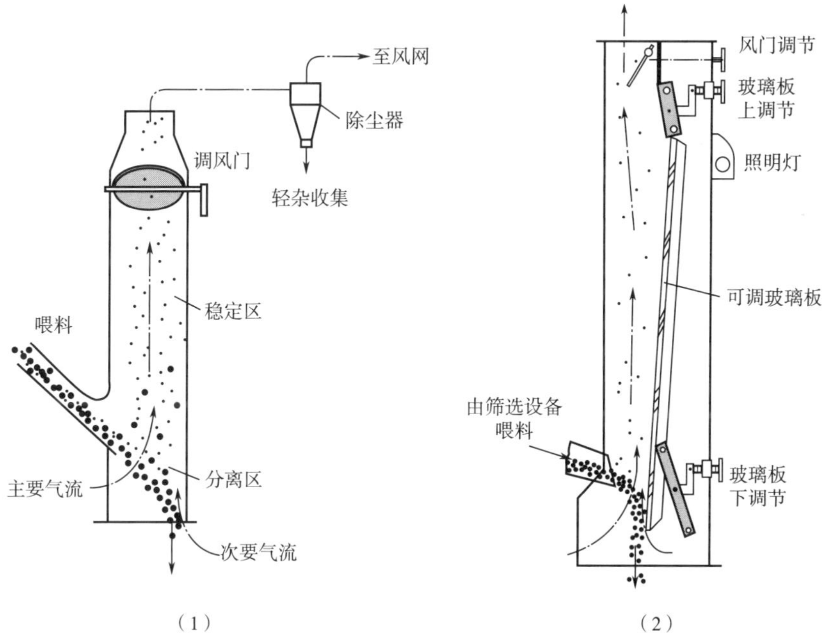

图 2-1　垂直吸风分离器工作原理与结构图

（1）垂直吸风分离器工作原理图（2）垂直吸风分离器结构图

垂直吸风分离器主要规格和技术参数如表 2-1 所示。

表 2-1　垂直吸风分离器主要规格和技术参数

型号	风道宽度/cm	风道厚度/mm	功率/kW	产量/（t/h）		风量/（m^3/min）	
				分离瘪麦	分离皮壳	分离瘪麦	分离皮壳
TFDZ50	50	75~125	0.2	1.7	3.3	22	21
TFDZ50G	50	175~225	0.2	3.1	5.9	40	37
TFDZ75	75	75~125	0.2	1.7~2.6	3.3~4.9	33	31
TFDZ75G	75	175~225	0.2	3.1~4.7	5.9~8.9	60	55
TFDZ100	100	75~125	0.2	2.6~3.4	4.9~6.6	44	41
TFDZ100G	100	175~225	0.2	4.7~6.2	8.9~11.8	80	74
TFDZ150	150	75~125	0.2	3.9~5.1	7.3~9.9	66	61
TFDZ150G	150	175~225	0.2	7.0~9.3	13~17.7	120	111

1. SAP 型垂直吸风道

SAP 型垂直吸风道是一种用来分离谷物中尘土、稻草、颖壳、空心谷物、轻籽等杂质的设备，如图 2-2 所示。

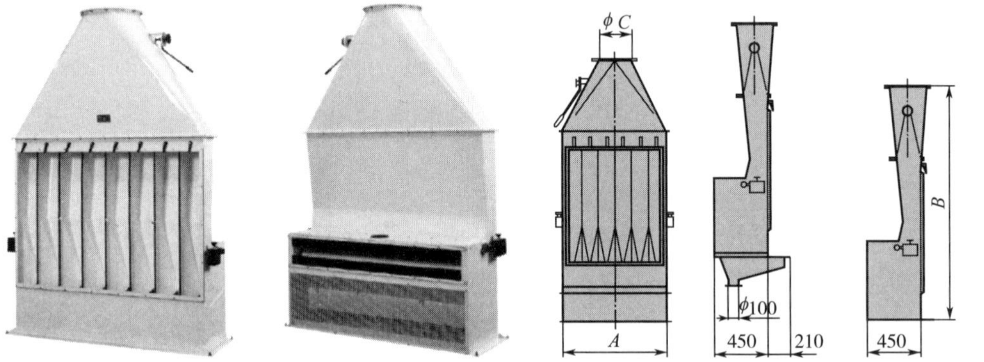

（1）　　　　（2）　　　　单位：mm

图 2-2　SAP 型垂直吸风道设备图

（1）实物图（2）结构图

SAP 型垂直吸风道主要规格和技术参数如表 2-2 所示。

表 2-2　SAP 型垂直吸风道主要规格和技术参数

型号	产量/（t/h）		风量/（m^3/min）	ϕA	ϕB	ϕC	质量/kg	体积/m^3	磁选分离器
	毛麦	光麦							
SAP 80	30	12.5	40	750	1720	260	160	1	AML 80
SAP 100	50	20	60	1120	1990	320	200	1.6	AML 100
SAP 140	75	25	80	1430	2190	380	280	2.3	AML 140
SAP 160	85	30	90	1605	2190	400	320	3	AML 160

2. TFDZ-G 系列垂直吸风道

TFDZ-G 系列垂直吸风道在各粮食加工厂及饲料厂中可作为原料清理的设备之一，它适用于从小麦中分离出灰尘、皮壳、碎粒及轻杂质，如图 2-3 所示。

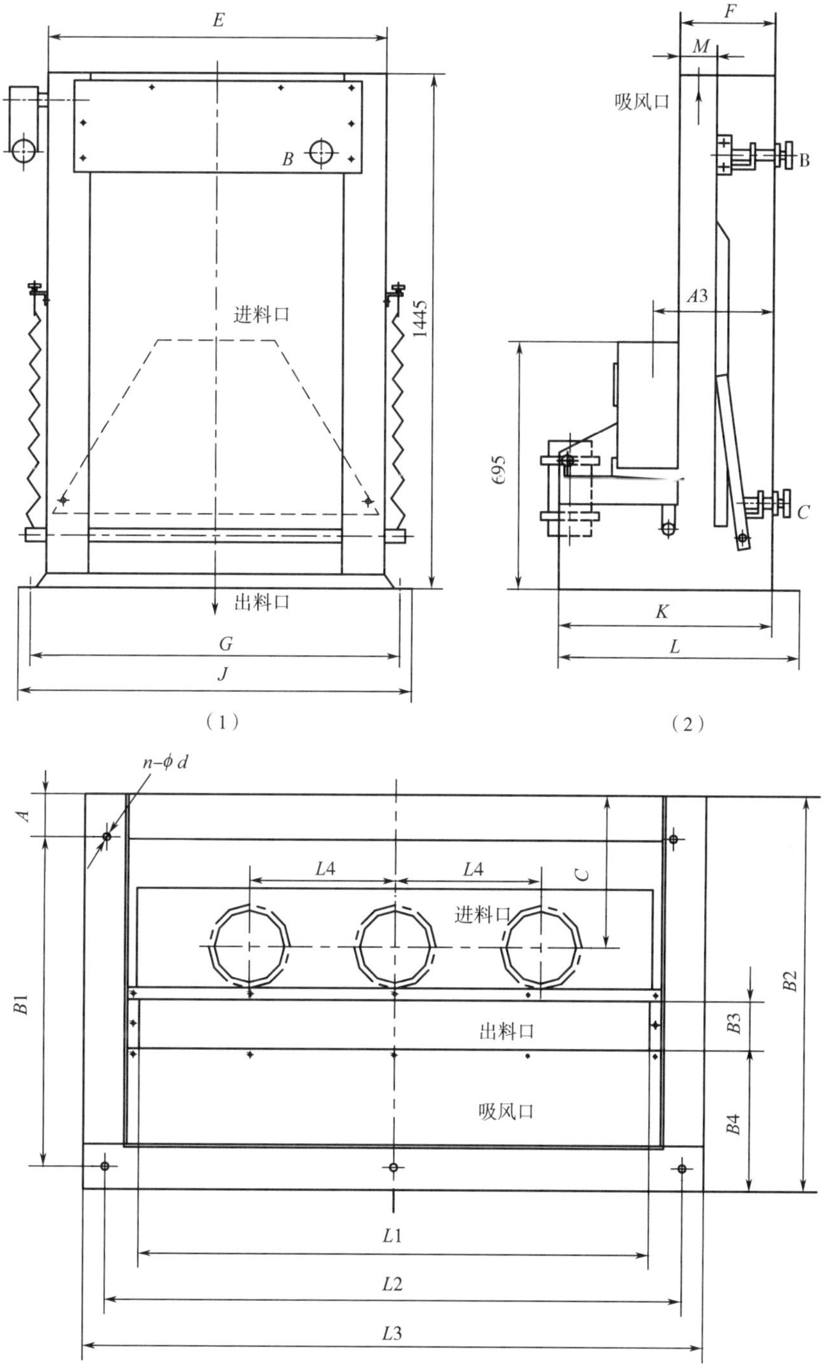

单位：mm

图 2-3　TFDZ-G 系列垂直吸风道结构图

（1）主视图（2）侧视图（3）俯视图

TFDZ-G 系列垂直吸风道主要规格和技术参数如表 2-3 所示。

表 2-3　　TFDZ-G 系列垂直吸风道主要规格和技术参数

项目	型号				
	TFDZ75G	TFDZ100G	TFDZ150G	TFDZ180G	TFDZ200G
振动电机型号	YZU-2-4A	YZU-2-4A	YZU-2-4A	$YZU-3-4A_1$	YZU-4.5-4A
功率/kW	0.12	0.12	0.12	0.12	0.25
设备阻力/Pa	150	150	150	150	150
最大风量/（m^2/h）	1540～3600	2040～4800	3050～9000	3670～10800	4080～12000
产量（小麦）/（t/h）					
分离皱缩皮	3.1～4.7	4.7～6.2	7.2～7.7	8.5～11.5	9.4～12.4
分离灰尘及外皮	5.9～8.9	8.9～11.8	11.5～13.5	16.2～21.5	17.8～23.6
外形尺寸（长×宽×高）/mm	850×825×1445	1205×920×1445	1650×965×1445	1950×965×1445	2150×935×1445
质量/kg	160	190	260	300	350
A/mm	40	40	40	40	40
*B*1/mm	560	540	540	540	640
*B*2/mm	625	720	765	765	715
*B*3/mm	86	149	149	149	149
*B*4/mm	166	203	248	248	198
C/mm	273	253	234	234	234
E/mm	750	1000	1500	1800	2000
F/mm	222	345	345	345	295
G/mm	800	1105	1575	1875	2075
J/mm	850	1205	1650	1950	2150
K/mm	575	690	690	690	640
L/mm	625	720	765	765	715
*L*1/mm	704	954	1454	1754	1954
*L*2/mm	800	1105	1575	1875	2075
*L*3/mm	850	1205	1650	1950	2150
*L*4/mm	—	—	—	395	450
M/mm	86	149	149	149	149
n/mm	5	7	8	9	10
d/mm	13	13	13	13	13

（二）循环风吸风分离器

循环风吸风分离器主要由喂料系统、风循环通道、离心风机和集尘排料系统等组成，如图 2-4 所示。

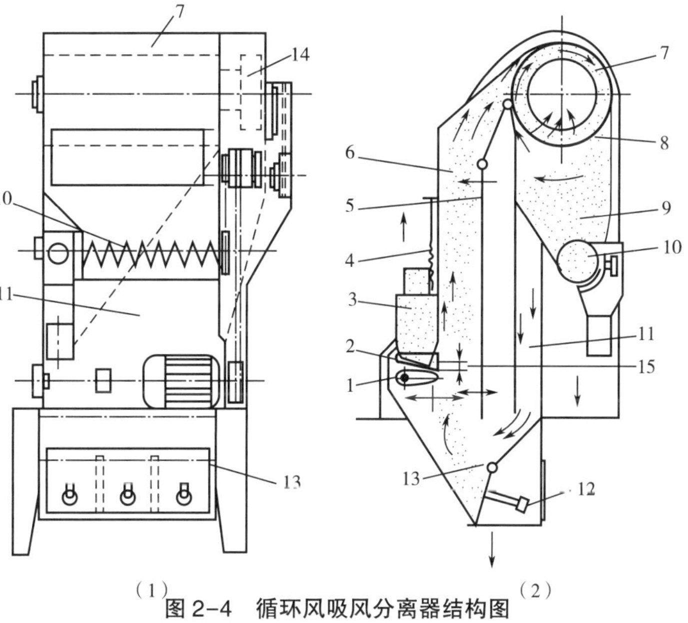

图 2-4　循环风吸风分离器结构图

（1）主视图（2）左视图

1—中隔板　2—垂直风道　3—圆筒分离器　4—离心风机　5—通道　6—螺旋输送器　7—闭风隔板　8—重力活门　9—集尘器　10—喂料斗　11—振动导板　12—弹簧　13—偏心机构　14—料斗　15—喂料间隙

TFXH 型循环风吸风分离器主要规格和技术参数如表 2-4 所示。

表 2-4　　TFXH 型循环风分离机主要规格和技术参数

项目	型号		
	TFXH · 60	TFXH · 100	TFXH · 150
产量/（t/h）	10~12	15~18	22~26
风量/（m^3/h）	5000	7500	11000
风压/Pa	400	400	400
风机转速/（r/min）	2840	2840	2840
喂料器转速/（r/min）	488	488	488
螺旋输送器转速/（r/min）	343	343	343
功率/kW	2.6	3.6	4.0
外形尺寸（长×宽×高）/mm	1178×1074×2240	1568×1074×2240	2456×1074×2240

1. SCC 型循环风选器

SCC 型循环风选器采用振动喂料，使进料更均匀，物料受风均匀，杂质及灰尘去除率高，可以与各种清理筛配合使用，也可以与打麦机配合使用，还可以单独使用，如图 2-5 所示。

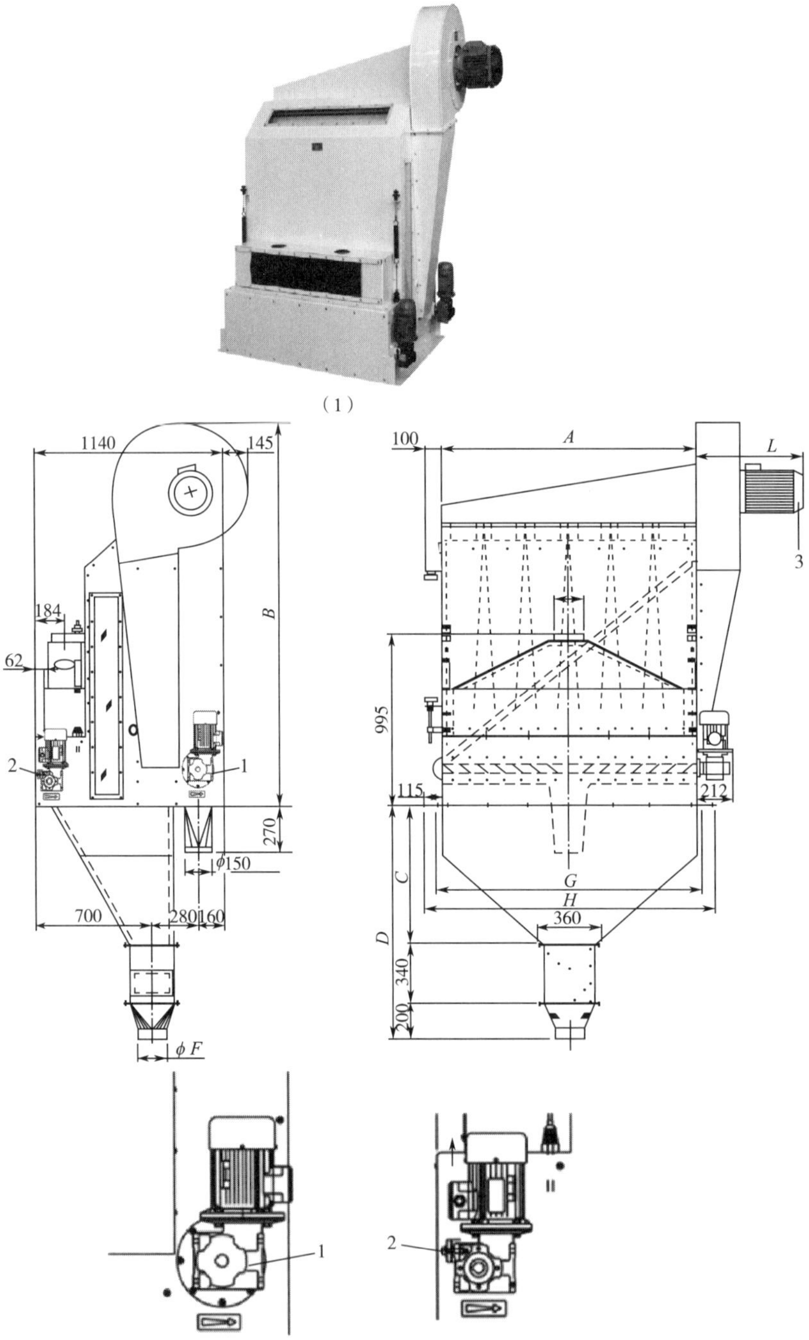

（1）

（2）　（3）　单位：mm

图 2-5　SCC 型循环风选器

（1）实物图（2）主视图（3）左视图

1—杂质绞龙减速电机　2—喂料减速电机　3—风机电机

SCC 型循环风选器主要规格和技术参数如表 2-5 所示。

表 2-5　SCC 型循环风选器主要规格和技术参数

型号	A/mm	B/mm	C/mm	D/mm	E/mm		F/mm	G/mm	H/mm	L/mm	毛麦产量/（t/h）	光麦产量/（t/h）	电机功率/kW	质量/kg
					毛麦	光麦								
SCC 80	750	2120	600	1140	194	133	133	850	975	500	50	12	2.2	675
SCC 100	1000	2170	650	1340	168	133	168	1100	1225	570	66	16	3	900
SCC 140	1500	2220	800	1340	168	168	194	1600	1725	640	100	24	5.5	1200
SCC 160	2000	2520	1000	1540	2x250	2x194	250	2100	2225	780	132	32	5.5	1500

2. TFXHE/G 系列循环风选器

TFXHE/G 系列循环风选器主要用于小麦加工的轻质物料清理，如图 2-6 所示，该设备可将小麦中低密度杂质与小麦分离或将小麦分级。

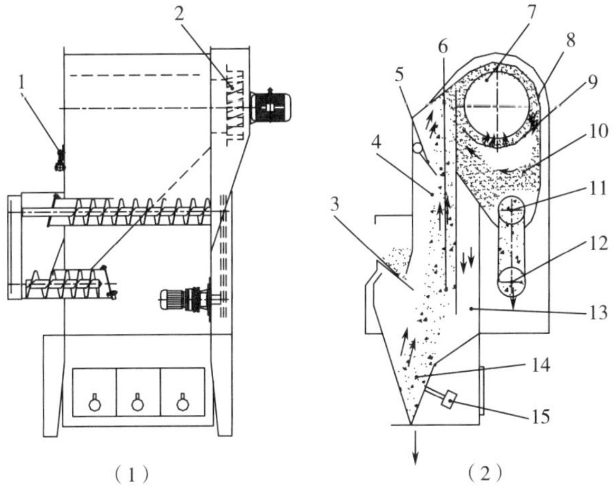

图 2-6　TFXHE/G 系列循环风选器结构图

（1）主视图（2）左视图

1—进料口　2—风机　3—匀料板　4—分离区　5—调节板　6—吸风道　7—分离筒　8—闭风隔板　9—重力活门　10—集尘室　11—收集绞龙　12—绞龙关风　13—回流通道　14—出料斗　15—压力活门

TFXHE/G 系列循环风选器主要规格和技术参数如表 2-6 所示。

表 2-6　TFXHE/G 系列循环风选器主要规格和技术参数

项目		型号					
		TFXHE80	TFXHE100	TFXHE125	TFXHE150	TFXHE180	TFXHE200
产量/（t/h）	清理	13	16	20	24	28	32
	初清	45	60	75	90	105	120

续表

项目		型号					
		TFXHE80	TFXHE100	TFXHE125	TFXHE150	TFXHE180	TFXHE200
配备动力/kW		1.5+1.1	1.5+1.1	2.2+1.1	2.2×2+1.5	2.2×2+2.2	2.2×2+2.2
外接吸风量/(m^3/min)	清理	5	6	7	8	10	12
	初清	9	10	11	12	14	18
外形尺寸（长×宽×高）/mm		1706×1000×2295	1906×1000×2295	2156×975×2295	2566×1000×2295	2866×975×2295	3066×957×2295

（三）圆筒吸风分离器

圆筒吸风分离器由外壳、进风栅、锥形分料器、沉降斗等组成，如图 2-7 所示。

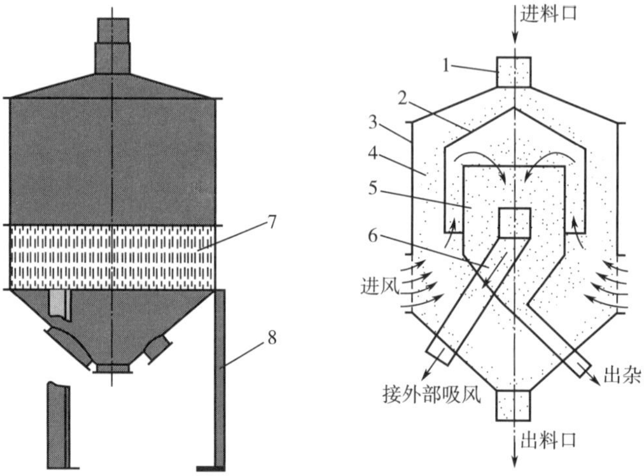

（1）　　（2）

图 2-7　圆筒吸风分离器

（1）外形图（2）工作原理图

1—进料口　2—锥形分料器　3—外壳　4—环形料流　5—沉降斗　6—吸风管　7—进风栅　8—支腿

圆筒吸风分离器主要规格和技术参数如表 2-7 所示。

表 2-7　圆筒吸风分离器主要规格和技术参数

型号	额定处理量/（t/h）		吸风量/（m^3/h）		质量/kg	外形尺寸（直径×高）/mm
	清理	初清	清理	初清		
TXFL・60	8	30	1800	2100	150	670×1920
TXFL・80	12	50	2800	3000	190	870×2020

续表

型号	额定处理量/（t/h）		吸风量/（m³/h）		质量/kg	外形尺寸（直径×高）/mm
	清理	初清	清理	初清		
TXFL·100	16	65	3500	3800	245	1070×2020
TXFL·120	20	83	4100	4500	360	1270×2150
TXFL·150	30	110	5500	6000	530	1570×2380

二、筛选

筛选是利用被筛理物料之间粒度（长度、宽度、厚度）的差别，借助筛孔分离杂质，或将物料进行分级的方法。

（一）圆筒初清筛

初清筛主要用于小麦接收入库或粮食加工厂原粮入仓前的初步清理设备，专门分离小麦中的秸秆、绳头、砖石、泥块等大型杂质。

圆筒初清筛主要由筛筒、传动机构、进料装置和机架等部分组成，如图2-8所示。筛筒是主要工作构件。

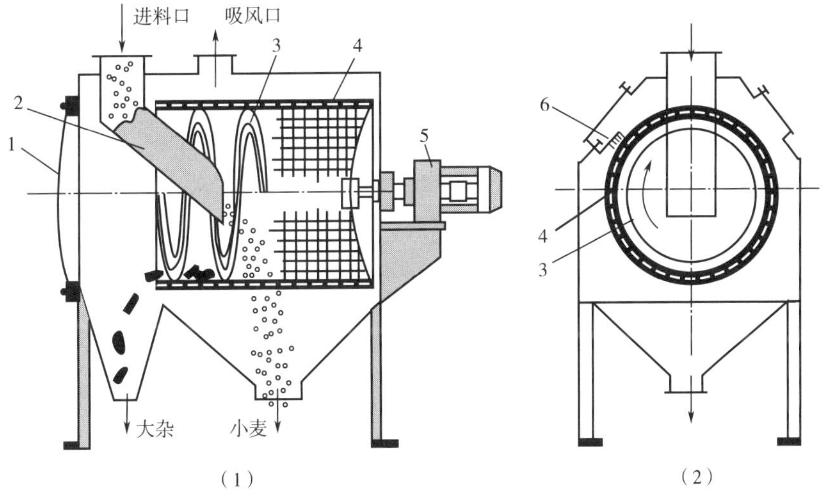

图2-8　圆筒初清筛

（1）工作原理图（2）左视图

1—检查盖　2—进料管　3—导向螺旋带　4—筛筒　5—电动机　6—清理刷

圆筒初清筛主要规格和技术参数如表2-8所示。

表 2-8 圆筒初清筛主要规格和技术参数

项目	型号		
	TCQY·63	TCQY·80	TCQY·100
筒直径×长度/mm	630×800	800×950	(950~1000 锥筒)×1000
产量/（t/h）	20~35	30	50
筛筒转速/（r/min）	18~25	18	11.3
吸风量/（m^3/min）	8~10	12	15~20
功率/kW	0.55~0.75	1.1	2.2

1. TSCY 系列圆筒初清筛

TSCY 系列圆筒初清筛主要由减速器、链罩、机壳、筛筒、进料斗、操作门、清理刷等部分组成，多用于清除物料中大杂质。该设备主要安装于饲料厂、油厂、小麦制粉厂、米厂、粮食立筒库等企业原料接收部分。结构如图 2-9 所示。

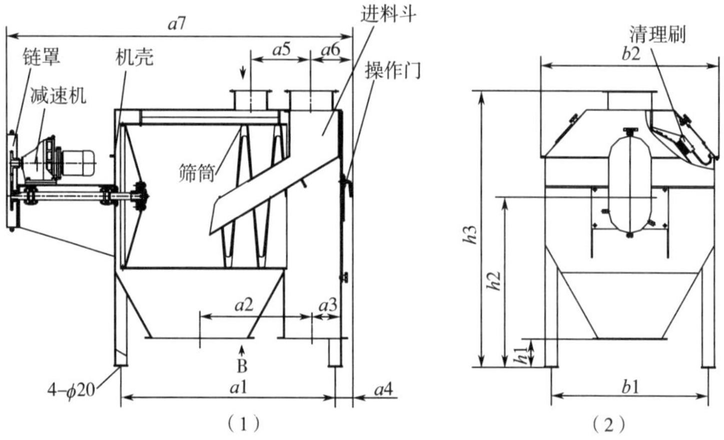

图 2-9 TSCY 系列圆筒初清筛结构图

（1）主视图（2）左视图

TSCY 系列圆筒初清筛主要规格技术参数及尺寸如表 2-9 所示。

表 2-9 TSCY 系列圆筒初清筛主要规格技术参数及尺寸

项目	型号					
	TSCY63 型	TSCY80 型	TSCY100 型	TSCY120×135 型	TSCY125×170 型	TSCY150×170 型
筛筒规格/mm	630×800	800×960	1000×1080	1200×1350	1250×1700	1500×1700

续表

项目	型号					
	TSCY63 型	TSCY80 型	TSCY100 型	TSCY120×135 型	TSCY125×170 型	TSCY150×170 型
筛筒转速/(r/min)	20	17	11	11	11	10
配用电机	6 级	4 级	6 级	6 级	6 级	6 级
电机功率/kW	0.55	0.75	1.1	1.5	1.5	1.5
配用减速机型号	BWD120-23-0.55	BWD150-35-0.75	BWD150-35-1.1	BWD180-35-1.5	BWD180-35-1.5	BWD180-43-1.5
产量/(t/h)	20	40	60	80	100	120
吸风量/(m^3/min)	8	12	18	25	30	35
外形尺寸(长×宽×高)/mm	1707×840×1240	2038×1020×1560	2120×1220×1680	2380×1430×1918	3031×1499×1920	3031×1749×2170
质量/kg	290	395	510	730	900	1150
$a1$/mm	1030	1240	1340	1530	2026	2026
$a2$/mm	548	650	645	794	1060	1060
$a3$/mm	143	165	305	179	220	220
$a4$/mm	85	100	110	120	120	120
$a5$/mm	300	350	800	800	980	990
$a6$/mm	200	225	235	195	290	280
$a7$/mm	1707	2005	2130	2485	3031	3031
$b1$/mm	720	900	1080	1260	1339	1589
$b2$/mm	840	1020	1220	1430	1499	1749
$h1$/mm	170	180	200	250	250	250
$h2$/mm	750	950	1010	1110	1110	1235
$h3$/mm	1260	1545	1710	1920	1920	2170

2. AHCY 系列清理筛

AHCY 系列清理筛主要由进料斗、筛筒等构成，筛筒粉进料段和出料段，采用水平悬挂方式，如图 2-10 所示。AHCY 系列清理筛属于预清理设备，适于小麦制粉厂的原粮初清工序。

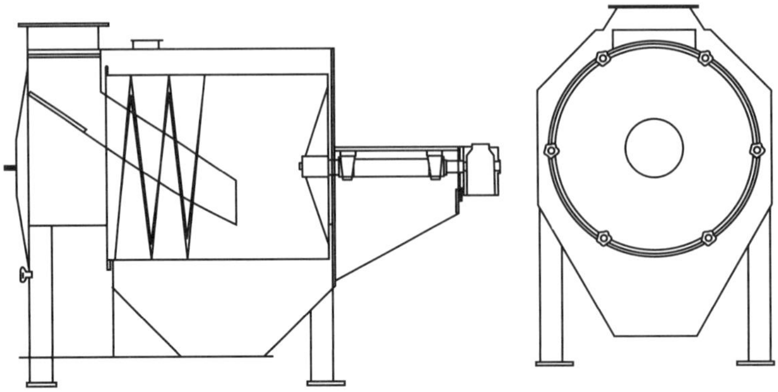

图 2-10　AHCY 系列清理筛结构图

(1) 主视图 (2) 左视图

AHCY 系列清理筛主要规格和技术参数如表 2-10 所示。

表 2-10　AHCY 系列清理筛主要规格和技术参数

型号	筛筒规格/mm	筛筒转速/(r/min)	吸风量/(m^3/min)	电机功率/kW
AHCY63 型	ϕ630×778	20	8	0.37
AHCY80 型	ϕ950×1078	20	12	0.55
AHCY100 型	ϕ1250×1190	20	16	1.1

3. LAKA/RCDA 型圆筒筛

LAKA/RCDA 型圆筒筛主要用于小麦收储环节，如图 2-11 所示，能有效地清理掉小麦中的大杂。

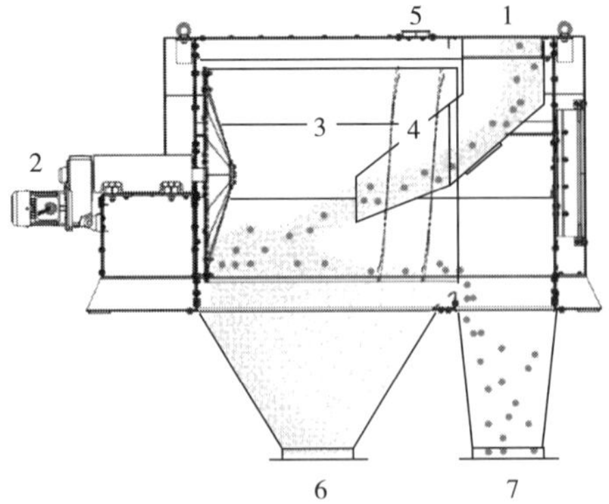

图 2-11　LAKA/RCDA 型圆筒筛结构图

1—进料口　2—电机　3—进料筛筒　4—带导向螺旋叶片的出料筛筒

5—吸风除尘连接口　6—清理后的谷物　7—大杂

LAKA/RCDA 圆筒筛主要规格和技术参数如表 2-11 所示。

表 2-11 LAKA/RCDA 型圆筒筛主要规格和技术参数

型号	筛筒直径/mm	筛筒长度/mm	筛筒投影面积/m^2	电机功率/kW	吸风量/(m^3/min)	质量/kg	外形尺寸(长×宽×高)/mm	产量/(t/h)
LAKA200	950	1100	1.0	0.55	12	820	2670×1200×1260	180~250
LAKA400	1350	1500	2.0	1.5	20	1380	3340×1600×1670	360~500
RCDA600	1800	1670	3.0	3.0	32	2914	4140×2100×2260	540~750
RCDA800	1800	2200	4.0	3.0	42	3282	4970×2100×2260	720~1000

4. TCQYS 系列双筒初清筛

TCQYS 系列双筒初清筛是一种综合性的清理设备，如图 2-12 所示，主要用于粮食仓储、加工等行业中颗粒原料的清理。

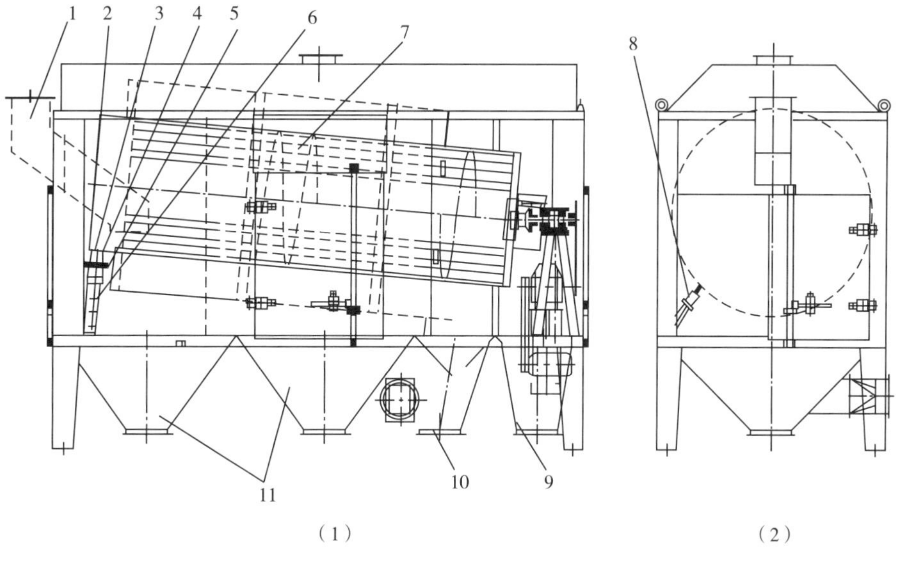

图 2-12 TCQYS 系列双筒初清筛结构图

(1) 主视图 (2) 左视图

1—进料口 2—托轮锁紧螺母 3—托轮架 4—托轮 5—支撑架

6—支撑架锁紧螺母 7—筛筒 8—清理刷 9—大杂出口 10—出料口 11—小杂出口

TCQYS 系列双筒初清筛主要规格和技术参数如表 2-12 所示。

表 2-12　TCQYS 系列双筒初清筛主要规格和技术参数

项目				型号						
				TCQYS 85/190	TCQYS 100/260	TCQYS 100/320	TCQYS 100/420	TCQYS 125/320	TCQYS 125/420	TCQYS 125/520
产量/(t/h)	小麦	内筛板孔径/mm	ϕ22	60	90	110	140	140	170	180
			ϕ20	50	80	100	120	120	150	160
			ϕ18	40	70	90	110	100	120	140
			ϕ16	30	60	70	100	90	110	120
		外筛板孔径/mm		ϕ1.8～ϕ3.2						
	玉米	内筛板孔径/mm	ϕ24	60	90	110	150	150	170	200
			ϕ22	50	80	100	130	120	150	180
			ϕ20	40	70	90	110	110	130	160
			ϕ18	30	60	80	100	100	120	140
		外筛板孔径/mm		ϕ4.5～ϕ6.5（根据玉米水分的大小及破碎粒含量多少确定）						
	大豆	内筛板孔径/mm	ϕ24	70	90	120	150	150	180	200
			ϕ20	60	80	100	140	130	160	180
			ϕ18	50	70	80	120	110	150	160
			ϕ16	40	60	70	110	100	140	140
			ϕ14	30	45	60	100	90	120	120
		细筛网孔径/mm		ϕ2.5～ϕ5（根据大豆水分的大小及破碎粒含量多少确定）						
	粳稻	内筛板孔径/mm	ϕ24	40	65	90	120	110	140	160
			ϕ22	35	55	70	100	90	120	140
			ϕ20	30	45	60	80	80	100	120
		外筛板孔径/mm		ϕ1.6～ϕ2.5						

（二）振动筛

1. TQLZ 系列振动清理筛

TQLZ 系列振动清理筛由筛体、进料装置、出料斗、驱动机构和机架等部分组成，主要用于小麦的清理，如图 2-13 所示。

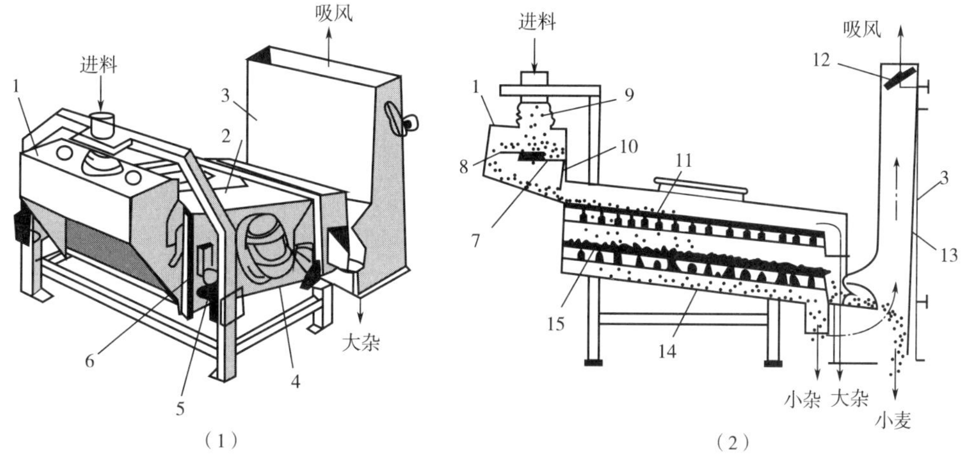

图 2-13　TQLZ 系列振动清理筛结构图

（1）外形图（2）工作原理图

1—进料箱　2—筛体　3—垂直吸风道　4—振动电机　5—橡胶支座　6—机架　7—分料板　8—分料闸门　9—软布套管　10—匀料门　11—第一层筛面　12—调风门　13—可调玻璃板　14—底板　15—第二层筛面

TQLZ 系列振动清理筛主要规格和技术参数如表 2-13 所示。

表 2-13　TQLZ 系列振动清理筛主要规格和技术参数

型号	产量/（t/h）	配备动力/kW	吸风量/（m^3/min）	质量/kg	筛面尺寸（宽×长）/mm	整机外形尺寸（长×宽×高）/mm
TQLZ60×100	4.8/15	2×0.25	30	350	600×1000	1649×1204×1483
TQLZ100×100	8/25	2×0.25	50	520	1000×1000	1663×1563×1487
TQLZ100×150	12/37.5	2×0.37	60	620	1000×1500	2172×1563×1563
TQLZ100×200	15/45	2×0.37	75	720	1000×2000	2672×1563×1660
TQLZ150×150	15/45	2×0.55	100	935	1500×1500	2172×2115×1653
TQLZ150×200	20/60	2×0.55	115	1040	1500×2000	2672×2115×1693
TQLZ180×200	22/70	2×0.75	135	1140	1800×2000	2672×2466×1733
TQLZ200×200	25/75	2×0.75	150	1250	2000×2000	2672×2643×1723

2. TQLZB 型振动清理筛

结构如图 2-14 所示。

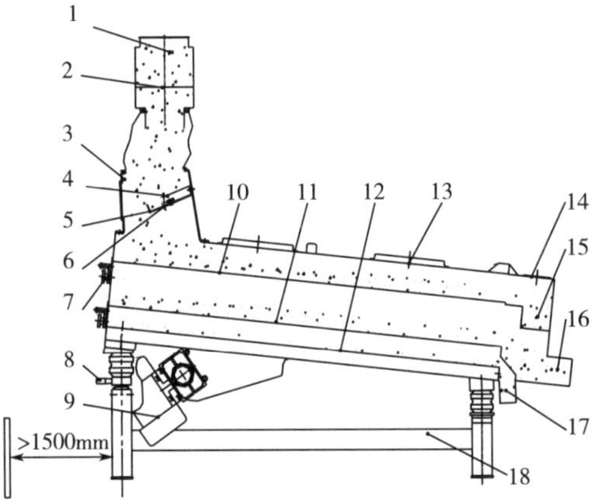

图 2-14　TQLZB 型高效振动清理筛结构图

1—集料箱　2—分料板　3—进料箱　4—卸料板　5—调节板　6—蝶形螺母
7—压紧把手　8—调节手柄　9—振动电机　10—上层筛面　11—下层筛面
12—底板　13—机身　14—出料箱　15—大杂出口　16—净料出口　17—细杂出口　18—机架

TQLZB 型振动清理筛主要规格和技术参数如表 2-14 所示。

表 2-14　TQLZB 型振动清理筛主要规格和技术参数

型号	产量（小麦）/（t/h）	配备动力/kW	质量/kg	筛面尺寸（宽×长）/mm	整机外形尺寸（长×宽×高）/mm
TQLZ125×200B	17. 5/50	2×0. 55	900	1250×2000	2430×1528×2185
TQLZ125×200B×2	35/110	4×0. 55	1750	1250×2000×2	2430×2950×2185
TQLZ125×250B×2	40/130	4×0. 55	1950	1250×2500×2	2920×2950×2250

3. TQLZS 系列双层去小杂振动清理筛

TQLZS 系列双层去小杂振动清理筛由机架、进料箱、振动电机、机身、出料箱等部件组成，主要用于小麦加工的原料小杂清理或分级，如图 2-15 所示。

TQLZS 系列双层去小杂振动清理筛主要规格和技术参数如表 2-15 所示。

表 2-15　TQLZS 系列双层去小杂振动清理筛主要规格和技术参数

型号	产量（小麦）/（t/h）	配备动力/kW	吸风量/（m^3/min）	质量/kg	筛面尺寸（宽×长）/mm	整机外形尺寸（长×宽×高）/mm
TQLZS100×200	25	2×0. 37	75	750	1000×2000	2655×1563×1893
TQLZS150×200	35	2×0. 55	115	1080	1500×2000	2655×2137×1893
TQLZS180×200	40	2×0. 75	135	1180	1800×2000	2655×2466×1893
TQLZS200×200	45	2×0. 75	150	1300	2000×2000	2655×2643×1893

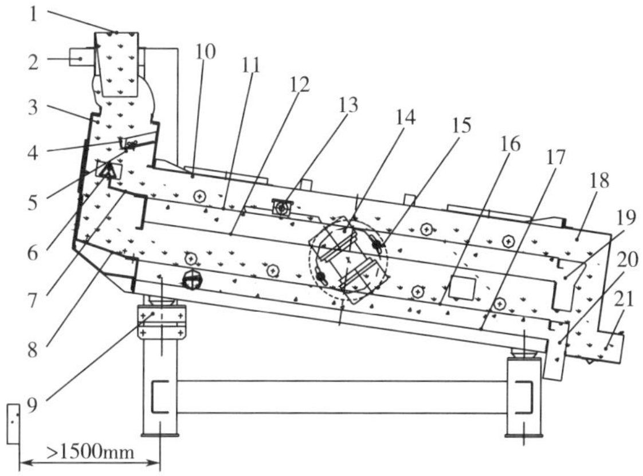

图 2-15　TQLZS 系列双层去小杂振动清理筛结构图

1—进料管　2—机架　3—进料箱　4—调节板　5—卸料板　6—分料板　7—淌板Ⅰ　8—淌板Ⅱ　9—弹簧座　10—机身　11—上筛面　12—底板Ⅱ　13—压紧块　14—振动电机　15—电机座　16—下筛面　17—底板Ⅰ　18—出料箱　19—上层大杂出口　20—下层细杂出口　21—净料出口

4. MTRB 型振动筛

MTRB 型振动筛是一款进料箱与筛体合为一体的振动筛，如图 2-16 所示。该设备将进料箱与筛体连成一体，筛格可直接从进料箱的前端抽出，更换筛面时无须再拆卸、翻转进料箱，使操作变得非常方便。

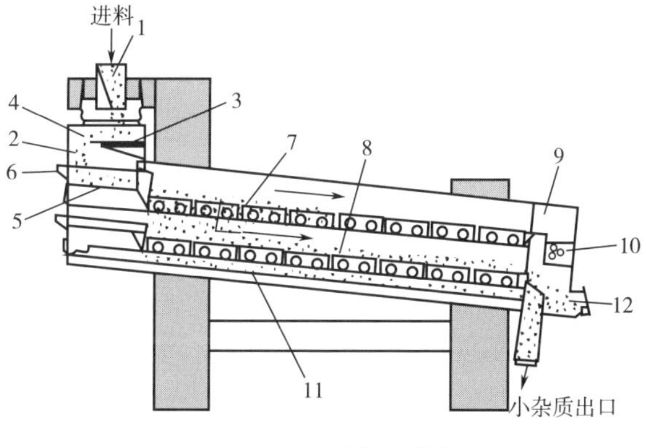

图 2-16　MTRB 型振动筛结构图

1—接料管　2—进料口　3—分料板　4—匀料闸门　5—上抽屉底板　6—上抽屉　7—上层筛　8—下层筛　9—大杂出口　10—大杂分离器　11—筛箱底板　12—主流出口

（三）平面回转筛

1. SM 型平面回转筛

SM 型平面回转筛主要由筛体、吸风装置、传动机构、减振机构和机架等部分组成，如图 2-17 所示。

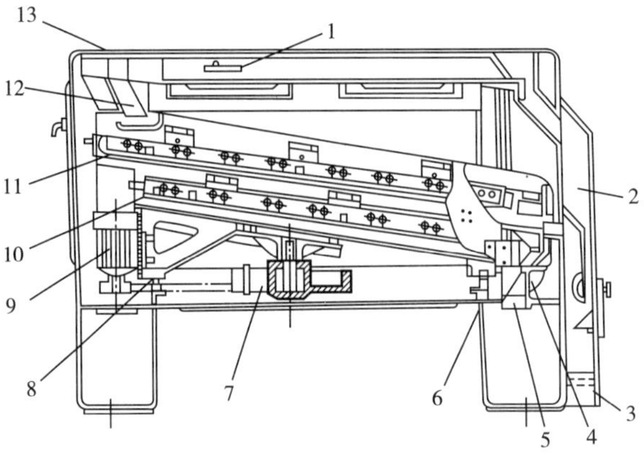

图 2-17 SM 型平面回转筛结构图

1—调风门 2—吸风道 3—出料口 4—中杂出口 5—小杂出口 6—吊杆 7—传动机构 8—装置机构 9—电机 10—下层筛面 11—上层筛面 12—进料管 13—机架

SM 型平面回转筛主要规格和技术参数如表 2-16 所示。

表 2-16 SM 型平面回转筛主要规格和技术参数

项目	型号		
	SM·80	SM·100	SM·125
产量/（t/h）	4.8	6.0	7.5
筛面尺寸（宽×长）/mm	800×1500	1000×1500	1250×1500
筛面倾斜角/（°）	8	8	8
转速/（r/min）	400	400	400
回转半径/mm	14±0.5	14±0.5	14±0.5
风量/（m^3/h）	2275	2840	3550
动力/kW	0.75	1.1	1.5
外形尺寸（长×宽×高）/mm	200×1113×1400	2000×1313×1400	2000×1565×1400

2. TQLM 型平面回转筛

TQLM 型平面回转筛由进料箱、机架、筛体、传动机构、垂直吸风道等部分组成，如图 2-18 所示。筛体有单筛体、双筛体两种，为全封闭式结构。双筛体的两箱可以完全分开，制造安装比较方便。

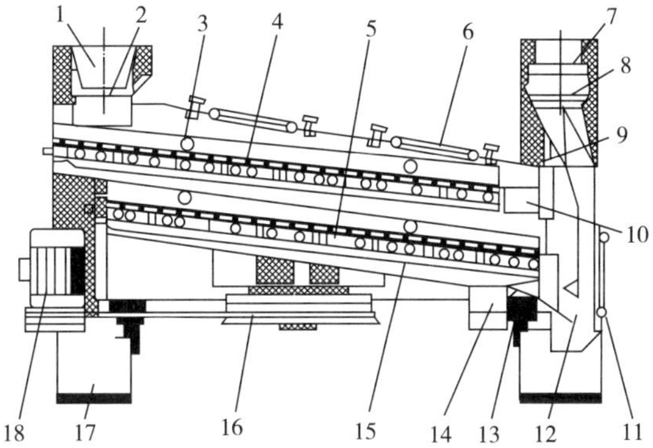

图 2-18 TQLM 型平面回转筛结构图

1—进料口 2—布筒 3—压紧机构 4—分级筛 5—精选筛 6—观察门 7—吸风管
8—布筒 9—吊杆 10—大杂溜槽 11—观察门 12—吸风道 13—限振器
14—小杂溜槽 15—筛体 16—振动器 17—机架 18—电机

TQLM 型平面回转筛主要规格和技术参数如表 2-17 所示。

表 2-17 TQLM 型平面回转筛主要规格和技术参数

项目	型号				
	TQLM·63	TQLM·80	TQLM·100	TQLM·125	TQLM·75×2
筛面宽度/mm	630	800	1000	1250	750×2
筛面长度/mm	1250	1500	1500	1500	1500
筛面倾斜角/(°)	8	8	8	8	分级 6.9 精选 7.7
回转速度/(r/min)	400	400	400	400	386
回转直径/mm	14±0.5	14±0.5	14±0.5	14±0.5	12~15
风量/(m^3/h)	1800	2275	2840	3550	1890
产量/(t/h)	3.2	4.8	6.0	7.5	18
流量/[kg/(cm·h)]	50.7	60	60	60	120
功率/kW	0.37	0.6	0.8	1.1	1.1
外形尺寸(长×宽×高)/mm	1756×930 ×1250	2000×1113 ×1400	2000×1313 ×1400	2000×1563 ×1400	1939×2011 ×1336
质量/kg	600	680	750	860	900

TQLM 型平面回转筛特别适用于小麦、大麦和燕麦等长粒谷物的清理。TQLM 型平面回转筛可达到的工艺效果：大杂、小杂的除杂效率不低于 80%，轻杂的除杂效率不低于 60%。在分离出的杂质中，完整谷粒的数量不超过 1%。

3. TQLMSa 系列双层去小杂平面回转筛

TQLMSa 系列双层去小杂平面回转筛主要用于制粉、饲料、碾米、化工、榨油等行业的后路原料清理。由于是双层同时进料，主要用于去除颗粒状物料中的粒径相近的杂质。结构如图 2-19 所示。

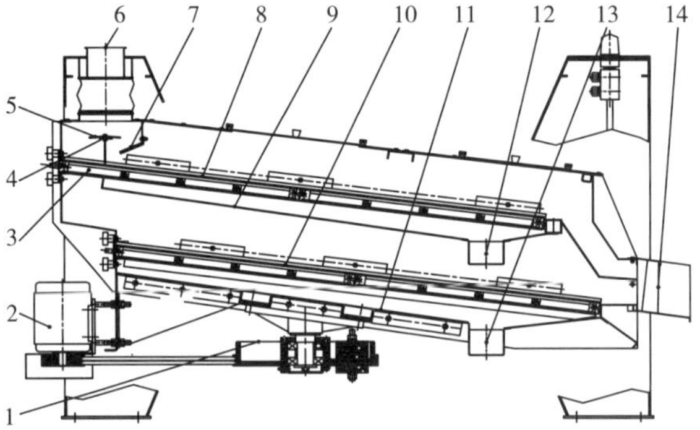

图 2-19 TQLMSa 系列双层去小杂平面回转筛结构图

1—传动机构 2—电机 3—上层筛格顶端通道 4—调节轴 5—调节 6—进料口 7—淌料板 8—上层筛面 9—上层底板 10—下层筛面 11—下层底板 12—上层出杂口 13—下层出杂口 14—出料口

TQLMSa 系列双层去小杂平面回转筛主要规格和技术参数如表 2-18 所示。

表 2-18 TQLMSa 系列双层去小杂平面回转筛主要规格和技术参数

型号	产量/（t/h）	配量动力/kW	转速/（r/min）	配用设备吸风量/（m^3/h）	质量/kg	筛体回转半径/mm	整机外形尺寸（长×宽×高）/mm
TQLMS100a	10~16	1.1	389	4500	680	6~7.5	2070×1410×1409
TQLMS125a	13~18	1.1	389	5600	860	6~7.5	2070×1660×1409
TQLMS160a	18~29	1.1	389	7200	1000	6~7.5	2070×2050×1409
TQLZS200a	22~36	1.5	396	9000	1200	6~7.5	2070×2576×1409

4. TQLMz 型平面回转振动筛

TQLMz 型平面回转振动筛主要由机架、筛体、传动装置和垂直吸风分离器等部分组成，如图 2-20 所示。

TQLMz 型平面回转振动筛主要规格和技术参数如表 2-19 所示。

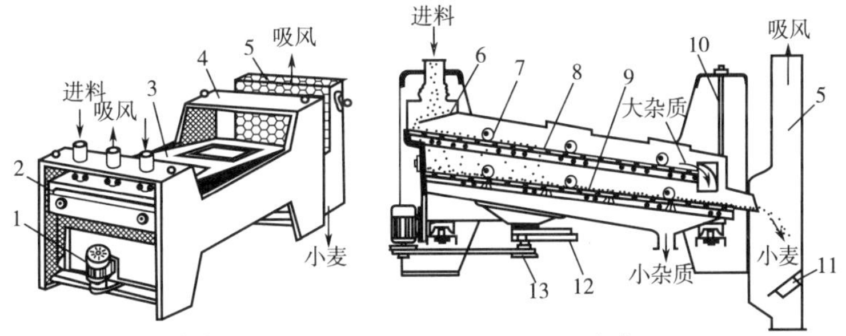

（1）　　　　（2）

图 2-20　TQLMz 型平面回转振动筛

（1）外形图（2）结构图

1—电动机　2—筛格抽出端　3—筛体　4—机架　5—垂直吸风道　6—可调分料板　7—筛面偏心压紧装置　8—第一层筛面　9—第二层筛面　10—吊挂钢丝绳　11—磁选装置　12—可调偏心块　13—塔形三角带

表 2-19　TQLMz 型平面回转振动筛主要规格和技术参数

项目	型号		
	TQLMz·80	TQLMz·100	TQLMz·125
产量/（t/h）	6	8	12
转速/（r/min）	300	400	500
筛面倾斜角/（°）	6	6	6
风压/Pa	441	539	588
风量/（m^3/min）	40~50	50~60	60~80
功率/kW	0.55	0.75	0.75
外形尺寸（长×宽×高）/mm	2158×1490×1100	2396×1690×1205	2660×1940×1205

5. TQLX 系列旋振筛

TQLX 系列旋振筛主要用于小麦的清理或分级。通过更换不同孔径的筛片，可清理小麦、玉米、稻谷、油料等多种颗粒状的物料，如图 2-21 所示。

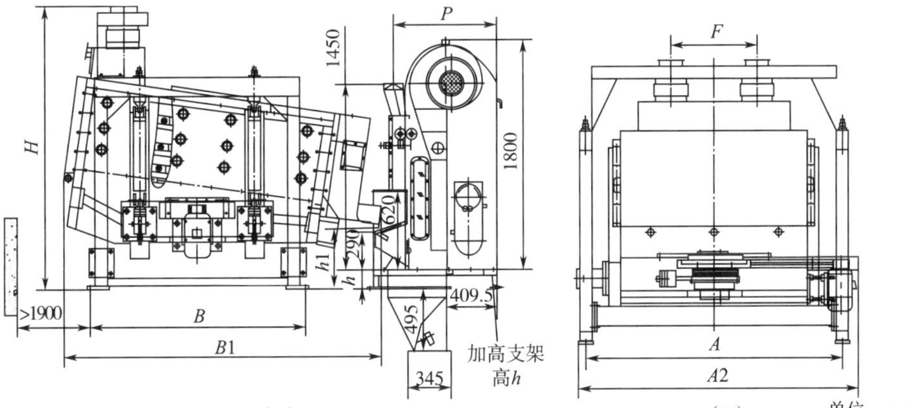

（1）　　　　（2）　　单位：mm

图 2-21　TQLX 系列旋振筛结构图

（1）主视图（2）左视图

TQLX 系列旋振筛主要规格和技术参数如表 2-20 所示。

表 2-20 TQLX 系列旋振筛主要规格和技术参数

型号	产量（小麦）/（t/h）	配备动力/kW	吸风量（吸风道）/（m^3/h）	质量/kg	筛面尺寸（宽×长）/mm	整机外形尺寸（长×宽×高）/mm
TQLX150×200B	20/35	4	115	2465	1500×2000	2551×2275×2210
TQLX150×250b	25/45	4	115	—	1500×2500	3051×2275×2105
TQLX150×250B	30/50	4	125	2620	1500×2500	3051×2275×2237
TQLX150×300B	36/60	4	125	—	1500×3000	3548×2275×2272
TQLX180×250	30/50	5.5	160	—	1800×2500	3046×2595×2105
TQLX180×250A	40/60	5.5	160	3000	1800×2500	3051×2595×2237
TQLX200×250	40/60	5.5	160	—	2000×2500	3052×2778×2105
TQLX200×250A	45/70	5.5	160	—	2000×2500	3051×2787×2237
TQLX200×300	50/80	7.5	170	—	2000×3000	3546×2787×2150
TQLX200×300A	70/110	7.5	170	3370	2000×3000	3546×2787×2272

6. LAAB 型组合清理筛

LAAB 型组合清理筛主要用于小麦的初清、清理以及分级，如图 2-22 所示。

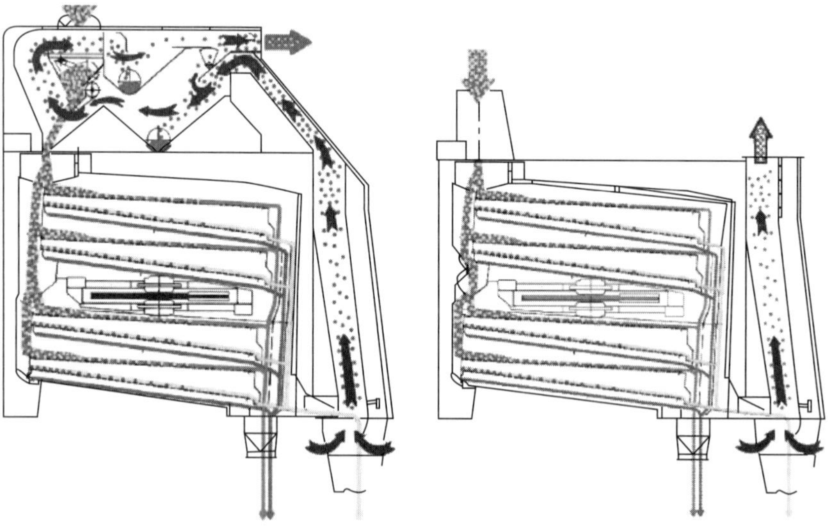

（1）　　（2）

图 2-22 LAAB 型组合清理筛结构图

（1）带吸风装置的 TAS 型（2）不带吸风装置的 TS 型

LAAB 型组合清理筛主要规格和技术参数如表 2-21 所示。

表 2-21 LAAB 型组合清理筛主要规格和技术参数

项目	型号			
	TAS/TS 152A-2	TAS/TS 154A-4	TAS/TS 204A-4	TAS/TS 206A-6
产量（小麦）/（t/h）	60	120	160	250
筛面长度/mm	1500	1500	2000	2000
筛网面积/m^2	12	24	32	48
大杂筛网面积/m^2	6	12	16	24
主筛网面积/m^2	6	12	16	24
电机功率				
筛箱体驱动/kW	2.2	3.0	3.0	3.0
分离器/kW	0.75	0.75	0.75	0.75
风量				
主吸风（900Pa）/（m^3/min）	140	195	260	390
筛箱体除尘（300Pa）/（m^3/min）	12	12	12	12
质量				
TAS/kg	~4800	~6600	~7800	~10300
TS/kg	~3800	~5600	~6800	~9300
外形尺寸（长×宽×高）				
TAS/mm	3300×2630×2500	3420×2630×3300	3420×3090×3300	3700×3170×4350
TS/mm	3300×2300×2050	3420×2300×2850	3420×2800×2850	3700×2800×3760

三、比重分选

比重分选是根据物料之间比重、容重、摩擦因数以及悬浮速度等物理性质的不同，利用它们在运动过程中产生的自动分级，借助适当的工作面进行分选的。

（一）比重去石机

1. 吹式比重去石机

QSC 型吹式比重去石机主要由进料装置、去石装置、传动机构、风机等部分组成，如图 2-23 所示。

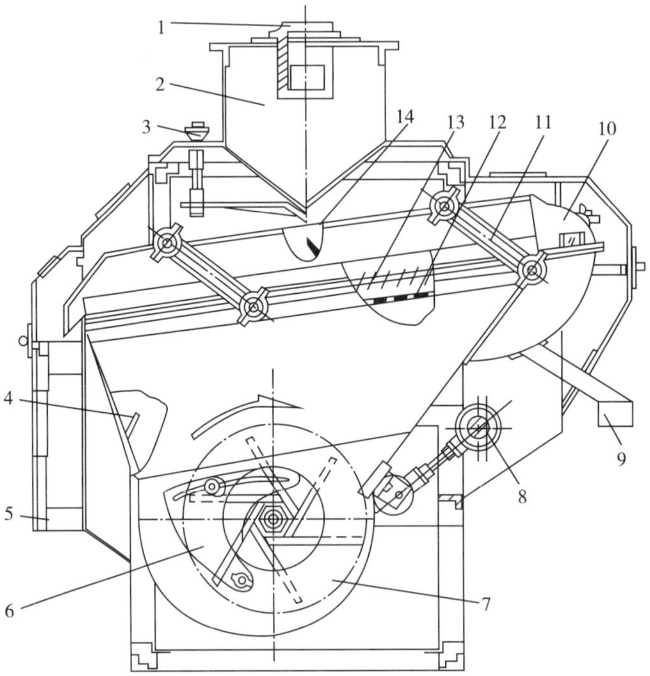

图 2-23 QSC 型吹式比重去石机结构图

1—进料口 2—缓冲匀料板 3—去石筛面 4—匀风板 5—吊杆
6—精选室 7—出石口 8—偏心传动机构 9—风机 10—风量调节装置
11—出料口 12—导风板 13—流量调节装置 14—进料斗

QSC 型吹式比重去石机主要规格和技术参数如表 2-22 所示。

表 2-22 QSC 型吹式比重去石机主要规格和技术参数

型号	筛面尺寸/mm	产量/（t/h）	振动频率/（次/min）	振幅/mm	功率/kW	鱼鳞孔形状	外形尺寸（长×宽×高）/mm
QSC・56	850×560	3.1	410	4.5	1.5	双面凸	1185×970×1260
QSC・75	1000×750	5.0	400	4.5	1.5	单、双面凸	1350×1300×1450
QSC・100	1200×1000	6.8	390	4.5	3.0	双面凸	1550×1480×1630

2. 吸式比重去石机

QSX 型吸式比重去石机主要由进料装置、筛体、偏心传动机构、吸风系统及机架等部分组成，如图 2-24 所示。

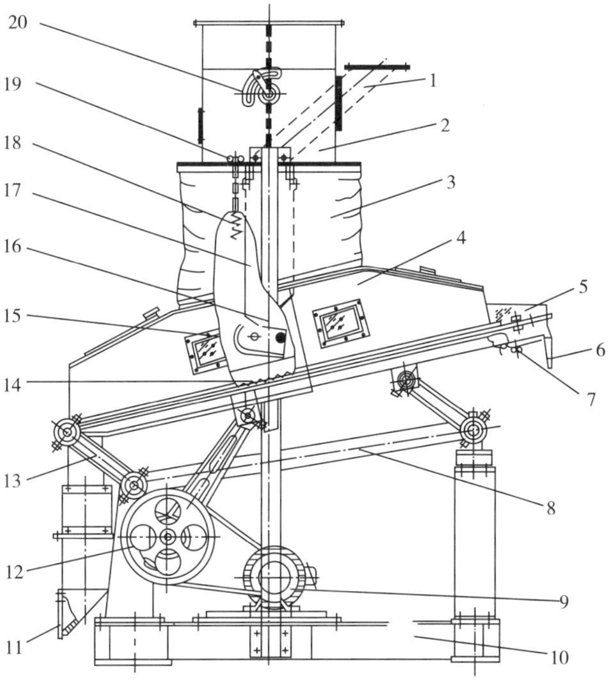

图 2-24 QSX 型吸式比重去石机结构图

1—进料管 2—吸风管 3—吸风软管 4—吸风罩 5—精选室 6—出石口
7—调风板 8—机架连杆 9—电机 10—底座 11—出料口
12—偏心传动机构 13—撑杆 14—去石筛面 15—缓冲槽 16—压力门
17—料斗 18—拉簧 19—拉簧调节螺母 20—调风门

QSX 型吸式比重去石机主要规格和技术参数如表 2-23 所示。

表 2-23 QSX 型吸式比重去石机主要规格和技术参数

型号	筛面尺寸（宽×长）/mm	产量/（t/h）	振动频率/（次/min）	振幅/mm	功率/kW	鱼鳞孔形状	机内阻力/Pa	风量/（m^3/h）	外形尺寸（长×宽×高）/mm
QSX·56	970×510	3~3.5	450~460	5	0.8	单面凸	147~245	2100~2300	1287×654×624
QSX·85	1175×800	5.5~6.3	450~460	5	0.8	单面凸	392~490	3200~3400	1514×974×1809
QSX·100	1175×950	6.5	450~460	5	0.8	单面凸	392~490	3800~4100	1514×1124×1809

3. TQSX 型吸式比重去石机

TQSX 型吸式比重去石机主要由进料装置、去石装置、支承机构和振动电机等部分组成，如图 2-25 所示。

TQSX 型吸式比重去石机主要规格和技术参数如表 2-24 所示。

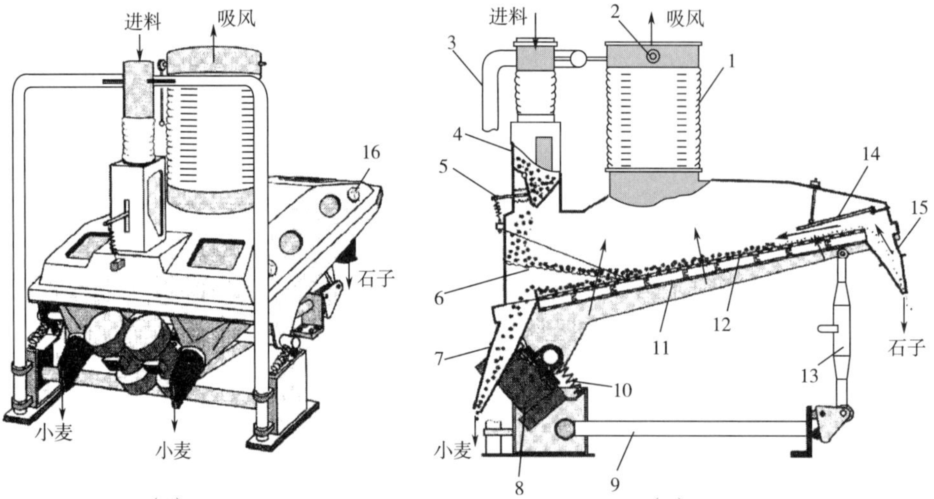

图 2-25　TQSX 型吸式比重去石机

（1）外形图（2）结构图

1—吸风软管　2—调风门　3—支架　4—喂料箱　5—进料压力门　6—预分级筛面　7—出料口　8—振动电机　9—机架　10—支撑弹簧　11—匀风板　12—去石筛面　13—可调撑杆　14—反吹风调风板　15—出石口　16—振动指示牌

表 2-24　　TQSX 型吸式比重去石机主要规格和技术参数

型号	筛面宽度/mm	产量/（t/h）	振幅/mm	功率/kW	机内阻力/Pa	风量/（m^3/h）	外形尺寸（长×宽×高）/mm
TQSX・66	660	3~5	3~5	0. 25	1176	2700	1255×785×1550
TQSX・132	1320	5~10	3~5	0. 25	1176	5400	1660×1418×1550
TQSX・190	1900	12~14	3~5	0. 3	1176	72	1705×2020×1530

4. 循环气流去石机

循环气流去石机主要由进料装置、去石装置、传动装置、气流循环系统和机架等部分组成，如图 2-26 所示。

循环气流去石机主要规格和技术参数如表 2-25 所示。

表 2-25　　循环气流去石机主要规格和技术参数

型号	筛面宽度/mm	产量/（t/h）	功率/kW		
			风机	振动电机	关风器
TQFX・65	650	5~7	4	0. 25×2	0. 25
TQFX・80	800	7~9	5. 5	0. 25×2	0. 25
TQFX・100	1000	9~12	7. 5	0. 25×2	0. 25
TQFX・125	1250	12~18	11	0. 37×2	0. 37

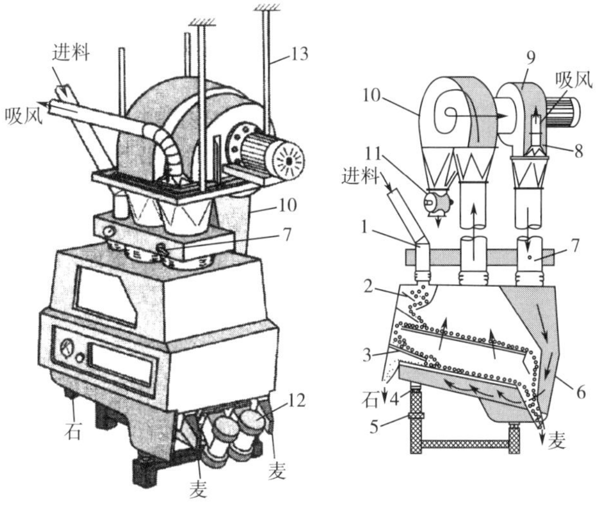

（1） （2）

图 2-26 循环气流去石机

（1）外形图（2）工作原理图

1—进料口 2—喂料机构 3—反吹风调风板 4—橡胶弹簧 5—筛面倾角调节机构 6—回风道 7—调风门 8—吸风调节门 9—风机 10—空气分离器 11—闭风器 12—振动电机 13—安装吊杆

（二）重力分级去石机

重力分级去石机主要由进料装置、去石装置、弹性支承机构、吸风装置和振动电机等部分组成，如图 2-27 所示。该设备进料口和吸风管连成一体由支架支承，与去石装置上吸风罩相连接。去石装置前端下部安装两台型号规格相同、相向运转的振动电机，驱动去石装置作往复直线运动。该装置由呈人字形排列的两组螺旋弹簧和一个高度可调的撑杆共同支撑，撑杆两端使用橡胶轴承连接。

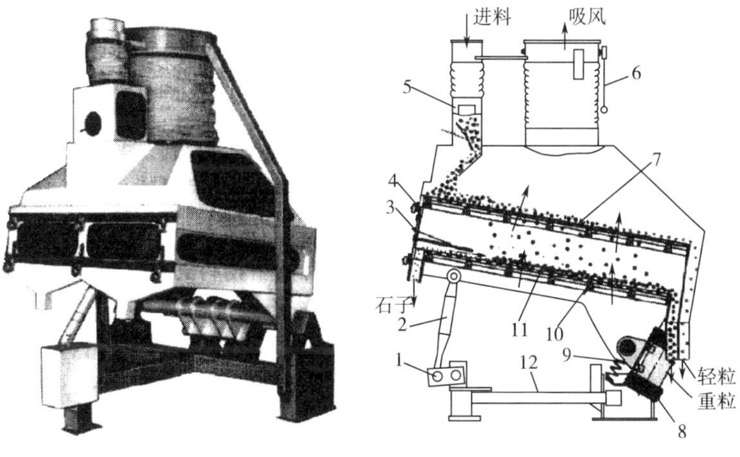

（1） （2）

图 2-27 重力分级去石机

（1）实物图（2）工作原理图

1—橡胶轴承 2—可调撑杆 3—反吹风调节 4—筛面压紧机构 5—进料箱 6—风门调节杆 7—分级筛面 8—振动电机 9—支撑弹簧 10—支撑木条 11—去石筛面 12—机架

重力分级去石机主要规格和技术参数如表 2-26 所示。

表 2-26 重力分级去石机主要规格和技术参数

型号	筛面宽/mm	产量/（t/h）	振动频率/（次/min）	振幅/mm	动力/kW	风量/（m^3/h）
TQSF·63	630	4~5	1000	3.5~5	2×0.25	5000
TQSF·80	800	8~9	1000	3.5~5	2×0.3	5000
TQSF·100	100	9~11	1000	3.5~5	2×0.4	7500
TQSF·125	125	11~16	1000	3.5~5	2×0.4	7500
TQSF·160	160	16~18	1000	3.5~5	2×0.4	7500

四、磁选

磁选是利用原粮与杂质的导磁性不同，对混入小麦中的磁性金属杂质进行分离去除的方法。

1. 磁筒

TCXT 型永磁筒由外筒体和磁体两部分组成，如图 2-28 所示，筒体由上下法兰盘连接在输送管道中，构成管道的一部分。磁体由一定数量的高效磁块装配在一起和不锈钢锥形罩筒组成磁体，磁体固定在外筒体的观察门上。工作时磁体位于筒体的中央。

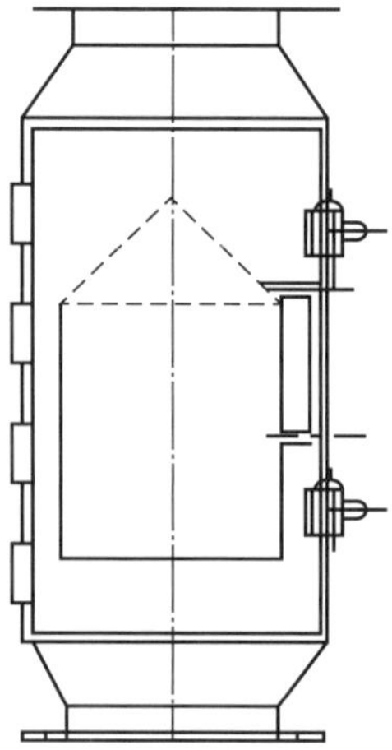

图 2-28　TCXT 型永磁筒结构图

TCXT 型永磁筒主要规格和技术参数如表 2-27 所示。

表 2-27　TCXT 型永磁筒主要规格和技术参数（磁块材料为锶钙铁氧体）

项目	型号				
	TCXT·12	TCXT·15	TCXT·20	TCXT·25	TCXT·30
进料口直径/mm	120	150	200	250	300
磁体直径/mm	128	155	220	260	300
磁体有效高度/mm	270	278	296	308	320
磁块规格（长×宽×高）/mm	65×35×18	65×38×18	65×35×18	60×38×18 85×65×18	60×38×18 85×65×18
磁块数量/块	30	40	40	20（小）40（大）	10（小）60（大）
磁极感应强度/mT	≥160	≥160	≥160	≥160	≥160
磁性铁质去除率/%	≥98	≥98	≥98	≥98	≥98
产量/（t/h）					
麸皮	0.5	1.0	2.0	3.0	4.5
小麦粉	1.0	2.0	4.0	6.0	9.0
小麦	1.5	3.0	6.0	10.0	17.5

续表

项目	型号				
	TCXT · 12	TCXT · 15	TCXT · 20	TCXT · 25	TCXT · 30
外形尺寸（长×宽×高）/mm	—	290×320×600	315×300×700	—	—
质量/kg	—	30	45	—	—

2. 磁力分选器

TCXP 型平板式磁力分选器主要由进料装置、永久磁钢、淌板和罩壳等部分组成，其结构如图 2-29 所示。进料装置为重锤压力门式。永久磁钢采用极高磁场强度的材料制成，它与非磁性体不锈钢固定在一起，形成淌板，并与罩壳的上底板紧密相连，组成一个平滑倾斜表面。磁钢淌板架在罩壳内壁悬臂伸出的小轴上，可以方便地取出，以便清理磁性杂质。

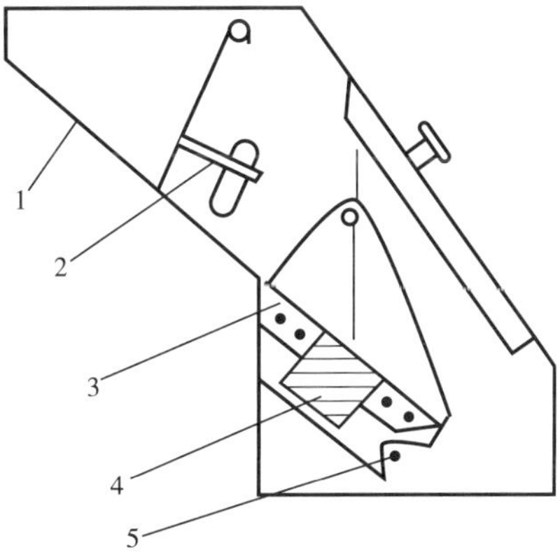

图 2-29　TCXP 型平板式磁力分选器结构图

1—罩壳　2—进料装置　3—淌板　4—永久磁钢　5—小轴

TCXP 型磁力分选器主要规格和技术参数如表 2-28 所示。

表 2-28　磁力分选器主要规格和技术参数（磁块材料为锶钙铁氧体）

项目	型号			
	TCXP · 20	TCXP · 30	TCXP · 40	TCXP · 50
小麦产量/（t/h）	8	10	14	18
小麦粉产量/（t/h）	5	8	12	16
进口尺寸（长×宽）/mm	300×255	320×255	360×255	400×255
外形尺寸（长×宽×高）/mm	410×360×280	380×465×380	490×525×450	590×525×450
机重/kg	20	23	42	50

3. 永磁滚筒

永磁滚筒的结构如图 2-30 所示，主要由筒体、永磁体等部分组成。

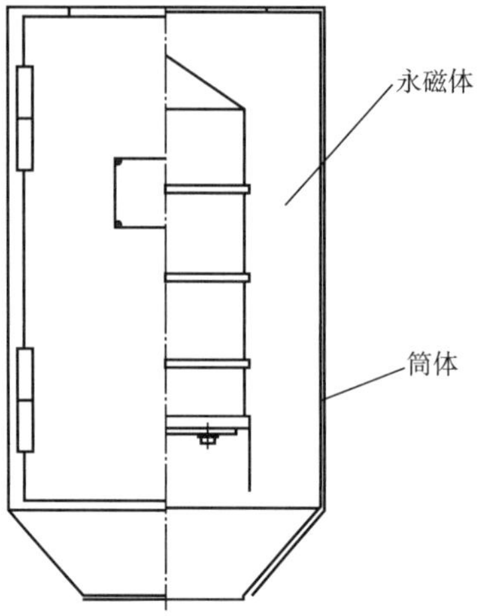

图 2-30 永磁滚筒结构图

永磁滚筒的主要规格及技术参数如表 2-29 所示。

表 2-29 永磁滚筒主要规格和技术参数

项目	型号					
	TXCY·12.5	TXCY·16	TXCY·20	TCXY·25	TXCY·50	TXCY·80
产量/（t/h）	2~4	5~6	6~8	6~6.5	20	50
滚筒尺寸（直径×长度）/mm	250×500	275×500	300×500	350×500	300×500	300×800
转速/（r/min）	38	38	38	38	38	38
功率/kW	0.55	0.55	0.55	0.55	0.75	0.75

4. QSX 型磁选机

QSX 型磁选机是一款磁铁体积小，但能有效分离铁性杂质的磁选设备，可用于清理或研磨前清除铁性杂质，如钉子、电线、螺钉等，如图 2-31 所示。

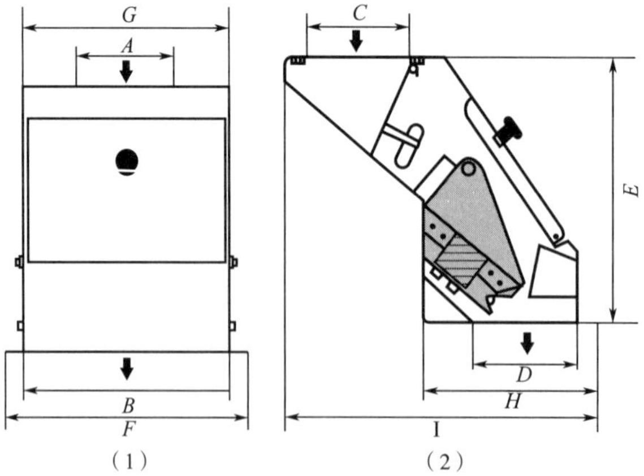

图 2-31 QSX 型磁选机结构图

（1）主视图（2）左视图

QSX 型磁选机主要规格和技术参数如表 2-30 所示。

表 2-30　QSX 型磁选机主要规格和技术参数

型号	A/mm	B/mm	C/mm	D/mm	E/mm	F/mm	G/mm	H/mm	I/mm	产量/（t/h）	质量/kg	
											净重	毛重
QSX・56	150	210	150	150	380	270	215	253	458	12	18	28
QSX・85	150	310	150	150	380	370	315	253	458	18	25	35
QSX・100	150	510	150	150	450	570	515	268	473	30	40	55

五、色选

色选是利用光电原理，从大量散装产品中将颜色不正常的或感受病虫害的个体（球、块或颗粒）以及外来夹杂物检出并分离的单元操作，如图 2-32 所示。

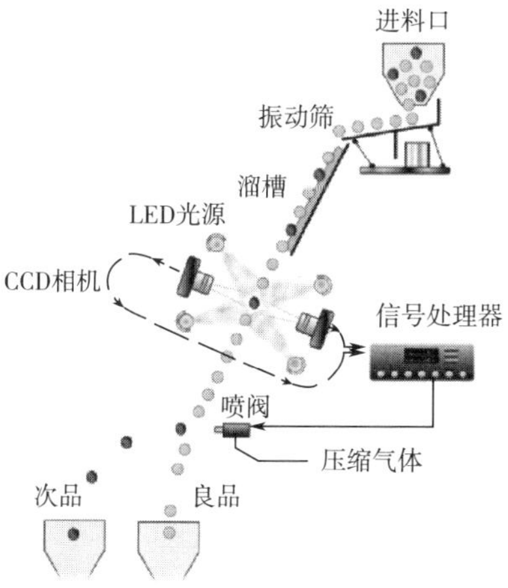

（1）

（2）

图 2-32　色选机原理及设备图

（1）工作原理图（2）实物图

色选机主要技术参数如表 2-31、表 2-32 所示。

第二节 表面清理

一、打击处理

打击是根据小麦和杂质的强度不同，在具有一定技术特性的工作筛筒内，利用高速

表 2-31 **色选机（小通道）主要技术参数**

项目	型号									
	6SXZ-126DC	6SXZ-189C	6SXZ-252DC	6SXZ-315C	6SXZ-378C	6SXZ-441C	6SXZ-504DC	6SXZ-630C	6SXZ-756C	6SXZ-1008
执行单元数/个	126	189	252	315	378	441	504	630	756	1008
电源电压/（V/Hz）	220/50									
电源功率/kW	1.5	2.1	2.7	3.3	3.8	4.4	5.0	6.2	7.6	10.0
气源压力/MPa	0.5~0.8									
光电探测方式	彩色线阵 CCD									
气源消耗/（L/min）	500~1000	800~1500	1000~2000	1300~2100	2000~3500	2500~4300	3000~4500	5000~6500	6200~7300	7000~7900
质量/kg	610	790	915	1070	1230	1360	1620	1910	2340	2900
外形尺寸（长×宽×高）/mm	1280×1520×2100	1600×1520×2100	1910×1520×2100	2230×1520×2100	2540×1520×2100	2850×1520×2100	3160×1520×2100	3790×1520×2100	2560×2800×1940	3180×2800×1940

表 2-32　色选机（大通道）主要技术参数

项目	型号									
	6SXZ-84C	6SXZ-126C	6SXZ-168C	6SXZ-210C	6SXZ-252C	6SXZ-294C	6SXZ-336C	6SXZ-420C	6SXZ-504C	6SXZ-672
执行单元数/个	84	126	168	210	252	294	336	420	504	672
电源电压/（V/Hz）	220/50									
电源功率/kW	1.5	2.1	2.7	3.3	3.8	4.4	5.0	6.2	7.6	10.0
气源压力/MPa	0.5~0.8									
光电探测方式	彩色线阵 CCD									
气源消耗/（L/min）	500~1000	800~1500	1000~2000	1300~2100	2000~3500	2500~4300	3000~4500	5000~6500	6200~7300	7000~7900
质量/kg	610	790	915	1070	1230	1360	1620	1910	2340	2900
外形尺寸（长×宽×高）/mm	1280×1520×2100	1600×1520×2100	1910×1520×2100	2230×1520×2100	2540×1520×2100	2850×1520×2100	3160×1520×2100	3790×1520×2100	2560×2800×1940	3180×2800×1940

旋转的打板对谷物进行打击，使小麦与打板、小麦与筛筒、小麦与小麦之间反复碰撞和摩擦，从而达到使小麦表面杂质与小麦分离的目的。

卧式打麦机是小麦打击处理的主要设备之一。该设备主要由打板、筛筒、传动机构和机架等部分组成，其结构如图 2-33 所示。

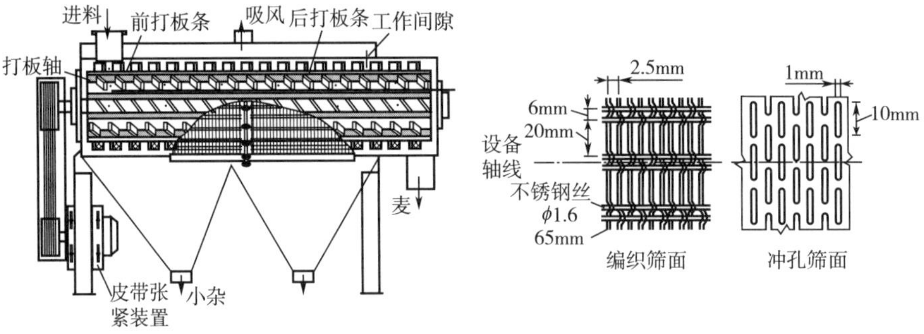

（1）　　（2）

图 2-33　卧式打麦机结构图

（1）卧式打麦机的结构图　（b）打麦机的筛面图

卧式打麦机主要规格和技术参数如表 2-33 所示。

表 2-33　卧式打麦机主要规格和技术参数

项目	型号				
	FDMW·30×60	FDMW·30×95	FDMW·30×150	FDMW·40×100	FDMW·40×150
产量/（t/h）	2~4	4~7	8~10	4~7	8~10
筛筒尺寸（直径×长度）/mm	300×600	300×950	300×1500	40×1000	40×1500
主轴转速/（r/min）	850~1200	850~1200	850~1200	850~1200	850~1200
打板线速/（m/s）	13~18	13~18	13~18	17	17
风量/（m^3/h）	500	600	600	600	600~800
功率/kW	4	5.5	7.5	11	15

MHXS 型打麦机主要用于小麦的一次清理和二次清理工序，清理杂质和附着的污染物（灰尘、砂粒、泥块、小籽粒等），其结构如图 2-34 所示。

MHXS 型打麦机主要规格和技术参数如表 2-34 所示。

表 2-34　MHXS 型打麦机主要规格和技术参数

型号	产量/（t/h）	尺寸/mm			质量/kg
		A	*B*	*C*	
MHXS-30/60	15	1210	600	1505	450
MHXS-45/80	15~30	1480	800	1675	700

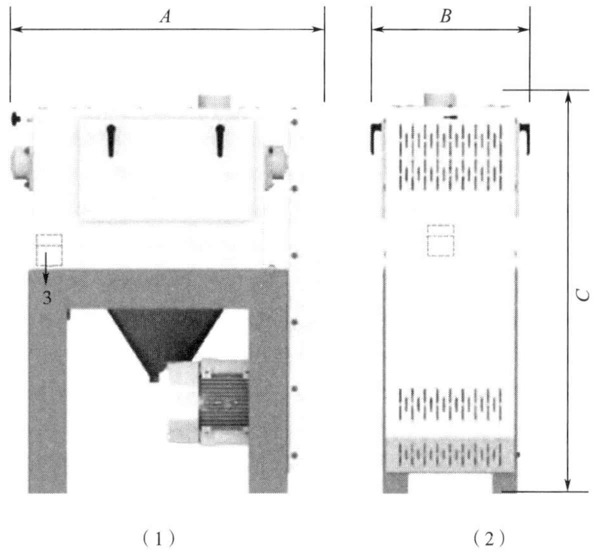

图 2-34　MHXS 型打麦机结构图

（1）主视图（2）右视图

二、碾刷清理

碾刷清理是近年来随着小麦制粉新工艺而出现的一种清理方法。它主要是通过碾刷、摩擦作用，清除小麦表面和腹沟的灰尘、细菌和麦毛，同时可碾去部分麦皮。

1. 高效卧式碾刷麦机

高效卧式碾刷麦机由机架、机体、进料口箱、筛筒、转子、外齿板、刷打板、固定齿板、出灰杂斗、出料斗、清理孔盖、扇形调节板、吸风口、机门和传动机构等组成，其结构如图 2-35 所示。

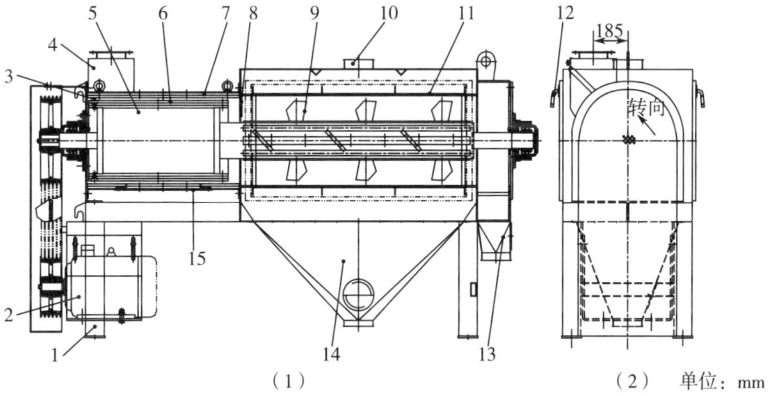

图 2-35　高效卧式碾刷麦机结构图

（1）主视图（2）左视图

1—机架　2—传动机构　3—机体　4—进料箱口　5—转子　6—外齿板　7—固定齿板　8—扇形调节板

9—刷打板　10—吸风口　11—筛筒　12—机门　13—出料斗　14—灰杂斗　15—清理孔盖

FNSM 系列高效卧式碾刷麦机主要规格和技术参数如表 2-35 所示。

表 2-35　FNSM 系列高效卧式碾刷麦机主要规格和技术参数

型号	碾筒径/mm	碾筒长/mm	产量/（t/h）	动力/kW	外形尺寸（长×宽×高）/mm
FNSM80	445	810	8~10	7.5~11	2694×835×1485
FNSM120	445	810	10~15	11~15	2694×835×1485
FNSM160	445	810	15~22	15~18.5	2694×835×1485

2. ZQMTK 型小麦柔性动能脱皮机

ZQMTK 型小麦柔性动能脱皮机是一种新型小麦籽粒表面清理设备，主要用于小麦制粉厂的清理工艺流程，其结构如图 2-36 所示。

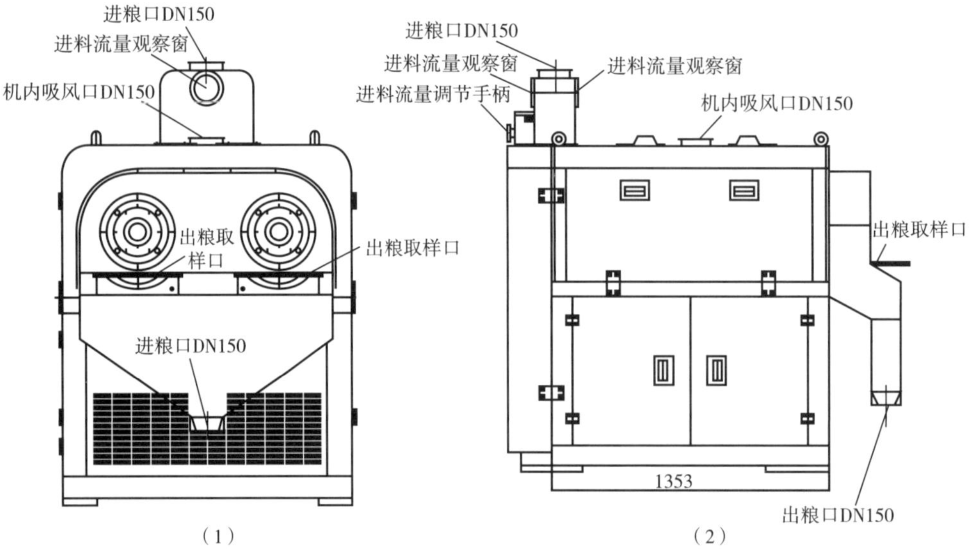

图 2-36　ZQMTK 型小麦柔性动能脱皮机结构图

（1）左视图（2）主视图

ZQMTK 型小麦柔性动能脱皮机主要规格和技术参数如表 2-36 所示。

表 2-36　ZQMTK 型小麦柔性动能脱皮机主要规格和技术参数

项目	型号		
	ZQMTK-B	ZQMTK-C	ZQMTK-C50
动力配备/kW	7.5×2	11×2	15×2
处理量/（t/h）	7~9	10~12	13~15
处理量/（t/d）	200	300	350
风量/（m^3/h）	500~1000	800~1200	800~1200

续表

项目	型号		
	ZQMTK-B	ZQMTK-C	ZQMTK-C50
质量（不含电机）/kg	1600	1950	1950
外形尺寸（长×宽×高）/mm	1734×1000×1633	1930×1330×1893	1930×1330×1893

第三节
小麦的水分调节

一、水分调节设备

1. ALMJ 着水机

ALMJ 着水机为双转子系统设计，主要应用于小麦加工的润麦着水工序，如图 2-37 所示。

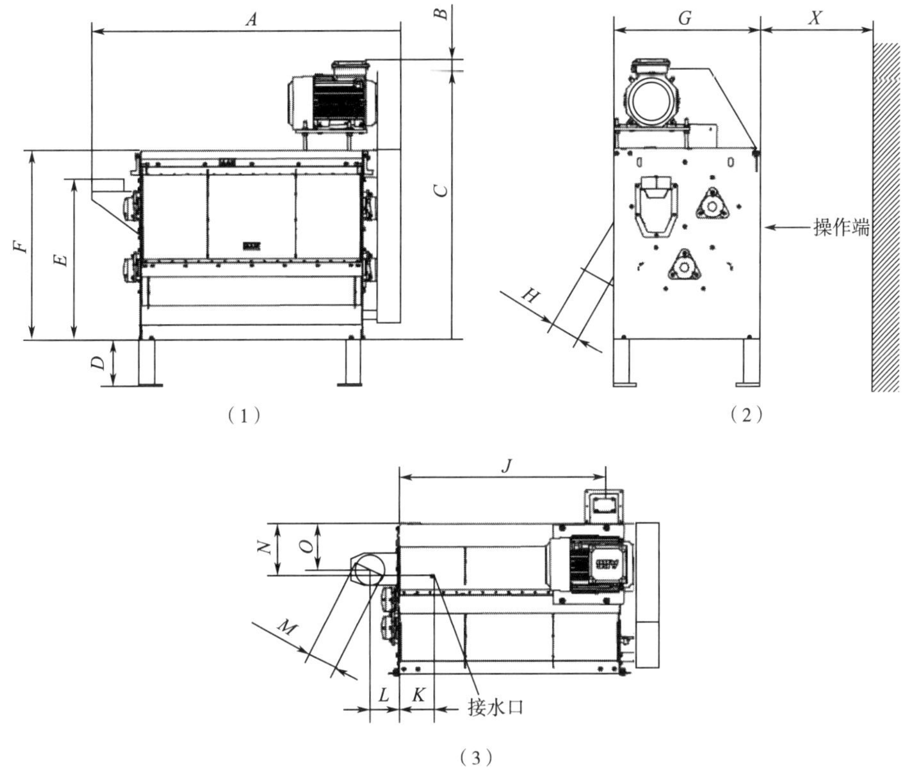

图 2-37 ALMJ 型着水机结构图

（1）主视图（2）左视图（3）俯视图

ALMJ 型着水机的主要规格和技术参数如表 2-37 所示。

表 2-37 ALMJ 型着水机主要规格和技术参数

项目	型号	
	ALMJ30/150	ALMJ45/150
尺寸/mm		
A	2035	2107
B	127	67
C	1200	1799
D	300~600	300~600
E	850	1077
F	960	1270
G	644	1000
H	130×150	180×180
J	1425	1425
K	230	230
L	156	206
M	150	200
N	210	340
O	180	300
X	≥1000	≥1000
产量/（t/h）	12~16	24~36
	16~24	36~48
功率/kW	5.5	11
	7.5	15
质量/kg		
净重	970	1430
毛重	1055	1615

2. MOZL 型强力着水机

MOZL 型强力着水机设计了双转子旋转系统，如图 2-38 所示，能够让水分快速均匀有效地渗透到粮食籽粒中，加水量可达到 7%，主要用于对小麦进行强力着水。

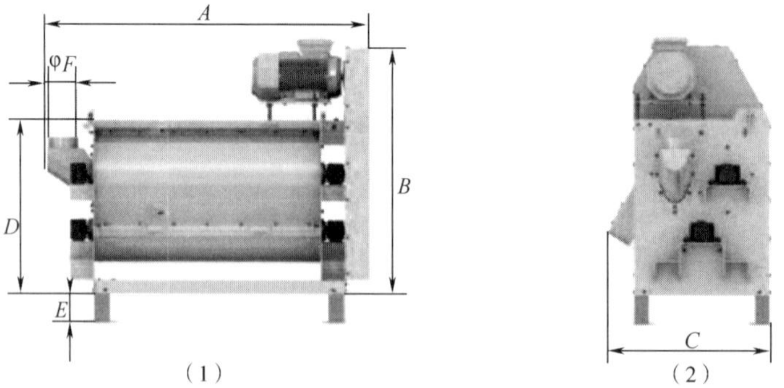

图 2-38 MOZL 型强力着水机结构图
（1）主视图（2）左视图

MOZL 型强力着水机的主要规格和技术参数如表 2-38 所示。

表 2-38　　MOZL 型强力着水机主要规格和技术参数

项目	型号					
	MOZL-30/100		MOZL-30/150		MOZL-45/150	
产量/（t/h）	1~8	8~12	12~16	16~24	24~36	36~48
电机功率/kW	4	5.5	5.5	7.5	11.0	15.0
尺寸/mm						
A	1565		2065		2165	
B	1330		1330		1790	
C	826		826		1227	
D	960		960		1260	
E	205~1505		205~1505		205~1505	
F	150		150		200	
质量/kg	760		970		1430	

二、润麦仓

小麦着水后，需要一定的时间让水分向小麦内部渗透以使小麦各部分的水分重新调整，这个过程在麦仓中进行，这种麦仓称作润麦仓。

润麦仓一般采用钢筋混凝土结构。仓的截面大都是方形的，一般润麦仓的截面为 2.5m×2.5m 或 3.0m×3.0m。仓的内壁要求光滑，仓的四角应做成 15~20cm 的斜棱，以减少麦粒膨胀结块的机会。由于湿麦的流动性差，仓底要做成漏斗形，斗壁与水平夹角一般为 55°~65°。润麦仓的出口有单出口和多出口两种。出料口大小为 250mm×250mm。为了便于进仓检查和清仓工作，仓顶应设进人孔，仓内壁设爬梯。进人孔一般为 600mm×600mm，爬梯通常采用预埋的铁爬梯，材料可用 $\phi16$~$\phi20$ 圆钢。为了及时了解和显示润麦仓中物料的多少，以利组织生产和实现生产过程的自动化，一般在仓的上部、中部和下部设置料位器。

为克服小麦入仓时产生自动分级现象，可在麦仓入口处装置分散器，如图 2-39 所示。在仓顶入口处下方，吊装圆锥形分散器，当麦粒进仓时，撞在圆锥上向四周流出，打破小麦的自动分级现象。

为克服小麦出仓时中心部位首先流出现象，一般采用多出口麦仓。多出口麦仓在一定程度上可以克服单出口润麦仓的后进先出缺陷，使仓四周的小麦和中心的小麦具有相同的流动特性，做到先进先出，防止产生自动分级，保证润麦时间和小麦品质的一致性。多出口润麦仓有 4 出口、9 出口、16 出口等几种形式，其结构如图 2-40 所示。每一个出口的溜管直径取 150mm 左右。所有溜管成一定斜度均匀分布在圆锥形汇集斗的圆周上。汇集斗的上部中心设置检查孔。每一根溜管上应设玻璃观察管，以观察溜管内物料的流动情况。汇集斗的结构如图 2-41 所示，汇集斗的参数如表 2-39 所示。

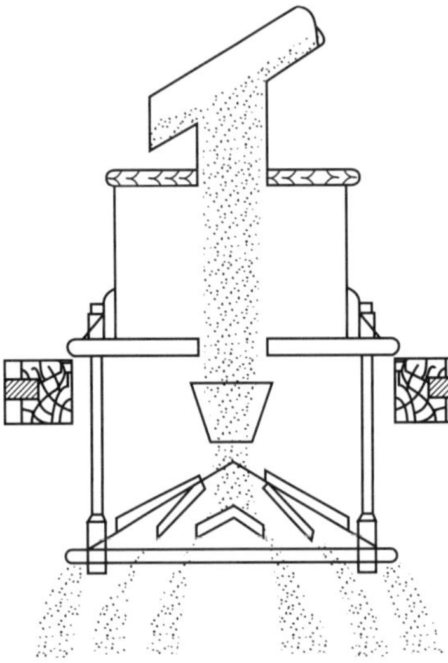

图 2-39　仓顶分散器图

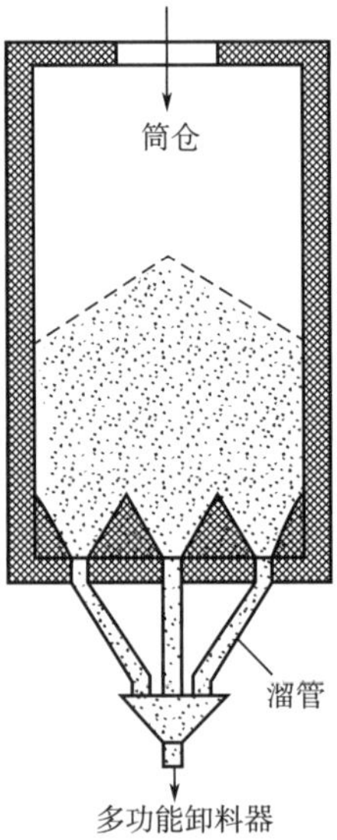

图 2-40　多出口润麦仓结构图

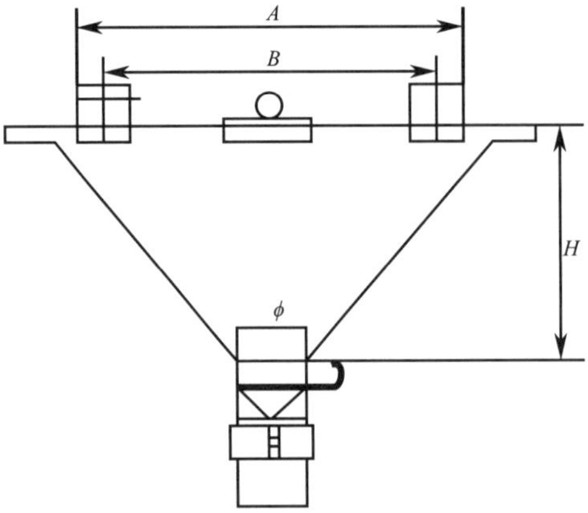

图 2-41　多出口润麦仓汇集斗结构图

表 2-39　多出口润麦仓汇集斗参数　单位：mm

型号	连接溜管数目/个	A	B	H	ϕ
MAK-120/3	3	800	450	322	120
MAK-120/4	4	800	450	322	120
MAK-120/5	5	800	450	322	120
MAK-120/6	6	800	450	322	120

续表

型号	连接溜管数目/个	A	B	H	ϕ
MAK-120/8	8	800	450	322	120
MAK-120/9	9	800	450	322	120
MAK-150/6	6	1200	900	508	150
MAK-150/9	9	1200	900	508	150
MAK-150/10	10	1200	900	508	150
MAK-150/12	12	1200	900	508	150
MAK-150/16	16	1200	900	508	150
MAK-150/20	20	1600	1250	708	150
MAK-120/24	24	1600	1250	708	150
MAK-150/25	25	1600	1250	708	150
MAK-200/6	6	1200	900	550	200
MAK-200/9	9	1200	900	550	200
MAK-200/10	10	1200	900	550	200
MAK-200/12	12	1200	900	550	200
MAK-200/16	16	1200	900	550	200
MAK-200/20	20	1600	1250	570	200
MAK-200/24	24	1600	1250	570	200
MAK-200/25	25	1600	1250	570	200

润麦仓容量的大小影响润麦时间的长短。应根据所需的润麦时间和生产线的产量来确定润麦仓容量的大小。每个润麦仓的仓容不宜过大、仓的数量不能太少，一个生产线至少要有 3 个润麦仓，以便各种小麦分开存放和周转。正常生产时，有一个仓在进麦，有一个仓在出麦，两个仓只起一个仓的作用。润麦仓的数量可按式（2-1）计算。

$$Z=Q\cdot t/V\cdot r+A/2 \tag{2-1}$$

式中 Z——润麦仓数量，个；

Q——产量，kg/h；

t——润麦时间，h；

V——每个仓的有效体积，m^3，约为实际体积的 80%；

r——小麦的容重，kg/m^3；

A——同时进、出仓的仓数，取最大数。

为了及时了解和显示润麦仓中物料的多少，以利组织生产和实现生产过程的自动化，必须在仓的上部、中部和下部设置料位器。料位器基本上分为接触式检测和非接触式检测两大类。接触式检测即检测时料位器探头与被测物料相接触，如：γ射线料位器、微波料位器、激光料位器、超声波料位器等，能随时测出料仓中料位的高度。

第四节 小麦的搭配

将多种不同类型的小麦按一定配比混合加工的方法称小麦搭配。将不同小麦分别加工成小麦粉，再按相应比例搭配混合的方法称小麦粉搭配。搭配是小麦制粉生产中的一个重要环节，与生产的稳定、加工成本的高低、产品的质量及质量的稳定以及经济效益的好坏等密切相关。小麦制粉厂均可进行小麦搭配，在小麦加工之前都必须预先制定出搭配方案。

小麦搭配一般采用计算和实验结合的方法确定搭配方案。

一、搭配工艺流程

小麦搭配可采用毛麦搭配、光麦搭配（润麦仓下搭配）等。

1. 毛麦搭配

制粉车间设置有毛麦仓的小麦制粉厂，可在毛麦仓下搭配混合。即先将准备进行搭配的小麦分别送到不同的毛麦仓中，按设定的搭配比例分别调整好出仓的小麦流量，然后同时开启几种搭配小麦的麦仓出口，出仓后的多种小麦送入螺旋输送机混合后进行小麦清理。

制粉车间毛麦仓数较少的情况下，若立筒库与主车间距离较近，可在立筒库下进行毛麦搭配，搭配方法同上。立筒库仓容大，调整搭配比例后可较长时间保持不变，但要注意配麦量与主车间生产量的衔接。

车间内无毛麦仓也无立筒库的小型小麦制粉厂，多在下粮井处进行简单的配麦。

毛麦搭配简单易行，可操作性强。不足之处在于水分不同、硬度不同的小麦需要不同的着水量和润麦时间；含杂种类和含杂量不同的小麦清理工序应有所侧重。而小麦混合后着水量和润麦时间相同，难以使不同小麦的制粉特性均达到最佳状态，清理杂质的难度相应增大。

2. 光麦搭配（润麦仓下搭配）

为避免上述毛麦搭配的弊端，一些小麦制粉厂将不同的小麦分别清理、着水和润麦之后，在润麦仓下进行搭配。毛麦清理阶段采用一条或两条平行的清理流程。

润麦仓下搭配的优点显而易见，使不同类型的小麦都达到适宜的制粉性能。不足之处也很明显：①需设置较多数量的润麦仓；②当只有一条清理线时，间歇式生产原料变换频繁；③操作管理难度增加。

工艺完善的小麦制粉厂，在毛麦仓和润麦仓下均可进行小麦搭配。生产过程中，可根据原料状况、成品的质量要求等灵活应用。为保证出仓小麦质量均衡，一般采用多出口麦仓。同一种小麦多仓同出，也有利于保证小麦质量的稳定。

二、典型搭配设备

小麦搭配时，需将分别存入不同麦仓中的若干种小麦按预定搭配比例同时放出，控制各麦仓出口小麦流量的设备为配麦器。配麦器一般放置在麦仓出口下方、螺旋输送机之上，按不同比例出仓的多种小麦经螺旋输送机混合均匀。配麦器有容积式和重力式两种形式。

1. 容积式配麦器

（1）容积式配麦器的结构　容积式配麦器主要由转子、机壳和配比插板组成。图 2-42所示为 TPLR 型容积式配麦器的结构图。

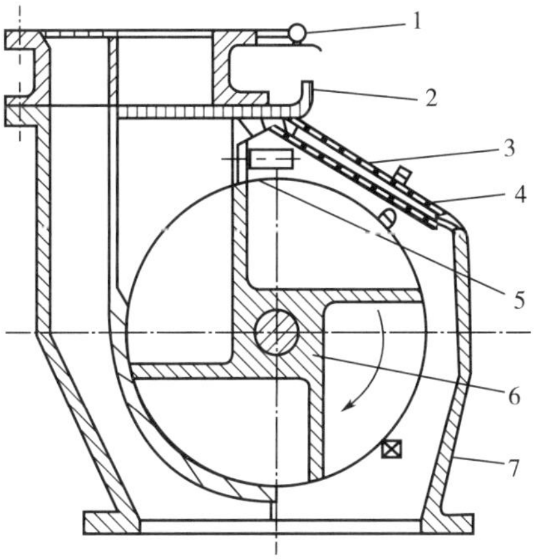

图 2-42　TPLR 型容积式配麦器结构图

1—总开启插板　2—配比插板　3—观察窗　4—安全网罩　5—刮板
6—定量转子　7—箱体

（2）容积式配麦器的流量　小麦从进料口落入转子和机壳之间的工作空间内，随着转子转动至下方出料口排出，其流量的计算公式如下：

$$G=n\times i\times\varphi\times\gamma \tag{2-2}$$

式中　G——容积配麦器流量，kg/h；

n——转子转速，r/min；

i——配麦器工作容积，L/r；

φ——充满系数，小麦一般取 0.8；

γ——小麦容重，g/L。

由上式可知：容积配麦器的流量与配麦器的转子转速、工作容积、充满系数和小麦容重有关，并随上述参数的增大而增大。

TPLR 型容积配麦器的主要技术参数如表 2-40 所示。

表 2-40　TPLR 型容积式配麦器的主要技术参数

项目	型号	
	TPLR30	TPLR20
叶轮直径/mm	300	200
容积/（L/r）	17	5
最大转速/（r/min）	40	50
最大产量/（t/h）	50	20
配麦精度/%	±2	±2
功率/kW	0.75	0.75
外形尺寸（长×宽×高）/mm	780×440×506	780×360×406

2. 重力式配麦器

重力式配麦器又称流量控制器，主要由微电脑智能测控系统、气动控制系统和机械执行机构组成。微电脑智能测控系统包括流量感应板、重力传感器和智能控制仪表，其中智能控制仪表与主机分开安装，可同时控制几个重力式配麦器，设定和控制不同麦仓的出料流量。气动控制系统包括气泵、电磁阀及节流阀等，用来控制进料闸门的开启程度。

TKZL 型重力配麦器的结构如图 2-43 所示。

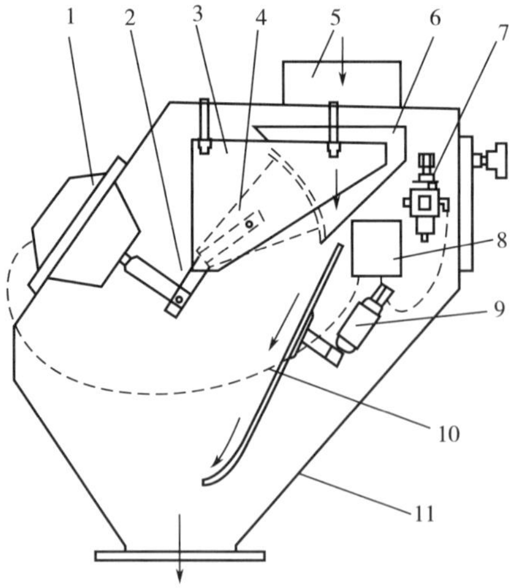

图 2-43　TKZL 型重力配麦器结构图

1—气泵　2—连接板　3—支撑架　4—闸门　5—进料口　6—料斗　7—减压阀
8—气动控制箱　9—传感器　10—流量感应板　11—箱体

TKZL 型重力配麦器的主要技术参数如表 2-41 所示。

表 2-41 TKZL 型重力配麦器的主要技术参数

型号	流量控制/（t/h）	精度（设定值）/%	功率/kW	工作气压/MPa
TKZL	1~10，10~20	±1	0.04	0.3~0.6

第三章
小麦制粉

第一节 研磨

一、研磨的基本方法与原理

（一）研磨的基本原理

研磨的基本原理是：通过对小麦的挤压、剪切、摩擦和剥刮作用，使小麦逐步破碎，从皮层将胚乳逐步分离并磨制成粉。研磨时应尽量保持小麦皮层的完整，以保证小麦粉的质量。

（二）研磨的基本方法

研磨的基本方法有挤压、剪切、剥刮和撞击四种。

1. 挤压

挤压是通过两个相对的工作面同时对小麦或在制品施加压力，使其破碎的研磨方法。在皮磨系统中，挤压力通过外部的麦皮一直传到位于中心的胚乳，麦皮与胚乳的受力是相等的，但由于小麦籽粒的各个组成部分的结构强度有很大的差别，所以在受到挤压力以后，胚乳破碎而麦皮却仍然保持相对完整，因此在皮磨系统中挤压研磨的效果比较好。水分不同的小麦籽粒，麦皮的破碎程度以及挤压所需要的力会有所不同。一般而言，使小麦籽粒破坏的挤压力比剪切力要大得多，所以挤压研磨的动耗比较大。

2. 剪切

剪切是通过两个相向运动的磨齿锋面对小麦籽粒施加剪切力，使其断裂的研磨方法。剪切比挤压更容易使小麦籽粒破碎，所以剪切研磨所消耗的能量较少。小麦籽粒最初受到剪切作用的是麦皮，随着麦皮的破裂，胚乳也逐渐暴露出来并受到剪切作用。因此，剪切作用能够同时将麦皮和胚乳破碎，从而使小麦粉中混入麸星，降低了小麦粉的加工精度。剪切作用是产生剥刮作用的基础，所以剪切研磨一般用于皮磨系统。

3. 剥刮

在挤压和剪切的综合作用下产生的摩擦力，通过带有特殊磨齿形状并在一定速比下，对小麦籽粒产生擦撕，此即为剥刮。剥刮的作用是在保持麸皮完整的情况下，实现胚乳和麦皮最大限度的分离，以生产出更加纯净的麦心和粗粉，提高小麦粉的出粉率和质量。

4. 撞击

通过高速旋转的部件对物料的打击，使物料与工作部件之间、物料之间反复碰撞、摩擦，使物料破碎的方法，撞击的强度根据打击工作面的尖锐程度和转速的不同而变化，不同的物料需要不同的撞击强度。

二、研磨工艺效果的评定

磨粉机的研磨工艺效果通常以剥刮率、出粉率和粒度曲线进行评定。

（一）剥刮率

剥刮率是指一定数量的物料经某道皮磨系统研磨、筛理后，穿过粗筛的数量占物料总量的百分比。生产中常以穿过粗筛的物料流量与该道皮磨系统的入磨物料流量或1皮磨物料流量的比值来计算剥刮率，占本道的称为相对剥刮率，占1皮的称为绝对剥刮率，1皮系统的相对剥刮率和绝对剥刮率是一样的。例如，取100g小麦，经1皮磨研磨之后，用20W的筛子筛理，筛出物为35g，则1皮磨的剥刮率为35%。

在测定除1皮以外其他皮磨的相对剥刮率时，由于入磨物料中可能已含有可穿过粗筛的物料，所以实际剥刮率应按式（3-1）计算：

$$K = \frac{A - B}{1 - B} \times 100\% \tag{3-1}$$

式中　K——该道皮磨系统的剥刮率,%；

A——研磨后粗筛筛下物的物料量,%；

B——物料研磨前，已含可穿过粗筛的物料量,%。

例如，取入磨前物料200g，经2皮的粗筛筛理后，筛下物为8g；取2皮磨后物料200g，经2皮的粗筛筛理后，筛下物为130g，则2皮的剥刮率为：

$$\frac{65\% - 4\%}{1 - 4\%} = 63.5\%$$

2皮系统占1皮的剥刮率可用下式计算：

2皮占1皮剥刮率=本道剥刮率%×（100-1皮的剥刮率）%

3皮占1皮的剥刮率可用下式表示：

3皮系统占1皮剥刮率=本道剥刮率%×（100-1皮的剥刮率-2皮的剥刮率）%

同理在进行流量平衡和设备分配时，相对剥刮率也可用下式得到：

2皮占本道剥刮率=［2皮占1皮的剥刮率%÷（100-1皮的剥刮率）%］

3皮占本道剥刮率=［3皮占本道的剥刮率%÷（100-1皮的剥刮率-2皮的剥刮率）%］

剥刮率的大小与磨辊的参数配备、磨粉机的操作（如流量、轧距）以及小麦的工艺品质都有关系，皮磨剥刮率的控制对在制品的数量和质量以及物料的平衡有很大影响，因此剥刮率常用于考察皮磨的操作。测定皮磨系统剥刮率的筛号一般为20W。

（二）出粉率

出粉率是指物料经某道系统研磨后，粉筛的筛下物流量占本道系统流量或1皮磨流量的百分比，其计算方法与剥刮率类似，应按式（3-2）计算：

$$L = \frac{A - B}{1 - B} \times 100\% \tag{3-2}$$

式中 L——该道研磨系统的出粉率,%;

A——研磨后物料的含粉率,%，即粉筛筛下物的物料量与取样量之比;

B——入磨物料的含粉率,%，即物料研磨前，已含可穿过粉筛的物料量与取样量之比。

例如，取某研磨系统入磨前物料 100g，经粉筛筛理后，筛下物为 10g；取研磨后物料 200g，经粉筛筛理后，筛下物为 56g，则该道磨粉机研磨系统的出粉率为：

$$\frac{28\% - 10\%}{1 - 10\%} = 20\%$$

如果入磨物料不含粉，则出粉率可直接以研磨后物料的含粉率（A）代替。为便于比较，测定各系统的出粉率的筛号一般为 12XX（112μm），企业也可根据采用工艺中所配筛网测定出粉率。

（三）粒度曲线

粒度曲线能够完整反映磨粉机研磨的工艺效果，它是以物料粒度为横坐标，以大于这种粒度的物料的百分比为纵坐标，将物料粒度和物料百分比在直角坐标中相应的点连接起来所形成的曲线。图 3-1 所示为流量法测定的 4 皮磨粒度曲线，表 3-1 为流量分布情况。

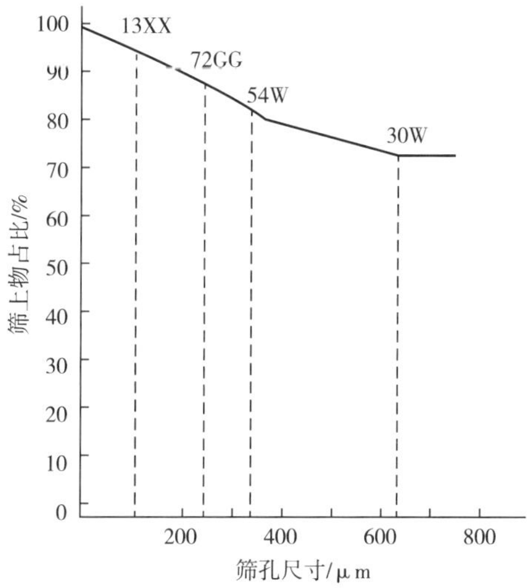

图 3-1 流量法测定的 4 皮磨粒度曲线

表 3-1 4 皮磨流量分布情况

筛绢配备	流量/（kg/h）	占总流量百分比/%	累计百分比/%
30W 以上	1165.5	73.0	73.0
54W 以上 30W 以下	126.8	7.9	80.9
72GG 以上 54W 以下	139.0	8.7	89.6
13XX 以上 72GG 以下	88.6	5.6	95.2
13XX 以下	76.4	4.8	100
合计	1596.3	100.0	—

小麦制粉厂在生产时，要经常对几道主要研磨系统尤其是前路皮磨系统的研磨效果进行测定分析，以指导和校正工艺操作。1 皮磨理论粒度曲线如图 3-2 所示。

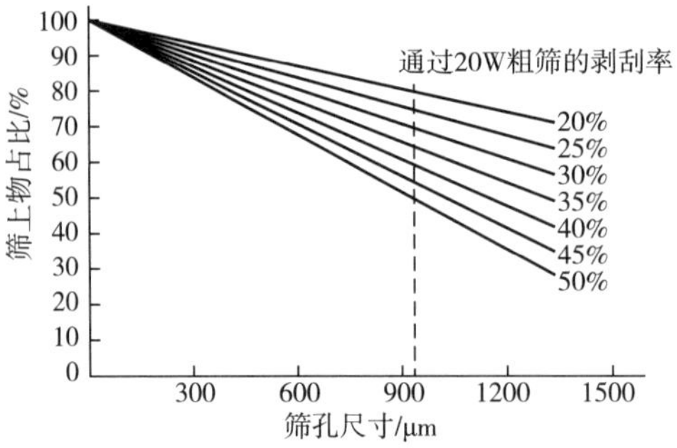

图 3-2　1 皮磨理论粒度曲线

三、辊式磨粉机的工作原理及分类

（一）辊式磨粉机的工作原理

辊式磨粉机的工作原理是利用一对相向差速转动的等径圆柱形磨辊，对均匀进入研磨区的小麦产生一定的挤压力和剪切力，由于两辊转速不同，所以小麦在经过研磨区时，受到挤压、剪切、剥刮等综合作用，使物料破碎。

小麦进入研磨区后，在两辊的夹持下快速向下运动。由于两辊的速差较大，紧贴小麦侧的快辊速度较高，使小麦加速，而紧贴小麦另一侧的慢辊则对小麦的加速起阻滞作用，这样在小麦和两个辊之间都产生了相对运动和摩擦力，从而使麦皮和胚乳受剥刮分开。

（二）辊式磨粉机的分类

磨粉机的发展经历了从单式到复式，从手动控制到气动、电动控制，从小型到大型的发展历程。目前使用的磨粉机种类较多，按不同的分类方法有以下几种类型。

（1）按磨辊长度不同分为大、中、小型三种。磨辊长度为 1500mm、1250mm、1000mm、800mm，磨辊直径为 250 ~ 300mm 的为大型磨粉机；磨辊长度为 600mm、500mm、400mm，磨辊直径为 220 ~ 250mm 的为中型磨粉机；磨辊长度为 350mm、300mm、200mm、磨辊直径为 180~220mm 的为小型磨粉机。

（2）按磨辊的对数分为单式和复式两种。单式磨粉机只有一对磨辊，复式磨粉机有两对以上的磨辊。目前大中型磨粉机均为复式，有四辊磨和八辊磨两种。

（3）按磨辊的放置方式分为平置磨辊和斜置磨辊两种。平置磨辊磨粉机的两辊轴线在同一水平面上；而斜置磨辊磨粉机的两辊轴线在一倾斜面上，斜面的倾角一般为

20°~45°。

（4）按控制方式可分为手动控制、液压控制、气压控制和电动控制四种。目前，手动控制和液压控制的磨粉机已被淘汰，大多数小麦制粉厂正在使用的是气压和电动磨粉机。

四、典型磨粉机的技术参数

（一）MDDR/MDDT 型磨粉机技术参数

MDDR/MDDT 型磨粉机如图 3-3 所示，具体参数如表 3-2 所示。

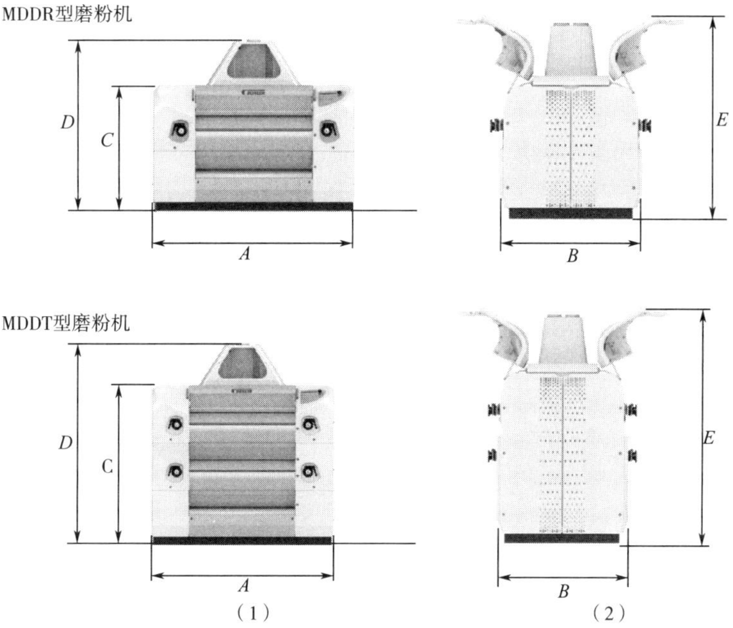

图 3-3 MDDR/MDDT 型磨粉机

（1）主视图（2）左视图

表 3-2 MDDR/MDDT 型磨粉机参数

型号	磨辊长度/mm	尺寸/mm					质量/kg	体积/m^3
		A	*B*	*C*	*D*	*E*		
MDDR ϕ250	600	1522	1350	1212	1694	1842	2400~2800	4.0
	1000	1922	1350	1212	1694	1842	2900~3300	5.1
	1250	2172	1350	1212	1694	1842	3200~3700	5.7
	1500	2422	1350	1212	1694	1842	3500~4000	6.5
MDDR ϕ300	1000	1922	1550	1212	1694	1842	3400~3800	5.9
	1250	2172	1550	1212	1694	1842	3800~4300	6.7

续表

型号	磨辊长度/mm	尺寸/mm					质量/kg	体积/m^3
		A	*B*	*C*	*D*	*E*		
MDDT ϕ250	1000	1922	1350	1754	2236	2384	5150~5600	8.9
	1250	2172	1350	1754	2236	2384	6150~6300	10.2
	1500	2422	1350	1754	2236	2384	6800~7000	11.3
MDDT ϕ300	1000	1922	1550	1754	2236	2384	6500~6600	10.0
	1250	2172	1550	1754	2236	2384	7250~7400	11.3

（二）MDDP 型四辊磨粉机技术参数

MDDP 型四辊磨粉机结构如图 3-4 所示，具体参数如表 3-3 所示。

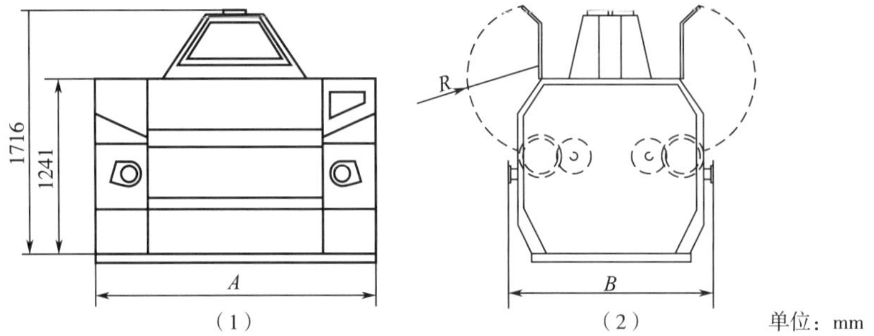

图 3-4　MDDP 型四辊磨粉机结构图

（1）主视图（2）左视图

表 3-3　MDDP 型四辊磨粉机参数

型号	磨辊直径/mm	磨辊长度/mm	尺寸/mm			近似质量/kg		包装体积/m^3
			A	*B*	*R*	净重	毛重	
MDDP 800/250	250	800	1610	1493	535	2650	2990	7.6
MDDP 1000/250	250	1000	1810	1493	535	2930	3290	7.8
MDDP 1000/300	300	1000	1810	1693	565	3600	3900	8.5
MDDP 1250/250	250	1250	2060	1493	535	3430	3800	8.3
MDDP 1250/300	300	1250	2060	1693	565	3960	4260	9.5

（三）MDDQ 型八辊磨粉机技术参数

布勒 MDDQ 型八辊磨粉机结构如图 3-5 所示，具体参数如表 3-4 所示。

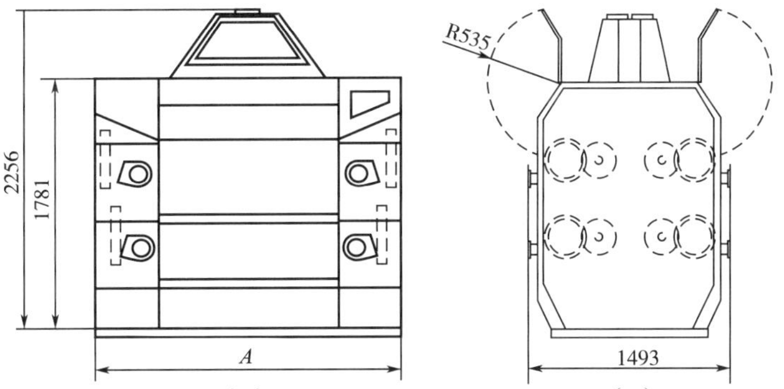

（1）　（2）　单位：mm

图 3-5　MDDQ 八辊磨粉机结构图

（1）主视图（2）左视图

表 3-4　MDDQ 八辊磨粉机参数

型号	磨辊直径/mm	磨辊长度/mm	A/mm	近似质量/kg		包装体积/m³
				净重	毛重	
MDDQ 1000/250	250	1000	1810	2930	3290	7.8
MDDQ 1250/250	250	1250	1810	3600	3900	8.5

（四）MDDY 型、MDDZ 型磨粉机技术参数

MDDY 型、MDDZ 型磨粉机，磨辊长度为 600mm、1000mm、1250mm、1500mm，磨辊直径为 250mm 和 300mm。磨粉机如图 3-6 所示，具体参数如表 3-5 所示。

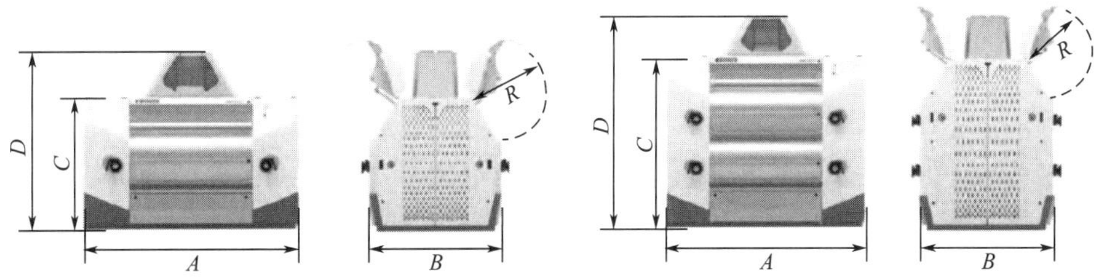

（1）　（2）　（3）　（4）

图 3-6　MDDY 型、MDDZ 型磨粉机

（1）MDDY 型磨粉机主视图（2）MDDY 型磨粉机左视图（3）MDDZ 型磨粉机主视图（4）MDDZ 型磨粉机左视图

表 3-5　MDDY 型、MDDZ 型磨粉机参数

型号	磨辊直径/mm	磨辊长度/mm	尺寸/mm					质量/kg	体积/m³
			A	*B*	*C*	*D*	*R*		
四辊磨粉机	250	600	1570	1336	1318	1793	650	2450	7.5

续表

型号	磨辊直径/mm	磨辊长度/mm	尺寸/mm					质量/kg	体积/m^3
			A	*B*	*C*	*D*	*R*		
四辊磨粉机	250	1000	1970	1336	1318	1793	650	2900	8
四辊磨粉机	250	1250	2220	1336	1318	1793	650	3400	8
四辊磨粉机	250	1500	2470	1336	1318	1793	650	3900	8.5
四辊磨粉机	300	1000	1970	1536	1322	1796	672	3400	8.5
四辊磨粉机	300	1250	2220	1536	1322	1796	672	3950	9.5
八辊磨粉机	250	1000	1970	1336	1858	2333	650	5100	9
八辊磨粉机	250	1250	2220	1336	1858	2333	650	5900	9.5
八辊磨粉机	250	1500	2470	1336	1858	2333	650	6500	9.5

（五）MMT 型磨粉机

1. MMT 型磨粉机主要特点

（1）三轮系齿楔带传动，齿楔带弹性张紧装置能自动补偿带的微量变化，提高带的使用寿命；

（2）微调轧距结构简单省力，小气缸锁紧手轮面板按键控制，方便快捷；

（3）整机为复式全封闭结构，安全美观，表面处理采用静电喷涂工艺；

（4）伺服喂料装置电控与气控两种选择方式，气控随动结构，可根据料位高低自动调节喂料门开启度，电控传感器控制结构，可根据料位高低调节喂料转速，稳定喂料；

（5）负压吸风装置，可改善喂料状况，降低磨辊及物料温度，提高研磨效率。

2. MMT 型磨粉机主要技术参数

MMT 型磨粉机，磨辊长度为 800mm、1000mm、1250mm，磨辊直径为 250mm。磨粉机结构如图 3-7～图 3-9 所示，具体参数如表 3-6 所示。

表 3-6 MMT 型磨粉机主要技术参数

项目	型号		
	MMT25/125	MMT25/100	MMT25/80
磨辊（直径×长度）/mm	ϕ250×1250	ϕ250×1000	ϕ250×800
磨辊使用范围/mm	ϕ250～ϕ230		
快辊转速/（r/min）	450～650		

续表

项目		型号		
		MMT25/125	MMT25/100	MMT25/80
快慢辊速比		1.25∶1　1.5∶1　2∶1　2.5∶1		
喂料辊速比		1∶1　1.4∶1　2∶1		
半部配备功率	电动机	6 级		
	功率/kW	37、30、22、18.5、15、11、7.5、5.5		
主传动轮	直径/mm	ϕ360		
	槽型槽数	15N（5V）型　6 槽　4 槽		
气路工作压力/MPa		0.6		
外形尺寸（长×宽×高）/mm		2060×1422×1997	1810×1422×1997	1610×1422×1997
质量（约）/kg		4000	3300	3000

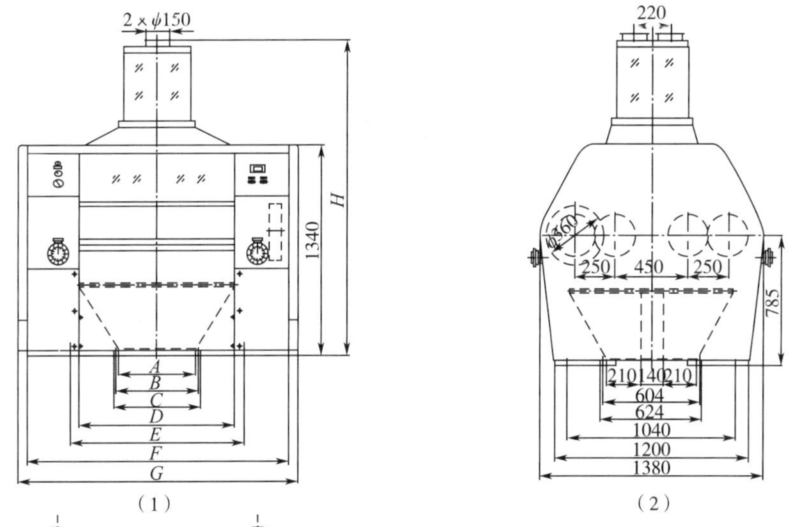

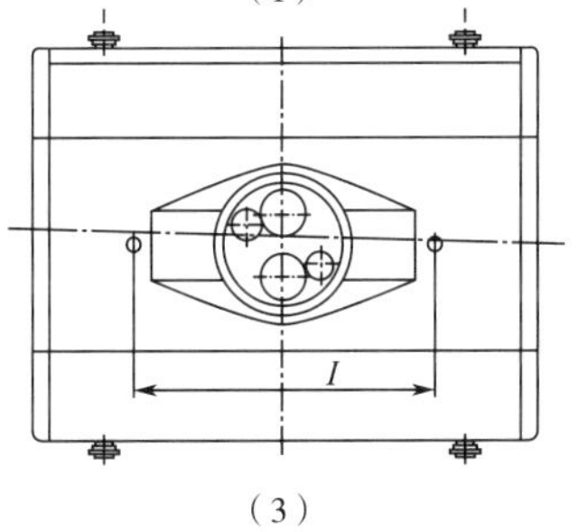

磨粉机尺寸表

单位：mm

型号	A	B	C	D	E	F	G	H	I
MMT 25/125	800	844	864	1260	1380	1960	2060	2040	1336
MMT 25/100	500	544	564	1010	1130	1710	1810	2005	1086
MMT 25/80	500	544	564	810	930	1510	1610	1965	886

图 3-7　MMT25/125 型，MMT25/100 型，MMT25/80 型磨粉机结构图

（1）主视图（2）左视图（3）俯视图

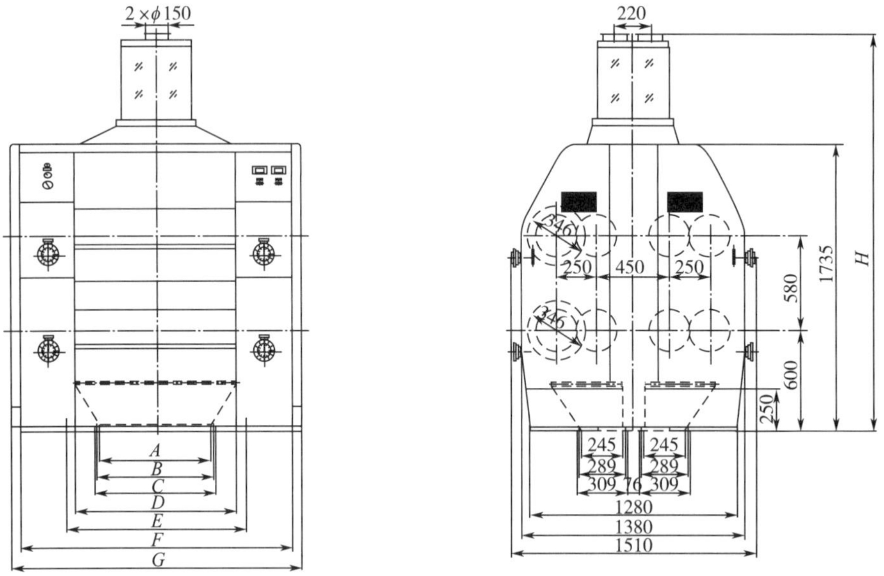

（1）　　　　　　　　　　　　（2）

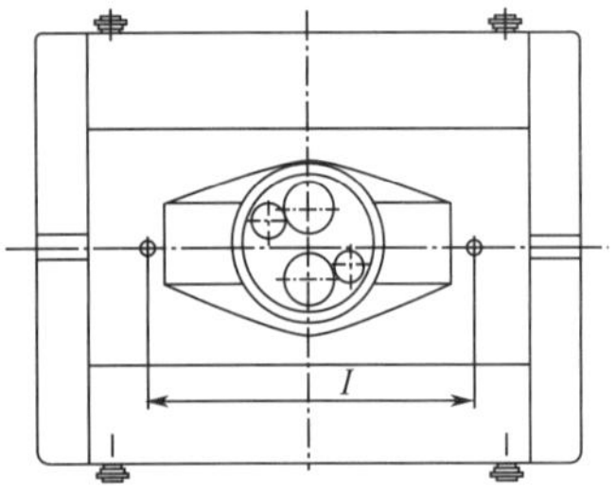

（3）

磨粉机尺寸表

单位：mm

型号	A	B	C	D	E	F	G	H	I
MMTL 25/125	800	844	864	1260	1380	1960	2060	2435	1336
MMTL 25/100	690	734	754	1010	1130	1710	1810	2400	1086
MMTL 25/80	690	544	564	810	930	1510	1610	2360	886

图 3-8　MMTL 25/125 型，MMTL 25/100 型，MMTL 25/80 型磨粉机结构图

（1）主视图（2）左视图（3）俯视图

（六）MMR 型智能磨粉机

1. MMR 型磨粉机主要特点

（1）整体外形流线型设计，采用新型玻璃钢整体压铸工艺；

（2）前面板整体旋转上翻，拆卸磨辊方便快捷；

（3）喂料单元独立翻转，方便清理喂料腔中结垢；

（4）磨辊整体支承结构，可实现模块快速拆装；

（5）接触物料部件为食用级不锈钢材质；

（6）控制系统为料位传感，触摸屏智能人机交换界面，参数设置、监测显示更直观，远程控制，自动检测报警，自动化程度高；

（7）整体铸铁底座，平稳减振降噪。

2. MMR 型磨粉机主要技术参数

MMR 型磨粉机，磨辊长度为 800mm、1000mm、1250mm、1500mm，磨辊直径为

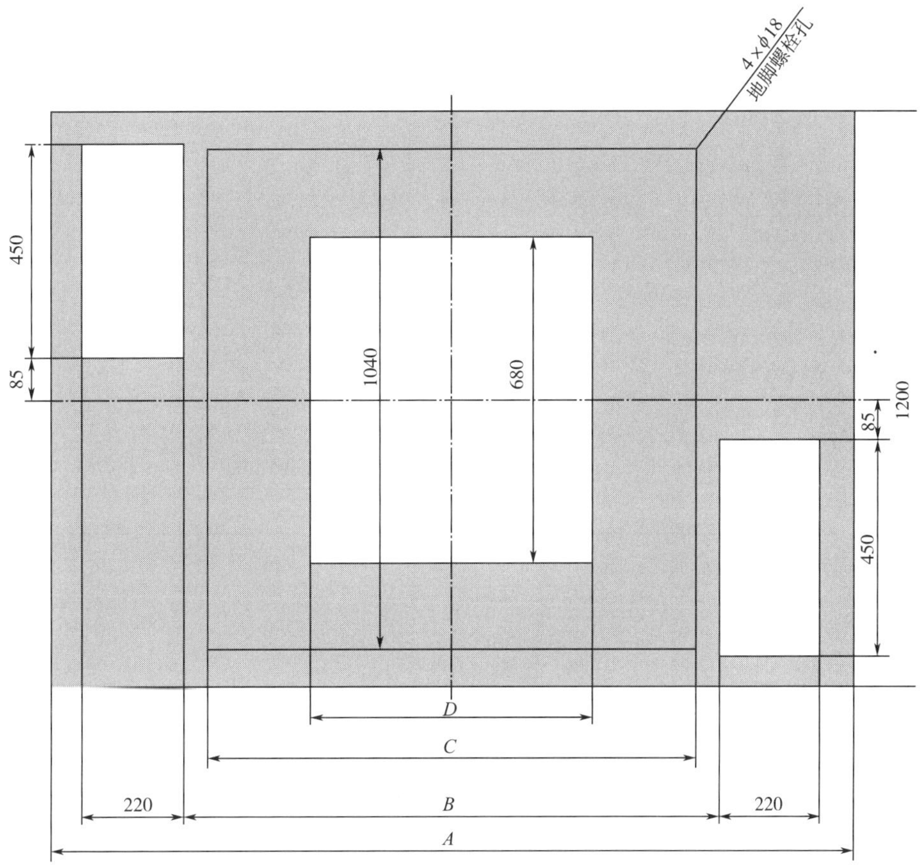

预留洞孔尺寸表　单位：mm

型号	A	B	C	D
MMT•25/125	2060	1480	1380	900
MMT•25/100	1810	1230	1130	600
MMT•25/80	1610	1030	930	600

图 3-9　MMT 25 型磨粉机预留洞孔图

250mm。磨粉机结构如图 3-10~图 3-13 所示，具体参数如表 3-7 所示。

表 3-7　MMR 型磨粉机主要技术参数

项目	型号		
	MMR25/1250	MMR25/1000	MMR25/800
磨辊（直径×长度）/mm	ϕ250×1250	ϕ250×1000	ϕ250×800
磨辊使用范围/mm	ϕ250~ϕ230		
快辊转速/（r/min）	450~650		

续表

项目		型号		
		MMR25/1250	MMR25/1000	MMR25/800
快慢辊速比		1.25∶1　1.5∶1　2∶1　2.5∶1		
喂料辊速比		1∶1　1.4∶1　1.5∶1　1.67∶1　2∶1		
半部配备功率	电动机	6 级		
	功率/kW	37、30、22、18.5、15、11、7.5、5.5		
主传动轮	直径/mm	ϕ360		
	槽型槽数	15N（5V）型　4 槽		
气路工作压力/MPa		0.6		
外形尺寸（长×宽×高）/mm		2060×1478×1895	1810×1478×1895	1610×1478×1895
质量（约）/kg		3800	3200	2700

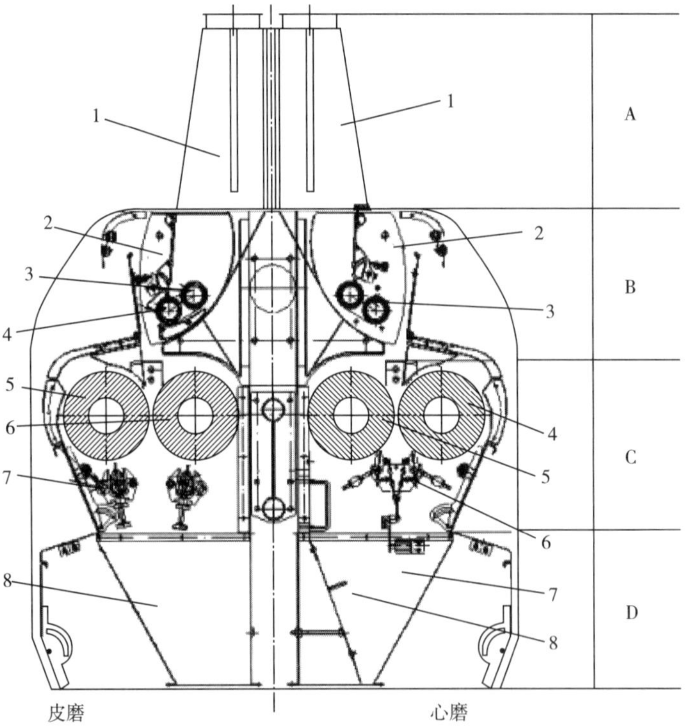

区域划分：
A—进料区　　C—研磨区
B—喂料区　　D—卸料区

图 3-10　MMR 型磨粉机结构图

皮磨　1—观察筒　2—喂料单元整体翻转机构（皮）　3—绞龙　4—喂料辊　5—快辊　6—慢辊　7—毛刷清理机构　8—下料斗

心磨　1—观察筒　2—喂料单元整体翻转机构（心）　3—喂料辊　4—快辊　5—慢辊　6—毛刷清理机构　7—下料斗　8—负压吸风装置

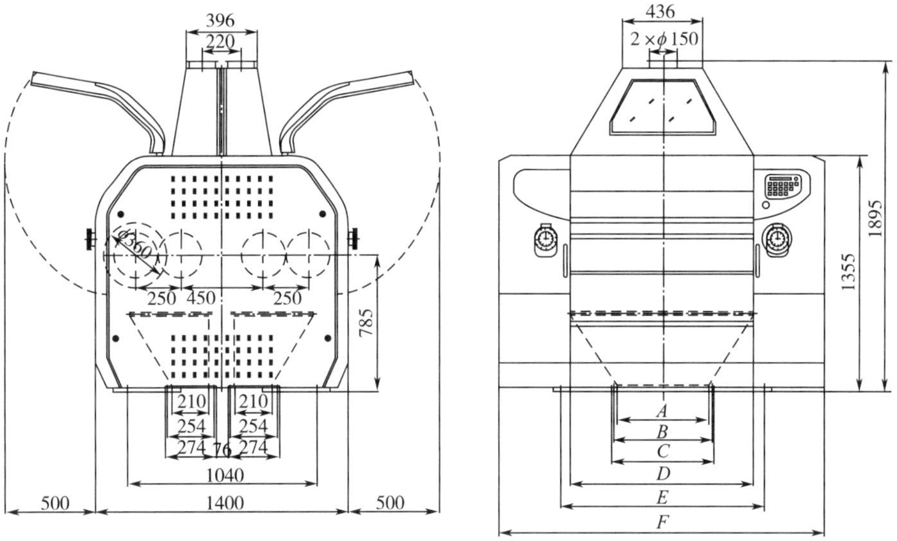

（1）　　　　　　　　　　（2）

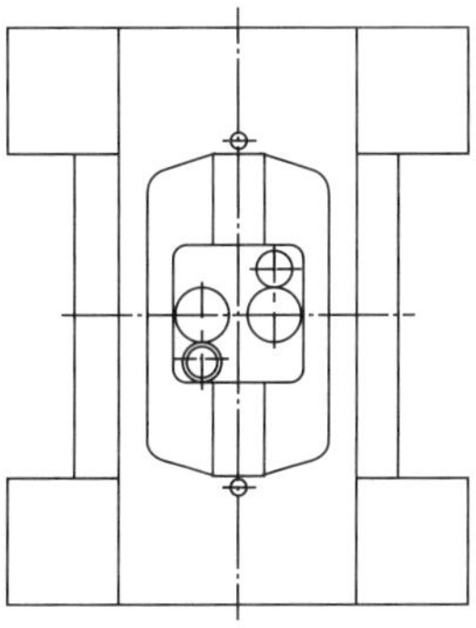

（3）

磨粉机尺寸表　　单位：mm

型号	A	B	C	D	E	F
MMR 25/125	800	844	864	1260	1380	2060
MMR 25/100	500	544	564	1010	1130	1810

图 3-11　MMR25/125 型，MMR25/100 型四辊磨粉机结构图

（1）主视图（2）左视图（3）俯视图

（七）全智能 SYNTHESIS SY09 型磨粉机

1. SYNTHESIS SY09 型磨粉机特点

（1）喂料系统采用先进的变频调速喂料，配置报警装置；

（2）喂料辊可以横向拉出，便于喂料辊的清理及更换喂料辊，省时又省力；

（3）磨粉机外壳主体部分采用挤压铝，设备的散热性能好；

（4）接触物料部分采用不锈钢材质，减少铁锈对小麦粉的污染，使小麦粉的色泽更自然；

（5）传动采用双楔带传动；

（6）磨粉机规格系列全面：磨辊长度 800mm、1000mm、1250mm、1500mm；磨辊直径 250mm 和 300mm。

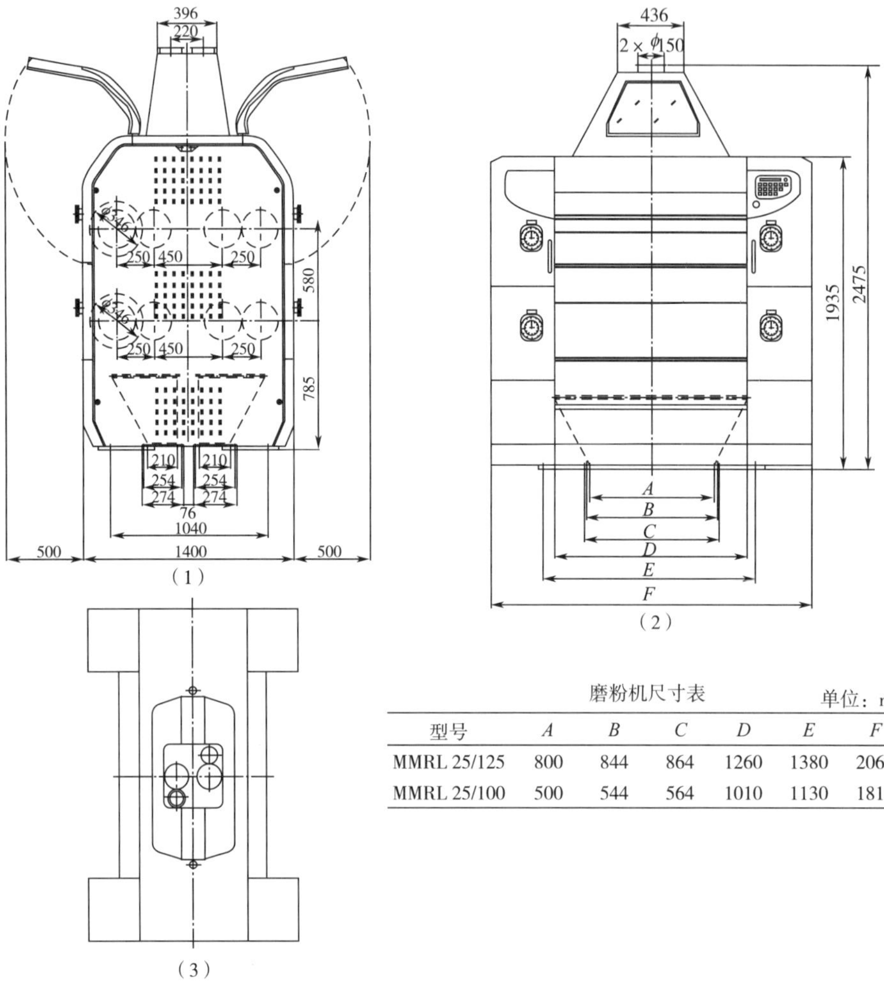

磨粉机尺寸表　　单位：mm

型号	*A*	*B*	*C*	*D*	*E*	*F*
MMRL 25/125	800	844	864	1260	1380	2060
MMRL 25/100	500	544	564	1010	1130	1810

图 3-12　MMRL 25/125 型，MMRL 25/100 型八辊磨粉机结构图

（1）主视图（2）左视图（3）俯视图

2. SYNT 型八辊磨粉机外观及技术参数

SYNT 型八辊磨粉机，磨辊长度为 800mm、1000mm、1250mm、1500mm，磨辊直径为 250mm 和 300mm。磨粉机如图 3-14，图 3-15 所示，技术参数及尺寸如表 3-8 所示。

表 3-8　SYNT 型八辊磨粉机技术参数及尺寸

自动型型号	手动型型号	*A*/mm	*B*/mm	质量/kg
80/25-8A	80/25-8M	1940	810	5400
100/25-8A	100/25-8M	2140	1010	6000
125/25-8A	125/25-8M	2390	1260	6600
100/30-8A	100/30-8M	2140	1010	7000
125/30-8A	125/30-8M	2390	1260	7700
150/30-8A	150/30-8M	2640	1510	9250

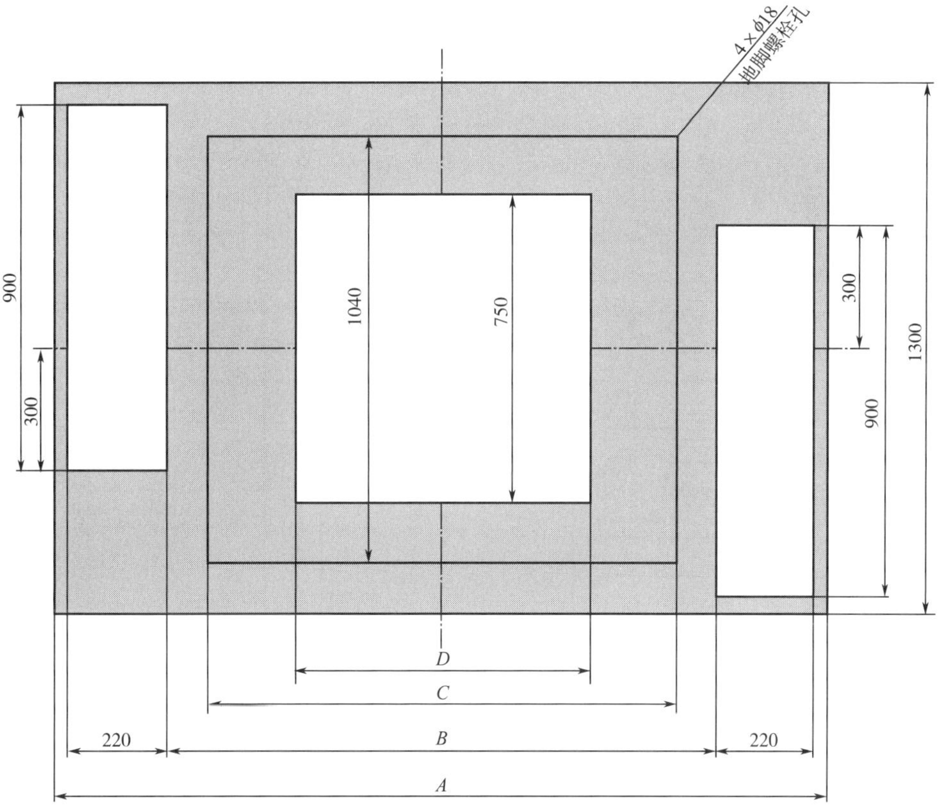

预留洞孔尺寸表　　单位：mm

型号	*A*	*B*	*C*	*D*
MMR、MMRL、MMTL•25/125	2090	1580	1380	900
MMR、MMRL、MMTL•25/100	1840	1330	1130	600

图 3-13　MMR25 型，MMRL25 型，MMTL25 型磨粉机预留洞孔图

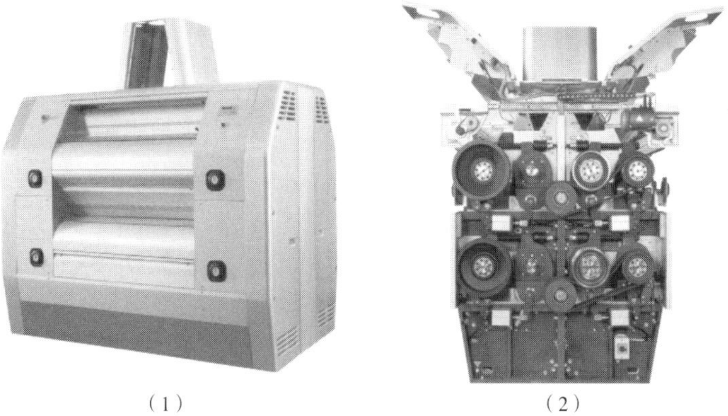

（1）　（2）

图 3-14　SYNT 型八辊磨粉机

（1）外观图（2）内部构造图

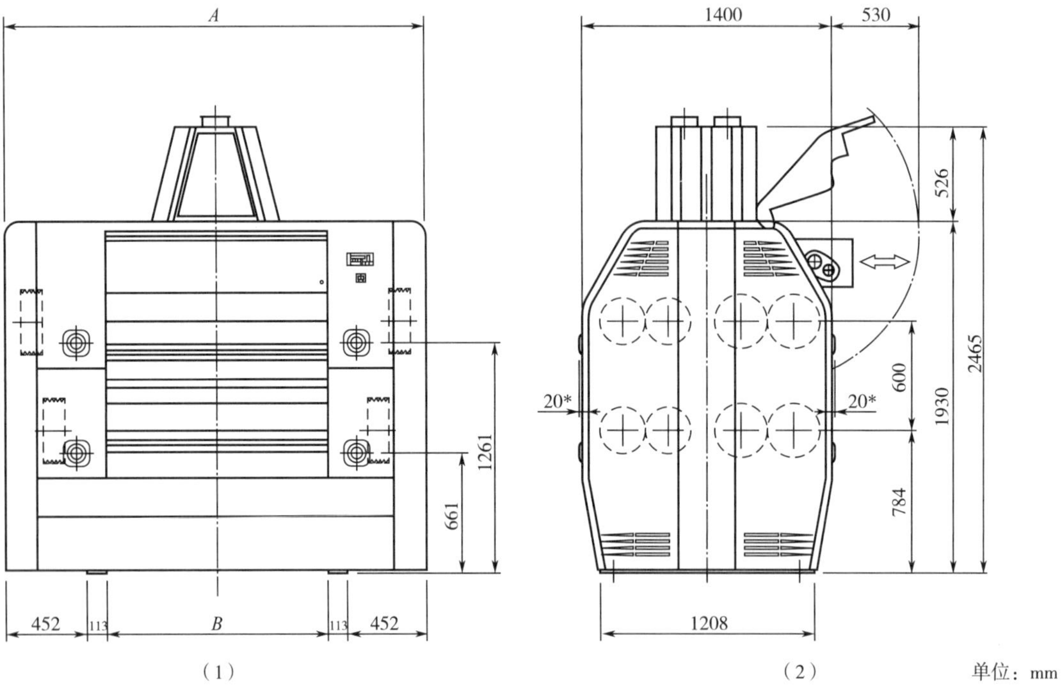

图 3-15　SYNT 型八辊磨粉机结构图

（1）主视图（2）左视图

（注：加“＊”为手动型型号特有）

3. SYNT 型四辊磨粉机外观及技术参数

磨粉机如图 3-16，图 3-17 所示，技术参数及尺寸如表 3-9 所示。

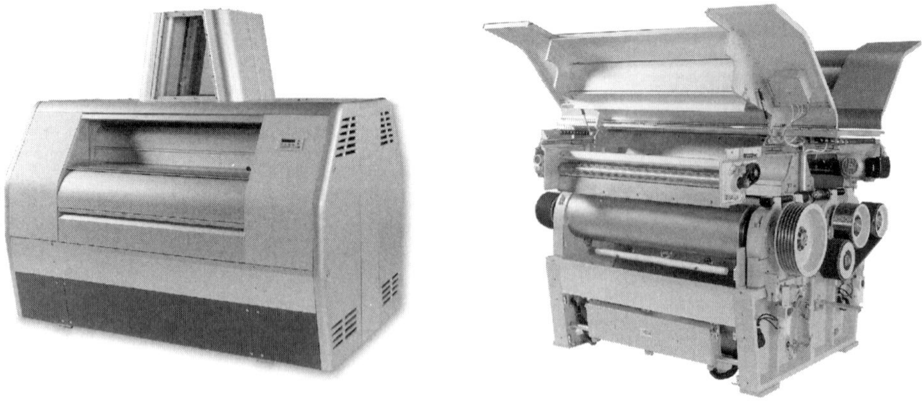

（1）　　　　（2）

图 3-16　SYNT 型四辊磨粉机

（1）外观图（2）内部构造图

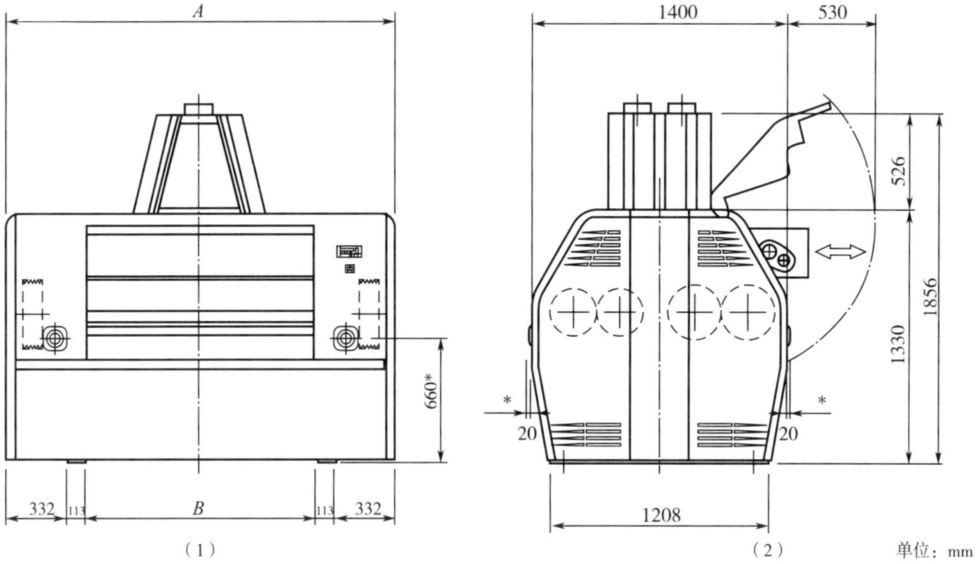

图 3-17　SYNT 型四辊磨粉机结构图

（1）主视图（2）左视图

表 3-9　SYNT 型四辊磨粉机技术参数及尺寸

自动型型号	手动型型号	*A* /mm	*B* /mm	质量/kg
80/25-4A	80/25-4M	1700	810	2700
100/25-4A	100/25-4M	1900	1010	3050
125/25-4A	125/25-4M	2150	1260	3400
100/30-4A	100/30-4M	1900	1010	3600
125/30-4A	125/30-4M	2150	1260	4000
150/30-4A	150/30-4M	2400	1510	4800

五、辅助研磨设备

（一）松粉机

1. 撞击松粉机

撞击松粉机主要由两个圆盘（一个转动一个固定）和固定在圆盘上的柱销组成。其工作原理是，物料进入撞击机，由于离心力的作用，物料由中心向四周甩出并在旋转盘的柱销之间产生强力的撞击，并将物料甩出，再与撞击座圈四周摩擦碰撞后，使物料粉碎，同时杀死虫卵。普通型（ZJ43）松粉机线速度达 65m/s，强力型（ZJ51）线速度达 77m/s。经处理后的物料从环形料槽沿切向出口离心甩出，由出料口处排出。

撞击松粉机的结构如图 3-18，图 3-19 所示，撞击松粉机的主要技术参数如表 3-10～表 3-12 所示。

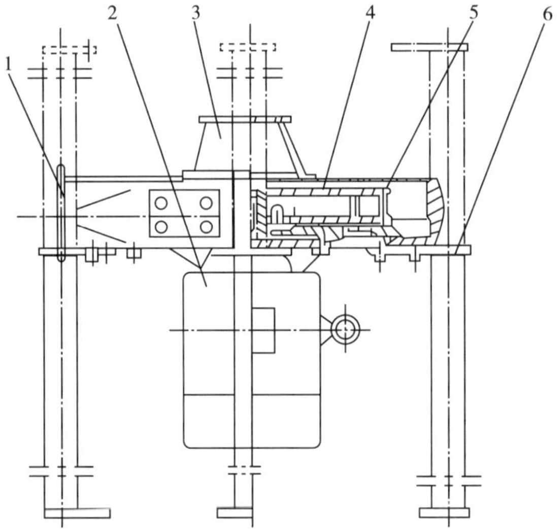

图 3-18　撞击松粉机结构图

1—撞击座圈　2—电机　3—进料筒　4—甩盘　5—柱销　6—柱脚

表 3-10　撞击松粉机的主要技术参数

型号	转子直径/mm	电机功率/kW	转速/（r/min）	产量/（t/h）	质量/kg	外形尺寸（参考）（长×宽×高）/mm
ZJ36	360	3	2900	0.8	95	517×676×580
ZJ36	360	4	2900	1	103	537×676×580
ZJ43	430	3	2900	1.5	105	537×740×650
ZJ43	430	4	2900	1.5～2.5	113	537×740×650
ZJ43	430	5.5	2900	2.3～4.0	170	612×740×650
ZJ51	510	4	2900	0.8	180	557×850×580
ZJ51	510	5.5	2900	1	200	612×850×746
ZJ51	510	7.5	2900	1.7	210	612×850×746
ZJ51	510	11	2900	2.8	249	707×850×746

表 3-11　MJZI 型撞击松粉机的主要技术参数

项目	型号			
	MJZI-GD		MJZI-ID	
转子/mm	360	430	450	510
质量/kg	250	270	310	330
产量/（t/h）	2.3～5.0	2.3～5.0	1.2～5.5	1.2～5.5
配用动力/kW	4.0～5.5	4.7～6.4	6.4～22	6.4～26

表 3-12　　MJZI 型撞击松粉机的主要尺寸　　单位：mm

A	*B*	*C*	*D*	*E*	*F*	*G*	*H*	*J*	*K*	*L*
1061	930~1280	640~990	290	Φ120	230	150	780	780	335	Φ840

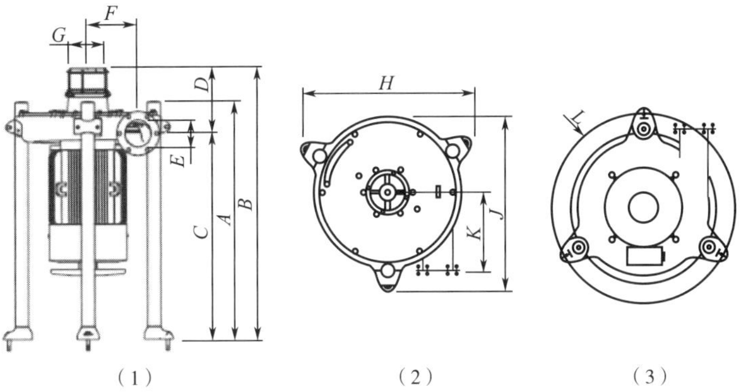

图 3-19　撞击松粉机安装结构图

（1）主视图（2）俯视图（3）安装图

2. 打板松粉机

打板松粉机的结构如图 3-20 所示，在铁制的机架内，装有高速旋转的打板和工作圆筒，打板通过支架固定在主轴上。由传动轮带动，打板为长条形，有四块，具有较高的圆周速度（15.7m/s）。

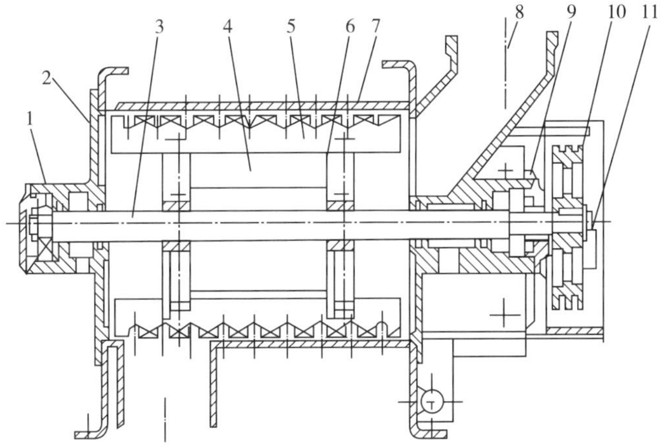

图 3-20　打板松粉机结构图

1—轴承　2—轴承座　3—轴　4—门　5—打板　6—星形轮　7—壳体
8—进料口轴承座　9—电动机　10—大皮带轮　11—电机皮带轮

打板松粉机工作时，物料由进料口进入机内，在高速旋转的打板作用下，物料被打击在工作圆筒上，受到强烈的撞击和摩擦，粉片和预损伤的胚乳粒得到粉碎。长条打板呈现锯齿形，边打击边推进，使物料从进口推向出口排出。FSJD29 型打板松粉机技术参数如表 3-13 所示。

表 3-13 FSJD29 型打板松粉机技术参数

直径（圆筒/打板）/mm	产量/（t/h）	动力/kW	打板转速/（r/min）
300/290	1.5	3.0	960/710/1000
	2.0	4.0	
	2.5	5.5	
	1.0	2.2	
	1.5	3.0	
	2.0	4.0	
	2.5	5.5	

（二）撞击磨

1. 撞击磨的工作原理

撞击磨的工作原理与强力撞击松粉机基本类似，只是旋转盘直径加大，撞击柱销数量增加，转速提高。目前国内经常使用的撞击磨，与撞击松粉机具有同样的结构，转速一般为 2900r/min，但是柱销得到了加强，并在撞击面使用了制作高耐磨的材料，图 3-21 所示为国产撞击磨内部构造图。

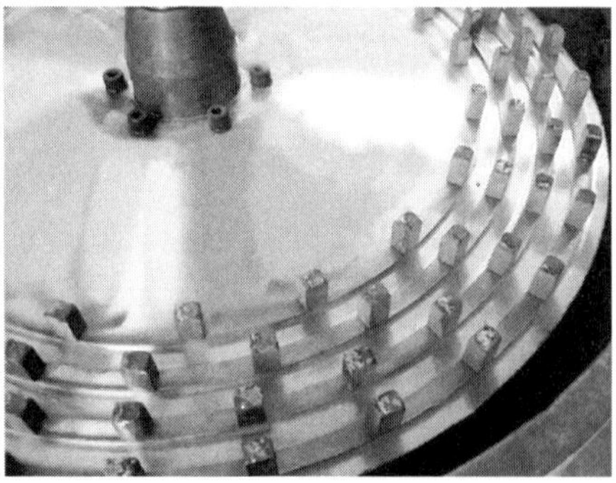

图 3-21 撞击磨内部构造图

第二节 筛理

在小麦制粉生产过程中，每道磨粉机研磨之后，粉碎物料均为粒度和形状不同的混合物，其中一些细小胚乳已达到小麦粉的细度要求，需将其分离出去，避免重复研磨，而粒度较大的物料也需按粒度大小分成若干等级，根据粒度大小、品质状况（胚乳纯度或含麦皮量的多少）及制粉工艺安排送往下道研磨、清粉或打麸等工序连续处理。小麦制粉厂通常采用筛理的方法完成上述分级任务，常用设备为平筛。

一、筛网的种类与规格

（一）筛网

1. 金属丝筛网

金属丝筛网通常由镀锌低碳钢丝、软低碳钢丝和不锈钢钢丝制成。

制粉厂曾经用每英寸筛网长度上的筛孔数表示筛网规格，并以字母 W 表示，如 50W 是指每英寸筛网长度上有 50 个筛孔。常用镀锌低碳钢丝筛网的规格如表 3-14 所示，刷麸机常用的软低碳钢丝筛网规格如表 3-15 所示，常用目数对照表如表 3-16 所示。

表 3-14　制粉厂常用的镀锌低碳钢丝网规格

型号	经纬方向筛孔密度/（孔数/50mm）	公称筛孔大小/mm	金属丝公称直径/mm	相当于旧规格/W
Z20	20	1.95	0.55	10
Z24	24	1.63	0.45	12
Z28	28	1.44	0.35	14
Z32	32	1.21	0.35	16
Z36	36	1.09	0.3	18
Z40	40	0.95	0.3	20
Z44	44	0.85	0.28	22
Z48	48	0.76	0.28	24
Z52	52	0.71	0.25	26
Z56	56	0.67	0.22	28
Z60	60	0.61	0.22	30
Z64	64	0.58	0.2	32
Z68	68	0.54	0.2	34
Z72	72	0.49	0.2	36

表 3-15 常用软低碳钢丝筛网规格

型号	经纬方向筛孔密度/（孔数/50mm）	公称筛孔大小/mm	金属丝公称直径/mm	相当于旧规格/W
R68	68	0. 46	0. 28	34
R72	72	0. 41	0. 28	36
R76	76	0. 41	0. 25	38
R80	80	0. 38	0. 25	40
R84	84	0. 38	0. 22	42
R88	88	0. 35	0. 22	44
R92	92	0. 32	0. 22	46
R96	96	0. 32	0. 2	48
R100	100	0. 30	0. 2	50

表 3-16 常用目数对照表

标准目数/目	筛孔尺寸/mm	相当于旧型号规格	相当于新型号规格
5	4. 00	—	—
6	3. 35	—	—
7	2. 80	—	—
8	2. 36	—	—
10	2. 00	—	—
12	1. 70	—	—
14	1. 40	—	—
16	1. 18	18GG	CQ7
18	1. 00	20~22GG	CQ8
20	0. 850	24GG	CQ9
25	0. 710	26GG	CQ10
30	0. 600	30~32GG	CQ12
35	0. 500	36GG	CQ14
40	0. 425	42GG	CQ16
45	0. 355	48~50GG	CQ19
50	0. 300	56GG	CQ22

续表

标准目数/目	筛孔尺寸/mm	相当于旧型号规格	相当于新型号规格
60	0. 250	66GG	CQ26
70	0. 212	72GG	CQ28
80	0. 180	7XX	CB33
100	0. 150	9XX	CB39
120	0. 125	11XX	CB46
140	0. 106	13XX	CB54
170	0. 090	16XX	CB62
200	0. 075	—	—
230	0. 063	—	—
270	0. 053	—	—
325	0. 045	—	—

2. 非金属丝筛网

非金属丝筛网是指由非金属材料制成的筛网，目前小麦制粉厂使用的非金属丝筛网主要有尼龙筛网、化纤筛网、蚕丝筛网和蚕丝与绵纶交织筛网。

非金属丝筛网的规格，旧的表示方法为 GG，表示每一维也纳英寸（相当于 2. 64cm）长度上的筛孔数目，如 50GG 表示每一维也纳英寸上有 50 个孔。新的表示方法全绞织用 Q 表示，半绞织用 B 表示，前面加上筛网材料的符号，蚕丝用 C 表示，锦纶用 J 表示。后面加上一个数字表示每 1cm 筛网长度上的筛孔数，如 CB30 表示每 1cm 长度上有 30 个孔的半绞织蚕丝筛绢。JCQ20 表示每 1cm 长度 20 个孔的全绞织蚕丝绵纶筛网。全绞织筛网的型号和规格如表 3-17、表 3-18、表 3-19 所示，半绞织蚕丝筛网的型号和规格如表 3-20 所示。

表 3-17　全绞织蚕丝筛网

新型号规格	孔数/（个/cm）	孔宽/mm	有效筛理面积/%	旧型号规格	孔数/（个/25. 4mm）	孔数/（个/cm）	孔宽/mm	有效筛理面积/%
CQ7	7	1. 140	63. 71	18GG	17. 5	6. 9	1. 132	60. 76
CQ8	8	0974	60. 76	20~22GG	19~21	7. 5~8. 5	0. 922~1. 041	58. 11~60. 57
CQ9	9	0850	58. 51	24GG	23	9. 1	0. 836	57. 34
CQ10	10	0. 752	56. 49	26GG	25	9. 8	0. 755	58. 14
CQ11	11	0. 676	55. 32	28GG	27	10. 6	0. 704	56. 08
CQ12	12	0. 605	56. 62	30~32GG	29~31	11. 4~12. 2	0. 603~0. 652	54. 17~55. 48

续表

新型号规格	孔数/（个/cm）	孔宽/mm	有效筛理面积/%	旧型号规格	孔数/（个/25.4mm）	孔数/（个/cm）	孔宽/mm	有效筛理面积/%
CQ13	13	0.548	50.74	34GG	33	13	0.567	54.31
CQ14	14	0505	49.88	36GG	35	13.8	0.529	53.13
CQ15	15	0.466	48.80	38~40GG	37~39	14.6~15.4	0.463~0.494	50.47~51.69
CQ16	16	0.437	48.92	42GG	40.5	15.9	0.449	51.38
CQ17	17	0.408	48.06	44GG	42.5	16.7	0.424	50.28
CQ18	18	0.385	47.94	46GG	44.5	18	0.403	49.69
CQ19	19	0.358	46.17	48~50GG	46.5~48.5	18.3~19.1	0.366~0.380	48.32~48.90
CQ20	20	0.336	45.28	52GG	50.5	19.9	0.346	47.24
CQ21	21	0.318	44.66	54GG	52.5	20.7	0.331	47.00
CQ22	22	0.302	44.14	56GG	54.5	21.5	0.316	46.10
CQ23	23	0.284	42.73	58~60GG	56.5~58	22.2~22.8	0.292~0.303	43.27~45.45
CQ24	24	0.270	42.05	62GG	60	23.6	0.282	44.69
CQ25	25	0.258	41.56	64GG	62	24.4	0.273	44.64
CQ26	26	0.251	42.46	66GG	64	25.2	0.264	44.30
CQ27	27	0.242	42.64	67~70GG	66~68	26~26.8	0.246~0.522	43.54~43.57
CQ28	28	0.230	41.57	72GG	70	28.3	0.225	40.80
CQ29	29	0.227	43.15	—	—	—	—	—

表 3-18　全绞织锦纶蚕丝筛网型号和规格

新型号规格	孔数/（个/cm）	孔宽/mm	有效筛理面积/%	旧型号规格	孔数/（个/25.4mm）	孔数/（个/cm）	孔宽/mm	有效筛理面积/%
JCQ19	19	0.353	40.05	50GG	48.4	19.1	0.352	44.20
JCQ20	20	0.329	43.20	52GG	50.5	19.7	0.325	42.25
JCQ21	21	0.308	41.89	54GG	52.5	20.7	0.304	40.28
JCQ22	22	0.299	43.22	58GG	56.5	22.2	0.297	42.60
JCQ23	23	0.284	42.73	60GG	58.0	22.8	0.277	40.55
JCQ24	24	0.271	42.40	64GG	62	24.4	0.262	39.49
JCQ25	25	0.261	42.67	66GG	64	25.2	0.265	43.88
JCQ26	26	0.247	41.18	68GG	66	26.0	0.250	42.17
JCQ27	27	0.247	44.39	70GG	68	26.8	0.243	43.12
JCQ28	28	0.234	43.00	72GG	72	28.3	0.230	41.52

表 3-19 全绞织锦轮筛网型号和规格

新型号规格	孔数/（个/cm）	孔宽/mm	有效筛理面积/%	旧型号规格	孔数/（个/5.4mm）	孔数/（个/cm）	孔宽/mm	有效筛理面积/%
JQ19	19	0.345	42.96	50GG	48.5	19.1	0.346	43.5
JQ20	20	0.322	41.36	52GG	50.5	19.9	0.326	41.8
JQ21	21	0.303	40.48	54GG	52.5	20.7	0.309	40.6
JQ22	22	0.294	41.87	58GG	56.5	22.2	0.286	40.5
JQ23	23	0.287	40.88	60GG	58	22.8	0.275	39.38
JQ24	24	0.266	40.61	64GG	62	24.4	0.262	37.57
JQ25	25	0.255	40.25	66GG	64	25.2	0.252	43.42
JQ26	26	0.242	39.42	68GG	66	26.0	0.250	42.23
JQ27	27	0.242	42.78	70GG	68	26.8	0.239	40.78
JQ28	28	0.231	41.65	72GG	72	28.3	0.218	38.00

表 3-20 半绞织蚕丝筛网型号和规格

新型号规格	孔数/（个/cm）	孔宽/mm	有效筛理面积/%	旧型号规格	孔数/（个/25.4mm）	孔数/（个/cm）	孔宽/mm	有效筛理面积/%
CB30	30	0.198	35.28	6XX	74	29.1	0.210	37.29
CB33	33	0.181	35.73	7XX	82	32.3	0.133	38.54
CB36	36	0.160	33.03	8XX	86	33.9	0.181	37.93
CB39	39	0.147	32.72	9XX	97	38.2	0.156	34.78
CB42	42	0.137	33.16	10XX	109	42.9	0.137	35.30
CB46	46	0.123	32.14	11XX	116	45.7	0.124	31.25
CB50	50	0.119	35.50	12XX	125	49.2	0.108	29.27
CB54	54	0.105	32.07	13XX	129	50.8	0.110	30.77
CB58	58	0.095	30.30	14~15XX	139~150	54.7~59.1	0.078~0.099	26.47~29.7
CB62	62	0.092	32.31	16XX	61.8	61.8	0.085	27.69

近年来，国际贸易发展迅速，制粉机械及产品的交易量越来越大，筛网的表示方法必须为各国制粉工作者接受并易于识别，因此，比较通用的方法是以筛孔宽度（μm）表示，同时标出材料和编织方法，并配以表格和图形表示，通用筛网表示方法如表 3-21 所示。

表 3-21 通用筛网表示方法

1.（加强型粉筛 XXX）—平织

型号	筛孔大小/μm	横向筛丝直径/μm	纵向筛丝直径/μm	孔数/（个/cm）	有效筛孔面积/%
PA-3	300	140	140	22.8	47
PA-4	280	140	140	23.8	45
PA-5	250	120	120	27.0	46
PA-6	212	120	120	30.1	41
PA-7	200	120	120	31.2	39
PA-8	180	100	100	35.7	41
PA-8$^{1/2}$	160	100	100	38.5	38
PA-9	150	90	90	41.7	39
PA-9$^{1/2}$	140	90	90	43.5	37
PA-10	132	80	80	47.1	39
PA-10$^{1/2}$	125	80	80	48.8	37
PA-11	118	80	80	50.5	36
PA-12	112	70	70	55.0	38
PA-13	100	70	70	58.8	35
PA-14	95	70	70	60.6	33
PA-14$^{1/2}$	90	60	60	66.7	36
PA-15	85	60	60	69.0	35
PA-17	80	60	60	70.4	33

2.（普通型粉筛 XXX）—半绞织

型号	筛孔大小/μm	横向筛丝直径/μm	纵向筛丝直径/μm	孔数/（个/cm）	有效筛孔面积/%
PA-3	300	100+2×60	100	24/25	55
PA-4	280	100+2×60	100	25/26	53
PA-5	250	100+2×60	90	27/29	51
PA-6	212	90+2×60	80	31/34	49
PA-7	200	80+2×60	80	33/35	48
PA-8	180	70+2×60	70	35/40	46
PA-8$^{1/2}$	160	70+2×60	70	39/43	44
PA-9	150	60+2×60	60	41/48	44
PA-9$^{1/2}$	140	60+2×50	60	44/50	43
PA-10	132	60+2×50	60	47/52	43

续表

型号	筛孔大小/μm	横向筛丝直径/μm	纵向筛丝直径/μm	孔数/（个/cm）	有效筛孔面积/%
PA-10$^{1/2}$	125	60+2×50	60	49/54	41
PA-11	118	60+2×50	50	51/60	42
PA-12	112	60+2×50	50	53/62	40
PA-10$^{1/2}$	106	60+2×43	50	56/64	40
PA-13	100	60+2×50	50	57/67	38
PA-14	95	50+2×43	50	61/69	38
PA-14$^{1/2}$	90	50+2×43	50	63/71	37
PA-15	85	50+2×43	50	65/74	35
PA-17	80	50+2×43	43	68/81	35
PA-20	75	50+2×43	43	70/85	34
PA-21	71	50+2×39	43	74/88	33
PA-25	63	43+2×43	43	78/94	30

二、平筛筛理工艺效果的评定

（一）平筛筛理工艺效果的评定

1. 筛净率

实际筛出物的数量占应筛出物的数量的百分比，称为筛净率。

$$\eta=\frac{q_1}{q_2}\times100\% \tag{3-3}$$

式中　η——筛净率，%；

q_1——实际筛出物的数量，%；

q_2——应筛出物的数量，%。

实际生产中分别测出进机物料和筛出物流量，筛出物占进机物料流量的百分比，即为实际筛出物的数量 q_1。在入筛物料中取出 100g 左右的物料，用与平筛中配置筛孔相同的检验筛筛理 2min，筛下物所占百分比即为应筛出物的数量 q_2。

2. 未筛净率

应筛出而没有筛出的物料数量占应筛出物的数量的百分比，称为未筛净率。

$$H=\frac{q_3}{q_2}\times100\% \tag{3-4}$$

式中　H——未筛净率，%；

q_3——应筛出而未筛出物的数量，%；

$q_3=q_2-q_1$，故 $H=1-\eta$。

评定某一仓平筛的筛理效率时，需对该仓中的粗筛、分级筛、细筛及粉筛逐项进行评定。在实际筛理过程中，筛孔越小物料越不易穿过，越难以筛理，为简化起见，一般仅评定该仓粉筛的筛理效率。

3. 筛上物含粉率

筛上物所含小麦粉数量占筛上物数量的百分比（筛上物中小麦粉所占的百分比），称为筛上物含粉率。

$$X = \frac{F_1}{F_2} \times 100\% \tag{3-5}$$

式中 X——筛上物含粉率，%；

F_1——筛上物中小麦粉的数量，%；

F_2——筛网物的数量，%。

（二）影响平筛工艺效果的主要因素

1. 筛理物料的物理特性

硬麦研磨后颗粒状物料较多，流动性较好，易于自动分级。小麦粉多呈细小沙砾状，易于穿过筛孔，而麦皮易碎。为保证小麦粉质量，粉筛筛网应适当加密。软麦研磨后物料麸片较大，颗粒状的物料相对较少，粗粉和细粉较多，流动性稍差，在保证粉质的前提下，可适当放稀粉筛筛孔或延长筛理路线。

2. 环境因素

温度和湿度对筛理效率有较大影响。温度高、湿度大时，筛理物料流动性变差，筛孔易堵塞，故在高温和高湿季节，应适当放稀筛孔或降低产量，并注意定时检查清理块的清理效果，保证筛孔畅通。

3. 筛路的组合及筛孔配置

各仓平筛筛路组合的合理程度与其筛理效率直接相关。筛路组合时要根据各仓平筛物料的流量、筛理性质、筛孔配备、分级后物料的数量及分级的难易程度，合理地确定分级的先后次序，并配以合适的筛理长度，使物料有较高的筛净率，同时避免出现“筛枯”。

筛网配置的一般原则如下：整个粉路中，同类筛网“前稀后密”；每仓平筛中，同组筛网可采用“上稀下密”，也可采用“上密下稀”，根据小麦粉粒度要求和筛净率而定；筛理同种物料，流量大时适当放稀；物料质量差时适当加密。

4. 筛面的工作状态

筛面工作时，既要承受物料的负荷，还要保证物料的正常运动，因此必须有足够的张力。若筛面松弛，承受物料后下垂，筛上物料运动速度减慢，筛理效率降低，甚至造成堵塞。同时，筛面下垂还会压住清理块，使其运动受阻，筛孔得不到清理而堵塞。

5. 平筛的工作参数

物料的相对运动轨迹随平筛的回转半径和运动频率的增加而增大。物料的相对运动回转半径增大，向出料端推进的速度加快，平筛处理量加大。若物料相对运动回转半径过大，则使一些细小颗粒未沉于底层即被推出筛面，而接触筛面的应穿孔物料因速度大无法穿过筛孔，从而降低筛理效率；若物料相对运动回转半径过小，则料层加厚，分级时间延长，降低通过的物料量。因此，平筛的回转半径和运动频率要配合恰当。

6. 流量

为达到相同的筛理效果，某种物料分几仓筛理时，负荷分配要均衡。同道物料可采用“分磨混筛”。流量较大时，可采用“双路”筛理，减少筛上物的厚度，双路物料流量应尽量分配均衡。各仓平筛流量要分配合理。流量过大，筛理负荷加重，筛理效率降低，严重时会造成平筛堵塞；流量过小，则易筛枯，平筛的功效降低。

三、筛理设备——高方平筛

（一）高方平筛的结构

1. 基本结构

高方平筛一般由进料装置、筛体、出料装置、筛体吊挂装置、传动机构等组成，如图 3-22 所示。筛体由传动机架、筛箱、横梁三部分构成。筛箱通过螺栓与机架连接，并以横梁加固构成一个整体，通过吊杆悬挂在槽钢下方。电动机通过皮带轮带动机架中心固定有偏心块的主轴旋转，偏心块旋转时所产生的离心力使高方平筛在水平面内做回转运动。

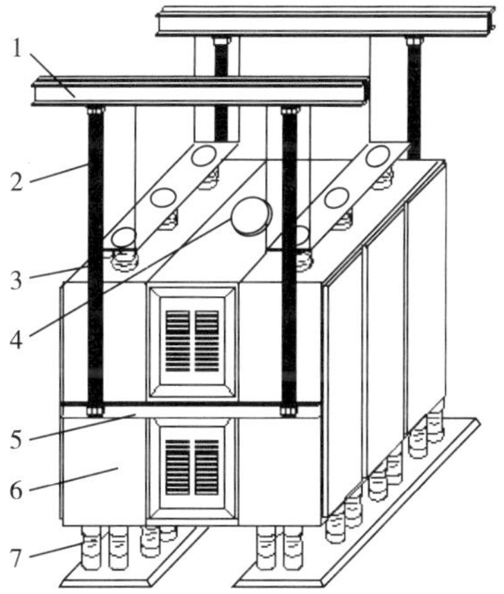

图 3-22　高方平筛结构图

1—槽钢　2—吊杆　3—进料装置　4—皮带轮（电动机）　5—横梁　6—筛箱　7—出料筒

2. 筛格尺寸

筛格尺寸的增加可以增大平筛的筛理面积，目前常用的筛格尺寸为 640mm×640mm

和 740mm×740mm（730mm×730mm）。图 3-23 中，筛面格高度 b 是固定的，筛下物层可流通高度 c 与筛上物层可流通高度 d，随筛格高度 a 的规格不同而变动。640mm×640mm 筛格的主要尺寸如表 3-22 所示。

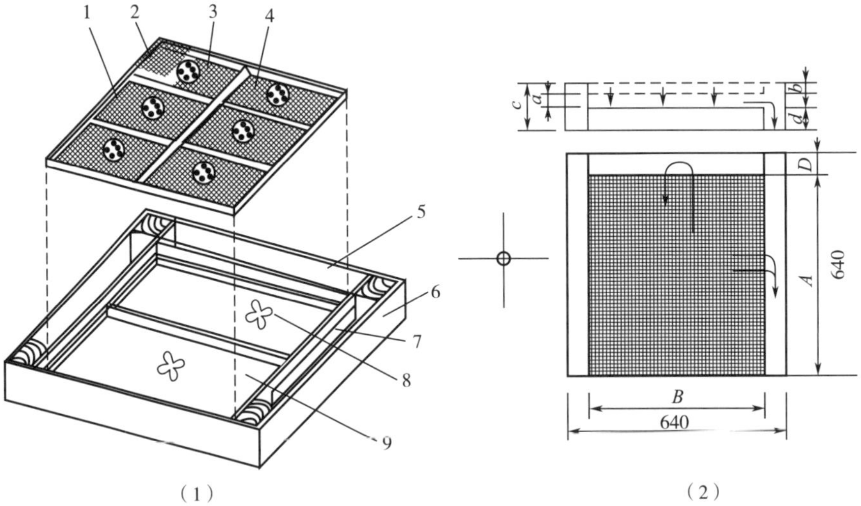

图 3-23 筛格结构与尺寸

（1）筛格结构图（2）筛格尺寸图

1—筛面格 2—筛理筛网 3—清理块 4—钢丝筛网 5—内通道 6—筛框 7—钢丝栅栏 8—推料块 9—收集底板

表 3-22 640mm×640mm 筛格的主要尺寸

项目	筛格型式					
	标准型			扩大型		
筛格高度 a/mm	78	58	58	78	58	98
筛面格高度 b/mm	22	22	22	22	22	22
筛上物层高度 d/mm	40	20	35.5	36.5	20.5	75.5
筛下物层高度 c/mm	15.5	15.5	无底板	19	15	无底板
筛面格尺寸 A/mm	570	570	570	566	566	566
筛面格尺寸 B/mm	500	500	500	620	620	620
通道宽度 D/mm	52	52	52	56	56	56

（二）典型设备参数

1. 布勒 MPAV 型高方筛

布勒 MPAV 型高方筛结构如图 3-24 所示，技术参数如表 3-23 所示。

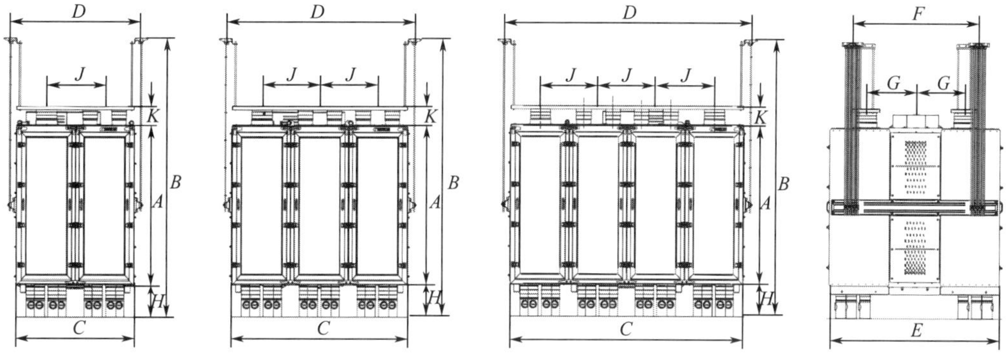

（1） （2）

图 3-24 布勒 MPAV 型高方筛结构图

（1）主视图（2）左视图

表 3-23　布勒 MPAV 型高方筛技术参数

项目	型号		
	MPAV-4	MPAV-6	MPAV-8
筛仓数量/个	4	6	8
每仓最大筛格数量/个	26	26	26
最大净筛理面积/m^2			
型号 N	34.3	51.5	68.6
型号 B	42.0	63.0	84.0
功率/kW	5.5	7.5	11
质量（含电机）/kg	3150	4250	5250
体积/m^3	18.5	25.6	32.7
尺寸/mm			
A	2300	2300	2300
B	min. 3420	min. 3420	min. 3420
C	1741	2593	3451
D	1938	2793	3648
E	2565	2565	2565
F	1900	1900	1900
G	735	735	735
H	470	470	470
J	856	856	856
K	280	280	280

2. MPAW 型高方筛

MPAW 型高方筛结构如图 3-25 所示，技术参数如表 3-24 所示。

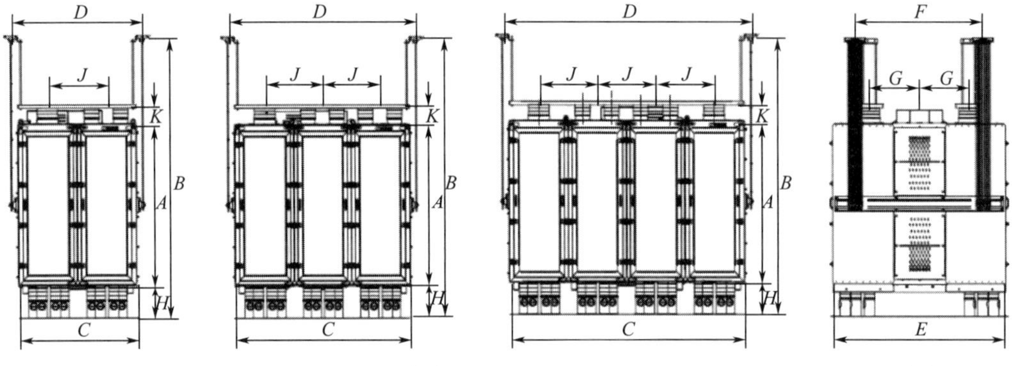

图 3-25　MPAW 型高方筛结构图

（1）主视图（2）左视图

表 3-24　MPAW 型高方筛技术参数

项目	型号		
	MPAW-4	MPAW-6	MPAW-8
筛仓数量/个	4	6	8
每仓最大筛格数量/个	26	26	26
最大净筛理面积/m^2			
型号 N	25.9	38.8	51.8
型号 B	32.0	48.0	64.0
功率/kW	5.5	7.5	11
质量（含电机）/kg	2566	3460	4300
体积/m^3	17	23	29
尺寸/mm			
A	2300	2300	2300
B	min. 3420	min. 3420	min. 3420
C	1502	2247	2943
D	1714	2459	3205
E	2260	2260	2260
F	1900	1900	1900
G	735	735	735
H	470	470	470
J	745.5	745.5	745.5
K	280	280	280

3. FSFG 型高方筛

FSFG 型高方筛结构如图 3-26 所示。

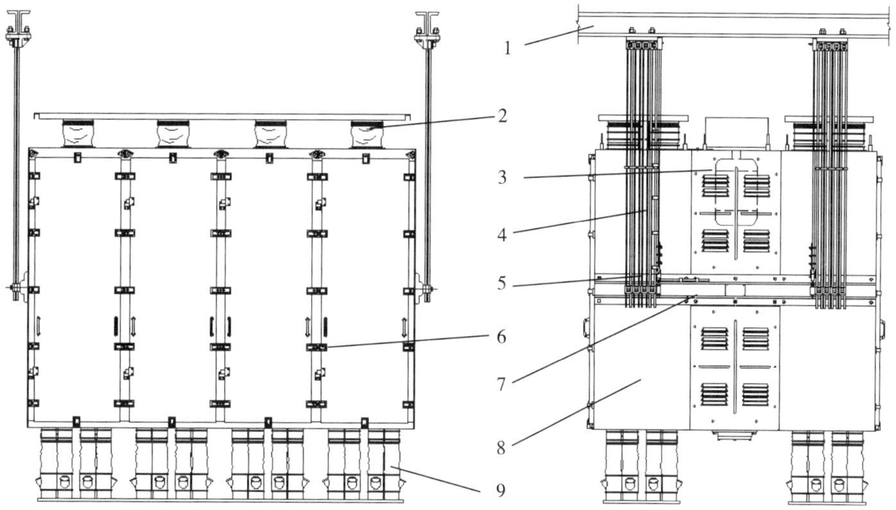

图 3-26　FSFG 型高方筛结构图

(1) 主视图 (2) 左视图

1—槽钢　2—进料装置　3—吊杆　4—电动机　5—钢丝绳　6—筛门压紧块　7—横梁　8—筛箱　9—出料筒

FSFG 型高方筛的主要技术参数如表 3-25 所示。

表 3-25　FSFG 型高方筛的主要技术参数

项目	型号				
	FSFG 4×24C	FSFG 6×24C	FSFG 8×24C	FSFG 6×24D	FSFG 8×24D
筛仓数量/个	4	6	8	6	8
筛格平面尺寸/mm	640×640	640×640	640×640	740×740	740×740
每仓格数/个	22~28	22~28	22~28	22~28	22~28
总筛理面积/m^2	23~28.6	34.6~42.9	46~57	57.1~68.7	79~92
转速/(r/min)	240	240	240	240	240
回转直径/mm	65	65	65	65	65
功率/kW	3	4	5.5	5.5	7.5
筛箱内腔高度/mm	2100	2100	2100	2100	2100
筛格总高度/mm	2065	2065	2065	2065	2065
筛顶格高度/mm	140/200	140/200	140/200	140/200	140/200
筛底格高度/mm	150	150	150	150	150
外形尺寸(长×宽×高)/mm	2295×1537×2520	2295×2285×2520	2295×3033×2520	2495×2585×2520	2535×3433×2520

4. FSFG（B）型高方筛

（1）规格型号　如下所示。高方筛尺寸与结构如图 3-27、表 3-26、表 3-27 所示。

F　SF　G　□×□×□

- □×□×□：筛格尺寸×仓数×筛层
- G：表示高方平筛
- SF：表示筛粉机
- F：表示制粉设备

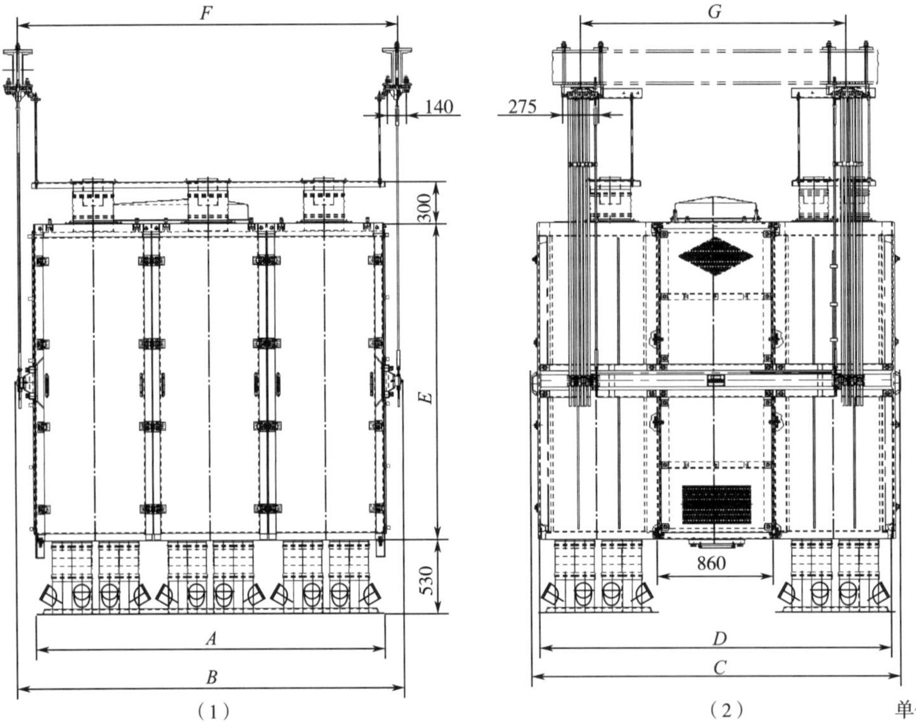

图 3-27　高方筛尺寸图

（1）主视图（2）左视图

表 3-26　FSFG640 系列高方筛尺寸　单位：mm

产品型号	A	B	C	D	E	F	G
FSFG 640×4×27	1533.5	1822	2512	2438	2300	1751.5	1900
FSFG 640×6×27	2289	2577	2512	2438	2300	2507	1900
FSFG 640×8×27	3044.5	3333	2512	2438	2300	3262.5	1900

表 3-27　　FSFG740 系列高方筛外形尺寸　　单位：mm

产品型号	*A*	*B*	*C*	*D*	*E*	*F*	*G*
FSFG 740×4×27	1757	2043	2749	2608	2300	1971	1900
FSFG 740×6×27	2624	2913	2749	2608	2300	2838	1900
FSFG 740×8×27	3491	3777	2749	2608	2300	3705	1900

（2）主要结构特征　高方筛结构如图 3-28 所示。

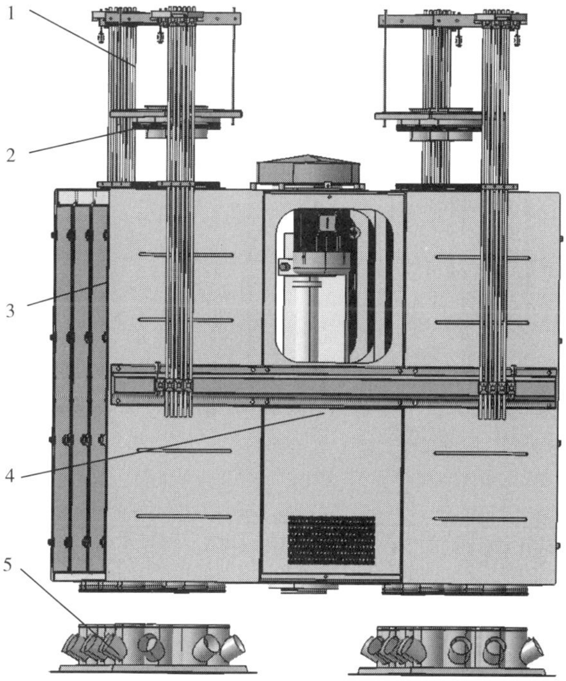

图 3-28　高方筛结构图

1—吊挂部分　2—上接料板部分　3—筛箱部分　4—传动架部分　5—下接料板部分

5. GQT-G 型高方筛

GQT-G 型高方筛结构如图 3-29 所示，技术参数如表 3-28 所示。

表 3-28　　GQT-G 型高方筛技术参数

型号	筛仓数量/个	筛格数量/个	功率/kW	*A*/mm	*B*/mm	*C*/mm	质量/kg	体积/m^3
GQT-G 2 14-16	2	14-16	3	2596	2150	1680	1800	5.5
GQT-G 2 26-28	2	26-28	4	2596	2150	2460	2500	8
GQT-G 4 14-16	4	14-16	5.5	2596	2150	1680	2800	9
GQT-G 4 26-28	4	26-28	5.5	2596	2150	2460	4000	15
GQT-G 6 22-24	6	22-24	7.5	2596	2150	2100	4500	18

续表

型号	筛仓数量/个	筛格数量/个	功率/kW	*A*/mm	*B*/mm	*C*/mm	质量/kg	体积/m³
GQT-G 6 26-28	6	26-28	7.5	2596	2150	2460	4900	21
GQT-G 8 18-20	8	18-20	7.5	2596	2150	1800	5000	19
GQT-G 8 22-24	8	22-24	7.5	2596	2150	2100	5600	23
GQT-G 8 26-28	8	26-28	11	2596	2150	2460	6300	27
GQT-G 10 26-28	10	26-28	15	2662	2216	2460	8000	28

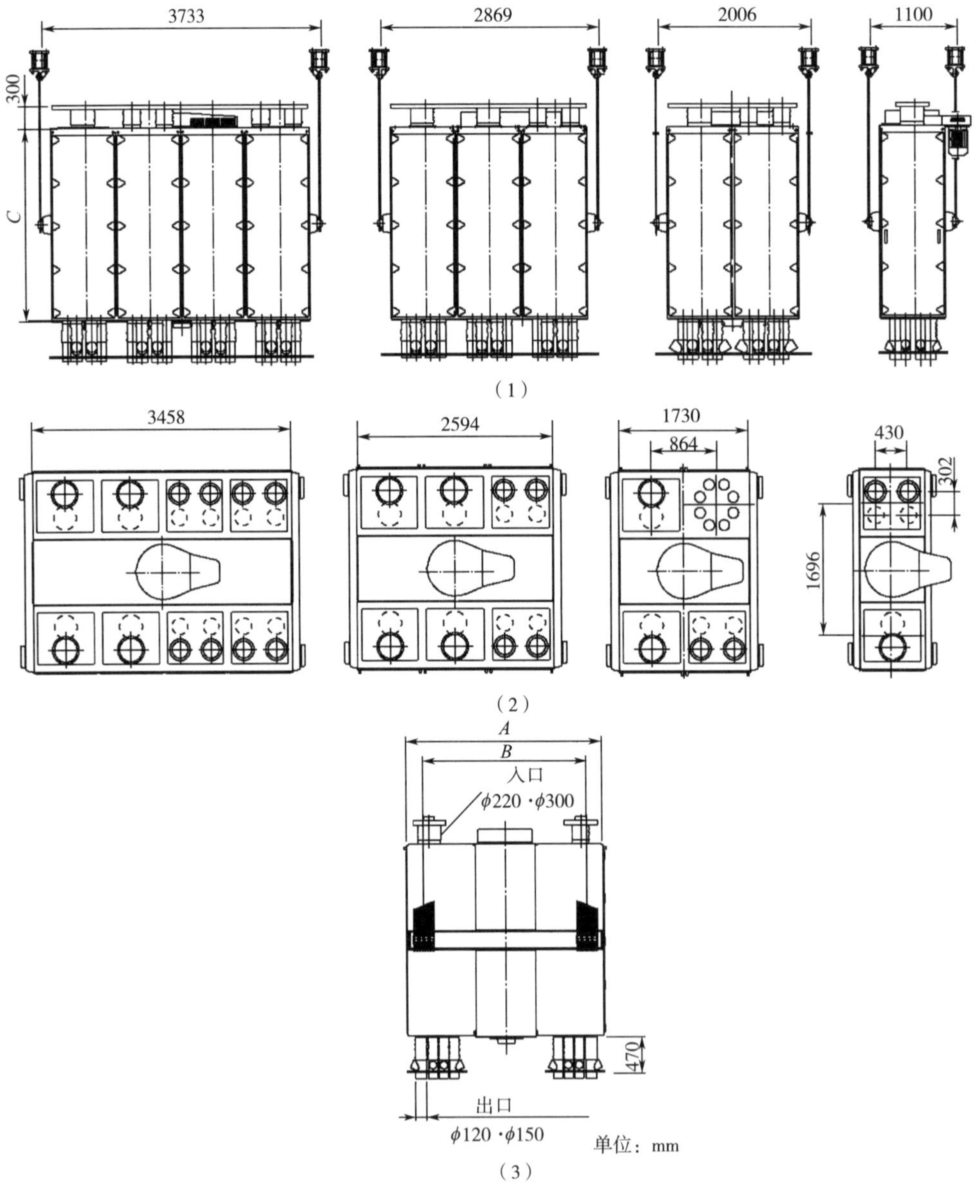

图 3-29　GQT-G 型高方筛结构图

（1）主视图（2）俯视图（3）左视图

四、辅助筛理设备

（一）打麸机

1. 结构

打麸机根据其结构形式不同，分为卧式打麸机和立式打麸机两种，其中卧式打麸机最为常用。卧式打麸机主要由打板转子、筒体、箱形机壳、可调挡板机构和传动机构等组成，其结构如图 3-30 所示。FFPD 型卧式打麸机的主要技术参数如表 3-29 所示。

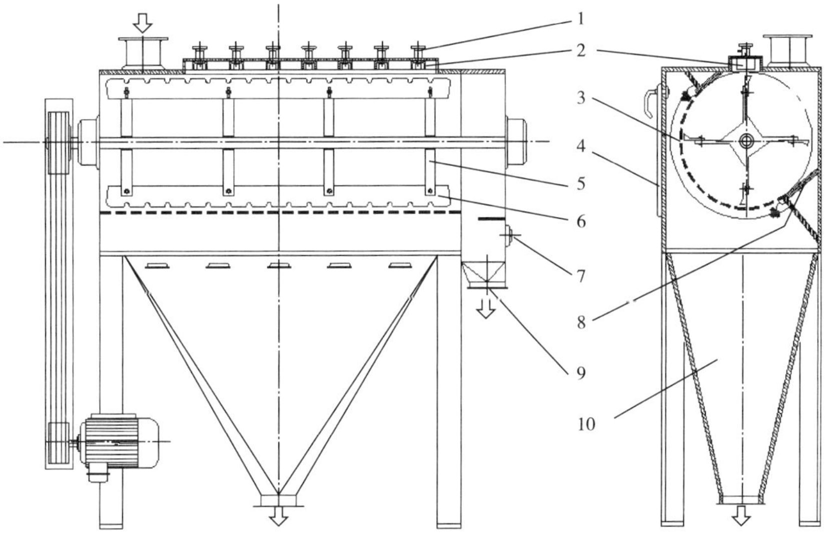

（1）　　（2）

图 3-30　卧式打麸机结构图

（1）主视图（2）左视图

1—挡板固定手轮　2—可调挡板　3—半圆多棱筛面　4—检查门　5—打板支架　6—锯齿形可调打板　7—取样门　8—缓冲板　9—麸片（皮）出口　10—麸粉出口

表 3-29　　FFPD 型卧式打麸机的主要技术参数

项目	型号			
	FFPD30		FFPD45	
筛筒直径/mm	300		450	
筛筒长度/mm	800		1100	
打板轴转速/（r/m）	1300~1600		1000~1100	
吸风量/（m^3/h）	300		420	
产量/（t/h）	0.9	0.9~1.1	1.3~1.5	2.0~2.5
配用动力/kW	2.2	4	5.5	7.5

2. 打麸机的操作与维护

（1）开机时，空载运转正常后再进料；停机时，先停料之后再停机。机筒内若堆积较多物料，增大启动电流。

（2）生产中，应定期检查打麸粉的品质状况。若发现异常，应检查筛板两端的密封以及筛板的完好状况，及时调节紧固装置或修补更换筛板。

（3）生产中，发现机内有异声，将物料拨入旁通管后，立即停机拆下筛板，检查是否有异物进入机内。

（4）定期检查麸中的含粉状况，结合物料的流量，调节机壳顶部挡板的角度，改变打麸的强度。

（5）机内堵塞时，会发出“嗡嗡”声和三角带打滑声，应立即切断电源，并将物料拨入旁通管内。之后，打开出料端的观察活门，扒出物料，并转动三角带直至机内物料完全排出方能开机。运行正常后，再将物料拨回机内。

3. MKLA 型打麸机

MKLA 型打麸机可有效分离仍附着在麸皮上的小麦粉和胚乳颗粒，以增加小麦制粉厂的出粉率。带有角度的打板可以提高物料的输送速度，而且打板的打击作用使打麸机能够有效地分离仍附着在麸皮上的小麦粉颗粒，这提高了小麦粉的出粉率。特殊的筛板几何结构使筛板振动，使筛板孔径通透并确保高达 1.8t/h 的加工产能，主要技术参数和设备尺寸如表 3-30和表 3-31 所示。结构如图 3-31 所示。

表 3-30　　MKLA 型卧式打麸机的主要技术参数

项目	型号	
	45/110E	45/110D
筛筒直径/mm	450	2×450
筛筒长度/mm	1100	2×1100
打板轴转速/（r/m）	1000~1100	1000~1100
产量（/t/h）	1.8	2×1.8
配用动力/kW	5.5	2×5.5

表 3-31　　MKLA 型卧式打麸机的设备尺寸　　单位：mm

型号	A	B	ΦC	ΦD	E	F	ΦG	H	L	M
45/110E	1658	1377	150	150	618	1470	150	548	—	—
45/110ED	1658	1377	150	150	—	—	150	548	1236	1096

4. MKZH 型振动打麸机

MKZH 型振动打麸机适用于分离粗、细麦麸或难以处理的粉状或颗粒状物料的筛分。除了常规的筛分外，MKZH 型振动打麸机还有一个可以有效提高筛分效果和筛网清

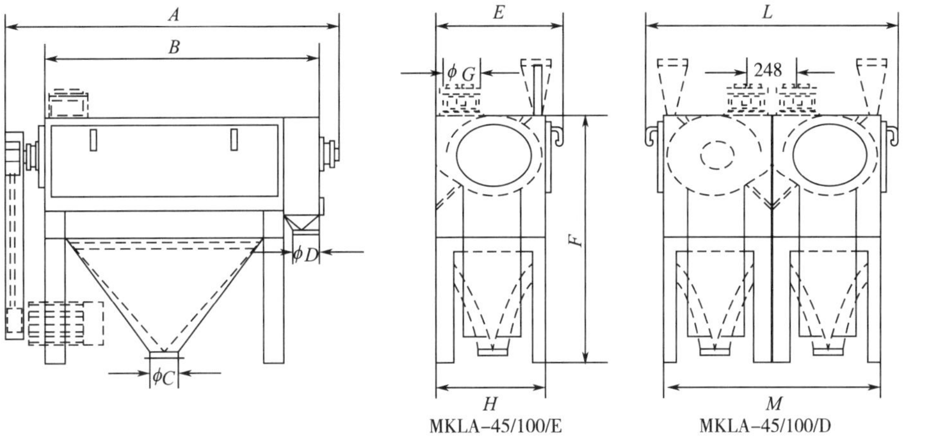

图 3-31　MKLA 型打麸机结构图

(1) 主视图 (2) 左视图 (单筒和双筒)

洁度的振动筛箱。振动是由筛箱固定在偏心的转子轴上而产生的。主要技术参数和设备尺寸如表 3-32和表 3-33 所示。结构如图 3-32 所示。

表 3-32　MKZH 型振动打麸机的主要技术参数

项目	型号			
	4510F	4510B	6012F	6012B
筛筒直径/mm	450	450	600	600
筛筒长度/mm	1000	1000	1200	1200
净筛理面积/m^2	1.0	1.0	1.66	1.66
产量/(t/h)	0.7	1.5	1.0	2.8
配用动力/kW	4	5.5	5.5	11
吸风量/(m^3/min)	3	3	6	6

表 3-33　MKZH 型振动打麸机的设备尺寸　单位：mm

型号	*A*	*B*	*C*	*D*	*E*
4510	1535	1387	1380	655	864
6012	1835	1647	1690	805	1070

(二) 刷麸机

1. 结构

刷麸机的主要工作机构为一个快速旋转的立式刷帚转子与一个慢速同向旋转的筛筒。刷麸机主要由机架、刷帚转子、筛筒、刷帚调节机构、传动机构、筛筒清理装置等

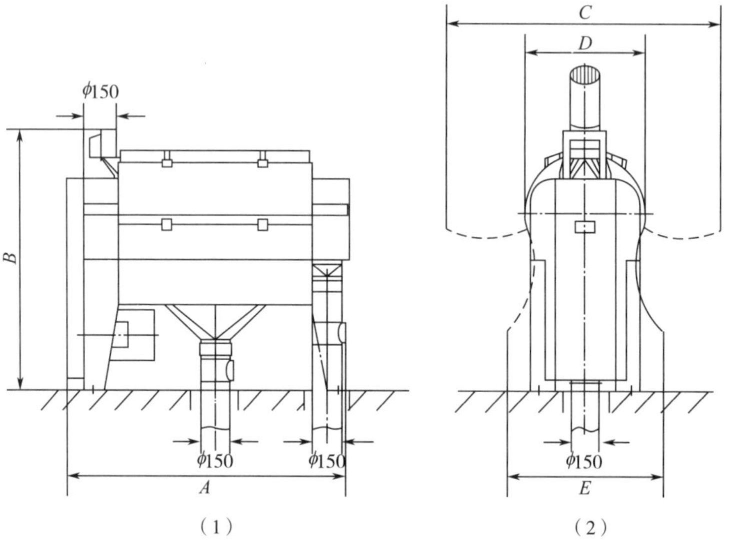

图 3-32 MKZH 型振动打麸机结构图

（1）主视图（2）左视图

组成，其结构如图 3-33 所示。刷麸机的主要技术参数如表 3-34 所示。

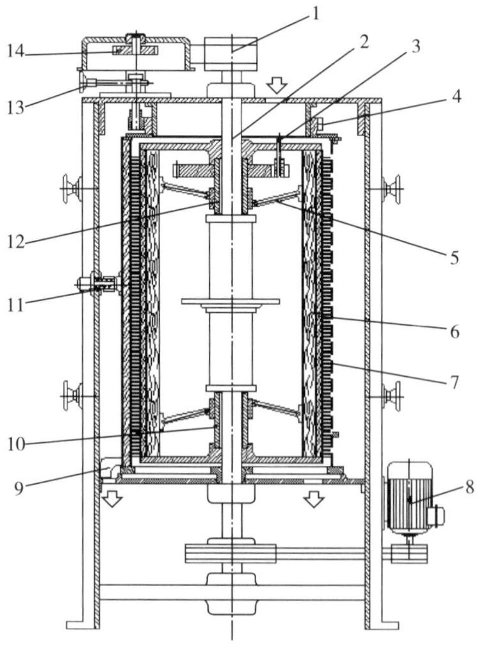

图 3-33 刷麸机结构图

1—皮带轮 2—主轴 3—刷帚的齿轮调节螺栓 4—筛筒传动齿轮 5—刷帚撑杆 6—刷帚 7—筛面圆筒 8—电机 9—刮板 10—下螺纹套筒 11—筛面清理装置 12—上螺纹套筒 13—带轮调节装置 14—齿轮

表 3-34　　刷麸机的主要技术参数

项目	型号		
	470×800	655×1200	655×1200
筛筒直径/mm	470	655	655
筛筒高度/mm	800	1200	1200
筛理面积/m^2	1.18	2.5	2.5
刷帚转速/（r/min）	477	345~375	345~375
筛筒转速/（r/min）	17.7	8~8.7	8~8.7
配用动力/kW	2.2	3.0	3.0

2. 刷麸机的操作与维护

（1）进入机内的物料流量应均匀稳定，否则会影响刷麸效果。

（2）定期检查刷麸粉的品质状况。若刷麸粉中含有一定数量的麸皮，应检查筛面与筛框接合处是否有缝隙，筛面是否破损，并及时紧固或修补、更换筛面。

（3）经常检查出机麸片（皮）的含粉状况。若含粉较高，可检查进机麸片的含粉状况、流量大小、刷帚与筛面的间距、转子的转速、刷帚的磨损程度、筛孔堵塞以及传动带的松紧状况等。从中分析原因，并采取相应措施加以解决。

（4）若出料管堵塞时，应迅速疏通出口，若无效应停止进料。停机后卸下机门，清出机内物料后进行检修。再开机时，运转正常后，物料进机流量要由小到大，逐渐增加，直至正常生产流量。

（5）停机时，机内物料应全部走空。长期停机，应将机内物料全部清理干净。

（三）圆筛

圆筛主要用于处理黏性较大的吸风粉和打（刷）麸粉，分立式和卧式两类。

立式振动圆筛的结构如图 3-34 所示，其主要构件为吊挂在机架上的筛体。筛体中部是一个打板转子，外部为圆形筛筒。转子主轴的一侧装有偏重块，使筛体产生小振幅的高频振动。打板转子圆周均布 4 块条形打板，打板向后倾斜一定角度，上面安装有许多向上倾斜的叶片，叶片间隔排列呈螺旋状。物料自下方进料口进入筛筒内，在打板的作用下甩向筛筒内表面，细小颗粒穿过筛孔，从下方出口排出，筒内物料被逐渐推至上方出料口。

立式振动圆筛的主要技术参数如表 3-35 所示。

表 3-35　　立式振动圆筛的主要技术参数

项目	型号	
	FSFZ45	FSFZ40
筛筒直径×长度/mm	ϕ450×800	ϕ400×800

续表

项目	型号	
	FSFZ45	FSFZ40
筛理面积/mm^2	1.13	1.0
打板转速/（r/min）	1020	960
产量/（t/h）（吸风粉、刷麸粉）	0.4~1.0	0.3~0.5
功率/kW	4	3

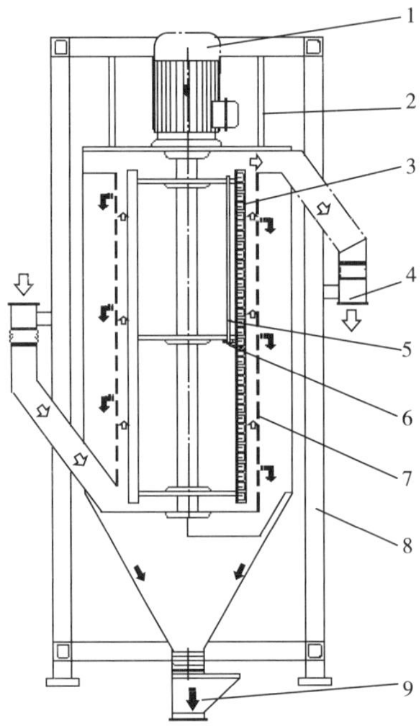

图 3-34　立式振动圆筛结构图

1—电动机　2—吊杆　3—打板　4—筛内物出口　5—偏重块　6—调节螺栓　7—筛筒　8—机架　9—筛出物出口

（四）皮磨粗筛

制粉流程中，皮磨粗筛一般置于皮磨平筛之前，用于筛出研磨后物料中的麸片，之后再将剩余物料送入平筛筛理分级，这样可有效地减少平筛的处理量。打麸机也可用作皮磨粗筛。

图 3-35 为皮磨粗筛的结构图。进入进料斗的物料，被螺旋推进器送入锥形筛筒，受到转子上刷子的作用，较小的颗粒穿过筛孔成为筛下物，筛筒内的物料由一端出料口排出。锥形筛筒利于筛筒内粗物料的流出。

皮磨粗筛的处理量如表 3-36 所示。

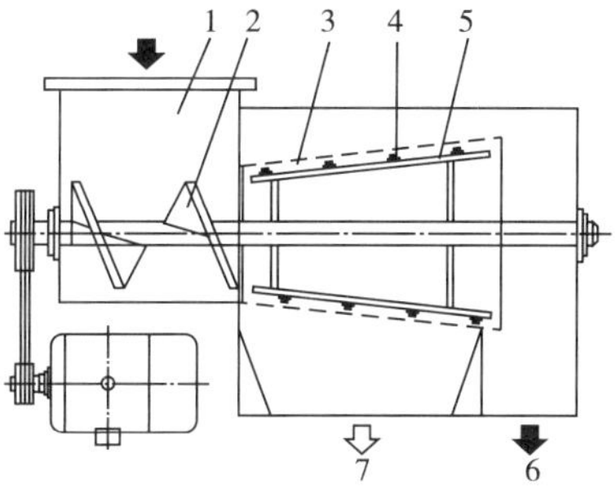

图 3-35　皮磨粗筛结构图

1—进料斗　2—螺旋推进器　3—锥形筛筒　4—刷子　5—叶轮　6—筛上物出口　7—筛下物出口

表 3-36　皮磨粗筛的处理量　单位：t/h

型号	1 皮		2 皮		3 皮		4 皮	
	10W	8W	12W	10W	14W	12W	16W	14W
FSFP30	3.8	5.2	2.5	3.8	1.5	2.1	1.1	1.5
FSFP35	6.0	8.2	4.2	6.0	2.5	3.4	1.9	2.5
FSFP40	9.5	13.0	6.6	9.5	4.1	5.5	3.2	4.1
FSFP45	15.0	20.3	10.4	15.0	6.6	8.7	5.1	6.6

第三节
清粉

物料经研磨、筛理分级后，需进一步研磨成粉。由于筛理设备是按粒度大小分级，分出的粗粒、粗粉中会含有一些连皮胚乳粒和细碎麦皮，其含量随粗粒和粗粉的提取部位、研磨物料特性及粉碎程度等因素的变化而改变。如果将这些粗粒和粗粉直接送往心磨研磨，在胚乳颗粒被磨碎成粉的同时，必然使一些麦皮随之粉碎，从而降低小麦粉质量。因此，生产高等级和高出粉率的小麦粉时，需将筛分后的粗粒、粗粉进一步精选。精选之后，分出的细碎麦皮送往相应的细皮磨，连皮胚乳粒送往渣磨或尾磨，胚乳颗粒送往前路心磨。制粉工艺中，精选粗粒和粗粉的工序称为清粉，所用设备为清粉机。

一、清粉工艺效果的评定

清粉机的工艺效果以物料经清粉后，精选出粗粒、粗粉的数量及相应的灰分降低程度来衡量。清粉机提纯出的粗粒、粗粉数量越多，其灰分与清粉前的物料灰分相差越大，清粉效果越高。清粉机的清粉效率按下式计算。

$$\eta=\eta_1 \cdot \eta_2 \tag{3-6}$$

式中 η——清粉机的清粉效率,%；

η_1——粗粒、粗粉筛出率,%；

η_2——精选后粗粒、粗粉灰分降低率,%。

粗粒、粗粉筛出率（η_1）为清粉机精选后，提纯的粗粒、粗粉流量占进机物料流量的百分比。

$$\eta_1=\frac{q}{Q}\times100\% \tag{3-7}$$

式中 q——清粉机筛出物的流量，kg/h；

Q——进入清粉机物料的流量，kg/h。

粗粒、粗粉灰分降低率（η_2）为入机物料灰分与筛出物料灰分之差，占入机物料灰分的百分比。

$$\eta_2=\frac{Z_1-Z_2}{Z_1}\times100\% \tag{3-8}$$

式中 Z_1——进入清粉机物料的灰分,%；

Z_2——清粉机筛下物料的灰分,%。

例如，某台大粗粒（20GG/36GG）清粉机工艺效果的测定结果如下。

入机物料流量996kg/h，灰分1.53%；前段筛下物流量256 kg/h，灰分0.69%；后段筛下物流量302kg/h，灰分0.90%。

$$\eta_1=\frac{256+302}{996}\times100\%=56\%$$

$$Z_2=\frac{256\times0.69\%+302\times0.90\%}{256+302}=0.80\%$$

$$\eta_2=\frac{1.53-0.8}{1.53}\times100\%=47.7\%$$

$$\eta=\eta_1 \cdot \eta_2=26.7\%$$

清粉机的工艺效果如表3-37所示。

表3-37 清粉机的工艺效果

物料名称	筛出率/%	灰分降低率/%
大粗粒	45~60	45~60
中、小粗粒	60~75	20~40
粗粉	75~85	20~25

二、影响清粉工艺效果的主要因素

（一）筛理物料的特性

清粉机进机物料颗粒的均匀度与清粉效果直接相关，若粒度差别大，大粒的麦皮与小粒的胚乳悬浮速度接近，很难分清。因此，必须在清粉前将物料预先分级，缩小其粒度范围，并在筛理时设置合适的筛理长度筛净细粉。

硬麦胚乳硬，皮薄易碎，研磨后提取的大粗粒、中粗粒较多，粗粒中的胚乳颗粒含量较高，流动性好易于穿孔，因而筛出率相对较高。软麦皮厚，胚乳结构疏松，研磨后提取的大粗粒数量较少且粒形不规则，所含的连皮胚乳颗粒和麦皮较多，因此筛上物数量较多。

（二）清粉机的运动参数

清粉机的运动参数包括振幅、振动频率和筛体抛掷角度，其中振动频率一般保持不变。

清粉机进料量增大，可采用较大的振幅；进料量减少，则需较小的振幅。振动电机传动的清粉机，缩小振动电机两端偏重块的夹角即增加两偏重块的重叠部分，可增大振幅和筛体的激振力（转速一定）。

清粉机工作时筛体做倾斜向上的抛掷振动，此运动可分解为垂直和水平两个方向的运动。前者使物料松散开，利于气流穿过料层，易于精选分级；后者则使物料逐渐向出料端推进。筛体前段采用较大的抛掷角度，利于物料分层，提高精选分级效果。

（三）筛面的工作状态

清粉机工作时，要求筛网有足够的张力来承托物料的负荷，使物料能沿筛面宽度分布均匀，做相应的分级运动。否则筛面下垂，物料集中在筛格中部，物料运动受阻，分级状态变差，风选作用减弱，清理刷受压不能正常动作而引起筛孔堵塞，上述状况均造成清粉效果降低。因此，清粉机筛网必须张紧，并在使用过程中，通过观察物料的运动状况和筛网的伸展程度定期张紧。

（四）筛网配置

制粉工艺中各道清粉机筛网配置是否合适与其工艺效果密切相关。清粉机筛网配置时必须综合考虑以下因素：清粉物料的粒度、该道清粉机的负荷量以及所配备的吸风量等。

筛网配置的总原则：同层筛网前密后稀，同段筛网上稀下密。

图 3-36（1）、（2）分别为精选大粗粒（20W/36W）和中小粗粒（36W/56GG）清粉机的筛网配置。

20	18	18	16
22	20	20	18
24	24	22	20

（1）

32	32	30	30
34	34	32	30
36	34	34	32

（2）

图 3-36 清粉机的筛网配置

（1）大粗粒（2）中小粗粒

（五）流量

清粉机流量以每小时每厘米筛面宽度上清粉物料的质量表示［kg/(cm·h)］。清粉机的流量对筛面上混合颗粒的分层条件有很大影响，其流量大小取决于被精选物料的组成、粒度和均匀程度。精选物料粒度大，流量较高；精选物料粒度小，则流量较低。

（六）风量

清粉机的风量取决于清粉物料的类别，大粗粒比细小物料需要更多的风量。清粉机全负荷生产时，总风门要开启 2/3，保证各段筛面有足够的吸风量。

总风量确定之后，各吸风室的风门要做相应调节。一般情况下，筛体前段料层较厚，需将前段吸风室风门开大些，使物料迅速松散并向前运行。其他各段风门通过观察物料的运行状况来精细调节，使通过筛面的气流在物料中激起微小的喷射，较轻的麦皮飘逸上升被吸入风道，较重的物料被气流承托着呈沸腾状向出料端推进。

三、清粉设备

（一）清粉机的工作原理

清粉机利用筛分、振动抛掷和风选的联合作用，将粗粒、粗粉混合物分级。清粉机筛面在振动电机的作用下做往复抛掷运动，落在筛面上的物料被抛掷向前，气流自下而上穿过筛面、穿过料层，对抛掷散开的物料产生一个向上的、与重力相反的作用力，使物料在向前推进的过程中，自下而上按以下顺序自动分层：小的纯胚乳颗粒、大的纯胚乳颗粒、较小的混合颗粒、大的混合颗粒、含有少量胚乳的麦皮及较轻的麦皮。各层间无明显界限，尤其大的纯胚乳颗粒与较小的混合颗粒之间区别更小。选取合适的气流速度，使较轻的颗粒处于悬浮和半悬浮状态，较重的颗粒接触筛面，再通过配置适当的筛孔，使纯胚乳颗粒成为筛下物，混合颗粒成为后段筛下物与下层筛上物，麦皮混合物则成为上层筛上物。

清粉机有3层筛面，每层筛面前后分为4段，筛孔配置由进料端向后逐渐增大，同段下层筛孔比上层筛孔稍密。因此，筛下物中前段物料粒度最小，胚乳纯度较高；后段物料粒度逐渐增大，胚乳纯度逐渐下降，混合颗粒增多。不同纯度的筛下物分别入收集槽内，可合并成2~3种，送往不同的制粉系统。筛上物也分为2~3种，其中上层较下层物料的粒度大、轻，麦皮含量高。筛上物多送往细皮磨、渣磨、尾磨处理。

（二）清粉机的结构

清粉机有单式与复式两种结构形式，现多采用复式。复式结构具有两组对称的筛体，如图3-37所示。清粉机的主要构件为：机架、喂料机构、筛体、吸风装置、出料装置与振动机构等，结构如图3-38所示。

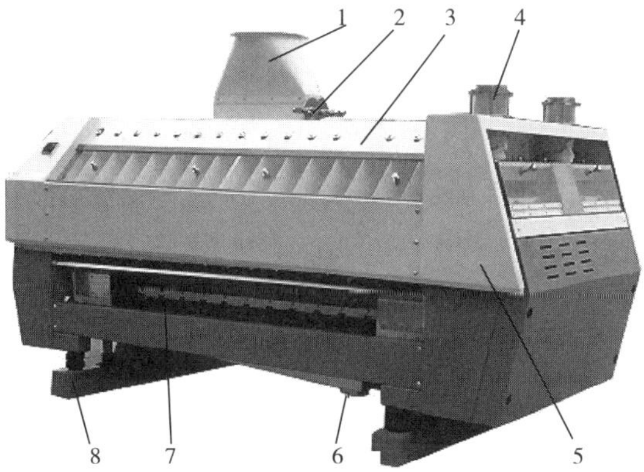

图3-37 清粉机

1—吸风管 2—总风门调节阀 3—筛面上方风门调节旋钮 4—进料 5—机架
6—筛下物出料口 7—筛下物分流拨斗 8—筛下物收集槽

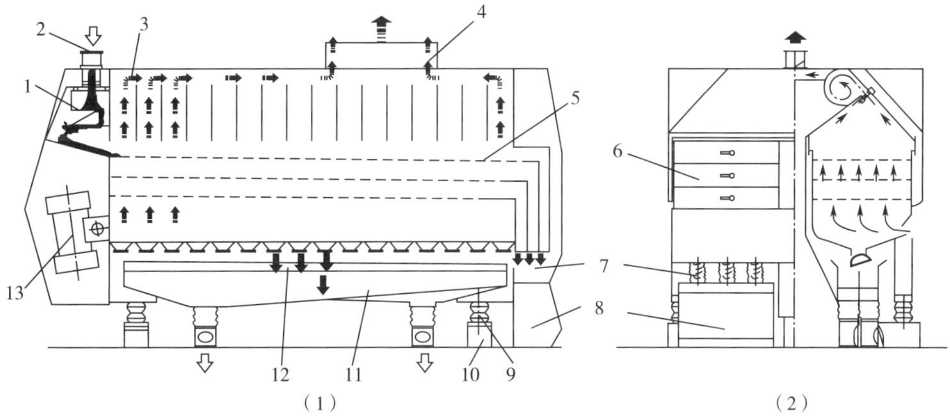

图3-38 清粉机结构图

（1）主视图（2）左视图

1—喂料机构 2—进料口 3—吸风室 4—总风管 5—筛面 6—筛上物出口 7—筛上物出料调节箱；8—方钢立柱 9—机座 10—集料输送槽 11—筛下物出口 12—振动电机 13—中空橡胶弹簧

（三）典型清粉设备

1. 典型清粉设备

典型清粉机结构如图 3-39 所示，双筛体三层筛面，筛体采用振动电机传动，空心鼓形橡胶弹簧支撑筛体及旋流式吸风道。

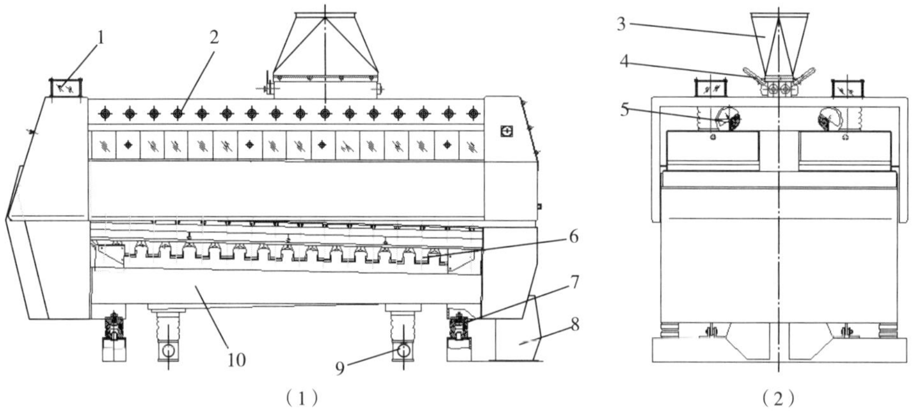

图 3-39　典型清粉机结构图

（1）主视图（2）左视图

1—进料口　2—风室调节旋钮　3—总吸风管　4—总风量调节手柄　5—补风口　6—调节拨斗　7—中空橡胶弹簧　8—筛上物出料调节箱　9—筛下物出口　10—集料输送槽

2. Norit 清粉机

Norit 清粉机结构如图 3-40 所示，主要尺寸如表 3-38 所示。

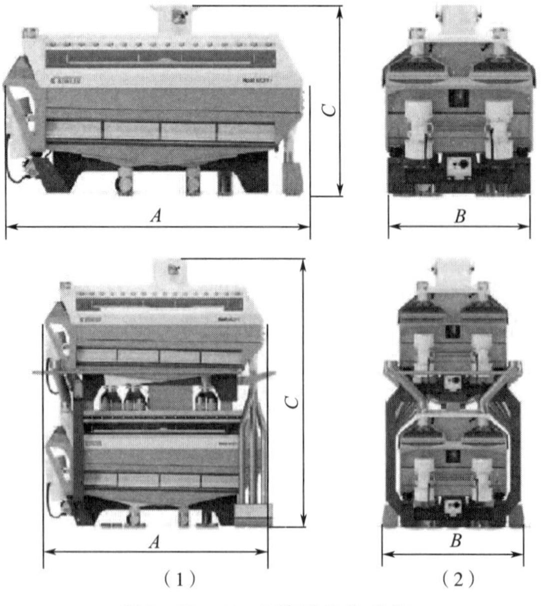

图 3-40　Norit 清粉机结构图

（1）主视图（2）左视图

Norit 清粉机从设计上优化让操作和调节更简单，全新设计的旋钮让调节风量等工艺参数更轻松、便捷，无须使用工具。明亮的 LED 照明可以清晰地检查设备内部的物料运行状态和监测加工过程。

表 3-38 Norit 清粉机的主要尺寸

型号	*A*/mm	*B*/mm	*C*/mm	空载质量/kg	运行质量/kg
46/200	2641	1232	1583	1000	102
46/200D	2461	1680	3089	2250	2290

3. BSⅡ型清粉机

BSⅡ型清粉机如图 3-41 所示。

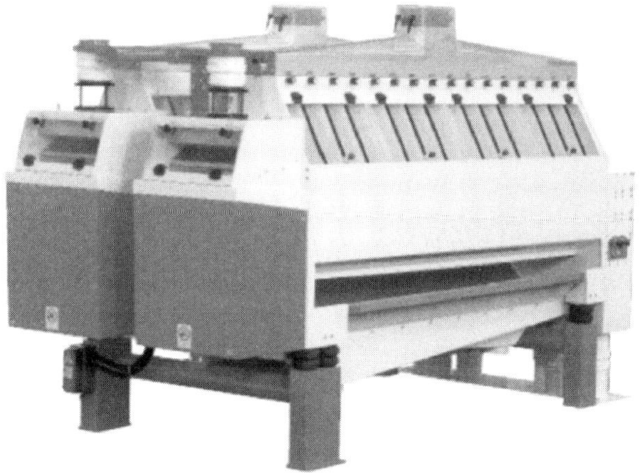

图 3-41 BSⅡ型清粉机

BSⅡ型清粉机采用最新型双体清粉机，两个独立筛体的间距是 156mm，能使流管从筛体中间穿过，可以充分提高车间空间的利用率，使物料流管取得合适的角度。结构特点如下。

（1）有两个独立的吸风道，吸风均匀，便于调节吸风量，有效克服了普通型清粉机只有一个吸风道，风量调节时两边相互影响的问题；

（2）筛绢绷装采用绷装金属杆，进行顶丝绷装，使其更换筛绢十分简便，而且筛绢使用寿命长；

（3）BSⅡ型清粉机吸风系统和筛体一起振动，彻底解决了吸风道中吸风粉沉积的问题。

（四）清粉设备参数

目前使用的清粉机有 FQFD46×2×3 型、FQFD49×2×3 型及 FQFD60×2×3 型等多种

规格，其中 FQFD46×2×3 型与 FQFD49×2×3 型清粉机的主要技术参数如表 3-39 所示。

表 3-39　　FQFD46（49）×2×3 型清粉机主要技术参数

筛体个数/个	筛面宽度/mm	筛面层数/个	筛面长度/mm	吸风量/（m^3/min）	振幅/mm	转速/（r/min）	功率/kW	产量/（kg/h）		吸风阻力/Pa		外形尺寸（长×宽×高）/mm
								大粗粒	中小粗粒	大粗粒	中小粗粒	
2	460（490）	3	2000	40~70	4.25~4.5	590	2×0.18（0.25）	（700~1400）×2	（400~700）×2	250~350	100~200	2700×1290×1700

第四节 制粉工艺流程

一、小麦制粉流程设计依据的原则

1. 采用合理的制粉方法

根据产品的质量要求、原料品质、生产规模以及单位产量、电耗指标等，确定合理的制粉方法，即制粉流程的“长度”“宽度”和清粉范围等。

2. 流量平衡（负荷均衡）

制粉流程中各设备、各系统的配备，应根据各系统物料的工艺性质及其数量来决定，使负荷合理，生产连续。

3. 质量平衡（同质合并）

将粒度接近、品质相近的物料合并处理，以简化制粉流程，方便操作。不同品质要求的产品对在制品分离和组合的要求不一，质量平衡直接影响产品质量和出粉率。

4. 循序（可控）后推

制粉流程中在制品的处理，不能有回路，一般应遵循逐道循序后推的基本原则。在生产高等级小麦粉时，为了提高小麦粉出粉率和质量，可采用可控后推技术（根据在制品质量控制后推速度），延缓优质在制品后推速度，加快次等级物料推进速度。

5. 保证工艺过程的连续、稳定和灵活性

净麦、吸风粉以及成品打包前应设有一定容量的缓冲仓，以保证生产的连续性；设备配置和选用应考虑原料、气候、产品的变化，保证生产的稳定性和适应性；工艺中可设置活路，使工艺具有一定的灵活性。

6. 节省投资， 降低消耗

制粉流程设计中应选用高效低耗设备，在保证产量和质量情况下尽量简化制粉流程，减少设备数量，降低能耗。

7. 保证产品安全和生产安全

制粉流程设计中除注重工艺设计以外，还应注重清洁生产，降低微生物和病虫害污染，保证产品卫生安全；注意设备吸风和防爆泄爆要求，做到安全生产。

8. 除遵循上述原则组合制粉流程外，还要根据制粉流程制定合理的操作指标，以保证良好的制粉效果。

二、常用的制粉方法

1. 在制品不分级制粉法

将小麦研磨后筛出小麦粉，剩下的物料混在一起继续进行第二次研磨，这样重复数次，直到获得一定的出粉率和小麦粉质量。这种方法不提取麦渣和麦心，适合直接破碎法生产全麦粉或特殊食品用小麦粉，不适合制作高等级的食用小麦粉。

2. 简化物料分级的制粉方法

简化物料分级的制粉方法实质上是在制粉过程的前几道磨（1 皮、2 皮和 1 心）大量出粉（70%左右），物料分级很少。一般 3~4 道皮磨，2~4 道心磨，生产特二粉时 4~5 道心磨，有时还增设 1~2 道渣磨，通常不用清粉机。该制粉方法的主要特点是制粉流程短、物料分级少、单位产量高、电耗低，但小麦粉加工精度较差。

采用该法生产标准粉时，一般出粉率 85%左右，吨粉电耗 122~144MJ，磨粉机的产量为 5.5~8kg/（cm·h）小麦粉。采用该法生产国标特制二等粉时，一般出粉率为 72%~76%，磨粉机单位产量为 4.2~5.0kg/（cm·h）小麦粉，吨粉电耗 144~180MJ。

3. 物料分级中等的制粉方法

物料分级中等的制粉方法也称为“中路出粉法”。该方法实质上是在制粉过程的前几道心磨（1 心、2 心和 3 心）大量出粉（35%~40%），心磨总出粉率 55%~60%（占 1 皮），皮磨总出粉率 13%~20%。流程中物料分级较多，一般设置 4~5 道皮磨，2~3 道渣磨，7~8 道心磨，2 道尾磨，3~4 道清粉，大量使用光辊磨粉机，并配以各种技术参数的松粉机。该制粉方法的主要特点是：制粉流程长且有一定的宽度，物料分级中等，单位产量较低，电耗较高，但小麦粉质量较好。

采用该法生产等级粉时，出粉率 73%，小麦粉平均灰分 0.6%左右，吨粉电耗 252~270MJ，磨粉机单位接触长度为 12mm 磨辊/（100kg 小麦·d）。

4. 强化物料分级的制粉方法

强化物料分级的制粉方法是在中路出粉方法的基础上改进而成，主要强调前路物料的分级，要求制粉工艺不仅要有一定的长度，更要有宽度，还要加强清粉，以尽可能保证进入前路心磨物料的纯度。该制粉方法的主要特点是：制粉流程复杂、操作管理难度大、单位产量低、电耗高，但高精度小麦粉的出粉率高、灰分低、粉色白。

采用该法生产等级粉，高精度小麦粉出粉率比其他方法明显提高，吨粉电耗 263～281MJ，磨粉机单位接触长度为 12mm 磨辊/（100kg 小麦・d）。

5. 磨撞均衡出粉的制粉方法

该制粉方法是在强化物料分级制粉方法基础上，对“理想纯度”的物料，采用“撞击磨粉机”处理，大量出粉，减少物料后推。对于纯度较高的物料，用普通撞击机代替磨粉机。对于中后路系统细料采用普通撞击制粉技术，减少磨粉机流量，减少入磨物料细物料含量，提高研磨效果。该制粉方法一般和物料纯化技术、可控物料后推技术结合使用，可提高产量 20%左右，磨粉机单位接触长度为 10mm 磨辊/（100kg 小麦・d）。

6. 轻刮轻研低流量的制粉方法

该制粉方法是在强化物料分级制粉方法基础上，进一步加强在制品按质量分级，延长和加宽工艺设置，降低磨粉机流量，皮磨系统降低每一道的剥刮率，减少麦皮破碎，强调分层剥刮；加强清粉系统应用，扩大清粉范围，提高物料纯度；细化渣尾磨设置，避免交叉污染；细化心磨设置，心磨系统减轻研磨强度，控制小麦粉粒度。磨粉机单位接触长度为 16mm 磨辊/（100kg 小麦・d），部分工艺在前路皮磨和前路心磨的采用八辊磨（上下辊均为相同系统）。

7. 其他制粉方法

（1）剥皮制粉方法　剥皮制粉方法是在小麦制粉前，先剥去 5%～8%（占 1 皮）的麦皮，再进行制粉，故称为剥皮制粉。本方法皮磨可缩短 1～2 道，减少粗皮磨的宽度，心磨缩短 2～3 道，其原因一是由于 2～3 次的着水润麦，降低了心磨物料的强度，二是由于中后路皮磨提心数量的减少，但渣磨系统增加 1～2 道，总的来讲，制粉工艺简化了。剥皮制粉的主要特点是：制粉流程简单、易操作管理、单位产量较高、粉色较白、小麦粉灰分较高，小麦粉清洁度较高，麸皮较碎、电耗较高。

采用该法生产等级粉时，出粉率 70%～73%，吨粉电耗 281～306MJ，磨粉机单位接触长度为 10mm 磨辊/（100kg 小麦・d ）。

（2）采用撞击磨的制粉方法　采用撞击磨的制粉方法是在中路出粉方法的基础上，在前路心磨系统或后路皮磨系统采用撞击磨替代磨粉机的一种制粉方法。用于前路心磨时，撞击磨的出粉率可达 60%以上，且单机产量较高，因此前路心磨系统负荷大大减小，心磨系统的道数缩短。采用撞击磨制粉的主要特点是：心磨系统简化、磨粉机和高方筛的设备配备减少、建厂总投资降低。但小麦粉质量稍差（与中路出粉方法相比），特别是一号粉的出粉率降低。

（3）采用八辊磨的制粉方法　采用八辊磨的制粉方法是在中路出粉方法的基础上，将通常的研磨–筛理改成部分或全部研磨–研磨–筛理的一种制粉方法。采用八辊磨制粉（上下辊为不相同系统）的主要特点是节省了筛理面积、节省了气力输送风量、节省了建厂总投资、吨粉电耗较低，但磨粉机单位产量稍低、小麦粉质量稍差。

三、皮磨系统

1. 皮磨系统的道数与磨辊接触长度

皮磨系统的道数主要取决于产品质量、小麦品质和出粉率要求。一般采用4~6道皮磨。

磨制高等级小麦粉时，皮磨采用轻研细刮的方式，要有较长的皮磨道数，磨制低等级小麦粉时，前路皮磨以出粉为主，皮磨道数较短。磨制高等级小麦粉时，皮磨系统的接触长度为6~9mm/（100kg·d），占全部磨辊总长的40%~50%，各道皮磨所分配的磨辊接触长度如表3-40所示，传统工艺皮磨系统磨辊接触长度如表3-41所示。

表3-40　磨制高等级小麦粉时皮磨系统磨辊接触长度

系统	磨辊接触长度/[mm/（100kg·d）]
预磨	0.8~1.2
1皮	1~1.3
2皮	1~2.5
3皮	1~1.8
4皮	1~1.6
5皮	1~1.2
6皮	0.4

表3-41　传统工艺皮磨系统磨辊接触长度

小麦类型	系统	磨辊接触长度/[mm/（100kg·d）]
硬麦	1皮	0.8~1.2
	2皮	0.8~1.2
	3皮	0.8~1.2
	4皮	0.8~1.2
软麦	1皮	0.8~1.2
	2皮	0.8~1.2
	3皮	0.8~1.2
	4皮	0.8~1.2
	5皮	0.4

2. 皮磨系统磨辊的技术参数

皮磨系统磨辊转速通常为前高后低、齿数为前稀后密、斜度为前小后大、齿顶平面为前宽后窄，速比一般为2.5∶1。磨辊技术参数的配置，要依据原料特性、单位流量大小、操作指标等具体情况，进行磨辊表面的各项技术参数合理匹配，如表 3-42 所示。

表 3-42 皮磨系统磨辊的技术参数

系统	转速 /（r/min）	齿数 /（牙/cm）	齿角	斜度 / %	排列	齿顶平面 / mm	速比
1 皮	500~600	3. 0~4. 0	21°/67° 30°/65° 35°/65° 40°/65°	4~6	D-D	0. 2~0. 3	2. 5：1
2 皮	500~600	4. 2~5. 8	21°/67° 30°/65° 35°/65° 40°/65° 50°/65°	4~6 4~6 4~6 4~6 4~6	D-D D-D D-D D-D F-F	0. 15~0. 25	2. 5：1
3 皮粗	500~550	6. 0~7. 0	45°/65° 35°/65° 40°/65° 50°/65°	6~8 6~8 6~8 6~8	D-F D-D D-D F-F	0. 1~0. 15	2. 5：1
3 皮细	500~550	7. 0~8. 6	45°/65° 35°/65° 50°/65°	6~8 6~8 6~8	D-F D-D F-F	0. 1	2. 5：1
4 皮粗	500~550	7. 2~8. 6	45°/65° 35°/65° 50°/65°	6~10 6~10 6~10	D-F D-D F-F	0. 1	2. 5：1
4 皮细	500~550	8. 2~10. 2	45°/65° 35°/65° 50°/65°	8~10 8~10 8~10	D-F D-D F-F	0. 1	2. 5：1
5 皮粗	500~550	8. 2~10. 2	50°/65° 40°/65°	10 10	F-F D-D	0. 1	2. 5：1
5 皮细	500~550	10. 2~10. 6	50°/65° 40°/65°	10 10	F-F D-D	0. 1	2. 5：1

3. 皮磨系统的操作指标

皮磨系统的操作指标包括剥刮率、出粉率、在制品的数量（粒度分布）与质量、单位流量等，其中皮磨系统的剥刮率和在制品的数量与质量为重要的操作指标。

（1）剥刮率　皮磨系统各道磨粉机的剥刮率在不同的小麦制粉厂有很大的差别，主要取决于产品质量、原料的品质、单位流量、皮磨系统的长度以及出粉率高低等。当加工高精度小麦粉时，前路皮磨剥刮率相对较低；加工厚皮麦、软质麦、高水分小麦，或当单位流量较低、皮磨系统的长度短时，前路皮磨的剥刮率相对取高值，否则取低值。尽管各生产线每道皮磨的剥刮率可能存在较大的差异，四道皮磨工艺的前三道皮磨或五道皮磨工艺的前四道皮磨的总剥刮率和总出粉率之间却有着密切的内在联系，即前三道皮磨的总剥刮率≈出粉率+8%。

例如，四道皮磨工艺磨制 73%粉时，可把前三道皮磨的剥刮率总和定为 81%（占 1 皮%）。在扣除清粉机、渣磨、心磨分出的含麸物料后，即可保证生产出粉率 73%的小麦粉。在确定了前三道皮磨总剥刮率 81%后，再分别制定各道皮磨的剥刮率，可分配如下：

1 皮剥刮率：31%

2 皮剥刮率：38%

3 皮剥刮率：12%

然后计算出以本道入机流量为基础的剥刮率，可得：

1 皮剥刮率：31%（占本道）

2 皮剥刮率：[38%÷（100−31）%]＝55.1%（占本道）

3 皮剥刮率：[12%÷（100−31−38）%]＝38.7%（占本道）

为提高皮磨系统的研磨效果，从 2 皮或 3 皮（有时 4 皮）起的后续皮磨，将麸片分成大、小两种，分别进行研磨，称为粗皮磨和细皮磨。分粗细与否的原则是既要考虑研磨效果，又要兼顾工艺的可操作性。表 3-43 所示为目前常用皮磨系统的剥刮率。

表 3-43　常用皮磨系统的剥刮率

1. A 皮磨系统的剥刮率表

系统	占 1 皮%	占本道%
1 皮	20	20
2 皮	44	55
3 皮	17	47.2

2. B 皮磨系统的剥刮率表

系统	占 1 皮%	占本道%
1 皮	15	15
2 皮	48	56.8
3 皮	18	48.6

3. C 皮磨系统的剥刮率表

系统	占 1 皮%	占本道%
1 皮	15	15
2 皮	33	38.8
3 皮	20	38.5
4 皮	14	43.8

4. D 皮磨系统的剥刮率表

系统	占 1 皮%	占本道%
1 皮	10	10
2 皮	36	40
3 皮	22	40.7
4 皮	14	43.8

5. E 皮磨系统的剥刮率表

系统	占 1 皮%	占本道%
1 皮	10	10
2 皮	40	44.4
3 皮	20	40
4 皮	12	40

（2）出粉率　皮磨系统的出粉率与剥刮率、原料品质、磨辊表面技术特性等有关。剥刮率高，皮磨出粉率高；剥刮率低，皮磨出粉率低；软质麦多时，皮磨出粉率高；软质麦少时，皮磨出粉率低；磨辊 D-D 排列，出粉率高；F-F 排列，出粉率低。由于 1 皮、4 皮和 5 皮的小麦粉质量都比较差，因此应尽量少生产皮磨粉。一般情况下，皮磨总出粉 15%~20%（占 1 皮），其中 1 皮出粉 2%~6%、2 皮出粉 5%~10%、3 皮出粉 5%~8%、4 皮出粉 5%~8%（均为占本道的出粉率），生产高精度小麦粉时应取低限。

（3）皮磨系统的单位流量　各道皮磨的单位流量主要和制粉方法、研磨道数、产品质量、出粉率、设备的技术特性、研磨程度以及物料品质有关。磨制等级粉时，皮磨系统的单位流量如表 3-44 所示，磨制高精度小麦粉时应取低限。皮磨系统的单位流量是逐渐降低的，皮磨系统的物料随着系统位置的后移，胚乳含量越来越少、麦皮含量越来越多、物料容重降低、流散性变差，后道皮磨的磨粉机流量不宜过大，否则会出现“轧不透”现象。

平筛的单位流量相差较大，选用高限时，应增加筛格高度并增加重筛的筛理面积。

表 3-44　磨制等级粉时皮磨系统的单位流量

系统	磨粉机的单位流量/[kg/(cm·d)]	平筛的单位流量/[t/(m^2·d)]
1皮	800~1200	9~15
2皮	450~750	7~10
3皮	300~450	4.5~7.5
4皮	250~350	4~6
5皮	200~300	3~4

四、渣磨系统

1. 渣磨系统的道数与磨辊接触长度

渣磨系统的道数一般为2~4道，当加工高精度粉、硬质麦或磨辊接触长度较长时，可增加为3~4道渣磨；当磨辊接触长度较短时，可减少为1~2道渣磨。渣磨系统的磨辊接触长度一般为0.8~1.2mm/（100kg·d），占全部磨粉机磨辊总长的4%~10%。

2. 渣磨系统磨辊的技术参数

采用齿辊时，一般使用大齿角、密牙齿，小斜度，如表3-45所示。使用齿辊的特点是磨下物的流散性较好，有利于物料的精选，轧距操作要适当放松，否则会影响小麦粉质量。

表 3-45　渣磨系统齿辊磨辊的技术参数

系统	转速/(r/min)	齿数/(牙/cm)	齿角/(°)	斜度/%	排列	齿顶平面/mm	速比
1渣	550	8~9	40/70	8~10	D-D	0.1	1.5~2.5:1
2渣	500	9~10	40/70	8~10	D-D	0.1	1.5~2.5:1
3渣	500	9~10	40/70	8~10	D-D	0.1	1.5~2.5:1

磨制高精度小麦粉时，一般采用光辊。渣磨采用光辊时，一般采用（1.25~2）：1的速比，如表3-46所示。当渣磨的物料需要清粉时，轧距操作可适当放松；当渣磨物料不清粉、心磨物料较多时，渣磨的轧距操作可适当紧一些，多出一些小麦粉，以减少心磨系统的负荷，当然对小麦粉的质量会稍有影响。

表 3-46　渣磨系统光辊磨辊的技术参数

系统	速比	中凸度/μm（1000mm磨辊）	转速/(r/min)（ϕ250mm磨辊）	喷砂
1渣	1.25:1	15~30	480~550	喷砂
2渣/3渣	1.25:1	15~25	400~500	喷砂

3. 渣磨系统的操作指标

渣磨系统的出粉率一般为5%~25%，当入磨物料较差、使用齿辊或生产高等级小麦粉时应取低值。

渣磨系统的单位流量如表 3-47 所示，使用齿辊时流量可取上限。

表 3-47 渣磨系统的单位流量

系统	磨粉机的单位流量 /［kg/（cm·d）］		平筛的单位流量 /［t/（m^2·d）］
	3 道	2 道	
1 渣	350~500	350~450	5~7
2 渣	300~450	300~400	4~5
3 渣	200~250	—	3~4

五、 清粉系统

1. 清粉系统的设置

根据小麦粉加工精度需求，不同的制粉工艺中清粉机的应用差异较大，短粉路和全麦粉工艺中可不设置清粉系统，传统工艺中仅对 1 皮、2 皮、3 皮系统的大、中、小粗粒进行清粉，单位清粉宽度一般在 1mm/（100kg·24h）左右，目前制粉工艺中，强化物料分级与纯化，清粉范围扩大至渣磨、前中路心磨，单位清粉宽度一般在 3~4.5mm/（100kg·24h）。

2. 清粉机的单位流量

清粉机的单位流量主要和颗粒的粗细度、容重、筛孔的大小及吸风量有关。当颗粒的容重高、流动性好、清粉机筛孔适当放稀、吸风量适量增大时，清粉机的单位流量取高限，否则应取下限。FQFD46×2×3 清粉机的单位流量及吸风量如表 3-48 所示。

表 3-48 FQFD46×2×3 清粉机的单位流量及吸风量

系统	单位流量 /（kg/h）	吸风量 /（m^3/h）
大粗粒	2000~2800	3200~4200
中粗粒	1500~2200	2600~3200
小粗粒	800~1500	2400~2800
细粗粒	400~1000	2000~2500

六、心磨系统

1. 心磨系统的道数和磨辊接触长度

心磨系统一般设置 6~8 道心磨，1~2 道尾磨。硬度大、水分低的小麦，胚乳硬难以磨细，加之皮磨系统获得的粗粒、粗粉数量较多，因此心磨的道数比加工软麦多，宽度比加工软麦大。传统工艺心磨系统的磨辊接触长度如表 3-49 所示，目前长粉路低流量工艺心磨系统的磨辊接触长度如表 3-50 所示。

表 3-49　　传统工艺心磨系统的磨辊接触长度

	心磨名称									
	1 心	2 心	3 心	1 尾	4 心	5 心	2 尾	6 心	7 心	8 心
磨辊接触长度/[mm/(100kg·d)]	1~1.5	1~1.2	0.5~1	0.5	0.5	0.5	0.5	0.5	0.5	0.5
总计	3.0			3.5						

表 3-50　　长粉路低流量工艺心磨系统的磨辊接触长度

	心磨名称									
	1 心	2 心	3 心	1 尾	4 心	5 心	2 尾	6 心	7 心	8 心
磨辊接触长度/[mm/(100kg·d)]	2~2.5	1~1.5	0.75~1	0.5~1	0.5~1	0.5~1	0.5~1	0.5	0.5	0.5
总计	3.5~5			3.5~4.5						

2. 心磨系统磨辊的技术参数

现代制粉工艺中，心磨、尾磨几乎全部用光辊，速比较低，其目的是减少麦皮的破碎，保证小麦粉的质量和小麦粉出粉率。另外，要想提高出粉率，磨辊要有较大的粗糙度；要想提高小麦粉质量，磨辊要有较小的粗糙度。心磨系统磨辊的常用技术参数如表 3-51 所示。心磨采用齿辊时，通常采用 D-D 排列，40°/70°，10%斜度，2.5∶1 速比。

表 3-51　　心磨系统磨辊的常用技术参数

系统	速比	中凸度/μm（1000mm 磨辊）	转速/（r/min）（ϕ250mm 磨辊）	喷砂
1~3 心	1.25∶1	20~45	480~550	喷砂
其他心磨	1.25∶1	15~30	400~500	喷砂
尾磨	1.25∶1	15~25	450~500	喷砂

注：磨制高筋焙烤类产品时心磨磨辊中凸度取高值。

3. 心磨系统的操作指标

（1）心磨系统的出粉率　现代制粉工艺流程中，心磨系统是主要的出粉部位。当磨制出粉率 72%~75%的小麦粉时，整个心磨系统的出粉率为 50%~56%，各道心磨占本道的出粉率如表 3-52 所示。

表 3-52　　各道心磨占本道的出粉率

	系统						
	1 心$_1$	1 心$_{2\text{-}5}$	2~3 心	4~6 心	7~10 心	1 尾	2 尾
出粉率/%	35~40	45~50	50~55	30~40	20~30	15~20	10~15

（2）心磨系统的单位流量　心磨系统磨辊采用光辊，应有较薄的料层厚度，心磨系统的流量较低。心磨系统的单位流量主要和研磨物料的性质有关，当物料颗粒较粗、流动性较好时，单位流量取高值；当物料颗粒较细、含粉较多时，单位流量取低值，需控制小麦粉粒度时应取低值。心磨系统的单位流量如表 3-53 所示。

表 3-53　心磨系统的单位流量

系统	磨粉机单位流量 /［kg/（cm · d）］	平筛单位流量 /［t/（m^2 · d）］
1 心	300~350	5~7
2~3 心	200~250	5~6
4~9 心	150~200	4~5
1 尾	200~250	5~6
2 尾	150~200	4~5

七、制粉工艺设计

制粉工艺设计主要包括工艺流程确定、流量平衡表编制、设备计算与选型、技术参数确定等内容，设计中应根据产品质量要求和原粮状况，合理采用先进的制粉技术，尽量选用新型设备，保证生产工艺的先进性。

（一）制粉工艺设计的依据

制粉工艺设计主要依据以下方面。

（1）产品用途、质量要求与结构；

（2）小麦质量状况；

（3）生产线的规模；

（4）车间土建状况（改造厂）；

（5）设备状况；

（6）采用的辅助新技术；

（7）地域、气候等自然条件。

（二）制粉工艺设计的方法

1. 确定合适的制粉技术

根据产品用途和质量要求确定采用制粉工艺的类型，包括皮磨、心磨、渣磨、清粉系统的道数设置。

2. 各项生产技术指标的确定

保证日常生产达到先进的技术指标是制粉流程设计的目的。应确定的主要指标如下。

（1）磨辊单位接触长度［mm/（100kg 麦·d）］；

（2）单位筛理面积［m^2/（100kg 麦·d）］；

（3）单位清粉机筛面宽度［mm/（100kg 麦·d）］；

（4）吨粉电耗（3.6MJ/t 粉）；

（5）出粉率和成品质量。

3. 研磨道数和基本流程的确定

（1）依据原粮及生产技术指标情况，确定制粉方法；

（2）采用先进可靠的新设备、新工艺、新技术；

（3）绘出制粉工艺图。

4. 主要操作指标的确定

（1）前三（或四）道皮磨系统的剥刮率；

（2）各道皮磨的出粉率及皮磨系统的总出粉率；

（3）各道渣磨的出粉率；

（4）各道心磨的出粉率，前三道心磨的出粉率及心磨系统的总出粉率；

（5）渣磨小麸片的提取率，心磨小麸片的提取率；

（6）清粉机的精选率、打麸机的打麸粉提取率等。

5. 编制流量平衡表

根据制粉工艺图确定的工艺流向，根据主要操作指标，以各种物料的分配比例表示，并按一定的顺序填写流量平衡表。

确定制粉流程中各道物料分配比例的最佳方法是通过研磨和筛理，绘制出粒度曲线，从而得出各种粒度范围的物料分配比例。或者参照同类小麦制粉厂的技术测定资料，制定制粉流程流量平衡表。

6. 设备数量和型号的确定

根据流量平衡表中确定的各道设备的流量以及选定的设备单位流量指标，计算各道磨辊接触长度和平筛的筛理面积，确定所需设备台数。一般情况下，可能有少数设备的单位流量不符合要求或设备总数量超出范围。此时应对物料分配比例、流量平衡表或设备的单位处理量在允许的范围内进行调整。

进行系统分配时，也可按照所设计的生产能力，算出整个制粉流程所需总的磨辊接触长度、筛理面积、清粉机筛面总宽度等，然后按比例分配到各系统去。此种方法简明快捷，但需要有丰富的设计经验作为基础。

7. 机械设备各项技术参数的确定

如磨粉机磨辊的技术特性，制粉流程中的筛网配置等。

8. 编写制粉工艺设计说明书

设计说明书一般包括设计依据、采用的技术、工艺分析、流量平衡表、设备计算表、设备选型等内容。

第四章
小麦粉后处理

小麦粉后处理是小麦加工的最后环节，也是小麦粉质量控制最主要的环节之一。在后处理工段主要实现的功能包括小麦粉的存储、配混、包装和发放等。随着当今社会经济的发展和生活水平的提高，小麦粉后处理的使用越来越普遍，在近些年新建的大中型小麦加工生产线中，几乎全部设有小麦粉后处理车间，虽然有些后处理车间的功能并不完善，但都至少具有储存、简易配混和集中打包功能。小麦粉后处理主要包括小麦粉的收集与散存、小麦粉的配制、小麦粉的修饰或营养强化、小麦粉的包装与发放等环节。

小麦粉后处理最重要的功能是稳定小麦粉质量。小麦制粉厂只有提供质量稳定均匀的小麦粉，才能稳定其配方和食品制作工艺操作，生产出品质稳定的食品。但是，由于小麦原料受品种、气候、地域、耕作条件等的影响，品质上差异较大，小麦制粉厂生产出的小麦粉品质往往会不可避免地有不同程度的波动，通过小麦粉搭配来稳定小麦粉的质量是最有效的调节手段之一。

不仅如此，小麦粉后处理还可以提高小麦粉质量，增加小麦粉产品种类。例如，在小麦粉后处理阶段加入各种所需的添加料或添加剂，可改变小麦粉的组成或改变小麦粉的理化性状，以适应各种面制品的制作需要；还可以根据人体需求添加小麦粉中缺乏的营养素，生产出营养强化小麦粉。此外，在小麦粉后处理阶段还需设置杀虫机，高效杀灭虫及虫卵，确保产品满足食品安全标准；设置筛理设备以去除混入的杂质，保证小麦粉质量。

第一节
小麦粉后处理设备

在小麦粉后处理环节有很多后处理专用的设备，本章只介绍小麦粉后处理阶段的特殊设施和设备，通用设备不再介绍。

一、杀虫及检查设备

（一）杀虫设备

小麦经过研磨和筛理后，制成的小麦粉中会存在一定数量的虫卵。在环境条件适宜时这些虫卵就会孵化成虫，影响小麦粉的储存，因此必须将这些虫卵杀死。小麦制粉厂的杀虫一般是通过撞击杀虫机来实现，通常放置在正压输送前或在线安装在压运管路中，正压输送前使用时，采用重力式卸料；在线安装在压运管路中时，采用切向式出料。

1. 主要结构

撞击杀虫机主要由转子组合件、进料口、出料口、电动机和机壳等部分组成，撞击杀虫机如图 4-1 所示。转子组合件主要由撞击盘和销柱组成，转子组合件通过转子轴座装在电动机输出轴端，轴承后段有骨架油封和油封固定套防止粉尘进入电动机。

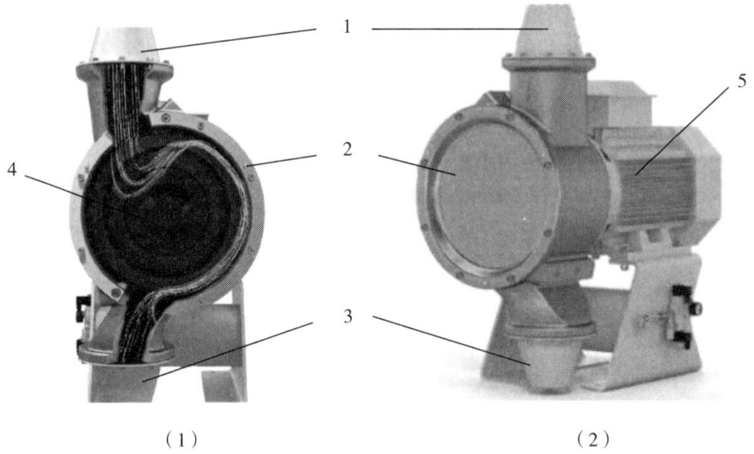

图 4-1　撞击杀虫机

（1）内部构造图（2）外观图

1—进料口　2—机壳　3—出料口　4—转子组合件　5—电动机

2. 工作原理

撞击杀虫机工作时，物料由进料口落入以等角速度转动的甩盘上，受摩擦力和惯性离心力作用，当离心力大于摩擦力时，由于牵连运动的影响，物料一面沿着径向运动，一面又在平面内以等角速度绕垂直轴运动，因此物料在甩盘上的相对运动轨迹为蜗心线。物料在运动过程中处于加速状态，并与物料在甩盘上的位置有关。离甩盘中心越远或甩盘直径越大，蜗心线轨迹越长。物料运动至甩盘边缘时速度达最大值，物料与销柱或撞击盘的冲量越大，撞击力越强，杀虫效果越好。

物料到达销柱边缘时，与销柱高速碰撞后的物料被弹至其他销柱上继续碰撞，有的物料被甩到撞击盘上。这样，物料与销柱、物料与撞击盘及物料与物料之间经过多次碰撞和相互摩擦作用，最终将害虫杀死。

3. 性能规格

MJZH 型撞击杀虫机性能参数如表 4-1 所示。

表 4-1　MJZH 型撞击杀虫机性能参数

型号	小麦粉最大产量/（t/h）	最高功率/kW	颗粒粉最大产量/（t/h）	颗粒最高功率/kW
MJZH-100	5.8	11	12.5	7.5
MJZH-165	9.0	18.5	25	15
MJZH-200	15.8	30	35	22
MJZH-303	28.2	55	—	—
MJZH-440	45	90	—	—

（二）检查筛理设备

在小麦粉生产过程中，常因筛格未压紧、筛绢破损等情况而混入麸屑、粗粒及夹杂物，在配粉过程中，散存设施、混合设备、微量添加设备、输送设备等又增加了异物混入和小麦粉生虫的隐患。因此，为了保证产品质量及食品安全，需在小麦粉打包前设立一道检查筛。常用的检查筛有双筛体平筛、高方平筛等。

1. 双筛体平筛

双筛体平筛包含两个通过玻璃钢吊杆悬挂在吊挂钢架上的筛体，吊架固定于地面，两筛体中间设有传动装置，每个筛体可叠加 6~10 层筛格，筛格直接叠置在筛底板上，如图 4-2 所示。

图 4-2　双筛体平筛

1—进料筒　2—玻璃钢吊杆　3—筛格　4—筛体　5—传动机构　6—吊挂钢架

双筛体平筛筛格有四种形式，因双筛体平筛没有筛箱，筛分后的物料均需从筛格内的通道下落，故筛格设有四个通道。筛格尺寸为 830mm×830mm 或 1000mm×1000mm，筛格较大，为使筛下物迅速排出，筛下物可从两边同时下落，且收集底板从中部向两侧稍微倾斜。双筛体平筛筛格层数少，筛路简单，体积较小，安装方便。MPAU 型双筛体平筛的主要技术参数如表 4-2 所示。

表 4-2　MPAU 型双筛体平筛的主要技术参数

筛仓数量/个	每仓筛格数量/个	分级数量/级	净筛理面积/m^2	功率/kW
2	10~12	2~5	8.1~9.7	2.2

2. 高方平筛

小麦粉通过进料筒进入筛箱，筛箱内的多层筛格组成一定的筛理路线。筛体在传动装置的带动下作平面圆周运动，筛面上的物料产生自动分级，比重较大而粒度较细的颗粒贴近筛面，比重较小而粒度较粗的颗粒浮在上面。在惯性力的作用下，物料与筛面产生相对运动，比重较大而粒度较细的颗粒穿过筛面，得以分离。按照粗细逐层筛理，最终完成提取小麦粉和对其他较粗物料的分离，多用于大型小麦制粉厂的小麦粉检查。

二、小麦粉散装仓及相关设备

（一）小麦粉散装仓

1. 散装仓的结构形式

小麦粉散存仓从功能上分为储存仓、配粉仓、打包仓、散放仓等，通常采用钢筋混凝土结构或钢板结构（也有砖混结构）。储存仓、配粉仓数量多，容量大，所以常采用钢筋混凝土结构，与车间形成一个整体。

按照仓体的形状可分为方形仓和圆形仓。方仓最小内边长 1.5m，一般为 2.5~4m，圆仓内径 2.5m 为左右效果较好。仓体的高度一般在 15~25m 较为合适。仓内壁必须磨光，使内壁平整。为了仓内达到不粘粉、无毒、不霉变、不生虫的要求，仓内壁必须磨光，使内壁平整，可在内壁上涂抹防水硬化剂，或者特殊涂料，例如聚酰胺环氧树脂等。容量较小的打包仓和散放仓，可以采用钢板制造，放置于车间内。钢板仓表面必须光滑、无锈，在仓体内表面须涂两到三层虫胶清漆。

散存仓的仓顶应设进料口、进人孔、吸风孔、回风孔和料位孔。在仓壁上设料位器，以显示散存仓的储存状态。为便于粉状物料的出仓，避免结拱、架桥、出料时形成滞留区、流动不均匀等现象的发生，粉仓的出料斗角度应不小于 70°，下部应和振动出仓设备连接，图 4-3 为钢筋混凝土结构的小麦粉散存仓出口图。

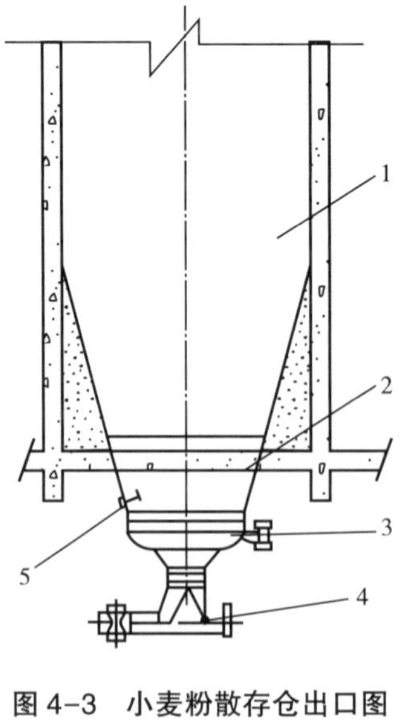

图 4-3 小麦粉散存仓出口图

1—仓体 2—预埋钢斗 3—仓底出仓器 4—螺旋喂料器 5—料位器

2. 散装仓的保温

无论钢筋混凝土仓还是钢板仓，当热或湿的物料装入冷壁仓时常出现结露汽凝现象，引起仓内散存小麦粉霉变和腐败。因此，在寒冷的北方地区和常年湿度大的南方地区，防止仓内表面结露十分必要。对于钢板仓来说，通常设置在建筑物内，四周有建筑物保护且不与其接触。对于钢筋混凝土仓来说，仓壁外应设置保温层或保温走廊，保温层的设置通常有两种形式，一种形式是在仓壁内设置隔热层（双层墙，中间填充隔热材料）；另一种形式是在仓壁外部粘贴保温层。

3. 散装仓的吸风与防爆

（1）吸风　对散装仓吸风主要有两个作用，一是通过吸风，缓解由于正压空气的入仓而带来的仓内空气密度增加，降低仓内压力，保证正压输送的正常运行；二是通过吸风，起到降温降湿作用，防止仓顶表面结露现象的发生。

散存仓吸风一般采用集中吸风系统，使仓内保持一定的负压，确保正压输送的正常运行和粉尘不外逸；有的采用每个仓顶上设置一台插入式布袋过滤器，直接吸风除尘；对散装仓吸风的同时，可在仓顶上设置呼吸管，也可将相邻仓呼吸管连接，用于缓解某一仓仓内压力。

（2）防爆　小麦粉是一种可燃物质，小麦粉散存的两个主要危险是着火和粉尘爆炸。空气中粉尘浓度达到 $50g/m^3$ 以上遇到火源即可引起爆炸，因此粉仓仓顶一般应设置泄压口，最小泄压面积 $1m^3$容积为 $0.02 \sim 0.04m^2$，大仓取大值，小仓取小值。泄压板可选用低惯性轻质材料制作，当仓内压力达到 $0.15kg/m^2$时泄压板应爆破。

（二）出仓装置

1. 仓底振动卸料器

小麦粉粒度较小且流散性较差，在散存仓里受压后，出仓就变得非常困难，需要在粉仓的仓底安装振动卸料器，通过一定形式的振动使小麦粉疏松、活化，从而顺利出仓。仓底振动卸料器主要由卸料斗、法兰圈、卸料盘、吊杆、橡胶轴承、卡箍、密封圈、振动电机等部分组成。在振动电机驱动下，卸料斗作高频振动，振幅范围为 0.5～1.5mm。小麦粉从仓底流入卸料斗中，受振动后，经过卸料盘四周中间或四周均匀缓慢地流下来。因此，仓底卸料器改善了物料的流动状态，使下料稳定，同时避免了仓内结拱。图 4-4 所示为 MFVK 型仓底振动卸料器。

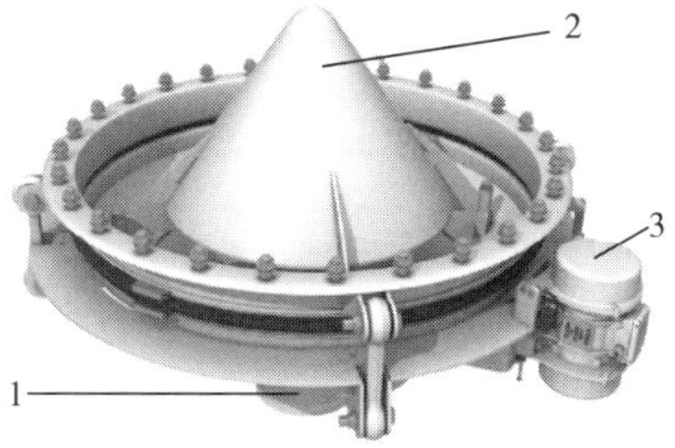

图 4-4　MFVK 型仓底振动卸料器

1—卸料斗　2—卸料盘　3—振动电机

（1）仓底振动卸料器的安装

①该设备用相应螺栓、螺母和垫圈将法兰圈与仓底法兰固定，借助垫圈将法兰圈调整到水平位置，然后将螺母旋紧；

②设备出口处要配置输送物料的绞龙（螺旋喂料器），出口与绞龙接口的间隙不小于 70mm，接口处应装有软连接和扎紧装置，并在绞龙的进口处设置闸门。

（2）合理的操作和使用是很好发挥设备的工艺效果的基本保证，该设备在正常工作状态下不需要操作，但在使用和调试中应注意下列几个问题：

①当绞龙进口处闸门关闭或绞龙未启动时，不能启动电机，以免仓内的物料振实，难以下料；

②卸料能力与仓内物料的温度、湿度及流动性有关，当卸料能力不足时，可调节振动电机两端偏重块重叠位置，改变其振幅和离心力大小；

③振动电机偏重块的调节：振动电机偏重块设在电机轴的两端，一端有两块，调节时只需松开偏重块的夹紧螺母，转动上块，调至需要位置后用螺母夹紧，两偏重块重叠部分越多，则离心力越大，当两偏重块全部重合时，离心力最大。偏重块上有刻度标记，电机两头的偏重块位置必须根据刻度标记调到完全一致。

（3）仓底振动卸料器的维修与保养

①吊杆支点处的橡胶轴承使用一段时间后会老化，所以需要定时更换，更换时先取下橡胶轴承，装配时将橡胶轴承压入吊杆孔内（装配时橡胶轴承表面涂肥皂液，便于装入）；

②密封圈使用一段时间后也会老化，更换时先取下上下卡箍，再更换密封圈；

③振动电机的固定位置，可借助固定电机底板上的长圆孔来调节上下位置，即调节到卸料斗作水平回转运动，并转动平稳，当拆卸振动电机时，应做好记录，以便再装时复位；

④振动电机使用一年左右应进行检修保养。

2. 麸皮出仓机

麸皮出仓机主要应用于平底圆筒仓散存粒状及粉状麸皮物料出仓机，主要由螺旋轴组件防护罩、蜗轮蜗杆传动装置、公转推进液压马达、电机、减速机、固定座架等结构组成，麸皮出仓机如图 4-5 所示。

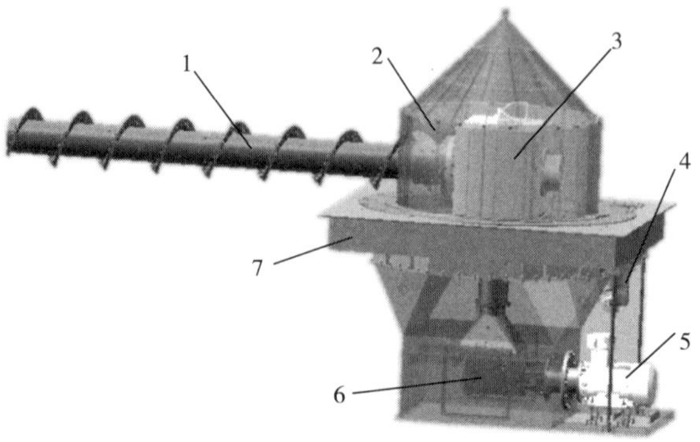

图 4-5　麸皮出仓机

1—螺旋轴组件　2—防护罩　3—蜗轮蜗杆传动装置　4—公转推进液压马达　5—电机　6—减速机　7—固定座架

SE 仓底卸料器是颗粒状、粉状、流动性差、低密度物料的出仓设备，使用该类型出仓器，只需要建设圆筒平底仓，无须做锥斗；该设备产量可达 25t/h。

SE 仓底卸料器如图 4-6 所示，主要技术参数如表 4-3 所示。

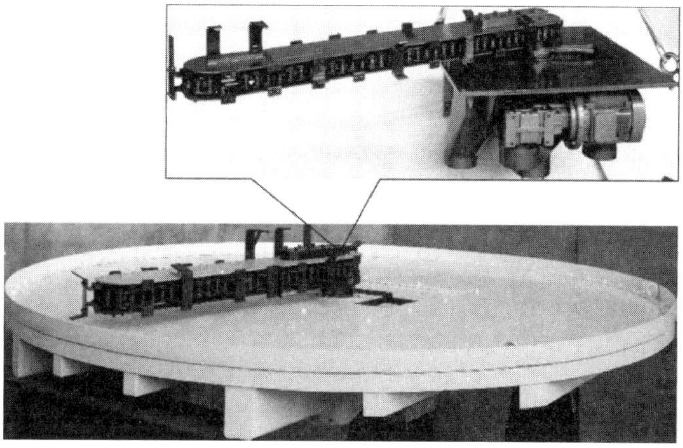

图 4-6　SE 仓底卸料器

表 4-3　　SE 仓底卸料器的主要技术参数

筒仓直径/mm	装机功率/kW	麸皮的产量/（t/h）	质量/kg
2400~5200	5.5、7.5、9.2	18~20	800

该设备具有以下特点。

（1）SE 仓底卸料器由在平底仓转动的机械臂、坚固的钢结构和带有两个卸料口的支撑板牢牢连接在一起；

（2）气缸推动淹没在仓中物料里的机械臂绕轴转动；

（3）安装在机械臂上刮板沿径向转动，将物料刮运到出口。

3. 锥底出仓器

储备颗粒及粉状物料的锥底圆筒仓，仓底锥角需大于物料静安息角的两倍，以保证物料能够自流出仓。但有些物料在仓内储存时间过长或由于其他物理、化学因素，物料颗粒间及物料与仓底板间产生粒子间结合力，使物料不能全部自流出仓，在仓底上残存一部分，需要进行清仓作业。因锥底仓坡度较大，人不能自然站立，无法进入仓内清仓，而使用绳索悬吊或搭跳板作业危险性较大。锥底出仓器就是针对这种场合而设计的清仓设备，它不需要人工进入仓内，清仓效率高、能耗少、安全可靠，清仓机的自转和公转电机、减速机都设置在仓外，便于检查和维护。

锥底出仓器结构如图 4-7 所示，适用于仓≤16m，仓容≤6000m^3 锥底圆筒仓，适用于麸皮等粉粒状物料（比重 0.2~0.3t/m^3），产量为≤100t/h。

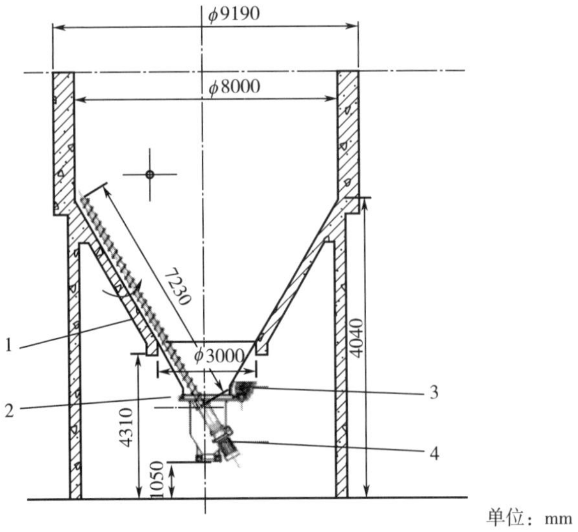

图 4-7 锥底出仓器结构图

1—螺旋主轴 2—回转支承 3—螺旋主轴公转电机 4—螺旋主轴自转电机

（三） 料位器

小麦粉散存仓内一般装有料位器，能够将料位器中的信息传送至中心控制室，以显示散存仓内小麦粉的储存所达的位置，或与设备的启停形成自动逻辑化。按照料位确定方式的不同，料位器可以分为两种类型，一种是振动式料位器，另一种是电容式料位器。

1. 振动式料位器

（1）特点 这种料位器能在恶劣的环境中满足各种物料的定点显示要求，能够控制供料和输送设备的启停，具有抗震、防潮、耐高温、反应灵敏、准确、工作寿命长的优点。

（2）工作原理和结构 这种料位器的探头是一个振动片，安装在料仓内，振动片以固定的频率持续振动。当物料上升挡住振动片时，振动片停止振动，料位器此时通过常开常闭触点发出信号。当物料下降后，振动片恢复振动，常开常闭触点恢复到原始状态。

振动料位器的结构如图 4-8 所示。

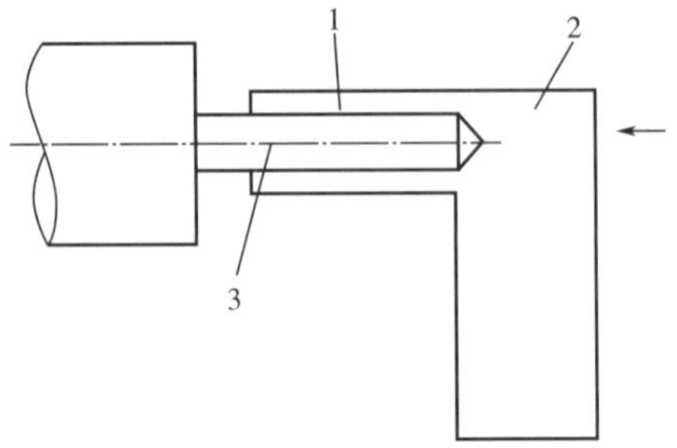

图 4-8 振动料位器结构图

1—沉孔 2—振动片套 3—输出轴 箭头指向为轻击方向

（3）性能规格　ZB 型振动料位器的性能规格如表 4-4 所示。

表 4-4　ZB 型振动料位器性能规格

项目	型号	
	ZB-Ⅰ	ZB-Ⅱ
额定电压	Ac220V 110V 50Hz	Ac220V 110V 50Hz
额定功率	3W	3W
振动频率	0~50Hz	0~50Hz
环境温度	-35~85℃	-35~85℃
物料相对密度	>0. 3g/cm^3	>0. 3g/cm^3
接点电流	3A	3A
探头长度	210mm	500~1500mm
安装形式	任意角度安装振动片向下	垂直安装

（4）安装

①将振动片套在输出轴上，使固定螺钉对准轴上的定位沉孔，然后旋紧螺钉，使振动片与轴固定；

②检查料位器与法兰片的压紧螺母是否松动，如有松动，应压紧；

③安装振动片应该避开送料冲击方向，并且配备防雨罩；

④如果筒仓没有接地保护，需安置专线对料位器进行接地保护。

2. 电容式料位器

（1）特点

①安装调试方便，灵敏度高，性能稳定可靠，使用寿命长；

②全密闭设计，可露天使用；

③可以检测相对介电常数 $\gamma \geqslant 2$ 的所有物料；

④抗干扰能力强，能克服探头上黏附物的影响，避免产生误报现象。

（2）工作原理和结构　电容式料位器是由料位器探头和控制电路两部分组成，根据测量介质接触探头与否，输出或不输出开关量信号，控制继电器触点的原理制成。当探头位于空气中时，它的输出处于一种状态；当探头接触到 $\gamma \geqslant 2$ 的介质时，使测量电桥失去平衡输出高频信号，经放大器放大，控制继电器动作，改变输出状态。料位内部状态变化由发光二极管的亮或暗来显示。在生产过程中，开关量输出的信号可接入计算机系统，也可以作为料位的上限或下限的控制和报警。

电容式料位器根据不同的使用要求和不同的安装方式可分为 JD-Ⅰ型（插入式）和 JD-Ⅱ型（悬垂式）两种。JD-Ⅰ型料位器的探头与转化器连成一体，通常安装在料仓侧壁上，可作为上限或下限测量使用。JD-Ⅱ型料位器是一种分离型结构，探头与转化器之间由钢带屏蔽电缆连接，通常安装在料仓顶部，作为上限测量使用。

（3）性能规格　JD 系列电容式料位器的性能规格如表 4-5 所示。

表 4-5　　JD 系列电容式料位器规格

电源	220V 110V 24V AC 50Hz
消耗电力	<3VA
信号输出	开关量信号，双转换触点
工作方式	上限或下限由开关切换设定
校准操作	粗、细可调电位器调节其灵敏度
响应时间	<0. 1s
环境温度	-25～60℃，相对湿度 95%
质量	约 2 kg
附件	Ⅰ型备有与设备焊接的金属套管 Ⅱ型备有紧固螺母或金属套管

（4）安装

①电容式料位器应根据实际测量点的要求，进行合理选择。

②安装位置应该避免物料直接冲击探头，安装Ⅰ型料位器时，探头接触物料的长度应大于 80mm，安装Ⅱ型料位器时，探头与仓壁的距离应大于 200mm。

③在户外安装时，要加防护罩，避免阳光直射和雨淋。

④料位器定位时，应用扳手夹持六角螺母进行紧固，固定方式可采用套管式或自紧式。

（四）　螺旋喂料器

螺旋喂料器（圆管绞龙）的定量较为精确，进料端的螺旋体螺距较小，采用变螺距的结构形式，避免物料在输送槽内堵塞，保证均匀喂料，螺旋喂料器如图 4-9 所示。

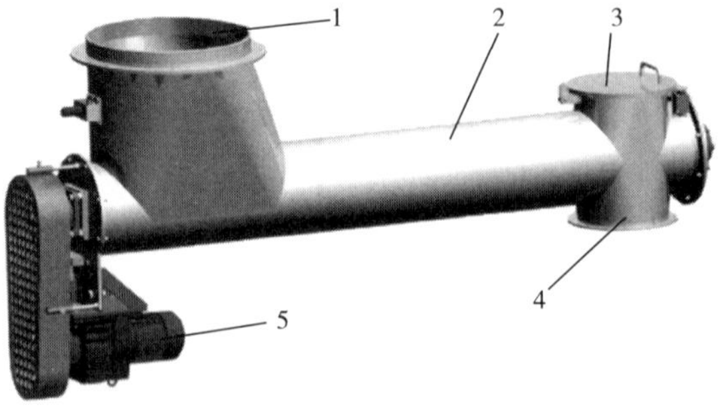

图 4-9　螺旋喂料器

1—进料斗　2—圆管机壳　3—检查口　4—出料口　5—传动装置

螺旋喂料器的输送量可按式（4-1）计算：

$$G=47D^2S\gamma nk\eta \qquad (4-1)$$

式中　G——螺旋式输送机的输送能力，t/h；

D——叶片的直径，m；

S——叶片的螺距，m；

γ——所输送物料的容重，t/m^3；

n——主轴的转速，r/min；

k——叶片状态系数，叶片为满面式时 $k=1$；桨叶式或带式叶片的 k 值小于 1；桨叶面积越小或螺带越窄则 k 值越小；光轴的 k 值为 0。

η——装满系数。当物料在叶片间充满时，$\eta\approx1$，此时输送机流量 G 最大，但最易发生堵塞。

螺旋喂料器进料段一般采用变螺距叶片，螺距逐渐变大，前段叶片推送的物料不能充满后段叶片间隙，后段可再从进料口接收物料，使锥形料斗中的物料均匀下落，避免物料在料斗中结拱。当进料段较长时，可将进料段的满面式叶片改为桨叶式或带式叶片，并向出口方向逐渐加大叶片面积或带宽以提高 k 值，使其满足均匀进料要求。

螺旋喂料器的使用注意事项如下。

（1）初次运转前，先作空运转，检查其转动方向是否正确，以防螺旋体逆向转动引起物料反推，造成物料堵塞并损坏电机；

（2）一般情况下应尽量开大进料口的闸门，其最小开启程度不得小于 2/3；

（3）停机前应先关闭仓底振动卸料器、关闭闸门；开机时应先启动螺旋体，待设备运转正常后开启进料门，最后开启仓底振动卸料器。

三、称重、混合和包装设备

（一）中间计量秤

使用散存仓时，为便于生产考核，小麦粉需计量后才能入仓，因此有必要安装中间计量秤。小麦制粉厂常用的中间计量秤有 MSDM 型、LCS 型等。

1. MSDM 型

（1）特点　MSDM 型计量秤称量范围为 12~90m^3/h，适合用于厂内产品称重和中间产品的计量。如图 4-10 所示。

MSDM 型计量秤的电子控制和计算系统特点如下。

①重量计量精确；

②便于维修和操作；

③密封性好；

④操作可靠性高；

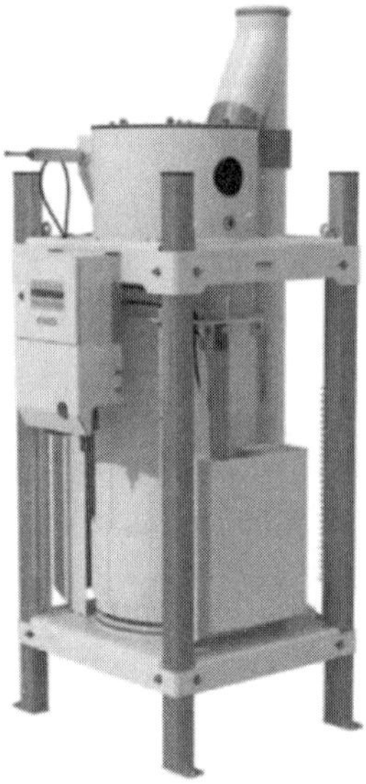

图 4-10　MSDM 型计量秤

⑤称重范围广；

⑥带有可校准和不可校准控制系统；

⑦可通过网络连接到主控系统。

（2）性能规格　MSDM 型计量秤的规格如表 4-6 所示。

表 4-6　MSDM 型计量秤规格

型号	最大容量/（m^3/h）	称重能力/（dm^3/次）	电气连接值/W	质量/kg
MSDM-40	12	7.1	70	212
MSDM-80	24	7.1	70	230
MSDM-120	36	19.7	70	370
MSDM-160	48	27.6	70	385
MSDM-240	72	33.8	70	425
MSDM-300	90	50.4	70	450

2. LCS 型

（1）特点

①安装简单，操作方便，便于管理；

②称量准确，稳定可靠；

③结构新颖，为内密封结构，工作过程无粉尘外泄；

④具有自诊断，自恢复，掉电保护，自动报警，故障显示等功能；

⑤具有自动打印功能。

（2）工作原理和结构

①工作原理：被称重的物料由存料斗进入进料箱，在进料门开启时进入秤料斗内，传感器把物料的质量转换成电信号，送入称重控制器，又转换成数字量进入微电脑作处理，当称量值达到预定点时，称重控制器发出信号，关闭进料门，经数秒后称重控制器显示的称重值稳定，电脑将它累计到称量物料的总质量中，必要时，还可以把数据传送到中央控制室计算机，此时自动打开秤底门放料，放料完毕后底门自动关闭，称重控制器归零，下一个循环开始。

②结构：LCS 型累计自动秤主要有存料斗、进料箱、立柱和机座、秤斗、吊挂装置、称重控制器、气路系统等组成，结构如图 4-11 所示。

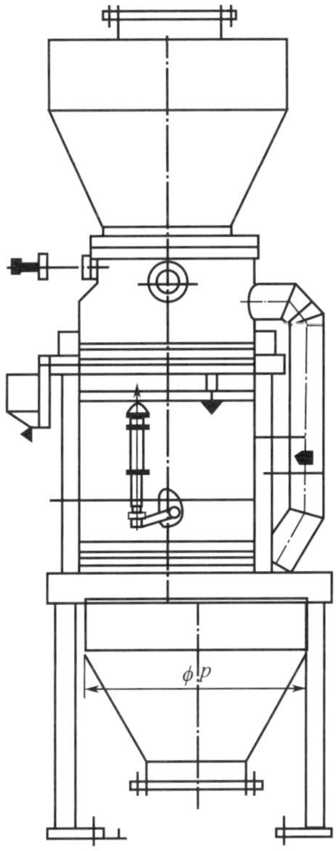

图 4-11　LCS 型累计自动秤结构图

（3）命名方式　LCS xxH 型电脑累计自动秤，其代号含义如下。

L——类别（料斗秤）；

C——传力结构特征（传感器）；

S——示值形式（数字）；

xx——最大称量（kg）；

H——特种秤。

（4）性能规格　LCS 型累计自动秤的规格如表 4-7 所示。

表 4-7 LCS 系列累计自动秤规格

项目	型号			
	LCS-50H	LCS-100H	LCS-200H	LCS-300H
称量范围/kg	10~50	50~100	100~200	200~300
料斗容积/L	80	120	292	419
准确度等级	0.2 级			
计量精度	静态±0.1%，动态±0.2%			
称量周期/s	10~35			
称量能力/（t/h）	15	30	45	60
使用环境	0~40℃			
电源	AC220 50Hz			
压缩空气	0.4~0.6MPa			
外形尺寸（长×宽×高）/mm	1140×830×1940	1190×880×2240	1450×980×2700	1550×1080×3000
质量/kg	240	330	350	380

（二） 配料秤

配料秤是配粉工序中的主要设备，结构简单，一般用碳钢或不锈钢制作，配以称重传感器、料门及控制机构。配料秤的结构如图 4-12 所示。

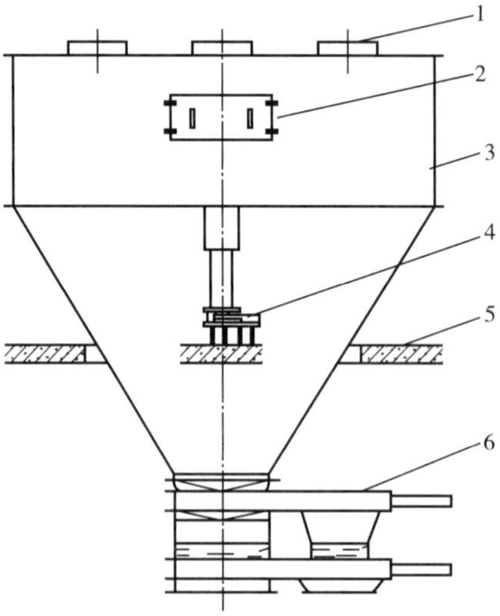

图 4-12 配料秤结构图

1—进料斗 2—观察窗 3—料斗 4—传感器 5—安装平台 6—启动闸门

为保证配料秤的称量精度，应避免将身体或其他物体靠在秤斗上，或将物体放在秤斗上。日常应注意清扫传感器部位和秤斗上面的灰尘。

PCS 型配料秤采用 STD 总线结构、双 CPU 方式的智能控制仪，实现配料、混合工序全程自动化实时控制，抗干扰性能强。其主要技术参数如下。

（1）规格（满量程 F. S） 100kg、250kg、500kg、2000kg、4000kg；

（2）计量精度 静态，优于±0. 1%F. S；动态，优于±0. 3%F. S；

（3）显示内容 批次、仓号、配方量、物料重量及配料累计数等；

（4）参数及配方设置方式 可通过触摸式键盘输入，也可由计算机通过通讯设置；

（5）气缸工作压力 0. 4~0. 6MPa。

配料秤的工作过程由计算机控制，每秤的称量值及配方由操作人员输入计算机。配料秤通过配粉仓下的螺旋喂料器进料，称重传感器将秤斗的重量转换成电信号反馈给计算机，再由计算机根据配方控制喂料器，依次将各种小麦粉和添加剂送入秤斗中。当一个批次的进料完成后，进料停止，下料门排料，排空后关闭下料门，开始下一批次的进料。

目前，为节省空间也有利用混合机作为配料秤斗（一体机）使用的。

（三） 微量添加机

专用粉生产过程中，常需要添加一些品质改良剂，这些品质改良剂的用量通常很小，所以要用到微量添加机。

TWLX 型固体微量喂料器和 VT 型微量添加器等都是连续式的添加器，均为容积式。分上下两室，上室中有折弯的搅拌杆，把物料送向下室，下室中有一圆锥形的搅拌推料盘，把添加物均匀地送向喂料槽。喂料槽中末端装有螺旋弹簧出料器，使物料缓慢而均匀地喂入小麦粉中。其喂料量为 0. 6~25g/min，喂料均匀度≤2%，一般可装在平筛下的绞龙上，由绞龙进行搅拌。

多筒型微量组分添加器结构如图 4-13 所示，这是一种重量式添加器，能将多种添

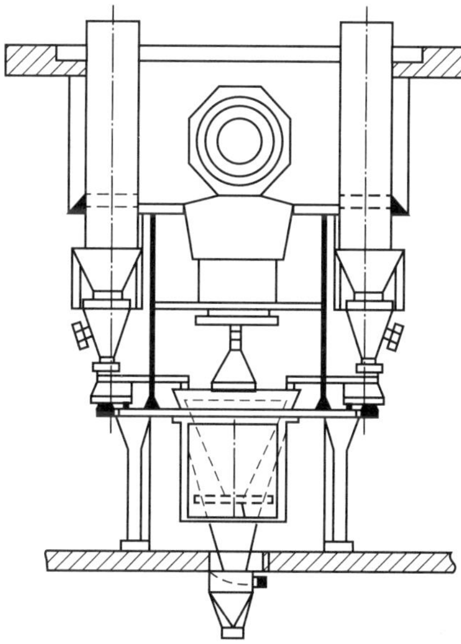

图 4-13 多筒型微量组分添加器结构图

加物加到混合机中。在一个微量计量秤旁边竖立若干个圆柱形贮料筒，每筒可以贮料2~20kg，贮料筒最多的有15个。各贮料筒底有振动（螺旋）喂料器，物料进入中央的计量秤称量后，可以进入混合机，与小麦粉均匀混合。这种添加器一般安装在混合机上部，用于多种添加剂的添加，是一种间歇式混配设备。

（四） 混合设备

小麦粉配制的主要设备是混合机，常用的混合设备有容积式和重量式两种。

1. 容积式配粉设备

容积式配粉方式一般采用控制配粉器、调速螺旋输送机、振动卸料器等设备的流量来达到配粉的目的。配粉器通过改变转子的转速，或改变内腔容积，螺旋输送机通过改变转速，振动卸料器则通过改变频率来改变流量。以上配粉方式的物料混合通过螺旋输送机来实现。

容积式配粉方式具有简单实用、占地面积少、节省投资、连续式生产等特点，但配粉精度低。

2. 重量式配粉设备

重量式配粉设备主要是混合机，一般和配料秤配合使用。混合机为间歇式工作设备，通常置于配料秤下方，与配料秤协同运行，共同由计算机控制。生产过程中，混合机保持转动状态，当配料秤放料进入混合机后，混合机开始混合，混合时间一般在60s左右。混合完成后，混合机开门排料。混合机下配置小麦粉缓冲斗，缓冲斗的有效容积应大于混合机的一次混合量。混合机排空后关闭料门，开始下一批次的进料。

常用的混合机有桨叶式混合机和叶带式混合机两种。

（1）双轴桨叶式高效混合机　该机由两个旋转方向相反的转子组成，转子上焊有多个特殊角度的桨叶，桨叶带动物料一方面沿着机槽内逆时针旋转，一方面左右翻动；在两转子的交叉重叠处形成了一个失重区，在此区域内，不论物料的形状、大小和密度如何，都能使物料上浮，处于瞬间的失重状态，使物料在机槽内表面形成全方位连续循环翻动，相互交错剪切，从而达到快速揉混均匀的效果。

出料门控制由气缸、连杆、摇臂、双连摇杆、联动轴、行程开关等组成。出料门装在联动轴上，联动轴与摇臂连接在一起，摇臂与连杆，连杆与双连摇杆相互交接，气缸往复运动，通过双连摇杆使联动轴转动，从而带动底部的两个出料门开启或关闭。

双轴桨叶式高效混合机结构如图4-14所示。

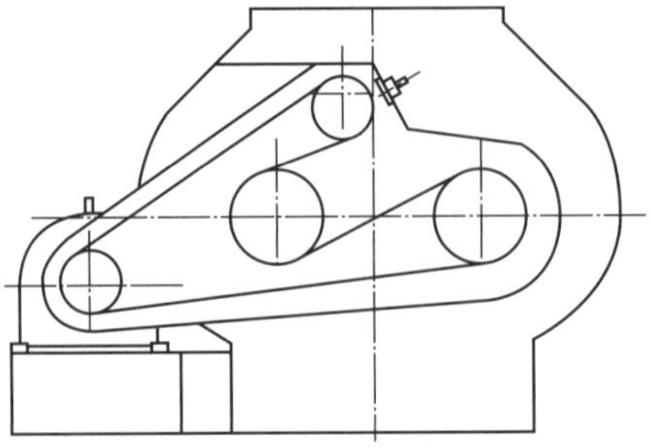

图4-14　双轴桨叶式高效混合机结构图

双轴桨叶式高效混合机有 SLHSJ7、SLHSJ4、SLHSJ2 等型号，其技术参数如表 4-8 所示。

表 4-8 双轴桨叶式高效混合机技术参数

型号	有效容积/m^3	混合量/（kg/批）	混合时间/（s/批）	混合均匀度(cv)/%	动力/kW	质量/kg
SLHSJ7	7	3000	45~60	≤5	45	8650
SLHSJ4	4	2000			30	6770
SLHSJ2	2	1000			18.5	5190
SLHSJ1	1	500			11	2540
SLHSJ0.5	0.5	250			5.5	1370
SLHSJ0.35	0.35	175			4	1210
SLHSJ0.2	0.2	100			2.2	760
SLHSJ0.1	0.1	50			2.2	620
SLHSJ0.06	0.06	25			0.75	370

（2）叶带卧式螺旋混合机　叶带螺旋混合机主要由转子、机体、出料门、出料控制机构和液体添加管路等零部件组成。转子由带状螺旋叶片、轴和圆环以及支撑杆等组成。叶片分为内、外两圈，分别为左旋和右旋。转子转动时，左旋叶片使物料从一端推向另一端，右旋叶片则使物料向相反方向移动，通过不断地翻动和对流，物料均匀混合。转子两端在靠近机体内壁处，外叶片撑杆上焊有刮料板，使机体内四角的物料都能得到充分的搅拌。结构如图 4-15 所示。

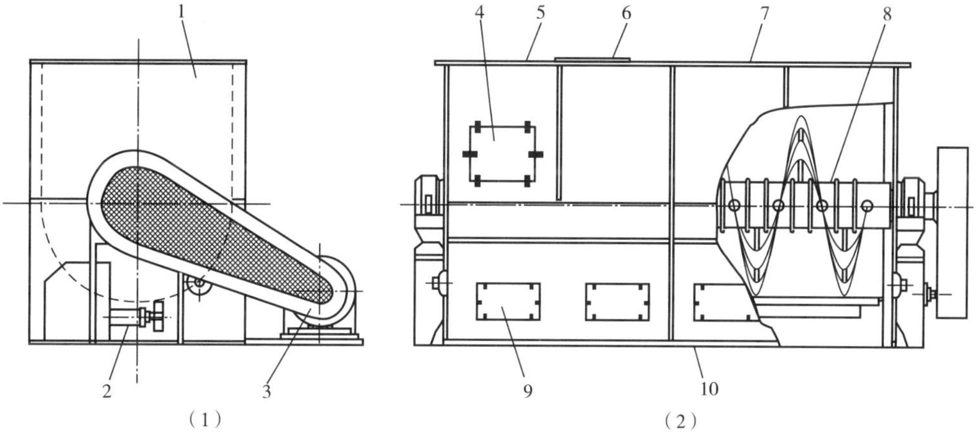

图 4-15　叶带卧式螺旋混合机结构图

（1）左视图（2）主视图

1—机体　2—气缸　3—传动装置　4—检修门　5—顶盖

6—观察门　7—进料口　8—转子　9—检修门　10—出料口

叶带螺旋混合机分卧式和分批式混合机，具有新颖的转子结构，无混合死角，混合均匀度优良；转子与机壳的间隙可以调整，底部为全长开门出料，物料残留小；机体两端为双层设计，杜绝了两轴端漏料的现象；出料门采用气动，动作更加准确可靠，密封性能好；机内装有油脂添加管道，总体结构合理，外形美观，操作维修方便。

叶带螺旋混合机有 SLHY15、SLHY10 、SLHY12.5 等型号，其技术参数如表 4-9 所示。

表 4-9 叶带螺旋混合机技术参数

型号	有效容积/m^3	混合量/（kg/批）	混合时间/（s/批）	混合均匀度（cv）/%	动力/kW	质量/kg
SLHY15	15	6000	3~6	≤7	75	11600
SLHY12.5	12.5	5000			55	9800
SLHY10	10	4000			45	8600
SLHY7.5	7.5	3000			37	6540
SLHY5A	5	2000			30	4720
SLHY2.5A	2.5	1000			15	2789
SLHY1A	1	500			11	1759
SLHY0.6A	0.6	250			5.5	1149
SLHY0.25A	0.25	100			2.2	711
SLHY0.125	0.125	50			0.75	332

（五） 小麦粉包装及发放装备

1. 计量设备和包装设备

小麦粉出厂前要进行最后的计量和包装，这里所用的计量设备就是包装秤。因为要对用户负责，所以此处的包装秤要比控制秤精度更高。

（1）MFEL 型包装秤 MFEL 型包装秤结构如图 4-16 所示，其特点如下。

①100 次/s 的高速 A/D 转换和 100 次/s 的高速数字处理能力以及快速响应；

②根据计量仪器特性选用 BESSEL 低通滤波器，可消除由于机械系统振动所造成的影响，达到准确的计量精度；

③在存储器内有锂电池供电，防止停电时数据丢失；

④设有监视 CPU 工作的特种电路，对误操作给予正确处置。

MFEL 型包装秤工作参数如表 4-10 所示。

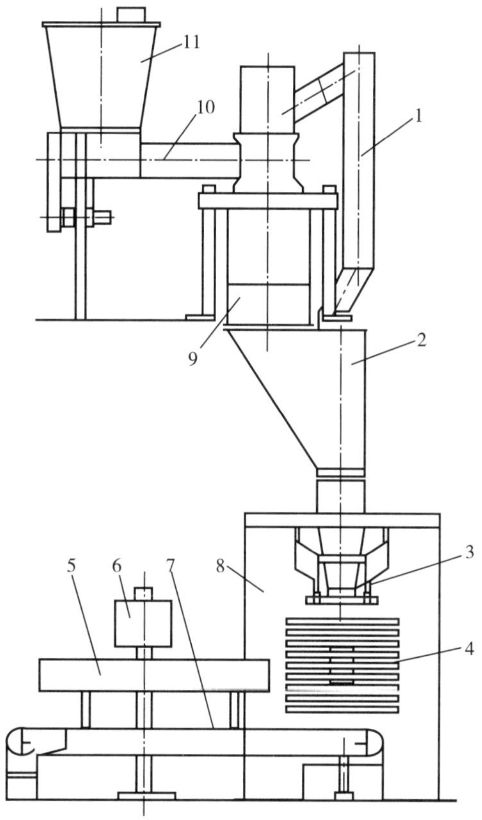

图 4-16　MFEL 型包装秤结构图

1—导流管　2—下料斗　3—夹袋装置　4—振袋机构　5—木护板　6—缝口机
7—输送带　8—夹袋操作屏　9—称重秤体　10—螺旋喂料器　11—进料斗

表 4-10　　MFEL 型包装秤工作参数

型号	称重范围/（kg/袋）	称重精度	包装速度/（袋/h）	工作温度/℃	净化气源/MPa	工作电压/V
20B	2.5~10	0.2%	400	-20~40	0.4~0.6	380
30B	5~15	0.2%	350	-20~40	0.4~0.6	38
60B	10~25	0.2%	350	-20~40	0.4~0.6	380

（2）ZCS 型包装秤　本秤由机械部分（进料机构、称量机构、夹袋机构、拍实机或揉包机）与电脑、传感器及强电等组成，在配封口输送机组成一个完整的自动称量包装机组。其设备特点如下。

①采用大、中、小三级进料机构，既能有较高的速度又能保证较高且稳定的精度；

②采用揉实机，噪声低、振动小、小麦粉泄漏少，揉实效果优于普通的拍实机；

③强电部分采用无触点控制，运行无噪声、火花，使用寿命长且可靠。

ZCS 型包装秤规格如表 4-11 所示。

表 4-11　ZCS 型包装秤规格

型号	慢速		中速	
	称重范围/（kg/次）	称重速度/（次/h）	称重范围/（kg/次）	称重速度/（次/h）
ZCS-25D	15~25	200~300	15~25	300~400
ZCS-50D	25~50	200~300	25~50	300~400
ZCS-100D	50~100	200~300	50~100	300~400

（3）多工位转塔包装站　多工位转塔包装站是一种高性能、高精度、功能多样的包装设备，其特点是称量包装速度快；具有密封的包装喷口及吸风系统，可控制卸料位置的粉尘；内置高速振袋机，可对处理非常困难的物料进行高效的振实。多工位转塔包装站如图 4-17 所示。

图 4-17　多工位转塔包装站

（4）全自动定量包装机组　全自动包装机可对小麦粉或其他粉体进行自动上袋、自动称量、自动包装、自动折边缝口、自动输出的全自动包装过程，不仅产量高，而且无须人工上袋，提高了生产效率，节约了生产成本。双工位全自动包装机结构如图 4-18 所示，HLINK 型自动包装机技术参数如表 4-12 所示。

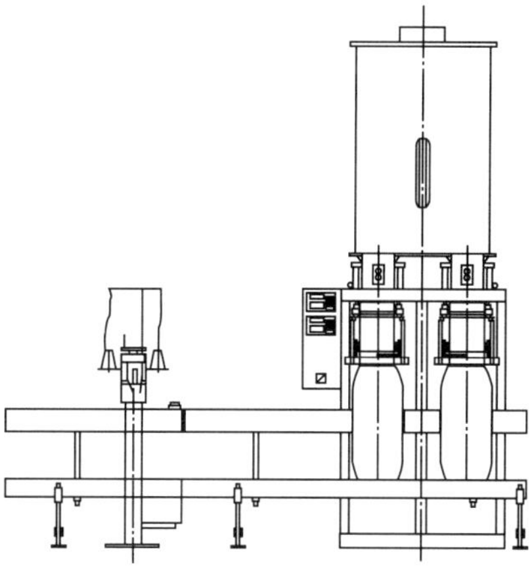

图 4-18 双工位全自动包装机结构图

表 4-12 HLINK 型自动包装机技术参数

型号	工位数量/个	主机动力/kW	灌装质量/kg	质量/kg	吸风量/（m^3/h）
LINKQZD2X25F	2	12	25	3300	500

（5）MWPP 型小包装机 如图 4-19 所示，技术参数如表 4-13 所示。

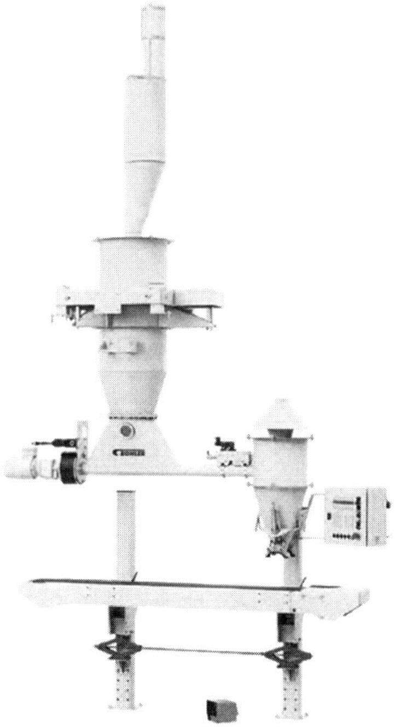

图 4-19 MWPP 型小包装机

表 4-13 MWPP 型小包装机技术参数

包装速度/（包/min）	质量/kg		
	含 2.5m 皮带输送机	含 3.5m 皮带输送机	含工作台
流散性差的物料 1kg 规格：10 5kg 规格：6 10kg 规格：4	290	305	180
流散性好的物料 1kg 规格：10 5kg 规格：7 10kg 规格：4.5			

2. 发放设施

小麦粉发放可以采用打包发放和散装发放两种方式进行。

小麦粉散装输送系统可以节省包装材料费用、包装人员工资以及小麦粉的装卸费用等，食品加工企业也可节省袋装小麦粉的搬运费用、节省小麦粉储存仓库。

散装发放系统包括小麦粉仓及其配套设施、散装小麦粉运输车（散运车）；散装接收系统包括散装小麦粉接收槽、粉筛、小麦粉称量设备、小麦粉输送设备等。

在小麦粉散装仓的仓底装设有流态化卸料器，通过有伸缩软管的装粉器进入散运罐车，每车 15~20t，耗时 3~4min。散运车自带流化卸料设备，可完全卸空且便于清理。

我国研制的散运车装料器配有一个可以伸缩、用细帆布制成、透气而不漏料的软管，在机械手或人工操作下，下部的锥形橡胶泡沫衬填斗紧接散运车的进料口，向散运车高速进料。产量可达 180t/h。软管直径 500mm，最大伸缩范围 100~1300mm，装料管直径 300mm。出口处有传感器，其动作距离为 1~15mm 可调，当罐车装满时，自动停止装料。

第二节 小麦粉后处理工艺

随着社会的发展，专用粉在我国的需求量越来越大，各小麦制粉厂的竞争将逐渐转移到能够生产专用粉以及所生产的专用粉的种类、数量、规模等方面。在所有的专用粉生产方式中，虽然配麦必不可少，但配粉是效果最佳、灵活性最高的一种方式。由于配粉是小麦粉后处理中最为突出和重要的功能，因此常把小麦粉后处理简称为配粉。

一、概述

配粉车间主要由以下几部分组成。

1. 输送系统

将制粉车间生产的基础小麦粉向储存系统输送主要靠正压输送系统完成，正压输送系统是高浓度的密相输送，空气压力源一般由罗茨鼓风机产生。喂料器是压力闭风器，但出口处为圆管形，以便与水平输送管道相连接。当一个品种的输送管道需进多个散存仓时，常使用双向阀和多路阀两种分路器。

2. 小麦粉的散储

完善的配粉系统设有较多的储存仓，由于要储存来自粉间的基础小麦粉，所以要求仓容量较大，美国大多数小麦制粉厂的散粉存量达 3~6d 的车间生产量。为了节约建筑投资，国内的一般在 2~3d 的生产量。

基础粉进入储存仓（配粉仓）之前，一般通过复筛、自动秤、磁选和杀虫处理。计算出粉率，检查小麦粉粗细度，去除小麦粉中磁性金属，将混在小麦粉中无法筛分的虫卵击碎，以保证小麦粉在一定时间内不生虫。此外，基础粉在进仓前还应取样化验，以便掌握散存仓内每种基础粉品质情况。

3. 混配系统

包括配料秤、混合机、微量元素添加机等，配粉系统的主要作用是将基础小麦粉和微量添加成分按配方比例在配粉仓下配制并混合，配粉的配方根据专用粉的要求和已有基础粉的品质情况来定。

4. 小麦粉的发放

小麦粉的发放分为包装发放和散装发放两种形式。

（1）包装发放　利用包装仓、包装秤及打包机将小麦粉打包后运出。

（2）散装发放　通过储存仓直接将小麦粉装入散运车。

二、小麦粉的收集

由于市场的需要，小麦制粉厂一般同时生产几种档次的小麦粉或专用粉，不同质量要求的专用粉除了可通过配麦、配粉和添加剂修饰的方法来实现以外，按照制粉过程中各系统小麦粉质量的差异进行分别收集，然后根据需要配制也是一种有效的方法和手段。某厂制粉各系统的小麦粉灰分和湿面筋含量如表 4-14 所示。

在小麦的研磨过程中，磨粉机被分成皮（B）、心（M）、渣（S）、尾（T）等不同系统，每个系统所提取的小麦粉都来自小麦籽粒的不同部位，而小麦籽粒的不同部位，胚乳蛋白的含量及质量分布不均衡。从胚乳中心部位向外围扩展，面筋的含量越来越高，但质量越来越差。因此不同系统的小麦粉在灰分和蛋白质的含量与质量上有所差别，其质量和烘焙品质也有所差别。一般的规律是，灰分含量：前路心磨粉低于渣磨粉、渣磨粉低于后路心磨粉，心磨粉低于皮磨粉，前路粉低于后路粉。面筋含量：皮磨粉高于渣磨粉，渣磨粉高于心磨粉，后路粉高于前路粉。面筋质量：皮磨粉延伸性好，弹性差；心磨粉延伸性差，弹性好；渣磨粉延伸性、弹性较适中；重筛粉特性与皮磨粉相近。

一般来说，1B、2B 的小麦粉为剥开麦粒取得的小麦粉，来自籽粒的中心部位，蛋白质含量较低，质量较好，1B 的小麦粉灰分略高，2B 的小麦粉灰分较低，白度较好；渣磨和前路心磨的小麦粉从小麦籽粒中心的胚乳制得，其蛋白质比其他系统要低，纤维素含量也最低，但降落数值较高，所以烘焙特性相对较好；从后路皮磨和后路心磨制得的小麦粉来自小麦胚乳的外围部分，小麦粉的蛋白质和纤维素含量较高，降落数值和水合作用下降，烘焙性能相对较差。随着制粉系统的后推，皮磨系统小麦粉灰分的上升较心磨系统更为迅速。

表 4-14　某厂制粉各系统的小麦粉灰分和湿面筋含量

系统名称	灰分/%	湿面筋/%	系统名称	灰分/%	湿面筋/%
1B1	0.58	27.5	XF2	1.13	38
1B2	0.55	25.5	1Ma	0.42	28
1B3	0.57	27.5	1Mb	0.43	29
2B1	0.46	27.5	1Mc	0.46	28
2B2	0.70	29	1Md	0.46	28.5
2B3	0.46	29.5	2Ma	0.38	33
3Bc	0.51	35.5	2Mb	0.40	34
3Bf	0.59	36	2Mc	0.41	34.5
4Bc	1.16	42	2Md	0.42	33.5
4Bf	0.90	48	3Ma	0.47	40
5B	1.58	39	3Mb	0.45	37
1S1	0.48	29.5	3Mc	0.59	41
1S2	0.52	32	3Md	0.64	40.5
2S1	0.55	33.5	1T	0.43	27.5
2S2	0.37	41.5	5Ma	0.57	41
$D1_a$	0.46	32	5Mb	0.58	42
$D1_b$	0.45	29	6Ma	0.86	46.5
$D1_c$	0.54	33.5	6Mb	1.22	40.5
$D1_d$	0.45	42.5	2T	0.75	38
$D2_a$	0.68	35	8Ma	1.49	37.5

续表

系统名称	灰分/%	湿面筋/%	系统名称	灰分/%	湿面筋/%
$D2_b$	0.46	42.5	8Mb	1.50	42.5
DF1	0.67	35	9Ma	2.04	33
DF2	0.71	37	9Mb	1.64	42
XF1	0.68	49	10M	2.40	

注：表中系统名称是根据行业习惯使用的通用符号，系统 D 和 XF 分别代表重筛和吸风粉。

将从高方筛筛下的小麦粉，按质量分别送入几条绞龙或刮板机（一般为 2~3 条）中，成为基础粉，经称重、杀虫后分别送入不同的小麦粉散存仓（配粉仓），然后按照市场的要求进行不同比例的搭配。

即使由同一系统制得的单一小麦粉流其质量也会随原料、制粉工艺等的变化而变化，因此应根据具体情况和实际检测结果以及产品的定位和质量要求进行配粉。通常在大型制粉厂，小麦粉流多达近百个。按每一小麦粉流的质量（灰分、白度、面筋的数量和质量）情况进行组合，并通过绞龙或刮板机集中混合，便可组成 3~5 种基本小麦粉。小麦粉流的流向应具有一定的灵活性，有时候由于生产、原粮等的变化或配粉方案的调整要改变小麦粉流的流向，因此理论上任何单独的小麦粉流都应有 2~3 种流向。因此，生产专用粉时，化验室的作用非常重要，它必须对各小麦粉的理化特性，及由各种组分组成的不同小麦粉进行烘焙和蒸煮试验，以便作为配粉的依据。

在实际的专用粉生产中，应当根据产品的实际需要和现有的原粮情况来确定小麦粉的收集方案，并且收集方案应随时调节以适应不同的产品种类和不同的原粮。例如，生产面包粉时，如果加工原料是硬麦，因其蛋白质含量高且筋力强，可以从前路心磨 1M、2M 及前路皮磨 1B 提取；该部分小麦粉虽然蛋白质含量稍低，但质量却比后路要好。如果加工半硬麦或软麦，则可在中路皮磨和中路心磨提取蛋白质含量稍高的粉流，首先满足蛋白质含量的要求，后路粉流则因灰分太高而应舍去。生产饼干粉时，如果加工原料是软麦，因其筋力弱，可从 1M、2M、1B 提取，该部分小麦粉蛋白质含量低，正好符合饼干粉的要求；如果加工半硬麦，则可在 2B、3B 提取，该部分小麦粉蛋白质含量低，且筋力稍低于心磨小麦粉。生产面条粉和馒头粉时，如果加工硬麦或半硬麦，生产出的小麦粉基本符合要求；而加工软麦时，生产出的小麦粉往往是面筋含量足够，但筋力稍差，这时需要在小麦粉筋力稍强部位如前路心磨及皮磨提粉。生产糕点粉时，需从 1M、2M 提取，并将筛号加密。

以下为一个日加工小麦 250t 专用粉生产线的小麦粉收集方案，该厂的粉路为 4 皮、2 渣、12 心。原粮为 40%红春麦，20%白春麦，40%红冬麦组成的混合麦，小麦容重 800g/L，角质率 50%，灰分 1.55%，湿面筋含量 26%。

该厂测定了每一小麦粉流的数量、质量及流向，如表 4-15 所示。

表 4-15　各小麦粉流的数量、质量及流向表

小麦粉流号	系统	平筛筛仓	小麦粉流编号	小麦粉		可流向的绞龙		
				出粉率/%	灰分/%	1#	2#	3#
1	1B	1	1	0. 82	0. 55	+	+	
2	1B	2	1	0. 97	0. 52	+	+	
3	1B	3	1	0. 97	0. 55	+	+	
4	D1	1	1	1. 34	0. 53	+	+	
5	2B	2	1	2. 87	0. 44	+	+	
6	2B	3	1	5. 11	0. 45	+	+	
7	3Bc	1	1	1. 21	0. 50	+	+	
8	3Bc	2	1	1. 32	0. 55	+	+	
9	3Bf	1	1	0. 59	0. 87	+	+	
10	3Bf	2	1	0. 60	0. 79	+	+	
11	D2	1	1	3. 21	0. 70	+	+	
12	4Bc	1	1	0. 11	1. 16	+	+	+
13	4Bc	2	1	0. 20	1. 13	+	+	+
14	4Bf	1	1	0. 31	1. 89	+	+	+
15	1#振动圆筛	—	1	0. 99	0. 77	+	+	+
16	2#振动圆筛	—	1	0. 71	1. 99	+	+	+
17	D3	1	1	1. 39	1. 03	+	+	+
18	D4	1	1	0. 81	1. 47	+	+	+
19	1S	1	1	1. 23	0. 57	+	+	
20	1S	2	2	0. 18	0. 57	+	+	
21	2S	1	1	2. 50	0. 44	+	+	
22	2S	2	2	0. 14	0. 53	+	+	
23	1Mc	1	1	9. 25	0. 34	+	+	
24	1Mc	2	1	0. 53	0. 39	+	+	
25	1Mf	1	1	14. 74	0. 30	+	+	
26	1Mf	2	1	0. 59	0. 33	+	+	
27	2Mc	1	1	6. 79	0. 39	+	+	

续表

小麦粉流号	系统	平筛筛仓	小麦粉流编号	小麦粉		可流向的绞龙		
				出粉率/%	灰分/%	1#	2#	3#
28	2Mc	2	2	0. 66	0. 43	+	+	
29	2Mf	1	1	4. 83	0. 40	+	+	
30	2Mf	2	1	0. 83	0. 50	+	+	
31	3M	1	1	1. 50	0. 79	+	+	
32	3M	2	2	0. 42	0. 98	+	+	
33	4M1	1	1	0. 34	0. 79	+	+	
34	4M1	2	1	0. 30	0. 79	+	+	
35	4M2	1	1	0. 85	0. 57	+	+	
36	4M2	2	2	0. 20	0. 92	+	+	
37	5M	1	1	1. 86	0. 57	+	+	
38	5M	2	2	0. 25	0. 92	+	+	
39	6M	1	2	0. 57	1. 23	+	+	
40	6M	2	2	0. 05	1. 57	+	+	
41	7M	1	2	0. 72	0. 97	+	+	
42	8M	1	2	0. 79	1. 32	+	+	
43	8M	2	2	0. 26	1. 33	+	+	
44	9M	1	3	0. 41	2. 21	+	+	+
45	9M	1	3	0. 19	2. 16	+	+	+
46	10M	1	3	0. 35	2. 59	+	+	+
47	10M	1	3	0. 24	2. 47	+	+	+
48	11M	1	3	0. 69	3. 14	+	+	+
49	11M	1	3	0. 52	3. 51	+	+	+
50	12M	1	4	—	—	+	+	+
51	12M	1	4	—	—	+	+	+

注：同一系统对应多条粉流。

按照各系统小麦粉流的灰分，可以制定几种配粉方案，在每个方案中，将所有基本粉流分别进行不同的组合，形成一到三种不同等级的小麦粉。对每个方案的各种小麦粉分别进行烘焙评价，如表 4-16 所示，同时测定出质量相近粉流的部分理化指标，如表

4-17 所示。

表 4-16　不同制粉方案所产小麦粉的面包烘焙特性及评价

方案	制粉类型	小麦粉等级	灰分/%	面包体积/cm	形状稳定性/（H/D）	气孔率/%	面包芯的评价	
							颜色	弹性
1	三等级	上等	0.43	524	0.39	80	白略带黄色	好
		一等	0.62	547	0.29	83	淡奶油稍带黄色	好
	（50%+25%+5%）	二等	1.15	375	0.30	74	浅灰略带黄色	好
2	三等级	上等	0.44	574	0.38	87	白，细腻，松软	好
		一等	0.64	488	0.39	82	淡奶油略带黄色	好
	（55%+10%+15%）	二等	1.11	340	0.27	74	浅灰略带黄色	好
3	三等级	上等	0.46	568	0.42	86	均匀的淡奶油色	好
		一等	0.74	537	0.31	85	均匀的浅灰色	好
	（60%+5%+15%）	二等	1.11	390	0.26	76	灰褐色	好
4	三等级	上等	0.47	582	0.40	84	淡奶油色	好
		一等	0.75	514	0.33	85	浅灰偏灰色	好
	（65%+5%+8%）	二等	1.16	413	0.31	78	灰褐色	中
5	二等级	上等	0.48	587	0.39	83	淡奶色略带黄色	好
	（71%+7%）	一等	1.23	381	0.28	76	灰略带黄褐色	中
6	一等级	上等	0.49	548	0.41	84	淡奶色略带黄色	好

注；括号中分别为不同等级小麦粉的出粉率。

表 4-17　小麦粉质量相近的混合粉流的理化指标

系统及成分	面筋含量/%		白度/（¢IIK-1）	水合作用/%	蛋白质含量（干物质）/%	蛋白分解酶活力（在分解仪上）/（mg/100g 小麦粉）	纤维素含量/%	降落数值/s
	湿	干						
1B 和 2B	34.7	12.0	67	189.2	12.50	50	0.28	278
3Bc，3Bf	39.9	14.0	62	185.0	14.82	70	0.32	306
4Bc，4Bf	44.4	17.0	68	161.2	17.27	140	0.39	192
D1～D4	39.8	14.5	65	174.1	15.05	120	0.39	222
振动圆筛	38.6	13.9	66	178.0	15.39	170	0.48	364
1S	28.4	9.8	65	188.6	11.63	80	0.29	371
2S	28.3	9.7	62	192	11.12	60	0.38	372

续表

系统及成分	面筋含量/%		白度/（¢IIK-1）	水合作用/%	蛋白质含量（干物质）/%	蛋白分解酶活力（在分解仪上）/（mg/100g 小麦粉）	纤维素含量/%	降落数值/s
	湿	干						
1M，2M	28.0	9.9	60	183.4	11.23	40	0.27	378
3M，4M，5M	30.1	10.5	57	186.3	12.37	100	0.42	332
6M，7M，8M	30.4	10.7	71	183.6	12.54	170	0.44	274
9M，10M，11M	30.1	12.5	66	140.4	15.90	180	1.32	185
6M	37.7	13.7	75	175.2	15.33	160	0.81	209
10M	31.8	13.1	69	142	15.56	220	0.86	206
11M	洗不出面筋		—	—	18.64	780	2.16	76
F1，F2（76.03%）	32.2	11.6	70	186.9	12.37	80	0.40	373
F3（1.25%）	洗不出面筋		—	—	17.21	760	2.47	68

注：F1，F2 和 F3 为基础小麦粉，是根据行业习惯使用的通用符号。

从表 4-15 可看出，1M 和 2M 的小麦粉灰分是最低的（其中 1M 最低为 0.3%，2M 最低为 0.39%）。1B、2B、3Bc 以及 D1 小麦粉灰分也较低，为 0.44%~0.55%，并且白度也较好。5M 的小麦粉灰分较低，而且白度也较 4M 制得的小麦粉为优。9M、10M、11M 以及 4Bf 磨制的小麦粉灰分最高。

在理化指标方面，单一的小麦粉流以及在质量上相近的混合粉流根本不同，1S、2S 和 2M 粉从胚乳中心制得，因此，小麦粉的面筋和蛋白质比不包括 1M 的其他系统制得的小麦粉要低。从这些系统制得的小麦粉，纤维素含量最低，但降落数值高，这证明小麦粉具有很好的烘焙特性。从后路皮磨和后路心磨制得的小麦粉，是小麦胚乳的外围部分，因此，小麦粉蛋白质和纤维素含量增大，降落数值和水合作用下降，烘焙性能差。

4Bc 和 4Bf，以及 11M 制得的小麦粉，蛋白质含量高，但由 11M 制得的小麦粉，胚乳性能极差，含有大量纤维素一类的物质，只能与其他小麦粉混合后作烘焙用。这一类基本粉流，特别是从 4Bc 和 4Bf 制得的粉流可用来配制高蛋白成分。9M~12M 的小麦粉可作为含高平衡物质的专用粉的组分。

从表 4-15 还可见，由同一系统制得的单一小麦粉流的质量也不同，从三仓 1B 平筛提取的小麦粉，灰分分别为 0.52%~0.55%；从不同的 2B 筛仓提取的小麦粉，灰分相应为 0.44%和 0.45%。

表 4-16 方案 1 中，上等粉出粉率为 50.60%，灰分为 0.43%；一等粉出粉率为 25.87%，灰分为 0.62%，二等粉出粉率为 4.15%，灰分为 1.15%。

如果要提高上等粉的出粉率，可以不断地将其他系统的小麦粉逐渐加入上等粉。方案 2 中，将 1S、3Bc 和 3Bf 的小麦粉添入上等粉，使其出粉率增至 55.08%。方案 3 中，将 6M、7M、振动圆筛、分级系统和 4B 的小麦粉添入上等粉，使其出粉率增至 60%。当上等粉的出粉率增加为 65%时，其灰分也由 0.43%增至 0.47%。

随着上等粉出粉率由 50%增至 70%，面包的体积增大，形状的稳定性基本不变，面包芯颜色逐渐由白略带黄色变为淡奶油略带黄色。在所有配粉方案中，用上等粉制出的面包芯的弹性都好。面包体积的增大与 3B、4B、第二和第三分级系统的小麦粉加入量有关，因这类小麦粉的面筋含量高。但是，二等粉制成面包芯的颜色变差，这说明第三种成分灰分高而烘焙特性差。随着上等粉出粉率增大，会使得用一等粉制成面包的面包芯颜色改变。

不同的配粉方案有不同的经济效益，需要根据市场和企业的实际情况来确定。

表 4-16 列出单独小麦粉流由平筛进入相应的小麦粉成分的可能流向。这种配粉的流程有很大的灵活性，任何单独的粉流都可到上等和一等粉，而到二等粉的只有 12 条粉流，且大部分是后路皮磨和后路心磨系统。

在生产中，可根据小麦粉白度和其他品质指标调整各单独粉流的流向，汇入三条绞龙内，并以此来形成不同品质的基本粉。经检查筛检查后送入小麦粉散存仓，然后进入真正的配粉环节。

在生产专用粉时，小麦粉收集绞龙应至少在三条以上，这样才能给配粉以更大的灵活性。

三、配粉工艺

配粉是指制粉车间生产出的几种不同组分和性状的基础粉，经过合适的比例（配方）混配制成符合一定质量要求的小麦粉，在混配过程中也可加入添加剂进行修饰，即按各类食品的专用功能及营养需要重新组合、补充、完善、强化的过程。通过配粉，可以将有限的等级粉配制成各种专用小麦粉，以满足食品专用粉多品种的需要，可充分利用有限的优质小麦资源，是生产食品专用粉和稳定产品质量最完善、最有效的手段。

（一）配粉系统主要工序

1. 基础小麦粉配置

小麦配粉工艺是小麦制粉工艺的延续。首先，将适合专用粉特性要求的小麦研磨制粉，在小麦制粉过程中每经一道研磨，都会产生一些小麦粉。小麦制粉厂平筛下有几十条粉管，生产规模越大粉管越多。由于小麦胚乳各部位的性质不同，而不同系统的小麦粉来自麦粒的不同部位，同时还受到原料、水分、粉碎程度等各种因素的影响，因此各粉管小麦粉的品质差异较大。

小麦制粉车间一般设置 3~4 条小麦粉收集绞龙。生产过程中根据不同专用粉的品质特性要求，将制粉工艺中不同系统、不同质量的小麦粉流组合形成 3~5 种基础小麦粉。

基础粉的确定是配粉的关键，因此优选粉流是科学配粉的前提。而对于基础粉的选择则应经过对生产中的各粉流的品质化验和分析，特别是面团流变特性和烘焙、蒸煮等性能的实验，掌握各粉流的形成时间、稳定时间、吸水率、降落数值、灰分、延伸性、蒸煮性能、烘焙性能等特点，然后根据专用粉的特定要求，优选粉流进行混配。

2. 小麦粉检查

小麦粉检查是配粉工艺最初的也是很重要的环节，它的目的是避免部分基础粉由于收集不当造成的不合格小麦粉对整个配粉的污染，在配粉之前，应当首先进行基础粉的检查。当制粉车间出现检查筛串仓、筛网破裂等故障时往往会造成不合格的小麦粉混入基础粉中，如果这部分小麦粉没有检查出来，经过配粉过程后，会造成不合格小麦粉的范围大幅度扩大，从而使整个配粉过程失败。此外，由于机器故障、人为因素或不可预测因素造成的小麦粉中出现的杂质也可以被分离出来，保障整个配粉工艺的稳定进行。

3. 计量

为了便于制粉车间工艺指标的考核，对各种基础粉的数量有一个总体的估计，以便实现对配粉仓的合理安排使用，在基础粉入仓之前需要设置计量工序。计量一般采用小麦粉工艺秤等设备。

4. 杀虫和磁选

小麦粉在配制过程中要经过较长时间的大批量散装存放，因此应当在进入小麦粉仓之前将小麦粉中的虫卵杀死，否则由于粉仓的温度较高造成害虫在小麦粉中大量繁殖，不仅消耗掉一定数量的小麦粉，害虫的呼吸作用还会产生水和热量，从而产生恶性循环，将整仓的小麦粉污染。因此应当通过杀虫机彻底杀灭虫卵。

在基础粉入仓之前，一般设置一道磁选以除去小麦粉里混杂的金属杂质。磁选设备一般置于杀虫机前，以免磁性金属物进入杀虫机而损坏设备。

5. 入仓和倒仓

基础小麦粉经检查、计量、磁选、杀虫等工序后，送入小麦粉仓。完善的配粉工艺一般设置储存仓、配粉仓、打包仓和散装发放仓。储存仓作为基础粉的暂存场所，其仓容和数量应根据产量、基础粉种类和生产专用粉的种类来定，一般散存仓的数量不少于 8 个，总仓容不少于制粉车间两天的小麦粉产量。散存仓虽装有振动卸料器，但若空气湿度高，储存时间较长，也会结拱，因此应当设置倒仓工艺。配粉仓的设置根据产品的种类多少、产量的大小而定。由于不同产品的销量往往不同，因此如果条件许可，配粉仓可设置成大、中、小三种型号，以满足不同的专用粉品种，对于需要较大批量添加的添加剂、辅助粉如淀粉、谷朊粉等，可以和小型配粉仓一并设置。一般至少将配粉仓设置 3~4 个。打包仓和散装发放仓的设置应根据包装和散装的比例和产量而定。

把小麦粉送入小麦粉仓的方式有机械输送（采用提升机和螺旋输送机）、风力吸运和压运等方法。对于卸料点较多的小麦制粉厂，一般采用气力压运的方法。

完善的配粉工艺在设计时要考虑入仓的灵活性，根据需要基础小麦粉可以进入储存仓、配粉仓、打包仓和散装发放仓；从储存仓排出的小麦粉除可以进入配粉仓、打包仓和散装发放仓外，还可以进入一些储存仓，实现倒仓功能。配粉仓排出的小麦粉除可以进入打包仓和散装发放仓外，也可进入储存仓，以防止配粉失败。

6. 配料和混合

（1）配料　配料是配粉的关键工序，配料设备的精度决定着小麦粉配比的准确度。小麦粉的配料方式一般有 3 种类型：即重量式配料、容积式配料和连续式配料。

①重量式配料：计算机按配方上的各物料的重量比例和先后顺序，通过控制螺旋喂料器向配料秤送料，达到一定批量后放入混合机。重量式配料的精确度较高，误差在 0.1%左右，是一种理想的配料方式，但其缺点是投资较高。

②容积式配料：容积式配料是在粉仓下安装调速绞龙或者容积式配料器，配料时，同时启动各条绞龙进行连续配料。容积式配料的误差为 4%～6%，适用于各种小麦粉之间的混配，不适于小批量的添加剂等，但是容积式配料的投资小、操作维修非常方便。

③连续式配料：连续式配料的原理是在每一个配粉仓的下面设置一台电子流量计，按照配比方案通过流量计控制每个仓的出仓流量与配比一致，从而实现连续配料。连续式配料的优点是配料时间短，缺点是当出现配比的变化或开停车时，会出现瞬时的不稳定。

（2）混合　混合的方式有两种：间歇式混合和连续式混合。

①间歇式混合：间歇式混合主要通过混合机来实现，其缺点是混合时间较长，一般为 3～5min，投资高、占地大、检修不便；优点是混合效果好，装卸排料迅速彻底，便于清理维修和实现自动控制，对微量添加的物质有较高的混合效果。该方式的混合一般和重量式配料相匹配。

②连续式混合：连续式混合通过容积式配料器或不同调速绞龙进入连续式混合设备，其原理与连续式配料相同。连续式混合的均匀度较差，对于微量添加的物质尤为不利。

以重量式配料和混合机配合为例简述配料混合过程：配料秤由配粉仓下的螺旋喂料器进料，喂料器的启停由计算机控制。配料秤每秤的称量值及配方由操作人员输入计算机，由计算机控制配料秤的工作过程。配料秤由配粉仓下的螺旋喂料器进料，称重传感器将秤斗的重量转换成电信号送入计算机，由计算机根据配方控制喂料器，依次将各种小麦粉和添加剂送入秤斗中。当完成一个批次的进料后，停止进料，打开下料门排料。排空后关闭下料门，开始下一批次的进料。当配料秤放料进入混合机后，混合机开始混合，混合时间一般在 60s 左右。混合完成后，混合机开门排料，排料时间一般 10～30s，把混合后的小麦粉放入缓冲斗，物料排空后混合机关闭料门，开始下一批次的进料，整个配料混合过程需要 3～5min。

7. 打包和小麦粉的散装发放

完善的配粉工艺应当设置打包仓和检查筛，打包仓的数量和大小根据生产的产品结构和产量确定。具有散存仓的小麦制粉厂要考虑三班生产，一班打包。

（二）典型配粉工艺

1. 容积式配粉工艺

较典型的容积式配粉工艺如图 4-20 所示。这种配粉工艺的配比和产量均由配粉仓下的配粉器或调速螺旋喂料器控制，其控制原理及参数选择原理类似配麦过程，各喂料器的出口流量=配粉总流量×对应小麦粉的配比。螺旋喂料器的流量调节一般通过改变其工作转速来实现，因此，螺旋喂料器通常采用变频调速的异步电动机或采用电磁调速电机传动。操作时根据配比计算各喂料器的出口流量，相应调节喂料器的工作转速，从而使配比及配粉总流量达到要求。

经过喂料器或配粉器的小麦粉通过螺旋输送机收集，同时也混合均匀。在螺旋输送机上可装置微量添加机。

容积式配粉工艺操作简单，粉仓利用率高，设备投资少，但配料精度和混合均匀度较差。

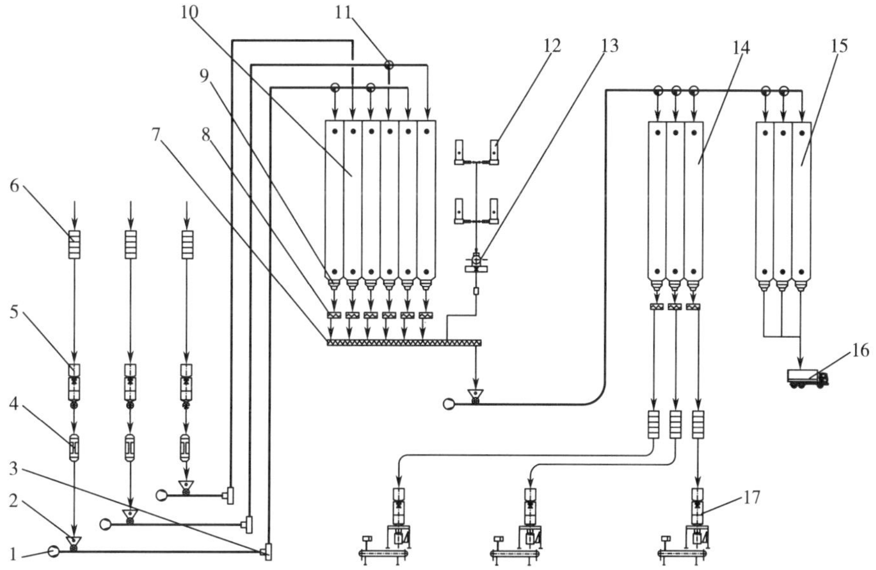

图 4-20　容积式配粉工艺

1—罗茨鼓风机　2—正压关风器　3—杀虫机　4—磁选器　5—电子秤　6—检查筛　7—绞龙　8—圆管绞龙　9—出仓器　10—散存仓　11—双路阀　12—微量元素添加机　13—微量秤　14—打包仓　15—散运发放仓　16—散装车　17—打包机

2. 重量式配粉工艺

典型的重量式配粉工艺可分为两类，分别设立小麦粉散存仓和配粉仓的工艺以及配粉仓与小麦粉散存仓一体的配粉工艺。

（1）小麦粉散存仓和配粉仓分设的配粉工艺

如图 4-21 所示，该工艺中小麦粉散存仓的仓容较大，可以暂时储存一定数量的小麦粉，缓解销售的压力，同时还设有倒仓功能，防止小麦粉结块，散存仓的小麦粉可以直接打包也可以入配粉仓进行配粉，其缺点是提升的道数较多动耗较大。该工艺主要包括以下几部分。

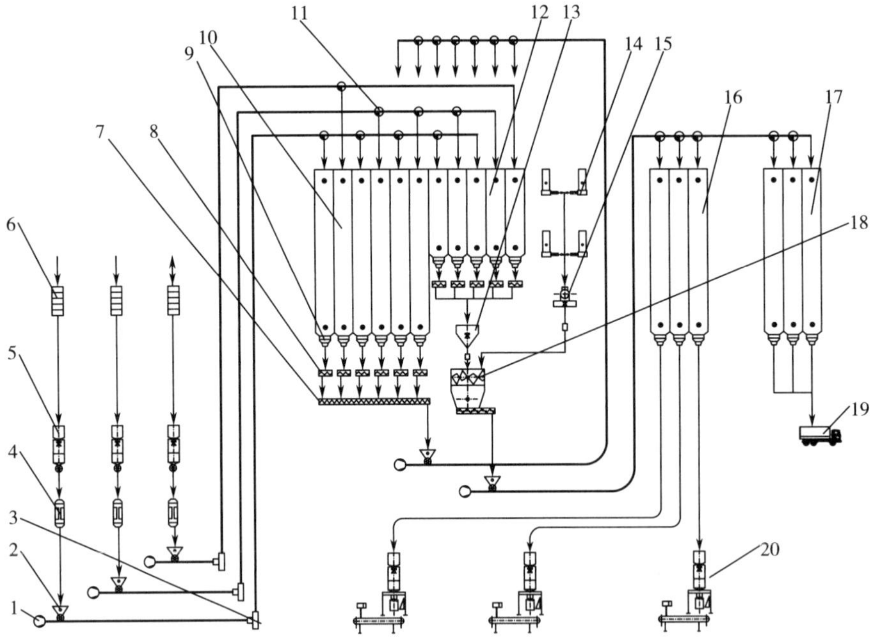

图 4-21　小麦粉散存仓和配粉仓分设的配粉工艺

1—罗茨鼓风机　2—正压关风器　3—杀虫机　4—磁选器　5—电子秤　6—检查筛　7—绞龙　8—圆管绞龙　9—出仓器　10—散存仓　11—双路阀　12—配粉仓　13—批量秤　14—微量元素添加机　15—微量秤　16—打包仓　17—散运发放仓　18—混合机　19—散装车　20—打包机

①入仓工段：该工段包括小麦粉检查、计量、磁选、杀虫、输送等工序，该工段小麦粉主要进入储存仓，为体现工艺灵活性，也可入配粉仓、打包仓和散放仓。产量和制粉车间匹配，开车时间和制粉车间一致。

②倒仓工段：该工段包括出仓、收集、输送等工序。本工段包括储存仓之间倒仓、储存仓向配粉仓倒仓、储存仓向打包仓或散放仓倒仓。本工段单独开车，产量较大，应和配粉段产量匹配（考虑向配粉仓供料），一般 20~25t/h。

③配粉工段：该工段包括出仓、配料、混合、微量添加、输送等工序。本工段输送包括向打包仓或散放仓输送，有时也考虑向储存仓输送，输送量应和本工段产量一致。本工段属于独立开车工段，在打包仓或散放仓仓容许可情况下，可以单独开车。

④打包和发放工段：该工段同属独立开车工段，无论其他工段是否开车，只要打包仓（散放仓）内有小麦粉，就可打包发放。

（2）小麦粉散存仓与配粉仓一体的配粉工艺

如图 4-22 所示，该工艺将配粉仓兼作小麦粉散存仓，其优点是减少小麦粉周转次数，易实现多仓小麦粉配料混合，节省投资和动耗；缺点是配粉仓不能充分利用楼层空间，仓容受到限制，适合储存量小的小麦制粉厂。

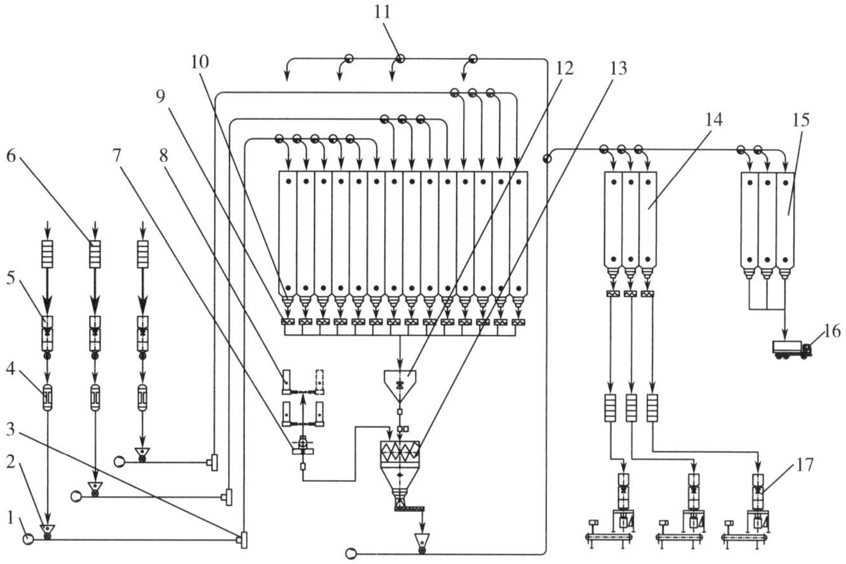

图 4-22　小麦粉散存仓和配粉仓一体的配粉工艺

1—罗茨鼓风机　2—正压关风器　3—杀虫机　4—磁选器　5—电子秤　6—检查筛　7—微量秤　8—微量元素添加机　9—圆管绞龙　10—出仓器　11—双路阀　12—批量秤　13—混合机　14—打包仓　15—散运发放仓　16—散装车　17—打包机

第三节 小麦粉的修饰与营养强化

一、小麦粉的修饰

小麦粉的修饰是指根据小麦粉的用途，通过一定的物理或化学方法对小麦粉进行处理，以满足消费者对面制品口感、造型、外观、色泽以及食品制作的难易程度等方面的要求。小麦粉修饰的方法有很多种，最常用的方法有物理方法，如添加谷朊粉、添加淀粉及衍生物、热处理、气流分级等；化学方法，如氧化、氯化等；生物方法，如添加酶制剂。

（一）　添加谷朊粉

谷朊粉又名小麦面筋蛋白、活性面筋粉，主要由麦谷蛋白和麦醇溶蛋白组成，蛋白质含量高达 70%~80%，是一种高效的绿色小麦粉增筋剂或面团改良剂，广泛用于面包、面条、拉面等专用小麦粉中，可提高小麦粉中的面筋含量，增加面团的网络结构。在面条专用粉中添加谷朊粉，可提高面条的抗挤压力、抗弯曲力和抗拉应力。在面包专用粉中添加谷朊粉，可缩短面团发酵时间，提升面包的烘焙特性，延缓面包失水干燥及老化，保持质地柔软，延长保质期。

谷朊粉在水中易水化形成小面筋球，不仅不能发挥其增强面团结构的作用，还会阻碍面团中其他面筋形成强持气性结构，因此一般谷朊粉的添加量控制在2%以下。谷朊粉在强力粉中的添加量一般为1%～1.5%，在筋力较弱的小麦粉中添加量通常为2%～5%。此外，在使用谷朊粉时，需先将小麦粉与谷朊粉充分预混合，不能直接将其加入水中或发酵液中，以防小麦粉结块。

（二） 添加淀粉及其衍生物

小麦粉中淀粉含量最高，约占小麦粉干重的75%，因此淀粉的性质是影响小麦粉品质的一个重要因素。加入淀粉或其衍生物，可改善面团及面制品的质构、外观、口感等，特别是煮制类面制品，如挂面和方便面，添加适量的淀粉，可改善面条的品质，如咀嚼性、爽滑性、光亮度等。此外，在面团中添加淀粉以降低面筋的相对含量，也是弱化面筋的手段之一。

面条生产中所用的淀粉，通常要求糊化温度低、糊化膨胀容易、黏度高，常见的淀粉有马铃薯淀粉、玉米淀粉、木薯淀粉、黏质玉米淀粉及小麦淀粉等。马铃薯淀粉的糊化温度低、淀粉膨胀力大，面条表面光亮、黏弹性强，蒸煮时间短；玉米淀粉中直链淀粉含量多，可使面条质地变硬，韧性增强，但易使面条老化；木薯淀粉含有的直链淀粉少，黏弹性好，可使面条有嚼劲、滑爽、表面光亮；黏质玉米淀粉不含直链淀粉，可使面条质地变软、有糯性，且不易老化；小麦淀粉与玉米淀粉相似，直链淀粉含量较多，可使面条口感变硬、易老化。

原淀粉在某些特殊加工条件下或特殊情况下不能很好地适应食品工业的要求，需要通过变性等手段改变其基本性质。例如淀粉分子含有大量羟基，它们与氧化剂、交联剂、有机酸或无机酸作用后，得到酯化、醚化、交联或降解产物，其糊化温度、成膜性、透明度，以及酸碱稳定性、耐机械搅拌性、耐高温性均有明显变化。变性淀粉具有良好的黏附性能，通常用作增稠剂使用，可将面筋和淀粉颗粒、淀粉颗粒与淀粉颗粒，以及碎散的面筋很好的黏合起来，形成具有良好黏弹性能和细密组织的面团。常用的淀粉增稠剂有木薯磷酸交联淀粉、木薯羧甲基淀粉、木薯磷酸淀粉、木薯乙酸淀粉，其中木薯磷酸交联淀粉不但具有良好的黏附性，而且糊化后黏度适中，比较稳定，利于面筋及淀粉颗粒的接触浸润，起到良好的黏合作用；此外，在其糊化膨胀后，这些交联淀粉中交联的网络在水中溶胀，增加在和面时与刚形成的面筋网络互相贯穿，形成互相贯穿的高聚物网络的机会，对面团起到增强作用。

淀粉在面条中的使用量一般以10%～20%为宜，过多会造成面带的抗拉应力、抗拉强度下降，并导致面带压缩厚度下降。

（三） 热处理

热处理被认为是一种可以替代小麦粉氯化作用和小麦粉挤压膨胀作用的加工方法。小麦粉热处理工艺主要是采用特定的设备对小麦粉进行干热或湿热处理，以达到改性的目的。干热处理的目的包括：①降低小麦粉微生物含量；②弱化面筋以适应糕点粉制作；③将小麦粉糊化减至最少。湿热处理目的包括：①灭菌；②面筋蛋白充分变性；③淀粉部分糊化，增强其冷糊黏度，用于常温下作为沙拉、鱼子酱、果酱等食品的增稠剂。一般认为，湿热处理小麦粉的淀粉糊化程度和蛋白质变性程度介于小麦粉和挤压处理小麦粉之间，后者因条件较激烈，易使蛋白质完全变性及淀粉完全糊化。

（四） 气流分级

气流分级是一种新型的粉体分离技术。物料在风作用下由分级机下端入料口随上升气流高速运动至分级区，高速旋转的分级涡轮产生的强大离心力使粗细物料分离，符合粒径要求的细颗粒通过分级轮叶片间隙进入旋风分离器或除尘器收集，粗颗粒夹带部分细颗粒撞壁后速度消失，沿筒壁下降至二次风口处，经二次风的强烈淘洗作用，使粗细颗粒分离，细颗粒上升至分级区二次分级，粗颗粒下降至卸料口处排出。通过气流分级可使小麦粉中的蛋白质、破损淀粉、灰分等组分发生“迁移”和“富集”，从而使分级后产品的性能发生显著变化。例如，细粉的蛋白质含量较高、破损淀粉含量较多，灰分较高，面团的吸水率较大，稳定时间较长，延伸度也较长。因此，小麦制粉厂多利用气流分级技术将小麦粉加工分离为高蛋白小麦粉和低蛋白小麦粉，以满足不同类型面制品的需求。

（五） 氧化

小麦粉中的胱氨酸和半胱氨酸含有很多巯基，这些巯基在受到氧化作用后会形成二硫键，二硫键的数目对小麦粉的筋力起着决定性的作用，因此对小麦粉的氧化处理可以增加小麦粉的筋力，改善面筋的结构性能。此外，氧化剂还具有抑制蛋白酶的活力和增白的作用。常用的氧化剂有快速、中速和慢速三种类型。快速型氧化剂有碘酸钾、碘酸钙等，中速型氧化剂有维生素 C，慢性氧化剂有溴酸钾、溴酸钙等。对面包专用粉宜采用中、慢速氧化剂，因为它们在发酵、醒发及焙烤初期对小麦粉的筋力要求较高。小麦粉中常用的氧化剂为溴酸钾和维生素 C，二者混合使用效果更佳。对筋力较强的小麦粉氧化作用的效果较为显著，而对筋力较弱的小麦粉，氧化剂的作用不是很明显，因此应根据小麦粉的具体特点选择合适的氧化剂。目前溴酸钾因其对人体的危害已在国内外被禁止使用。

（六） 氯化

对于高比（高糖、高含水量）蛋糕所用小麦粉而言，需要用氯气处理以打断蛋白质分子间的肽链和氢键，提高蛋白质的分散性和面筋的可溶性，增加面团的吸水量和膨胀力，从而提高蛋糕的体积，同时氯气还具有漂白的作用。

然而加氯量过高，反而会使蛋糕品质变差。不同的小麦粉对氯气的需求量各不相同，一般经过处理后小麦粉的 pH 应在 4.6~5.1。

（七） 添加酶制剂

酶制剂被称为绿色小麦粉改良剂，加入小麦粉后再蒸煮，烘烤的过程中将失活，无残留，不会对人体健康造成威胁，在馒头和面包的小麦粉中应用较为广泛。

1. 淀粉酶

小麦粉中的淀粉酶对面包、馒头等发酵食品有一定的作用，一定数量的淀粉酶可以将小麦粉中的淀粉分解为可发酵糖，为酵母提供充足的营养，保证其发酵能力。当小麦粉中的淀粉酶活性不足时，可以加入富含淀粉酶的物质如大麦芽、发芽小麦粉等以增加其淀粉酶的活性。

2. 木聚糖酶

在小麦粉中添加木聚糖酶能使不溶性阿拉伯木聚糖增溶，改善面团的机械强度，增加面包的体积，改善面包的色泽。

3. 葡萄糖氧化酶

葡萄糖氧化酶是一种新型的酶制剂，主要用于面包专用粉，可以提高面团中面筋的强度，增强弹性，提高对机械冲击的承受力，在面包烘烤中使面团有良好的入炉急胀特性，是一种良好的溴酸钾替代品。

4. 蛋白酶

对于饼干用小麦粉，可添加一定的蛋白酶水解部分的蛋白质，以降低面筋的筋力，满足饼干生产的需要。

二、小麦粉的营养强化

赖氨酸是小麦粉中第一限制性氨基酸，会影响人体对蛋白质的吸收，同时高精度的小麦粉中维生素和某些矿物质的含量也偏低。21 世纪，健康和营养成为人们饮食的主导思想，这也应贯彻到小麦粉这一主食当中去。由于小麦粉具有消费群体广泛、消费数量稳定等特点，所以极其适合营养物质或药物成分的添加。目前，在美洲和欧洲的一些国家已经普遍食用营养强化小麦粉。

小麦粉的营养强化可分为氨基酸强化、维生素强化和矿物质强化。

（一） 氨基酸强化

人体对蛋白质的吸收程度取决于蛋白质中的氨基酸的比例和平衡，小麦粉中的赖氨酸和色氨酸最为缺乏，属第一和第二限制性氨基酸。小麦中的各种必需氨基酸的含量和缺乏程度如表 4-18 所示。

表 4-18 小麦蛋白质中各种必需氨基酸的含量和缺乏程度

项目	氨基酸种类							
	色氨酸	赖氨酸	甲硫氨酸	苯丙氨酸	苏氨酸	亮氨酸	异亮氨酸	缬氨酸
含量/%	1.15	2.44	1.40	4.56	3.06	7.10	3.61	4.24
缺乏程度/%	-30.00	-55.00	-12.50	+40.00	-3.40	+30.40	-16.70	+4.50

注：“-”号表示与平衡比例相比缺乏的百分比，“+”号表示与平衡比例相比过量的百分比。

小麦粉中的氨基酸强化主要是强化赖氨酸，强化的方法是将赖氨酸盐直接加入小麦粉中，或者将富含赖氨酸的大豆粉或大豆蛋白加入小麦粉中。研究表明，在小麦粉中添加 1g 赖氨酸，可以增加 10g 可利用蛋白质。赖氨酸在和面时加入，用于面包、饼干时，使用量为 1~2g/kg；用于面条时，使用量为 2~4g/kg。

（二） 维生素强化

维生素大部分不能在人体内合成或合成量不足，尽管人体对维生素的需求量很小，但维生素的作用却非常重要，因为它是调节和维持人体正常新陈代谢的重要物质。某种维生素的缺乏就会导致相应的疾病。由于饮食习惯等原因，维生素缺乏症在我国比较常见，在小麦粉中添加维生素是一种有效的解决途径。

人体对 B 族维生素和维生素 C 需求量比较大。国家规定，小麦粉中的维生素 B_1、维生素 B_2的添加量应控制在 4~5mg/kg。在小麦粉中添加维生素时，应该考虑维生素的稳定性，有些维生素如维生素 C 性质十分不稳定，添加时要做一些稳定化处理。稳定化处理的方法有两种，一是化合法，即将维生素与其他物质进行成盐、成酯等化学反应，使其形成比较稳定的化合物，如将维生素 C 复合成维生素 C-磷酸酯、维生素 C-硫酸酯、维生素 C 钙、维生素 C 钠等。第二种方法是微胶囊法，即将维生素包埋于微胶囊中，微胶囊的制作方法有很多种，所用的材料也不尽相同，应根据维生素的种类、性质来选择。经过微胶囊化的维生素添加到小麦粉中，成本较高，应用有限。

（三） 矿物质强化

矿物质是构成人体骨骼、体液以及调节人体化学反应的酶的重要成分，它可以维持人体体液的酸碱平衡。据调查，全国有相当多的儿童和老年人缺乏钙质元素，60%的儿童在主食中获得锌的量低于正常值（110mg/kg），因此补钙和补锌成为当前营养食品的主流。以小麦粉作为钙和锌的添加载体，添加量较易掌握，在英国、美国、法国等国家已有向小麦粉中添加锌强化剂的法规。钙强化剂包括骨粉、蛋壳粉和钙化合物（主要是弱酸钙），成人的钙供给标准为 800mg/d，普通人的实际摄入量仅为 500~600mg/d。常见的锌强化剂有葡萄糖酸锌、乳酸锌和柠檬酸锌，其中柠檬酸锌最为常用。正常人群每日锌的需求量为10~15mg，我国营养强化剂使用标准规定锌的添加量为20mg/kg。除了钙、锌以外，铁也是人体需要较多的矿物质元素之一，缺铁可引起缺铁性贫血，补铁主要是添加葡萄糖酸亚铁、硫酸铁等。

第五章
小麦制粉厂通风除尘与气力输送

第一节 通风除尘

粮食在加工过程中会产生大量的粉尘。粮食加工过程中，无论是清理车间还是碾磨车间产生的粉尘，均以有机性成分居多。无论哪个加工环节产生的粉尘，都会对环境卫生造成不良影响。长期吸入过多粉尘，易引起慢性尘肺病。慢性尘肺病是流行最广的职业性疾病之一，对人们健康的危害巨大。更为严重的是，由于粮食加工粉尘以有机成分居多，粉尘漂浮在空气中达到一定浓度，在存在火源条件下，常易引起火灾爆炸事故，即所谓的“粉尘爆炸”，可能会造成重大的人群伤亡和经济损失。此外，粮食加工产生的部分粉尘本身是有价值的，回收利用可以增加企业效益。因此，在粮食加工厂搞好防尘工作有很重要的现实意义。

在粮食加工厂，粉尘的排除或回收通过通风除尘系统进行。通风除尘风网由吸尘罩、通风管道、风机和除尘器四部分连接组成，也称为除尘风网系统，一般可组合成独立风网和集中风网两种形式。独立风网只有一个粉尘控制点，集中风网中有多个粉尘控制点。

一、通风除尘系统的阻力计算及阻力平衡

流体在管道内流动，必然会遇到抵抗流动的阻力。除尘风网的设计、运转过程就是为了克服阻力。除尘系统的阻力计算和阻力平衡是除尘系统设计，如管道气流速度和管道直径确定、除尘器和风机选型，保证除尘系统正常运行的最关键环节。流体运动阻力可分为如下两种：沿程摩擦阻力和局部阻力。

（一）沿程摩擦阻力

空气在直长管道中流动时，流速恒定不变，流动阻力只有沿程不变的切应力，即称为沿程摩擦阻力，简称沿程摩阻。对于圆形直长管道的沿程摩阻可按式（5-1）进行计算：

$$H_m = \frac{\lambda}{d} L \frac{\rho}{2} v^2 \tag{5-1}$$

式中 H_m——沿程摩阻，Pa；

d——管道的直径，m；

v——管道内的平均风速，m/s；

L——管道的长度，m；

ρ——空气的密度，kg/m^3；

λ——沿程摩擦阻力系数，可查表 5-1。

除了采用 λ/d 值进行沿程摩阻计算，沿程摩阻还可按式（5-2）进行计算：

$$H_m = R \cdot L \tag{5-2}$$

式中　L——直长风管长度，m；

R——每米长风管所具有的沿程摩擦阻力，即单位摩阻，Pa/m。可查阅相关沿程摩阻系数表。

以 λ/d 值表示的除尘风管计算表如表 5-1 所示。

表 5-1　　以 λ/d 值表示的除尘风管计算表

动压/（kg/m^2）	风速/（m/s）	外径 D/mm								
		80	90	100	110	120	130	140	150	160
3.92	8.0	134 0.350	171 0.300	213 0.261	259 0.231	310 0.206	365 0.186	425 0.169	489 0.155	558 0.143
4.43	8.5	142 0.348	182 0.298	226 0.260	275 0.229	329 0.205	388 0.185	451 0.168	519 0.154	592 0.142
4.96	9.0	151 0.345	193 0.296	239 0.258	291 0.228	348 0.204	410 0.184	478 0.167	550 0.153	627 0.141
5.53	9.5	159 0.344	203 0.294	253 0.257	308 0.227	368 0.203	433 0.183	504 0.166	580 0.152	662 0.140
6.12	10.0	168 0.342	214 0.293	266 0.255	324 0.226	387 0.202	456 0.182	531 0.166	611 0.152	697 0.140
6.75	10.5	176 0.340	225 0.291	279 0.254	340 0.225	406 0.201	479 0.181	557 0.165	642 0.151	732 0.139
7.41	11.0	184 0.339	235 0.290	293 0.253	356 0.224	426 0.200	502 0.180	584 0.164	672 0.150	767 0.138
8.10	11.5	193 0.337	246 0.289	306 0.252	372 0.223	445 0.199	524 0.180	610 0.163	703 0.150	801 0.138
8.82	12.0	201 0.336	257 0.288	319 0.251	388 0.222	464 0.198	547 0.179	637 0.163	733 0.149	836 0.137
9.57	12.5	210 0.335	268 0.287	333 0.250	405 0.221	484 0.198	570 0.178	663 0.162	764 0.149	871 0.137
10.35	13.0	218 0.334	278 0.286	346 0.249	421 0.220	503 0.197	593 0.178	690 0.162	794 0.148	906 0.136
11.16	13.5	226 0.333	289 0.285	359 0.249	437 0.220	523 0.196	616 0.177	710 0.161	825 0.148	941 0.136

续表

动压/（kg/m²）	风速/（m/s）	外径 D/mm								
		80	90	100	110	120	130	140	150	160
12. 01	14. 0	235 0. 332	300 0. 284	372 0. 248	453 0. 219	542 0. 196	638 0. 177	743 0. 161	855 0. 147	976 0. 136
12. 88	14. 5	243 0. 331	310 0. 284	386 0. 247	469 0. 219	561 0. 195	661 0. 176	769 0. 160	886 0. 147	1011 0. 135
13. 78	15. 0	251 0. 330	321 0. 283	399 0. 247	486 0. 218	581 0. 195	684 0. 176	796 0. 160	916 0. 147	1045 0. 135
14. 72	15. 5	260 0. 329	332 0. 282	412 0. 246	502 0. 217	600 0. 194	707 0. 175	823 0. 160	947 0. 146	1080 0. 135
15. 68	16. 0	268 0. 328	342 0. 281	426 0. 245	518 0. 217	619 0. 194	730 0. 175	849 0. 159	978 0. 146	1115 0. 134
16. 68	16. 5	277 0. 328	353 0. 281	439 0. 245	534 0. 216	639 0. 194	752 0. 175	876 0. 159	1008 0. 146	1150 0. 134
17. 70	17. 0	285 0. 327	364 0. 280	452 0. 244	550 0. 216	658 0. 193	775 0. 174	902 0. 159	1039 0. 145	1185 0. 134
18. 76	17. 5	293 0. 326	375 0. 280	466 0. 244	566 0. 216	677 0. 193	798 0. 174	929 0. 158	1069 0. 145	1220 0. 134
19. 85	18. 0	302 0. 326	385 0. 279	479 0. 243	583 0. 215	697 0. 192	821 0. 174	955 0. 158	1100 0. 145	1254 0. 133
20. 96	18. 5	310 0. 325	396 0. 279	492 0. 243	599 0. 215	716 0. 192	844 0. 173	982 0. 158	1130 0. 144	1289 0. 133
22. 11	19. 0	319 0. 325	407 0. 278	505 0. 243	615 0. 214	735 0. 192	866 0. 173	1008 0. 157	1161 0. 144	1324 0. 133
23. 29	19. 5	327 0. 324	417 0. 278	519 0. 242	631 0. 214	755 0. 191	889 0. 173	1035 0. 157	1191 0. 144	1359 0. 133

动压/（kg/m²）	风速/（m/s）	外径 D/mm								
		170	180	190	200	210	220	240	250	260
3. 92	8. 0	631 0. 132	709 0. 123	791 0. 115	878 0. 108	969 0. 101	1065 0. 0956	1271 0. 0857	1380 0. 0158	1494 0. 0707
4. 43	8. 5	670 0. 131	753 0. 122	840 0. 114	933 0. 107	1030 0. 101	1132 0. 0950	1350 0. 0852	1466 0. 0808	1587 0. 0771

续表

动压/(kg/m²)	风速/(m/s)	外径 D/mm								
		170	180	190	200	210	220	240	250	260
4.96	9.0	710 0.131	797 0.122	890 0.114	988 0.106	1090 0.100	1198 0.0944	1429 0.0847	1552 0.0805	1681 0.0766
5.53	9.5	749 0.130	842 0.121	939 0.113	1042 0.106	1151 0.0996	1265 0.0939	1509 0.0842	1639 0.0801	1774 0.0762
6.12	10.0	789 0.129	886 0.120	989 0.112	1097 0.105	1212 0.0991	1331 0.0935	1588 0.0838	1725 0.0979	1867 0.0759
6.75	10.5	828 0.129	930 0.120	1038 0.112	1152 0.105	1272 0.0987	1398 0.0931	1668 0.0835	1881 0.0793	1961 0.0755
7.41	11.0	867 0.128	974 0.119	1088 0.111	1207 0.104	1333 0.0982	1465 0.0927	1747 0.0831	1897 0.0790	2054 0.0752
8.10	11.5	907 0.128	1019 0.119	1137 0.111	1262 0.104	1393 0.0979	1531 0.0923	1826 0.0828	1984 0.0787	2148 0.0749
8.82	12.0	946 0.127	1063 0.118	1187 0.111	1317 0.104	1454 0.0975	1598 0.0920	1906 0.0825	2070 0.0784	2241 00747
9.57	12.5	986 0.127	1107 0.118	1236 0.110	1372 0.103	1514 0.0972	1664 0.0917	1985 0.0822	2156 0.0781	2334 0.0744
10.35	13.0	1025 0.126	1152 0.118	1285 0.110	1426 0.103	1575 0.0969	1731 0.0914	2065 0.0820	2242 0.0779	2428 0.0742
11.16	13.5	1065 0.126	1196 0.117	1335 0.110	1481 0.103	1636 0.0966	1797 0.0911	2144 0.0817	2329 0.0777	2521 0.0740
12.01	14.0	1104 0.126	1240 0.117	1384 0.109	1536 0.102	1696 0.0963	1864 0.0909	2223 0.0815	2415 0.0775	2614 0.0738
12.88	14.5	1143 0.125	1284 0.117	1434 0.109	1591 0.102	1757 0.0961	1931 0.0907	2287 0.0813	2484 0.0773	2708 0.0736
13.78	15.0	1183 0.125	1329 0.116	1483 0.109	1646 0.102	1817 0.0958	1997 0.0904	2382 0.0811	2587 0.0771	2801 0.0734
14.72	15.5	1222 0.125	1373 0.116	1533 0.108	1701 0.102	1878 0.0956	2064 0.0902	2462 0.0809	2674 0.0769	2895 0.0732
15.68	16.0	1262 0.124	1417 0.116	1582 0.108	1756 0.101	1938 0.0954	2130 0.0900	2541 0.0807	2760 0.0767	2988 0.0731

续表

动压/(kg/m²)	风速/(m/s)	外径D/mm								
		170	180	190	200	210	220	240	250	260
16.68	16.5	1301 0.124	1462 0.116	1631 0.108	1811 0.101	1999 0.0952	2197 0.0898	2620 0.0806	2846 0.0766	3081 0.0729
17.70	17.0	1341 0.124	1506 0.115	1681 0.108	1865 0.101	2060 0.0950	2263 0.0896	2700 0.0804	2932 0.0764	3175 0.0728
18.76	17.5	1380 0.124	1550 0.115	1730 0.108	1920 0.0948	2330 0.0895	2779 0.0802	3019 0.0763	3268 0.0726	3796 0.0662
19.85	18.0	1419 0.123	1594 0.115	1780 0.107	1975 0.101	2181 0.0946	2397 0.0893	2859 0.0801	3105 0.0761	3361 0.0725
20.96	18.5	1459 0.123	1639 0.115	1829 0.107	2030 0.100	2241 0.0945	2463 0.0891	2938 0.0800	3191 0.0760	3455 0.0724
22.11	19.0	1498 0.123	1683 0.114	1879 0.107	2085 0.100	2302 0.0943	2530 0.0943	2530 0.0890	3017 0.0798	3277 0.0759
23.29	19.5	1538 0.123	1727 0.114	1928 0.107	2140 0.100	2362 0.0942	2596 0.0888	3097 0.0797	3364 0.0757	3642 0.0721

动压/(kg/m²)	风速/(m/s)	外径D/mm								
		280	300	320	340	360	380	400	420	450
3.92	8.0	1736 0.0707	1995 0.0649	2273 0.0599	2569 0.0556	2883 0.0518	3215 0.0485	3565 0.0455	3933 0.0428	4520 0.0394
4.43	8.5	1844 0.0703	2120 0.0645	2415 0.0592	2729 0.0553	3063 0.0515	3416 0.0482	3788 0.0452	4179 0.0626	4802 0.0398
4.96	9.0	1953 0.0699	2245 0.0642	2557 0.0592	2890 0.0549	3243 0.0512	3617 0.0479	4011 0.0450	4425 0.0423	5085 0.0390
5.53	9.5	2061 0.0695	2369 0.0638	2700 0.0589	3051 0.0547	3423 0.0509	3818 0.0476	4233 0.0447	4671 0.0421	5367 0.0387
6.12	10.0	2169 0.0692	2494 0.0635	2841 0.0586	3211 0.0544	3604 0.0507	4019 0.0474	4456 0.0445	4917 0.0149	5649 0.0385
6.75	10.5	2278 0.0689	2619 0.0632	2983 0.0584	3372 0.0542	3784 0.0505	4220 0.0472	4679 0.0443	5162 0.0417	5932 0.0384
7.41	11.0	2386 0.0868	2743 0.0630	3125 0.0581	3532 0.0539	3964 0.0503	4420 0.0470	4902 0.0441	5408 0.0416	6214 0.0382
8.10	11.5	2495 0.0683	2868 0.0627	3267 0.0579	3693 0.0537	4144 0.0501	4621 0.0468	5125 0.0440	5654 0.0414	6497 0.0381

续表

动压/(kg/m²)	风速/(m/s)	外径 D/mm								
		280	300	320	340	360	380	400	420	450
8.82	12.0	2603 0.0681	2993 0.0625	3409 0.0577	3853 0.0535	4324 0.0499	4822 0.0467	5348 0.0438	5900 0.0413	6779 0.0379
9.57	12.5	2712 0.0679	3112 0.0623	3552 0.0575	4014 0.0534	4504 0.0497	5023 0.0465	5570 0.0437	6146 0.0411	7062 0.0378
10.35	13.0	2820 0.0677	3242 0.0621	3694 0.0573	4174 0.0532	4685 0.0496	5224 0.0464	5793 0.0436	6392 0.0410	7344 0.0377
11.16	13.5	2929 0.0675	3367 0.0619	3836 0.0572	4335 0.0530	4865 0.0494	5425 0.0463	6016 0.0434	6637 0.0409	7627 0.0376
12.01	14.0	3037 0.0673	3492 0.0618	3978 0.0570	4496 0.0529	5045 0.0493	5626 0.0461	6239 0.0433	6883 0.0408	7909 0.0375
12.88	14.5	3116 0.0671	3616 0.0616	4120 0.0569	4656 0.0528	5225 0.0492	5827 0.0460	6462 0.0432	7129 0.0407	8192 0.0374
13.78	15.0	3254 0.0669	3741 0.0614	4262 0.0567	4817 0.0526	5405 0.0491	6028 0.0459	6684 0.0431	7375 0.0406	8474 0.0373
14.72	15.5	3363 0.0668	3866 0.0613	4404 0.0566	4977 0.0525	5585 0.0489	6229 0.0458	6907 0.0430	7621 0.0405	8757 0.0372
15.68	16.0	3471 0.0666	3990 0.0612	4546 0.0565	5138 0.0524	5766 0.0488	6430 0.0457	7130 0.0429	7867 0.0404	9039 0.0371
16.68	16.5	3580 0.0665	4115 0.0610	4688 0.0654	5298 0.0523	5946 0.0487	6631 0.0456	7353 0.0428	8012 0.0403	9322 0.0371
17.70	17.0	3688 0.0664	4240 0.0609	4830 0.0562	5459 0.0522	6126 0.0486	6832 0.0455	7576 0.0427	8358 0.0402	9604 0.0370
18.76	17.5	3796 0.0662	4365 0.0608	4972 0.0561	5619 0.0521	6306 0.0485	7033 0.0454	7799 0.0426	8604 0.0402	9887 0.0369
19.85	18.0	3905 0.0661	4489 0.0607	5114 0.0560	5780 0.0520	6486 0.0485	7233 0.0453	8021 0.0426	8850 0.0401	10170 0.0368
20.96	18.5	4014 0.0660	4614 0.0606	5256 0.0559	5941 0.0519	6667 0.0484	7434 0.0453	8244 0.0425	9096 0.0400	10450 0.0368
22.11	19.0	4122 0.0659	4739 0.0605	5398 0.0559	6101 00518	6847 0.0483	7635 0.0452	8467 0.0424	9342 0.0400	10730 0.0367
23.29	19.5	4230 0.0658	4863 0.0604	5540 0.0558	6262 0.0517	7027 0.0482	7836 0.0451	8690 0.0424	9587 0.0399	11020 0.0367

续表

动压/（kg/m²）	风速/（m/s）	外径 D /mm				
		480	500	530	560	600
3. 92	8. 0	5147 0. 0364	5587 0. 0346	6528 0. 0323	6992 0. 0302	8035 0. 0278
4. 43	8. 5	5468 0. 0362	5936 0. 0344	6649 0. 0321	7430 0. 0300	8537 0. 0276
4. 96	9. 0	5790 0. 0360	6286 0. 0342	7041 0. 0319	7867 0. 0298	9039 0. 0274
5. 53	9. 5	6112 0. 0358	6635 0. 0340	7432 0. 0318	8304 0. 0297	9541 0. 0273
6. 12	10. 0	6433 0. 0356	6984 0. 0339	7823 0. 0316	8741 0. 0296	10040 0. 0272
6. 75	10. 5	6755 0. 0354	7333 0. 0337	8214 0. 0315	9178 0. 0294	10550 0. 0271
7. 41	11. 0	7077 0. 0353	7682 0. 0336	8605 0. 0313	9615 0. 0293	11050 0. 0269
8. 10	11. 5	7398 0. 0352	8032 0. 0335	8996 0. 0312	10050 0. 0292	11550 0. 0268
8. 82	12. 0	7720 0. 0350	8381 0. 0333	9387 0. 0311	10490 0. 0291	12050 0. 0268
9. 57	12. 5	8042 0. 0349	8730 0. 0332	9779 0. 0310	10930 0. 0290	12550 0. 0267
10. 35	13. 0	8368 0. 0348	9079 0. 0331	10170 0. 0309	11360 0. 0289	13060 0. 0266
11. 16	13. 5	8685 0. 0347	9428 0. 0330	10560 0. 0308	11800 0. 0288	13560 0. 0265
12. 01	14. 0	9007 0. 0346	9778 0. 0329	10950 0. 0308	12240 0. 0288	14060 0. 0264
12. 88	14. 5	9328 0. 0345	10130 0. 0329	11340 0. 0307	12670 0. 0287	14560 0. 0264
13. 78	15. 0	9650 0. 0345	10480 0. 0328	11730 0. 0306	13110 0. 0286	15070 0. 0263
14. 72	15. 5	9972 0. 0344	10830 0. 0327	12130 0. 0305	13550 0. 0286	15570 0. 0261
15. 68	16. 0	10290 0. 0342	11170 0. 0326	12520 0. 0305	13980 0. 0285	16070 0. 0262

续表

动压/(kg/m²)	风速/(m/s)	外径 D/mm				
		480	500	530	560	600
16. 68	16. 5	10610 0. 0342	11520 0. 0326	12910 0. 0304	14420 0. 0284	16570 0. 0261
17. 70	17. 0	10940 0. 0342	11870 0. 0325	13300 0. 0303	14860 0. 0284	17070 0. 0260
18. 76	17. 5	11260 0. 0341	12220 0. 0325	13690 0. 0303	15300 0. 0283	17580 0. 0260
19. 85	18. 0	11580 0. 0640	12570 0. 0324	14080 0. 0302	15730 0. 0283	18080 0. 0260
20. 96	18. 5	11900 0. 0340	12920 0. 0323	14470 0. 0302	16170 0. 0282	18580 0. 0260
22. 11	19. 0	12220 0. 0339	13270 0. 0323	14860 0. 0301	16610 0. 0282	19080 0. 0259
23. 29	19. 5	12540 0. 0339	13620 0. 0322	15250 0. 0301	17040 0. 0281	19580 0. 0259

注：上行——风量（m^3/h）；下行——λ/d，d——内径；表中风管外径 $D \leqslant 500mm$ 时，壁厚为 $\sigma = 1.5mm$；$D > 500mm$ 时，壁厚 $\sigma = 2.0mm$。

（二）局部阻力

当空气流经管道中的局部管件或设备时，由于在边界急剧变化的区域出现了漩涡区和速度的重新分布，从而使流动阻力大大增加，这种阻力称为局部阻力。常见的局部构件包括弯头、变径管、三通、阀门等边界急剧变化的管件和供料器、卸料器、除尘器等设备。局部阻力计算公式：

$$H_j = \xi \cdot H_d = \xi \cdot \frac{\rho v^2}{2} \tag{5-3}$$

式中　H_j——局部阻力，Pa；

ξ——局部阻力系数，实验取得或公式计算；

H_d——动压，Pa；

ρ——空气密度，kg/m^3；

v——空气流速，m/s。

圆形、矩形截面弯头如图 5-1、图 5-2 所示。各种局部构件的局部阻力系数，如表 5-2～表 5-8 所示。则管道中的全部阻力损失 H 为：

$$H = \sum RL + \sum \xi \frac{\rho v^2}{2} \tag{5-4}$$

表 5-2　　圆形截面弯头阻力系数表

转角 α /（°）	曲率半径 R						
	D	1.5 D	2 D	2.5 D	3 D	6 D	10 D
7.5	0.028	0.021	0.018	0.016	0.014	0.010	0.008
15	0.058	0.044	0.037	0.033	0.029	0.021	0.016
30	0.110	0.081	0.069	0.061	0.054	0.038	0.030
60	0.180	0.140	0.120	0.100	0.091	0.064	0.051
75	0.205	0.160	0.135	0.115	0.105	0.073	0.058
90	0.230	0.180	0.150	0.130	0.120	0.083	0.066

表 5-3　　矩形截面弯头阻力系数表

$\xi = C\xi_{圆}$			
a/b	C	a/b	C
0.25	1.8	1.50	0.68
0.5	1.5	1.75	0.53
0.75	1.2	2.0	0.47
1.0	1.0	2.5	0.40
1.25	0.8	3.0	0.40

注：a——矩形管道的宽，m；b——矩形管道的高，m；C——修正系数。

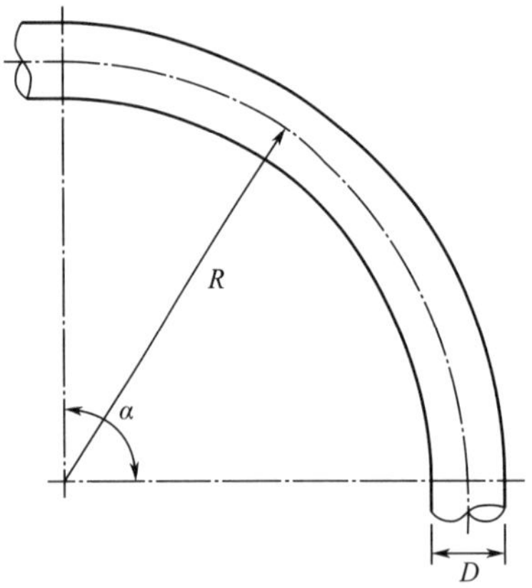

图 5-1　圆形截面弯头图

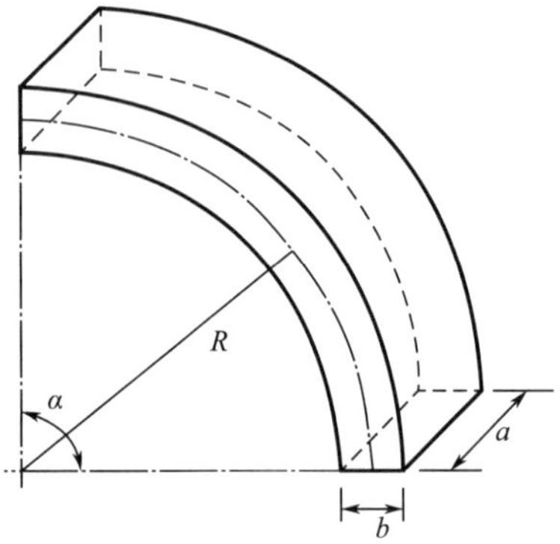

图 5-2　矩形截面弯头图

（注：D——管道直径，m；α——转角角度，(°)；R——曲率半径，m）

表 5-4　　三通阻力系数表

1. 30°三通主路阻力系数表

$\nu_{支}/\nu_{主}$	$\xi_{主}$															
$D_{主}/D_{支}$	0.5	0.6	0.7	0.8	0.85	0.9	0.95	1.0	1.05	1.10	1.15	1.20	1.25	1.30	1.4	1.5	1.6
1.0	0.60	0.60	0.57	0.55	0.52	0.49	0.47	0.45	0.41	0.37	0.33	0.30	0.25	0.20	0.15	0.00	-0.15
1.1	0.53	0.53	0.50	0.48	0.46	0.43	0.41	0.40	0.36	0.33	0.29	0.26	0.21	0.16	0.11	-0.03	-0.17

续表

$v_支/v_主$								$\xi_主$									
1.2	0.47	0.47	0.44	0.42	0.40	0.37	0.36	0.35	0.31	0.29	0.25	0.22	0.17	0.12	0.07	−0.06	−0.18
1.3	0.41	0.41	0.38	0.36	0.34	0.32	0.31	0.30	0.27	0.25	0.21	0.18	0.13	0.08	0.03	−0.08	−0.19
1.4	0.35	0.35	0.32	0.30	0.28	0.27	0.26	0.25	0.23	0.21	0.18	0.15	0.10	0.06	0.00	−0.1	−0.2
1.5	0.31	0.31	0.29	0.27	0.25	0.24	0.23	0.22	0.20	0.18	0.16	0.13	0.08	0.04	0.00	−0.1	−0.2
1.6	0.27	0.27	0.26	0.24	0.22	0.21	0.20	0.19	0.17	0.15	0.14	0.11	0.06	0.03	−0.01	−0.1	−0.19
1.7	0.24	0.24	0.23	0.21	0.20	0.19	0.18	0.16	0.14	0.13	0.12	0.09	0.05	0.02	−0.02	−0.1	−0.18
1.8	0.21	0.21	0.20	0.19	0.18	0.17	0.16	0.14	0.12	0.11	0.10	0.09	0.04	0.01	−0.03	−0.1	−0.17
1.9	0.18	0.18	0.17	0.17	0.16	0.15	0.14	0.12	0.10	0.09	0.08	0.08	0.03	0.00	−0.04	−0.1	−0.16
2.0	0.15	0.15	0.15	0.05	0.14	0.13	0.12	0.10	0.08	0.07	0.06	0.05	0.02	−0.01	−0.05	−0.1	−0.15
3.0	0.05	0.05	0.05	0.05	0.05	0.05	0.05	0.05	0.03	0.02	0.01	0.00	0.01	−0.03	−0.05	−0.08	−0.1
4.0	0.05	0.05	0.05	0.05	0.03	0.02	0.01	0.00	0.00	0.00	0.00	0.00	−0.01	−0.03	−0.05	−0.05	−0.05

2. 30°三通支路阻力系数表

$v_支/v_主$								$\xi_支$									
$D_主/D_支$	0.5	0.6	0.7	0.8	0.85	0.9	0.95	1.0	1.05	1.10	1.15	1.20	1.25	1.30	1.4	1.5	1.6
1.0	−1.92	−0.85	−0.50	−0.15	−0.07	0.01	0.08	0.15	0.19	0.23	0.27	0.30	0.32	0.34	0.35	0.37	0.40
1.1	−2.08	−0.94	−0.56	−0.19	−0.11	−0.02	0.06	0.13	0.18	0.22	0.26	0.30	0.33	0.35	0.37	0.39	0.42
1.2	−2.24	−1.03	−0.62	−0.23	−0.14	−0.05	0.04	0.12	0.17	0.21	0.26	0.30	0.33	0.36	0.38	0.41	0.43
1.3	−2.40	−1.12	−0.68	−0.27	−0.17	−0.08	0.02	0.11	0.16	0.20	0.25	0.30	0.34	0.37	0.39	0.42	0.44
1.4	−2.55	−1.20	−0.75	−0.30	−0.20	−0.10	0.00	0.10	0.15	0.20	0.25	0.30	0.34	0.37	0.40	0.43	0.45
1.5	−2.62	−1.25	−0.78	−0.32	−0.22	−0.12	−0.01	0.09	0.14	0.20	0.25	0.30	0.34	0.37	0.40	0.43	0.45
1.6	−2.69	−1.29	−0.81	−0.34	−0.24	−0.13	−0.02	0.08	0.14	0.19	0.25	0.30	0.34	0.38	0.41	0.43	0.46
1.7	−2.78	−1.33	−0.84	−0.36	−0.25	−0.14	−0.03	0.07	0.13	0.19	0.25	0.30	0.34	0.38	0.42	0.44	0.47
1.8	−2.84	−1.37	−0.87	−0.38	−0.26	−0.15	−0.04	0.06	0.13	0.18	0.24	0.30	0.35	0.39	0.43	0.45	0.48
1.9	−2.90	−1.41	−0.90	−0.39	−0.27	−0.16	−0.05	0.05	0.12	0.18	0.24	0.30	0.35	0.39	0.44	0.46	0.49
2.0	−2.97	−1.45	−0.92	−0.40	−0.28	−0.17	−0.06	0.05	0.12	0.18	0.24	0.30	0.35	0.40	0.45	0.47	0.50
3.0	−3.25	−1.60	−1.05	−0.50	−0.36	−0.22	−0.08	0.05	0.12	0.18	0.24	0.30	0.36	0.40	0.45	0.50	0.55
4.0	−3.40	−1.70	−1.10	−0.50	−0.37	−0.24	−0.12	0.00	0.08	0.16	0.23	0.30	0.36	0.44	0.50	0.55	0.60

3. 45°三通主路阻力系数表

$v_{支}/v_{主}$								$\xi_{主}$								
$D_{主}/D_{支}$	0.5	0.6	0.7	0.8	0.85	0.9	0.95	1.0	1.05	1.10	1.15	1.20	1.25	1.30	1.4	1.5	1.6
1.0	0.65	0.65	0.65	0.65	0.64	0.63	0.62	0.60	0.59	0.58	0.57	0.55	0.50	0.45	0.40	0.32	0.25
1.1	0.61	0.57	0.57	0.57	0.56	0.56	0.55	0.53	0.52	0.51	0.50	0.48	0.46	0.42	0.35	0.27	0.21
1.2	0.57	0.49	0.49	0.49	0.49	0.49	0.48	0.47	0.46	0.45	0.44	0.42	0.43	0.39	0.30	0.23	0.17
1.3	0.53	0.42	0.42	0.42	0.42	0.42	0.41	0.41	0.40	0.39	0.38	0.36	0.40	0.35	0.25	0.19	0.13
1.4	0.50	0.35	0.35	0.35	0.35	0.35	0.35	0.35	0.34	0.33	0.32	0.30	0.37	0.34	0.20	0.15	0.10
1.5	0.45	0.33	0.33	0.33	0.33	0.33	0.32	0.32	0.31	0.29	0.27	0.25	0.23	0.21	0.19	0.14	0.09
1.6	0.40	0.31	0.31	0.31	0.31	0.30	0.29	0.29	0.28	0.27	0.26	0.24	0.22	0.20	0.18	0.13	0.08
1.7	0.35	0.29	0.29	0.29	0.28	0.27	0.26	0.26	0.25	0.24	0.23	0.22	0.20	0.18	0.16	0.11	0.06
1.8	0.30	0.26	0.26	0.26	0.25	0.24	0.23	0.23	0.22	0.21	0.20	0.19	0.18	0.16	0.14	0.09	0.04
1.9	0.24	0.23	0.23	0.23	0.22	0.21	0.20	0.19	0.18	0.17	0.16	0.15	0.14	0.13	0.12	0.07	0.02
2.0	0.18	0.20	0.20	0.20	0.19	0.18	0.17	0.15	0.14	0.13	0.12	0.12	0.11	0.11	0.10	0.05	0.00
3.0	0.07	0.10	0.10	0.10	0.09	0.08	0.07	0.05	0.05	0.05	0.05	0.05	0.04	0.02	0.00	0.00	0.00
4.0	0.05	0.05	0.05	0.05	0.05	0.05	0.05	0.05	0.04	0.03	0.02	0.00	0.00	0.00	0.00	0.00	0.00

4. 45°三通支路阻力系数表

$v_{支}/v_{主}$								$\xi_{支}$								
$D_{主}/D_{支}$	0.5	0.6	0.7	0.8	0.85	0.9	0.95	1.0	1.05	1.10	1.15	1.20	1.25	1.30	1.4	1.5	1.6
1.0	−1.80	−0.7	−0.35	0.00	0.03	0.16	0.23	0.30	0.34	0.38	0.42	0.45	0.47	0.49	0.50	0.53	0.55
1.1	−1.97	−0.8	−0.43	−0.05	0.03	0.12	0.19	0.27	0.31	0.36	0.40	0.43	0.47	0.49	0.50	0.53	0.55
1.2	−2.12	−0.9	−0.51	−0.10	−0.02	0.08	0.16	0.24	0.29	0.34	0.38	0.42	0.46	0.48	0.50	0.53	0.55
1.3	−2.28	−1.0	−0.58	−0.15	−0.06	0.04	0.13	0.22	0.27	0.32	0.36	0.41	0.45	0.48	0.50	0.53	0.55
1.4	−2.45	−1.1	−0.65	−0.20	−0.10	0.00	0.10	0.20	0.25	0.30	0.35	0.40	0.44	0.47	0.50	0.53	0.55
1.5	−2.53	−1.15	−0.69	−0.23	−0.13	−0.02	0.08	0.19	0.24	0.29	0.34	0.39	0.43	0.47	0.50	0.53	0.56
1.6	−2.60	−1.20	−0.73	−0.26	−0.15	−0.04	0.06	0.19	0.23	0.28	0.33	0.38	0.42	0.47	0.50	0.54	0.57
1.7	−2.68	−1.25	−0.77	−0.29	−0.17	−0.06	0.04	0.16	0.22	0.27	0.32	0.37	0.42	0.46	0.50	0.54	0.58
1.8	−2.76	−1.30	−0.81	−0.31	−0.19	−0.08	0.02	0.14	0.21	0.26	0.31	0.36	0.41	0.46	0.50	0.54	0.59
1.9	−2.83	−1.35	−0.84	−0.33	−0.21	−0.10	0.00	0.12	0.19	0.25	0.30	0.36	0.41	0.46	0.50	0.55	0.59
2.0	−2.90	−1.40	−0.87	−0.35	−0.23	−0.12	−0.01	0.10	0.17	0.23	0.29	0.35	0.40	0.45	0.50	0.55	0.60
3.0	−3.25	−1.60	−1.05	−0.50	−0.36	−0.22	−0.08	0.05	0.13	0.21	0.28	0.35	0.40	0.45	0.50	0.55	0.60
4.0	−3.32	−1.65	−1.08	−0.50	−0.36	−0.22	−0.08	0.05	0.13	0.21	0.28	0.35	0.40	0.45	0.50	0.55	0.60

表 5-5　　变形管阻力系数表

		α	ξ					
		$\frac{F}{f}$	10°	15°	20°	25°	30°	45°
圆形渐扩管	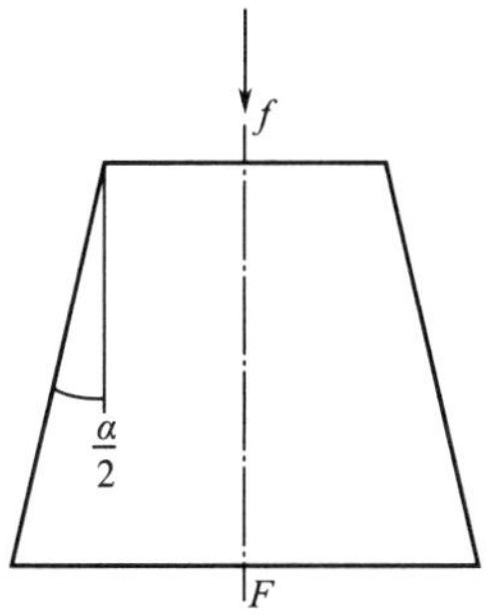	1.25	0.01	0.02	0.03	0.03	0.04	0.04
		1.50	0.03	0.07	0.10	0.11	0.12	0.12
		1.75	0.05	0.14	0.17	0.18	0.19	0.19
		2.00	0.06	0.18	0.20	0.22	0.25	0.25
		2.25	0.08	0.22	0.27	0.39	0.31	0.31
		2.50	0.09	0.25	0.30	0.33	0.36	0.36

		α	ξ				
		$\frac{F}{f}$	10°	15°	20°	25°	30°
圆形渐缩管	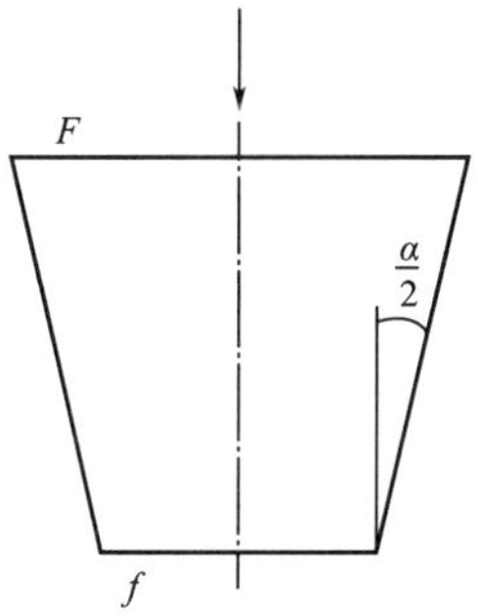	1.25	0.22	0.27	0.31	0.36	0.40
		1.50	0.31	0.39	0.45	0.51	0.57
		1.75	0.43	0.53	0.61	0.70	0.77
		2.00	0.56	0.69	0.80	0.91	1.01

表 5-6　　插板阀阻力系数表

	h/D									
	0.1	0.2	0.3	0.4	0.5	0.6	0.7	0.8	0.9	1.0
圆形管 ξ	97.8	35	10	4.6	2.06	0.98	0.44	0.17	0.06	0.05
矩形管 ξ	193	44.6	17.8	8.12	4.0	2.1	0.95	0.39	0.29	0

注：h——插板阀开启后留下的间隙，mm。

表 5-7　　蝶阀阻力系数表

	α /（°）								
	0	5	10	15	30	45	60	70	90
圆形管 ξ	0.05	0.3	0.52	0.9	3.91	18.7	118	751	∞
矩形管 ξ	193	44.6	17.8	8.12	4.0	2.1	0.95	0.39	∞

表 5-8　　伞形风帽阻力系数表

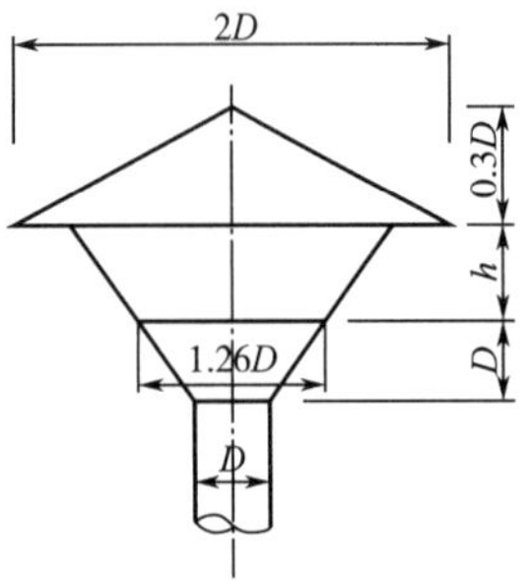

h/D	0.1	0.2	0.3	0.4	0.5
ξ	2.6	1.3	0.8	0.7	0.6
h/D	0.6	0.7	0.8	0.9	—
ξ	0.6	0.6	0.6	0.6	—

（三）矩形管道的当量直径

对于非圆形管道如矩形管道风管，一般采用其当量直径计算沿程摩擦阻力。当量直径可以用流速当量直径或流量当量直径表示。

1. 流速当量直径

假设有一圆形管道，其管道内气流速度与矩形管道内气流速度相等，而且圆形管道的单位摩阻也等于矩形管道的单位摩阻，则这个圆管道的直径即为该矩形管道的流速当量直径。可按式（5-5）进行计算：

$$d_v = \frac{2ab}{a+b} \tag{5-5}$$

式中　d_v——流速当量直径，m；

a——矩形管道的宽，m；

b——矩形管道的高，m。

矩形管道的沿程摩阻按式（5-6）进行计算：

$$H_m = L \cdot \frac{\lambda}{d_v} \cdot \frac{\rho v^2}{2} \tag{5-6}$$

2. 流量当量直径

假设有一圆形管道，其管道内空气流量与矩形管道内的空气流量相等，而且圆形管道的单位摩阻也等于矩形管道的单位摩阻，则该圆管道的直径即为矩形管道的流量当量直径。可按式（5-7）进行计算：

$$d_Q = 1.265\left(\frac{a^3b^3}{a+b}\right)^{0.2} \tag{5-7}$$

式中　d_Q——流量当量直径，m。

其摩阻计算为：

$$H_m = L \cdot \frac{\lambda}{d_Q} \cdot \frac{\rho v^2}{2} \tag{5-8}$$

（四）管网的阻力平衡

在集中风网中，粉尘控制点比较多，因此通风管路也多。在进行风网的阻力计算时，往往选取其中管路最长或者风量最大的一条管路作为主路，而将其他与其并联的管路看作支路。集中风网在运行过程中，若阻力不平衡，将造成阻力大的管路风量减小，而阻力小的管路风量增大，最终偏离设计要求。因此，设计过程中，掌握集中风网阻力平衡计算和调整方法是十分必要的。

假设集中风网中主路与支路在节点之前的阻力数值分别为 H_1 和 H_2，则主路与支路之间的阻力差应小于以下的比例值，此比例称为支路相对于主路的不平衡率，用字母 Ψ 表示。

$$\Psi = \frac{H_1 - H_2}{H_1} < 10\% \tag{5-9}$$

当支路与主路阻力不平衡时，可通过以下三种方法进行阻力调整：

（1）对支路重新进行阻力计算　调整支路的气流速度，重新计算支路阻力，使支路阻力与主路阻力平衡。

（2）在支路上安装阀门的阻力平衡法　当支路阻力小于主路阻力时，可在支路上安装阀门，即使阀门消耗一定数量的阻力来使支路阻力与主路阻力平衡。阀门的阻力为主路阻力与支路阻力的差值的绝对值。由此可计算出阻力平衡时阀门的开启程度。

（3）通过调节支路管径进行阻力平衡的调整（即 0.225 次方法）

$$D_{后} = D_{前}\left(\frac{H_{前}}{H_{后}}\right)^{0.225} \tag{5-10}$$

式中　$D_{前}$——阻力不平衡时支路管道的直径，m；

$D_{后}$——调到阻力平衡时支路管道的直径，m；

$H_{前}$——阻力不平衡时的支路阻力，Pa；

$H_{后}$——阻力平衡时支路的阻力，Pa。

现以插板阀为例，说明通过在支路上安装阀门进行阻力调节的具体过程。假设主路和支路阻力差值为 ΔH，可通过调整插板阀的插入深度来消耗掉 ΔH，以实现管路间的阻力平衡，则有：

因为 $\Delta H = H_{主} - H_{支} = \xi H_{动}$

所以 $\xi = \Delta H / H_{动}$

由 ξ 值查出 h/D 的数值（查表 5-6），设为 y，则有：

$$h = y \cdot D$$

式中　h 为阀门开启后留出的间隙，如图 5-3 所示。

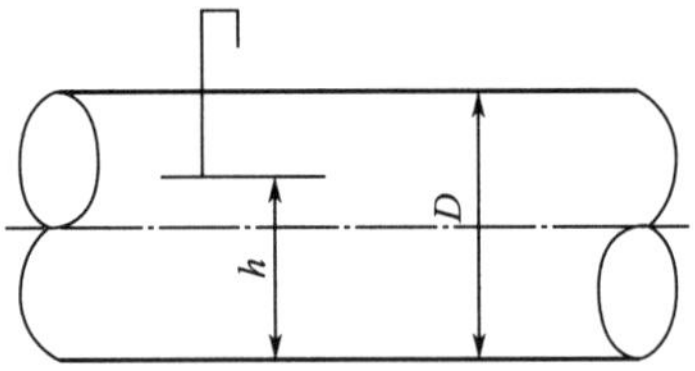

图 5-3　插板阀

二、机器设备的吸风量和阻力

（一）吸风原则

在粮食加工厂中，设备吸风装置的主要任务是用来吸除粉尘、余热、余湿以及完成某些工艺过程，以改善劳动条件，保护机器设备和提高劳动生产率。吸风装置有所谓的被动式吸风装置如吸尘罩及主动式吸风装置如吸风分离器（垂直吸风道或循环风吸风道）。当确定和设计设备的吸风装置时，应做到以下几点。

（1）尽量设计成密闭的吸尘罩　既能阻挡粉尘从尘源设备或装置向外逸出，又节省吸风量。

（2）吸尘罩应尽可能靠近尘源　吸尘罩只有距尘源近，才能使罩口附近具有较高速度的气流作用到粉尘上并将粉尘捕捉。

（3）吸尘罩罩口应对着粉尘的飞扬方向　罩口附近的空气流动方向与粉尘的飞扬方向一致，使粉尘的捕捉更为容易。

（4）足够的吸风量　足够的吸风量实质表现在能够在罩口附近造成合适的或足够的气流速度，能将粉尘收集走而无粉尘逸出。合适的罩口风速，一般对于颗粒原料，速度为 3~5m/s；对于粉状物料，速度不超过 3m/s。但无论气流速度高低以不吸走原料为基准。

（5）为使罩内气流速度分布均匀，流动阻力低，吸尘罩的收缩角应尽可能小。

（6）新设计的吸尘罩不妨碍尘源设备的操作、检修而且坚固耐用。

（二）机器设备阻力和吸风量

粮食加工工艺设备种类繁多，规格不一，空气通过时的阻力损失和吸风量很难用计算的方法进行精确计算，一般通过实测或经验确定，机器设备的吸风量和空气阻力如表 5-9 所示。

表 5-9　机器设备的吸风量和空气阻力

设备名称		吸风量/（m^3/h）	阻力/Pa	备注
振动筛	SCZ 100×2×2	8000	460	

续表

设备名称		吸风量/（m^3/h）	阻力/Pa	备注
圆筒初清筛	SCY. 42	240	150	
	SCY. 63	480	150	
	SCY. 80	720	150	
自衡振动筛	SZ. 63×21	4500	630	自带风机
	SZ. 80×21	5000	630	自带风机
	SZ. 63×2×2A	4500～5000	200～250	
平面回转筛	SM. 80	2275	200～250	
	SM. 100	2840	200～250	
	SM. 125	3550	200～250	
	SM. 75×2	1890	200	
擦麦机	DMC. 60	1000～1100	800～900	自带风机
立式花铁筛打麦机	DML 67×106	300	—	
卧式打麦机	FDMW. 40×150	600	200	
撞击机	DMZ. 40	1700	150	
	DMZ. 60	2100	150	
重力分级去石机	TQSF. 80	6000	600	
滚筒精选机	JXQ. 60	240	60	
碟片精选机	JXD 63×27	600	30	
中间分离器	JCZ. 25	2100～2600	400～500	
	JCZ. 30	3000～3800	400～500	
	JCZ. 35	4100～5100	400～500	
	JCZ. 40	5400～6700	400～500	
	JCZ. 45	6900～8000	400～500	
	JCZ. 50	8400～10600	400～500	
永磁滚筒	TCXY. 25	300	50～100	
	TCXY. 40A	300	50～100	

续表

设备名称		吸风量/（m^3/h）	阻力/Pa	备注
自动秤	100kg/次	900	60	
	50kg/次	720	60	
皮带输送机进出料口		300~400	30	
提升机		380~400	150	
刮板输送机		400	50	
下粮坑吸尘罩	粒料	2500~3000	40~60	吸尘罩宽度 1500mm
	粉料	2200~2500	40~60	吸尘罩宽度 1500mm
刷麸机		480	50	
小麦粉打包机		1800	30	
清粉机 QFD. 50×2×2		2040~2220	450~520	
打麸机 FPD. 45		420	350	
振动圆筛		180~360	350	
溜筛		200~300	2	
吸式比重去石机		3400~4200	20	
吹式比重去石机		600	4	
洗麦机进口		360	3	

三、离心通风机

通风机是一种输送气体的机械，主要是为了产生一定的风量和风压来满足生产上的需要。在通风除尘系统中，离心式通风机（鼓风机）最为常用。离心式通风机可根据气流通过风机后产生压力的高低分为：

（1）低压离心通风机　压力小于 1000 Pa；

（2）中压离心通风机　压力范围 1000~3000 Pa；

（3）高压离心通风机　压力范围 3000~15000 Pa。

在通风除尘系统中，常用的风机为中、低压离心式通风机，而用于气力输送系统的风机一般为高压离心通风机（鼓风机）。

1. 离心式通风机构造

离心式通风机由进风口、叶轮、机壳、轴及轴承等部分组成。

（1）进风口　进风口位于离心式通风机机壳的侧面，形状以圆筒形、圆锥形、圆弧形和流线型短管最为常见，进风口的作用是将气流均匀地导向叶轮，同时尽量避免涡流产生，流动阻力最小。流线型进风口的气流流动性能最好，圆筒形进风口性能最差。离心式通风机的进风口的管道截面一般做成收敛形。

（2）叶轮　叶轮即离心式通风机的转子，由前盘、后盘、轮毂（轴盘）和固定于前后盘之间的叶片组成。叶轮是离心式通风机对气流做功的部件，正是叶轮的旋转对气流做功才使通过风机的气流压力得到升高。

（3）机壳　离心式通风机的机壳为蜗卷形，由两块侧板和一蜗卷形板组成。进风口设在机壳的一侧板上，出风口设在两块侧板之间及蜗卷方向上。在出风口内侧的机壳内设置有风舌，目的是避免叶轮甩出的气流在机壳内形成内部循环。蜗卷与叶轮之间的截面面积沿着叶轮旋转方向逐渐增大，因此气流在向出风口流动过程中动压减小，静压升高，目的是起到能量转换作用，尽量减少气流在机壳内的流动损失。

（4）轴和轴承　风机的轴与叶轮的轮毂装配连接。风机的轴承多为滚珠轴承或滑动轴承。

2. 离心式通风机的主要性能参数

（1）风机的全压　单位体积空气通过风机之后所获得的能量，即离心式通风机的全压。离心式通风机的全压越高，表明单位体积空气通过风机所获得的能量越大，也表明风机克服空气流动阻力的能力越强。列出离心式通风机进口、出口两断面的能量方程式，化简后得：

$$H_{风机}=H_{o2}-H_{o1} \tag{5-11}$$

式中　$H_{风机}$——风机全压，Pa；

H_{o2}——风机出风口断面的全压，Pa；

H_{o1}——风机进风口断面的全压，Pa。

式（5-11）表明，离心式通风机的全压为风机出口全压和进口全压之差。

（2）风机的风量　离心式通风机的风量采用体积流量表示，即单位时间内通过风机的气体体积数，单位为 m^3/h 或 m^3/s。

（3）效率　空气通过风机所获得的实际能量与输入风机的能量之比称为离心通风机的效率，即风机的输出功率与输入功率之比。风机效率的高低反映了风机传递给气体实际能量的能力。风机效率高，表明风机节能。效率表达式如下：

$$\eta = \frac{N_{out}}{N_{in}} \times 100\% \tag{5-12}$$

式中　η——离心式通风机的全压效率，%；

N_{out}——风机的有效功率或输出功率，kW；

N_{in}——风机的轴功率或输入功率，kW。

离心通风机的输出功率可按下式计算：

$$N_{out} = \frac{HQ}{1000} \tag{5-13}$$

式中 Q——风机的风量，m^3/s；

H——风机的全压，Pa。

根据式（5-12）、式（5-13），离心通风机的输入功率为

$$N_{in} = \frac{HQ}{1000\eta} \tag{5-14}$$

所以，离心通风机的电动机功率为

$$N_d = \frac{HQ}{1000\eta\eta_c} \tag{5-15}$$

式中 N_d——风机的电动机功率，kW；

η_c——风机的传动效率，%，如表 5-10 所示。

表 5-10 风机的传动方式与传动效率

传动方式	传动效率 η_c /%
电动机直联传动	100
联轴器直联传动	98
三角带传动	95
平皮带传动	85

在实际选用电动机时，还要考虑生产工艺波动引起的电动机运转安全问题，即要附加电动机的容量安全系数，所以实际选用的电动机功率 N_{dx} 应为：

$$N_{dx} = k\frac{HQ}{1000\eta\eta_c} \tag{5-16}$$

式中 N_{dx}——实际选用的电动机功率，kW；

k——电动机容量安全系数，如表 5-11 所示。

表 5-11 电动机容量安全系数

风机轴功率/kW	安全系数 k	风机轴功率/kW	安全系数 k
<0.5	1.5	2~5	1.2
0.5~1	1.4	>5	1.15
1~2	1.3		

（4）转速　通风机的转速即叶轮的旋转速度，用符号 n 表示，单位为 r/min。

风机的流量、全压、功率等性能参数都随风机转速的改变而改变。对于同一台风机，性能参数与叶轮转速的关系如下：

$$\frac{Q_1}{Q_2}=\frac{n_1}{n_2};\frac{H_1}{H_2}=\frac{n_1^2}{n_2^2};\frac{N_1}{N_2}=\frac{n_1^3}{n_2^3} \tag{5-17}$$

式中　Q_1、H_1、N_1——风机在转速 n_1时的风量、全压、轴功率；

Q_2、H_2、N_2——风机在转速 n_2时的风量、全压、轴功率。

3. 离心式通风机的性能曲线

离心通风机可以在不同的风量下工作，不同的风量时，对应的风机全压、功率和效率也不同。一般将离心式通风机的全压和风量（$H\sim Q$）、轴功率和风量（$N\sim Q$）及效率和风量（$\eta\sim Q$）变化关系绘成的曲线称为离心式通风机的性能曲线。

4. 离心式通风机的选用

（1）离心通风机的名称　离心式通风机的名称包括型号、机号、传动方式、叶轮旋转方向和出风口位置等。下面举例说明离心式通风机名称中各项的意义。

离心式通风机的全称，例如：4-72-11　No. 5　A　右　90°

①“4”——表示风机的全压系数乘 10 后取整的数。

②“72”——表示风机在最高效率下对应的比转数。比转数大于 60，表明为低压离心通风机。

③“11”——第一个“1”：表示风机的进口形式为单侧吸入（若是 0 表示双侧吸入，2 表示二级串联吸入）；第二个“1”：表示设计顺序。

④“No. 5”——表示风机的机号，即 5 号风机。实质上数值 5 还表示风机的叶轮直径为 5dm。

⑤“A”——表示风机的传动方式。风机的传动方式一般有 A、B、C、D、E、F 共 6 种：A——电动机直联传动，即风机与电动机同轴；B——悬臂支撑皮带传动，皮带轮在轴承之间；C——悬臂支撑皮带传动；D——悬臂支撑联轴器传动；E——双支撑装置皮带传动；F——双支撑装置联轴器传动。

⑥“右”——表示风机叶轮旋转方向为右旋，即顺时针方向旋转。风机叶轮旋转方向有左旋和右旋两种，要站在离心通风机皮带轮或电动机那一侧确定。

⑦“90°”——表示风机的出风口方向角，用角度表示，如图 5-4 所示。

风机名称中的各项对购买风机非常重要，必须根据除尘风网的特性、现场安装条件认真核对、确定。在有些情况下，风机也可用简称，如 4-72No. 5，读作 4-72 五号风机。

（2）粮食加工厂中常用的通风机　在粮食加工行业，粉尘控制系统常用的离心式通风机，有 4-72、4-73、4-79、5-36、5-48 等型号，属于中低压离心风机。4-72 型离心式通风机的安装尺寸、性能参数和结构如表 5-12、表 5-13 及图 5-5 所示。

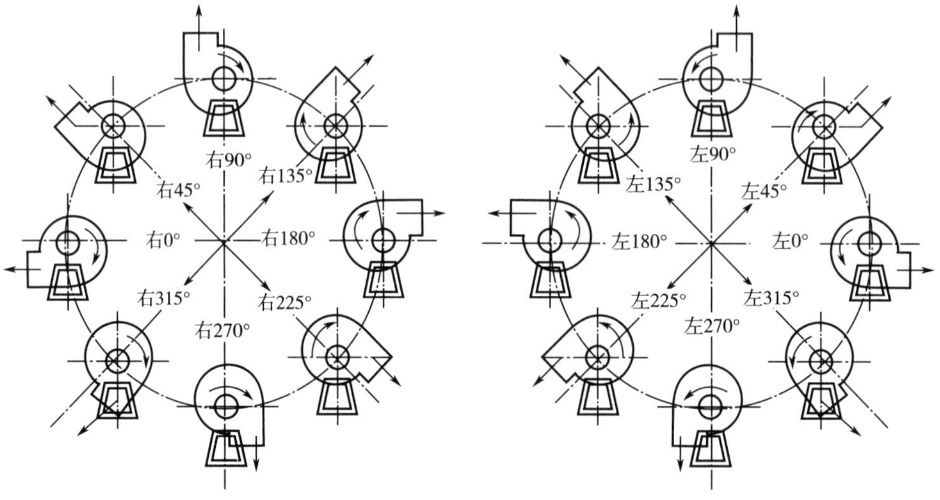

（1）　　（2）

图 5-4　离心式通风机出风口方向角

（1）右旋离心式通风机（2）左旋离心式通风机

表 5-12　4-72 型离心式通风机性能参数表

机号	传动方式	转速/(r/min)	序号	流量/(m³/h)	全压/Pa	所需功率/kW	电动机		外形尺寸(长×高×宽)/mm
							规格型号	功率/kW	
NO. 2	A	2900	1	483	481	0. 15	Y80S-2	0. 75	400×414×200
			2	890	294	0. 18			
NO. 2. 8	A	2900	1	1130	994	0. 67	Y90S-2	1. 5	492×577×570
			2	1310	966	0. 72			
			3	1480	933	0. 71			
			4	1659	887	0. 74			
			5	1828	835	0. 77			
			6	2007	770	0. 79			
			7	2177	702	0. 81			
			8	2356	606	0. 80			
NO. 3	A	2900	1	1588	1142	0. 96	Y90S-2	1. 5	492×577×570
			2	1797	1124	1. 03			
			3	2005	1097	1. 08			
			4	2214	1057	1. 12			

续表

机号	传动方式	转速/(r/min)	序号	流量/(m^3/h)	全压/Pa	所需功率/kW	电动机		外形尺寸(长×高×宽)/mm
							规格型号	功率/kW	
NO. 3	A	2900	5	2423	994	1. 14	Y90S-2	1. 5	492×577×570
			6	2631	924	1. 17			
			7	2840	829	1. 18			
			8	3049	716	1. 16			
NO. 3	A	1450	1	794	285	0. 13	Y80S-4	0. 75	492×577×570
			2	898	280	0. 14			
			3	1003	273	0. 14			
			4	1107	263	0. 15			
			5	1211	248	0. 16			
			6	1316	230	0. 16			
			7	1420	207	0. 16			
			8	1524	179	0. 16			
NO. 3. 2	A	2900	1	1688	1300	1. 23	Y90L-2	2. 2	526×649×596
			2	1955	1263	1. 31			
			3	2209	1220	1. 38			
			4	2476	1160	1. 34			
			5	2729	1091	1. 39			
			6	2996	1006	1. 43			
			7	3250	918	1. 47			
			8	3517	792	1. 45			
NO. 3. 2	A	1450	1	844	324	0. 16	Y90S-4	1. 1	526×649×596
			2	978	315	0. 17			
			3	1104	304	0. 19			
			4	1238	289	0. 19			
			5	1365	272	0. 20			
			6	1498	251	0. 21			
			7	1625	229	0. 21			
			8	1758	198	0. 21			

续表

机号	传动方式	转速/（r/min）	序号	流量/（m³/h）	全压/Pa	所需功率/kW	电动机		外形尺寸（长×高×宽）/mm
							规格型号	功率/kW	
No. 3. 6	A	2900	1	2264	1578	2. 03	Y100L-2	3	619×725×694
			2	3045	1531	2. 15			
			3	3405	1481	2. 25			
			4	3786	1419	2. 35			
			5	4146	1343	2. 42			
			6	4527	1256	2. 50			
			7	4887	1144	2. 53			
			8	5268	989	2. 52			
No. 3. 6	A	1450	1	1332	393	0. 29	Y90L-2	2. 2	619×725×694
			2	1522	381	0. 31			
			3	1703	369	0. 33			
			4	1893	353	0. 34			
			5	2073	335	0. 35			
			6	2263	313	0. 36			
			7	2444	285	0. 36			
			8	2634	247	0. 36			
No. 4	A	2900	1	4012	2014	3. 47	Y132S1-2	5. 5	712×792×734
			2	4506	1969	3. 66			
			3	4973	1915	3. 82			
			4	5468	1830	3. 94			
			5	5962	1723	4. 02			
			6	6457	1606	4. 11			
			7	6924	1459	4. 11			
			8	7419	1320	4. 19			
No. 4	A	1450	1	2006	501	0. 54	Y90S-4	1. 1	712×792×734
			2	2253	490	0. 57			
			3	2487	476	0. 60			

续表

机号	传动方式	转速/（r/min）	序号	流量/（m^3/h）	全压/Pa	所需功率/kW	电动机		外形尺寸（长×高×宽）/mm
							规格型号	功率/kW	
No. 4	A	1450	4	2734	455	0. 62	Y90S-4	1. 1	712×792×734
			5	2981	429	0. 63			
			6	3228	400	0. 64			
			7	3462	363	0. 64			
			8	3700	329	0. 66			
No. 4. 5	A	2900	1	5712	2554	6. 00	Y132S2-2	7. 5	734×819×766
			2	6416	2497	6. 32			
			3	7081	2428	6. 6.			
			4	7785	2320	6. 81			
			5	8489	2184	6. 95			
			6	9194	2036	7. 09			
			7	9859	1849	7. 10			
			8	10562	1673	7. 24			
No. 4. 5	A	1450	1	2856	634	0. 91	Y90S-4	1. 1	734×819×766
			2	3208	620	0. 96			
			3	3540	603	1. 00			
			4	3893	577	1. 04			
			5	4245	543	1. 06			
			6	4597	506	1. 08			
			7	4929	460	1. 08			
			8	5281	416	1. 10			
No. 5	A	2900	1	7728	3178	10. 02	Y160M2-2	15	856×984×829
			2	8855	3145	10. 76			
			3	9928	3074	11. 39			
			4	11054	2962	12. 04			
			5	12128	2792	12. 44			
			6	13255	2567	12. 72			
			7	14328	2335	12. 90			
			8	15455	2019	12. 75			

续表

机号	传动方式	转速/（r/min）	序号	流量/（m³/h）	全压/Pa	所需功率/kW	电动机		外形尺寸（长×高×宽）/mm
							规格型号	功率/kW	
NO. 5	A	1450	1	3864	790	1. 42	Y100L1-4	2. 2	856×984×829
			2	4427	780	1. 52			
			3	4964	762	1. 61			
			4	5527	735	1. 70			
			5	6064	693	1. 76			
			6	6628	637	1. 80			
			7	7164	580	1. 82			
			8	7728	502	1. 80			
No. 5. 5	A	2900	1	10285	4040	16. 14	Y160L-2	18. 5	976×1061×899
			2	11786	3805	17. 33			
			3	13214	3720	18. 34			
			4	14713	3584	19. 39			
			5	16142	3378	20. 03	Y180M-2	22	
			6	17642	3106	20. 49			
			7	19070	2825	20. 78			
			8	20570	2443	20. 53			
No. 5. 5	A	1450	1	5142	1010	2. 02	Y112M-4	4	976×1061×899
			2	5893	951	2. 17			
			3	6607	930	2. 29			
			4	7357	896	2. 42			
			5	8071	845	2. 50			
			6	8821	777	2. 56			
			7	9535	706	2. 60			
			8	10285	611	2. 57			
No. 6	A	1450	1	6677	1139	3. 25	Y112M-4	4	769×1183×1031
			2	7650	1124	3. 49			
			3	8578	1099	3. 70			

续表

机号	传动方式	转速/(r/min)	序号	流量/(m^3/h)	全压/Pa	所需功率/kW	电动机 规格型号	电动机 功率/kW	外形尺寸(长×高×宽)/mm
			4	9551	1059	3.91			
			5	10478	999	4.04			
No. 6	A	1450	6	11452	919	4.13	Y112M-4	4	769×1183×1031
			7	12379	836	4.19			
			8	13353	724	4.14			

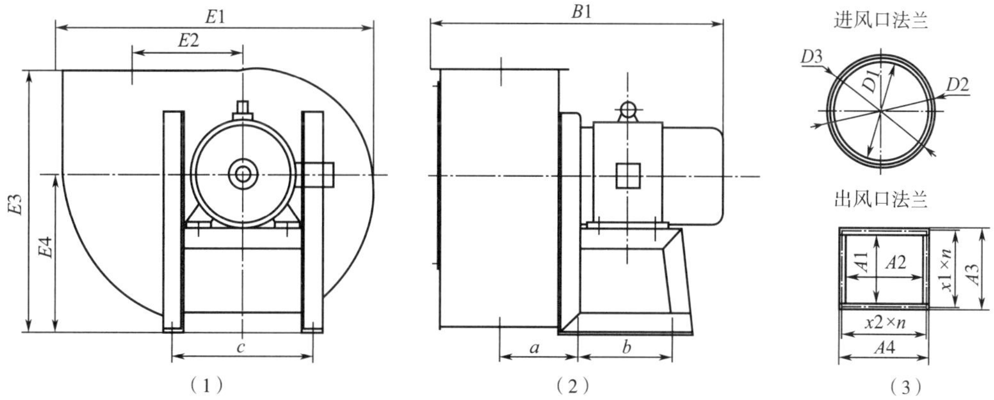

图 5-5　4-72 型离心式通风机结构图

(1) 主视图　(2) 左视图　(3) 进风口/出风口结构图

表 5-13　4-72 型离心式通风机安装尺寸

机号	进风口法兰					出风口法兰								外形尺寸				安装尺寸					
	D1	D2	D3	联结螺栓		A1	A2	A3	A4	联结螺栓				E1	E2	E3	E4	B1	a	b	c	地脚螺栓孔	
				M	数量/个					M	数量/个	x1×n	x2×n									ϕ	数量/个
No.4	404	440	462	8	16	288	326	336	374	6	20	63×5	71×5	784	273	654	392	718	194	230	340	15	4
No. 4.5	454	490	512	8	16	315	360	371	416	6	20	70×5	79×5	883	314	741	447	749	207.5	230	340	15	4
No.5	500	550	580	8	16	336	406	386	456	6	16	91×4	108.5×4	985	349	830	495	863	217.5	340	406	20	4
No. 5.5	550	600	622	8	16	394	446	445	500	6	24	70×5	80×5	1083	385	899	540	988	246.5	380	440	20	4
No.6	600	650	680	8	16	398	486	448	536	6	16	106.5×4	128.5×4	1185	428	986	587	778	249	220	496	20	4

其他类型的离心式通风机的安装尺寸、性能参数和结构如表 5-14~表 5-21 及图 5-6~图 5-8 所示。

表 5-14　4-73 型离心式通风机性能参数表

机号	转速/（r/min）	序号	全压/Pa	风量/（m^3/h）	传动方式	电动机	
						规格型号	功率/kW
No. 3. 6	2800	1	1862	2990	C	Y100L-2	3
		2	1519	3380			
		3	1470	3710			
		4	1421	4050			
		5	1323	4420			
		6	1225	4770			
		7	1029	5120			
		8	931	5450			
No. 3. 6	2500	1	1225	2640	C	Y90L-2	2. 2
		2	1196	3200			
		3	1176	3320			
		4	1127	3630			
		5	1078	3960			
		6	1029	4270			
		7	833	4520			
		8	735	4870			
No. 4. 5	2800	1	2450	5800	C	Y132S2-2	7. 5
		2	2352	6550			
		3	2303	7200			
		4	2205	7900			
		5	2107	8600			
		6	1911	9300			
		7	1666	10000			
		8	1421	10500			
No. 4. 5	2500	1	1960	5200	C	Y132S1-2	5. 5
		2	1911	5850			
		3	1862	6450			

续表

机号	转速/(r/min)	序号	全压/Pa	风量/(m^3/h)	传动方式	电动机	
						规格型号	功率/kW
No. 4. 5	2500	4	1764	7050	C	Y132S1-2	5. 5
		5	1715	7700			
		6	1519	8300			
		7	1323	8900			
		8	1127	9500			
No. 5. 5	2240	1	2313	8400	C	Y160M1-2	11
		2	2254	9500			
		3	2215	10400			
		4	2127	11400			
		5	2029	12500			
		6	1813	13400			
		7	1568	14300			
		8	1372	15350			
No. 5. 5	1800	1	1470	6800	C	Y132S1-2	5. 5
		2	1441	7660			
		3	1411	8400			
		4	1352	9200			
		5	1284	10000			
		6	1156	10850			
		7	1000	11560			
		8	872	12400			
No. 5. 5	1600	1	1215	6060	C	Y112M-2	4
		2	1176	6850			
		3	1147	7520			
		4	1098	8240			
		5	1049	9000			
		6	941	9700			
		7	813	10300			
		8	715	11100			

表 5-15　　4-79 型离心式通风机性能参数表

机号	传动方式	转速/(r/min)	序号	流量/(m^3/h)	全压/Pa	电动机	
						规格型号	功率/kW
No. 3	A	2900	1	1970	1970	Y90S-2	1. 5
			2	2180	1167		
			3	2430	1157		
			4	2670	1118		
			5	2900	1069		
			6	3130	1040		
			7	3480	892		
			8	3830	726		
No. 3	A	1450	1	990	304	Y802-4	0. 75
			2	1100	294		
			3	1220	284		
			4	1340	275		
			5	1450	265		
			6	1560	255		
			7	1740	226		
			8	1910	177		
No. 3. 5	A	2900	1	3120	1628	Y100L-2	3
			2	3460	1589		
			3	3860	1569		
			4	4240	1510		
			5	4600	1461		
			6	4960	1422		
			7	5520	1206		
			8	6070	981		
No. 3. 5	A	1450	1	1560	412	Y90S-4	1. 1
			2	1750	402		
			3	1930	392		
			4	2120	382		
			5	2300	363		
			6	2480	353		
			7	2760	304		
			8	3040	245		

续表

机号	传动方式	转速/(r/min)	序号	流量/(m^3/h)	全压/Pa	电动机	
						规格型号	功率/kW
No. 4	A	2900	1	4670	2138	Y132S1-2	5. 5
			2	5220	2079		
			3	5760	2050		
			4	6310	1981		
			5	6860	1902		
			6	7410	1853		
			7	8240	1579		
			8	9080	1275		
No. 4	A	1450	1	2330	530	Y90S-4	1. 1
			2	2610	520		
			3	2880	510		
			4	3160	490		
			5	3430	481		
			6	3710	461		
			7	4120	392		
			8	4540	324		
No. 4. 5	A	2900	1	6640	2697	Y160M1-2	11
			2	7440	2628		
			3	8200	2599		
			4	8990	2511		
			5	9790	2412		
			6	10550	2344		
			7	11720	2001		
			8	12920	1618		
No. 4. 5	A	1450	1	3320	677	Y90S-4	1. 5
			2	3720	657		
			3	4110	647		
			4	4510	628		
			5	4890	598		

续表

机号	传动方式	转速/（r/min）	序号	流量/（m^3/h）	全压/Pa	电动机	
						规格型号	功率/kW
No. 4. 5	A	1450	6	5270	588	Y90S-4	1. 5
			7	5860	500		
			8	6450	402		
No. 5	A	2900	1	9100	3334	Y160M2-2	15
			2	10200	3256		
			3	11250	3217		
			4	12350	3099		
			5	13410	2981		
			6	14480	2903		
			7	16100	2471		
			8	17720	2001		
No. 5	A	1450	1	4560	834	Y100L-1-4	2. 2
			2	5100	814		
			3	5630	804		
			4	6180	775		
			5	6710	745		
			6	7240	726		
			7	8050	618		
			8	8860	500		
No. 5. 5	A	2900	1	12112	4034	Y180M-2	22
			2	13576	3940		
			3	14973	3893		
			4	16438	3750		
			5	17848	3607		
			6	19273	3513		
			7	21430	2990		
			8	23585	2421		

续表

机号	传动方式	转速/（r/min）	序号	流量/（m^3/h）	全压/Pa	电动机	
						规格型号	功率/kW
No. 6	A	1450	1	7890	1196	Y132S-4	5. 5
			2	8820	1177		
			3	9740	1157		
			4	10700	1118		
			5	11600	1069		
			6	12520	1040		
			7	13920	892		
			8	15320	706		
No. 6	A	960	1	5230	530	Y100L-6	1. 5
			2	5840	520		
			3	6420	510		
			4	7080	490		
			5	7680	471		
			6	8290	451		
			7	9220	402		
			8	10100	314		

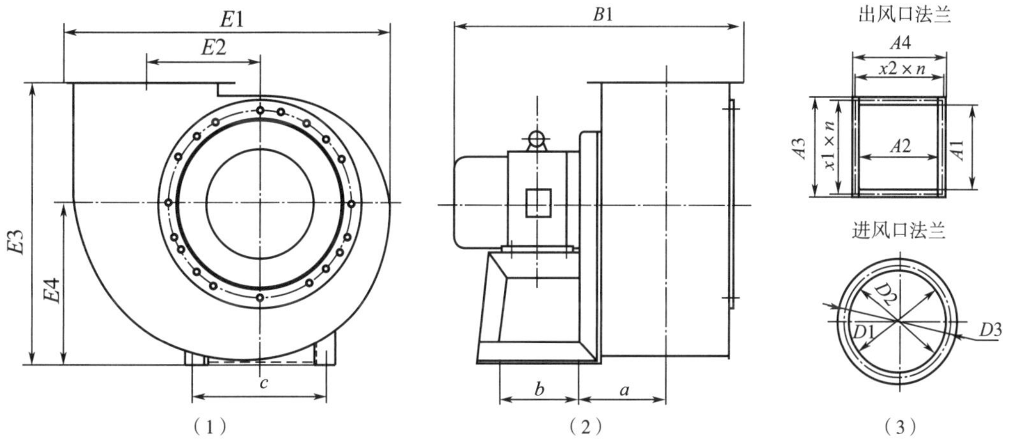

图 5-6　4-79 型离心式通风机结构图

（1）主视图（2）左视图（3）进风口/出风口法兰结构图

表 5-16　　4-79 型离心式通风机安装尺寸　　单位：mm

机号	进风口法兰					出风口法兰								外形尺寸					安装尺寸				
	D1	D2	D3	联结螺栓		A1	A2	A3	A4	联结螺栓				E1	E2	E3	E4	B1	a	b	c	地脚螺栓孔	
				M	数量/个					M	数量/个	x1×n	x2×n									ϕ	数量/个
No. 3	304	335	370	8	8	254	235	304	285	8	14	70×4	87×3	588	203	506	290	523. 5	157	140	240	15	4
No. 3. 5	350	388	420	8	8	298	277	348	327	8	12	107. 7×3	100. 7×3	681	235. 5	592	340	642	186. 5	210	270	18	4
No. 4	404	440	486	8	8	340	312	400	372	6	18	74×5	86×4	783	272	675	387	748. 5	206. 5	230	340	15	4
No. 4. 5	450	490	530	8	16	382	354	462	434	8	18	84. 4×5	98. 5×4	882	305. 5	754	430	896	227	340	406	20	4
No. 5	500	550	580	8	16	426	393	506	473	8	18	94×5	110×4	981. 5	340	840	480	934. 5	246	340	406	20	4
No. 5. 5	550	610	640	8	16	462	432	548	512	8	18	102×5	119×4	1073	373	916	520	1041	266	380	440	20	4
No. 6	600	650	700	8	16	656	478	726	548	8	22	115×6	102×5	1270	389	1090	622	919	289	250	496	18	4

表 5-17　　5-36 型离心式通风机性能参数表

机号	传动方式	转速/（r/min）	序号	流量/（m^3/h）	全压/Pa	所需功率/kW	电动机	
							规格型号	功率/kW
No. 3. 8	A	2900	1	1300	2128	1. 32	Y90L-2	2. 2
			2	1423	2042	1. 38		
			3	1548	2000	1. 47		
			4	1670	1967	1. 56		
			5	1795	1926	1. 65		
			6	1917	1885	1. 72		
			7	2167	1844	1. 90		
No. 4	A	2900	1	1350	2716	1. 75	Y100L-2	3
			2	1515	2605	1. 88		
			3	1686	2545	2. 04		
			4	1855	2490	2. 20		
			5	2022	2438	2. 35		
			6	2191	2380	2. 48		
			7	2527	2324	2. 80		

续表

机号	传动方式	转速/(r/min)	序号	流量/(m^3/h)	全压/Pa	所需功率/kW	电动机	
							规格型号	功率/kW
No. 4. 5	A	2900	1	1850	3236	2. 85	Y112M-2	4
			2	1982	3070	2. 90		
			3	2110	2983	3. 00		
			4	2248	2900	3. 10		
			5	2380	2810	3. 18		
			6	2511	2732	3. 27		
			7	2780	2648	3. 51		
No. 5	A	2900	1	3606	3383	5. 19	$Y132S_2$-2	5. 5
			2	3740	3298	5. 25		
			3	3876	3215	5. 30		
			4	4010	3132	5. 35		
			5	4146	3050	5. 38		
			6	4281	2960	5. 40		
			7	4418	2883	5. 42		
No. 5. 5	A	2900	1	3545	5021	7. 58	$Y160M_1$-2	11
			2	3800	4933	7. 98		
			3	4065	4855	8. 40		
			4	4322	4770	8. 78		
			5	4580	4690	9. 15		
			6	4840	4612	9. 50		
			7	5100	4531	9. 84		

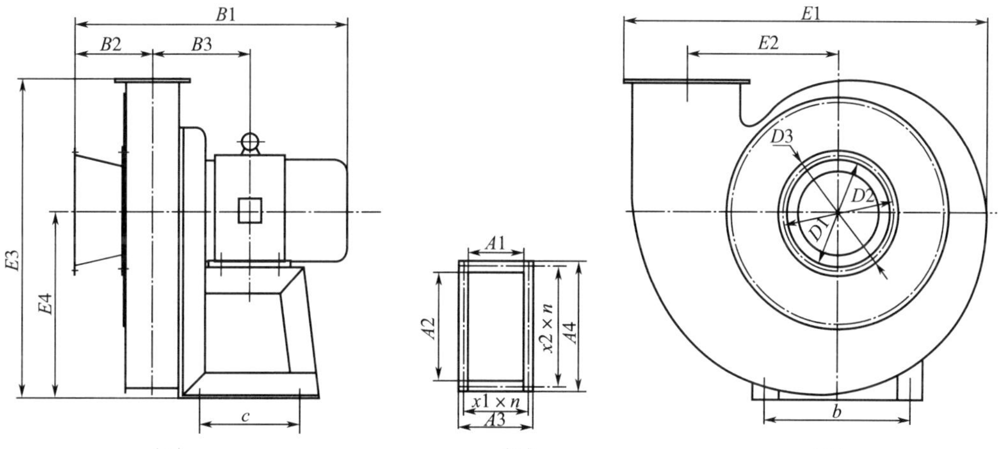

图 5-7 5-36 型离心式通风机结构图

(1) 右视图 (2) 出风口结构图 (3) 主视图

表 5-18　　5-36 型离心式通风机安装尺寸

机号	进风口法兰					出风口法兰							
	D1	D2	D3	联结螺栓		A1	A2	A3	A4	联结螺栓			
				M	数量/个					M	数量/个	x1×n	x2×n
No.3.8	204	225	245	8	8	132	144	182	194	6	12	52×3	56×3
No.4	204	225	245	8	8	140	147	190	197	6	12	54×3	57×3
No.4.5	256	280	300	8	8	156	165	206	215	6	12	60×3	63×3
No.5	256	280	300	8	8	173	185	223	235	10	16	50×4	53×4
No.5.5	356	380	400	8	12	181	212	239	262	10	16	54×4	59×4

机号	外形尺寸							安装尺寸			
	E1	E2	E3	E4	B1	B2	B3	b	c	地脚螺栓孔	
										ϕ	数量/个
No.3.8	561	217	562	340	488	136	225	250	320	20	4
No.4	597	236	574	340	529	140	237	250	320	20	4
No.4.5	666	264	622	362	566	148	253	250	320	20	4
No.5	741	295	769	472	660	174	301	250	380	20	4
No.5.5	803	316	822	495	769	180	310	280	420	24	4

表 5-19　　5-48 型离心式通风机性能参数表

机号	转速/（r/min）	序号	全压/Pa	风量/（m^3/h）	效率/%	传动方式	电动机	
							规格型号	功率/kW
No. 5	2900	1	3010	5360	80	D		
		2	3010	6010	85			
		3	2991	6650	89			
		4	2883	7300	90.5		Y132S2-2	7.5
		5	2726	7940	90		Y160M1-2	11
		6	2569	8580	89			
		7	2383	9230	86			
		8	2059	9870	80			

续表

机号	转速/(r/min)	序号	全压/Pa	风量/(m³/h)	效率/%	传动方式	电动机	
							规格型号	功率/kW
No. 5. 5	2900	1	3648	7140	80	D	Y160M2-2	15
		2	3648	8000	85			
		3	3609	8850	89			
		4	3491	9700	90. 5			
		5	3393	10530	90			
		6	3109	11400	89			
		7	2893	12300	86			
		8	2491	13200	80			
No. 6	2900	1	4335	9260	80	D	Y180M-2	22
		2	4335	10390	85			
		3	4295	11500	89			
		4	4148	12600	90. 5			
		5	3923	13700	90			
		6	3697	14800	89			
		7	3442	15950	86			
		8	2962	17050	80			

表 5-20　4-68 型离心式通风机性能参数表

机号	传动方式	转速/(r/min)	序号	流量/(m³/h)	全压/Pa	所需功率/kW	电动机	
							规格型号	功率/kW
No. 2. 8	A	2900	1	1131	971	0. 59	Y802-2	1. 1
			2	1319	971	0. 65		
			3	1508	961	0. 71		
			4	1696	922	0. 74		
			5	1885	853	0. 76		
			6	2073	765	0. 77		
			7	2262	657	0. 78		

续表

机号	传动方式	转速/(r/min)	序号	流量/(m^3/h)	全压/Pa	所需功率/kW	电动机	
							规格型号	功率/kW
No. 2. 8	A	1450	1	565	245	0. 07	Y801-4	0. 55
			2	660	245	0. 08		
			3	754	235	0. 09		
			4	848	226	0. 09		
			5	942	216	0. 1		
			6	1037	186	0. 1		
			7	1131	167	0. 11		
No. 3. 15	A	2900	1	1825	1246	1. 11	Y90S-2	1. 5
			2	2093	1246	1. 2		
			3	2362	1226	1. 29		
			4	2630	1177	1. 36		
			5	2899	1098	1. 37		
			6	3167	981	1. 38		
			7	3435	853	1. 4		
		1450	1	912	314	0. 14	Y801-4	0. 55
			2	1047	314	0. 14		
			3	1181	304	0. 14		
			4	1315	294	0. 16		
			5	1449	275	0. 17		
			6	1583	245	0. 17		
			7	1718	216	0. 18		
No. 3. 55	A	2900	1	2708	1608	1. 94	Y100L-2	3
			2	3092	1608	2. 11		
			3	3477	1569	2. 24		
			4	3861	1510	2. 35		
			5	4245	1402	2. 44		
			6	4629	1265	2. 56		
			7	5013	1108	2. 41		

续表

机号	传动方式	转速/(r/min)	序号	流量/(m^3/h)	全压/Pa	所需功率/kW	电动机	
							规格型号	功率/kW
No. 3. 55	A	1450	1	1354	402	0. 29	Y801-4	0. 55
			2	1546	402	0. 3		
			3	1738	392	0. 32		
			4	1930	373	0. 33		
			5	2122	353	0. 36		
			6	2315	314	0. 36		
			7	2507	275	0. 38		
No. 4	A	2900	1	3984	2069	3. 34	Y112M-2	4
			2	4534	2060	3. 61		
			3	5083	2010	3. 83		
			4	5633	1932	4. 03		
			5	6182	1795	4. 18		
			6	6732	1628	4. 37		
			7	7281	1432	4. 44		
		1450	1	1992	520	0. 53	Y802-4	0. 75
			2	2267	510	0. 56		
			3	2542	500	0. 6		
			4	2816	481	0. 63		
			5	3091	451	0. 66		
			6	3366	402	0. 65		
			7	3641	353	0. 69		
No. 4. 5	A	2900	1	5790	2658	5. 9	Y132S2-2	7. 5
			2	6573	2628	6. 34		
			3	7355	2569	6. 74		
			4	8137	2462	7. 07		
			5	8920	2295	7. 33		
			6	9702	2069	7. 59		
			7	10485	1834	7. 73		

续表

机号	传动方式	转速/(r/min)	序号	流量/(m^3/h)	全压/Pa	所需功率/kW	电动机	
							规格型号	功率/kW
No. 4. 5	A	1450	1	2895	667	0. 9	Y90S-4	1. 1
			2	3286	657	0. 97		
			3	3678	638	1. 02		
			4	4069	619	1. 08		
			5	4460	569	1. 11		
			6	4851	520	1. 16		
			7	5242	461	1. 19		

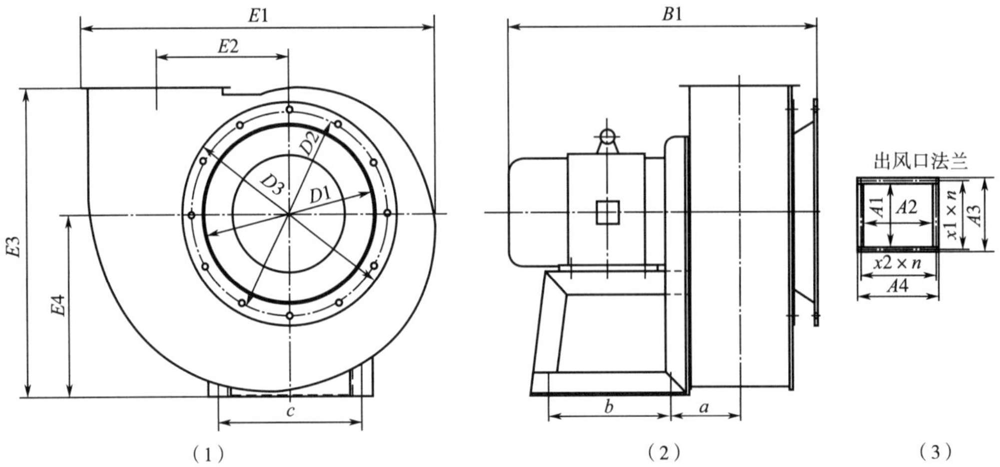

图 5-8　6-48 型离心式通风机结构图

(1) 主视图 (2) 左视图 (3) 出风口结构图

表 5-21　6-48 型离心式通风机安装尺寸　单位：mm

机号	进风口法兰					出风口法兰								外形尺寸					安装尺寸				
	D1	D2	D3	联结螺栓		A1	A2	A3	A4	联结螺栓				E1	E2	E3	E4	B1	a	b	c	地脚螺栓孔	
				M	数量/个					M	数量/个	x1×n	x2×n									ϕ	数量/个
No. 2. 8	284	320	350	8	8	162	208	212	258	8	14	63×3	59×4	574	212	470	280	448	128. 5	350	270	15	4
No. 3. 15	319	355	385	8	8	182	233	232	283	8	14	69×3	65×4	638	238. 5	531	310	497	141	170	260	18	4

续表

机号	进风口法兰					出风口法兰								外形尺寸					安装尺寸				
	D1	D2	D3	联结螺栓		A1	A2	A3	A4	联结螺栓				E1	E2	E3	E4	B1	a	b	c	地脚螺栓孔	
				M	数量/个					M	数量/个	x1×n	x2×n									φ	数量/个
No. 3.55	355	395	425	8	8	210	262	254	312	8	14	77×3	72. 5×4	721	269	596	348	614	155	220	270	18	4
No. 4	400	450	490	10	8	224	291	279	345	8	14	85×3	80. 5×4	799	302	660	382	638	162	220	300	18	4
No. 4.5	450	500	545	10	8	253	328	308	382	8	14	71×4	72×5	895	340	741	430	710	176.5	250	360	18	4
No. 5	500	560	610	10	12	289	370	339	420	8	20	63×5	66×6	994	378	842	495	858	194	340	406	18	4

四、除尘器

除尘器是将粉尘从气流中分离出来的设备，是通风除尘系统中保证空气排放达到环保要求的关键设备，也是含尘空气中具有经济价值粉尘或物料的回收设备。粮食加工业中常见的除尘器有重力沉降室、惯性除尘器、离心除尘器和滤布式除尘器等。

（一）除尘器的性能评价

1. 除尘效率

除尘效率指含尘气流经过除尘器时，单位时间内除尘器除下来的粉尘量占进入除尘器粉尘量的百分比，也称为除尘器的总除尘效率。即：

$$\eta = \frac{M}{M_1} \times 100\% \tag{5-18}$$

式中　η——除尘器的除尘效率,%；

M——单位时间内除尘器除下来的粉尘量，kg/h；

M_1——单位时间内进入除尘器的粉尘量，kg/h。

除尘器的作用是分离含尘气流中的粉尘，因而除尘效率是选择和评价除尘器性能的关键参数。

在除尘风网中，常采用不同净化程度的两台或多台除尘器串联使用，联合作用来达到对含尘空气中不同粒径粉尘的分离，从而达到粉尘收集和环保的排放要求。多个除尘器串联使用，常称多级除尘，两台除尘器串联使用，则称两级除尘。对于两级除尘，第一级除尘器除尘效率为 η_1，第二级除尘器除尘效率为 η_2，则两级除尘时的除尘器总效率 $\eta_{1\sim2}$ 为：

$$\eta_{1\sim2}=1-(1-\eta_1)(1-\eta_2) \tag{5-19}$$

如果 n 级串联，则 n 级除尘时的除尘器总效率 $\eta_{1\sim n}$ 为：

$$\eta_{1\sim n}=1-(1-\eta_1)(1-\eta_2)\cdots\cdots(1-\eta_n) \tag{5-20}$$

2. 除尘器阻力

除尘器的阻力是含尘气流经过除尘器的能量损失，即除尘器的能耗。除尘器的阻力一般按局部阻力计算公式计算：

$$H_j = \xi\frac{v^2}{2g}\gamma \tag{5-21}$$

式中　H_j——除尘器的阻力，Pa；

ξ——除尘器的阻力系数；

v——除尘器的进口风速，m/s；

γ——除尘器进口空气重度，N/m^3。

除尘器的阻力也可通过测定除尘器进、出口断面的全压计算得出：

$$\Delta H = H_{o1} - H_{o2} \tag{5-22}$$

式中　ΔH——除尘器的阻力，Pa；

H_{o1}——除尘器进风口断面全压，Pa；

H_{o2}——除尘器出风口断面全压，Pa。

3. 处理风量

处理风量是指除尘器处理含尘空气容量的大小，是选择除尘器的依据。处理风量一般为某一风网的总风量，即与除尘器相连接的通风管道中的风量。一般选择除尘效率高、阻力低、设备体积小、处理风量大的除尘器。

4. 漏风率

漏风率指除尘器排尘口泄漏的空气量占进口风量的百分比。

$$\pm B = \frac{Q_2 - Q_1}{Q_1}\times 100\% \tag{5-23}$$

式中　B——除尘器的漏风率,%；

Q_1——除尘器进口风量，m^3/h；

Q_2——除尘器出口风量，m^3/h。

除尘器漏风率为负值时，表明除尘器由排灰口向外漏气；除尘器漏风率为正值时，表明除尘器由排灰口向里进气。

（二）重力沉降室

重力沉降室是依靠粉尘受到地球引力的作用即借助粉尘自身重力的自然沉降过程，在沉降室内来分离空气中粉尘的一种方法。重力沉降室主要应用于清除空气中的粗粒径（50μm 以上）粉尘。

重力沉降室结构如图 5-9 所示。

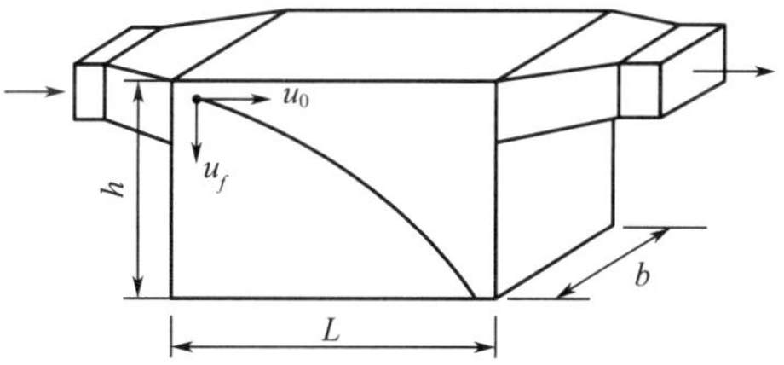

图 5-9 重力沉降室结构图

当含尘气流由通风管道进入重力沉降室后，粉尘颗粒一方面在重力作用下自由沉降，该过程以沉降速度 u_f 的大小匀速沉降，另一方面，颗粒受到气流的作用继续向前水平运动，由于沉降室截面突然增大，水平流动速度 u_0 显著减小，从而使气流携带粉尘的能力下降，一般要求沉降室内水平气流速度降低到 0.5m/s 左右，即 $u_0 \leqslant 0.5$m/s。近似取粉尘在沉降室内的水平运动速度等于水平气流速度，即认为含尘气流进入沉降室后，粉尘以初速度 u_0 作水平运动。为了保证粉尘有足够时间沉降到沉降室底部，需要满足如下条件：

1. 粉尘在沉降室内的沉降时间

$$t_1 = \frac{h}{u_f} \tag{5-24}$$

式中 t_1——粉尘在沉降室内的沉降时间，s；

h——沉降室高度，m；

u_f——粉尘颗粒的沉降速度，m/s。

2. 粉尘在沉降室内的停滞时间

$$t_2 = \frac{L}{u_0} \tag{5-25}$$

式中 t_2——粉尘在沉降室内的停滞时间，s；

L——沉降室长度，m；

u_0——粉尘颗粒的水平流动速度，m/s。

3. 粉尘沉降下来不被气流带走的条件

即重力沉降室粉尘分离的条件：

$$t_1 \leqslant t_2 \tag{5-26}$$

或

$$\frac{h}{u_f} \leqslant \frac{L}{u_0} \tag{5-27}$$

u_0 的大小在与 d_s、γ_s 有关，设计中一般取 $u_0 = 0.5$m/s。

u_f 的数值可按下式确定：

$$u_f = \frac{d_s^2 \gamma_s}{18\mu} \tag{5-28}$$

式中 μ——空气的动力黏性系数，标准状态下其值为 1.820×10^{-5} Pa·s。

在进行沉降室设计时，先由粒子直径 d_s、粉尘重度 γ_s 和含尘气体温度 t 求沉降速度 u_f，再根据 u_f、u_0 和预定的沉降室高度 h 值计算出长度 L 值。根据沉降条件：

$$\frac{h}{u_f} \leqslant \frac{L}{u_0}$$

$$L \geqslant \frac{u_0}{u_f}h$$

最后，由所需要处理的空气量 Q，求出沉降室的宽度 b 值。

$$b = \frac{Q}{hu_0} \tag{5-29}$$

式中 b——沉降室宽度，m；

h——沉降室高度，m；

Q——沉降室处理风量，m^3/s。

（三）离心式除尘器

1. 离心式除尘器的结构

离心式除尘器是利用含尘气流在做旋转运动时产生的离心力作用，将粉尘从气流中分离出来的一种除尘设备。离心式除尘器又称旋风除尘器、刹克龙（cyclone）等，在粮食工业具有应用广泛。它不但用于原料的清理车间也用于碾磨车间的除尘风网中，同时还用作小麦制粉厂粉间气力吸运系统的卸料设备。

离心式除尘器的结构如图 5-10 所示。离心式除尘器由切向进风口（含尘气体入口）、外筒体、内筒体（洁净空气排气口）和下部开有排料口的圆锥体组成。进风口多为方形，与外筒体切线方向连接。

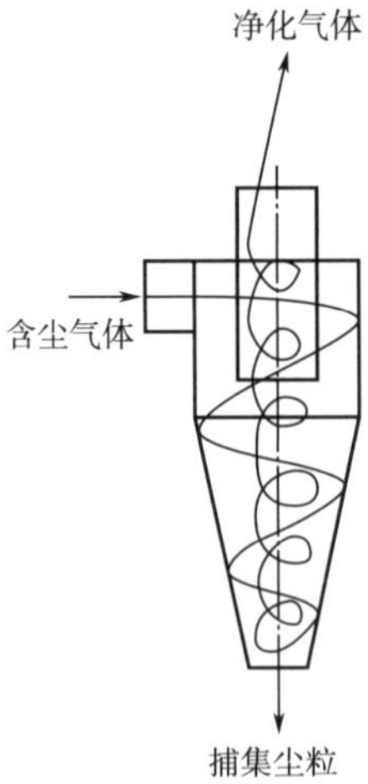

图 5-10 离心式除尘器结构图

一般认为，在离心式除尘器的工作过程中气流旋转产生的离心力起着主导作用。工作时，含尘气流切向进入离心式除尘器筒体内部，然后沿筒体内壁作自上而下的螺旋运动（外涡旋），气流中物料或粉尘就在离心力的作用下被甩向筒体内壁，到达内壁的物料或粉尘在重力和向下气流的作用下落向排料口。到达锥体底部的螺旋气流由于锥体的收缩作用又转而向上形成内涡旋经排气管排出。

2. 常用刹克龙的风量和阻力

（1）下旋 55 型　刹克龙结构如图 5-11 所示，风量和阻力如表 5-22 所示。

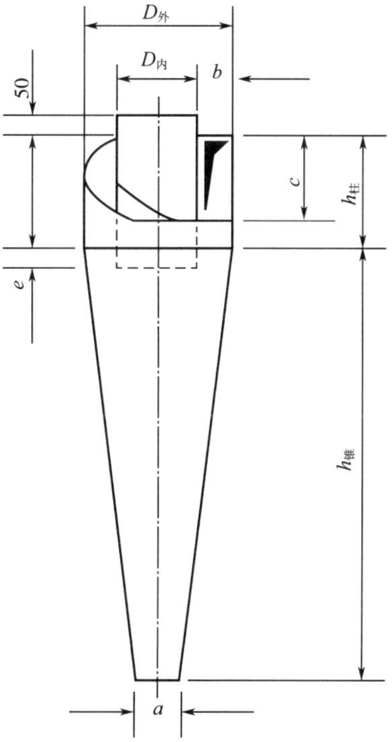

图 5-11　下旋 55 型刹克龙结构图

表 5-22　下旋 55 型刹克龙的风量和阻力

$v_进$		$D_外$						
		300	350	400	450	500	550	600
12	Q	394	527	700	888	1090	1356	1620
	H	314	363	411	470	519	568	588
13	Q	426	571	757	962	1182	1470	1752
	H	363	421	480	549	608	666	725
14	Q	459	615	816	1035	1273	1582	1890
	H	421	490	568	637	706	774	843

注：Q——风量，m^3/h；H——刹克龙阻力，Pa；$D_外$——外筒体直径，mm；$v_进$——进气速度，m/s。

（2）下旋 60 型　刹克龙结构如图 5-12 所示，风量和阻力如表 5-23 所示。

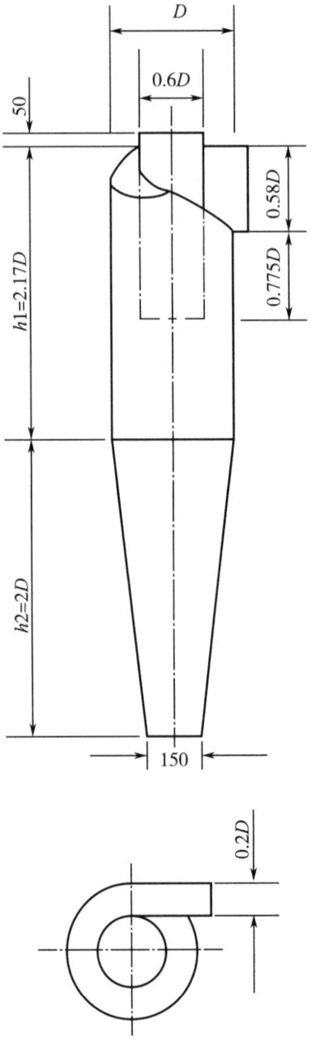

单位：mm

图 5-12　下旋 60 型刹克龙结构图

表 5-23　　下旋 60 型刹克龙的风量和阻力

$v_进$	H	D 250	275	300	325	350	375	400	425	450	475	500
		$F_进$ 0.00725	0.0068	0.0104	0.01225	0.0142	0.0164	0.01855	0.0210	0.0236	0.0262	0.0290
12	402	314	380	450	529	614	710	802	906	1020	1130	1252
13	461	340	412	487	574	665	768	870	982	1105	1225	1355
14	539	365	443	525	617	715	827	935	1057	1190	1320	1450
15	627	391	475	561	662	766	886	1000	1132	1275	1415	1566
16	706	417	507	600	706	819	945	1065	1210	1360	1510	1670

续表

$v_{进}$	H	D										
		250	275	300	325	350	375	400	425	450	475	500
		$F_{进}$										
		0.00725	0.0068	0.0104	0.01225	0.0142	0.0164	0.01855	0.0210	0.0236	0.0262	0.0290
17	794	444	530	637	750	870	1006	1135	1285	1445	1605	1775
18	892	470	570	674	795	920	1064	1200	1360	1530	1700	1880

注：D——外筒体直径，mm；$F_{进}$——进气口面积，m^2；H——刹克龙阻力，Pa；$v_{进}$——进气速度，m/s；阻力系数 ξ =4.6。

（3）外旋 38 型　刹克龙结构如图 5-13 所示，风量和阻力如表 5-24 所示。

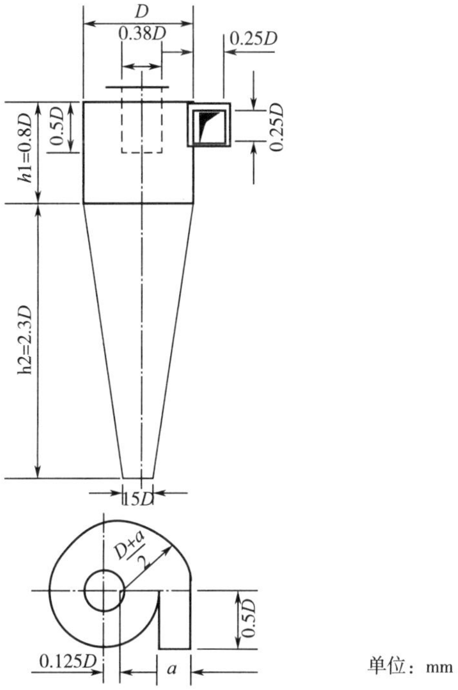

图 5-13　外旋 38 型刹克龙结构图

表 5-24　　外旋 38 型刹克龙的风量和阻力

$v_{进}$		D													
		180	200	220	240	260	280	300	320	340	360	380	400	450	500
		$F_{进}$													
		0.0020	0.0025	0.0030	0.0036	0.0042	0.0049	0.0056	0.0064	0.0072	0.0081	0.0090	0.0100	0.0130	0.0156
10	Q	72	90	108	130	151	176	202	230	259	292	324	360	468	561
	H	216	245	265	294	314	333	363	382	412	431	461	480	539	598

续表

$v_{进}$		D													
		180	200	220	240	260	280	300	320	340	360	380	400	450	500
		$F_{进}$													
		0.0020	0.0025	0.0030	0.0036	0.0042	0.0049	0.0056	0.0064	0.0072	0.0081	0.0090	0.0100	0.0130	0.0156
11	Q	79	99	119	143	166	194	221	254	285	320	350	396	515	617
	H	265	294	323	353	372	402	431	461	490	519	549	578	657	725
12	Q	86	108	130	155	181	212	242	276	311	350	389	432	562	674
	H	314	343	382	412	451	480	519	549	588	617	657	686	774	862
13	Q	96	117	140	169	197	229	262	300	336	379	421	468	608	730
	H	363	402	441	480	529	568	608	647	686	725	764	794	911	1009
14	Q	101	126	151	181	212	247	282	322	362	401	454	504	655	785
	H	421	470	519	568	608	657	706	755	804	843	892	941	1058	1176

注：D——外筒体直径，mm；$F_{进}$——进气口面积，m^2；$v_{进}$——进气速度，m/s；H——刹克龙阻力，Pa；Q——风量，m^3/h；最佳进气速度 $v_{进}=10\sim14$，m/s；阻力系数 $\xi=20D$（D 以 m 计）。

（4）外旋 45 型　刹克龙结构如图 5-14 所示，风量和阻力如表 5-25 所示。

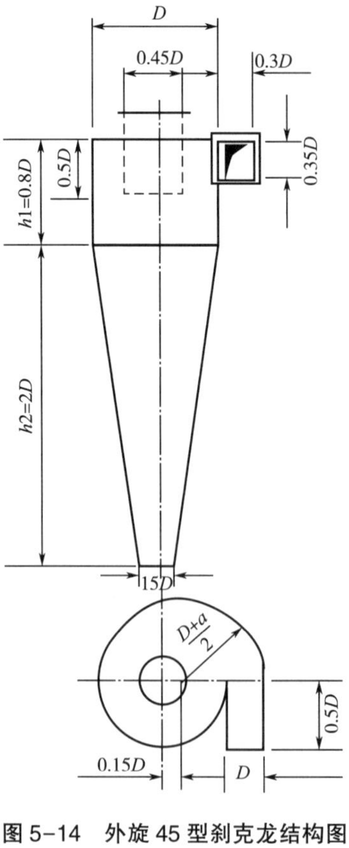

图 5-14　外旋 45 型刹克龙结构图

表 5-25　　外旋 45 型刹克龙的风量和阻力

$v_进$		D													
		180	200	220	240	260	280	300	320	340	360	380	400	450	500
		$F_进$													
		0.0034	0.0042	0.0051	0.0060	0.0071	0.0082	0.0095	0.0107	0.0121	0.0136	0.0152	0.0168	0.0213	0.0263
10	Q	112	151	183	216	256	295	342	385	436	490	547	605	767	947
	H	274	304	333	363	392	421	451	480	510	539	568	598	676	755
11	Q	134	166	202	238	281	325	376	424	479	539	602	665	843	1042
	H	323	363	402	421	470	510	539	578	617	647	686	725	813	902
12	Q	146	181	220	259	306	354	410	462	523	587	656	726	912	1137
	H	392	431	470	519	559	608	647	686	735	784	823	862	970	1078
13	Q	159	196	239	281	332	384	445	502	567	637	712	787	997	1232
	H	451	510	559	608	657	706	755	804	862	911	960	1009	1137	1264
14	Q	171	212	257	302	358	413	479	539	609	685	766	847	1073	1325
	H	529	588	647	706	764	823	882	941	1000	1058	1117	1176	1323	1470

注：D——外筒体直径，mm；$F_进$——进气口面积，m^2；$v_进$——进气速度，m/s；H——刹克龙阻力，Pa；Q——风量，m^3/h；最佳进气速度 $v_进=10\sim14$，m/s；阻力系数 $\xi=25D$（D 以 m 计）。

（5）内旋 50 型　刹克龙结构如图 5-15 所示，风量和阻力如表 5-26 所示。

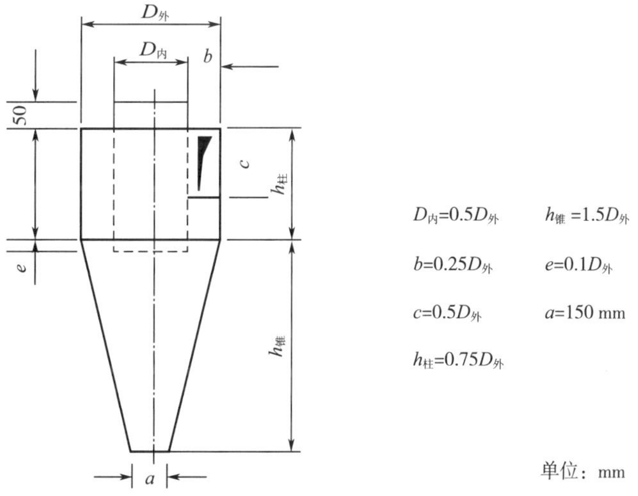

图 5-15　内旋 50 型刹克龙结构图

表 5-26　　内旋 50 型刹克龙的风量和阻力

D	$F_{进}$	$v_{进}$						
		10	11	12	13	14	15	16
		Q						
		304	372	441	519	598	686	784
		H						
500	0.0312	1120	1270	1350	1460	1570	1685	1800
550	0.0378	1360	1500	1630	1770	1900	2040	2180
600	0.0450	1620	1780	1940	2100	2270	2430	2590
650	0.0527	1900	2080	2280	2460	2660	2840	3030
700	0.0613	2200	2420	2650	2870	3090	3310	3530
750	0.0703	2530	2780	3040	3300	3550	3800	4050
800	0.0800	2880	3170	3460	3740	4030	4320	4610
900	0.101	3640	4000	4360	4730	5100	5450	5820
1000	0.125	4500	4950	5400	5850	6300	6750	7200

注：$v_{进}$——进口速度，m/s；H——刹克龙阻力，Pa；$F_{进}$——进气口面积，m^2；D——外筒体直径，mm；阻力系数 $\xi=5$。

（6）下旋 60 型　下旋 60 型四联刹克龙结构和尺寸如图 5-16 和表 5-27 所示。

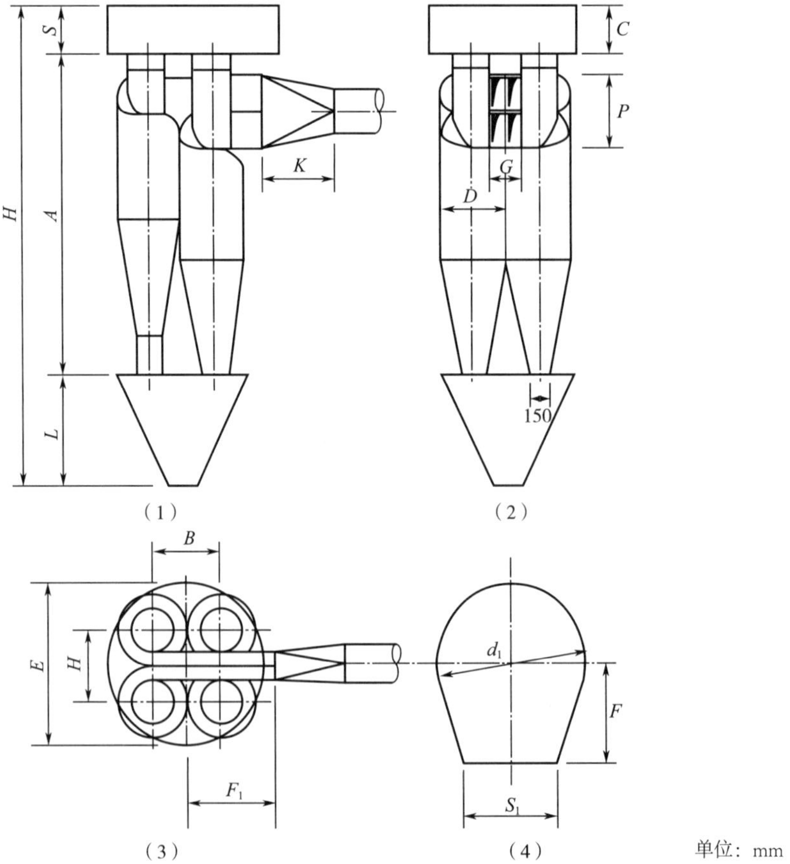

图 5-16　下旋 60 型四联刹克龙结构图

（1）主视图（2）左视图（3）俯视图（4）上部收集风箱尺寸图

表 5-27　　下旋 60 型四联刹克龙的尺寸　　单位：mm

单个刹克龙外径 D	A	B	C	E	F	F_1	G	K	L	H	p	S	S_1	d_1
250	1245	250	160	600	400	350	100	280	450	1945	290	250	390	600
275	1365	275	180	640	425	375	110	305	500	2135	319	270	420	650
300	1480	300	200	670	450	400	120	350	500	2270	348	290	450	700
325	1645	325	225	710	475	425	130	375	550	2510	377	315	480	750
350	1715	350	250	745	500	450	140	400	600	2655	406	340	520	800
375	1835	375	275	780	525	475	150	425	600	2800	435	365	570	850
400	1950	400	300	820	550	500	160	450	650	2990	464	390	620	900
425	2075	425	310	850	575	525	170	475	700	3175	493	400	640	950
450	2195	450	320	890	600	550	180	500	700	3305	522	410	670	1000
475	2315	475	335	920	630	575	190	525	750	3490	551	425	700	1050
500	2430	500	350	960	655	600	200	550	800	3670	580	440	740	1100
550	2670	550	380	1030	705	650	220	600	850	3990	638	470	810	1200

（四）布袋除尘器

滤布除尘器是利用多孔过滤介质——滤布，来分离含尘气流中粉尘的处理方法。由于在除尘器中滤布一般做成各种各样的袋子形状，因而又称为布袋除尘器。布袋除尘器是除尘器各类型中应用最广泛的一种，对含尘空气中微细粒径（最小可达 0.01μm）粉尘的除尘效率特别高，是含尘空气排放浓度达到环保要求的必备除尘设备。

滤布除尘器的除尘机理主要是滤布以及滤布上粉尘层的过滤效应。滤布是布袋除尘器的关键部件，当含尘气流穿过滤布时由于滤布的筛滤作用，粉尘得以与气流分离。新滤布过滤含尘空气一段时间后，滤布上会黏附越来越多的粉尘，由于粉尘颗粒的堆积作用，滤布的有效孔径将逐渐减小，此时滤布上的粉尘层对含尘气流的过滤成为主要方面，而滤布成为了保证粉尘层存在的骨架。实质上，正是由于滤布上粉尘层的过滤作用，才使布袋除尘器能够除下更为微细的粉尘，布袋除尘器的除尘效率才显著增加，但同时气流穿过滤布的阻力也在增大。为了防止布袋除尘器滤布上粉尘越积越多、越积越厚，滤布阻力越来越高，滤袋上的积尘必须及时清除。布袋除尘器的清灰方式，有人工清灰、机械清灰和气流喷吹清灰等。

粮食工业使用的布袋除尘器有简易压气式、回转反吹风布袋除尘器和各种型式的脉冲布袋除尘器等。其中脉冲式布袋除尘器应用最为广泛，包括高压脉冲除尘器和低压脉冲除尘器两种类型。

1. 高压脉冲除尘器

（1）基本构造　主机包括上部箱体 9，中部箱体 12 和下部箱体 15 三个部分，如图 5-17所示。上部箱体装有喷吹管 8 和把喷吹气体引进滤袋的文氏管 11，并附有压缩空气贮气包 5、脉冲阀 7、电磁阀或控制阀 6，以及净化空气出口 10。中部箱体装有滤袋 3 和滤袋框架 4，此外，位于下部箱体的进气口 1 也可设在中部箱体。下部箱体装有进气口 1 和排灰装置（关风器 16）。

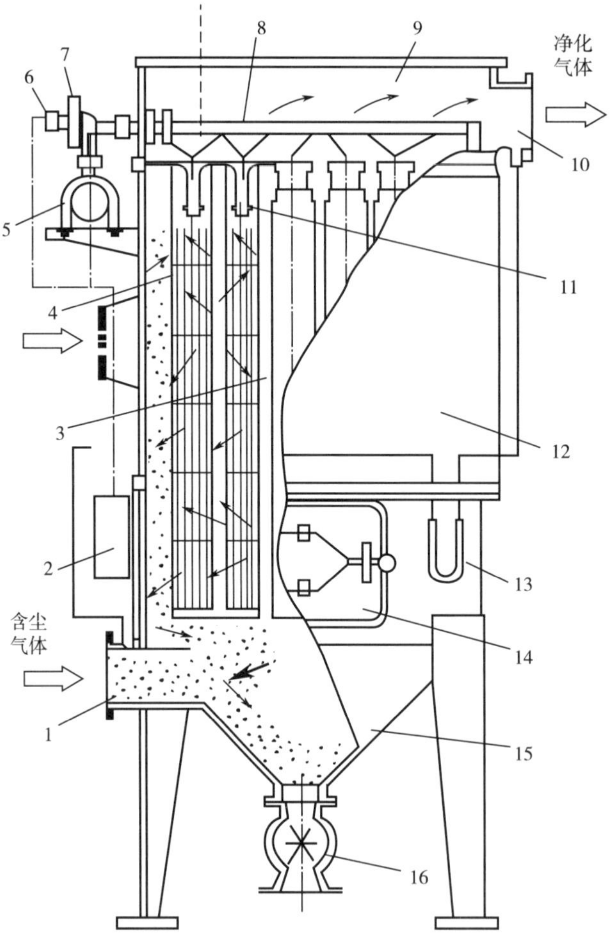

图 5-17　高压脉冲除尘器结构图

1—进气口　2—控制仪　3—滤袋　4—滤袋框架　5—贮气包
6—控制阀　7—脉冲阀　8—喷吹管　9—净气箱　10—净气出口　11—文氏管
12—集尘箱　13—U 形压力计　14—检修门　15—集尘斗　16—关风器

（2）工作原理　含尘空气由进气口 1 被吸到滤尘箱内经滤袋滤尘后，净化空气穿过滤袋，从文氏管进入上部净化空气箱，然后由净化空气出口 10 排出，灰尘则被阻留在滤袋外壁。一部分灰尘借助重力落进灰斗，另一部分仍附着在滤袋外壁上，造成设备阻力的增加。为保持设备正常运转，必须定时对滤袋进行喷吹清灰，使设备阻力保持在限定的变化范围。

高压脉冲除尘器一般采用一个脉冲阀控制多个布袋喷吹的结构，需要的压力较高，喷吹压力达到 0.4~0.6MPa，常采用空气压缩机作为反吹风气源设备。

BLM 型脉冲布袋除尘器的主要技术参数和结构如表 5-28~表 5-33，图 5-18~图 5-31 所示。

表 5-28　BLM 型脉冲布袋除尘器的主要技术参数

项目	BLM.24	BLM.36	BLM.48	BLM.60
布筒数/个	24	36	48	60
布筒规格/mm	ø120×2000	ø120×2000	ø120×2000	ø120×2000
过滤面积/m^2	18	27	36	45
处理风量/（m^3/h）	3200~5400	4800~8100	6400~10800	8000~13500
脉冲周期/s	140±5	140±5	140±5	140±5
脉冲时间/s	0.1~0.2	0.1~0.2	0.1~0.2	0.1~0.2
工作压力/Pa	（4~6）$\times10^5$	（4~6）$\times10^5$	（4~6）$\times10^5$	（4~6）$\times10^5$
压缩空气耗量/（m^3/min）	0.035	0.055	0.075	0.090
进气含尘度/（g/m^3）	3~5	3~5	3~5	3~5
除尘效率/%	≥99	≥99	≥99	≥99
设备阻力/Pa	490~980	490~980	490~980	490~980
螺旋机规格/mm	—	—	ø200×1350	—
螺旋机转速/(r/min)	45	45	45	45
螺旋机动力/kW	0.8	0.8	0.8	0.8
控制系统动力/kW	0.25	0.25	0.25	0.25
外形尺寸（长×宽×高）/mm	2260×1320×3925	2260×1720×3495	2260×2276×3820	2260×2520×3820
质量/kg	1100	1300	1400	1800

表 5-29　布袋长度 1800mm 的 BLM52-130 型脉冲布袋除尘器的主要技术参数

项目	型号			
	BLM130-1800-Ⅰ	BLM104-1800-Ⅰ	BLM78-1800-Ⅰ	BLM52-1800-Ⅰ
过滤面积/m^2	88.1	70.5	52.9	35.3
布筒规格/mm	ø120×1800	ø120×1800	ø120×1800	ø120×1800
布筒数/只	130	104	78	52
喷吹压力/Pa	(4~6)×10^5	(4~6)×10^5	(4~6)×10^5	(4~6)×10^5
耗气量/(m^3/min)	0.50	0.24	0.20	0.18
功率/kW	1.5+1.5+1.5	1.5+1.5	1.5+1.5	1.5+1.5
质量/kg	2730	2080	1640	1190

表 5-30　布袋长度 2000mm 的 BLM52-130 型脉冲布袋除尘器的主要技术参数

项目	型号			
	BLM130-2000-Ⅰ	BLM104-2000-Ⅰ	BLM78-2000-Ⅰ	BLM52-2000-Ⅰ
过滤面积/m^2	98	78.4	58.8	39.2
布筒规格/mm	ø120×2000	ø120×2000	ø120×2000	ø120×2000
布筒数/只	130	104	78	52
喷吹压力/Pa	(4~6)×10^5	(4~6)×10^5	(4~6)×10^5	(4~6)×10^5
耗气量/(m^3/min)	0.5	0.24	0.2	0.18
功率/kW	1.5+1.5+1.5	1.5+1.5	1.5+1.5	1.5+1.5
质量/kg	2790	2120	1680	1210

表 5-31　布袋长度 2400mm 的 BLM52-130 型脉冲布袋除尘器的主要技术参数

项目	型号			
	BLM130-2400-Ⅰ	BLM104-2400-Ⅰ	BLM78-2400-Ⅰ	BLM52-2400-Ⅰ
过滤面积/m^2	117.5	94	70.5	47
布筒规格/mm	ø120×2400	ø120×2400	ø120×2400	ø120×2400
布筒数/只	130	104	78	52
喷吹压力/Pa	(4~6)×10^5	(4~6)×10^5	(4~6)×10^5	(4~6)×10^5
耗气量/(m^3/min)	0.5	0.24	0.2	0.18
功率/kW	1.5+1.5+1.5	1.5+1.5	1.5+1.5	1.5+1.5
质量/kg	2980	2170	1730	1260

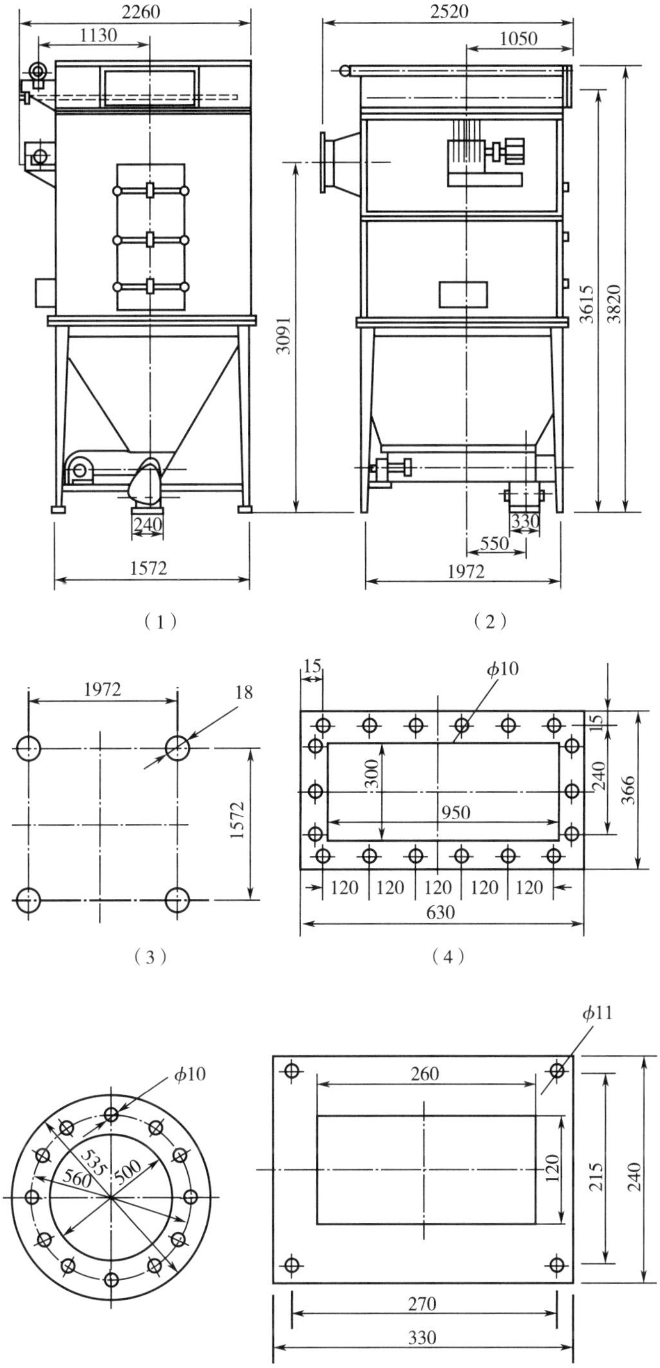

（5）　（6）

图 5-18　BLM24-60 型脉冲布袋除尘器结构图

（1）主视图（2）左视图（3）地脚尺寸图（4）出风口尺寸图（5）进风口尺寸图（6）闭风器出料口尺寸图

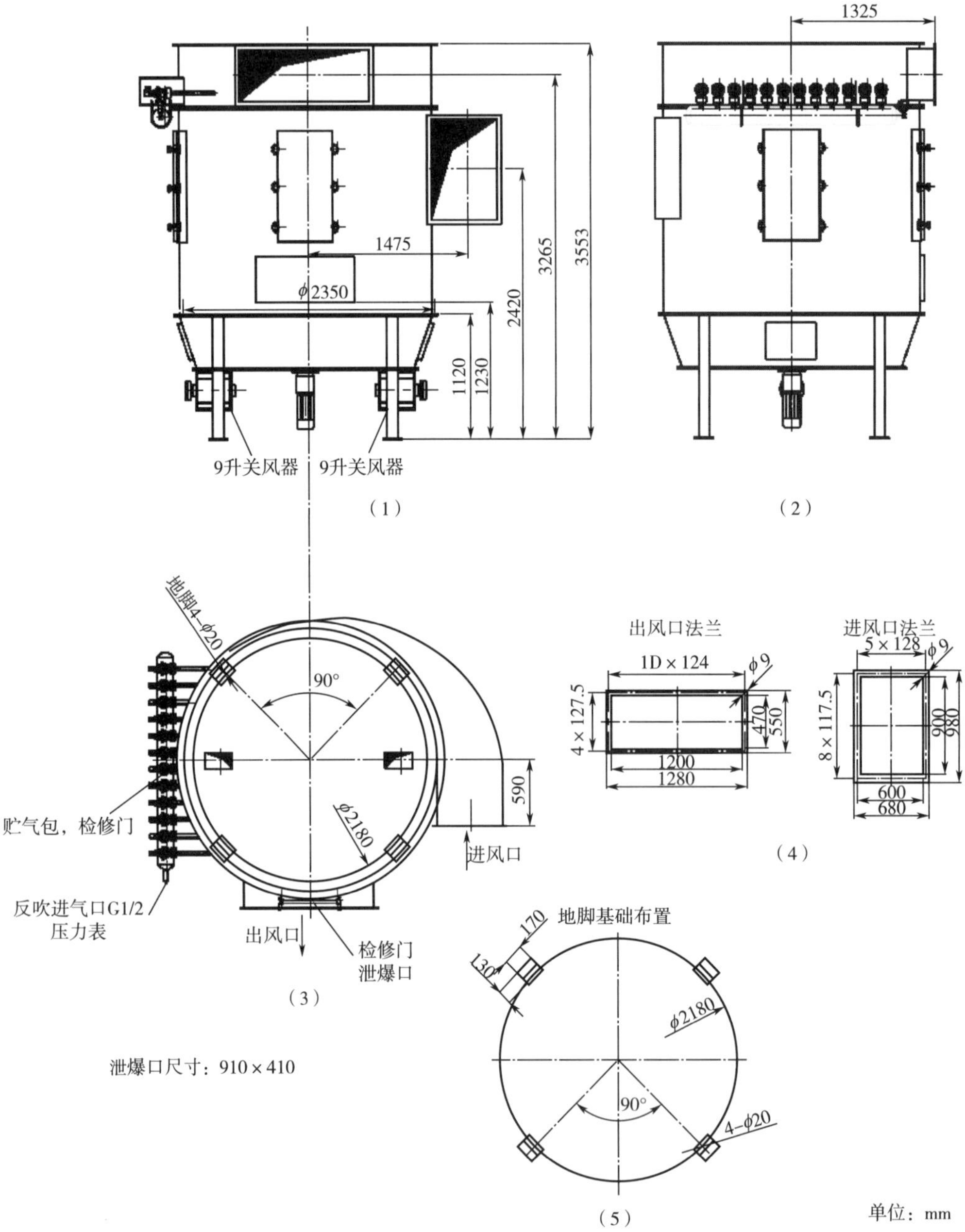

图 5-19　BLM130-1800-Ⅰ型脉冲布袋除尘器结构图

(1) 主视图 (2) 左视图 (3) 俯视图 (4) 进风口，出风口尺寸图 (5) 地脚基础布置尺寸图

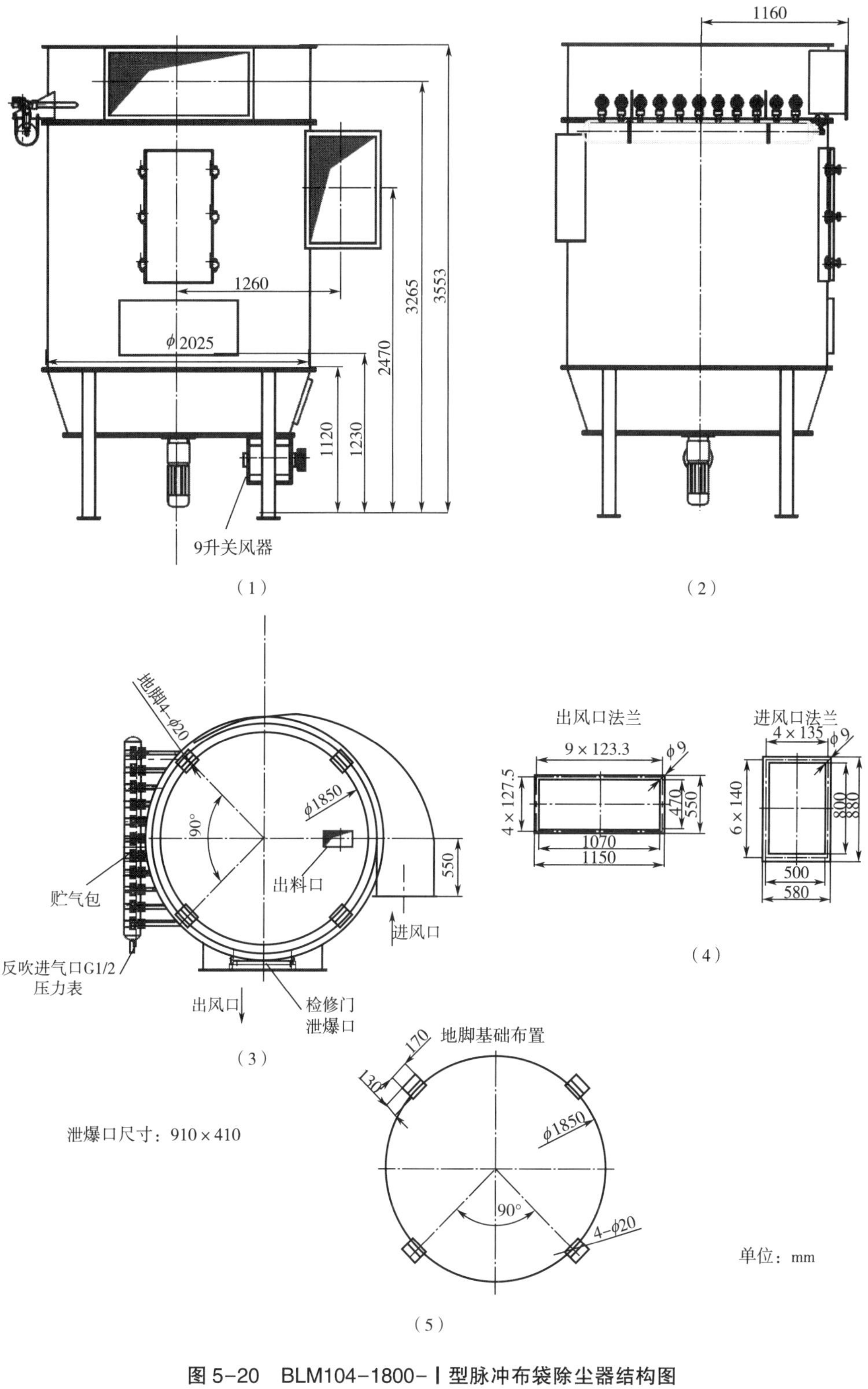

图 5-20　BLM104-1800-Ⅰ型脉冲布袋除尘器结构图

（1）主视图（2）左视图（3）俯视图（4）进风口、出风口尺寸图（5）地脚基础布置尺寸图

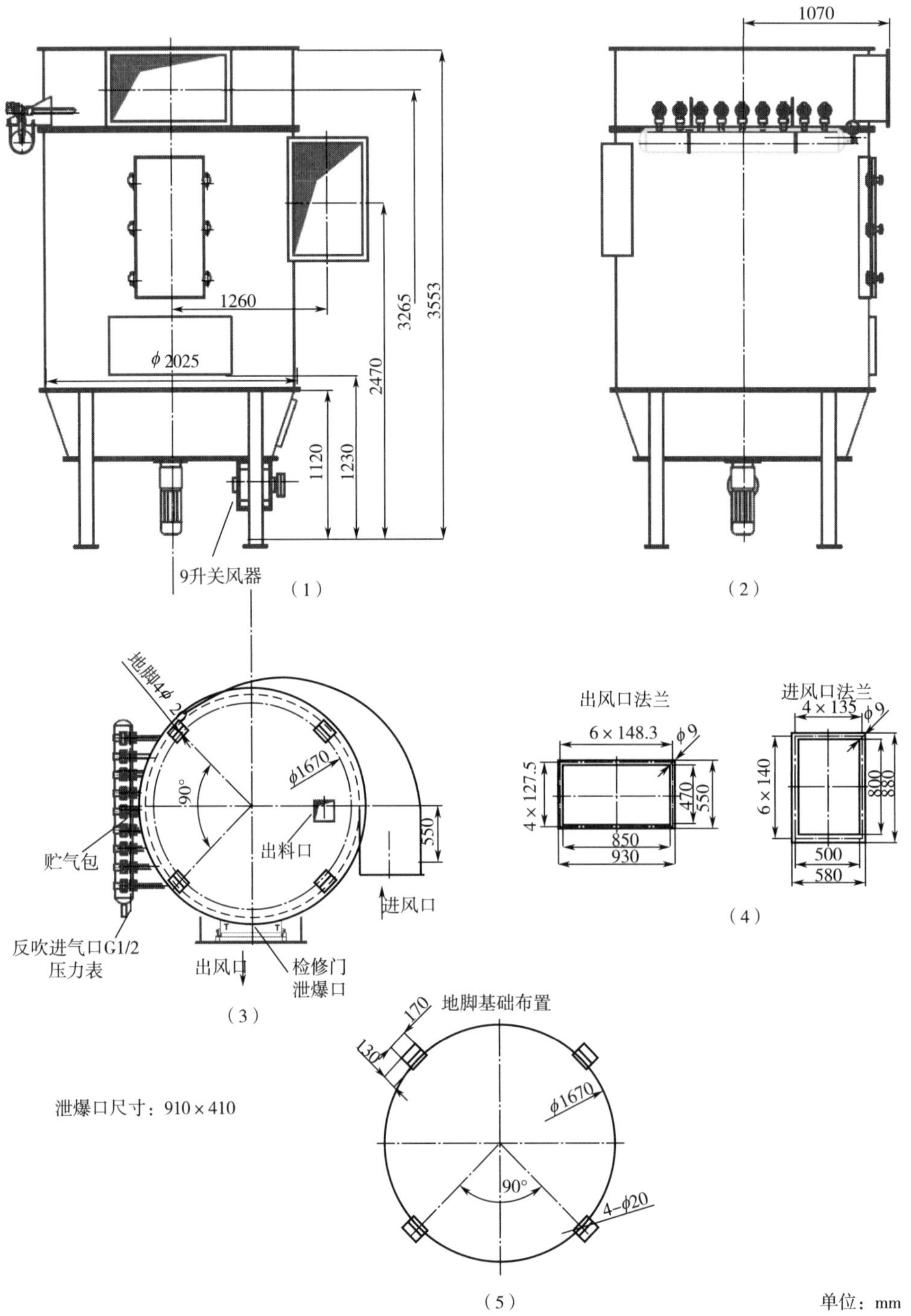

图 5-21　BLM78-1800-Ⅰ型脉冲布袋除尘器结构图

（1）主视图（2）左视图（3）俯视图（4）进风口、出风口尺寸图（5）地脚基础布置尺寸图

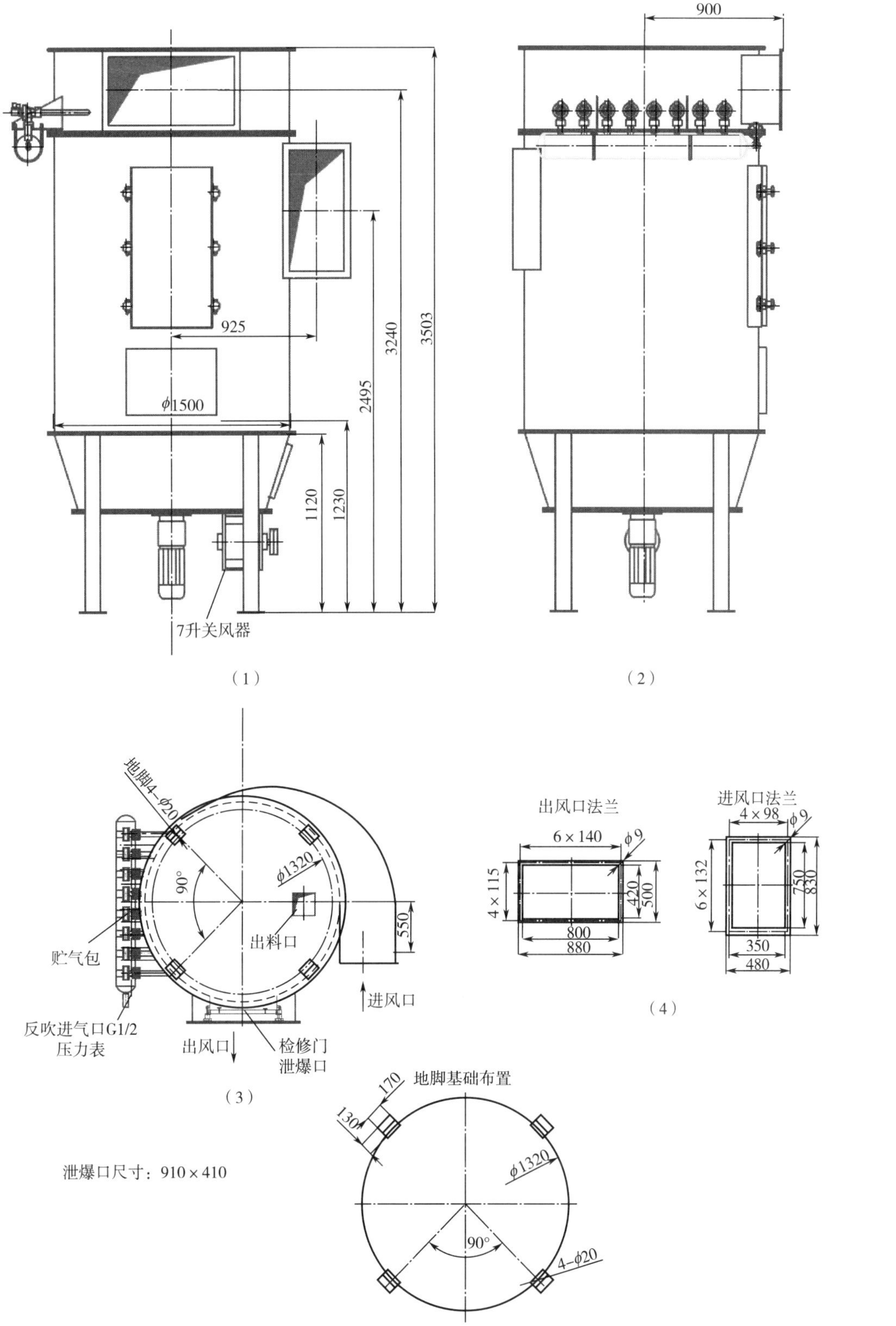

图 5-22　BLM52-1800-Ⅰ型脉冲布袋除尘器结构图

（1）主视图（2）左视图（3）俯视图（4）进风口，出风口尺寸图（5）地脚基础布置尺寸图

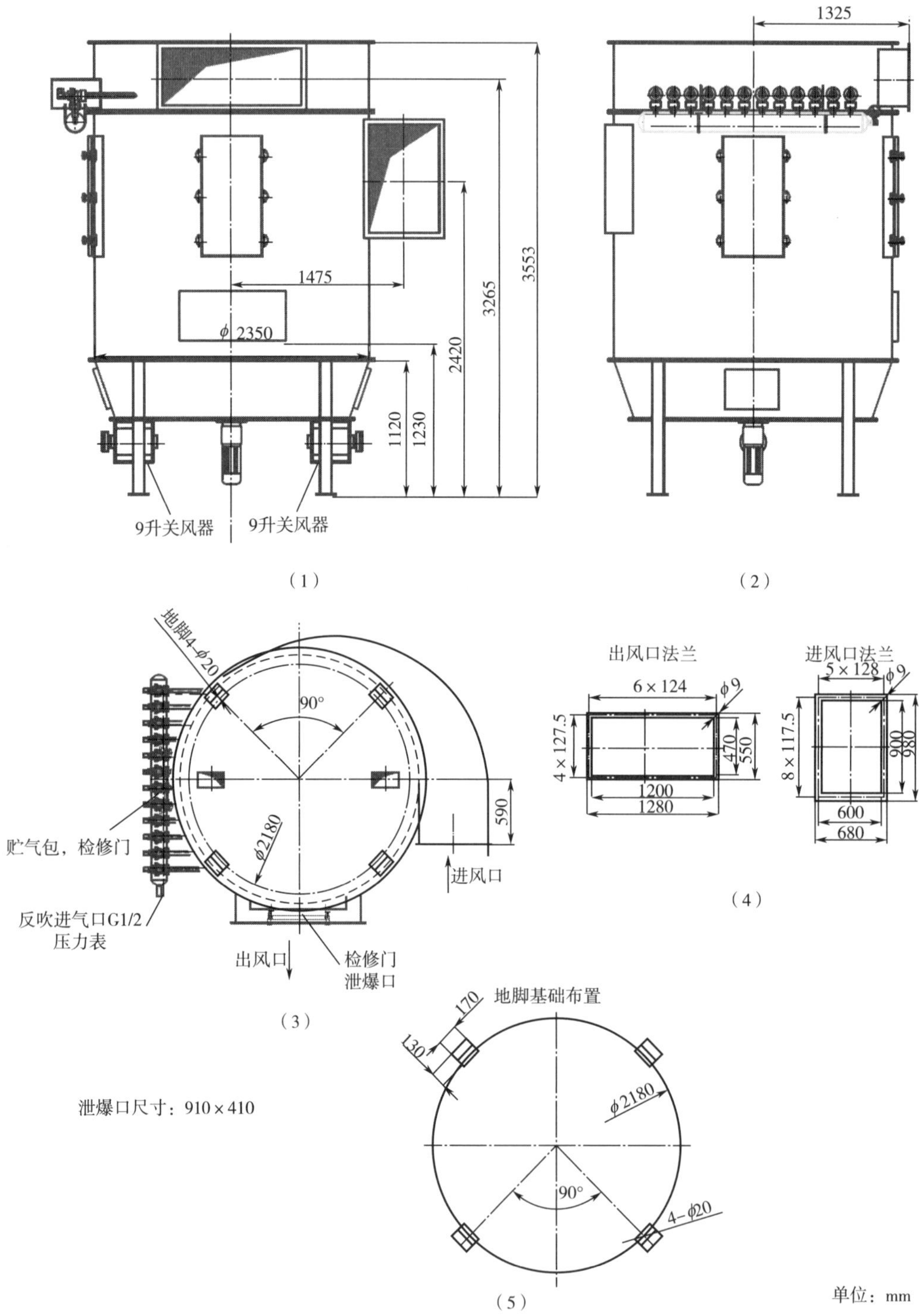

图 5-23　BLM130-2000-Ⅰ型脉冲布袋除尘器结构图

（1）主视图（2）左视图（3）俯视图（4）进风口，出风口尺寸图（5）地脚基础布置尺寸图

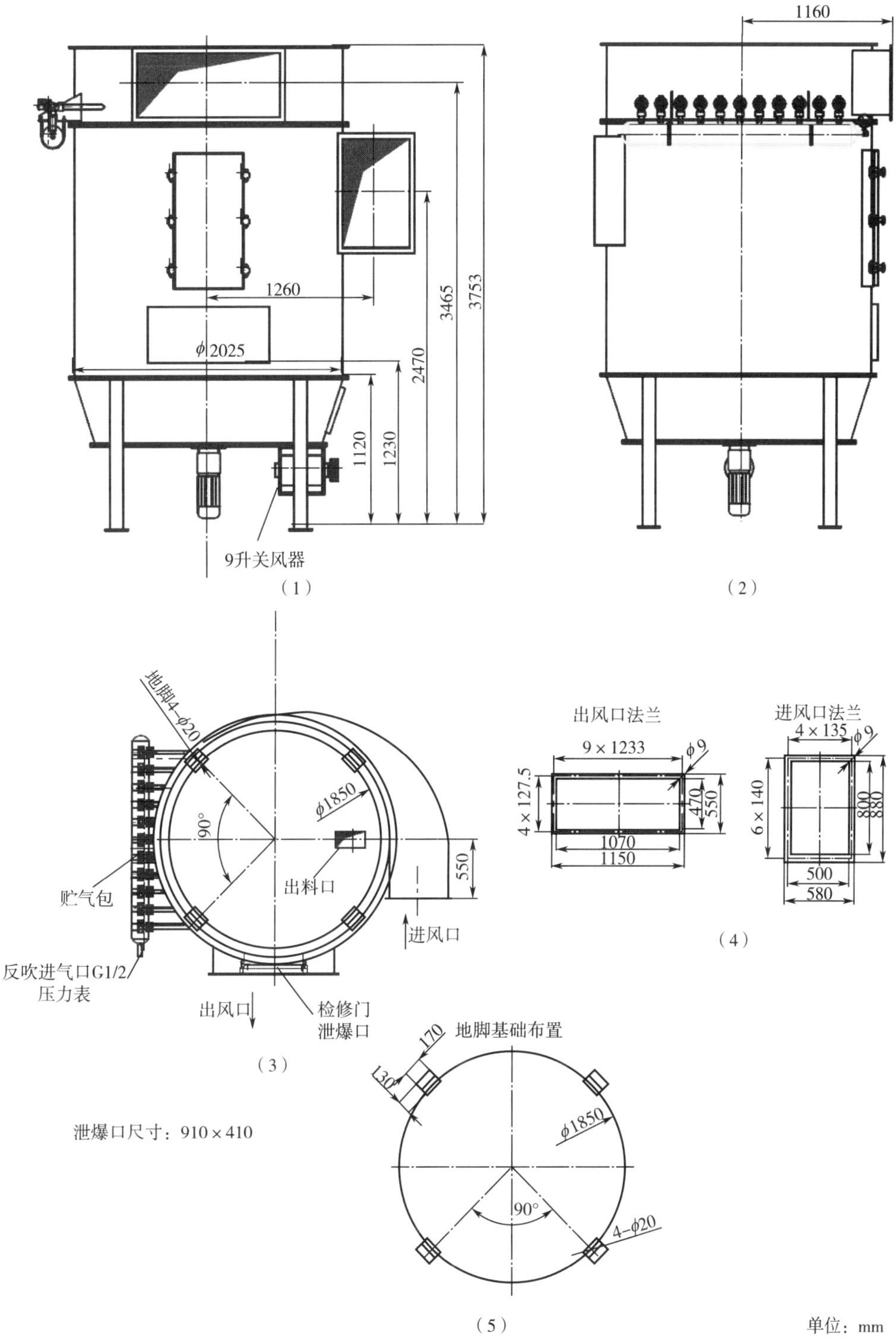

图 5-24　BLM104-2000-Ⅰ型脉冲布袋除尘器结构图

（1）主视图（2）左视图（3）俯视图（4）进风口，出风口尺寸图（5）地脚基础布置尺寸图

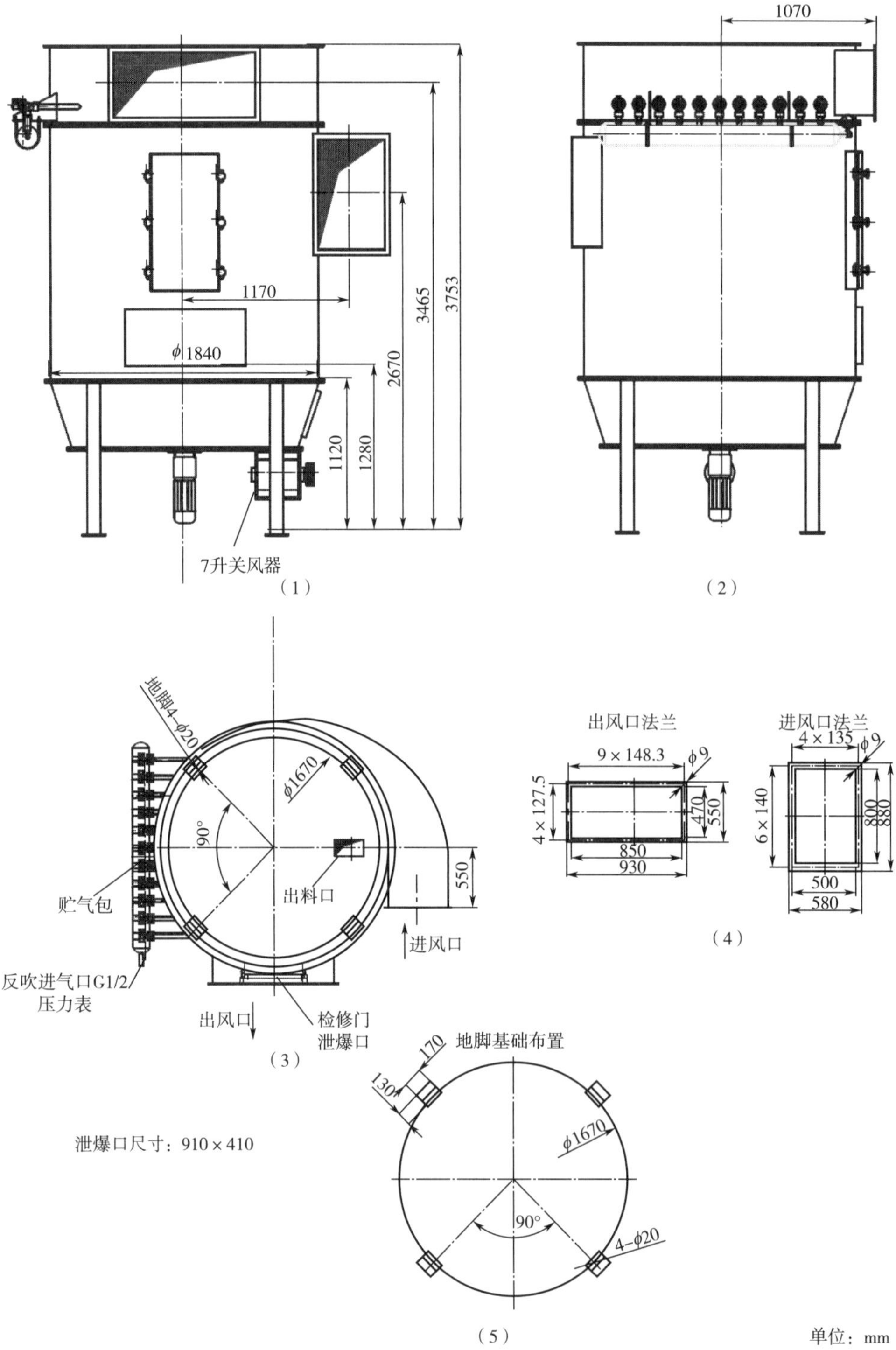

图 5-25　BLM78-2000-Ⅰ型脉冲布袋除尘器结构图

（1）主视图（2）左视图（3）俯视图（4）进风口，出风口尺寸图（5）地脚基础布置尺寸图

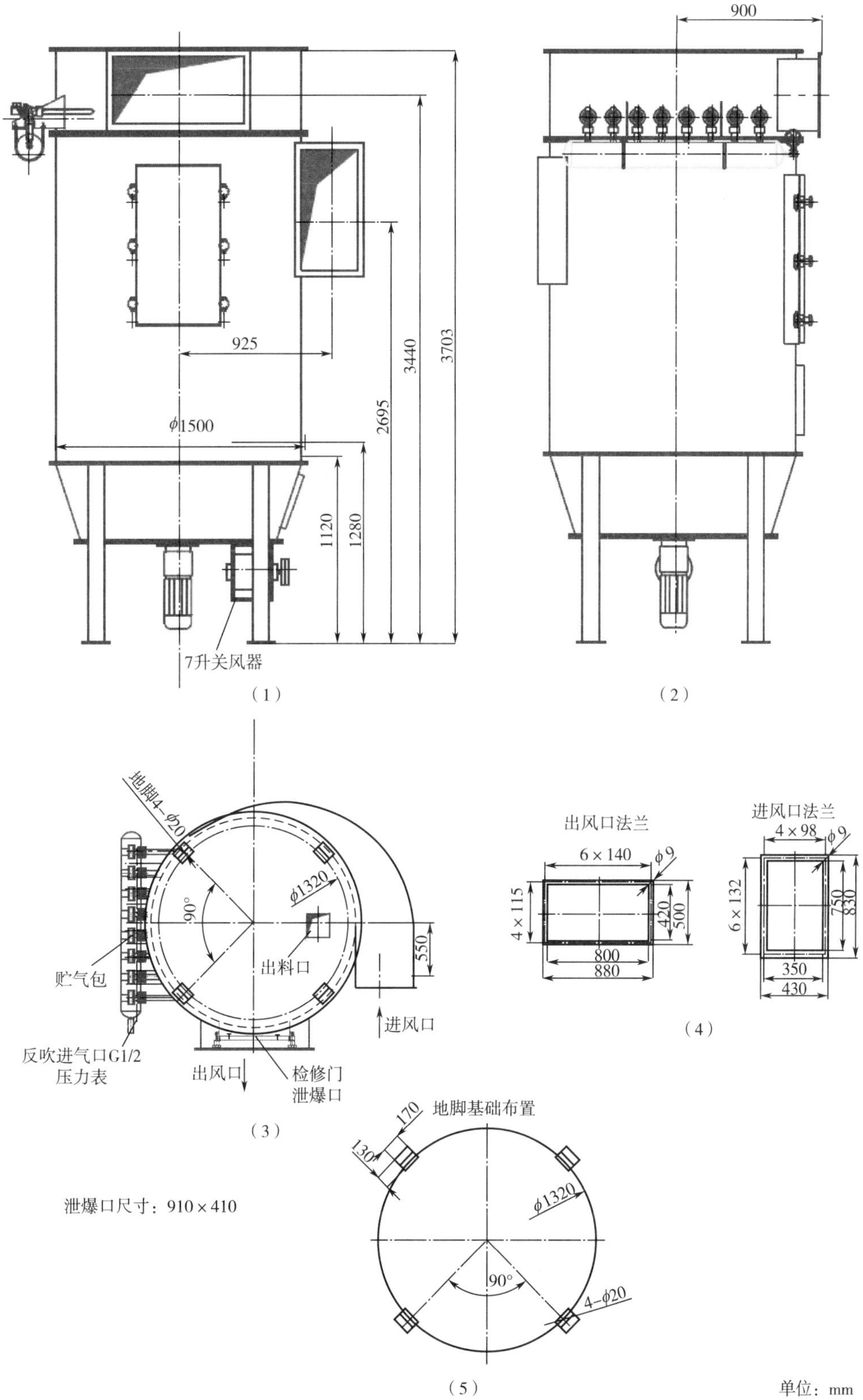

图 5-26　BLM52-2000-Ⅰ型脉冲布袋除尘器结构图

(1) 主视图 (2) 左视图 (3) 俯视图 (4) 进风口，出风口尺寸图 (5) 地脚基础布置尺寸图

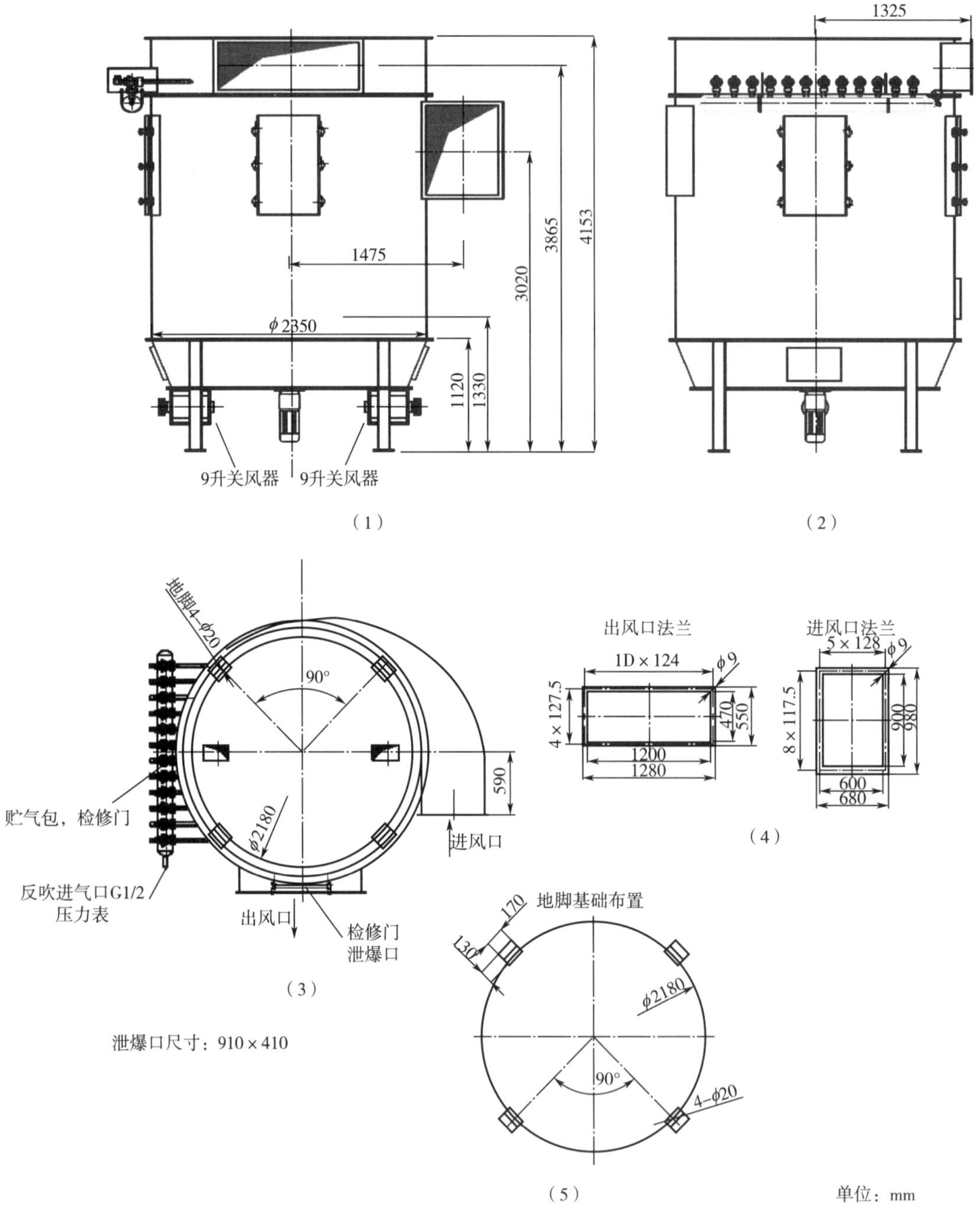

图 5-27　BLM130-2400-Ⅰ型脉冲布袋除尘器结构图

（1）主视图（2）左视图（3）俯视图（4）进风口，出风口尺寸图（5）地脚基础布置尺寸图

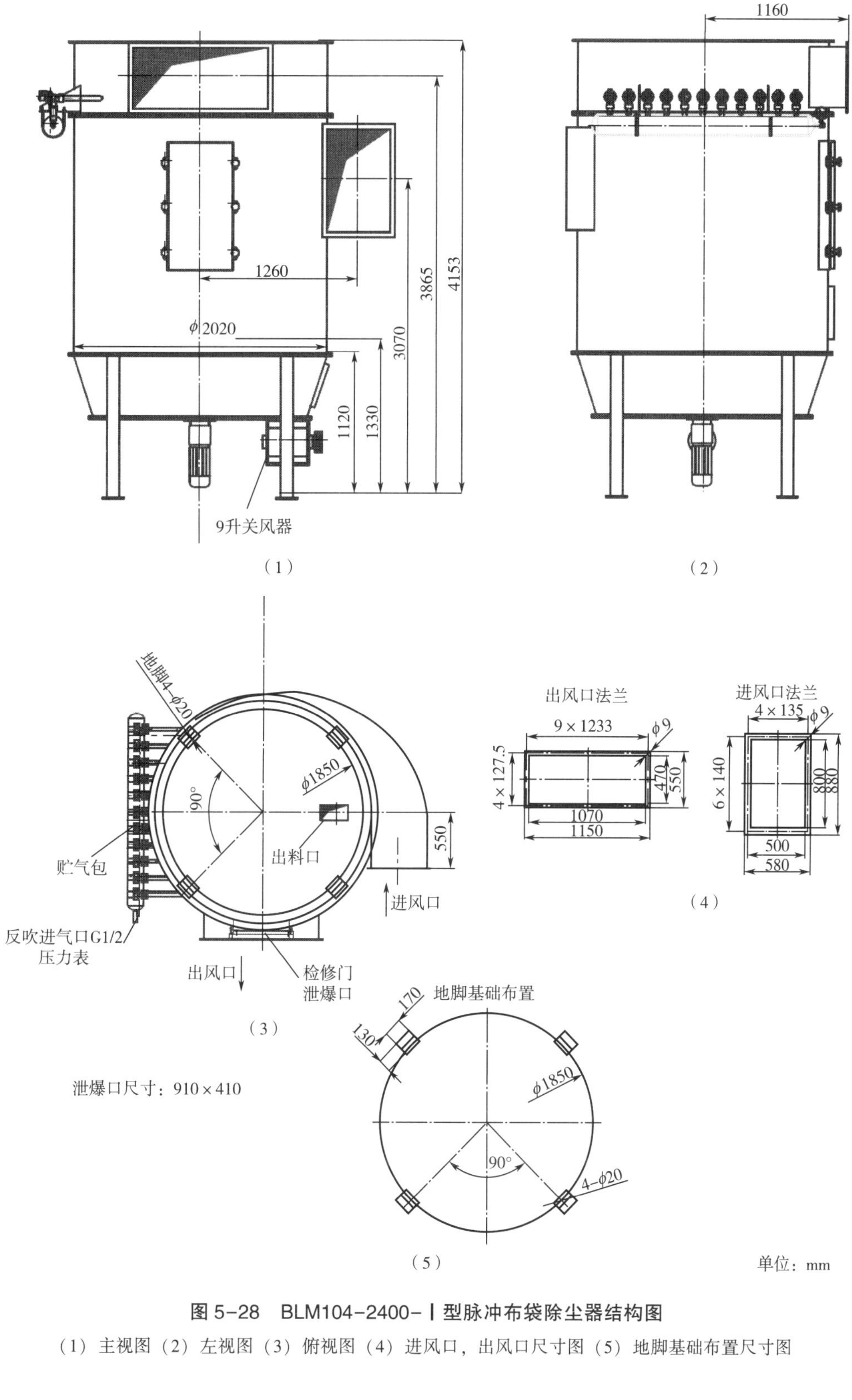

图 5-28　BLM104-2400-Ⅰ型脉冲布袋除尘器结构图

（1）主视图（2）左视图（3）俯视图（4）进风口，出风口尺寸图（5）地脚基础布置尺寸图

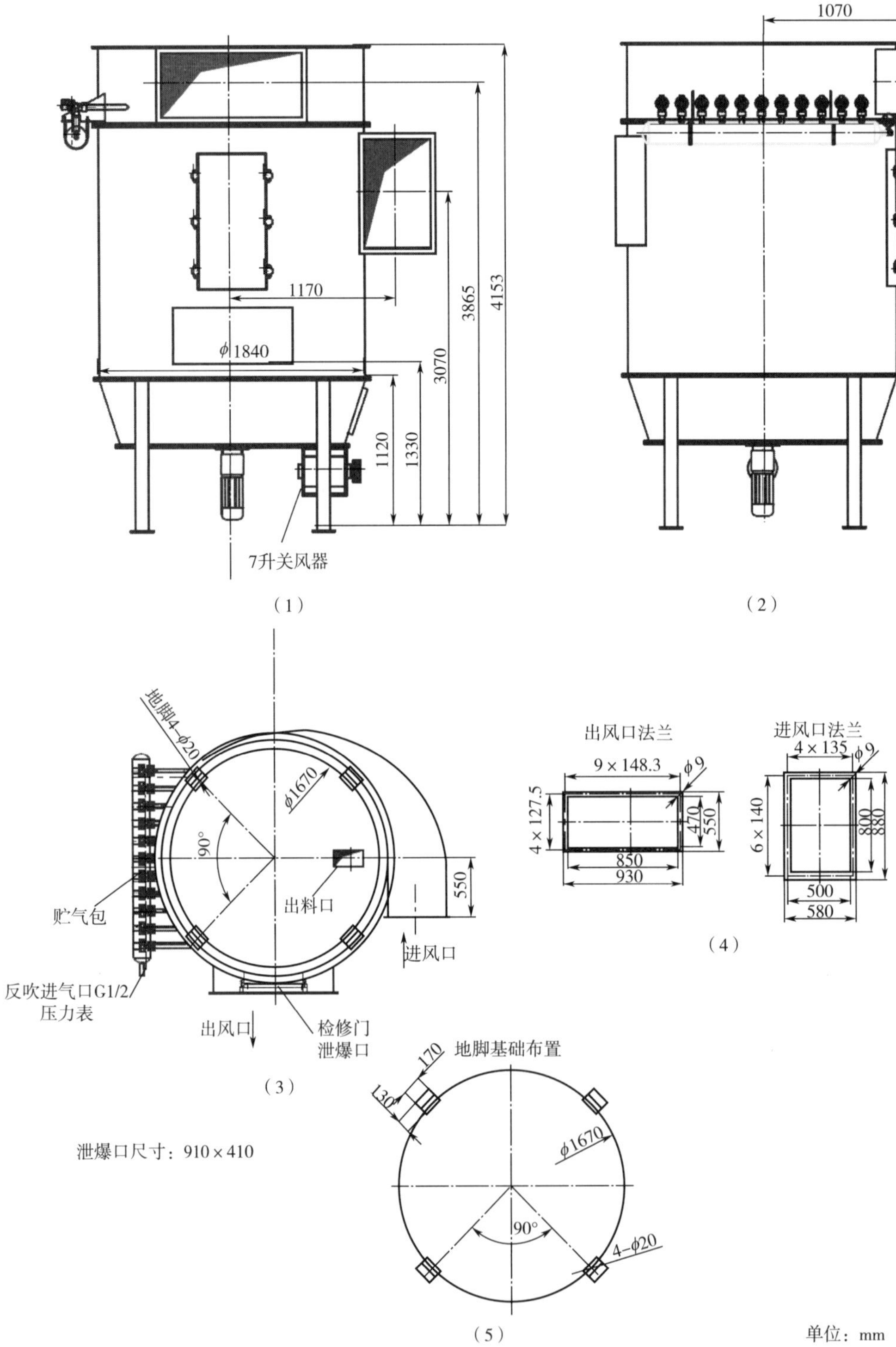

图5-29　BLM78-2400-Ⅰ型脉冲布袋除尘器结构图

（1）主视图（2）左视图（3）俯视图（4）进风口，出风口尺寸图（5）地脚基础布置尺寸图

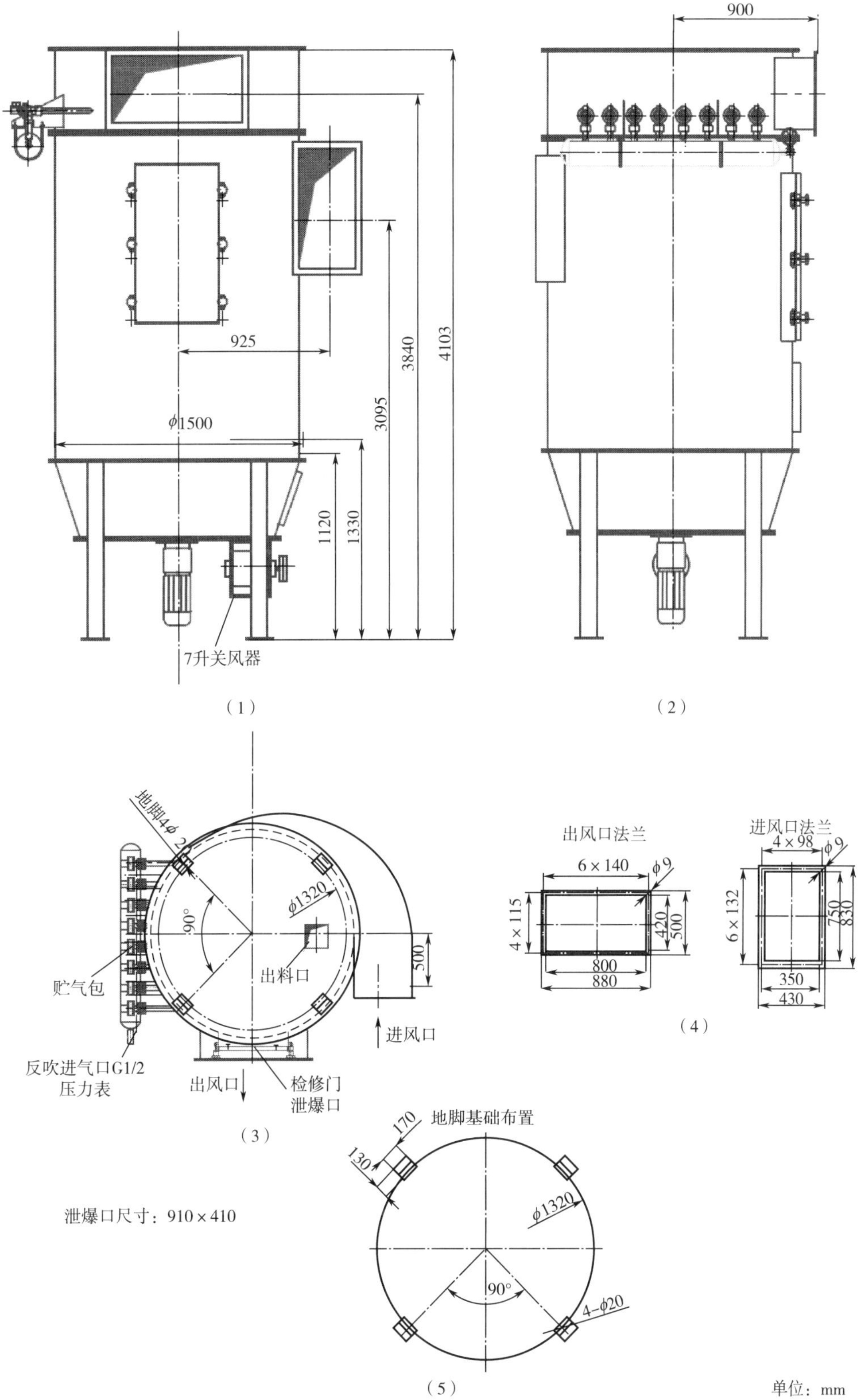

图 5-30　BLM52-2400-Ⅰ型脉冲布袋除尘器结构图

（1）主视图（2）左视图（3）俯视图（4）进风口，出风口尺寸图（5）地脚基础布置尺寸图

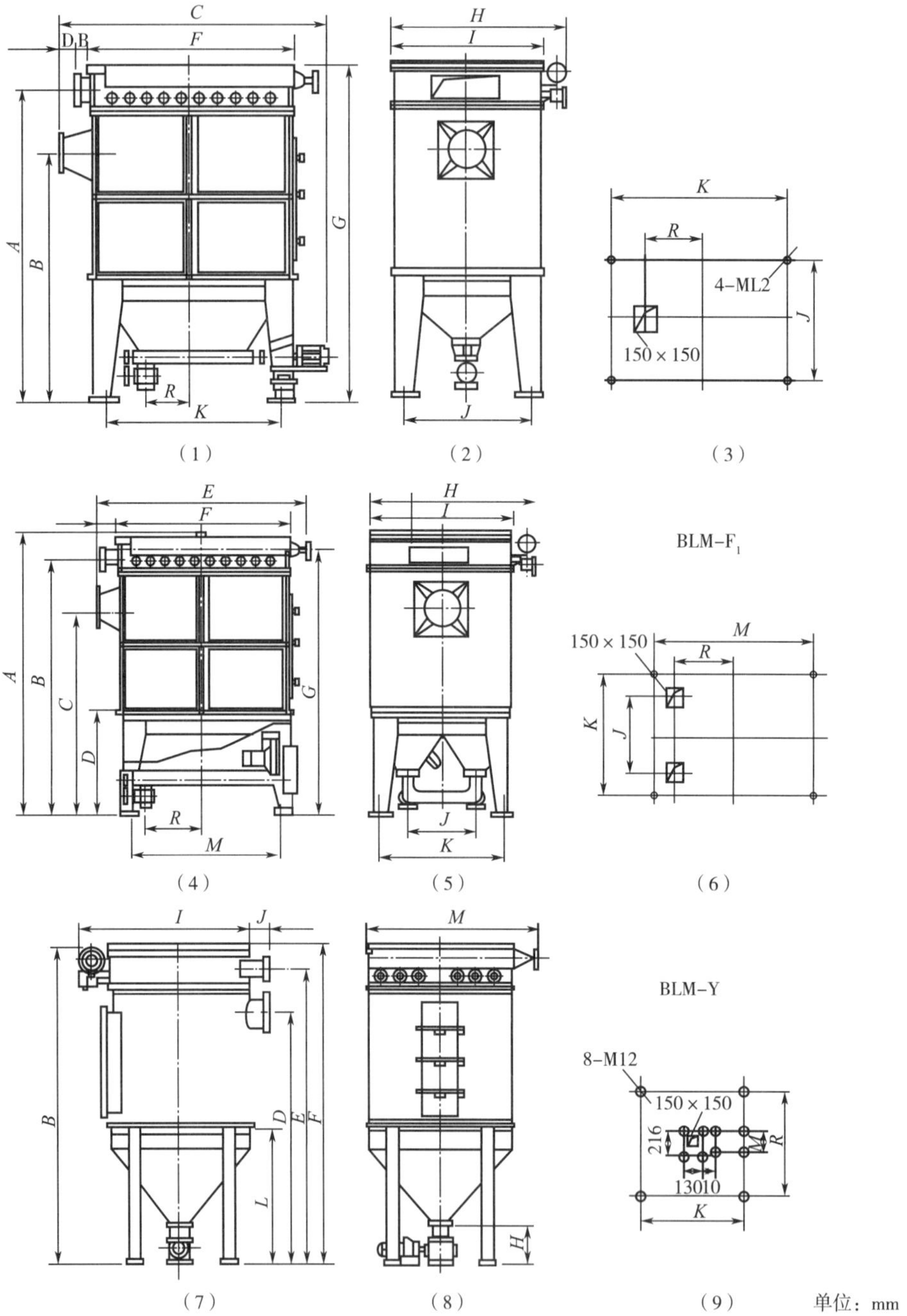

图 5-31　BLM—$\frac{F}{Y}$型脉冲布袋除尘器结构图

（1）BLM—$\frac{F}{\text{I}}$型主视图（2）BLM—$\frac{F}{\text{I}}$型左视图（3）BLM—$\frac{F}{\text{I}}$型地脚尺寸图

（4）BLM—$\frac{F}{\text{II}}$型主视图（5）BLM—$\frac{F}{\text{II}}$型左视图（6）BLM—$\frac{F}{\text{II}}$型地脚尺寸图

（7）BLM—Y型主视图（8）BLM—Y型左视图（9）BLM—Y型地脚尺寸图

表 5-32 BLM—$\frac{F}{Y}$型脉冲布袋除尘器的主要技术参数

项目	型号				
	24 筒（圆形）（BLM-Y-24）	36 筒（圆形）（BLM-Y-36）	48 筒（方形）（BLM-F-48）	60 筒（方形）（BLM-F-60）	72 筒（方形）（BLM-F-72）
布筒数/只	24	36	48	60	70
布筒规格/mm	ø120×1800	ø120×1800	ø120×1800	ø120×1800	ø120×1800
过滤面积/m^2	16.3	21.5	36	45	54
处理风量/（m^3/h）	2900~3900	4420~5900	6480~8640	8100~10800	9700~12960
脉冲周期/s	15~50	15~50	15~50	15~50	15~50
脉冲时间/s	0.1~0.3	0.1~0.3	0.1~0.3	0.1~0.3	0.1~0.3
喷吹压力/Pa	（4~6）$\times10^5$	（4~6）$\times10^5$	（4~6）$\times10^5$	（4~6）$\times10^5$	（4~6）$\times10^5$
过滤风速/（m/min）	3~4	3~4	3~4	3~4	3~4
电磁放气阀/只	5	6	8	10	12
质量/kg	1086	1195	1675	1875	2076

表 5-33 BLM—$\frac{F}{Y}$型脉冲布袋除尘器的安装尺寸 单位：mm

型号	尺寸	代号												
		A	*B*	*C*	*D*	*E*	*F*	*G*	*H*	*I*	*J*	*K*	*R*	*M*
$\frac{F}{\mathrm{I}}$	72 筒	3633	2923	3000	170	130	2600	3866	2027	1800	1500	2300	785	—
	60 筒	3633	2923	2600	170	130	2200	3866	2027	1800	1500	1900	585	—
	48 筒	3633	2923	2200	170	130	1800	3866	2027	1800	1500	1500	385	—
$\frac{F}{\mathrm{II}}$	72 筒	3381	3017	2317	1155	3000	2600	3166	2027	1800	860	1500	1051	2300
	60 筒	3381	3017	2317	1155	2600	2200	3166	2027	1800	860	1500	851	1900
	48 筒	3381	3017	2317	1155	2200	1800	3166	2027	1800	860	1500	606	1500
Y	36 筒	ø1800	3710	1840	3085	3530	3755	—	490	1964	100	1200	1200	1948
	24 筒	ø1586	3710	1740	2985	3430	3655	—	490	1964	100	1020	1020	1671

2. 低压脉冲除尘器

高压脉冲除尘器以空气压缩机为气源，而空气压缩机产生的压缩空气会产生水蒸气、油气的凝结，因而严重影响电磁脉冲阀的寿命，所以必须为空压机配置油水分离器；同时因空气压缩机的排气不连续，会引起压力的脉动，空压机还必须配备储气罐；其次是 0.5~0.7MPa 的喷吹压力使所配储气罐等反吹风设施属于压力容器范围，制造复杂，造价高；第三，高压脉冲除尘器的反吹风装置工作时，空压机产生的高压空气，相当一部分能量消耗在了反吹风系统上，其压力损失数值可达 2×10^5Pa 以上，其中以脉冲阀消耗阻力为最大，而实际上布袋除尘器清灰时不需要压力特别高的空气；第四，空压机的运行、维修工作量大，而低压脉冲除尘器可避免上述问题，在粮食加工厂应用也很广泛。

低压脉冲除尘器的结构如图 5-32 所示，它由以下四部分构成。

（1）上部筒体　含有净化空气排气口，反吹风系统等；

（2）中部筒体　含有切向进气口，滤袋及其支撑骨架；

（3）下部筒体　平底或锥形收集灰斗（平底灰斗有排灰机构），闭风器等；

（4）反吹风控制系统　脉冲控制仪，反吹风气源设备等。

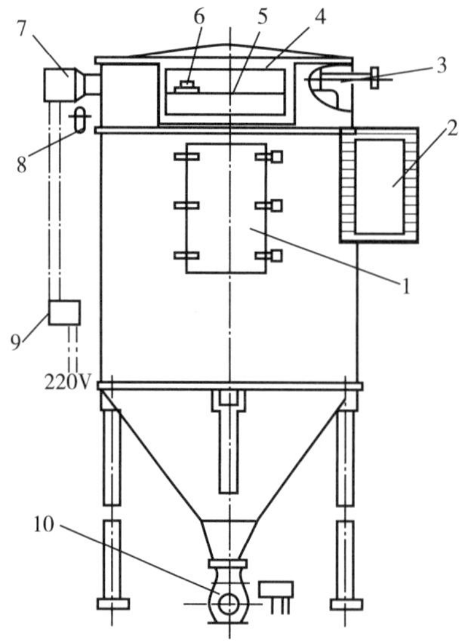

图 5-32　低压脉冲除尘器结构图

1—检查门　2—进风口　3—高压空气进口　4—出风口　5—贮气包　6—脉冲阀
7—脉冲控制分配器　8—空气过滤器　9—脉冲控制仪　10—关风器

低压脉冲除尘器的工作过程：含尘空气从中部筒体切向进入，含尘气流中部分粗大颗粒粉尘会由于离心力作用直接落入灰斗，其余粉尘则随气流穿过滤袋时被截留在滤袋表面，而进入滤袋内部的净化空气则在滤袋内向上流动进入上部筒体，最后经上部筒体的排气口排出。为使除尘器的阻力不因滤尘时间增长而增加，即维持在一定范围内，如 800~1500Pa，反吹风装置在除尘器工作时也同时运行，即在脉冲控制仪的控制下，按照一定的喷吹时间、喷吹周期对滤袋吹风清灰。

低压脉冲除尘器通常采用一阀两袋或一阀一袋喷吹结构，气源设备为三叶罗茨鼓风机或层叠气泵等。

在确定布袋除尘器的种类后，布袋除尘器的选用以处理风量为依据。只要实际需要处理的含尘空气量落在所选除尘器的处理风量范围之内即可。

TBLM 型脉冲布袋除尘器的主要技术参数如表 5-34 所示。

表 5-34　TBLM 型脉冲布袋除尘器的主要技术参数

型号	滤袋长度/mm	处理风量/(m^3/h)	过滤面积/m^2	闭风器功率/kW	括板功率/kW	气泵功率/kW	质量/kg
TBLM-4	1800	156~780	2.6	0.55	—	1.1	375
	2000	174~870	2.9				383
	2400	210~1050	3.5				398
TBLM-10	1800	396~1980	6.6	0.55	—	1.1	521
	2000	444~2220	7.4				532
	2400	534~2670	8.9				554
TBLM-18	1800	714~3570	11.9	0.55	—	1.1	637
	2000	792~3960	13.2				652
	2400	954~4770	15.9				682
TBLM-26Ⅰ	1800	1032~5160	17.2	0.55	0.55	1.1	1028
	2000	1146~5730	19.1				1053
	2400	1380~6900	23				1103
TBLM-39Ⅰ	1800	1542~7710	25.7	0.75	0.75	1.5	1295
	2000	1722~8610	28.7				1319
	2400	2076~10380	34.6				1367
TBLM-52Ⅰ	1800	2112~11460	35.2	1.1	1.1	2.2	1505
	2000	2292~11460	38.2				1531
	2400	2766~13830	46.1				1584
TBLM-78Ⅰ	1800	3090~15450	51.5	1.1	1.1	2.2	2129
	2000	3438~17190	57.5				2172
	2400	4146~20730	69.1				2258
TBLM-104Ⅰ	1800	4116~20580	68.6	1.5	1.5	3	2767
	2000	4590~22950	76.5				2815
	2400	5526~27630	92.1				2911
TBLM-130Ⅰ	1800	5292~26460	88.2	1.5	1.5	3	3304
	2000	5880~29400	115.2				3359
	2400	6912~34560	1.3				3469

续表

型号	滤袋长度/mm	处理风量/（m^3/h）	过滤面积/m^2	闭风器功率/kW	括板功率/kW	气泵功率/kW	质量/kg
TBLM-156Ⅰ	1800	6180~30900	103	2.2	1.5	3	3718
	2000	6882~34410	114.2				3775
	2400	8292~41460	138.2				3898

注：一般低压脉冲除尘器的过滤风速为1~5m/min，最佳过滤风速3~4m/min；设备阻力小于1470Pa；除尘器工作压力1960~2940Pa；脉冲喷吹压力4.9×10^4Pa；除尘效率≥99.5%；进风口含尘浓度高或粉尘湿度大时，处理风量取小值。

第二节 气力输送

一、小麦粉厂气力输送的应用与发展

（一）气力输送概述

气力输送是利用风机产生的具有一定速度和压力的气流通过管道输送散状物料的技术，是物料的搬运方式之一。空气流动形成风，因而气力输送又称风力输送、风运或风送。

使固体颗粒物料悬浮于空气中通过管道输送的尝试，始于19世纪初期。1853年世界上出现了在邮局内部传递信件的气力输送装置。粉粒状物料气力输送装置的发展始于1866年斯特蒂文特对除尘器的成功研制。1882年在俄罗斯圣彼得堡港出现了世界上第一台气力输送卸船装置，当初称为谷物卸船机，即现在的吸粮机。1886年阿林顿进行了长距离气力输送纤维物料的研究，1890年英国的杜克哈姆发明了双筒形吸嘴并对吸送谷物的卸船机进行了深入研究。1893年，英国也出现了吸粮机。发展到20世纪30年代，在荷兰的鹿特丹港和德国汉堡港的专业散装粮食码头上，吸粮机已成为主要的卸船设备，海运粮食的90%以上是由吸粮机卸船的。1945年在瑞士建成了世界上第一家气力输送小麦制粉厂。

气力输送技术应用于小麦制粉厂的制粉车间，使其生产面貌焕然一新。一系列笨重、复杂的机械输送设备被管道、卸料器、风机等所取代，节省了厂房空间、建筑面积和设备投资。其次，气力输送系统中流动的空气，在对粮食及其在制品输送的同时，还起到了对物料除湿降温、风选分级以及粉尘控制等作用，尤其能够显著抑制粉尘爆炸的发生，这是其他机械输送设备做不到的。第三，管道输送物料，管道内部无死角，因而输送系统内物料无残留，大大降低了输送装置对后续输送物料的品质影响。

气力输送技术发展至今，已广泛应用于化工、建材、制药、食品等工业领域。气力输送的类型有多种，输送距离可由几米到数千米，输送产量最大可达每小时千余吨。

物料的管道化、密闭化和自动化输送是现代散状物料输送技术的发展方向，而气力输送技术无疑是实现这种物流技术的最佳方式之一。

（二）气力输送的特点

气力输送的显著特点首先是动力来源为具有一定能量的气流，简化了传统复杂的机械装置；其次是管道输送，布置简单、灵活；第三是没有回路。具体讲有以下特点。

（1）输送管路占用空间小且管路布置灵活。输送管道可以安装在墙角、墙壁附近或天花板上，基本不占用厂房面积。只要设计出合适参数的弯头，输送管路就可以从建筑物或设备等障碍物的附近绕过。由于可以使用软管、多路阀和快速接头，很容易改变和控制物料的进、出口位置，从而实现灵活输送、装卸车船和进出仓。

（2）气力输送装置与其他机械输送装置相比更安全。统计表明，物料搬运事故中，斗式提升机、绞龙等机械式输送设备比气力输送发生的事故多得多，而且在发生粉尘爆炸的事件中，斗式提升机是最易引发粉尘爆炸的设备之一。所以，气力输送的应用不仅能大大减少工伤事故，而且还能减少火灾和爆炸引起的危险。

（3）管道输送，系统密闭，可以避免物料抛洒、污损或混入异物，也避免了物料输送过程中扬尘对环境的污染，且输送装置内部无死角、不存料，因而更卫生。

（4）改善劳动条件，降低劳动强度，有利于实现自动化。物料在管道中输送，运动部件少，易损件不多，可以减少工人的管理以及设备维修工作量和费用。

（5）一风多用，提高某些生产设备的效率。气力输送管道内的空气可以来源于生产设备，因而对生产设备有除湿、降温和抑尘作用。在气力输送的输料管内，物料与气流接触充分，气流对物料有吸湿、冷却等作用。在卸料时，可以利用气流的空气动力作用，风选出颗粒物料中的微细部分或轻质物料，如尘土、细屑等。

（6）气力输送属于高速气流输送物料，因此水分大、黏附性强、磨琢性大、容易破碎的物料不宜采用，且物料粒径不宜太大，一般小于 50mm。

（三）气力输送的类型

气力输送有气力吸运和气力压运两种基本类型。气力吸运即将空气和物料一起吸入管道内，靠低于大气压强的气流输送物料，风机安装在管路系统的末端；气力压运即用高于大气压强的正压气流携带或推动物料进行输送，风机则安装在管路系统的始端。

1. 气力吸运

气力吸运输送装置如图 5-33 所示。物料的输送过程在风机的吸气段完成，根据输料管内的压力状况，也称为负压输送。这种输送方式具有以下特点。

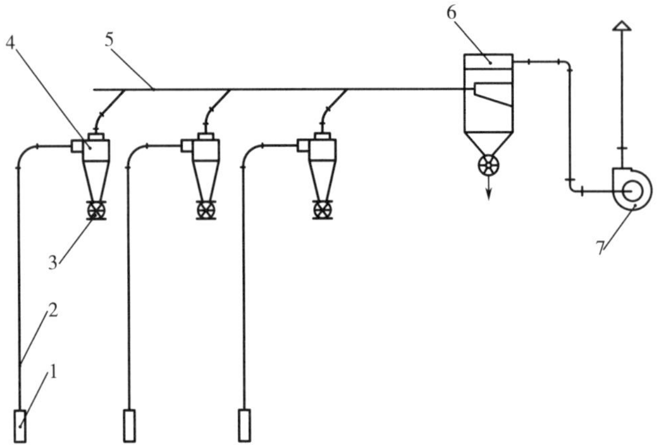

图 5-33　气力吸运输送装置

1—接料器　2—输料管　3—闭风器　4—卸料器　5—汇集风管　6—除尘器　7—风机

（1）供料简单、方便；

（2）输料管内空气压强低于大气压，有利于供料处粉尘捕捉；

（3）能够从多处同时吸送物料，而集中一处卸料；

（4）特别适合位于深处、角落处物料的输送、清理；

（5）要求输料管、卸料器和除尘器气密性高；

（6）输送产量大。

气力吸运输送方式可以有一根或多根输料管。多根输料管气力吸运输送方式广泛应用于物料品种多，需要多次输送，产量较大需要多根输料管分担输送的场合，图 5-33 即多根输料管气力吸运输送方式。只有一种物料或多种物料可以混合成一种或物料只需输送一次，即可采用单根输料管气力吸运输送方式。

单根输料管气力吸运输送方式如果用来卸散粮船、仓内散粮出仓或卸车时，常称为吸粮机。吸粮机可以做成固定式或者移动式。轨道移动式吸粮机结构如图 5-34 所示。

2. 气力压运

气力压运输送装置如图 5-35 所示。物料的输送过程在风机的压气段完成，根据输料管内的压力状况，也称为正压输送。这种输送方式具有以下特点。

（1）适合从一处向多处供料，即一处供料，多处卸料。

（2）卸料容易供料难。输料管内空气压强高于大气压，所以在通过输料管上的孔口供料时，管道内的空气就会由此喷出，使供料困难而且漏风，造成输送不正常。因此，把大气压状态下的物料供入到正压输料管内必须采用特殊的供料装置，既能满足供料要求又能保持较高的气密性。而气力压运输送方式卸料容易，输料管末端喷出的物料可在重力作用下自然沉降或利用存仓、大的容器作为重力式卸料器使用。也可选用离心式卸料器、惯性卸料器等安装在输料管末端用于卸料。

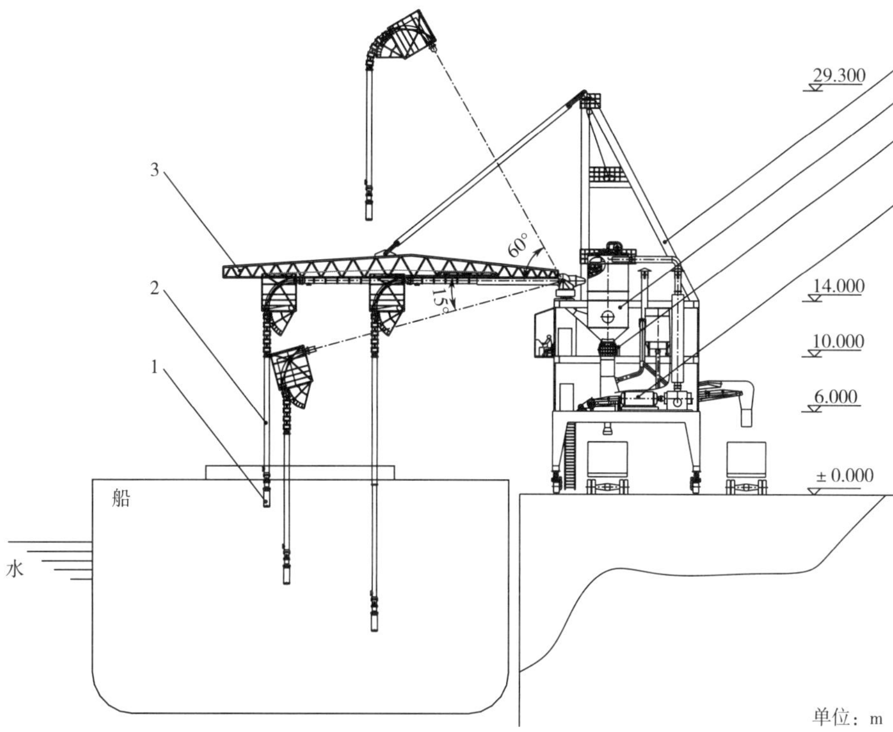

图 5-34 轨道移动式吸粮机结构图

1—吸嘴 2—输料管 3—臂架 4—钢架平台 5—分离除尘器 6—闭风器 7—罗茨鼓风机

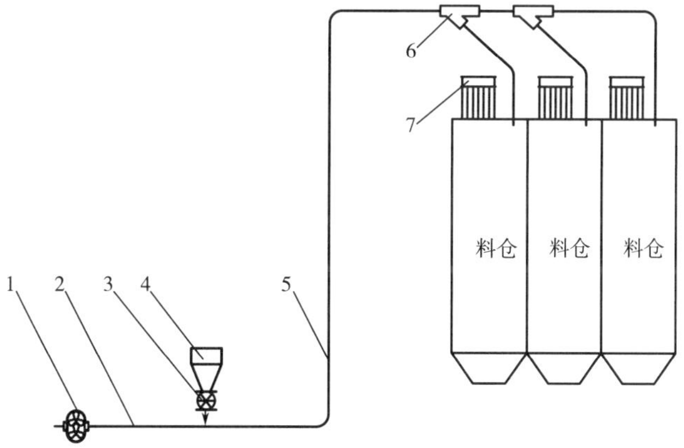

图 5-35 气力压运输送装置

1—风机 2—空气管 3—供料器 4—料斗 5—输料管 6—双路阀 7—仓顶除尘器

（3）输送系统要求气密性高。

（4）适合长距离输送。

气力压运输送方式因设备少、管道布置灵活、容易做到多点卸料等特点，在制粉车间配粉工序、食品车间的原料入仓、饲料加工厂的原料接收等场合得到广泛应用。

相比较而言，气力吸运供料器简单，卸料器（或称分离器）是主要设备，有利于将各处物料收集到一处或几处；气力压运则供料器复杂，是输送系统的关键设备，而卸料器简单或无卸料器，适合将物料分散输送到各个地点。

3. 吸–压混合式气力输送

吸–压混合式气力输送装置如图 5–36 所示。一台风机，在风机的吸气段完成气力吸运或物料提升，又在风机的压气段进行压运输送，它综合了气力吸运和气力压运两种输送类型共同的优点，特别适合散料的卸船（车）入仓、装包，或散料的清扫装车等。吸–压混合式吸粮机结构如图 5–37 所示。

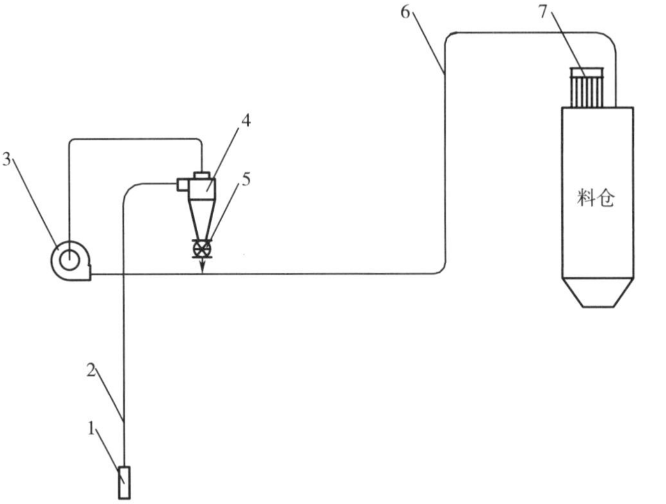

图 5–36　吸–压混合式气力输送装置

1—接料器　2—输料管　3—风机　4—卸料器　5—供料器　6—压送管　7—仓顶除尘器

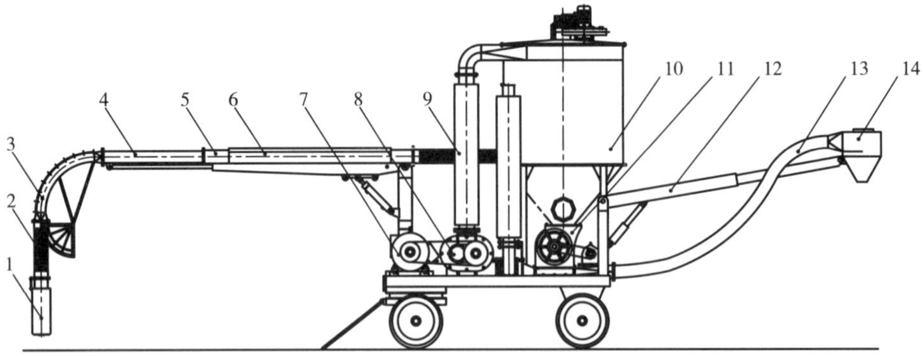

图 5–37　吸–压混合式吸粮机结构图

1—吸嘴　2—软管　3—弯头　4—伸缩内管　5—伸缩外管　6—臂架　7—电动机　8—罗茨鼓风机　9—进口消声器　10—分离除尘器　11—闭风器　12—压送管道臂架　13—压送软管　14—卸料器

4. 空气输送槽

空气输送槽也是一种气力输送的类型，图 5-38 为空气输送槽工作原理图。其利用物料在气流中处于流态化状态进行输送。适于小麦粉、水泥、煤粉、煤灰、矾土、石膏粉等易于流态化的粉状物料输送，对于水分含量高、流态化性能差的物料不宜采用。

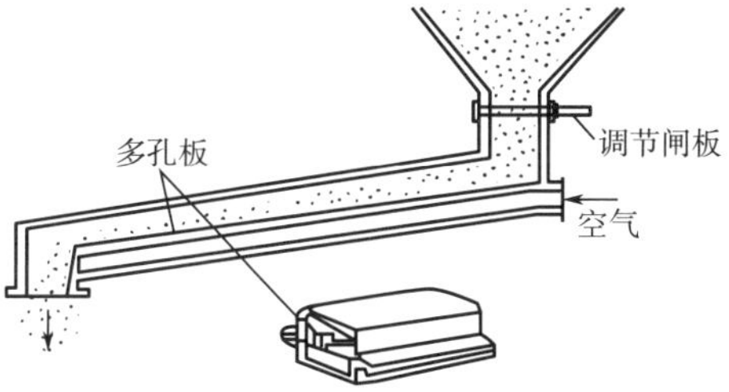

图 5-38 空气输送槽工作原理图

按照物料和气流在管道中两相流动的特征，气力输送装置还可分为稀相输送、密相输送和间断流输送（即栓流输送）三种类型。稀相输送依靠具有较高速度的气流输送，因而又称动压输送或悬浮输送；密相输送和栓流输送都利用具有较高压力的气流进行输送，称静压输送或压力输送。

目前，气力输送装置以悬浮输送方式最为成熟、应用最多，即管道中气流速度足够高，颗粒在气流中呈悬浮状态被输送。本部分主要介绍悬浮式气力输送技术。

二、悬浮式气力输送的基本原理

（一）物料颗粒的空气动力学特性

物料颗粒的空气动力学特性主要指其悬浮特性，悬浮特性指标即悬浮速度。悬浮速度反映了所输送物料的主要物理特性，其数值大小由物料的密度、粒径、形状、表面状态、管道直径、空气密度等因素决定。

物料颗粒在边界无限、静止的空气中自由下落时，由于受到重力的作用，下落速度逐渐加快，同时，颗粒所受到的空气阻力也增大，最后当空气阻力增大到与颗粒所受到的浮力、重力处于力的平衡时，物料颗粒则等速下落，此时恒定的下落速度称为颗粒的沉降速度。反之，如果将某颗粒物料置于一垂直向上气流中，若气流速度小于颗粒的沉降速度，则气流中的颗粒将下降；若气流速度大于颗粒的沉降速度，则颗粒将跟随气流上升，即形成气力输送状态；若气流速度等于颗粒的沉降速度，则颗粒将处于某一位置上既不上升也不下降，即呈悬浮状态，此时的气流速度即是颗粒的悬浮速度。

在研究物料悬浮特性时，向上运动的气流使物料颗粒处于悬浮状态，这时也把气流对颗粒的空气阻力称为空气动力。

对于直径为 d_s 的球形颗粒，在空气中的浮力 W_F、重力 W_Z 分别为

$$W_F = \frac{\pi}{6} d_s^3 \rho_a g \tag{5-30}$$

$$W_Z = \frac{\pi}{6} d_s^3 \rho_s g \tag{5-31}$$

悬浮速度用 u_f 表示，则颗粒受到的空气动力为

$$F_r = CA \frac{\rho_a}{2} u_f^2 \tag{5-32}$$

当物料颗粒在气流中处于悬浮状态时，则满足力的平衡方程

$$F_r + W_F = W_Z \tag{5-33}$$

式（5-30）、式（5-31）、式（5-32）代入式（5-33），即有

$$CA \frac{\rho_a}{2} u_f^2 + \frac{\pi}{6} d_s^3 \rho_a g = \frac{\pi}{6} d_s^3 \rho_s g \tag{5-34}$$

由式（5-34）可得

$$u_f = \sqrt{\frac{4gd_s(\rho_s - \rho_a)}{3C\rho_a}} \tag{5-35}$$

式中 u_f——球形颗粒悬浮速度，m/s；

d_s——球形颗粒直径，m；

A——颗粒在垂直于气流方向平面上的投影面积，m^2，$A = \pi d_s^2/4$；

ρ_s——颗粒的真实密度，kg/m^3；

ρ_a——空气密度，kg/m^3；

C——阻力系数。

式（5-35）即为单颗粒物料的悬浮速度计算公式。它表明颗粒直径 d_s 和颗粒的真实密度 ρ_s 越大，颗粒的悬浮速度也越大。颗粒的阻力系数 C 越大，颗粒的悬浮速度越小。影响颗粒悬浮速度的因素还有空气密度 ρ_a，空气密度 ρ_a 越小，颗粒的悬浮速度越大。

颗粒的悬浮速度高，意味着需要较高的气流速度颗粒才能悬浮；而颗粒的悬浮速度低，意味着较低的气流速度颗粒就能悬浮。

在实际工程中，颗粒的形状、有限的空间（如管道）以及颗粒群体等因素对悬浮速度均有影响。所以，实际颗粒的悬浮速度为

$$u_f = 3.62 \frac{1}{\sqrt{\varphi}} \sqrt{\frac{d_s(\rho_s - \rho_a)}{C\rho_a}} \left[1 - \left(\frac{d_s}{D}\right)^2\right] \tag{5-36}$$

式中 D——管道直径，m；

φ——颗粒的形状系数，如表 5-35 所示。

表 5-35　　颗粒的形状系数 φ

颗粒形状	φ 值	颗粒形状	φ 值
当量球体	1.0	不规则椭圆体	1.06
半球体、棱形体	1.76	不规则块体	2.27

续表

颗粒形状	φ 值	颗粒形状	φ 值
正方体	1.86	细长椭圆体	3.00
不规则球体	1.17	圆板片	5.00

由于管道中颗粒与颗粒之间、颗粒与管壁之间的碰撞、摩擦以及管道有限空间的影响，颗粒群的悬浮速度要比单颗粒的悬浮速度小，而这些因素在理论计算中又难以全面考虑，因此，颗粒群的悬浮速度大多通过实验测出。部分物料实测悬浮速度参考值如表 5-36 所示，小麦制粉厂小麦及在制品悬浮速度如表 5-37 所示。

表 5-36　　部分物料实测悬浮速度参考值

物料	真实密度/（kg/m^3）	容积密度/（kg/m^3）	粒径 d_s/mm	悬浮速度 u_f/（m/s）
小麦	1270~1490	650~820	4~4.5	6.5~11.5
稻谷	1020	550	3.6	7.5
糙米	1120~1220	820	5.0~6.9（长径）	7.7~9.0
玉米	1240~1350	600~720	9×8×6	9.8~13.5
大米	1480	620~680	10×3	8~8.5
大麦	1230~1300	600~700	3.5~4.2	8.7~10.5
大豆	1180~1220	560~720	3.5~10	10
小麦粉	1410	610	0.163~0.197	1.5~3.0
豌豆	1260~1370	750~800	5.5~6.0	15.0~17.5
花生	1020	620~640	21×12	12~14
荞麦	1180~1280	510~700	6×4×3	7.8~8.7
燕麦	1130~1250	390~500	2.58×4	7~7.5
裸麦	1260~1440	660~790	7.5×2.3×2.2	8.4~10.5
砂糖	1580	790~900	0.51~1.5	8.7~12
粗粒盐	1090	720	7.0~7.2	14.8~15.5
玉米淀粉	1530~1620	—	0.06	1.5~1.8
菜籽	1220	—	—	8.2
亚麻籽	1120	630~730	4×2.5×1.5	4.5~5.2
茶叶	—	1360	400	6.9
黑胡椒	1130~1250	390~500	2.5×4	11~12.5
葵花籽	790~940	260~440	11×6×4	7.3~8.4

表 5-37 小麦制粉厂小麦及在制品悬浮速度参考值

物料	容积密度/（kg/m^3）	悬浮速度/（m/s）	物料	容积密度/（kg/m^3）	悬浮速度/（m/s）
饱满小麦	720~820	8.5~11.5	尾磨磨下物	430~500	2.5~3.5
普通小麦	680~700	7.3~8.4	粗麦心	510	4.5~5.5
虫蚀小麦	—	7.1~7.3	细麦心	530	4.0~5.0
瘦长小麦	—	6.0~6.5	粗粉	400~450	3.5~4.5
碎麦	—	5.6~6.8	特一粉	560~600	2.3~3.0
1 皮磨下物	600~750	6.0~7.0	特二粉	450~500	2.0~3.0
2 皮磨下物	400~500	5.0~6.0	标准粉	430	2.0~3.0
3 皮、4 皮磨下物	350~400	2.0~3.0	次粉	430~600	2.0~3.0
前路心磨下物	480~620	4.0~5.0	粗麸皮	150~240	2.5~3.5
后路心磨下物	400~550	1.2~1.4	细麸皮	250~340	2.5~3.5
渣磨磨下物	450~580	4.5~5.5			

（二）物料在管道中的运动

1. 输送气流速度与物料运动状态

在气力输送过程中，物料颗粒的运动状态主要受输送气流速度控制。在输送量一定时，气流速度越大，颗粒在管道内越接近均匀分布，处于完全悬浮状态输送；气流速度逐渐减小时，对于垂直管道会出现颗粒速度下降、物料分布密疏不均的现象，而水平输料管则会出现越靠近管底分布越密的现象；当气流速度低于某一值时，对于垂直管道会出现局部管段掉料现象但又能够被提升，对于水平管则出现一部分颗粒在管底停滞，处于一边滑动，一边被气流推着运动的运动状态；当气流速度进一步减小时，水平输料管管底停滞的物料层作不稳定的移动，最后停顿，产生管道堵塞现象，而垂直输料管则出现管道中物料瞬间沉降，发生管道堵塞。

颗粒群物料在水平输料管中不同输送风速时物料的运动状态如图 5-39 所示。

（1）悬浮流　颗粒在管道中接近均匀分布状态并以完全悬浮状态输送。是一种理想的输送状态，此时的输送气流速度特别高。

（2）管底流　输送气流速度有所降低，越接近管底区域物料颗粒分布越密，但没有出现停滞。颗粒一边作不规则的旋转、碰撞，一边被输送。

（3）疏密流　颗粒在管道中出现疏密不均，一部分颗粒在管底滑动但没有停顿。疏密流是颗粒悬浮输送的极限状态。

（4）停滞流　大部分颗粒失去悬浮能力，停滞在管底的颗粒在局部管段聚集在一起，使管道断面局部变狭窄，因此，在该处的气流速度最大，较高的气流速度又将停滞

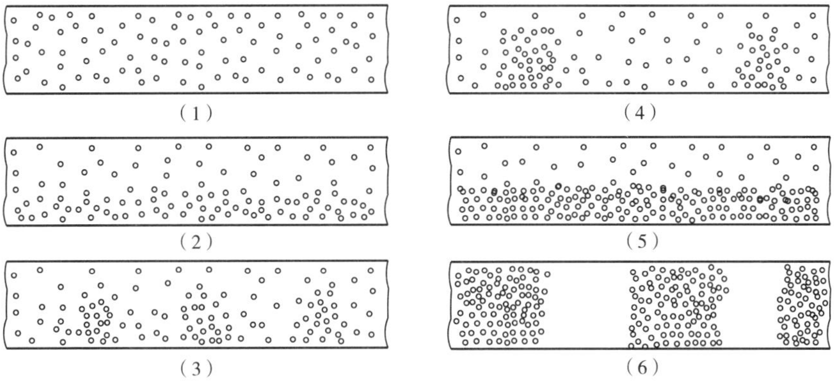

图 5-39 不同输送风速时的物料运动状态

（1）悬浮流 （2）管底流 （3）疏密流 （4）停滞流 （5）部分流 （6）柱塞流

的颗粒吹走。颗粒在停滞聚集和吹走相互交替中处于不稳定输送状态。

（5）部分流 输送气流速度过小时颗粒堆积于管底，气流在上部流动形成部分流。堆积于管底的物料上层表面，有部分颗粒在气流作用下作不规则移动，而且堆积的物料也会随着时间的变化作沙丘似的移动。

（6）柱塞流 管底堆积的物料层在局部管段已充满了输料管形成物料柱，物料柱在空气压力的推动下移动。

柱塞流时，物料颗粒在管道中已完全失去悬浮能力而形成物料柱，在这种状况下的输送称静压输送。其余五种输送状态靠气流的动能输送，称动能输送或悬浮输送。

2. 输送状态与空气动力

在垂直输料管中，空气动力对物料悬浮以至输送起着直接作用。空气动力与物料颗粒的重力在同一垂直线上，但方向相反。由于物料处于紊流气流中，颗粒有受到气流径向分力的作用，同时，由于颗粒本身的不规则以及颗粒之间、颗粒与管道内壁之间的碰撞、摩擦等引起的颗粒旋转产生的马格努斯效应，颗粒会受到垂直于气流方向的力的作用。因此，在垂直输料管中物料以一种不规则的曲线作上升运动。

在水平输料管中，物料颗粒的重力方向与水平气流方向相垂直，因此空气动力对颗粒的悬浮不起直接作用。但实际装置中物料颗粒在水平管道中仍能被正常悬浮输送，一般认为是由于物料颗粒在受到水平方向的空气动力之外还受到了如下所述的几种升力作用。

（1）紊流状态下水平气流速度在径向方向分速度产生的升力。

（2）输料管有效断面上存在速度梯度而引起的颗粒上下静压差所产生的升力。

（3）马格努斯效应 由于空气的黏滞性，旋转颗粒周围的空气被带动，形成与颗粒旋转方向一致的环流。颗粒周围的环流与管内气流速度叠加使颗粒上部的气流速度增加、压强下降，而颗粒下部的气流速度降低、压强升高，因而颗粒上下的压力差使颗粒产生了升力的作用，这一现象通常称为马格努斯效应。

（4）由于物料颗粒形状不规则产生的推力在垂直方向的分力。

（5）由于颗粒之间或与管壁碰撞而产生的跳跃，或受到反作用力的作用在垂直方向的分力。

这些力共同作用的结果，使颗粒在水平气流中不断处于悬浮状态并输送。水平管道中的气流速度越大，产生使颗粒悬浮的升力就越大，越有利于物料输送，但同时能量消耗也增大。因此物料颗粒在水平管道中的输送不是直线运动，而是颗粒悬浮和沉降交替出现的运动。

3. 输料管断面气流速度分布

纯空气管流时，在管道轴心线上速度具有最大值，而且对称于管道的轴心线。在空气中混有物料流动时，即气力输送管道中，气流速度分布有很大的变化。

在水平管道中，由于颗粒的重力作用，越接近管底物料分布越密，使最大速度的位置移到了管道轴心线之上。管底较低的气流速度会导致颗粒的速度减小，最后影响到物料的输送，严重时，会出现物料在管底停滞而堵塞管道的现象。

4. 气力输送的压损特性

物料颗粒在管道中呈悬浮状态输送时，总存在着颗粒间或与管壁之间的碰撞或摩擦，这样会使颗粒损失一部分从气流那里得到的能量，也即气流具有的能量的一部分要消耗在颗粒与管壁的碰撞或摩擦上。而这部分能量损失是以气流压力损失的形式表现出来的。一般而言，气流速度越大，压力损失越显著；气流速度减小时，颗粒又会产生停滞现象，加剧颗粒与管壁的摩擦，压力损失反而增大。

对于容重和表面粗糙度大致相同的物料，其粒度分布越广，压损也就越大。颗粒大小不一时，其速度、碰撞次数、加速度等运动情况不一样。小粒径颗粒比大粒径颗粒更容易加速，所以，从后面追上来的小颗粒就更多，并且小粒径颗粒易追过大粒径颗粒并和大粒径颗粒碰撞。所以，颗粒碰撞会损失一部分颗粒的动能，另外，大粒径颗粒后产生的旋涡也有可能将小粒径颗粒卷入，因此造成颗粒运动更不规则，使压力损失增大。

（三）气力输送系统的主要参数

气力输送系统的主要参数指计算物料量、输送浓度和输送气流速度等。这些参数的合理选择和确定，对气力输送装置的设计计算、是否经济等具有重要意义。

1. 计算物料量（$G_{算}$）

在进行气力输送的设计计算时，必须考虑气力输送装置实际运行中产量的波动性。计算物料量就是在按工艺要求的平均输送产量基础上再增加一定的余量而得到的。

$$G_{算}=\alpha G \tag{5-37}$$

式中　G——输料管的实际平均产量，t/h；

α——储备系数，$\alpha=1.0\sim1.2$。

小麦制粉厂气力输送各种物料的储备系数一般在 1.05~1.2，如表 5-38 所示。

表 5-38 小麦制粉厂气力输送储备系数 α

小麦	1 皮	2 皮	3 皮、4 皮	心磨、渣磨	小麦粉
1~1.2	1.0~1.05	1.1~1.15	1.2	1.15~1.2	1.1

2. 输送浓度（ μ ）

输送浓度指单位时间内通过输料管有效断面的物料的质量与空气质量的比值。即

$$\mu=\frac{M_s}{M_a}=\frac{M_s}{Q\rho_a} \tag{5-38}$$

式中 μ——输送浓度，kg/kg；

M_s——输料管中物料质量流量，kg/h，即 $M_s=1000G_{算}$；

M_a——输料管中空气质量流量，kg/h；

Q——输料管中空气流量，m^3/h；

ρ_a——输料管中空气密度，kg/m^3。

输送浓度大，即单位质量空气输送更多的物料，有利于增大输送能力。这时压力损失将增加，但所需的空气量将减小，因而输送所需的功率也将减少。同时，输料管管径、卸料器、除尘器设备等的尺寸也会减小。但是输送浓度选取得过大，实际运行中物料输送量发生波动时，易造成输料管掉料、堵塞等。

输送浓度的选取取决于气力输送装置的类型、输料管的布置、物料的性质和风机的类型等。在制粉车间，气力输送装置的输送浓度一般在 4.5 以下；对于吸粮机等一些输送原粮的气力输送装置而且采用罗茨鼓风机为气源设备时，可以选取较高的输送浓度，但一般在 40~50kg/kg。

3. 输送风速（ u_a ）

输送风速是气力输送装置的重要参数，选择的输送风速是否合适关系到气力输送系统的性能好坏和经济性能高低。输送风速过低易造成输送产量低、不稳定，如脉动输送、掉料甚至堵塞管道等；输送风速过高，反而使流动阻力增加过快，能耗增大，而且管道磨损快、破碎率高，输送产量也会下降。

输送风速往往由经验确定。通常，对于粒度均匀的物料，输送风速为其悬浮速度的 1.5~2.5 倍；对于粒度分布不均匀的物料，以粒度分布中所占比例最大的物料悬浮速度为准选取输送风速；对于粉状物料，为避免黏结管道和发生管道堵塞，输送风速取 5~10 倍的悬浮速度。对于粮食加工厂的常见物料，一般输送风速 $u_a\geqslant 18m/s$。

也可根据式（5-39）计算输送风速。

$$u_a=\alpha\sqrt{\rho_s g}+\beta L \tag{5-39}$$

式中 α——输送物料粒度系数，如表 5-39 所示；

β——输送物料的特性系数，$\beta=(2\sim5)\times10^{-5}$，干燥的粉状物料取小值；

ρ_s——物料密度，t/m^3；

L——输送距离，当输送距离 $L\leqslant 100m$，式（5-39）中 βL 可忽略不计；

g——重力加速度，g=9.81m/s^2。

表 5-39　　输送物料粒度系数 α

物料品种	颗粒大小/mm	α	物料品种	颗粒大小/mm	α
粉状	0~1	10~16	细块状	10~20	20~22
均质粒状	1~10	16~20	中块状	40~80	22~25

三、气力输送系统的压损计算

气力输送系统的压损计算，目的是通过压损计算过程，选择出合适的输送风速；计算出输料管的管径；选出卸料器、除尘器和风机；保证多输料管气力输送系统每根输料管的阻力平衡以及气力输送辅助构件选取和计算等。

（一）低真空气力吸运系统的压损计算

气力吸运输送装置根据工作压力的高低分为低真空气力输送（工作压强小于 9.8kPa）和高真空气力输送（工作压强 9.8~49kPa）两种。

低真空气力输送系统中空气的压强、温度变化小，空气重度变化不大，在工程计算中常将低真空气力输送系统中的空气按不可压缩空气计算。粮食加工厂的负压气力输送多属于低真空气力输送系统。

从空气携带物料进入气力输送装置到卸料器为止的部分，是直接用于输送物料的管网部分，此部分的压力损失，称为输送物料部分压损；卸料器之后的管网，物料已被卸料器卸掉，主要是通风管道和除尘器等辅助部分，这部分压力损失称为尾气净化部分压损。即：

$$\sum H = H_1 + H_2 \tag{5-40}$$

式中　$\sum H$——气力吸运系统总压损，Pa；

H_1——输送物料部分压损，Pa；

H_2——尾气净化部分压损，Pa。

因此，低真空气力吸运系统的压损计算，通过分别计算输送物料部分压损 H_1 和尾气净化部分压损 H_2 得到。压损单位为 Pa。

1. 输送物料部分压损 H_1 的计算

输送物料部分压损 H_1 由八项压损构成。即机器设备压损、接料器压损、加速物料压损、摩擦压损、提升物料压损、弯头压损、弯头后的恢复压损和卸料器压损。

（1）机器设备压损（$H_{机}$）　机器设备压损中的设备指的是气力输送系统之外的生产设备，即气力输送系统输料管内的气流如果是经过生产设备来的，则需要计算这部分气流的阻力，此即机器设备压损。如果输料管内气流没有经过生产设备，直接来自大气，则此项压损为零。

$$H_{机}=9.81\varepsilon Q^2 \tag{5-41}$$

式中　ε——工艺设备的吸风阻力系数；

Q——通过工艺设备的风量，m^3/s。

设备通过的风量较少时，此项压损可估计或忽略不计。

（2）接料器压损（$H_{接}$）

$$H_{接}=\xi\frac{u_a^2}{2g}\gamma_a \tag{5-42}$$

式中　ξ——接料器阻力系数；

γ_a——空气重度，N/m^3；

u_a——输料管中的空气速度，m/s。

（3）加速物料压损（$H_{加}$）　物料通过接料器之后，具有较低的初速度，物料被气流加速到正常输送速度的压损即加速物料压损。

$$H_{加}=9.81iG_{算} \tag{5-43}$$

式中　i——加速每吨物料的压损，$(kg/m^2)/t$；

$G_{算}$——计算物料量，t/h。

加速每吨物料的压损 i 值与物料的性质有关。如小麦制粉厂的物料性质可分为三种：谷物原粮、粗物料和细物料。谷物原粮指还未加工过的粮食，如小麦、稻谷等；粗物料指小麦制粉中的 1 皮、2 皮和 1 心等物料；细物料为谷物原粮和粗物料以外的物料。

（4）提升物料压损（$H_{升}$）

$$H_{升}=\gamma_a\mu S \tag{5-44}$$

式中　μ——输送浓度，kg/kg；

S——物料在输料管中垂直提升的高度，m；

γ_a——空气重度，N/m^3。

（5）摩擦压损（$H_{摩}$）

$$H_{摩}=9.81RL(1+K\mu) \tag{5-45}$$

式中　R——纯空气通过每米管道的摩擦阻力，$(kg/m^2)/m$；

L——输料管的长度，m，包括弯头的展开长度；

K——阻力系数，K 值与物料的性质有关。水平输送时按式（5-46）、式（5-47）和式（5-48）计算。

对于谷物原粮：

$$K_{谷平}=\frac{0.15D}{u_a^{1.25}} \tag{5-46}$$

对于粗物料：

$$K_{粗平}=\frac{0.135D}{u_a^{1.25}} \tag{5-47}$$

对于细物料：

$$K_{细平}=\frac{0.11D}{u_a^{1.25}} \tag{5-48}$$

式中　D——输料管直径，m。

（6）弯头压损（$H_{弯}$）

$$H_{弯}=\xi_{弯}\frac{u_a^2}{2g}\gamma_a\ (1+K_{弯}\mu) \tag{5-49}$$

式中　$\xi_{弯}$——弯头局部阻力系数，见本章第一节除尘风网局部构件阻力系数表（表5-2~表5-4）；

$K_{弯}$——弯头阻力系数，在本公式中常取 $K_{弯}=1$。

（7）恢复压损（$H_{复}$）　物料和空气的混合物经过弯头后，由于输送方向的改变，物料颗粒之间、物料和弯头管壁之间就会有额外的碰撞和摩擦，物料因此损失了一部分能量，这部分能量损失即为恢复压损。为了保证物料在弯头之后仍能正常输送，物料和空气的混合物经过弯头之后仍需要加速，从而使物料的运动速度恢复到弯头前的运动状态。

当物料通过弯头其运动方向是由垂直向上转水平时，恢复压损为：

$$H_{复}=C\Delta H_{加} \tag{5-50}$$

式中　C——弯头后水平管长度系数，如表5-40所示；

Δ——输送量系数，如表5-41所示。

表5-40　弯头后水平管长度系数 C

弯头后水平管长度/m	1	2	3	4	5
C	0.7	1	1.25	1.4	1.5

表5-41　输送量系数 Δ

输送量/（t/h）	0.5以下	1.0以下	2.0以下	3.0以下	5.0以下	5.0以上
Δ	0.5	0.35	0.25	0.15	0.1	0.07

当物料通过弯头其运动方向是由水平转向垂直向上时，恢复压损为：

$$H_{复}=2\Delta H_{加} \tag{5-51}$$

（8）卸料器压损（$H_{卸}$）

卸料器压损的一般表达式为：

$$H_{卸}=\xi_{卸}\frac{u_j^2}{2g}\gamma_a \tag{5-52}$$

式中　$\xi_{卸}$——卸料器阻力系数；

u_j——卸料器进口风速，m/s。

所以，输送物料部分压损 H_1 为：

$$H_1=H_{机}+H_{接}+H_{加}+H_{升}+H_{摩}+H_{弯}+H_{复}+H_{卸} \tag{5-53}$$

2. 尾气净化部分压损 H_2的计算

尾气净化部分一般由汇集风管、通风连接管道和除尘器三部分构成，因此，尾气净化部分的压损 H_2为：

$$H_2 = H_{汇} + H_{管} + H_{除} \tag{5-54}$$

式中　$H_{汇}$——汇集风管的压损，Pa；

$H_{管}$——连接管道的压损，Pa；

$H_{除}$——除尘器的压损，Pa。

气力输送系统的尾气净化部分，根据管道的变化特点可分为直长管道和局部构件两种，对应的阻力计算则分别按沿程摩擦阻力和局部阻力进行。

局部变化的管道，常称为局部构件，如弯头、阀门、三通、变形管等。即直长管道以外的管道均称为局部构件。

（1）直长管道的压损计算　空气在直长管道中流动时，空气流动所受到的沿程不变的切应力称为沿程摩擦阻力，简称沿程摩阻，单位为 Pa。沿程摩阻是由空气的黏滞性和管道内壁的粗糙性引起的。

在直径为 D、管长为 L 的直长管道中，空气的平均速度为 V，空气密度为 ρ，则空气在这段直长管道内的沿程摩阻为：

$$H_m = \frac{\lambda}{D} L \frac{\rho V^2}{2} \tag{5-55}$$

式（5-55）为沿程摩阻的计算公式。

式中　H_m——沿程摩阻，Pa；

λ——沿程阻力系数（见本章第一节除尘风网阻力计算表）；

L——管道长度，m；

D——管道直径，m；

V——管道内空气的平均流速，m/s；

ρ——空气密度，kg/m^3。

式（5-55）还可表示为：

$$H_m = LR \tag{5-56}$$

式中　R——每米长风管所具有的沿程摩阻，即单位摩阻，Pa/m。

（2）局部构件的压损计算　由于管道局部变化引起，且集中在这一局部区域的阻碍和影响，称为局部阻力。

管道局部变化引起的空气速度的重新分布以及旋涡的产生，是局部阻力产生的主要原因。局部阻力按式（5-57）计算：

$$H_j = \xi \frac{\rho V^2}{2} \tag{5-57}$$

式中　H_j——局部阻力或局部损失，Pa；

ξ——局部构件阻力系数。常见局部构件阻力系数见本章第一节除尘风网局部构件阻力系数表；

V——局部构件的进口风速，m/s；

ρ——空气密度，kg/m^3。

气力输送系统中尾气净化部分的汇集风管有两种结构形式，圆锥形汇集风管和阶梯形汇集风管。对于圆锥形汇集风管，结构如图 5-40 所示，压损按式（5-58）计算：

$$H_{汇} = 2R_{大}L \tag{5-58}$$

式中　$R_{大}$——对应于大头直径和气流速度下的单位摩擦压损，可由相关参考书中“以单位摩阻 R 值表示的除尘风管计算表”得到；

L——圆锥形汇集风管的长度，m。

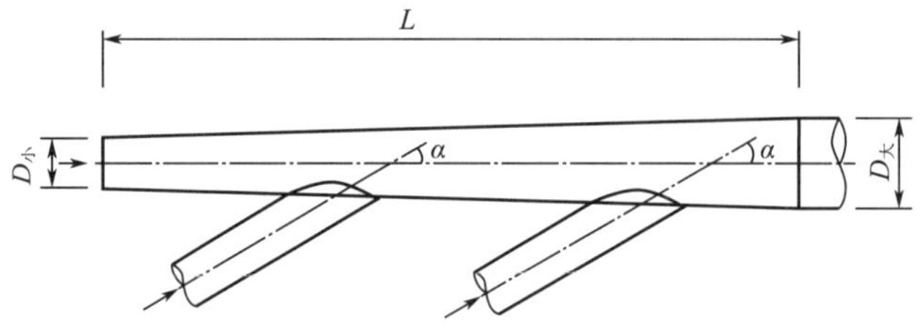

图 5-40　圆锥形汇集风管结构图

对于阶梯形汇集风管，结构如图 5-41 所示，即由多段直长管道和多个三通（或四通）连接构成，可按照直长管段的沿程摩阻和局部构件的局部阻力分别计算。即：

$$H_{汇} = \sum H_m + \sum H_j \tag{5-59}$$

式中　$\sum H_m$——阶梯形汇集风管中，直长管道沿程摩阻的总和，Pa；

$\sum H_j$——阶梯形汇集风管中，局部构件局部阻力的总和，Pa。

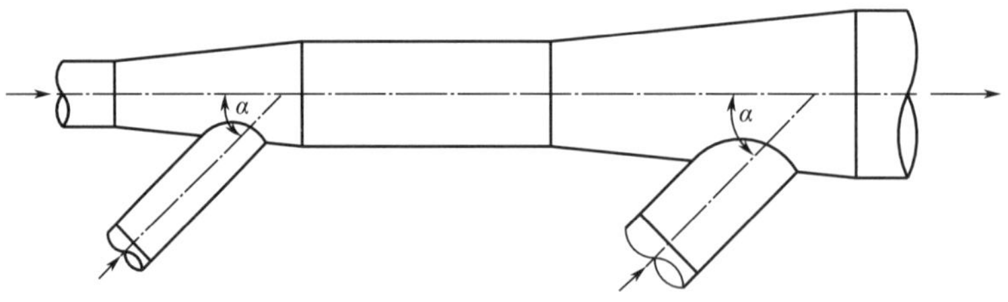

图 5-41　阶梯形汇集风管结构图

连接管道指汇集风管的大头端和风机之间、风机和除尘器之间以及除尘器之后的排气管道。连接风管中，直长管道按沿程摩阻计算，弯头、变形管包括风帽等局部构件按局部阻力计算，沿程摩阻与局部阻力之和即连接风管的总阻力。

在气力输送装置中，汇集风管和连接管道的压损占系统总压损的比例很低，因此也可通过估算得出。估算时，取 300～500 N/m^2。

（3）除尘器的压损计算　除尘器的压损由所选择的除尘器性能参数中直接查得或按局部阻力公式计算得到。

3. 低真空气力吸运多输料管系统的阻力平衡

由多根输料管组成的气力吸运系统中，各输料管处于并联状况，所以各输料管必须进行阻力平衡，否则，由于气流自动平衡的结果，会导致阻力较大的输料管风量下降，风速降低；而阻力较小的输料管风量上升，风速增大，使实际中运行的气力吸运系统各参数偏离设计要求，严重影响气力输送的正常运行，如输料管的产量降低、掉料等。

一般而言，任意两根输料管的输送物料压损（H_1）不平衡率小于5%即认为阻力平衡。输送物料压损不平衡时，可通过调整输料管的输送浓度或输送风速进行阻力平衡，或在两输料管的输送物料压损相差不是很大时，通过调节卸料器排风管上的阀门或卸料器阻力大小来实现阻力平衡。

在气力输送装置中，每根输料管上卸料器之后的排风口管道上均安装有阀门，目的是方便现场阻力平衡的调节。

4. 低真空气力吸运系统总风量、总压损的计算

低真空气力吸运系统总风量为每根输料管风量之和。即

$$\sum Q = Q_1 + Q_2 + \cdots + Q_n \tag{5-60}$$

式中　$\sum Q$——低真空气力吸运系统总风量，m^3/min；

Q_1——第1根输料管风量，m^3/min；

Q_n——第 n 根输料管风量，m^3/min。

低真空气力吸运系统总压损为输送物料压损和尾气净化部分压损之和。即

$$\sum H = H_1 + H_2 \tag{5-61}$$

式中　$\sum H$——低真空气力吸运系统总压损，Pa；

H_1——输送物料部分压损，Pa；

H_2——尾气净化部分压损，Pa。

5. 计算风机参数和选择风机、电动机

计算风机参数：

$$H_{风机} = (1.0 \sim 1.2) \sum H \tag{5-62}$$

$$Q_{风机} = (1.0 \sim 1.2) \sum Q \tag{5-63}$$

由风机参数 $H_{风机}$ 和 $Q_{风机}$ 查阅风机性能参数表，选择风机、电动机。对于高压离心通风机的出风口方向角，由风机布置的平面图确定。

（二）高真空气力输送系统的压损计算

高真空气力输送与低真空气力输送的最大区别在于低真空气力输送系统是按不可压缩空气进行压损计算，而高真空吸送式气力输送是按可压缩空气进行压损计算。下面介绍一种高真空气力输送的压损计算。

高真空力输送系统的总压损包括启动加速压损、摩擦压损、提升压损和局部压损等四种压损，单位为 N/m^2。

1. 启动加速压损 ΔP_{qd}

这项压损产生于整个气力输送的加速段，其压损消耗于对空气、物料的启动和加速。

$$\Delta P_{qd} = (1+\varphi\mu)\frac{u_s^2}{2g}\gamma_a \tag{5-64}$$

式中　μ——输送浓度，kg/kg；

φ——系数，$\varphi = (u_s/u_a)^2$；

γ_a——管道断面空气的重度，N/m^3；

u_a——初始状态空气的速度，m/s；

u_s——输料管中颗粒的运动速度，m/s。

对于垂直输料管：
$$u_s = u_a - u_f \tag{5-65}$$

对于水平输料管：
$$u_s \approx (0.7 \sim 0.85)\ u_a \tag{5-66}$$

对于弯曲输料管：
$$u_s = (0.56 \sim 0.58)\ u_a \tag{5-67}$$

2. 摩擦压损 ΔP_m

$$\Delta P_m = \left(P_S - \sqrt{P_S^2 - 2P_S\lambda_a\frac{L}{D}\frac{u_a^2}{2g}\gamma_a}\right)\cdot a \tag{5-68}$$

式中　P_S——初始状态压力，Pa；

γ_a——初始状态空气的重度，N/m^3；

u_a——初始状态空气的速度，m/s；

L——输料管长度，m；

λ_a——空气沿管道的摩擦阻力系数，一般取 $\lambda_a = 0.02 \sim 0.03$，也可按下式计算：

$$\lambda_a = k_g\left(0.0125 + \frac{0.0011}{D}\right) \tag{5-69}$$

式中　k_g——管道光洁系数，如表 5-42 所示。

表 5-42　管道光洁系数 k_g

输料管情况	内壁光滑	新焊接管	旧焊接管
k_g	1	1.3	1.6

压损比 a，可按下式计算。

对水平管：

$$a = \sqrt{\frac{30}{u_a}} + 0.2\mu \tag{5-70}$$

对垂直管：

$$a = \frac{250}{u_a^{1.5}} + 0.15\mu \tag{5-71}$$

3. 提升压损 ΔP_{fl}

$$\Delta P_{fl} = \mu \gamma_a s \frac{(u_f \pm u_s \sin\theta)}{u_s} \tag{5-72}$$

式中 θ——管道倾角；

$\pm$——“+”表示物料上升；“-”表示物料下降；

s——输料管垂直高度，m。

4. 局部压损 ΔP_j

在气力输送系统中，直长输料管之外的构件均为局部构件，如供料器、弯头、卸料器等。这些局部构件的压损包括纯空气的压损和物料引起的附加局部压损。

（1）接料器的局部压损

$$\Delta P_j = (1+\mu)\ \xi \frac{u_a^2}{2g} \gamma_a \tag{5-73}$$

式中 ξ——接料器阻力系数，一般 $\xi = 1.5 \sim 3$。

（2）弯头的压损

$$\Delta P_j = (1+k_1\mu)\ \xi \frac{u_a^2}{2g} \gamma_a \tag{5-74}$$

式中 ξ——弯头的阻力系数；

k_1——弯头的附加阻力系数，如表 5-43 所示。

表 5-43 弯头的附加阻力系数 k_1

弯头的布置形式	k_1
垂直向上转水平 90°	1.6
水平转向水平 90°	1.5
水平转向垂直向上 90°	2.2
水平转向垂直向上 90°（粉状物料）	0.7

（3）卸料器压损

$$\Delta P_j = (1+k_f\mu)\ \xi \frac{u_a^2}{2g} \gamma_a \tag{5-75}$$

式中 ξ——卸料器阻力系数；

k_f——卸料器的附加阻力系数，如表 5-44 所示。

表 5-44 卸料器的附加阻力系数 k_f

卸料器进口风速/（m/s）	15	16	17	18	19	20	21
k_f	0.45	0.41	0.38	0.36	0.35	0.34	0.33

（三）气力压运系统的压损计算

气力压运系统的压损计算，目前还没有可以普遍适用的公式，大都是在一定条件下通过试验数据或经验等归纳出的计算式。本部分介绍一种压损计算方法，仅供参考。

本方法适用于系统压损在 40~80kPa 的压送装置，即采用饱和风量系数和单位功率因数进行设计计算。

（1）饱和风量系数和单位功率因数的确定　根据输送物料的种类和输送距离确定饱和风量系数和单位功率因数，如表 5-45 所示。

表 5-45　低压压送装置的饱和风量系数 $K_{饱}$ 和单位功率因数 $K_{功}$

物料名称	堆积密度/（kg/m^3）	压力系数 $K_{压}$	输送距离/m 30		75		120		风速/（m/s）
			$K_{饱}$	$K_{功}$	$K_{饱}$	$K_{功}$	$K_{饱}$	$K_{功}$	
玉米粒	720	2.66	0.056	1.21	0.068	1.78	0.081	2.11	16.8
小麦粉	640	1.33	0.043	1.46	0.056	1.78	0.068	2.19	11
粗玉米粉	528	1.86	0.05	1.21	0.081	1.94	0.10	2.35	21.3
小麦	768	2.66	0.056	1.21	0.068	1.70	0.081	2.11	16.8
麦芽	448	2.66	0.05	1.21	0.068	1.62	0.081	2.02	16.8
软饲料	320~640	2.02	0.081	2.02	0.106	2.51	0.119	3.00	21.3

（2）计算标准状态下的输送风量和输送浓度

$$Q_{标}=GK_{饱} \tag{5-76}$$

$$\mu=\frac{G}{1.2Q_{标}} \tag{5-77}$$

式中　$Q_{标}$——准状态下的输送风量，m^3/min；

G——输送量，kg/min；

μ——输送浓度，kg/m^3。

（3）确定操作表压　由表 5-45 查得的饱和风量系数、单位功率因数和压力系数计算操作表压

$$P_{压}=\frac{K_{功}}{K_{饱}}K_{压} \tag{5-78}$$

式中　$P_{压}$——操作表压，kPa。

（4）计算供料器处的输送风量　表 5-45 中的风速是按供料器处的管内风量计算的，所以应将标准状态下的输送风量换算到供料器处压缩状态的输送风量

$$Q_{供}=\frac{101.3Q_{标}}{101.3+P_{压}} \tag{5-79}$$

式中　$Q_{供}$——供料器处压缩状态下的输送风量，m^3/min。

（5）计算输料管直径　计算管道直径系数 c：

$$c=\frac{Q_{供}}{v} \tag{5-80}$$

式中　v——表 5-45 中的风速，m/s。

可由式（5-80）计算出的管道直径系数 c 通过表 5-46 选择管道直径，以 80mm、100mm、125mm、150mm 为主。

表 5-46　　管道直径系数 c

系列号	管径/mm						
	80	90	100	125	150	175	200
5	0.334	0.446	0.567	0.873	0.254	—	2.155
10	0.325	0.427	0.548	0.855	1.226	—	2.11
30	—	—	—	—	—	—	1.98
40	0.285	0.376	0.492	0.780	1.115	1.486	—

注：表中系列号实际为管道的壁厚（mm）。

也可用式（5-81）计算：

$$D_{内}=\sqrt{\frac{4Q_{供}}{60\pi v}} \tag{5-81}$$

式中　$D_{内}$——输料管内径，mm。

（6）计算供料器处压缩空气的漏风量　在计算风机风量时，要把供料器的漏风量计算在内。叶轮式供料器的漏风量：

$$Q'_{漏}=1.3i_{供}\times n_{供} \tag{5-82}$$

式中　$Q'_{漏}$——叶轮式供料器在操作表压状态下的压缩空气漏风量，m^3/min；

$i_{供}$——叶轮式供料器的有效容积，m^3/r；

$n_{供}$——叶轮式供料器的转速，r/min。

（7）计算供料器的漏风量　将供料器处压缩空气的漏风量换算到风机进口标准状态下的漏风量：

$$Q_{漏}=Q'_{漏}\times\frac{101.3+P_{压}}{101.3} \tag{5-83}$$

式中　$Q_{漏}$——标准状态下的供料器漏风量，m^3/min。

（8）计算风机进风口风量

$$Q_{机}=Q_{标}+Q_{漏} \tag{5-84}$$

式中　$Q_{机}$——标准状态下风机进风口的风量，m^3/min。

（9）选择风机　计算风机参数：

$$P_{风机} = (1.0 \sim 1.2)\ P_{压} \tag{5-85}$$

$$Q_{风机} = (1.0 \sim 1.2)\ Q_{机} \tag{5-86}$$

由参数 $P_{风机}$ 和 $Q_{风机}$ 选择风机和电动机。

四、气力输送系统的主要设备和构件

气力输送系统的主要设备和构件有供料器、输料管、卸料器、除尘器和风机五部分构成。

（一）供料器

1. 供料器及其要求

供料器的作用是把物料供入到气力输送的输料管中，物料与气流在这里混合并被气流加速和输送。在设计和选择供料器时，应满足以下要求。

（1）物料供入输料管时，应能和气流充分混合，这样才能有效地发挥气流对物料的悬浮、加速和输送作用，不发生在管道内的沉降、堆积或掉料现象。

（2）供料器的结构应使空气畅顺进入，不产生过分扰动和涡流，以减少空气和物料流动的阻力。

（3）进入输料管的物料运动方向与气流的方向一致，以减少气流对物料的加速能量损失。

（4）不漏气、不漏料和不增碎。

（5）定量供料，运行可靠，操作方便，占地面积小，高度低等。

2. 吸嘴型供料器

当气力输送装置（如吸粮机）用于车、船、仓库等散装物料的装卸、输送或清扫时，常把供料器称为吸嘴。对吸嘴有以下要求。

（1）在进风量一定的情况下，产量大，阻力小，不掉料。

（2）具有风量调节机构和补风装置，以达到最合适的输送浓度和吸送不同物料吸嘴操作的可调节性。

（3）轻便，容易操作，便于插入料堆和拔出、移动，且能吸净容器底部和各个角落的物料。

（4）能防止吸入绳头、铁丝等长尺寸杂质。对于容易发生粉尘爆炸的物料，还应防止吸入金属性杂质。

常用的吸嘴有单筒型吸嘴和双筒型吸嘴两种。

单筒型吸嘴结构如图 5-42 所示，通常有直口、喇叭口、斜口和扁口四种。

直口吸嘴，结构简单，易于制作，但进口压力损失大。进风量和补风量无保证，且

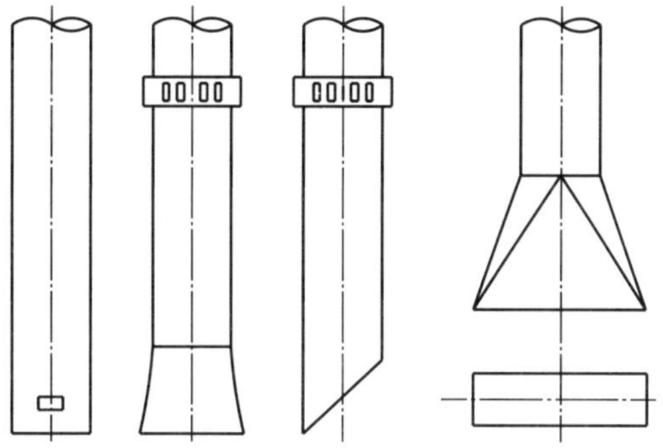

图 5-42　单筒型吸嘴结构图

(1) 直口型　(2) 喇叭口型　(3) 斜口型　(4) 扁口型

无调节功能。在靠近直口吸嘴端部有二次空气进风口，但二次空气进风口的大小是一定的，为了达到最佳输送量，必须靠频繁搬动吸嘴来改变端部埋入料堆的深度，因此这种吸嘴很难获得连续高效的输送。

喇叭口吸嘴，吸嘴端部做成喇叭口形状，是为了减少一次空气和物料进入吸嘴的阻力。在喇叭口以上直管段安装有一可转动的调节环，用来调节二次空气进风量。二次进风的作用是使进入吸嘴的物料获得加速度，调节二次进风量可获得最佳的输送产量。

斜口吸嘴，主要用于船舱、仓库等残余物料或容器角落物料的清扫，也可用于成堆散料的输送。一般无风量调节及二次补风装置。

扁口吸嘴，主要用于平整场地物料的输送、清扫，如仓库的地面等。

双筒型吸嘴结构如图 5-43 所示。它由入口处做成喇叭形的内筒和可以上下活动的外筒组成。内筒上端与输料管连接，物料及部分空气由吸嘴端部进入内筒，补充空气即二次空气经内外筒之间的环形空间由上而下流动进入内筒。通过调节外筒上下移动以改变内外筒下端端面的间隙 s，来调节最佳输送浓度和最大输送产量。

双筒型吸嘴的外筒直径根据内外筒之间的环形截面面积与内筒有效断面面积相等的原则确定，即：

$$D=\sqrt{d^2+(d+2\delta)^2} \tag{5-87}$$

式中　D——外筒直径，mm；

d——内筒直径，mm；

δ——筒壁的厚度，mm。

喇叭管扩大口的内径 D_1：

$$D_1=\sqrt{D^2-0.5d^2-2\delta} \tag{5-88}$$

喇叭管高度 h：

$$h\approx 4.07\ (D_1-d) \tag{5-89}$$

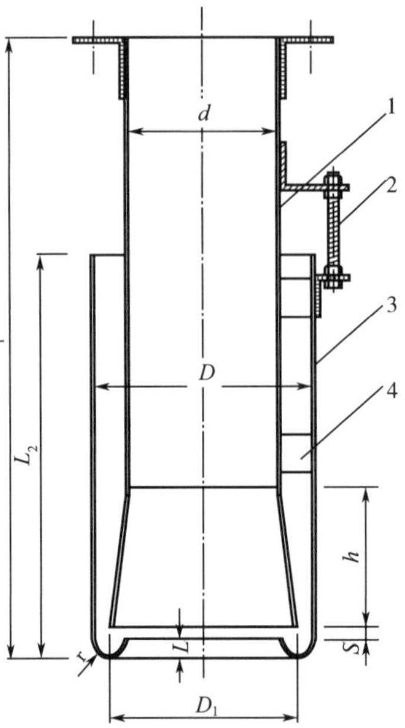

图 5-43　双筒型吸嘴结构图

1—内筒　2—调节螺栓　3—外筒　4—支撑块

圆弧体高度 l：

$$l \approx (0.2 \sim 0.3)\ d \tag{5-90}$$

圆弧半径 r：

$$r=\frac{D-d-2\delta}{4} \tag{5-91}$$

一般而言，双筒型吸嘴的内筒长度 $L_1 \geqslant 1000$mm，外筒长度 $L_2 \geqslant 700$mm，内外筒壁厚 δ 取 1.5~3mm。吸嘴内外筒端面间隙 s 和吸嘴插入料堆中的深度，对吸送不同种类的物料和气力输送装置采用不同类型的气源设备风机而数值不同，可在实际运行时调整确定。

吸嘴的压力损失 ΔP，可按式（5-92）计算：

$$\Delta P=\xi\frac{u_a^2}{2g}\gamma_a\ (1+\mu k) \tag{5-92}$$

式中　ξ——吸嘴阻力系数，一般 $\xi=1.7$；

μ——输送浓度，kg/kg；

γ——吸嘴入口处的空气重度，N/m^3；

u_a——吸嘴入口处的空气速度，m/s；

k——系数，对不同的物料、不同输送浓度取值不同。对于稻谷，管道的输送风速 $u_a=18\sim22$m/s，$\mu=18\sim40$kg/kg 时，$k=2.9223-0.0518\mu-0.0887u_a$。

当吸送散落性差、粒度不均匀的物料时，可采用带松动装置的转动吸嘴，使物料不断塌落松动，从而保证吸嘴连续吸送物料。

3. 三通类供料器

三通类供料器多属于吸气三通型式，主管道端部为进气口，支管为进料口。主要类型有三种，分别是立式三通供料器、诱导式供料器和卧式三通供料器。因为三通式供料器的物料多由位于较高处的设备出料口沿溜管自溜而来，又常称接料器。

（1）立式三通接料器　这种接料器用在垂直提升或倾斜提升的气力输送管道上，结构如图 5-44 所示。

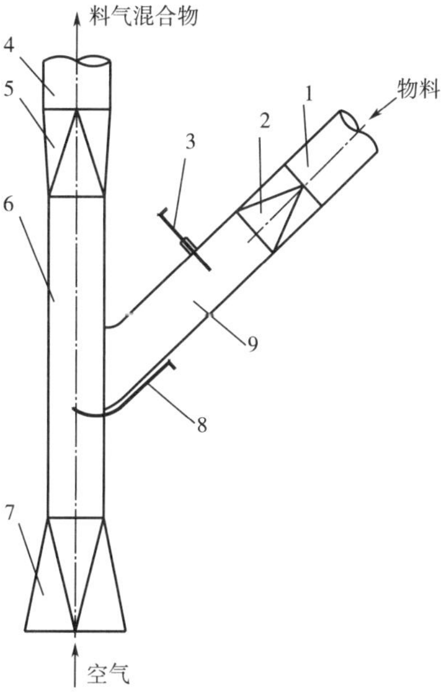

图 5-44　立式三通接料器结构图

1—圆形溜管　2—圆变方变形管　3—插板　4—输料管　5—方变圆变形管
6—矩形风管　7—喇叭形进风口　8—弧形淌板　9—矩形溜管

运行时，物料沿倾斜溜管落入到由喇叭口进气的立式三通接料器中，自下而上的气流使物料悬浮、加速和提升。为使物料能顺着气流方向进入及被均匀加速和输送，立式三通接料器的进料溜管（即三通的支管）和与进料溜管相连的垂直管道均为矩形截面，而且在进料溜管末端装有可调节的弧形淌板。淌板的尾部弯曲方向与气流方向相同。当物料滑过淌板时，具有向上的初速度，易于被气流加速。

（2）诱导式接料器　诱导式接料器结构如图 5-45 所示。物料沿圆形溜管下落，经圆变方变形管进入矩形截面的接料器，通过弧形淌板对物料的诱导作用进入气流中。在气流的带动下，先经过风速较高的较小截面管道进行加速、提升，然后经方变圆变形管进入输料管正常输送。在弧形淌板处，安装有风量调节阀门（插板阀或旋转多孔板），以控制和调节从供料设备进入的空气量。

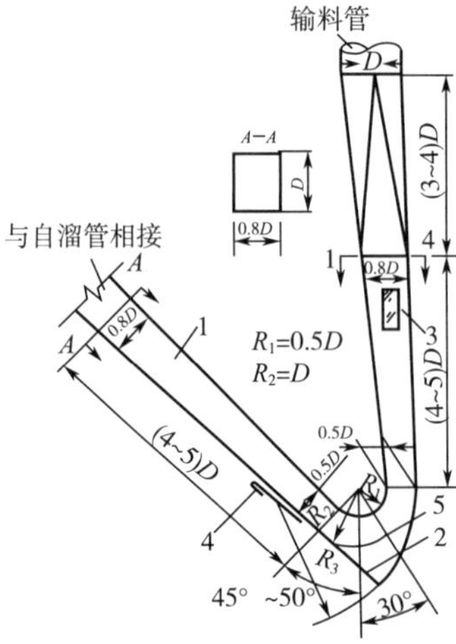

图 5-45　诱导式接料器结构图

1—溜管　2—进风口　3—观察窗　4—插板　5—弧形淌板

诱导式接料器适于粉粒状物料，具有料气混合性能好，阻力小（阻力系数为 0.7 左右）等优点。

(3) 卧式三通接料器　卧式三通接料器结构如图 5-46 所示，主要用于水平输送管道的喂料，体积小，高度低，常安装于设备底部。为防止供料不均匀引起管道堵塞，在进料口处的水平输料管中可以安装一长条形隔板。如果供料均匀，可不安装隔板。

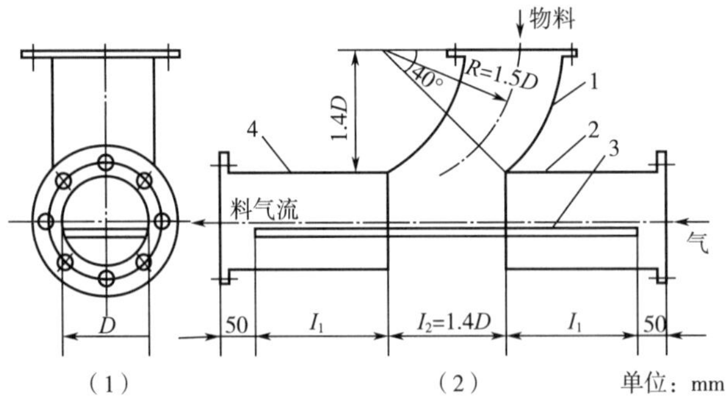

图 5-46　卧式三通接料器结构图

(1) 左视图 (2) 主视图

1—进料弯管　2—进气管　3—隔板　4—输料管

卧式三通接料器的阻力系数为 $\xi=1.0$。

喷射式供料器属于吹气三通或合流三通型式，主管道端部为进气口，气流来自风机的出气口，支管为进料口。多用于正压输送管道的供料。喷射卧式供料器结构如图 5-47 所示。

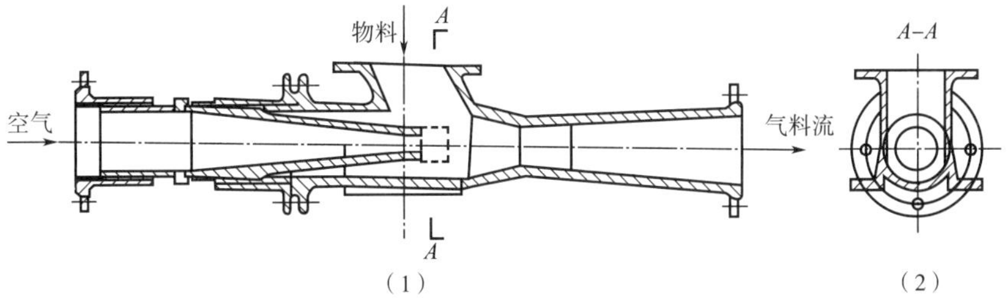

图 5-47　喷射卧式供料器结构图

（1）主视图　（2）A 向视图

喷射卧式供料器的工作原理，是利用供料口处进气管道收缩形成类似喷嘴的形状，使气流速度增高即动压升高，静压下降，造成供料口处的静压等于或低于大气压，这样，管道内的正压气流不仅不会从供料口处喷出，由于引射作用，物料从供料口处被吸入到输气管道中，从而完成向正压气力输送管道的供料。

喷射卧式供料器在供料口的后面有一段渐扩管，在渐扩管中气流速度逐渐减小，静压逐渐升高，使气流转换到正常输送的气流速度和静压力。

喷射卧式供料器的优点是结构简单，尺寸小，无转动部件。缺点是输送浓度低，压力损失大。

4. 叶轮式供料器

叶轮式供料器结构如图 5-48 所示，也叫旋转式供料器，旋转式闭风器、关风器等。

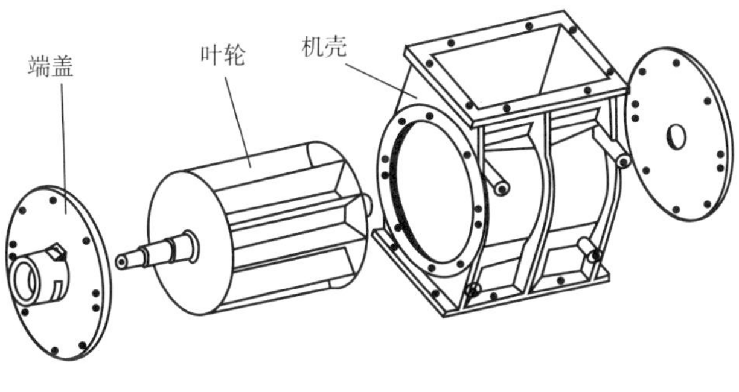

图 5-48　叶轮式供料器结构图

叶轮式供料器的特点是能定量供料，而且可以通过调节叶轮的转速调节供料产量；性能稳定，结构紧凑、简单，体积小；气密性与加工精度和使用材料关系密切。

（1）叶轮式供料器的型式　在气力输送中，根据不同的分类方法和用途，叶轮式供料器有多种型式。图 5-49 为叶轮式供料器叶轮的两种基本型式，叶轮分为有侧面挡板和无侧面挡板。叶轮有侧面挡板可避免物料与端盖的直接接触，减少端盖的磨损，但粉体也可通过侧面挡板与机壳间隙进入到挡板和端盖的空腔，这部分粉体如果没有排料口，有时会阻碍叶轮旋转。叶轮无侧面挡板，结构简单，但输送磨琢性高的物料时端盖易受磨损。

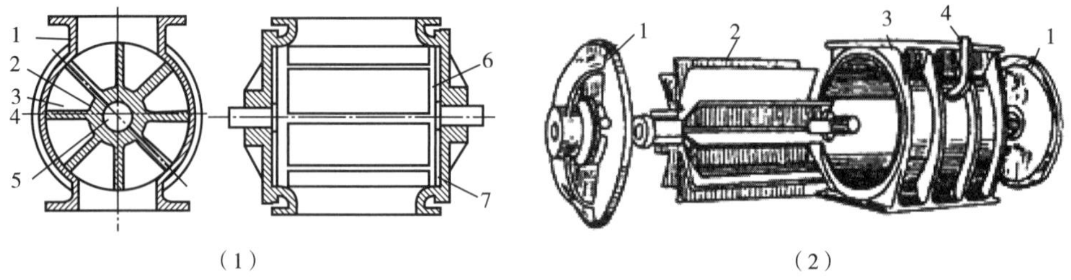

图 5-49　叶轮式供料器叶轮的两种基本型式

（1）叶轮式供料器（有侧面挡板）　1—壳体　2—叶轮　3—格室　4—叶片　5—转轴　6—端盖　7—侧面挡板

（2）叶轮式供料器（无侧面挡板）　1—端盖　2—叶轮　3—壳体　4—均压管

图 5-50 为叶轮式供料器叶片的三种安装方式，平行式、螺旋式和 W 形式。平行式叶片的叶轮属于间断性供料、卸料，而螺旋式和 V 形式叶轮可实现连续供料、卸料。也可改变进料口的型式实现连续供料，进料口型式如图 5-51 所示。

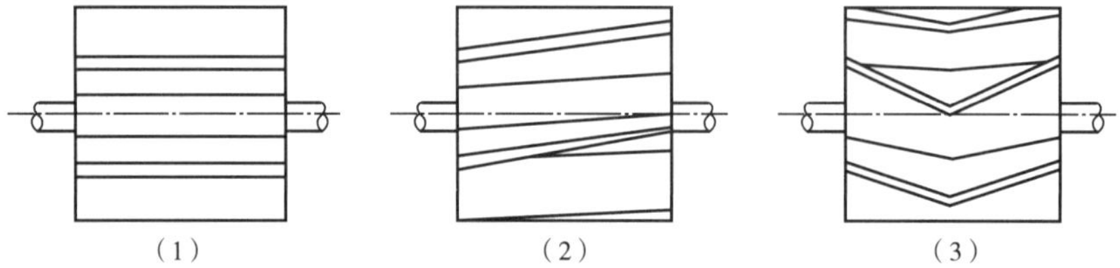

图 5-50　叶轮式供料器叶片的三种安装方式

（1）平行式　（2）螺旋式　（3）V 形式

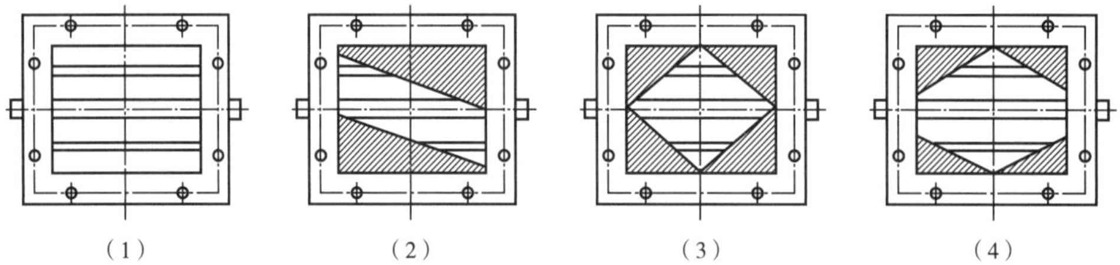

图 5-51　叶轮式供料器的进料口型式

（1）方形　（2）平行四边形　（3）菱形　（4）多边形

图 5-52 为吹通式叶轮式供料器结构图。吹通式叶轮式供料器叶轮无侧面挡板，其机壳底部为气力输送管道的一部分。气力输送的管道直接连接在其两侧端盖上，叶轮的空腔与输料管相通。输送气流可将叶轮旋转至此部位的空腔内的物料吹到输料管中。这种叶轮式供料器多用于气力压运输送装置中。而直落式叶轮式供料器属于通用型，既可用作气力压运的供料器，气力吸运的供料器，也可用作除尘器、卸料器的闭风器等。

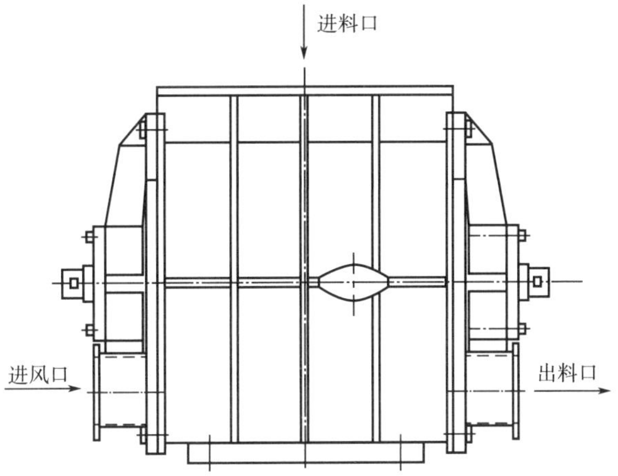

图 5-52　吹通式叶轮式供料器结构图

图 5-53 为叶轮式供料器的两种进出料口型式：偏口式和直口式。偏口式叶轮式供料器即进料口和出料口不在同一中心线上，这样的进出料方式可降低物料对机壳的磨损，也可降低物料卡住叶轮的机会。直口式即传统的叶轮关风器，进料口、出料口和叶轮中心线重合。

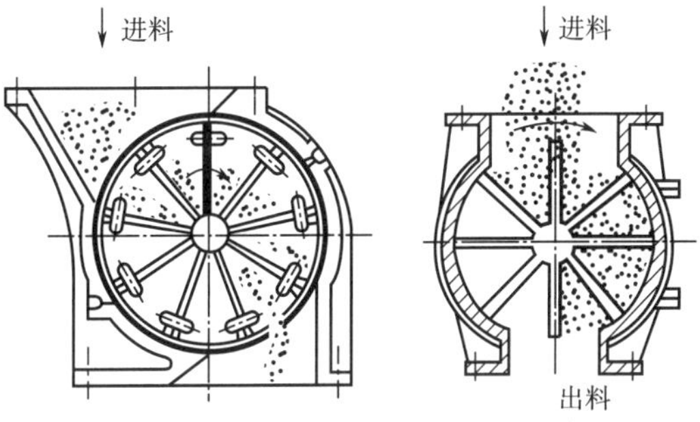

图 5-53　叶轮式供料器的两种进出料口型式

（1）偏口式　（2）直口式

叶轮式供料器运转时，由于叶片端部与机壳间的间隙小，对于大颗粒物料或具有一定长度尺寸的物料如棍棒、铁丝、螺栓等，会经常卡住叶片而停转。因此，用于原粮输送的气力输送装置或吸粮机上，叶轮式供料器（闭风器）一般需设置防卡装置或机构。

叶轮式供料器常用的叶片防卡安全措施有：机壳进料口内的一侧安装弹性挡板、叶片端部安装刀具等。

（2）叶轮式供料器的性能

①叶轮式供料器的气密性：叶轮式供料器的进料口和出料口之间存在压差时，会出现从出料口向进料口的漏气现象，此即叶轮式供料器的气密性。

叶轮式供料器的漏风量为叶轮旋转时每一格室容积引起的漏风量和叶轮与壳体间隙的漏风量之和。

$$Q = Q_1 + Q_2 \tag{5-93}$$

式中 Q——叶轮式供料器的漏风量，m^3/min；

Q_1——叶轮旋转时包含在叶片和机壳间的空气泄漏量，m^3/min；

Q_2——叶轮与机壳间隙之间的空气泄漏量，m^3/min。

设叶轮与机壳间的空气总容积为 i（m^3），叶轮转速为 n（r/min），供料器进料口、出料口处空气重度分别为 γ_1 和 γ_2，则供料器的最大理论漏风量为：

$$Q_1=ni(\gamma_2-\gamma_1)/\gamma_2 \tag{5-94}$$

若用供料器落料口处的体积表示，设漏气时空气等温膨胀，则：

$$Q_1=ni\left(1-\frac{p_1}{p_2}\right) \tag{5-95}$$

式中 p_1——进料口处空气的绝对压强，Pa；

p_2——出料口处空气的绝对压强，Pa。

叶轮与机壳通过间隙的漏风量计算，一般按迷宫式密封方法近似计算。

$$Q_2=\alpha A\sqrt{\frac{g}{\gamma_2}\left(\frac{p_2^2-p_1^2}{np_2}\right)} \tag{5-96}$$

式中 α——流量系数，纯空气时，$\alpha=0.65\sim0.85$。混有粉体时，α 值变小；

A——间隙的总面积，m^2。

②叶轮式供料器的产量：叶轮式供料器的产量由式（5-97）计算。

$$G=0.06ni\psi\gamma_s \tag{5-97}$$

式中 n——叶轮转速，r/min，一般 $n\leqslant60$r/min；

i——叶轮的有效容积，m^3；

ψ——叶轮的装满系数，$\psi=0.6\sim0.8$；

γ_s——被输送物料的密度，kg/m。

③气力压运输送装置中叶轮式供料器的安装：在气力压运输送装置中，为了提高叶轮格室中物料的装满程度，常在壳体上安装均压管（图 5-54），使叶轮的格室在旋转到供料口装料之前，将格室中的来自输料管的高压空气从均压管中导出。否则，由叶轮格室喷出的高压气流将会阻止物料向下落入叶轮式供料器，使料斗内的物料发生堵塞或降低输送产量。

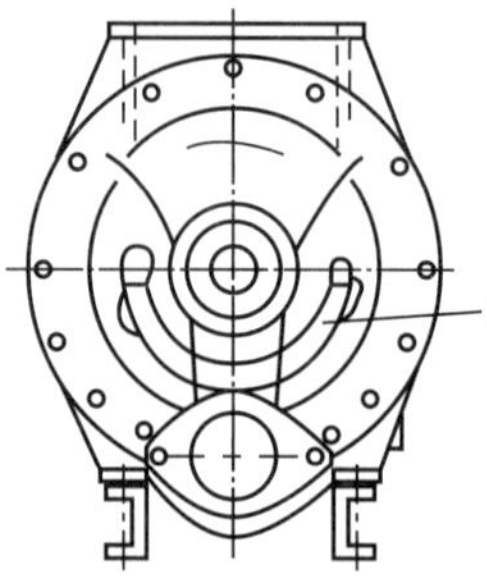

图 5-54 叶轮式供料器的均压管结构图

叶轮式供料器是气力压运输送装置中最常使用的一种吹通式叶轮供料器。气力压运输送装置中叶轮式供料器均压管的形式有多种，图 5-54 所示为其中一种形式的均压管。

表 5-47 所示为气力压运装置中常用的吹通式叶轮式供料器型号规格及性能参数。图 5-55所示为吹通式叶轮供料器结构图，表 5-48 所示为吹通式叶轮式供料器各部分尺寸表。

表 5-47　　吹通式叶轮供料器型号规格及性能参数

型号	容积/（L/r）	转速/（r/min）	配用功率/kW	最大压力/kPa
TGFZB18/15	2.5	40~50	0.75	
TGFZB22/22	5.5	35~45	0.75~1.1	
TGFZB28/30	13.5	35~40	1.1~1.5	
TGFZB36/38	28	30~35	1.5~2.2	
TGFZB45/45	56	25~30	2.2~3	≤140
TGFZB52/42	80	20~25	3	
TGFZB52/52	100	20~25	3	
TGFZB52/73-200	140	18~22	4	
TGFZB52/73-300	140	18~22	4	

注：T——粮油通用机械；GF——关风器；Z——正压；B——背板传动机构；数字/数字——转子直径/转子长度的十分之一。适用粮食、饲料、化工等行业；适用风网：正压风网；适用物料：粉状物、颗粒物、破碎状物料等；功能作用：气力输送接料、排料过程同时保证风网系统压力稳定作用。

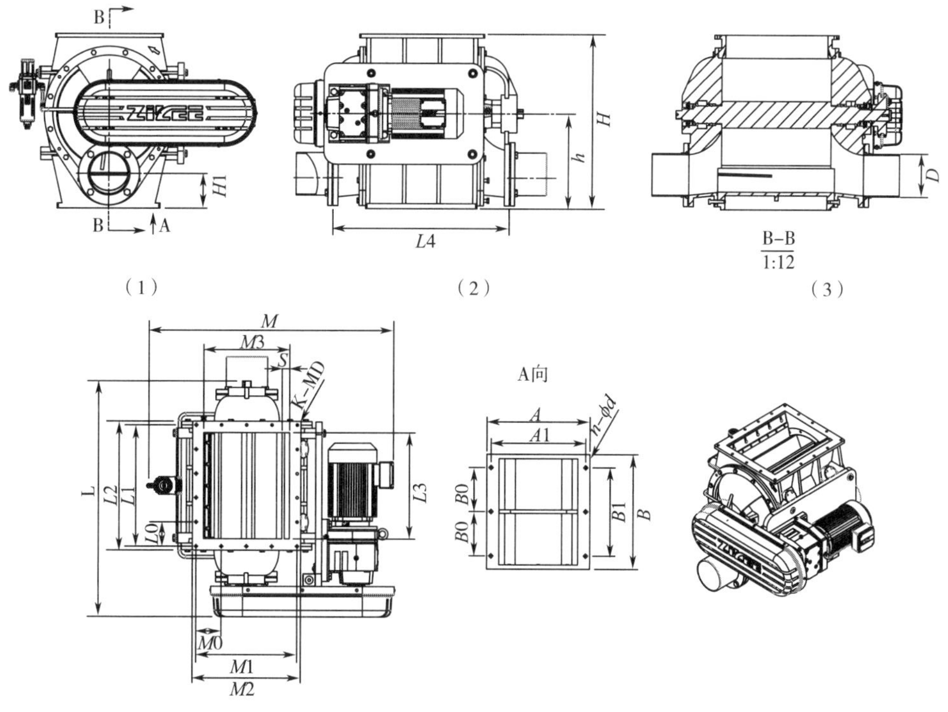

图 5-55　吹通式叶轮供料器结构图

（1）左视图（2）主视图（3）纵剖图（4）俯视图（5）A 向视图（6）外形图

表 5-48　吹通式叶轮式供料器各部分尺寸表　单位：mm

型号	L	L0	L1	L2	L3	L4	M	M0	M1	M2	M3	S
18/15	588	90	162	182	130	384	535	100	170	190	140	—
22/22	648	110	232	252	200	436	610	140	210	230	178	—
28/30	757	105	105×3	340	274	544	740	92	92×3	300	234	—
36/38	836	82	82×5	440	354	628	852	82.5	82.5×4	360	271	30
45/45	931	96	96×5	510	420	718	960	102.5	102.5×4	440	349	30
52/42	923	117.5	117.5×4	500	390	732	1143	128	128×3	414	332	25
52/52	1023	142.5	142.5×4	600	490	832	1143	128	128×3	414	332	28
52/73（200）	1260	130	130×6	810	700	1042	1145	128	128×3	414	332	30
52/73（300）	1260	130	130×6	810	700	1042	1145	128	128×3	414	332	30

型号	K-MD	H	h	H1	D	配管	A	A1	B	B0	B1	n-φd
18/15	8-M10	355	200	77	φ57	φ49	190	162	152	—	100	4-φ14
22/22	8-M10	425	250	93	φ70	φ62	220	190	222	—	110	4-φ14
28/30	12-M12	490	285	105	φ108	φ100	300	270	302	—	210	4-φ14
36/38	18-M12	580	328	120	φ140	φ132	360	330	384	—	250	4-φ14
45/45	18-M12	690	375	137	φ168	φ160	420	395	454	175	350	6-φ14
52/42	14-φ14	745	405	147.5	φ190	φ180	460	425	435	120	360	8-φ14
52/52	14-φ14	745	405	147.5	φ190	φ180	460	425	535	150	450	8-φ14
52/73（200）	18-φ14	770	430	172	φ215	φ200	460	425	745	110	660	14-φ14
52/73（300）	18-φ14	840	500	220	φ325	φ300	524	494	745	110	660	14-φ14

（二）输料管

输料管是气力输送系统中物料输送的通道，一般由直管道、弯头或分路阀等构成。

1. 输料管

在气力输送装置中，输料管主要指连接在供料器和卸料器之间的管道部分。输料管的内径一般为 60~300mm。

输料管多采用薄钢板焊接管或无缝钢管。对于低真空气力输送系统也可采用镀锌薄钢板卷制的焊接管道，但要注意管壁的厚度，管壁太薄，气力吸运工作时，有可能被吸瘪。对于输送食品原料或其他特殊要求制品时，还可以采用不锈钢管或铝管。为减少管道磨损、延长管道的使用寿命，有时采用锰钢管道或内衬耐磨材料的焊接管或者其他耐磨材料管道等。

输料管也可以采用具有一定挠性的软管，如金属软管、耐磨橡胶软管、塑胶软管或套筒式软管等。在气力输送输料管道中使用软管，可扩大供料、排料的区域或灵活安装管道。在吸粮机上使用软管可以使吸嘴操作更容易、更灵活和扩大吸嘴的物料捕捉区域。但软管的阻力较大，一般软管的阻力是钢管的两倍或两倍之上，应尽量少用。

在气力输送装置中，为了便于观察管道内物料的有无和运动状况，在输料管上常每隔一定距离安装一段有机玻璃管作为观察窗使用。有时输料管全部采用有机玻璃管或者透明塑料软管。但在使用有机玻璃管和透明塑胶管道时，容易产生静电，应注意管道静电的接地处理。

输料管常由数段管道连接而成，管段间的连接可采用法兰连接或快速接头连接，但必须有橡胶垫等密封垫以保持管道连接处的气密性。

对于输料管，最基本的要求是管道内壁光滑，无凸起，尤其管道连接处无错位。这样的要求既可使物料输送时节省能耗，减少管道内壁障碍物对物料的阻滞作用避免发生管道堵塞，又可减少输送过程中物料的破损，降低物料破碎率。

2. 弯头

为改变物料的输送方向，在输料管中采用了弯头、软管等。弯头的形式和结构如图 5-56 所示。

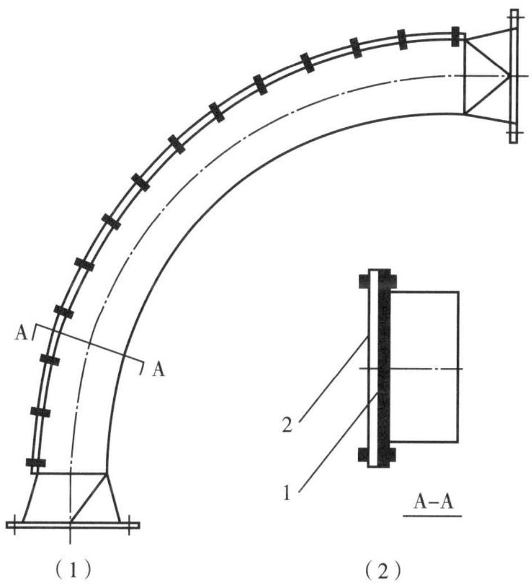

图 5-56　输料管中弯头的形式和结构

（1）弯头立面图　（2）A-A 断面图　1—外侧盖板　2—耐磨衬板

物料在弯头处与外侧壁面发生激烈的摩擦、碰撞而改变方向，因此在弯头中运动时，物料的速度会有所降低。物料通过弯头后再被气流加速和正常输送。弯头的阻力是比较大的，输料管发生堵塞往往从弯头处开始。

弯头的阻力与转角大致成正比，因此，弯头应采用最小的转角。其次，弯头的阻力还随曲率半径的大小而变化，一般而言，曲率半径越大，弯头阻力越小。为了减少物料和空气通过弯头时的能量损失，弯头的曲率半径一般取 6~10 倍的输料管管径，即 $R=(6\sim10)D$，或曲率半径不小于 1m。

为了提高弯头的耐磨性和延长弯头使用寿命，弯头常做成矩形截面。并对容易磨损的部位，如弯头的外侧板，将外侧板做成法兰盘连接形式，外侧板磨损后更换外侧板即可，不必更换全部弯头。有时，在可拆卸的外侧板内还可衬耐磨板，如超高分子质量聚乙烯耐磨板、聚氨酯耐磨板或者锰钢板等，以延长弯头的维修、更换周期。

3. 分路阀

在气力输送装置中，尤其在气力压运输送型式的输料管道上，为实现一处供料、多处卸料，即由一个供料点供料实现向多个散存仓或地点输送物料，常需要在输料管道上安装分路阀或者多路阀。最常见的分路阀是双路阀，实质为分流三通。

图 5-57 为气力输送输料管上双路阀的一种形式和结构。料气两相流自左侧进入双路阀，图 5-57（1）所示阀体旋转位置使物料进入 1 通道；图 5-57（2）所示阀体旋转位置使物料进入 2 通道。

双路阀将流动通道一分为二，通过旋转阀体的旋转选择流动的通道。一个双路阀可以将物料输送到两个输料点，多个双路阀串联使用可以将物料输送到多个输料点。如一条气力压运输送线，往 10 个料仓供料，则需要在输料管上串联 9 个双路阀来实现一处供料，10 处卸料。

使用一个多路阀可以实现一点供料多点卸料。一个多路阀相当于多个串联使用的双路阀。

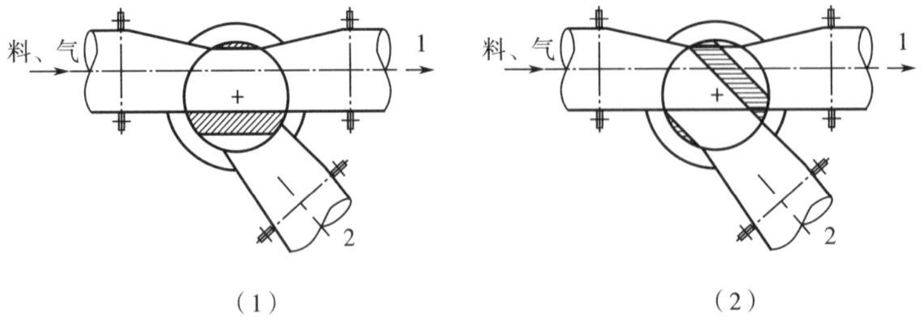

图 5-57　双路阀的一种形式和结构

（1）物料进 1 通道　（2）物料进 2 通道

表 5-49 为气动旋塞分路阀的型号规格及参数表。图 5-58 为气动旋塞分路阀的各部分尺寸图，表 5-50 为气动动旋塞分路阀各部分尺寸表。

表 5-49　　气动旋塞分路阀型号规格及参数

型号	管口内径/mm	换向角度/（°）	配用功率/kW	最大压力/kPa
TXFQ6 * 2Ⅲ	ϕ60			
TXFQ8 * 2Ⅲ	ϕ80		DSBC-63-100	
TXFQ10 * 2Ⅲ	ϕ100			
TXFQ12 * 2Ⅲ	ϕ120	60	DSBC-80-100	≤140
TXFQ15 * 2Ⅲ	ϕ150		DSBC-100-125	
TXFQ18 * 2Ⅲ	ϕ180		DSBC-100-160	
TXFQ20 * 2Ⅲ	ϕ200		DSBC-125-175	
TXFQ25 * 2Ⅲ	ϕ250		DNG-160-175	

注：T—粮油通用机械；XF—旋塞分路阀（双路阀）；Q—气缸驱动形式；Ⅲ—产品设计顺序，第 3 代产品。适用领域：粮食、饲料、化工、储运等行业或领域。适用风网：正压风网（适用室内安装）。适用物料：粉状物、颗粒物等。功能作用：气力输送中起换向倒仓作用。性能特点：气缸驱动，阀体内道弧形优化，SF 密封组合，双向轴承布置，360 度全方位安装，嵌套式螺母法兰、侧盖设计，拆装便捷。

表 5-50　　气动旋塞分路阀各部分尺寸表

型号	安装尺寸/mm										材质
	L	*L*1	*H*	*H*1	*N*	*N*1	*A*	*B*	*h*	*D*	
TXFQ6×2Ⅲ	612	210	320	105	295	101	200	134	80	67	QT600
TXFQ8×2Ⅲ	612	210	320	105	295	101	200	134	80	87	QT600
TXFQ10×2Ⅲ	601	200	320	105	295	1012	200	134	80	108	QT600
TXFQ12×2Ⅲ	635	220	359	122. 5	331	111. 5	240	155	92. 5	127	QT600
TXFQ15×2Ⅲ	707	245	413	145	394	138	290	190	110	159	QT600
TXFQ18×2Ⅲ	798. 5	262. 5	465	175. 5	430	152. 5	325	230	130	194	QT600
TXFQ20×2Ⅲ	877	280	509	190	475	170	360	260	145	219	QT600
TXFQ25×2Ⅲ	1100	337	625	230	645	224	430	320	170	238	QT600

（三）卸料器和除尘器

接料器或供料器把物料喂入输料管中，输料管将物料输送到要求的地点后，还必须将物料从气流中分离出来，将物料从气流中分离出来的设备称为卸料器或分离器。气力输送中的卸料器与机械式除尘器的原理是相同的，唯一的差别是卸料器有一定的产量且要求物料破碎率低等，而且有时产量还比较大。常用的卸料器有离心式卸料器、重力式

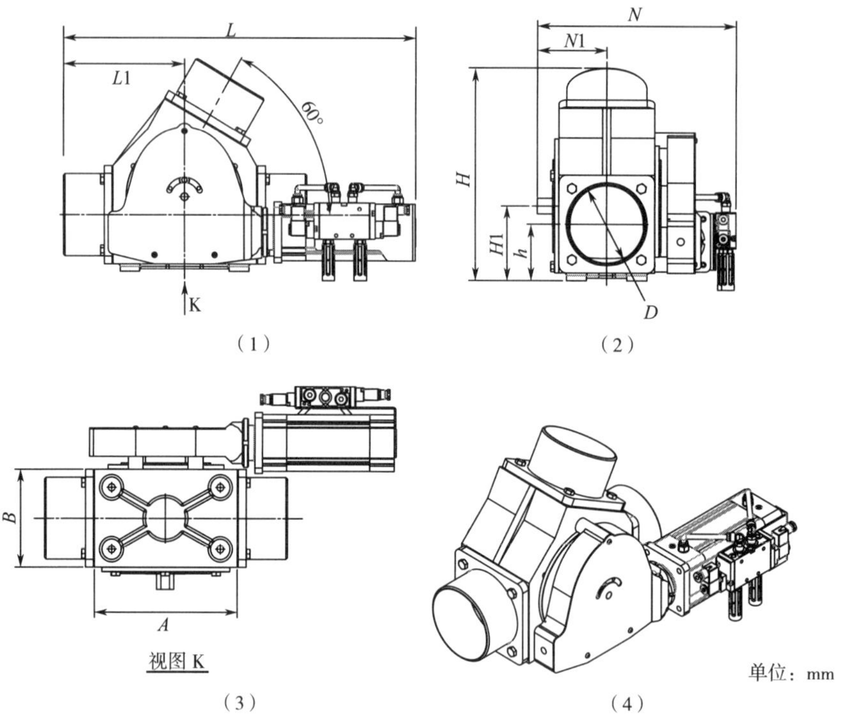

图 5-58　气动旋塞分路阀各部分尺寸图

（1）主视图（2）左视图（3）K 向视图（4）外形图

卸料器和惯性卸料器等类型。

1. 卸料器的基本要求

（1）分离效率高　卸料器应最大限度地将输送的物料从气流中分离出来，减少物料的损失。分离效率低时，从卸料器排出的空气中将含有一部分物料（为所输送物料中的粒径微细部分），会加重空气净化装置——除尘器的负荷。

（2）阻力低　卸料器的阻力低意味着消耗较低的风机能量，节能。

（3）性能稳定，排料连续可靠　要求卸料器在连续运行时，分离效率稳定，排料时连续可靠，不漏气，不存料，不堵塞。

（4）体积小，高度低，操作简便　即节省空间和占地面积小，易于维修。

有些使用场合，要求卸料器具有“一风多用”的功能。气流除了用来输送物料外，还可用来完成某些工艺效果。例如，气力输送小麦、玉米等谷物原粮时，在卸料器内设计特殊的结构利用气流将小麦、玉米中的轻杂分离出来，起到风选作用；还可以利用高速气流携带物料撞击到某种特制工作面上，使物料与特制工作面发生撞击、摩擦，对物料起到表面清理作用等。

2. 常用的卸料器

（1）离心式卸料器　离心式卸料器利用物料和气流的混合物（两相流）在做旋转运

动时离心力的作用使物料与气流分离，即离心式除尘器或刹克龙。离心式卸料器分离效率高，阻力低，结构简单，容易制造，体积小，既可用来净化含尘空气作为除尘器使用，还可作为气力输送中的卸料器使用。

离心式卸料器的选择方法同离心式除尘器。离心式卸料器一般单台使用。

（2）重力式卸料器　重力式卸料器是利用卸料器筒体有效截面的突然扩大、气流速度显著降低从而使气流失去携带物料的能力，于是物料在重力的作用下从气流中沉降出来。重力式卸料器结构简单，压力损失小，但体积大，并且由于是利用重力分离物料，分离粒径微细物料的能力有限，所以重力式卸料器主要用于颗粒状物料的分离。重力式卸料器也称为容积式卸料器。

重力式卸料器的结构如图 5-59 所示。重力式卸料器为一筒体结构，由进料口、中部筒体和与筒体相连接的上下锥体构成。上部锥体与排气管相连接，下部锥体排料。

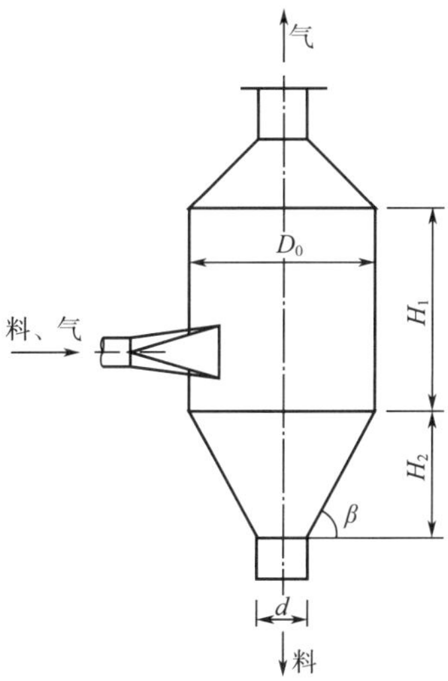

图 5-59　重力式卸料器的结构图

重力式卸料器的筒体直径 D_0 计算：

$$D_0 = 1.13\sqrt{\frac{Q}{3600u_t}} \tag{5-98}$$

式中　Q——卸料器的处理风量，m^3/h；

u_t——重力式卸料器筒体部分有效截面上的气流速度，一般取 u_t =（0.03～0.1）u_f；

u_f——物料的悬浮速度，m/s。

重力式卸料器筒体部分的高度 H_1 计算：

$$H_1 = CD_0 \tag{5-99}$$

式中　C——系数，对于粒径大于 3mm 的颗粒，C=1.0～1.5；对于粒径 0.5～3mm 的颗粒，$C=1.3\sim1.8$；对于粒径小于 0.5mm 的颗粒，$C=1.5\sim2.0$。

重力式卸料器下部锥体高度 H_2 计算：

$$H_2=0.5(D_0-d)\tan\beta \tag{5-100}$$

式中　d——下部锥体出料口直径，m；

β——锥体壁与水平面的夹角，（°）。一般 $\beta\geqslant$ 物料自流角。

重力式卸料器的压损计算：

$$\Delta P=\xi\frac{u_a^2}{2g}\gamma_a(1+\mu k) \tag{5-101}$$

式中　ξ——重力式卸料器的阻力系数，一般取 $\xi=3\sim6$；

γ_a——重力式卸料器进口处的空气重度，N/m^3；

μ——输料管中物料的输送浓度，kg/kg；

k——系数，$k=0.2\sim0.4$；

u_a——重力式卸料器进口风速，m/s。

设计重力式卸料器时，可选择已有的料仓或大的容器作为卸料器使用。为了提高重力式卸料器的卸料效率，一般可通过选择较低的进口气流速度、排风口距进料口最远或者在卸料器内部加装挡板等措施。

3. 除尘器

由于卸料器的分离效率达不到 100%，所以，物料和空气的混合物经过卸料器之后，从卸料器排放的空气中仍含有一部分粒径微细的物料或粉尘，为了使空气的排放浓度达到环境排放标准的要求、回收有用物料减少经济损失以及减少风机磨损和保护风机等，在卸料器之后的管道中需安装除尘器对空气进行进一步的净化。气力输送装置中常用的除尘器有离心式除尘器和过滤式除尘器。

（1）离心式除尘器　离心式除尘器主要用于空气中粒径大于 5μm 的较大粉尘的分离。一般对于粒径大于 20μm 的粉尘，除尘效率可达 80%，大于 40μm 的粉尘分离效率可达 90%以上。但单独使用离心式除尘器很少能达到环境排放要求。

当处理风量较大时，常选择多个离心式除尘器并联使用，如二联、四联等。

（2）过滤式除尘器　过滤式除尘器即脉冲除尘器。在气力输送系统中，当卸料器采用离心式卸料器时，含尘空气的净化往往不再使用离心式除尘器，而多采用过滤式除尘器。过滤式除尘器的显著特点是对微细粒径粉尘的除尘效率特别高。过滤式除尘器是目前空气排放浓度达到环保要求的必用除尘设备。在气力输送装置中，卸料器卸料之后尾气的净化一般采用各种类型的过滤式除尘器。

脉冲除尘器根据布袋清灰气流的压力高低分为高压脉冲除尘器和低压脉冲除尘器。高压脉冲除尘器以空气压缩机为反吹风气源设备，低压脉冲除尘器以罗茨鼓风机或气泵为反吹风气源设备。两种除尘器及结构如图 5-60、图 5-61 所示。

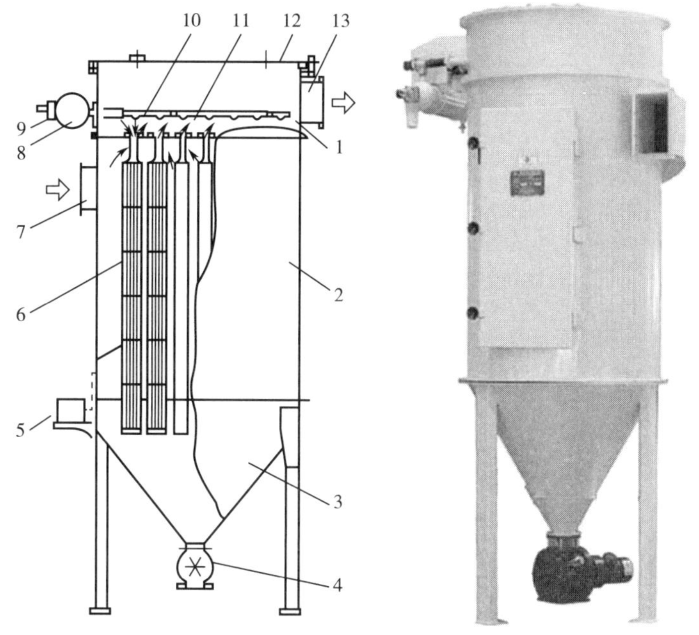

（1）　（2）

图 5-60　高压脉冲除尘器

（1）结构图　（2）实物图

1—上部箱体　2—中部箱体　3—下部箱体　4—闭风器　5—脉冲控制仪　6—滤袋及骨架　7—进气口　8—贮气包　9—脉冲阀　10—喷吹管　11—文氏管　12—顶盖　13—出气口

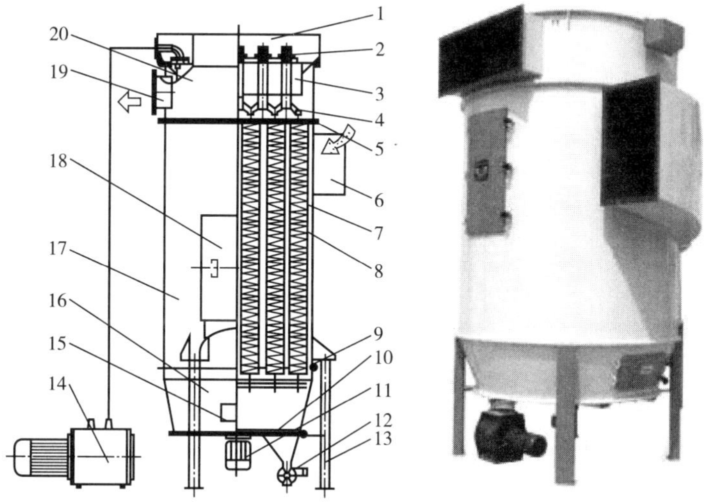

（1）　（2）

图 5-61　低压脉冲除尘器

（1）结构图　（2）实物图

1—上箱体盖板　2—脉冲阀　3—气室　4—喷嘴　5—多孔板　6—进气口　7—滤袋骨架　8—滤袋　9—滤袋固定架　10—排灰刮板　11—刮板电机　12—闭风器　13—支腿　14—气泵或罗茨鼓风机　15—灰斗检修门　16—下箱体　17—中箱体　18—检修门　19—出气口　20—上箱体

高压脉冲除尘器和低压脉冲除尘器两者对含尘空气的净化原理是相同的，都是布袋的过滤作用，而且均为外滤式，即粉尘被截留在布袋的外表面上。为防止布袋被吸瘪，布袋内均设置有骨架。二者最大的区别是各自特有的清灰系统。

高压脉冲除尘器的气流喷吹清灰系统由储气包、脉冲阀、喷吹管、文氏管和脉冲控制仪等构成。

脉冲阀是气流喷吹系统的重要构件，高压脉冲除尘器的脉冲阀属于高压脉冲阀。脉冲阀的一端连接压缩空气储气包，另一端连接喷吹管。脉冲阀的背压室接控制阀，脉冲控制仪控制着控制阀和脉冲阀的开启和关闭。当脉冲控制仪没有信号输出时，控制阀的排气口被关闭，脉冲阀处于关闭状态；当脉冲控制仪有信号输出时，控制阀的排气口被打开与大气相通，使脉冲阀的背压室压力迅速降低，膜片两侧产生压力差，膜片在压力差作用下产生位移，脉冲阀喷吹喷口被打开，此时压缩空气从储气包通过脉冲阀进入喷吹管，进入喷吹管中的高压空气经管底部的小孔喷出，当这股喷吹气流通过文氏管时，文氏管诱导数倍于压缩空气的周围空气进入布袋，造成布袋内部瞬间正压，使布袋膨胀从而实现清灰。

高压脉冲除尘器的气流喷吹清灰系统中，压缩空气的供气设备主要由空气压缩机、储气罐、过滤器、干燥机等构成。空气压缩机可以选择螺杆式或活塞式。为了保证压缩空气的洁净，减少压缩空气中油、水等成分对脉冲阀的影响，压缩空气气源设备中还配有多级过滤器以及干燥机等对压缩空气进行净化处理。

低压脉冲除尘器的反吹风系统主要由位于上部筒体内部的高压气室、低压脉冲阀、喷吹管、文氏管、脉冲控制仪以及气源设备罗茨风机或气泵等组成。一般而言，低压脉冲除尘器采用一阀一袋或一阀两袋（也有一阀三袋或四袋）的喷吹结构，所谓一阀两袋，即一个脉冲阀喷吹两个布袋。

4. 闭风器

闭风器是卸料器和除尘器正常运行必须配置的设备，安装在卸料器或除尘器的排料口，闭风器的性能直接影响卸料器或除尘器的性能。

气力输送装置对闭风器的要求有以下几点。

（1）气密性好，漏风率低；

（2）不卡料，不增碎；

（3）产量稳定，排料连续可靠；

（4）体积小，高度低。

气力输送装置中常用的闭风器是叶轮式闭风器，即叶轮式供料器。

叶轮式闭风器的选择，一般取决于其有效容积。可以通过提高叶轮式闭风器的转速提高产量，但转速一般不超过 60r/min。

粮食加工行业常用的叶轮式闭风器有 TGFY1.6、TGFY2.8、TGFY4、TGFY5、TGFY7、TGFY9 等型号。

绞龙式闭风器和压力门式闭风器，多用于除尘风网中除尘器的排料。

表5-51为垂直卸料负压关风器型号规格及参数。表5-52为垂直卸料负压关风器各部分尺寸表。表5-53为背板垂直卸料负压关风器各部分尺寸表。图5-62为垂直卸料负压关风器结构图，图5-63为背板垂直卸料负压关风器结构图。

表5-51　垂直卸料负压关风器型号规格及参数

型号	容积/L	转速/（r/min）	配用功率/kW	最大压力/kPa
TGFW5/TGFD5	5	20~60	0.75~1.1	≤50
TGFW7/TGFD7	7	20~60	0.75~1.1	
TGFW9/TGFD9	9	20~60	0.75~1.1	
TGFW12/TGFD12	12	20~40	1.5	
TGFW16/TGFD16	16	20~40	1.5	
TGFB25	25	30~35	2.2	
TGFB35	35	30~35	2.2	
TGFB45	45	30~35	2.2	
TGFB55	55	25~30	2.2~3	
TGFB65	65	25~30	2.2~3	
TGFB80	80	20~26	3	
TGFB100	100	20~26	3	
TGFB140	140	18~22	4	

注：T——粮油通用机械；GF——关风器；W——负压无挡单机（不带动力）；D——负压直联机（带动力）；B——负压背板机（带动力）。适用领域：粮食、饲料、化工等行业或领域。适用风网：负压风网。适用物料：粉状物、颗粒物或直径小于3mm破碎状物料等。功能作用：气力输送接料、排料过程同时保证风网系统压力稳定作用。性能特点：无挡锥叶片转子，直联驱动，软质密封圈与弹簧组合自动补偿；可用于多点卸料。

表5-52　垂直卸料负压关风器各部分尺寸　单位：mm

型号	*L*	*L1*	*H*	*H1*	*D*	*D0*	*D1*	*A*	*A1*	*A2*	*A3*	*B*	*B1*	*B2*	*B3*	*k*	*d*
TGFW5/TGFD5	410	205	423	150	225	195	145	170	150	136	—	250	180	220	—	4	11
TGFW7/TGFD7	450	225	423	150	245	215	170	210	188	156	—	250	180	220	—	4	11
TGFW9/TGFD9	500	250	423	150	265	235	190	260	238	176	—	250	180	220	—	4	11
TGFW12/TGFD12	450	225	548	215	265	235	190	260	192	150	235	300	237	275	150	8	14
TGFW16/TGFD16	500	250	548	215	290	255	215	310	242	150	285	300	237	275	150	8	14

表 5-53　　背板垂直卸料负压关风器各部分尺寸　　单位：mm

型号	*L*	*L*1	*H*	*H*1	*N*	*N*1	*E*	*E*1	*F*	*F*1	*A*	*A*1	*A*2	*n*×*m*	*B*	*B*1	*B*2	*B*3	*k*-ϕd
TGFB25	756	331	480	240	777	250	420	312	312	260	420	312	390	2×148	364	260	195	335	10-ϕ16
TGFB35	846	376	480	240	750	222.5	510	402	402	260	510	402	480	2×205	364	260	195	335	10-ϕ16
TGFB45	906	406	480	240	750	222.5	570	462	462	260	570	462	540	3×148	364	260	195	335	12-ϕ16
TGFB55	880	390	620	310	885	280	490	385	385	310	490	385	452	4×113	400	310	120	360	14-ϕ16
TGFB65	940	420	620	310	880	280	500	450	450	310	550	450	520	5×104	400	310	120	360	16-ϕ16

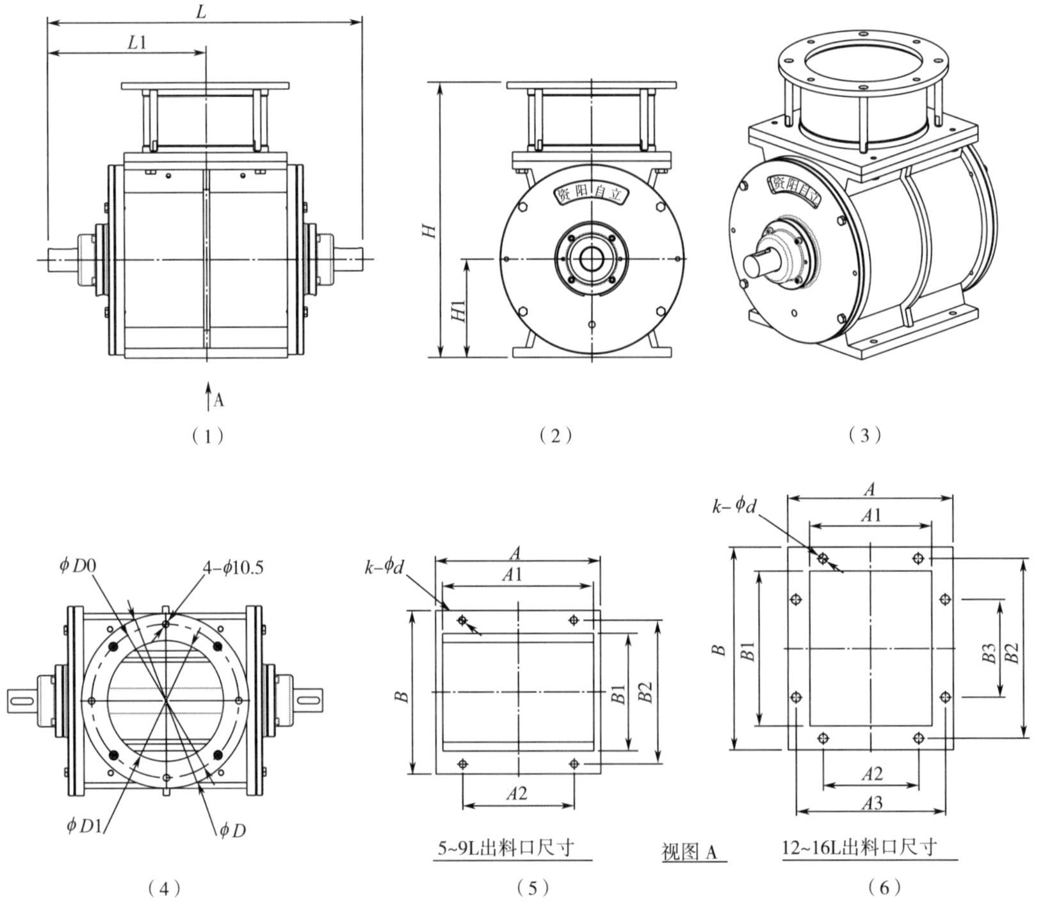

图 5-62　垂直卸料负压关风器（5~16L）结构图

（1）主视图（2）左视图（3）外形图（4）进料口尺寸图

（5）5~9L 出料口尺寸图（6）12~16L 出料口尺寸图

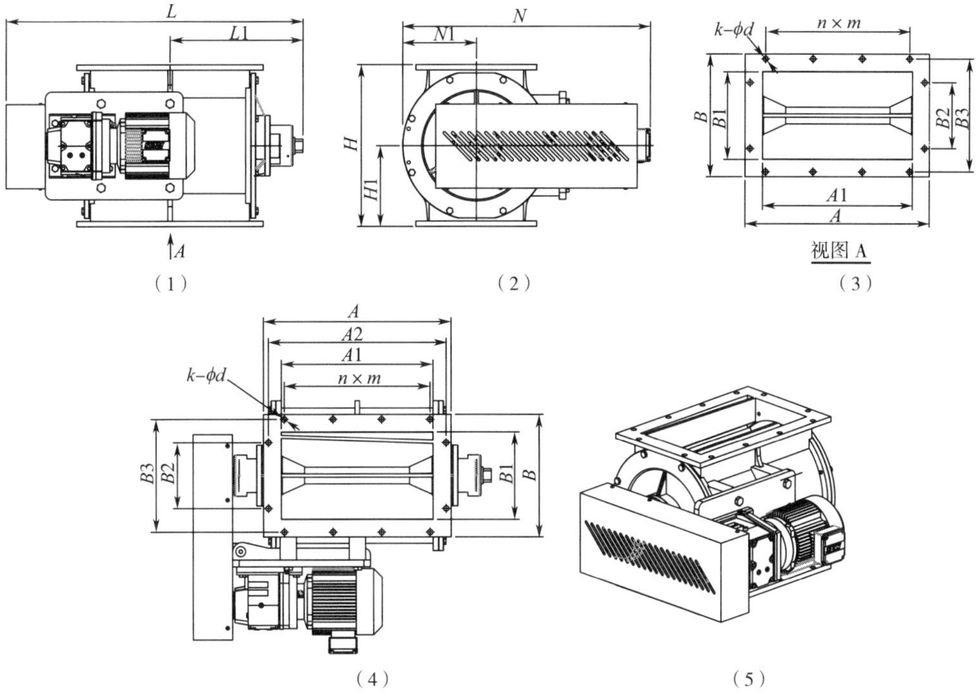

图 5-63　背板垂直卸料负压关风器（25~240L）结构图

（1）主视图（2）左视图（3）A 向视图（4）俯视图（5）外形图

（四）风机

由于物料的输送需要消耗很高的能量，因此气力输送装置中的风机多选用高压离心通风机或罗茨鼓风机等空气机械。

气力输送装置中的风机应满足以下要求。

（1）能够提供气力输送装置所需要的全压和风量；

（2）风机输送的空气清洁干净，不含油、水等杂质成分，尤其是对于粮食、食品、药品等有特殊要求物料的输送；

（3）气力输送产量波动引起管网阻力波动大，而要求风机的风量变化量较小；

（4）风机能够适应通过风机的空气中含有一定粒径、浓度的粉尘；

（5）风机便于检修和使用。

在粮食加工厂气力输送装置中，常用的风机有三大类，分别是高压离心通风机、罗茨鼓风机和多级离心鼓风机。

1. 高压离心通风机

高压离心通风机有 6-23 型、6-30 型、6-28 型、5-18 型等后向叶片风机，9-10 型、9-19 型、9-26 型等前向叶片风机以及其他类型的高压离心通风机、鼓风机如 TY 系列等。

由于现代小麦粉厂的规模日益增大，一些传统的高压离心通风机如 6-23 型、6-30

型等逐渐被一些新型高压离心通风机如 TY 型等取代。

在气力压运输送装置或气力卸船机（吸粮机）装置中，风机多采用罗茨鼓风机或罗茨真空泵，有时也采用高压离心通风机或多级离心鼓风机等。

表 5-54 为 TLGF-HY 高压系列风机性能参数表，图 5-64 为 TLGF-HY 系列高压离心通风机结构图，表 5-55 为 TLGF-HY 系列高压离心通风机尺寸表。

表 5-56 为 9-26 型离心通风机性能参数表，表 5-57 为 TY 系列高压风机性能参数表，图 5-65 为 6-30 型高压离心通风机性能曲线图。

表 5-54　　TLGF-HY 高压系列风机性能参数

型号	传动方式	转速/（r/min）	流量/（m^3/h）	全压/Pa	电流/A	电动机	
						规格型号	功率/kW
TLGF-HY-30-1	A	2950	3640	9150	33	Y2-200L1-2	30
			6980	9390	45		
			9500	9290	57		
			12400	8100	68		
TLGF-HY-37-1	A	2950	10020	9850	60.3	Y2-200L2-2	37
			11160	9630	62.9		
			12660	9450	65		
			13620	9134	68.9		
			14160	8910	69.5		
			14940	8690	71.3		
TLGF-HY-37-2	A	2950	900	10270	54.5	Y2-200L2-2	37
			10440	10060	61.1		
			11880	9760	64.1		
			12540	9500	67.4		
			13200	9230	69.7		
			14160	8929	74.3		
TLGF-HY-45-1	A	2960	10681	10709	65	Y2-225M-2	45
			11880	10444	69		
			13363	10130	75.3		
			14159	9871	77		
			14880	9713	78.5		
			15840	9329	79.5		
			16812	8869	82		

续表

型号	传动方式	转速/（r/min）	流量/（m^3/h）	全压/Pa	电流/A	电动机	
						规格型号	功率/kW
TLGF-HY-45-2	A	2960	10419	11383	74	Y2-225M-2	45
			12157	11170	77		
			13010	10960	80.5		
			13800	10739	83.5		
			14170	10460	85		
			14544	10211	86		
			14832	10049	88		
TLGF-HY-55-1	A	2965	14500	10570	88	Y2-250M-2	55
			16020	10264	93		
			17405	9888	97		
			18659	9541	100		
			19379	9197	103		
TLGF-HY-55-2	A	2965	12888	11350	91	Y2-250M-2	55
			14112	11205	90		
			15500	11130	98		
			17100	10783	104		
			18288	10314	105		
TLGF-HY-55-3	A	2965	11384	12387	80	Y2-250M-2	55
			12661	12147	91		
			13812	12048	92		
			14514	11787	95		
			15347	11531	100		
			16114	11335	102		
TLGF-HY-55-4	A	2965	11041	12710	84	Y2-250M-2	55
			12081	12583	91		
			12570	12415	93		
			13122	12309	95		

续表

型号	传动方式	转速/（r/min）	流量/（m^3/h）	全压/Pa	电流/A	电动机	
						规格型号	功率/kW
TLGF-HY-55-4	A	2965	14291	12170	98	Y2-250M-2	55
			14938	12049	101		
			15979	11871	103		
TLGF-HY-75-1	A	2970	13050	13912	103.8	Y2-280S-2	75
			14500	13750	110.7		
			15720	13350	117		
			17120	13040	124.8		
			19100	12547	142		
TLGF-HY-75-2	A	2970	14936	12160	112	Y2-280S-2	75
			16315	11949	117.8		
			17650	11759	117		
			18800	11510	121.5		
			19801	11341	127		
			20394	11083	129		
			20905	10892	130		
TLGF-HY-75-3	A	2900	10260	14230	97	Y2-280S-2	75
			12900	14149	106		
			13980	14065	112		
			15240	13940	118.2		
			16140	13760	123		
			18000	13596	128.5		
			18600	13333	132		
			19560	13142	136		
			19920	12967	139		
			20880	12921	140.2		

续表

型号	传动方式	转速/（r/min）	流量/（m^3/h）	全压/Pa	电流/A	电动机	
						规格型号	功率/kW
TLGF-HY-90-1	A	2900	17740	14252	144	Y2-280S-2	90
			18240	14116	149		
			18780	13992	153		
			19860	13832	157		
			21480	13658	160		
			22320	13483	161		
			22800	13485	163		

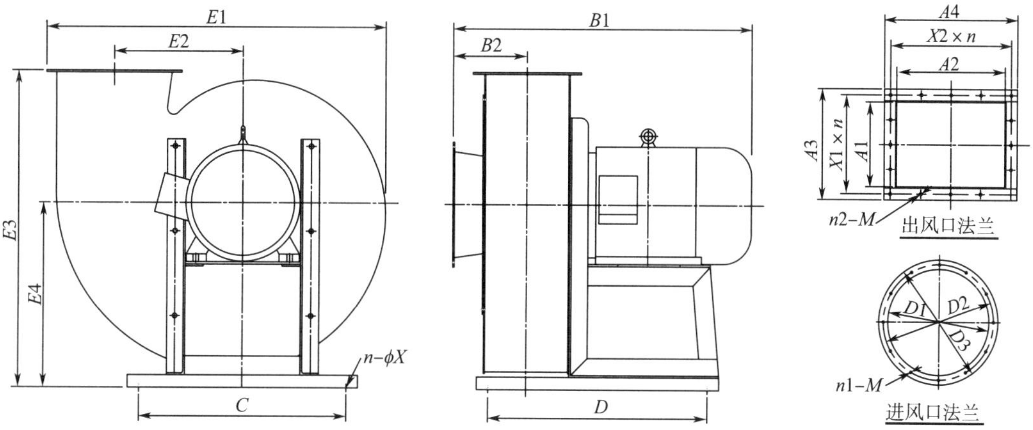

（1）　（2）　（3）

图 5-64　TLGF-HY 系列高压通风机结构图

（1）主视图（2）左视图（3）进风口，出风口尺寸图

表 5-55　TLGF-HY 系列高压通风机尺寸　单位：mm

型号	外形尺寸						安装尺寸		
	$E1$	$E2$	$E3$	$E4$	$B1$	$B2$	C	D	$n-\phi X$
HY-37-1	1320	506	1218	698	1122	297	860	860	4-ϕ20
HY-37-2	1269	494	1188	668	1122	312	750	850	4-ϕ20
HY-45-1	1377	533	1273	733	1174	294	900	880	4-ϕ20
HY-45-2	1377	533	1273	733	1174	294	900	880	4-ϕ20
HY-45-3	1377	533	1273	733	1174	294	900	880	4-ϕ20

续表

型号	进风口法兰				出风口法兰						
	D1	D2	D3	n1-M	A1	A2	A3	A4	n2-M	X1×n	X2×n
HY-37-1	450	490	530	12-M10	308	392	420	500	16-M10	92*4	112*4
HY-37-2	450	490	530	12-M10	278	342	390	451	16-M10	85*4	100*4
HY-45-1	450	490	530	12-M8	340	402	450	510	16-M8	100*4	115*4
HY-45-2	450	490	530	12-M8	340	402	450	510	16-M8	100*4	115*4
HY-45-3	450	490	530	12-M8	340	402	450	510	16-M8	100*4	115*4

型号	外形尺寸						安装尺寸		
	E1	E2	E3	E4	B1	B2	C	D	n-ϕX
HY-55-1	1473	561	1343	783	1295	320	900	1000	4-ϕ20
HY-55-2	1473	561	1343	783	1295	320	900	1000	4-ϕ20
HY-55-3	1473	561	1343	783	1295	320	900	1000	4-ϕ20
HY-55-4	1473	561	1343	783	1295	320	900	1000	4-ϕ20

型号	进风口法兰				出风口法兰						
	D1	D2	D3	n1-M	A1	A2	A3	A4	n2-M	X1×n	X2×n
HY-55-1	450	490	530	12-M8	360	482	470	590	16-M10	105*4	134*4
HY-55-2	450	490	530	12-M8	360	482	470	590	16-M10	105*4	134*4
HY-55-3	450	490	530	12-M8	360	482	470	590	16-M10	105*4	134*4
HY-55-4	450	490	530	12-M8	360	482	470	590	16-M10	105*4	134*4

型号	外形尺寸						安装尺寸		
	E1	E2	E3	E4	B1	B2	C	D	n-ϕX
HY-75-1	1452	570	1370	790	1311	272	980	1010	4-ϕ20
HY-75-2	1560	600	1430	830	1379	314	980	1040	4-ϕ20
HY-75-3	1504	578	1450	830	1445	394	980	1040	4-ϕ20
HY-90-1	1602	609	1480	850	1627	469	1060	1220	4-ϕ20

型号	进风口法兰				出风口法兰						
	D1	D2	D3	n1-M	A1	A2	A3	A4	n2-M	X1×n	X2×n
HY-75-1	450	500	535	12-M8	328	392	444	500	18-M10	100*4	91*5
HY-75-2	450	490	530	12-M8	380	500	480	600	18-M10	108*4	110*5
HY-75-3	570	635	695	12-M12	370	452	482	560	18-M10	108*4	102*5
HY-90-1	630	700	750	16-M12	364	510	496	638	20-M10	109*4	96*6

表 5-56　　9-26 型离心通风机性能（部分）

机号	转速/（r/min）	序号	全压/Pa	风量/（m^3/h）	内效率/%	传动方式	电动机 规格型号	电动机 功率/kW
No. 4	2900	1	3852	2198	74. 7	A	Y132S-2	5. 5
		2	3820	2368	75. 5			
		3	3765	2536	75. 7			
		4	3684	2706	75			
		5	3607	2877	73. 8			
		6	3502	2044	72. 1			
		7	3407	3215	70			
No. 4. 5	2900	1	4910	3130	76. 1	A	Y132S2-2	7. 5
		2	4863	3407	77. 1			
		3	4776	3685	77. 1			
		4	4661	3963	76		Y160M1-2	11
		5	4546	4237	74. 5			
		6	4412	4515	72. 3			
		7	4256	4792	70			
No. 5	2900	1	6035	4293	77. 2	A	Y160M2-2	15
		2	5984	4706	78. 2			
		3	5869	5114	78			
		4	5725	5527	76. 7			
		5	5553	5941	74. 9			
		6	5381	6349	72. 7			
		7	5180	6762	70		Y160L-2	18. 5
No. 5. 6	2900	1	7610	6032	77. 2	A	Y180M-2	22
		2	7546	6612	78. 2			
		3	7400	7185	78			
		4	7218	7766	76. 7		Y200L1-2	30
		5	7000	8346	74. 9			
		6	6781	8919	72. 7			
		7	6527	9500	70			

续表

机号	转速/（r/min）	序号	全压/Pa	风量/（m^3/h）	内效率/%	传动方式	电动机	
							规格型号	功率/kW
No. 6. 3	2900	1	9698	8588	77. 2	A	Y225M-2	45
		2	9616	9415	78. 2			
		3	9429	10230	78			
		4	9195	11056	76. 7			
		5	8915	11883	74. 9			
		6	8636	12699	72. 7		Y250M-2	55
		7	8310	13525	70			
No. 7. 1	2900	1	12467	12292	77. 2	D	Y280S-2	75
		2	12321	13475	78. 2			
		3	12078	14643	78			
		4	11776	15826	76. 7		Y315S-2	110
		5	11415	17009	74. 9			
		6	11055	18177	72. 7			
		7	10635	19360	70			

表 5-57　　TY 系列高压风机性能参数

型号	转速/（r/min）	工况点	流量/（m^3/h）	全压/Pa	电流/A	配用电动机功率/kW
TYNo. 9-2. 2A	2970	1	13276	13780	122	90 或 110
		2	15006	13790	131	
		3	16376	13820	137	
		4	18081	13610	144	
		5	19597	13460	152	
		6	21443	12990	160	
		7	23062	12790	167	
		8	24345	12710	174	
		9	25954	12650	182	
		10	26971	12490	190	

续表

型号	转速/（r/min）	工况点	流量/（m^3/h）	全压/Pa	电流/A	配用电动机功率/kW
TYNo. 8. 8-2. 2A	2970	1	9318	14500	93	90 或 110
		2	10160	14640	99	
		3	11589	14420	107	
		4	13859	14460	118	
		5	15299	14230	125	
		6	16993	13870	132	
		7	19256	13270	142	
		8	21252	12520	151	
		9	23648	10810	160	
		10	25750	10640	168	
TYNo. 8. 8-2. 5A	2970	1	15084	13110	123	90
		2	16741	13160	130	
		3	18563	12880	135	
		4	19677	12580	141	
		5	20645	12350	146	
		6	21944	12000	151	
		7	23247	11620	156	
		8	25118	11200	162	
		9	26586	10340	167	
		10	27320	9450	171	
TYNo. 8. 4-2A	2970	1	12782	12740	98	75 或 90
		2	14090	12660	104	
		3	15146	12560	109	
		4	16656	12360	115	
		5	18581	11910	122	
		6	19802	11570	127	
		7	21646	11270	135	
		8	22417	10910	139	
		9	23369	10690	142	
		10	24767	10110	148	

续表

型号	转速/（r/min）	工况点	流量/（m^3/h）	全压/Pa	电流/A	配用电动机功率/kW
TYNo. 8. 4-2. 4A	2970	1	13682	12230	96	55
		2	14943	12010	101	
		3	16638	11810	109	
		4	18197	11220	114	
		5	19939	10920	122	
		6	21814	10430	127	
		7	23951	9720	133	
		8	24386	8670	139	
		9	26193	8480	143	
		10	26939	7470	146	
TYNo. 8-1. 8A	2970	1	10074	11260	74	55 或 75
		2	12401	11250	83	
		3	13660	11330	89	
		4	15100	11280	95	
		5	15978	11080	99	
		6	16848	11020	101	
		7	17506	10800	103	
		8	18218	10460	105	
		9	18681	10350	107	
		10	20092	10080	111	
TYNo. 8. 4-1. 4A	2970	1	8372	12250	70	55 或 75
		2	10254	12170	77	
		3	11254	12090	82	
		4	11995	12110	87	
		5	12937	11900	91	
		6	13772	11680	95	
		7	14066	11680	99	
		8	14472	11300	101	
		9	15858	10990	103	
		10	17107	10380	108	

续表

型号	转速/（r/min）	工况点	流量/（m^3/h）	全压/Pa	电流/A	配用电动机功率/kW
TYNo. 8. 4-1. 1A	2970	1	8885	12590	63	45 或 55
		2	9748	12370	68	
		3	10808	12290	74	
		4	11377	11920	77	
		5	11797	11680	79	
		6	12387	11030	81	
		7	13021	10670	83	
		8	13413	10290	86	
		9	14002	9780	89	
		10	14701	9100	91	
TYNo. 8. 8-0. 85A	2970	1	4118	15400	63	55
		2	5594	15640	69	
		3	6174	15560	74	
		4	7113	15680	80	
		5	7787	15780	87	
		6	8254	15990	90	
		7	8715	16070	95	
		8	9209	15750	101	
		9	9878	15600	108	
		10	10352	15550	113	
TYNo. 8. 4-0. 75A	2970	1	5902	13800	54	45
		2	6263	13850	58	
		3	6640	14030	61	
		4	7003	14040	64	
		5	7504	14150	68	
		6	7941	13950	72	
		7	8342	13940	76	
		8	8580	13920	79	
		9	8932	13850	83	
		10	9067	13740	85	

续表

型号	转速/（r/min）	工况点	流量/（m^3/h）	全压/Pa	电流/A	配用电动机功率/kW
TYNo. 7. 7-2. 1A	2970	1	15669	9500	79	55
		2	15838	9370	81	
		3	16722	8930	84	
		4	17247	8570	86	
		5	18575	8180	89	
		6	19805	7650	91	
		7	21018	6740	92	
		8	22424	6000	93	
		9	23167	5320	95	
		10	24100	4650	95	
TYNo. 7. 7-1. 8A	2970	1	13813	10160	80	55
		2	14483	9870	83	
		3	15490	9620	87	
		4	16217	9470	90	
		5	17625	9460	93	
		6	18407	9380	97	
		7	18820	9330	99	
		8	19328	9170	101	
		9	20160	8790	103	
		10	20663	8270	105	
TYNo. 7. 7-1. 5A	2970	1	7835	10940	52	45 或 55
		2	9410	10820	59	
		3	10963	10640	64	
		4	12471	10480	70	
		5	13667	10180	76	
		6	14628	10000	79	
		7	15189	9910	81	
		8	16024	9730	83	
		9	16817	9540	86	
		10	16573	9210	89	

续表

型号	转速/（r/min）	工况点	流量/（m^3/h）	全压/Pa	电流/A	配用电动机功率/kW
TYNo. 7. 3-1. 8A	2970	1	10493	9020	57	45
		2	11504	9060	60	
		3	12843	8620	64	
		4	14052	8250	67	
		5	15237	7810	71	
		6	16703	7220	74	
		7	17752	6990	77	
		8	18834	6400	80	
		9	19956	5610	83	
		10	21363	4750	86	
TYNo. 7. 3-1. 5A	2970	1	755	9530	49	37
		2	8423	9450	50	
		3	9510	9610	54	
		4	10739	9250	57	
		5	12220	9130	61	
		6	12881	8930	63	
		7	14082	8670	68	45
		8	14616	8620	69	
		9	15378	8310	70	
		10	16422	8330	73	
TYNo. 7. 3-1. 5A	2970	1	6862	9210	45	37
		2	8029	8890	47	
		3	10813	8340	51	
		4	11838	8250	54	
		5	12943	7660	57	
		6	13988	7010	60	
		7	15228	6400	62	
		8	16885	5240	65	
		9	18756	4170	67	
		10	19485	4060	69	

续表

型号	转速/（r/min）	工况点	流量/（m^3/h）	全压/Pa	电流/A	配用电动机功率/kW
TYNo. 8-0. 65A	2970	1	2790	11810	42	
		2	3364	12360	45	
		3	3738	12660	49	
		4	4258	12840	52	
		5	4965	13180	55	
		6	5776	13470	60	
		7	6732	13540	65	
		8	7073	13560	68	
		9	7396	13540	70	
		10	8015	13070	75	

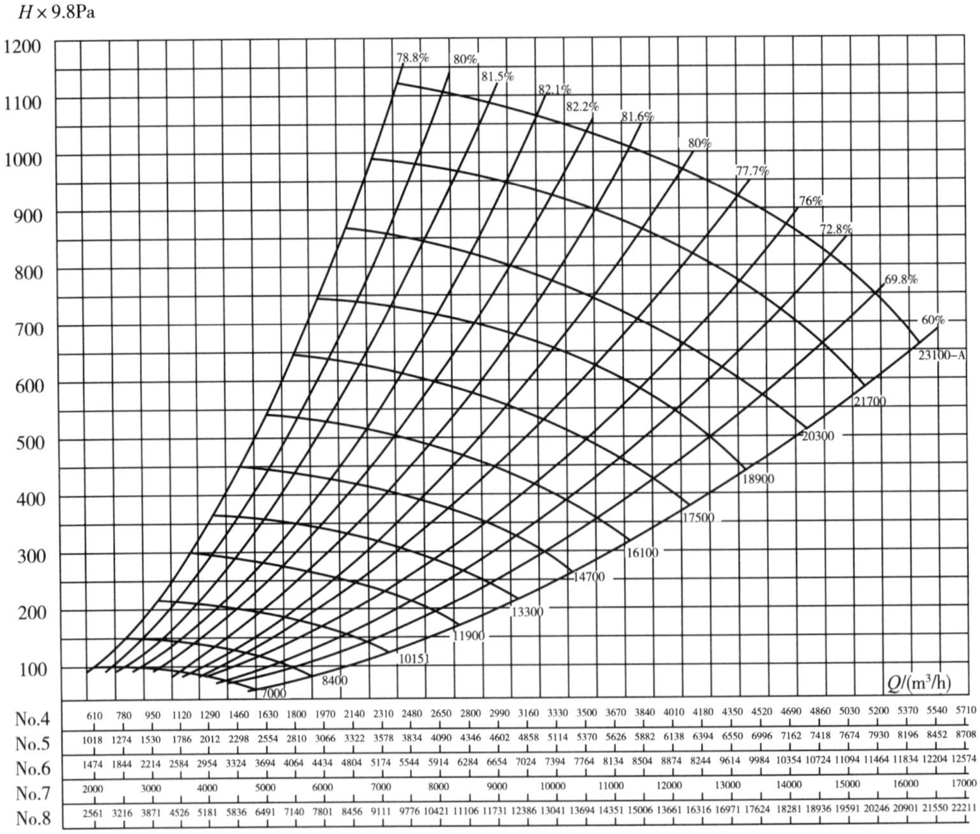

图 5-65　6-30 型高压离心通风机性能曲线

2. 多级离心鼓风机

气力输送装置中的多级离心鼓风机一般具有 2~4 个叶轮。具有 2 个叶轮，称为 2 级离心鼓风机；具有 4 个叶轮，称为 4 级离心鼓风机。多级离心鼓风机的性能曲线同普通的离心通风机相比，具有风压增大风量减小的特点。在气力输送装置中，为了保持管道中的风量恒定，风机连接管道上要安装风量调节阀。

气力输送装置中使用的多级离心鼓风机的机壳多为钢板焊接制作，质量轻，对通过风机空气的含尘浓度高低、粉尘粒径大小有较高的适应性。但多级离心鼓风机转速较高，一般超过 3000r/min。图 5-66 所示为气力输送装置中使用的一种 4 级离心鼓风机结构图。

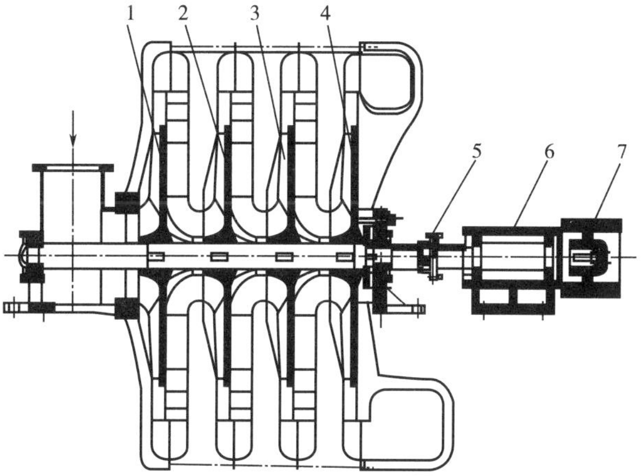

图 5-66　4 级离心鼓风机结构图

1—一级叶轮　2—二级叶轮　3—三级叶轮　4—四级叶轮　5—联轴器　6—轴承座　7—皮带轮

3. 罗茨鼓风机

罗茨鼓风机属于容积式空气机械。1859 年由美国的弗朗西斯·罗茨和菲兰德·罗茨两兄弟发明并由此得名。罗茨鼓风机的风量通常在 0.5~1000m^3/min，单级工作压力在-53.3~98kPa，广泛应用于各工业领域。

（1）罗茨鼓风机结构和工作原理　罗茨鼓风机主要由机壳、转子、同步齿轮传动部分和油箱等构成，结构如图 5-67 所示。转子是罗茨鼓风机的旋转部件，两个转子通过同步齿轮传动，进行转速相同、方向相反的旋转运动。转子按叶轮头数有双叶和三叶之分，如图 5-68 所示。一般而言，三叶转子的罗茨鼓风机运转噪声低、输出气流脉动性弱、气流稳定。罗茨鼓风机的转子之间、转子与机壳之间有适当的工作间隙，但是无油润滑。根据两个转子的轴是水平安装或是垂直安装，罗茨鼓风机分为卧式和立式两种。

罗茨鼓风机工作原理如图 5-69 所示。当两个位差 90°的转子在机壳内等速反向旋转时，进入机壳内被转子和机壳及转子两端墙板包围而形成的空气随着转子的旋转，在受到转子的作用和排气端具有一定压力的空气的压缩作用下而提高压力。因此罗茨鼓风机

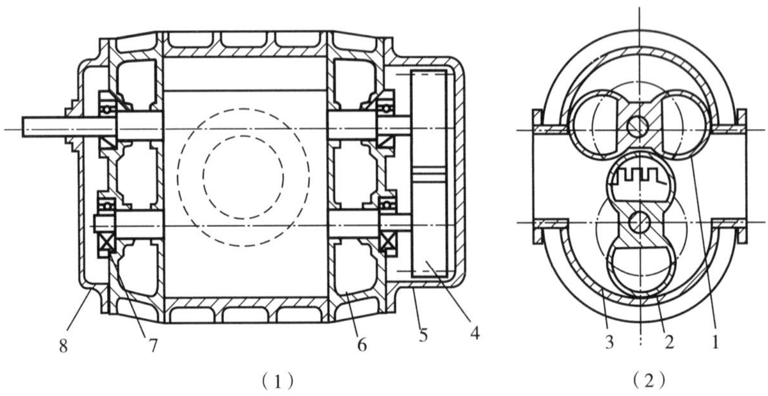

图 5-67　罗茨鼓风机结构图

（1）纵剖图（2）横剖图

1—主动转子　2—从动转子　3—机壳　4—同步齿轮　5—主油箱　6—墙板　7—轴承　8—副油箱

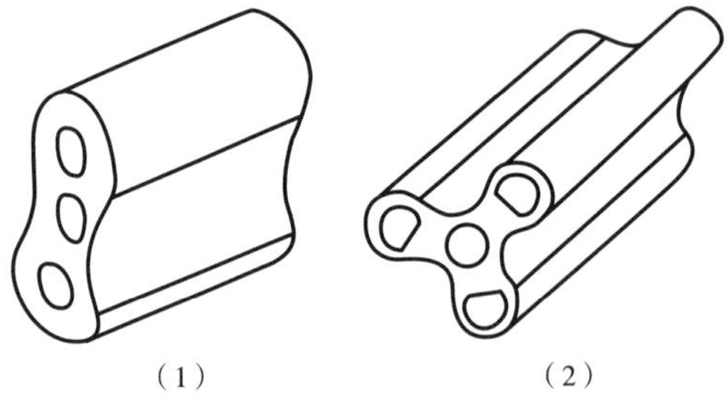

图 5-68　罗茨鼓风机转子形状

（1）双叶（2）三叶

所产生的压力取决于管网阻力。同时，为防止管道堵塞或超负荷工作造成电动机过载，在罗茨鼓风机管网中必须安装安全阀而且禁止安装阻力阀门。

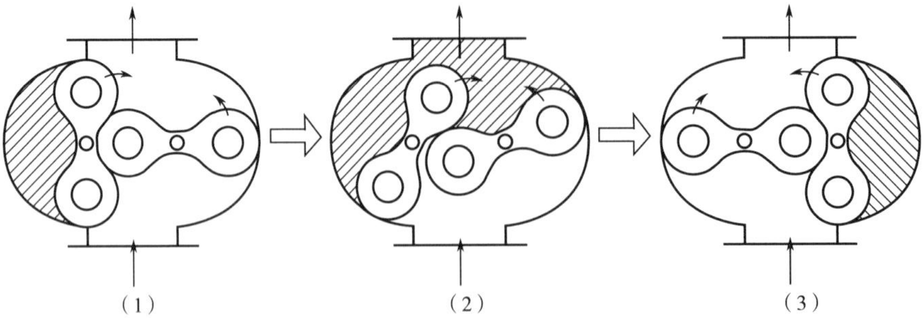

图 5-69　罗茨鼓风机工作原理图

（1）转子旋转状态 1（2）转子旋转状态 2（3）转子旋转状态 3

（2）罗茨鼓风机的性能和特点

①风量：由于一个转子旋转一周与机壳形成两个密闭空腔，所以双叶罗茨鼓风机的理论风量可按式（5-102）计算。

$$Q_T = 4ALn \tag{5-102}$$

式中　A——转子与机壳内壁之间的截面面积，m^2；

L——转子长度，m；

n——转子转速，r/min；

Q_T——罗茨鼓风机的理论风量，m^3/min。

由于罗茨鼓风机转子与转子之间、转子与机壳之间存在着间隙，因此在罗茨鼓风机工作时，会有部分空气从具有高压的排气侧通过间隙向低压的进气侧泄漏，使罗茨鼓风机的实际风量小于理论风量。罗茨鼓风机的实际风量可按式（5-103）计算。

$$Q = \eta_{容} Q_T \tag{5-103}$$

式中　$\eta_{容}$——罗茨鼓风机的容积效率，%；

Q——罗茨鼓风机的实际风量，m^3/min。

罗茨鼓风机的容积效率数值大小与罗茨鼓风机的加工精度和压力高低有关。

显然，罗茨鼓风机的风量与转速成正比，可以通过改变转速来提高或降低风量，但在提高转速时，应注意罗茨鼓风机的允许限度及电动机功率。罗茨鼓风机的风量，一般采用分钟流量表示，即 m^3/min。

罗茨鼓风机产品样本或铭牌上的流量（风量）为标准状况下的容积流量。对罗茨鼓风机，指进风口处于压力 101.325kPa，温度 20℃，相对湿度 50%的空气状态时，单位时间内排出的气体在进气状态下的容积；对罗茨真空泵，指进气温度 20℃，排气压力为 101.325kPa 时，单位时间内吸入的空气在进气状态下的容积。

②转速：罗茨鼓风机转速指其主动轴在单位时间内旋转的转数，单位为 r/min。

③罗茨鼓风机的压力：罗茨鼓风机产生的压力一般用静压表示。单位为 Pa 或者 kPa。

罗茨鼓风机的压力不取决于风机本身，而取决于所连接的管网阻力。即所连接的管网阻力有多大，罗茨鼓风机就提供多大的压力。从理论上讲，只要电动机功率允许，罗茨鼓风机可以在任何压力下工作。

根据罗茨鼓风机压力变化的特点，罗茨鼓风机的连接管道上禁止安装阻力性阀门，而必须安装安全阀（即泄压阀）。

④轴功率：原动机传给风机轴的功率，即风机轴功率。罗茨鼓风机轴功率可以根据风机的参数计算。

$$N = \frac{HQ}{1000 \times 60 \eta_{容} \eta_{机}} \tag{5-104}$$

式中　N——罗茨鼓风机轴功率，kW；

H——罗茨鼓风机静压，Pa；

Q——风量，m^3/min；

$\eta_{容}$——罗茨鼓风机的容积效率，一般 $\eta_{容}=0.75\sim0.85$；

$\eta_{机}$——罗茨鼓风机的机械效率，一般 $\eta_{机}=0.82\sim0.92$。

选择罗茨鼓风机时，根据管网的总风量和总阻力计算出风机的参数后，选择相应罗茨鼓风机即可。

⑤罗茨鼓风机的性能曲线：罗茨鼓风机的性能曲线主要指其风量和压力变化关系的曲线（Q~H）及轴功率和压力变化关系的曲线（N~H）。

图 5-70 所示为罗茨鼓风机的 Q~H、N~H 性能曲线。从图中的 Q~H 性能曲线可以看出，在一定转速下，罗茨鼓风机的压力变化量较大时，风量的变化量非常小，基本不变。而功率曲线表明，功率随着压力的增高而增加。性能曲线表明，罗茨鼓风机特别适合管网阻力多变而风量要求基本稳定的场合。

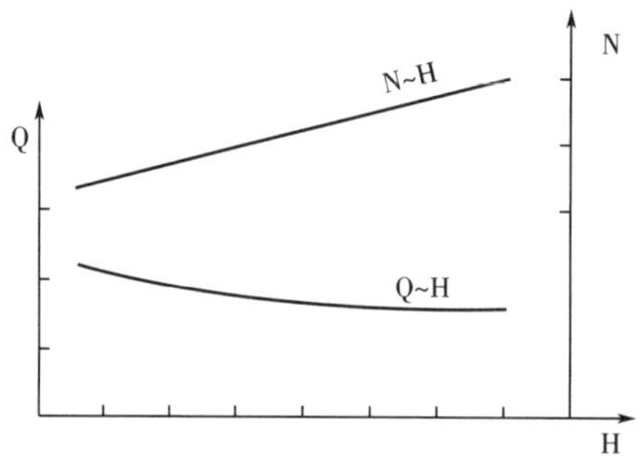

图 5-70　罗茨鼓风机的性能曲线

罗茨鼓风机的出风口和进风口之间靠转子和转子之间、转子和机壳之间的精密配合隔开，由于进出口之间压力差导致的空气在机壳内间隙泄漏和罗茨鼓风机脉冲输气，罗茨鼓风机在运转时会发出较大噪声，因此罗茨鼓风机必须在进出口配置消声器。此外，罗茨鼓风机要求进入风机的空气应是干净空气，否则空气中的粉尘等杂质会加速转子表面、机壳内壁的磨损而造成转子之间、转子与机壳之间的间隙增大，导致罗茨鼓风机性能下降甚至报废。

罗茨鼓风机工作时，由于部分压力能的转换以及齿轮、轴承运转中产生的摩擦热量等，罗茨鼓风机的机壳会发热，为了保护风机安全运转，罗茨风机需要冷却。一般当罗茨鼓风机升压小于 49kPa 时，采用自然冷却方式；当升压大于 49kPa 时，采用循环水冷却方式。

罗茨鼓风机用于正压鼓气时称罗茨鼓风机；用于真空领域作为真空泵使用时称罗茨真空泵。

选择罗茨鼓风机时，根据所连接管网的总风量和总阻力，各增加 0%~20%的余量计算出风机的参数后，选择相应风量和压力参数的罗茨鼓风机即可。

在粮食加工行业，罗茨鼓风机主要用于低压脉冲除尘器的反吹风清灰气源设备以及气力压运输送装置（罗茨鼓风机）和吸粮机（罗茨真空泵）中。

表5-58为RRC型双叶罗茨鼓风机性能参数表，表5-59为SSR型三叶罗茨鼓风机性能参数表。

表5-58 RRC型双叶罗茨鼓风机性能参数（部分）

1. RRC-80型罗茨鼓风机性能表

转速/（r/min）	理论流量/（m^3/min）	升压/kPa	流量/（m^3/min）	轴功率/kW	配套电动机		最大质量/kg
					规格型号	功率/kW	
1150	4.48	9.8	3.18	1.3	Y100L1-4	2.2	320
		19.6	2.83	2.1	Y100L2-4	3	
		29.4	2.53	2.8	Y112M-4	4	
		39.2	2.28	3.5	Y112M-4	4	
		49.0	2.03	4.3	Y132S-4	5.5	
		58.8	1.83	5.0	Y132M-4	7.5	
1450	5.66	9.8	4.36	1.6	Y100L1-4	2.2	370
		19.6	4.01	2.6	Y100L2-4	3	
		29.4	3.71	3.5	Y112M-4	4	
		39.2	3.46	4.4	Y132S-4	5.5	
		49.0	3.21	5.4	Y132M-4	7.5	
		58.8	3.01	6.3	Y132M-4	7.5	
		68.8	2.86	7.3	Y160M-4	11	
1750	6.83	9.8	5.53	2.0	Y100L2-4	3	390
		19.6	5.18	3.1	Y112M-4	4	
		29.4	4.88	4.3	Y132S-4	5.5	
		39.2	4.63	5.4	Y132M-4	7.5	
		49.0	4.38	6.5	Y132M-4	7.5	
		58.8	4.18	7.6	Y160M-4	11	
		68.6	4.03	8.7	Y160M-4	11	
		78.4	3.88	9.8	Y160L-4	15	
2000	7.80	9.8	6.50	2.3	Y100L2-4	3	390
		19.6	6.15	3.6	Y132S-4	5.5	
		29.4	5.85	4.9	Y132M-4	7.5	

续表

转速/（r/min）	理论流量/（m^3/min）	升压/kPa	流量/（m^3/min）	轴功率/kW	配套电动机		最大质量/kg
					规格型号	功率/kW	
2000	7.80	39.2	5.60	6.1	Y132M-4	7.5	390
		49.0	5.35	7.4	Y160M-4	11	
		58.8	5.15	8.7	Y160M-4	11	
		68.6	5.00	10.0	Y160L-4	15	
		78.4	4.85	11.2	Y160L-4	15	
		88.2	4.70	12.5	Y160L-4	15	
2500	9.76	9.8	8.46	2.8	Y112M-2	4	395
		19.6	8.11	4.4	Y132S1-2	5.5	
		29.4	7.81	6.0	Y132S2-2	7.5	
		39.2	7.56	7.7	Y160M1-2	11	
		49.0	7.31	9.3	Y160M1-2	11	
		58.8	7.11	10.9	Y160M2-2	15	
		68.6	6.96	12.5	Y160M2-2	15	
		78.4	6.81	14.2	Y160L-2	18.5	
		88.2	6.66	15.8	Y160L-2	18.5	600

2. RRC-80V 型干式罗茨真空泵性能表

转速/（r/min）	理论流量/（m^3/min）	真空度/kPa	流量/（m^3/min）	轴功率/kW	配套电动机		最大质量/kg
					规格型号	功率/kW	
1150	4.48	-9.8	3.18	1.3	Y100L1-4	2.2	290
		-14.7	2.83	1.7	Y100L2-4	3	
		-19.6	2.68	2.1	Y100L2-4	3	
		-24.5	2.41	2.45	Y112M-4	4	
		-29.4	2.16	2.8	Y112M-4	4	
		-34.3	1.93	3.15	Y112M-4	4	

续表

转速/（r/min）	理论流量/（m^3/min）	真空度/kPa	流量/（m^3/min）	轴功率/kW	配套电动机		最大质量/kg
					规格型号	功率/kW	
1450	5.66	-9.8	4.36	1.6	Y100L1-4	2.2	315
		-14.7	4.01	2.1	Y100L2-4	3	
		-19.6	3.86	2.6	Y112M-4	4	
		-24.5	3.59	3.05	Y112M-4	4	
		-29.4	3.34	3.5	Y132S-4	5.5	
		-34.3	3.11	3.95	Y132S-4	5.5	
		-39.2	2.94	4.4	Y132S-4	5.5	
1750	6.83	-9.8	5.53	2.0	Y100L2-4	3	320
		-14.7	5.18	2.55	Y112M-4	4	
		-19.6	5.03	3.1	Y112M-4	4	
		-24.5	4.76	3.7	Y132S-4	5.5	
		-29.4	4.45	4.3	Y132S-4	5.5	
		-34.3	4.22	4.85	Y132M-4	7.5	
		-39.2	4.05	5.4	Y132M-4	7.5	
		-44.1	3.88	5.96	Y132M-4	7.5	
2000	7.80	-9.8	6.50	2.3	Y100L2-4	3	370
		-14.7	6.15	2.95	Y112M-4	4	
		-19.6	6.00	3.6	Y132S-4	5.5	
		-24.5	5.73	4.25	Y132S-4	5.5	
		-29.4	5.48	4.9	Y132M-4	7.5	
		-34.3	5.25	5.5	Y132M-4	7.5	
		-39.2	5.08	6.1	Y132M-4	7.5	
		-44.1	4.85	6.75	Y160M-4	11	
2500	9.76	-9.8	8.46	2.8	Y112M-2	4	374
		-14.7	8.11	3.6	Y132S1-2	5.5	
		-19.6	7.96	4.4	Y132S1-2	5.5	
		-24.5	7.69	5.2	Y132S2-2	7.5	

续表

转速/（r/min）	理论流量/（m³/min）	真空度/kPa	流量/（m³/min）	轴功率/kW	配套电动机		最大质量/kg
					规格型号	功率/kW	
2500	9.76	-29.4	7.44	6.0	Y132S2-2	7.5	374
		-34.3	7.21	6.85	Y160M1-2	11	
		-39.2	7.04	7.7	Y160M1-2	11	
		-44.1	6.81	8.5	Y160M1-2	11	
		-49.0	6.62	9.3	Y160M2-2	15	

表 5-59　SSR 型三叶罗茨鼓风机性能参数

1. SSR50 型

型式			SSR50									
口径			50A									
转速/（r/min）			1100	1230	1350	1450	1530	1640	1730	1840	1950	2120
排出压力	9.8 kPa	*Q*	1.22	1.38	1.53	1.66	1.75	1.89	2.00	2.13	2.27	2.48
		N	0.75	0.75	0.75	0.75	0.75	0.75	1.1	1.1	1.1	1.5
	14.7 kPa	*Q*	1.16	1.31	1.46	1.58	1.68	1.81	1.92	2.05	2.19	2.39
		N	0.75	0.75	0.75	0.75	1.1	1.1	1.1	1.5	1.5	1.5
	19.6 kPa	*Q*	1.12	1.27	1.42	1.53	1.64	1.76	1.87	2.00	2.13	2.33
		N	0.75	0.75	1.1	1.1	1.1	1.5	1.5	1.5	1.5	2.2
	24.5 kPa	*Q*	1.05	1.20	1.34	1.46	1.55	1.68	1.79	1.92	2.05	2.25
		N	0.75	1.1	1.1	1.1	1.5	1.5	1.5	1.5	2.2	2.2
	29.4 kPa	*Q*	0.99	1.14	1.28	1.40	1.49	1.62	1.73	1.86	1.99	2.19
		N	1.1	1.1	1.5	1.5	1.5	1.5	2.2	2.2	2.2	2.2
	34.3 kPa	*Q*	0.93	1.08	1.23	1.34	1.43	1.56	1.66	1.79	0.92	2.12
		N	1.1	1.5	1.5	1.5	1.5	2.2	2.2	2.2	2.2	3
	39.2 kPa	*Q*	0.90	1.05	1.19	1.30	1.39	1.52	1.62	1.75	1.88	2.08
		N	1.5	1.5	1.5	2.2	2.2	2.2	2.2	2.2	3	3
	44.1 kPa	*Q*	0.85	1.00	1.14	1.25	1.35	1.47	1.57	1.70	1.83	2.03
		N	1.5	1.5	2.2	2.2	2.2	2.2	2.2	3	3	3

续表

型式			SSR50									
口径			50A									
转速/（r/min）			1100	1230	1350	1450	1530	1640	1730	1840	1950	2120
排出压力	49 kPa	*Q*	0.78	0.94	1.09	1.20	1.30	1.43	1.53	1.67	1.81	2.01
		N	1.5	2.2	2.2	2.2	2.2	3	3	3	3	4
	53.9 kPa	*Q*	—	0.90	1.05	1.16	1.26	1.40	1.50	1.64	1.77	1.98
		N	—	2.2	2.2	2.2	3	3	3	3	4	4
	58.8 kPa	*Q*	—	—	—	1.14	1.24	1.38	1.48	1.62	1.75	1.96
		N	—	—	—	3	3	3	3	4	4	4

注：*Q*——进风状态风量，m^3/min；*N*——电动机功率，kW。

2. SSR65 型

型式			SSR65									
口径			65A									
转速/（r/min）			1110	1240	1360	1450	1530	1640	1740	1820	1940	2130
排出压力	9.8 kPa	*Q*	1.67	1.92	2.16	2.31	2.45	2.66	2.86	3.02	3.26	3.64
		N	0.75	0.75	0.75	0.75	1.1	1.1	1.1	1.1	1.5	1.5
	14.7 kPa	*Q*	1.57	1.82	2.06	2.22	2.36	2.57	2.77	2.93	3.17	3.55
		N	0.75	1.1	1.1	1.1	1.1	1.5	1.5	1.5	1.5	2.2
	19.6 kPa	*Q*	1.48	1.73	1.97	2.14	2.28	2.49	2.69	2.85	3.09	3.47
		N	1.1	1.1	1.5	1.5	1.5	1.5	2.2	2.2	2.2	2.2
	24.5 kPa	*Q*	1.40	1.65	1.89	2.07	2.21	2.42	2.62	2.78	3.02	3.40
		N	1.1	1.5	1.5	1.5	2.2	2.2	2.2	2.2	2.2	2.2
	29.4 kPa	*Q*	1.32	1.58	1.82	2.00	2.14	2.36	2.56	2.72	2.96	3.33
		N	1.5	1.5	2.2	2.2	2.2	2.2	2.2	3	3	3
	34.3 kPa	*Q*	1.25	1.51	1.75	1.93	2.08	2.30	2.50	2.66	2.90	3.27
		N	1.5	2.2	2.2	2.2	2.2	3	3	3	4	4
	39.2 kPa	*Q*	1.18	1.44	1.68	1.86	2.02	2.24	2.44	2.60	2.83	3.21
		N	2.2	2.2	2.2	3	3	3	3	4	4	4

续表

型式			SSR65									
口径			65A									
转速/（r/min）			1110	1240	1360	1450	1530	1640	1740	1820	1940	2130
排出压力	44.1 kPa	Q	1.12	1.38	1.62	1.80	1.96	2.18	2.38	2.54	2.77	3.15
		N	2.2	2.2	3	3	3	4	4	4	4	5.5
	49 kPa	Q	1.07	1.32	1.56	1.74	1.90	2.12	2.32	2.48	2.71	3.09
		N	2.2	3	3	3	4	4	4	4	4	5.5
	53.9 kPa	Q	—	1.27	1.51	1.69	1.84	2.06	2.26	2.42	2.66	3.04
		N	—	3	3	4	4	4	4	5.5	5.5	5.5
	58.8 kPa	Q	—	—	—	1.63	1.79	2.01	2.21	2.37	2.61	2.99
		N	—	—	—	4	4	4	5.5	5.5	5.5	5.5

注：Q——进风状态风量，m^3/min；N——电动机功率，kW。

3. SSR80型

型式			SSR80									
口径			80A									
转速/（r/min）			1140	1230	1300	1360	1460	1560	1650	1730	1820	1900
排出压力	9.8 kPa	Q	3.09	3.37	3.59	3.77	4.08	4.38	4.66	4.90	5.18	5.43
		N	2.2	2.2	2.2	2.2	2.2	2.2	2.2	2.2	2.2	2.2
	14.7 kPa	Q	3.00	3.28	3.50	3.68	3.99	4.30	4.57	4.82	5.10	5.35
		N	2.2	2.2	2.2	2.2	2.2	2.2	3	3	3	3
	19.6 kPa	Q	2.90	3.18	3.41	3.59	3.90	4.21	4.48	4.73	5.00	5.27
		N	2.2	2.2	2.2	2.2	3	3	3	3	4	4
	24.5 kPa	Q	2.84	3.10	3.33	3.52	3.82	4.14	4.41	4.67	4.94	5.19
		N	2.2	3	3	3	3	4	4	4	4	4
	29.4 kPa	Q	2.78	3.06	3.27	3.46	3.76	4.07	4.36	4.60	4.88	5.12
		N	3	3	3	3	4	4	4	4	5.5	5.5
	34.3 kPa	Q	2.71	2.99	3.20	3.38	3.69	4.00	4.28	4.53	4.81	5.06
		N	3	3	4	4	4	4	5.5	5.5	5.5	5.5

续表

型式			SSR80									
口径			80A									
转速/(r/min)			1140	1230	1300	1360	1460	1560	1650	1730	1820	1900
排出压力	39.2 kPa	Q	2.63	2.91	3.12	3.30	3.62	3.93	4.20	4.46	4.74	4.99
		N	3	4	4	4	5.5	5.5	5.5	5.5	5.5	5.5
	44.1 kPa	Q	2.54	2.82	3.03	3.22	3.53	3.84	4.12	4.38	4.65	4.89
		N	4	4	4	5.5	5.5	5.5	5.5	5.5	5.5	7.5
	49 kPa	Q	2.48	2.76	2.97	3.16	3.46	3.77	4.05	4.30	4.58	4.82
		N	4	4	5.5	5.5	5.5	5.5	5.5	7.5	7.5	7.5
	53.9 kPa	Q	2.40	2.68	2.90	3.09	3.40	3.71	3.98	4.24	4.52	4.77
		N	4	5.5	5.5	5.5	5.5	5.5	7.5	7.5	7.5	7.5
	58.8 kPa	Q	2.36	2.63	2.84	3.02	3.34	3.65	3.92	4.18	4.45	4.70
		N	5.5	5.5	5.5	5.5	5.5	7.5	7.5	7.5	7.5	7.5

注：Q——进风状态风量，m^3/min；N——电动机功率，kW。

4. SSR100 型

型式			SSR100									
口径			100A									
转速/(r/min)			1060	1140	1220	1310	1460	1540	1680	1780	1880	1980
排出压力	9.8 kPa	Q	4.57	4.97	5.34	5.73	6.53	6.91	7.63	8.09	8.57	9.07
		N	3	3	3	3	3	3	4	4	4	4
	14.7 kPa	Q	4.40	4.81	5.18	5.58	6.38	6.77	7.49	7.96	8.45	8.96
		N	3	3	3	3	4	4	4	5.5	5.5	5.5
	19.6 kPa	Q	4.24	4.65	5.03	5.44	6.25	6.64	7.36	7.84	8.36	8.85
		N	3	3	4	4	4	5.5	5.5	5.5	5.5	7.5
	24.5 kPa	Q	4.09	4.50	4.89	5.31	6.12	6.52	7.24	7.73	8.25	7.75
		N	3	4	4	4	5.5	5.5	5.5	7.5	7.5	7.5
	29.4 kPa	Q	3.95	4.36	4.76	5.18	6.00	6.40	7.13	7.62	8.15	8.65
		N	4	4	5.5	5.5	5.5	5.5	7.5	7.5	7.5	7.5

续表

型式			SSR100									
口径			100A									
转速/（r/min）			1060	1140	1220	1310	1460	1540	1680	1780	1880	1980
排出压力	34.3 kPa	*Q*	3.82	4.23	4.64	5.06	5.89	6.29	7.02	7.52	8.05	8.55
		N	4	5.5	5.5	5.5	7.5	7.5	7.5	7.5	11	11
	39.2 kPa	*Q*	3.70	4.12	4.53	4.95	5.78	6.19	6.92	7.42	7.95	8.46
		N	5.5	5.5	5.5	7.5	7.5	7.5	7.5	11	11	11
	44.1 kPa	*Q*	3.59	4.01	4.42	4.84	5.68	6.09	6.82	7.32	7.86	8.37
		N	5.5	5.5	7.5	7.5	7.5	7.5	11	11	11	11
	49 kPa	*Q*	3.48	3.90	4.32	4.74	5.58	5.99	6.73	7.23	7.77	8.26
		N	5.5	7.5	7.5	7.5	7.5	11	11	11	11	15
	53.9 kPa	*Q*	3.38	3.80	4.22	4.64	5.48	5.90	6.64	7.14	7.68	8.20
		N	7.5	7.5	7.5	7.5	11	11	11	11	15	15
	58.8 kPa	*Q*	3.28	3.71	4.13	4.55	5.39	5.81	6.55	7.06	7.60	8.12
		N	7.5	7.5	7.5	11	11	11	11	15	15	15

注：*Q*——进风状态风量，m^3/min；*N*——电动机功率，kW。

5. SSR125 型

型式			SSR125										
口径/mm			125A										
转速/（r/min）			980	1050	1200	1310	1390	1450	1530	1630	1750	1850	810
排出压力	9.8 kPa	*Q*	6.5	6.95	8	8.75	9.3	9.72	10.27	10.96	11.8	12.48	12.01
		N	5.5	5.5	5.5	5.5	5.5	5.5	5.5	5.5	5.5	7.5	7.5
	14.7 kPa	*Q*	6.3	6.78	7.8	8.55	9.1	9.5	10.07	10.75	11.6	12.25	11.76
		N	5.5	5.5	5.5	5.5	5.5	5.5	5.5	5.5	7.5	7.5	7.5
	19.6 kPa	*Q*	6.15	6.63	7.65	8.4	8.95	9.35	9.9	10.57	11.4	12.05	11.54
		N	5.5	5.5	5.5	5.5	5.5	5.5	7.5	7.5	7.5	11	7.5
	24.5 kPa	*Q*	6.05	6.51	7.55	8.29	8.84	9.25	9.8	10.47	11.3	11.97	11.35
		N	5.5	5.5	5.5	7.5	7.5	7.5	7.5	11	11	11	11

续表

型式			SSR125										
口径/mm			125A										
转速/（r/min）			980	1050	1200	1310	1390	1450	1530	1630	1750	1850	810
排出压力	29.4 kPa	Q	5.95	6.42	7.45	8.19	8.74	9.15	9.7	10.37	11.2	11.85	11.15
		N	5.5	5.5	7.5	7.5	7.5	7.5	11	11	11	11	11
	34.3 kPa	Q	5.82	6.3	7.34	8.09	8.63	9.05	9.6	10.27	11.1	11.7	11
		N	5.5	5.5	7.5	7.5	11	11	11	11	11	15	11
	39.2 kPa	Q	5.75	6.22	7.25	8.00	8.54	8.95	9.5	10.17	11	11.66	10.86
		N	7.5	7.5	7.5	11	11	11	11	11	15	15	15
	44.1 kPa	Q	5.64	6.11	7.15	7.90	8.45	8.85	9.4	10.08	10.9	11.58	10.76
		N	7.5	7.5	11.00	11.00	11	11	15	15	15	15	15
	49 kPa	Q	5.55	6.03	7.00	7.82	8.37	8.77	9.33	10.01	10.8	11.5	10.65
		N	7.5	11.00	11.00	11.00	11	15	15	15	15	18.5	15
	53.9 kPa	Q	5.47	5.95	6.98	7.74	8.28	8.7	9.25	9.93	10.8	11.42	10.52
		N	11.00	11.00	11.00	11	15	15	15	15	18.5	18.5	18.5
	58.8 kPa	Q	5.37	5.85	6.90	7.64	8.2	8.6	9.15	9.85	10.7	11.34	10.39
		N	11	11	11	15	15	15	15	18.5	18.5	18.5	18.5

注：Q——进风状态风量，m^3/min；N——电动机功率，kW。

6. SSR150 型

型式			SSR150									
口径			150A									
转速/(r/min)			810	860	970	1110	1180	1240	1400	1520	1620	1730
排出压力	9.8 kPa	Q	12.01	12.8	14.7	17.08	18.25	19.27	22	23.93	25.42	27.05
		N	7.5	7.5	7.5	7.5	11	11	11	15	15	18.5
	14.7 kPa	Q	11.76	12.62	14.5	16.9	18.1	19.1	21.83	23.8	25.3	26.92
		N	7.5	7.5	7.5	11	11	11	15	15	18.5	22
	19.6 kPa	Q	11.54	12.4	14.3	16.7	17.92	18.95	21.7	23.68	25.15	26.77
		N	7.5	7.5	11	11	15	15	15	18.5	22	22

续表

型式			SSR150									
口径			150A									
转速/（r/min）			810	860	970	1110	1180	1240	1400	1520	1620	1730
排出压力	24.5 kPa	*Q*	11.35	12.2	14.1	16.52	17.73	18.77	21.55	23.52	25	26.61
		N	11	11	11	15	15	15	18.5	22	22	30
	29.4 kPa	*Q*	11.15	12.03	13.95	16.37	17.59	18.63	21.4	23.4	30	26.48
		N	11	11	15	15	15	18.5	22	22	30	30
	34.3 kPa	*Q*	11	11.86	13.8	16.25	17.47	18.53	21.3	23.3	24.75	26.35
		N	11	15	15	18.5	18.5	18.5	22	30	30	30
	39.2 kPa	*Q*	10.86	11.75	13.7	16.15	17.37	18.43	21.2	23.21	24.68	26.27
		N	15	15	15	18.5	22	22	30	30	30	37
	44.1 kPa	*Q*	10.76	11.65	13.6	16.05	22	22	21.15	23.13	24.58	26.17
		N	15	15	18.5	22	22	22	30	30	37	37
	49 kPa	*Q*	10.65	11.54	13.5	15.95	17.17	18.23	21.05	23.04	24.48	26.08
		N	15	18.5	18.5	22	30	30	30	30	37	37
	53.9 kPa	*Q*	10.52	11.4	13.35	15.85	17.07	18.13	20.97	22.95	24.4	26
		N	18.5	18.5	22	30	30	30	30	37	37	45
	58.8 kPa	*Q*	10.39	11.27	13.23	15.7	16.97	18.03	20.87	22.82	24.27	25.87
		N	18.5	18.5	22	30	30	30	37	37	45	45

注：*Q*——进风状态风量，m^3/min；*N*——电动机功率，kW。

7. SSR175 型

型式			SSR175							
口径			200A							
转速/（r/min）			970	1110	1180	1240	1400	1520	1620	1730
排出压力	9.8 kPa	*Q*	21.87	25.43	27.20	28.73	32.81	35.76	38.10	40.67
		N	15	15	15	15	15	18.5	18.5	22
	14.7 kPa	*Q*	21.42	25.01	26.80	28.31	32.40	35.39	37.74	40.29
		N	15	15	15	15	18.5	22	22	30

续表

型式			SSR175							
口径			200A							
转速/(r/min)			970	1110	1180	1240	1400	1520	1620	1730
排出压力	19.6 kPa	Q	21.02	24.61	26.42	27.96	32.07	35.07	37.39	39.94
		N	15	15	18.5	18.5	22	22	30	30
	24.5 kPa	Q	20.64	24.25	26.06	27.61	31.74	34.73	37.06	39.60
		N	15	18.5	22	22	30	30	30	37
	29.4 kPa	Q	20.33	23.94	25.76	27.30	31.43	34.45	36.76	39.31
		N	18.5	22	22	30	30	30	37	37
	34.3 kPa	Q	20.04	23.67	25.49	27.06	31.18	34.20	36.50	39.04
		N	22	22	30	30	30	37	37	45
	39.2 kPa	Q	19.80	23.44	25.25	26.82	30.95	33.98	36.29	38.82
		N	22	30	30	30	37	37	45	45
	44.1 kPa	Q	19.57	23.21	25.02	26.59	30.77	33.77	36.06	38.59
		N	30	30	30	37	37	45	45	55
	49 kPa	Q	19.35	22.98	24.80	26.37	30.54	33.55	35.84	38.38
		N	30	30	37	37	45	45	55	55
	53.9 kPa	Q	19.08	22.77	24.58	26.15	30.35	33.35	35.65	38.18
		N	30	37	37	37	45	55	55	75
	58.8 kPa	Q	18.85	22.51	24.37	25.94	30.14	33.11	35.40	37.94
		N	30	37	37	45	45	55	75	75

注：Q——进风状态风量，m^3/min；N——电动机功率，kW。

8. SSR200 型

型式			SSR200								
口径			200A								
转速/（r/min）			810	900	980	1070	1150	1230	1310	1390	1480
排出压力	9.8 kPa	Q	31.77	35.68	39.15	43.03	46.5	49.6	52.67	55.77	59.2
		N	18.5	18.5	18.5	18.5	18.5	18.5	22	30	30

续表

型式			SSR200								
口径			200A								
转速/（r/min）			810	900	980	1070	1150	1230	1310	1390	1480
排出压力	14.7 kPa	*Q*	31.19	35.05	38.53	42.5	46.04	49.16	52.22	54.31	58.83
		N	18.5	18.5	18.5	22	22	30	30	30	30
	19.6 kPa	*Q*	30.52	34.49	38.08	42.04	45.55	48.74	51.86	54.96	58.46
		N	18.5	18.5	22	30	30	30	37	37	37
	24.5 kPa	*Q*	29.98	34.04	37.66	41.68	45.31	48.45	51.57	54.72	58.24
		N	22	22	30	30	30	37	37	45	45
	29.4 kPa	*Q*	29.55	33.66	37.34	41.44	45.07	48.22	51.38	54.49	58.02
		N	22	30	30	37	37	45	45	45	55
	34.3 kPa	*Q*	29.21	33.36	37.05	41.17	44.85	48	51.18	54.35	57.89
		N	30	30	37	37	45	45	55	55	55
	39.2 kPa	*Q*	28.89	33.05	36.77	40.97	44.6	47.78	50.99	54.16	57.76
		N	30	37	37	45	45	55	55	75	75
	44.1 kPa	*Q*	28.57	32.73	36.41	40.56	44.21	47.49	50.69	53.91	57.57
		N	37	37	45	45	55	55	75	75	75
	49 kPa	*Q*	28.22	32.34	36.03	40.15	43.78	47.08	50.4	53.68	57.37
		N	37	45	45	55	55	75	75	75	75
	53.9 kPa	*Q*	27.91	32.03	35.68	39.77	43.42	46.76	50.1	53.49	57.22
		N	45	45	55	55	75	75	75	75	90
	58.8 kPa	*Q*	27.63	31.71	35.34	39.42	43.06	46.44	49.83	53.24	57.08
		N	45	55	55	75	75	75	75	90	90

注：*Q*——进风状态风量，m^3/min；*N*——电动机功率，kW。

五、气力输送系统的设计计算

（一）气力输送系统的设计

在进行气力输送装置设计时，首先应从气力输送装置的使用方了解有关输送的各种信息、要求等，然后在综合各种条件，尽量满足各种要求的情况下设计出气力输送装置。气力输送装置的设计步骤归纳如下。

（1）收集各种原始资料　气力输送作为一种输送方式，是为生产工艺服务的。所以在设计前，应熟知生产工艺流程及其要求、工艺设备的平面布置图、立（剖）面图、建筑图等。

（2）需要输送的物料的物理特性和当地空气状态参数　如物料的粒径分布、形状、悬浮速度、磨琢性、流动性、堆积密度、破损性等，空气的密度、重度、温度、湿度等。

(3) 确定输送产量，输送距离　了解原料的来源及方式，输送产量及产量的波动程度，要求的输送距离及路线等。

(4) 气力输送装置的环境情况　如安装地点情况及要求，气力输送装置与其他设备的配合，供电条件，自动化程度，噪声控制和粉尘控制等要求。

(5) 气力输送装置类型的确定　如果选择气力吸运输送方式，则要确定气力吸运系统输料管的根数，输料管较多时还需对气力吸运系统分组，分成两组或几组等；如果选择气力压运输送方式，则需要确定气力压运系统供料器的位置、卸料地点及组数等。

(6) 气力输送管网的走向与布置，设备的位置等　要求管道布置横平竖直，输料管为最短长度的布置，而且整齐、经济、美观。

(7) 在平面图、剖面图上布置气力输送管网，绘制气力输送系统的轴测图　绘制轴测图时，按照三维坐标走向画出管网走向和设备，并且三维坐标方向上取相同的比例尺。

(8) 进行气力输送装置的压损计算，最终确定输料管的尺寸，确定卸料器、除尘器、风机等主要设备的型号、规格，以及辅助构件的选型和计算等。

(9) 画施工图、大样图等。

(二) 气力输送系统的压损计算示例

例 1. 低真空气力输送系统的压损计算

某小麦制粉厂粉间，采用气力吸运提升物料，轴测图如图 5-71 所示，其中一组风网的已知条件如表 5-60 所示。对本组风网进行压损计算。

表 5-60　粉间气力输送风网已知条件

输料管号	系统名称	物料性质	实际产量/(kg/h)	产量波动系数 a	计算物料量/(kg/h)	提升高度/m	输料管长度/m	备注
No. 1	1B	粗	3400	1.06	3600	18	21	①采用诱导式接料器； ②下旋 55 型卸料器； ③输料管弯头曲率半径均取 $R=10D$；弯头后水平管长度均取 2m
No. 2	1B	粗	3400	1.06	3600	18	21	
No. 3	1B	粗	2850	1.05	3000	18	21	
No. 4	1B	粗	2850	1.05	3000	18	21	
No. 5	2B	粗	2050	1.05	2150	18	21	
No. 6	2B	粗	2050	1.05	2150	18	21	
No. 7	2B	粗	1700	1.05	1785	18	21	
No. 8	2B	粗	1700	1.05	1785	18	21	
No. 9	1S	粗	1700	1.05	1785	18	21	
No. 10	备用	粗	1700	1.05	1785	18	21	

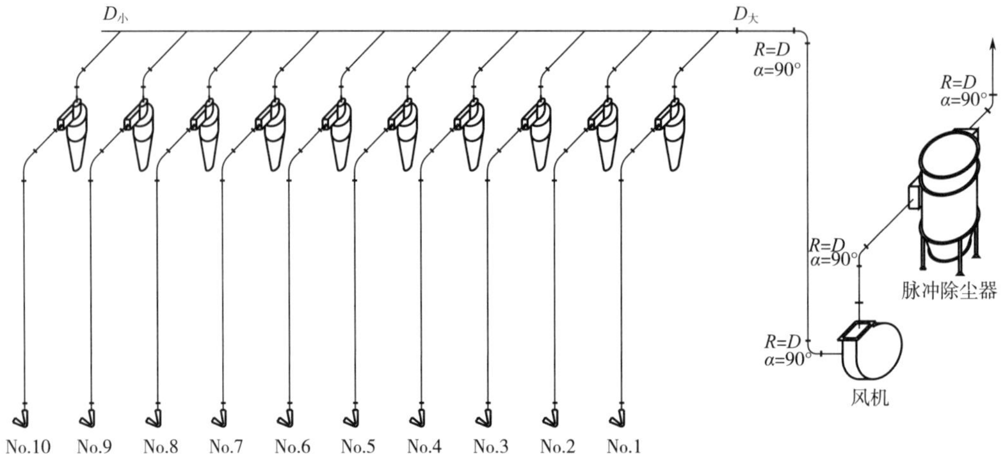

图 5-71 气力输送风网轴测图

本气力吸运系统压损计算步骤如下。

1. 输送物料压损 H_1 的计算

（1）No. 1、No. 2 提料管

①主要参数的确定。

a. 计算物料量 $G_{算}=3600$ kg/h

b. 选输送风速 $u_a=21$m/s；

c. 选输送浓度 $\mu=2.6$ kg/kg；

d. 计算输料管管径 D。

根据计算物料量 $G_{算}$ 和输送浓度 μ，可计算出输料管风量 Q：

$$Q=\frac{G_{算}}{\gamma_a\mu}=\frac{3600}{1.2\times2.6}=1154\ (\text{m}^3/\text{h})$$

根据垂直气力输送计算表：$u_a=21$m/s 时，表中只有风量 $Q=1163\text{m}^3/\text{h}$ 最接近计算风量 $1154\text{m}^3/\text{h}$，所以查表得到：$Q=1163\text{m}^3/\text{h}$，$D=140$mm，$R=4.11$，$K_{粗}=0.419$，$i_{谷粗}=35.4\text{m}^3/\text{r}$，$H_d=26.97\times9.81$Pa。

所以，真实输送浓度为：

$$\mu=\frac{G_{算}}{\gamma_aQ}=\frac{3600}{1.2\times1163}=2.58\ (\text{kg/kg})$$

②计算输送物料压损 H_1。

a. 磨粉机压损（$H_{磨}$）。

取 $H_{磨}=80$Pa。

b. 接料器压损（$H_{接}$）：

$$H_{接}=\xi\frac{u_a^2}{2g}\gamma_a=0.7\times26.97\times9.81=185.2\ (\text{Pa})$$

式中，诱导式接料器的阻力系数 $\xi=0.7$。

c. 加速物料压损（$H_{加}$）：

$$H_{加}=9.81\times10^{-3}iG_{算}=9.81\times10^{-3}\times35.4\times3600=1250.2\ (\text{Pa})$$

d. 提升物料压损（$H_{升}$）：

$$H_{升}=\gamma_a\mu S=11.77\times2.58\times18=546.6\ (\text{Pa})$$

e. 摩擦压损（$H_{摩}$）：

$$H_{摩}=9.81RL\ (1+K_{粗}\mu)=9.81\times4.11\times21\times(1+0.419\times2.58)=1762.0\ (\text{Pa})$$

f. 弯头压损（$H_{弯}$）：

$$H_{弯}=\xi_{弯}\frac{u_a^2}{2g}\gamma_a\ (1+K_{弯}\mu)=0.066\times26.97\times9.81\times(1+1\times2.58)=62.5\ (\text{Pa})$$

式中，弯头曲率半径 $R=10D$，转角 $\alpha=90°$，阻力系数 $\xi=0.066$。

g. 恢复压损（$H_{复}$）：

$$H_{复}=C\Delta H_{加}=1\times0.1\times1250.2=125.0\ (\text{Pa})$$

根据表 5-40、表 5-41 得，$C=1$，$\Delta=0.1$。

h. 卸料器压损（$H_{卸}$）：选择下旋 55 型卸料器。

因为处理风量 $Q=1163\text{m}^3/\text{h}$，所以，选取 $D=500\text{mm}$，计算得到：进口风速 $u_j=12.4\text{m/s}$，$\Delta H=523.9$（Pa）所以，输送物料部分压损 H_1：

$$H_1=80+185.2+1250.2+546.6+1762.0+62.5+125.0+523.9=4535.4\ (\text{Pa})$$

（2）No. 3、No. 4 提料管

① 主要参数的确定：方法同上，略。

②阻力计算：方法同上，略。所以，$H_1=4621.0\text{Pa}$。

（3）No. 5、No. 6 提料管

主要参数的确定：方法同上，略。所以，$H_1=4691.5\text{Pa}$。

（4）No. 7、No. 8、No. 9 提料管

主要参数的确定：方法同上，略。所以，$H_1=4603.2\text{Pa}$。

各输料管输送物料部分阻力计算结果如表 5-61 所示。

10 根提料管的输送物料压损 H_1 不平衡率均低于 5%，认为阻力平衡。

2. 尾气净化部分压损计算

（1）汇集风管和连接管道的阻力计算

①汇集风管。连接在汇集风管小头端的输料管是第 10 根输料管，所以小头端风量为：

$$Q_{小}=Q_{10}=654\text{m}^3/\text{h}$$

选取汇集风管小头端风速 $u_{小}=13.7\text{m/s}$，则 $D_{小}=130\text{mm}$。

汇集风管大头端风量为：

$$Q_{大}=\sum Q=Q_1+Q_2+\cdots\cdots+Q_{10}=8384\ (m^3/h)$$

选取汇集风管大头端风速 $u_{大}=15.3m/s$，查除尘风网计算表，得到单位摩阻 R 值和管径：

$$R=0.48\times9.81=4.71\ (Pa/m),\ D_{大}=440mm$$

所以，汇集风管的阻力为：

$$H_{汇}=2R_{大}L=2\times4.71\times12.3=115.9\ (Pa)$$

式中，汇集风管长度 $L=12.3m$。

②进风机连接管。进风机连接管与汇集风管相连接，所以，风量不变、风速不变，$u_a=15.3m/s$，$D=440mm$，$R=4.71N/m^3$，沿程摩阻为：

$$H_m=RL=4.71\times3.8=17.9\ (Pa)$$

式中，进风机连接管长度 $L=3.8m$。

进风机连接管有两个弯头，弯头参数 $R=D$，$a=90°$，查除尘风网局部构件阻力系数表得到阻力系数 $\xi=0.23$，两个弯头的局部阻力为：

$$H_j=2\xi\times\frac{u_a^2}{2g}\gamma_a=2\times0.23\times\frac{15.3^2}{2\times9.81}\times11.77=64.6\ (Pa)$$

所以，此段风管总阻力：17.9+64.6=82.5（Pa）

③风机与除尘器之间连接管。风机前后风量不变，所以，此段风管风量 $Q=8384m^3/h$，风速仍取 $u_a=15.3m/s$，则 $D=440mm$，$R=4.71Pa/m$，所以：

$$H_m=R\times l=4.71\times(1.2+2.0)=15.1\ (Pa)$$

式中，风机出风口上垂直管道长度 1.2m，弯头后水平管长度 2.0m。

弯头：$R=D$，$a=90°$，阻力系数 $\xi=0.23$。

$$H_j=\xi\times\frac{u_a^2}{2g}\gamma_a=0.23\times\frac{15.3^2}{2\times9.81}\times11.77=32.3\ (Pa)$$

所以，此段风管总阻力：15.1+32.3=47.4（Pa）

④除尘器排风管。此段风管位于除尘器之后，风管内的空气为净化气流，所以不再需要较高的风速，风量 $Q=8384m^3/h$，选风速 $u_a=12.9m/s$，得到：$D=480mm$，$R=3.09N/m^3$。

$$H_m=R\times l=3.09\times3.5=10.8\ (Pa)$$

式中，除尘器排风管总长度为 3.5m。

弯头：$R=D$，$a=90°$，阻力系数 $\xi=0.23$。

$$H_j=\xi\times\frac{u_a^2}{2g}\gamma_a=0.23\times\frac{12.9^2}{2\times9.81}\times11.77=23.0\ (Pa)$$

风帽选取环形风帽，阻力取 160Pa。

此段风管总阻力：10.8+23+160=193.8（Pa）

所以，汇集风管和连接管道的总阻力：

$$H_{汇}+H_{管}=115.9+82.5+47.4+193.8\approx440\ (Pa)$$

（2）脉冲除尘器阻力　脉冲除尘器处理风量 $Q_{处}=\sum Q=8384m^3/h$，选低压脉冲除尘器 TBLM-78 型，参数如下。

处理风量：$3438\sim17180m^3/h$，滤袋长度 $L=2m$，过滤面积 $A=58.8m^2$，过滤风速 $u=2.38m/min$，阻力 $H_{除}=1470Pa$。

（3）尾气净化部分压损 H_2

$$H_2=(H_{汇}+H_{管})+H_{除}=440+1470=1910\ (Pa)$$

3. 选风机和电动机

$$系统总压损\sum H=H_1+H_2=4692+1910=6602\ (Pa)$$

$$系统总风量\sum Q=8384\ (m^3/h)$$

所以，风机参数为：

$$H_{风}=(1.1\sim1.2)\sum H=1.15\times6602=7592\ (Pa)$$

$$Q_{风}=(1.1\sim1.2)\sum Q=1.1\times8384=9222\ (m^3/h)$$

选风机：6-30 型 No. 7，转速 $n=2850r/min$，效率 $\eta=82.1\%$。

电动机功率为：

$$N_{dx}=k\frac{HQ}{1000\eta\eta_c}=1.15\times\frac{7592\times9222}{1000\times3600\times0.821\times0.95}=28.7\ (kW)$$

选择电动机 Y200L-2，30kW，2950r/m。

表 5-61　　气力吸运系统阻力计算表

输料管号	No. 1	No. 2	No. 3	No. 4	No. 5	No. 6	No. 7	No. 8	No. 9	No. 10
物料来源	1B	1B	1B	1B	2B	2B	2B	2B	1S	回料
物料性质	粗	粗	粗	粗	粗	粗	粗	粗	粗	粗
$G_{算}$/(kg/h)	3600	3600	3000	3000	2150	2150	1785	1785	1785	1785
S/L/(m/m)	18/21	18/21	18/21	18/21	18/21	18/21	18/21	18/21	18/21	18/21
u_a/(m/s)	21	21	21	21	21	21	21	21	21	21
μ/(kg/kg)	2.58	2.58	2.49	2.49	2.50	2.50	2.27	2.27	2.27	2.27
H_d/Pa	264.58	264.58	264.58	264.58	264.58	264.58	264.58	264.58	264.58	264.58
Q/(m^3/h)	1163	1163	1003	1003	718	718	654	654	654	654
D/mm	140	140	130	130	110	110	105	105	105	105
$K_{粗}$	0.419	0.419	0.377	0.377	0.293	0.293	0.272	0.272	0.272	0.272
$i_{谷粗}$/(m^3/r)	35.4	35.4	41.0	41.0	57.3	57.3	62.9	62.9	62.9	62.9
R/(Pa/m)	4.11	4.11	4.73	4.73	5.56	5.56	5.89	5.89	5.89	5.89

续表

输料管号		No. 1	No. 2	No. 3	No. 4	No. 5	No. 6	No. 7	No. 8	No. 9	No. 10
输送物料压损 H_1/Pa	$H_{机}$	80	80	80	80	50	50	50	50	50	50
	$H_{接}$	185.2	185.2	185.2	185.2	185.2	185.2	185.2	185.2	185.2	185.2
	$H_{加}$	1250.2	1250.2	1206.6	1206.6	1208.5	1208.5	1101.4	1101.4	1101.4	1101.4
	$H_{升}$	546.6	546.6	527.6	527.6	529.7	529.7	481.0	481.0	481.0	481.0
	$H_{摩}$	1762.0	1762.0	1889.2	1889.2	1984.4	1984.4	1962.6	1962.6	1962.6	1962.6
	$H_{弯}$	62.5	62.5	60.9	60.9	61.1	61.1	57.1	27.1	57.1	57.1
	$H_{复}$	125.0	125.0	181.0	181.0	181.3	181.3	275.4	275.4	275.4	275.4
	$H_{卸}$	523.9	523.9	490.5	490.5	490.5	490.5	490.5	490.5	490.5	490.5
	H_1	4535.4	4535.4	4621.0	4621.0	4691.5	4691.5	4603.2	4603.2	4603.2	4603.2
尾气净化压损 H_2/Pa	$H_{连}+H_{汇}$	449									
	$H_{除}$	1470									
	H_2	1919									
卸料器 D/mm		500	500	480	480	405	405	390	390	390	390
系统总压损 ΣH/Pa		6602									
系统总风量 ΣQ/（m^3/h）		8384									
备注											

例 2. 高真空气力吸运系统的压损计算

气力输送装置输送小麦（吸粮机），工作原理如图 5-72 所示。产量为 25t/h，垂直输送高度为 14.5m，水平输送距离 9.5m，确定输料管管径、风机型号规格和电动机功率等。

1. 主要参数的确定

①输送风速：$u_a=22\text{m/s}$。

②输送浓度：$\mu=15\text{kg/kg}$。

③计算物料量：$G_{算}=\alpha\times G=1\times25=25\text{t/h}$。

④输料管空气量和直径：

$$Q=\frac{G_{算}}{\gamma\mu}=\frac{25000}{1.2\times15}=1389\ (\text{m}^3/\text{h})$$

$$D=\sqrt{\frac{4Q}{3600\pi u_a}}=\sqrt{\frac{4\times1389}{3600\times3.14\times22}}=0.149\ (\text{m})$$

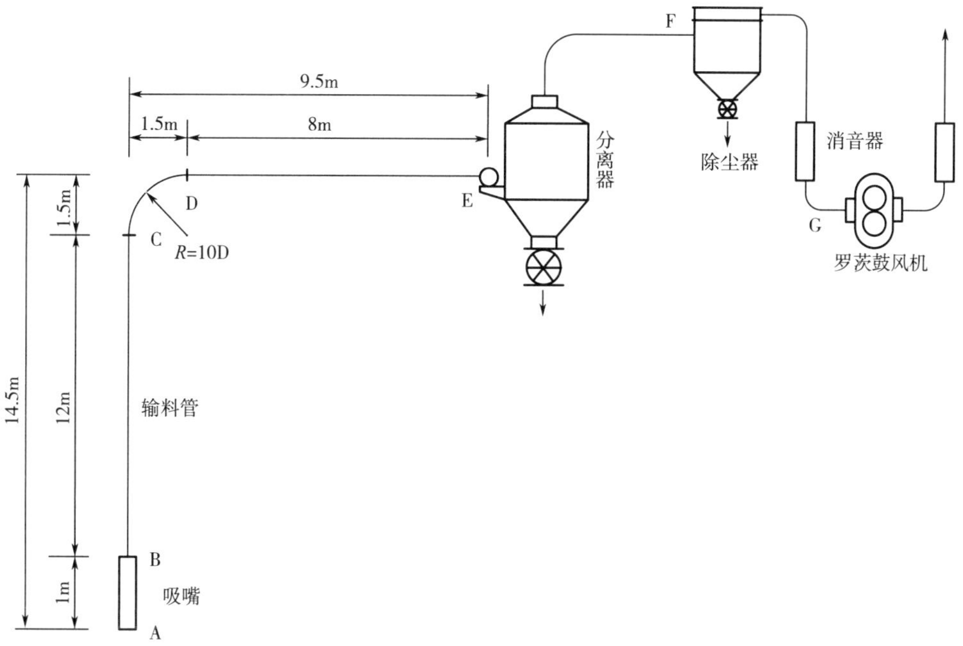

图 5-72　气力输送装置输送小麦（吸粮机）原理图

选用无缝钢管作为输料管，根据无缝钢管管径系列，取外径为 159mm，壁厚 4.5mm，内径 $D=150$mm。

2. 输料部分压损计算

（1）吸嘴压损 ΔP_1

①启动加速压损：

$$\Delta P_{qd}=(1+\varphi\mu)\frac{u_a^2}{2g}\gamma_a=(1+0.33\times15)\frac{22^2}{2g}\times11.77=1728\ (\text{Pa})$$

式中，取小麦的悬浮速度为 9.4m/s，$\varphi=0.33$。

②局部压损：

$$\Delta P_j=(1+\mu)\ \xi\frac{u_a^2}{2g}\gamma_a=(1+15)\times1.7\times\frac{22^2}{2g}\times11.77=7899\ (\text{Pa})$$

③提升压损：

$$\Delta P_{fl}=\mu\gamma_a l\frac{(u_f\mp u_s\sin\theta)}{u_s}=15\times11.77\times1\times\frac{9.4+12.6\times1}{12.6}=308\ (\text{Pa})$$

式中，$u_s=u_a-u_f=22-9.4=12.6$（m/s）；吸嘴高度取 1m。

④摩擦压损：

$$\Delta P_m=\left(P_S-\sqrt{P_S^2-2P_S\lambda_a\frac{L}{D}\frac{u_a^2}{2g}\gamma_a}\right)\cdot a=$$

$$\left[101325-\sqrt{101325^2-2\times101325\times0.02\times\frac{1}{0.15}\times\frac{22^2}{2g}\times11.77}\right]\times4.67=181\ (\text{Pa})$$

式中，$P_s=101325\text{Pa}$，$\lambda_a=0.02$；$\alpha=4.67$。

所以，吸嘴总压损 $\Delta P_1=1728+7899+308+181=10116$（Pa）

（2）垂直段压损 ΔP_2

①吸嘴末端空气的压力 P_B、空气重度 γ_{aB} 和气流速度 u_{aB}。

$$P_B=101325-10116=91209\ (\text{Pa})$$

按等温过程：

$$\gamma_{aB}=\gamma_a\frac{P_B}{P_S}=11.77\times\frac{91209}{101325}=10.59\ (\text{N/m}^3)$$

$$u_{aB}=u_a\frac{\gamma_a}{\gamma_{aB}}=22\times\frac{11.77}{10.59}=24.4\ (\text{m/s})$$

②提升压损：

$$\Delta P_{fl}=\mu\gamma_a l\frac{(u_f\mp u_s\sin\theta)}{u_s}=15\times10.59\times12\times\frac{9.4+15\times1}{15}=3102\ (\text{Pa})$$

式中，$u_s=u_a-u_f=24.4-9.4=15$（m/s）；垂直输料管长 12m。

③摩擦压损：

$$\Delta P_m=\left(P_S-\sqrt{P_S^2-2P_S\lambda_a\frac{L}{D}\frac{u_a^2}{2g}\gamma_a}\right)\cdot a=$$

$$\left[91209-\sqrt{91209^2-2\times91209\times0.02\times\frac{12}{0.15}\times\frac{24.4^2}{2g}\times10.59}\right]\times4.32=2227\ (\text{Pa})$$

式中，压损比 $\alpha=4.32$。

所以，此段总压损 $\Delta P_2=3102+2227=5329$（Pa）

（3）弯头压损 ΔP_3

① 垂直管段末端空气的压力 P_C、空气重度 γ_{aC} 和气流速度 u_{aC}。

$$P_C=91209-5329=85880\ (\text{Pa})$$

按等温过程：

$$\gamma_{ac}=\gamma_a\frac{P_c}{P_S}=11.77\times\frac{85880}{101325}=9.98\ (\text{N/m})$$

$$u_{ac}=u_{aB}\frac{\gamma_{aB}}{\gamma_{ac}}=24.4\times\frac{10.59}{9.98}=25.9\ (\text{m/s})$$

②局部压损：

$$\Delta P_j=(1+k_l\mu)\ \xi\frac{u_a^2}{2g}\gamma_{al}=(1+1.6\times15)\times0.066\times\frac{25.9^2}{2g}\times9.98=563\ (\text{Pa})$$

式中，90°转角的弯头曲率半径取 10D，则 $\xi=0.066$。

③提升压损：

$$\Delta P_{fl}=\mu\gamma_a l\frac{(u_f\mp u_s\sin\theta)}{u_s}=15\times9.98\times1.5\times\frac{9.4+15\times1}{15}=365\ (\text{Pa})$$

式中，$u_s=$（0.56~0.58）；$u_a=0.58\times25.8=15$（m/s）；垂直提升高度 1.5m。

④摩擦压损：

$$\Delta P_m=\left(P_S-\sqrt{P_S^2-2P_S\lambda_a\frac{L}{D}\frac{u_a^2}{2g}\gamma_a}\right)\cdot a=$$

$$\left[85880-\sqrt{85880^2-2\times85880\times0.02\times\frac{2.36}{0.15}\times\frac{25.9^2}{2g}\times9.98}\right]\times4.15=446\ (\text{Pa})$$

式中，压损比 $\alpha=4.15$；弯头展开长度为 2.36m。

所以，弯头总压损 $\Delta P_3=563+365+446=1374$（Pa）

（4）水平段压损 ΔP_4

① 弯头末端空气的压力 P_D、空气重度 γ_{aD} 和气流速度 u_{aD}。

$$P_D=85880-1374=84506\ (\text{Pa})$$

按等温过程：

$$\gamma_{aD}=\gamma_a\frac{P_D}{P_S}=11.77\times\frac{84506}{101325}=9.82\ (\text{N/m}^3)$$

$$u_{aD}=u_{ac}\frac{\gamma_{ac}}{\gamma\ aD}=25.9\times\frac{9.98}{9.82}=26.3\ (\text{m/s})$$

②启动加速压损：

$$\Delta P_{qd}=(1+\varphi\mu)\frac{u_a^2}{2g}\gamma_a=(1+0.64\times15)\times\frac{26.3^2}{2g}\times9.82=3670\ (\text{Pa})$$

式中，对水平管，$\varphi=0.64$。

③摩擦压损：

$$\Delta P_m=\left(P_S-\sqrt{P_S^2-2P_S\lambda_a\frac{L}{D}\frac{u_a^2}{2g}\gamma_a}\right)\cdot a=$$

$$\left[84506-\sqrt{84506^2-2\times84506\times0.02\times\frac{8}{0.15}\times\frac{26.3^2}{2g}\times9.82}\right]\times4.07=1508\ (\text{Pa})$$

式中，水平管的压损比 $\alpha=4.07$；水平管的长度为 8m。

所以，此段总压损 $\Delta P_4=1508+3670=5178$（Pa）

（5）卸料器压损 ΔP_5　采用容积式卸料器。

①水平输料管末端空气的压力 P_E、空气重度 γ_{aE} 和末端气流速度 u_{aE}。

$$P_E=84506-5178=79328\ (\text{Pa})$$

按等温过程：

$$\gamma_{aE}=\gamma_a\frac{P_E}{P_S}=11.77\times\frac{79328}{101325}=9.21\ (\text{N/m}^3)$$

$$u_{aE}=u_{aD}\frac{\gamma_{aD}}{\gamma_{aE}}=26.3\times\frac{9.82}{9.21}=28.0\ (\text{m/s})$$

②局部压损：

$$\Delta P_j=(1+k_l\mu)\ \xi\frac{u_a^2}{2g}\gamma_{al}=(1+0.45\times15)\times3\times\frac{15^2}{2g}\times9.21=2456\ (\text{Pa})$$

式中，容积式卸料器的进口风速取 15m/s，$\xi=3$，$K_f=0.45$。

所以卸料器压损 $\Delta P_5=2456$Pa。

（6）除尘器压损 ΔP_6　卸料器和除尘器之间的通风管道压损近似取 100Pa。除尘器为脉冲除尘器。

除尘器进口空气的压力 P_F 空气重度 γ_{aF} 和气流速度 u_{aF}：

$$P_F=79325-2456-100=76772\ (\text{Pa})$$

$$\gamma_{aF}=\gamma_a\frac{P_F}{p_S}=11.77\times\frac{76772}{101325}=8.92\ (\text{N/m}^3)$$

脉冲除尘器压损近似取 2000Pa。

所以，$\Delta P_6=100+2000=2100$（Pa）

（7）其余管件压损 ΔP_7

连接除尘器和风机的通风管道、风机进出口消声器等压损近似取 1000Pa。

所以，$\Delta P_7=1000$Pa。

3. 整个系统的总压损 $\sum\Delta P$ 和总风量 $\sum Q$

$$\begin{aligned}\sum\Delta P&=\Delta P_1+\Delta P_2+\Delta P_3+\Delta P_4+\Delta P_5+\Delta P_6+\Delta P_7\\&=10116+5329+1374+5178+2456+2100+1000\\&=27553\ (\text{Pa})\end{aligned}$$

风机进口处的空气重度 γ_{aG}

$$\gamma_{aG}=\gamma_a\frac{P_G}{p_S}=11.77\times\frac{101325-27553}{101325}=8.57\ (\text{N/m}^3)$$

所以总风量

$$\sum Q=Q\times\frac{\gamma_A}{\gamma_{aG}}=1389\times\frac{11.77}{8.57}=1908\ (\text{m}^3/\text{h})$$

4. 选择风机和电动机

计算风机参数：

$$P_{风机}=(1.0\sim1.2)\ \sum\Delta P=1.1\times27553=30308\ (\text{Pa})=30.3\text{kPa}$$

$$Q_{风机}=(1.0\sim1.2)\ \sum\Delta Q=1.15\times1908=2194\ (\text{m}^3/\text{h})=36.6\text{m}^3/\text{min}$$

根据罗茨鼓风机样本，选择 RRE－150V 型罗茨鼓风机，－34.3kPa，37.2m^3/min，1250r/m，电动机：Y225S－4，37kW。

5. 卸料器、除尘器、变形管、弯头等结构、尺寸设计计算

略。

例 3. 气力压运系统的压损计算

某小麦制粉厂的气力压运系统，输送量为 6t/h，小麦粉密度 640kg/m^3，输送距离 30m。选择风机和电动机。

1. 饱和风量系数和单位功率因数的确定

由表 5－45 得：

$$K_{饱}=0.043;\ K_{功}=1.46;\ K_{压}=1.33;\ u=11\text{m/s}$$

$$G=6t/h=100\ (kg/min)$$

2. 计算标准状态下的输送风量和输送浓度

$$Q_{标}=G\times K_{饱}=100\times0.043=4.3\ (m^3/min)$$

$$\mu=\frac{G}{1.2Q_{标}}=\frac{100}{1.2\times4.3}=19.38\ (kg/kg)$$

3. 确定操作表压

$$p_{压}=\frac{K_{功}}{K_{饱}}\times K_{压}=\frac{1.46}{0.043}\times1.33=45.16\ (kPa)$$

4. 计算供料器处的输送风量

$$Q_{供}=\frac{101.3Q_{标}}{101.3+P_{压}}=\frac{101.3\times4.3}{101.3+45.16}=2.97\ (m^3/min)$$

5. 计算输料管直径

计算管道直径系数 c：

$$c=\frac{Q_{供}}{v}=\frac{2.97}{11}=0.27$$

由表 5-46 可知：管系列号 10，$c=0.325$，管径 $D=80mm$。即输料管直径 $D=80mm$。

6. 计算供料器处压缩空气的漏风量

$$Q'_{漏}=1.3i_{供}\times n_{供}=1.3\times0.0075\times30=0.29\ (m^3/min)$$

选叶轮式供料器：$i_{供}=0.0075m^3/r$，$n_{供}=30r/min$。

7. 计算供料器标状态下的漏风量

$$Q_{漏}=Q'_{漏}\times\frac{101.3+P_{压}}{101.3}=0.29\times\frac{101.3+45.16}{101.3}=0.42\ (m^3/min)$$

8. 计算风机进风口风量

$$Q_{机}=Q_{标}+Q_{漏}=4.3+0.42=4.72\ (m^3/min)$$

9. 选择风机

计算风机参数：

$$P_{风机}=(1.0\sim1.2)\ P_{压}=1.1\times45.16=49.68\ (kPa)$$

$$Q_{风机}=(1.0\sim1.2)\ Q_{机}=1.15\times4.72=5.43\ (m^3/min)$$

计算风机所配电动机功率：

$$N_{电机}=1.15\times\frac{P_{风机}Q_{风机}}{60\eta_{容}\eta_{机}\eta_{传}}=1.15\times\frac{49.68\times5.43}{60\times0.8\times0.88\times0.98}=7.49\ (kW)$$

式中，罗茨鼓风机与电动机联轴器传动，$\eta_{传}=0.98$。

由 $P_{风机}$ 和 $Q_{风机}$ 选择三叶罗茨鼓风机：SRR－100，53.9kPa，6.64m³/min，1680r/min，11kW。

六、空气输送槽

空气输送槽结构如上文图 5-38 所示。

空气输送槽由两个薄钢板制成的断面为矩形的上下槽体联结组成。在槽形结构的上下壳体之间安装有一块多孔板透气层，多孔板上部为输料部分，多孔板下部为通风道。空气输送槽的安装一般向下倾斜4°~8°，物料由高的一端加入多孔板上部，具有一定压力的空气也由高的一端端部从下壳体吹入。空气穿过均匀的多孔板，使处于多孔板上的物料流态化，物料在重力的作用下沿斜槽流动。而穿过物料层的空气则通过安装在槽盖各出气口的滤布最后排放到大气中。

空气输送槽没有运动部件，气源为离心通风机或罗茨鼓风机。空气输送槽结构简单，操作方便，磨损小，维修工作量少，能耗低，低噪声，密封性好，安全可靠。输送长度可达100m，产量达到300t/h。缺点是输送的物料种类受到限制，而且必须倾斜布置，不宜向上输送物料。

多孔板是空气输送槽的关键部件，多孔板的选取和良好的使用状态，是空气输送槽经济合理、安全运行的重要因素。选择多孔板时，要求开孔率高，分布均匀；多孔板的阻力要高于物料层阻力；能够保持平滑的表面，具备足够的强度，与机壳易于牢固地安装、密封等。常用的多孔板有陶瓷多孔板，金属多孔板，多层帆布等。

空气输送槽主要参数通过以下公式确定。

1. 空气输送槽风量Q（m^3/h）

$$Q=60Q_0BL \tag{5-105}$$

式中 Q_0——单位耗气量，m/h，当倾斜度为4°~6.5°时$Q_0=1.5\sim3.0$m/h；

B——空气输送槽的宽度，m；

L——空气输送槽的长度，m。

2. 空气输送槽所需的压力P（Pa）

$$P=\Delta P_1+\Delta P_2+\Delta P_3 \tag{5-106}$$

式中 ΔP_1——多孔板阻力，Pa；

ΔP_2——物料层阻力，Pa；

ΔP_3——管网阻力，Pa。

根据计算和试验，空气输送槽所需的压力一般为（3.5~5）$\times10^3$ Pa。

3. 产量G（t/h）

$$G=3.6k_sBhu_s\rho_s' \tag{5-107}$$

式中 k_s——阻力系数，一般$k_s=0.9$；

h——物料层高度，m，一般取45~90mm；

u_s——物料的输送速度，m/s，当空气输送槽的斜度分别在4%、5%、6%时，物料的输送速度分别取1.0m/s、1.25m/s、1.5m/s；

ρ_s'——物料在流态化时的堆积密度，kg/m^3，一般$\rho_s'=0.75\rho_s$；

ρ_s——物料的堆积密度，kg/m^3。

第五章附表　气力吸运垂直输料管阻力计算表

1. 输送风速 18m/s

输送风速/（m/s）	18						
动压/mmH_2O	19.85						
D/mm	Q	R	$K_{谷}$	$K_{粗}$	$K_{细}$	$i_{谷粗}$	$i_{细}$
60	183	7.04	0.469	0.103	0.069	165	179
65	215	6.39	0.495	0.128	0.086	141	152
70	249	5.83	0.524	0.154	0.103	121	131
75	286	5.39	0.552	0.180	0.120	106	115
80	326	4.96	0.586	0.205	0.137	93	100
85	368	4.56	0.604	0.233	0.154	82	89
90	412	4.26	0.626	0.251	0.171	73	79
95	459	3.98	0.655	0.282	0.188	66	71
100	509	3.75	0.685	0.308	0.205	59	64
105	561	3.55	0.702	0.334	0.223	54	58
110	616	3.33	0.727	0.360	0.240	49	53
115	673	3.15	0.765	0.385	0.257	45	48
120	733	2.99	0.785	0.411	0.274	41	45
125	795	2.82	0.805	0.437	0.291	38	41
130	860	2.72	0.828	0.462	0.308	35	38
135	927	2.58	0.852	0.488	0.325	33	35
140	997	2.46	0.874	0.514	0.342	30	33
145	1070	2.36	0.896	0.539	0.360	28	31
150	1145	2.26	0.918	0.565	0.377	26	29
155	1223	2.18	0.939	0.591	0.394	25	27
160	1303	2.08	0.956	0.616	0.411	23	25
170	1472	1.94	1.003	0.668	0.446	21	22
180	1643	1.84	1.048	0.714	0.479	18	19
190	1840	1.73	1.092	0.772	0.514	16	18
200	2038	1.63	1.136	0.823	0.548	15	16

注：$1mmH_2O=9.80665Pa$，余表同。

2. 输送风速 19m/s

输送风速/（m/s）				19			
动压/mmH_2O				22.1			
D/mm	Q	R	$K_{谷}$	$K_{粗}$	$K_{细}$	$i_{谷粗}$	$i_{细}$
60	193	7.73	0.448	0.092	0.064	174	188
65	227	7.04	0.471	0.119	0.080	148	161
70	263	6.41	0.500	0.143	0.096	128	138
75	302	5.60	0.526	0.167	0.112	111	121
80	344	5.41	0.558	0.191	0.127	98	106
85	388	5.04	0.577	0.215	0.143	88	94
90	435	4.66	0.598	0.239	0.159	77	84
95	485	4.40	0.623	0.263	0.175	69	75
100	537	4.11	0.646	0.287	0.191	63	68
105	592	3.89	0.667	0.311	0.207	57	61
110	650	3.67	0.693	0335	0.223	52	56
115	711	3.48	0.722	0.358	0.239	47	51
120	774	3.29	0.747	0.382	0.255	44	47
125	839	3.11	0.767	0.406	0.271	40	43
130	908	2.98	0.791	0.430	0.287	37	40
135	979	2.86	0.815	0.454	0.303	34	37
140	1053	2.72	0.836	0.478	0.319	32	35
145	1129	2.61	0.856	0.502	0.335	30	32
150	1209	2.50	0.876	0.526	0.351	28	30
155	1291	2.39	0.897	0.550	0.366	26	28
160	1376	2.29	0.913	0.574	0.382	24	26.5
170	1530	2.18	0.857	0.622	0.414	22	23.5
180	1745	2.03	1.000	0.669	0.447	19	21
190	1942	1.91	1.042	0.717	0.478	17	18.8
200	2150	1.81	1.083	0.765	0.510	26	17

3. 输送风速 20m/s

输送风速/（m/s）				20			
动压/mmH_2O				24.4			
D/mm	*Q*	*R*	$K_{谷}$	$K_{粗}$	$K_{细}$	$i_{谷粗}$	$i_{细}$
60	204	8.45	0.425	0.089	0.060	183	198
65	239	7.64	0.449	0.111	0.074	156	169
70	277	7.04	0.476	0.134	0.089	135	146
75	318	6.37	0.501	0.156	0.104	111	127
80	362	5.91	0.531	0.179	0.11+9	103	112
85	409	5.45	0.549	0.2101	0.134	91	99
90	458	5.12	0.568	0.223	0.149	81	88
95	510	4.81	0.590	0.246	0.164	73	79
100	565	4.47	0.615	0.268	0.179	66	71
105	623	5.23	0.635	0.290	0.193	60	65
110	684	3.98	0.659	0.313	0.208	55	59
115	748	3.79	0.685	0.335	0.223	50	54
120	814	3.60	0.712	0.357	0.238	46	50
125	883	3.42	0.728	0.380	0.253	42	46
130	955	3.22	0.751	0.402	0.268	39	42
135	1030	3.12	0.774	0.424	0.283	36	39
140	1108	2.93	0.759	0.447	0.298	34	36
145	1189	2.85	0.814	0.469	0.313	31	34
150	1272	2.69	0.834	0.491	0.328	29	32
155	1359	2.61	0.852	0.514	0.342	27	30
160	1448	2.50	0.868	0.536	0.357	26	28
170	1635	2.39	0.912	0.581	0.387	23	25
180	1837	2.22	0.952	0.626	0.417	20	22
190	2045	2.10	0.993	0.670	0.447	18	20
200	2263	1.98	1.034	0.714	0.477	17	18

4. 输送风速 21m/s

输送风速/（m/s）				21			
动压/mmH_2O				27.0			
D/mm	Q	R	$K_{谷}$	$K_{粗}$	$K_{细}$	$i_{谷粗}$	$i_{细}$
60	214	9.23	0.410	0.084	0.056	192	208
65	251	8.34	0.431	0.105	0.070	164	177
70	291	7.61	0.459	0.126	0.084	141	153
75	334	7.01	0.483	0.146	0.098	123	134
80	370	6.46	0.511	0.167	0.112	108	117
85	429	5.96	0.528	0.188	0.126	96	104
90	481	5.61	0.548	0.209	0.139	86	93
95	536	5.19	0.569	0.230	0.153	77	83
100	594	4.87	0.592	0.251	0.167	69	75
105	655	4.59	0.612	0.272	0.181	63	68
110	718	4.37	0.635	0.293	0.195	57	62
115	785	4.11	0.661	0.314	0.209	52	57
120	855	3.94	0.685	0.335	0.223	48	52
125	928	3.72	0.702	0.356	0.237	44	48
130	1003	3.53	0.724	0.377	0.251	41	44
135	1082	3.37	0.746	0.398	0.265	38	41
140	1163	3.24	0.766	0.418	0.279	35	38
145	1248	3.09	0.785	0.439	0.293	33	36
150	1336	2.97	0.803	0.460	0.307	31	33
155	1427	2.86	0.821	0.481	0.321	29	31
160	1520	2.71	0.835	0.502	0.335	27	29
170	1718	2.60	0.877	0.544	0.363	24	26
180	1929	2.43	0.916	0.586	0.391	21	23
190	2145	2.30	0.955	0.628	.0418	19	21
200	2378	2.21	0.994	0.669	0.447	17	19

5. 输送风速 22m/s

输送风速/（m/s）	22						
动压/mmH_2O	29.6						
D/mm	Q	R	$K_{谷}$	$K_{粗}$	$K_{细}$	$i_{谷粗}$	$i_{细}$
60	224	10.07	0.396	0.079	0.052	207	218
65	263	9.12	0.417	0.098	0.066	172	186
70	305	8.29	0.440	0.118	0.077	148	160
75	350	7.61	0.464	0.138	0.092	12*9	140
80	398	7.02	0.493	0.157	0.105	123	123
85	449	6.49	0.510	0.177	0.118	100	109
90	504	6.04	0.528	0.197	0.131	90	97
95	561	5.63	0.548	0.216	0.144	80	87
100	622	5.32	0.572	0.236	0.157	73	79
105	686	5.01	0.590	0.256	0.170	66	71
110	753	4.74	0.613	0.275	0.184	60	65
115	821	4.47	0.637	0.295	0.200	55	59
120	896	4.24	0.661	0.315	0.210	50	55
125	972	4.09	0.678	0.334	0.223	46	50
130	1051	3.85	0.699	0.354	0.236	43	46
135	1133	3.70	0.720	0.374	0.249	40	43
140	1219	3.50	0.739	0.393	0.262	37	40
145	1308	3.35	0.757	0.413	0.275	34	37
150	1400	3.23	0.775	0.432	0.288	32	35
155	1495	3.11	0.793	0.452	0.302	30	33
160	1593	2.93	0.806	0.472	0.315	28	31
170	1800	2.81	0.848	0.512	0.341	25	27
180	2020	2.64	0.885	0.551	0.367	22	24
190	2247	2.49	0.922	0.591	0.394	20	22
200	2490	2.38	0.960	0.630	0.419	18	20

6. 输送风速 23m/s

输送风速/（m/s）	23						
动压/mmH_2O	32.4						
D/mm	*Q*	*R*	$K_{谷}$	$K_{粗}$	$K_{细}$	$i_{谷粗}$	$i_{细}$
60	234	10.94	0.385	0.074	0.049	211	228
65	275	9.88	0.407	0.093	0.062	180	194
70	319	9.00	0.436	0.112	0.074	155	168
75	367	8.23	0.453	0.130	0.087	135	146
80	416	7.61	0.480	0.148	0.098	119	128
85	470	7.06	0.496	0.167	0.110	105	114
90	527	6.54	0.514	0.185	0.124	94	101
95	587	6.15	0.537	0.204	0.136	84	91
100	650	5.67	0.561	0.223	0.148	76	82
105	717	5.41	0.575	0.241	0.161	69	74
110	770	5.05	0.596	0.260	0.173	63	68
115	860	4.79	0.620	0.278	0.185	57	62
120	936	4.57	0.644	0.297	0.198	53	57
125	1016	4.31	0.657	0.315	0.210	49	52
130	1099	4.14	0.678	0.334	0.223	45	49
135	1185	4.02	0.698	0.352	0.235	42	45
140	1274	3.79	0.718	0.371	0.247	39	42
145	1367	3.63	0.736	0.389	0.260	36	39
150	1463	3.47	0.753	0.408	0.272	34	37
155	1562	3.30	0.771	0.426	0.284	32	34
160	1665	3.21	0.785	0.445	0.300	30	32
170	1881	2.96	0.820	0.479	0.319	26	28
180	2109	2.76	0.860	0.515	0.344	23	25
190	2350	2.58	0.890	0.552	0.368	21	23
200	2604	2.42	0.930	0.589	0.393	19	20

7. 输送风速 24m/s

输送风速/（m/s）			24				
动压/mmH$_2$O			35.3				
D/mm	Q	R	$K_{谷}$	$K_{粗}$	$K_{细}$	$i_{谷粗}$	$i_{细}$
60	244	11.71	0.375	0.070	0.047	220	238
65	287	10.58	0.396	0.088	0.058	188	203
70	333	9.81	0.420	0.105	0.070	162	175
75	382	8.89	0.440	0.123	0.081	141	152
80	434	8.26	0.467	0.140	0.093	124	134
85	490	7.55	0.482	0.158	0.105	111	119
90	550	7.06	0.500	0.175	0.117	98	106
95	612	6.63	0.519	0.193	0.128	88	95
100	679	6.17	0.539	0.210	0.140	79	86
105	748	5.82	0.558	0.228	0.152	72	78
110	821	5.43	0.580	0.245	0.164	66	71
115	898	5.22	0.604	0.263	0.175	60	65
120	977	4.94	0.627	0.280	0.187	55	60
125	1060	4.66	0.641	0.299	0.199	51	55
130	1147	4.48	0.661	0.315	0.210	47	51
135	1236	4.23	0.680	0.333	0.222	43	47
140	1330	4.09	0.698	0.350	0.234	40	44
145	1426	3.92	0.714	0.368	0.245	38	42
150	1527	3.78	0.731	0.385	0.257	35	38
155	1630	3.60	0.749	0.403	0.269	33	36
160	1738	3.46	0.763	0.420	0.280	31	34
170	1985	3.17	0.800	0.451	0.301	27	30
180	2193	2.95	0.830	0.486	0.324	24	26
190	2454	2.78	0.860	0.520	0.347	22	24
200	2716	2.58	0.890	0.555	0.370	20	21

8. 输送风速 25m/s

输送风速/（m/s）			25				
动压/mmH_2O			38.3				
D/mm	*Q*	*R*	$K_{谷}$	$K_{粗}$	$K_{细}$	$i_{谷粗}$	$i_{细}$
60	254	12.62	0.367	0.064	0.044	229	248
65	299	11.40	0.384	0.083	0.053	195	210
70	346	10.40	0.411	0.097	0.064	168	182
75	398	9.56	0.437	0.116	0.074	147	159
80	452	8.80	0.457	0.135	0.089	129	139
85	511	8.11	0.473	0.149	0.099	114	124
90	573	7.65	0.490	0.166	0.111	102	110
95	638	7.03	0.507	0.183	0.122	91	99
100	707	6.58	0.527	0.199	0.133	83	89
105	779	6.20	0.545	0.216	0.144	75	81
110	855	5.85	0.567	0.232	0.155	68	74
115	935	5.55	0.591	0.249	0.166	62	63
120	1018	5.32	0.613	0.266	0.177	57	62
125	1104	5.01	0.628	0.282	0.188	53	57
130	1194	4.78	0.647	0.299	0.199	49	53
135	1288	4.59	0.666	0.315	0.210	45	49
140	1385	4.36	0.684	0.332	0.221	42	46
145	1486	4.21	0.701	0.348	0.232	39	42
150	1590	4.02	0.718	0.365	0.243	37	40
155	1698	3.90	0.734	0.382	0.255	34	37
160	1810	3.75	0.747	0.398	0.266	32	35
170	2043	3.16	0.780	0.427	0.284	28	31
180	2290	2.94	0.810	0.464	0.306	25	28
190	2552	2.75	0.840	0.493	0.328	23	25
200	2830	2.57	0.870	0.525	0.349	21	22

第六章

小麦制粉厂机械输送

输送机械在小麦加工过程中具有重要的作用，不仅能够实现生产过程中各工段的连接、组成流水生产线，而且可以在输送物料的同时对物料进行混合、干燥等作业，还可以结合其他手段来控制物料的流量，控制整个生产节奏和速度。

第一节 小麦制粉厂有关物料的性质

小麦制粉厂中被输送物料可分为袋装物和散状物料（简称散料）两大类。袋装物主要有原粮袋、小麦粉袋和麸皮袋等；散状物料包括原粮、成品以及加工过程的中间物料。这些物料的种类及物理特性是选择和设计输送机械的重要依据。

一、袋装物

1. 粮食袋装物的外形尺寸和质量

如表 6-1 所示。

表 6-1 粮食袋装物的外形尺寸和质量

袋的名称	装满后袋的外形尺寸（长×宽×厚）/mm	质量/（kg/袋）
大麻袋	800×600×300	小麦 90、麸皮 35~40
小麻袋	700×430×200	小麦 45
布袋	700×370×160	小麦粉 22.5~25
塑料编织袋	800×600×300	麸皮 35~40
	800×500×200	小麦 65
	700×370×160	小麦粉 25

2. 粮食袋装物与其他物体表面间的摩擦角和摩擦因数

如表 6-2 所示。

表 6-2 粮食袋装物与其他物体表面间的摩擦角和摩擦因数

粮袋与其他物体表面		摩擦角 ρ /（°）	摩擦因数 f
黄麻粮袋	袋-袋	28	0.53
	袋-刨得不太光滑的松板	26	0.49
	袋-磨光的光滑松板	15	0.27
	袋-胶合板	19	0.34
	袋-新镀锌钢板	27	0.51
	袋-磨光的钢板	17	0.30
	袋-有橡胶层的新输送带	31.5	0.61
	袋-水泥地板	24	0.45

续表

粮袋与其他物体表面	摩擦角 ρ /(°)	摩擦因数 f
塑料编织袋-塑料编织袋	7（静），6.5（动）	0.12（静），0.11（动）
塑料编织袋-钢板	10.5（静），4.5~7（动）	0.18（静），0.08~0.12（动）

注：表中数据仅供参考。

二、散状物料

1. 物料的容重

如表 6-3 所示。

表 6-3　物料容重

名称	容重/(t/m^3)	名称	容重/(t/m^3)	名称	容重/(t/m^3)
小麦	0.70~0.80	1 皮磨磨下物	0.60~0.75	尾磨磨下物	0.43~0.50
普通小麦粉	0.43~0.55	2 皮磨磨下物	0.40~0.50	大粗粒（麦渣）	0.47
精制小麦粉	0.56~0.6	后路皮磨磨下物	0.35~0.40	中粗粒（粗麦心）	0.51
粗麸皮	0.15~0.24	渣磨磨下物	0.45~0.58	小粗粒（细麦心）	0.53
细麸皮	0.25~0.34	前路心磨磨下物	0.48~0.62	粗　粉	0.40~0.45
胚　芽	0.25~0.30	后路心磨磨下物	0.40~0.55	荞麦	0.63

2. 几种物料的内、外摩擦角

如表 6-4 所示。

表 6-4　几种物料的内、外摩擦角

物料名称	粒度/mm	内摩擦角/(°)	外摩擦角/(°)			
			钢板	木材	橡胶	混凝土
小麦	7×4×3	23~33	22	29	30	32
小麦粉	<0.3	50~57	33	35	37	37
麸皮	—	38	25	27	28	37
荞麦	3×3×2.5	—	12	—	—	—
并肩砂石	4.3×2.5×2.3	—	—	30	—	—

第二节
溜管和溜槽

溜管又称自流管，溜槽又称滑梯，是利用物料的重力作用，从高处向低处输送物料的装置，在粮食加工厂、机械化粮仓和其他加工、运输行业都广泛使用。溜管用于输送散状物料，溜槽用于输送袋装物料。溜管和溜槽只能作单向的向下输送，并要求保持一定的坡度。

一、溜管

（一）溜管的一般构造

小麦制粉厂用的溜管由普通钢板、镀锌钢板、不锈钢板制造，木质溜管现在已完全不用。其他材料的溜管，如陶瓷、玻璃、塑料等则很少使用。

钢质溜管采用薄钢板焊接、咬口或螺栓连接而成。其断面形状有圆形、方形或长方形。圆形溜管底部受力比较集中，磨损快，但其制作、安装简便；矩形溜管底部受力均匀，磨损较慢，但制作相对复杂一些。因此在输送量不太大时，一般采用圆形溜管，管壁厚0.75~6mm，视物料性质和流量而定。大流量输送粒状物料时，则宜采用2~4mm厚的钢板制成矩形的溜管，并内衬超高分子聚乙烯板或聚氨酯耐磨板以增加抗磨能力。

小麦制粉厂广泛使用的预制溜管是由专业的生产厂家制造的各种标准管件，在使用现场进行拼装组合。其安装速度快，外观整齐，不易锈蚀，而且便于修改溜管的走向和连接，改变工艺路线。管件是用1~2mm厚的冷轧钢板焊接而成，表里经烤漆或静电喷涂处理。

（二）溜管的使用要求

溜管的倾角（溜管中心线与水平面的夹角）必须保证物料在溜管内顺利流动。保证物料顺利流动的最小倾角称为溜管的自溜角。溜管的自溜角 α 必须满足下列要求：当物料充满系数≤0.3时，$\alpha \geqslant \rho+(5°\sim7°)$；当物料充满系数为0.5时，$\alpha \geqslant \rho+(8°\sim11°)$。$\rho$ 为物料与溜管板材之间的摩擦角。

如果方形溜管在安装时其一个角处于底部位置，则管道的断面变为菱形，其自溜角应在上列角度的基础上再增加3°~4°。

通常情况下，物料在溜管内的充满系数不应大于0.5，否则会使流动阻力过大，容易造成物料的堵塞。

小麦粉生产车间各种物料所需的钢质溜管最小倾角列于表6-5中，供工程设计时参考。

表6-5　钢质溜管的最小倾角

物料名称	溜管倾角/(°)	物料名称	溜管倾角/(°)
小麦	27~31	麦渣（大粗粒）	31~34

续表

物料名称	溜管倾角/(°)	物料名称	溜管倾角/(°)
1 皮磨磨下物	35~39	粗麦心（中粗粒）	32~35
2 皮磨磨下物	35~40	细麦心（小粗粒）	36~37
3~5 皮磨磨下物	38~43	粗粉	38~41
心磨磨下物	41~43	粗麸皮	37~38
心磨平筛上层筛上物	39~40	细麸皮	37~40
心磨平筛下层筛上物	40~42	吸风粉	42~46
标准粉	40~44	清理车间下脚料	34~36
一等粉	41~42	清理车间灰尘	41~42

注：1. 物料初速度为零时，用较大角度，反之用较小角度。

2. 物料水分若高于常态，溜管倾角应比表中所列角度增加 4°~9°。

（三）溜管规格与输送量

不同生产规模的车间所应用的溜管规格如表 6-6 所示。

表 6-6　不同生产规模的车间溜管规格　单位：mm

加工车间			
溜管种类	生产率/(t/d)	清理车间	制粉车间
圆形溜管	100 以下	ϕ125	ϕ125
	100~200	ϕ140	ϕ140
	200~400	ϕ140	ϕ140
方形溜管	100 以下	110×110	110×110
	100~200	125×125	125×125
	200~400	150×150	125×125

原粮接收间或立筒库		
生产率/(t/h)	溜管尺寸	
50	250×250	若采用圆形溜管，其截面积应接近于方形管截面积
100	300×300	
200	350×350	
300	400×400	
400	450×450	
600	500×500	
800	600×600	

注：生产率小于 50t/d 的小型厂，可采用 ϕ75~ϕ100mm 的圆形溜管。

二、溜槽

溜槽是利用物料自身重力向下输送袋装物。常见的溜槽有直线溜槽和螺旋溜槽两种。

（一）直线溜槽

直线溜槽的断面形状多为“└┘”形，一般用2~5mm厚的钢板制成，个别情况也可采用光滑坚硬的木板、竹板或砖石、混凝土制作。袋装物直线溜槽如图6-1所示。

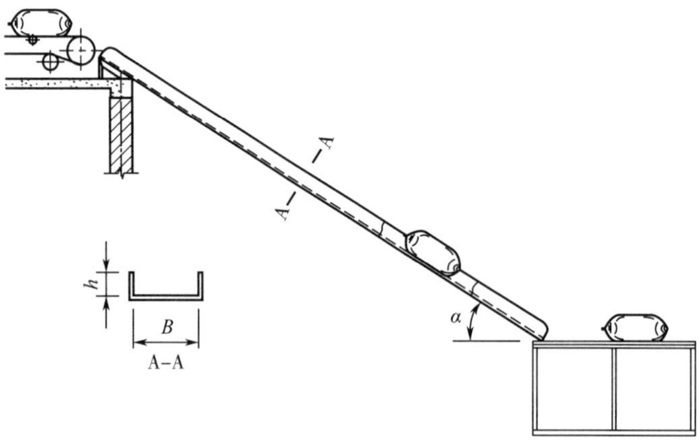

图6-1 袋装物直线溜槽

1. 直线溜槽的技术参数

（1）内宽 $B=b+2d$ （6-1）

式中 b——袋装物的最大宽度，mm；

d——溜槽宽度余量，一般取50~75mm。

（2）边缘高 $h \approx \frac{1}{2}t$ （6-2）

式中 t——袋装物的厚度，mm。

（3）溜槽的倾斜角度 直线溜槽的倾斜角度，应视袋装物与溜槽之间摩擦角的大小来确定，既要保证粮包顺利下滑，又要控制粮包的脱离速度不能太高。一般来说，长度较短的溜槽，其倾斜角可取：

$$\alpha=\rho+(3°\sim5°) \tag{6-3}$$

式中 α——溜槽的倾斜角，（°）；粮包初速度为0或溜槽长度较短时取大值，反之取小值；

ρ——袋装物与溜槽之间的摩擦角，（°）。

长度较长的溜槽，倾斜角应适当减小。

袋装物与溜槽之间的摩擦角如表6-7所示。

表6-7 袋装物与溜槽之间的摩擦角

袋装物种类	溜槽用材		
	钢板	木板	竹子
装粮麻袋	17°~20°	18°~21°	12°~15°

续表

袋装物种类	溜槽用材		
	钢板	木板	竹子
装粮布袋	9°~12°	9°~12°	9°~12°
塑料编织袋	10.5（静），4.5~7（动）	—	—

2. 袋装物在溜槽中下滑的末速度

$$v = \sqrt{2g \cdot L \cdot \cos\alpha(\tan\alpha - \tan\rho) + v_0^2} \tag{6-4}$$

式中　v——袋装物离开溜槽时的末速度，m/s，对于粮食袋装物要求 $v \leq 1.5$m/s；

v_0——袋装物进入溜槽时的初速度，m/s；

L——溜槽长度，m；

g——重力加速度，$g = 9.81\text{m/s}^2$。

如果袋装物下滑速度过快，可以通过减小溜槽倾斜角的方法解决，或者在溜槽上增加缓冲装置。常用的直线溜槽缓冲措施如图 6-2 所示。

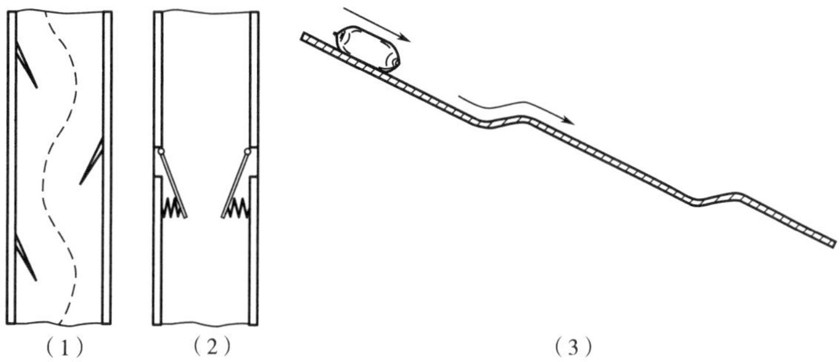

图 6-2　直线溜槽缓冲措施

（1）曲折导向的缓冲　（2）弹簧夹板缓冲　（3）波浪形滑道缓冲

（二）螺旋溜槽

螺旋溜槽用于垂直向下输送袋装物，通常用 2~3mm 的薄钢板制造，也可用铸铁件拼接。可根据需要做成单螺旋或双螺旋，双螺旋溜槽可同时输送两种物料，如图 6-3 所示。

1. 螺旋溜槽的技术参数

（1）螺旋溜槽的直径 D（mm）　螺旋溜槽的直径需依据粮包的大小而定，根据图 6-4 可知：

$$D = 2\sqrt{(r + s + b)^2 + (\frac{l}{2}\cos\alpha)^2} \tag{6-5}$$

式中　r——中心立柱的半径，mm；

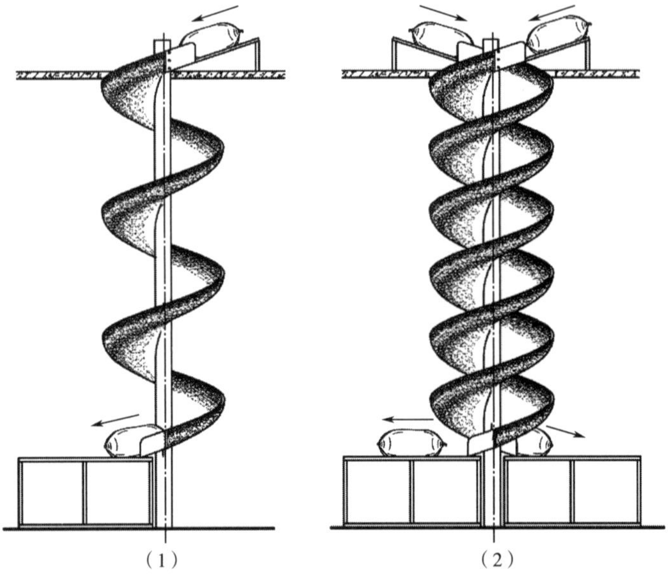

图 6-3　螺旋溜槽

(1) 单螺旋溜槽　(2) 双螺旋溜槽

s ——粮包边缘到中心立柱的间距；通常取 40~80mm；

b ——粮包宽度，mm；

l ——粮包长度；mm；

α——槽底外缘的螺旋升角，(°)。

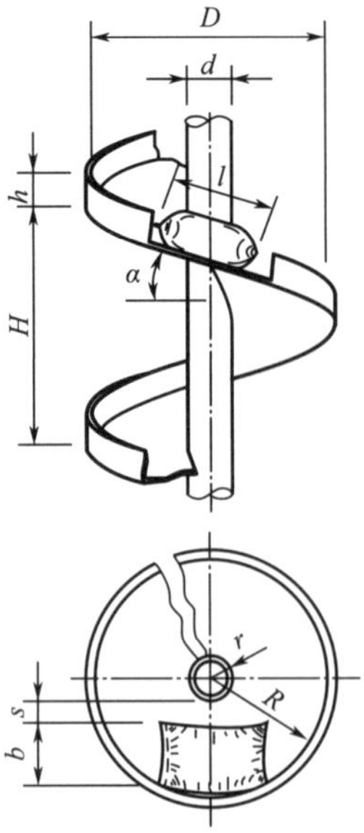

图 6-4　螺旋溜槽结构图

（2）螺旋溜槽的升角 α　为了保证袋装物能够顺利下滑，螺旋溜槽最外侧的升角必须满足 $\alpha>\rho$，一般取：

$$\alpha = \rho + (5^\circ \sim 8^\circ) \tag{6-6}$$

式中　ρ——袋装物与溜槽之间的摩擦角。

螺旋升角 α 与螺旋直径 D、螺距 H 的关系为：

$$\tan\alpha = \frac{H}{\pi D} \tag{6-7}$$

一般在输送粮包时，中心立柱的直径取 $d=200\sim300$mm，溜槽的螺距取 $H=1200\sim3000$mm，侧板的高度取 $h=$（1/2~2/3）×粮包厚度。

2. 袋装物在螺旋溜槽中的下滑速度 v（m/s）

袋装物在螺旋溜槽中下滑，初期是加速下滑，由于受到外侧挡板的摩擦作用，速度增加到一定值时将不再增加。此时的下滑速度为：

$$v = \sqrt{\frac{R_0 g}{f \cdot \cos\alpha}(\tan\alpha - \tan\rho)} \tag{6-18}$$

式中　R_0——袋装物中心点的回转半径，m；

f——袋装物与溜槽底部和外侧挡板的摩擦因数；

其余符号同前。

第三节 斗式提升机

一、概述

斗式提升机是专门用于竖直或大倾角（$\beta>70^\circ$）向上输送散料的设备，可以输送粉状、粒状或小块状物料，简称提升机或斗提机。

按照 GB/T 37519—2019《粮油机械　斗式提升机》规定，粮食斗式提升机的型号表示方式为：

T　DT　G　□/□×□

- 主要规格：头轮直径(cm)/畚斗宽度(cm)×畚斗列数
- 型式代号：G——固定式，Y——移动式，L——链式
- 种类代号：DT 表示斗式提升机
- 专业代号：T 表示通用机械

二、斗式提升机的一般结构

斗式提升机结构如图 6-5 所示。

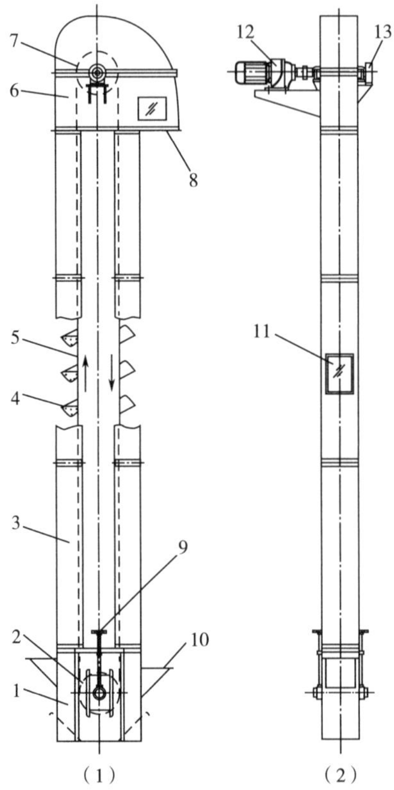

图 6-5　斗式提升机结构图

（1）主视图　（2）左视图

1—机座　2—底轮　3—机筒　4—料斗　5—牵引构件　6—机头　7—头轮　8—出料口　9—张紧装置　10—进料口　11—观察窗　12—驱动装置　13—止逆装置

三、斗式提升机的主要构件及规格尺寸

（一）畚斗

畚斗是提升机盛装物料的部件，有钢制畚斗和塑料畚斗两大类。钢制畚斗是用薄钢板焊接或冲压而成，塑料畚斗是用高密度聚乙烯、尼龙或聚氨酯制成。目前粮食加工行业多使用塑料畚斗，其质轻、耐磨、价格便宜。

粮食加工厂常用的畚斗有深型、浅型、隔板型、无底型，其技术规格如表 6-8～表 6-14 所示。除此以外，还有中深型、重载型、半圆型、三角型（适于低速运行）以及钢板冲压畚斗等，这里不再一一列举。

表 6-8　　钢制深型畚斗规格

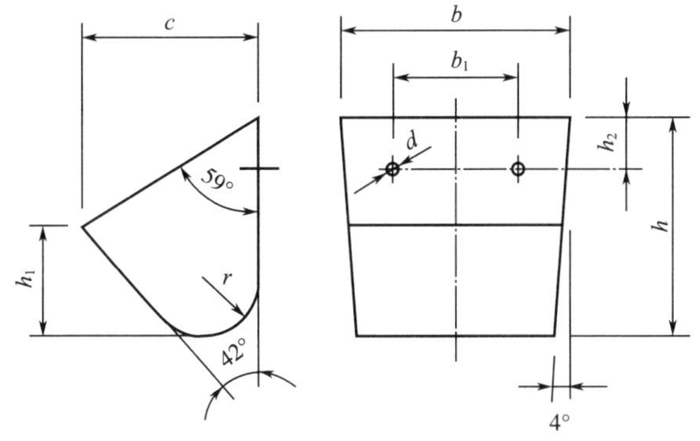

1. 畚斗间距 a=斗深 h+两斗间隔。

2. 容积 $i\approx\frac{1}{2}bch$。

3. 主要适于输送干燥的、散落性好的小麦、稻谷、玉米、油料的粒状料。

型号	畚斗尺寸/mm								畚斗间距 a/mm	畚斗容积 i/L	i/a/(L/m)	螺钉数/只	钢板厚/mm
	b	c	h	h_1	h_2	r	b_1	d					
DS90×75	90	75	90	44	30	25	50	7	200~250	0. 30	1. 2~1. 5	2	1. 0
DS110×75	110	75	90	44	30	25	60	7	200~250	0. 37	1. 48~1. 85	2	1. 5
DS110×90	110	90	106	52	30	30	60	7	200~250	0. 52	2. 08~2. 6	2	1. 5
DS130×110	130	110	132	66	35	35	80	9	250~300	0. 95	3. 17~3. 8	2	1. 5
DS130×125	130	125	150	75	40	40	80	9	250~300	1. 21	4. 03~4. 85	2	1. 5
DS180×125	180	125	150	75	40	40	60×2	9	300~400	1. 70	4. 25~5. 70	3	1. 5
DS180×140	180	140	168	84	40	44	60×2	9	300~400	2. 10	5. 25~7. 0	3	1. 5
DS230×125	230	125	150	75	40	40	85×2	9	350~400	2. 20	5. 5~6. 28	3	2
DS230×140	230	140	168	84	40	44	85×2	9	400	2. 70	6. 75	3	2
DS280×125	280	125	150	75	40	40	100×2	9	350~400	2. 65	6. 6~7. 57	3	2
DS280×140	280	140	168	84	40	44	100×2	9	400	3. 30	8. 25	3	2

表 6-9　　钢制浅型畚斗规格

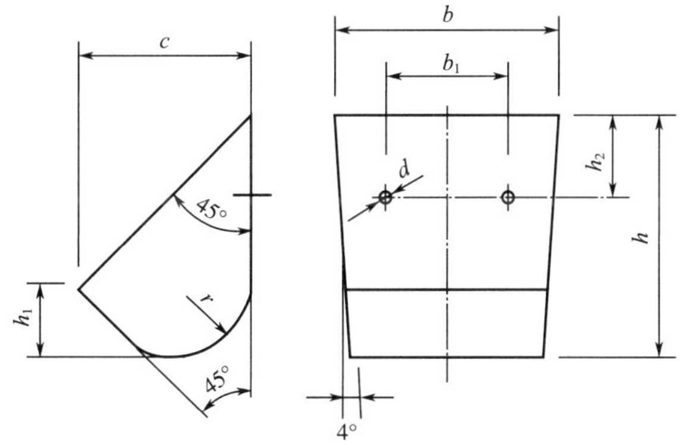

1. 畚斗间距 a=斗深 h+两斗间隔。

2. 容积 $i\approx\frac{1}{2}bch$。

3. 主要适于输送略有黏性的、 散落性差的小麦粉、 米糠、 麸皮等物料。

续表

型号	畚斗尺寸/mm								畚斗间距 a/mm	畚斗容积 i/L	i/a/(L/m)	螺钉数/只	钢板厚/mm
	b	c	h	h_1	h_2	r	b_1	d					
DQ90×75	90	75	107	33	45	30	50	7	200	0.36	1.8	2	0.8
DQ110×75	110	75	107	33	45	30	50	7	200	0.44	2.2	2	0.8
DQ110×90	110	90	122	33	55	40	60	9	200	0.6	3.0	2	0.8
DQ130×110	130	110	156	46	76	45	80	9	300	1.10	3.67	2	1.0
DQ130×125	130	125	175	50	85	53	80	9	300	1.42	4.73	2	1.0
DQ180×125	180	125	175	50	85	53	60×2	9	350	1.97	5.63	3	1.0
DQ180×140	180	140	195	55	85	60	60×2	9	400	2.45	6.12	3	1.0
DQ230×125	230	125	175	50	85	53	85×2	9	350	2.52	7.2	3	1.0
DQ230×140	230	140	195	55	85	60	85×2	9	400	3.15	7.88	3	1.0
DQ280×125	280	125	175	50	85	53	100×2	9	350	3.06	8.74	3	1.0
DQ280×140	280	140	195	55	85	60	100×2	9	400	3.82	9.55	3	1.0

表 6-10　　钢制隔板型畚斗规格

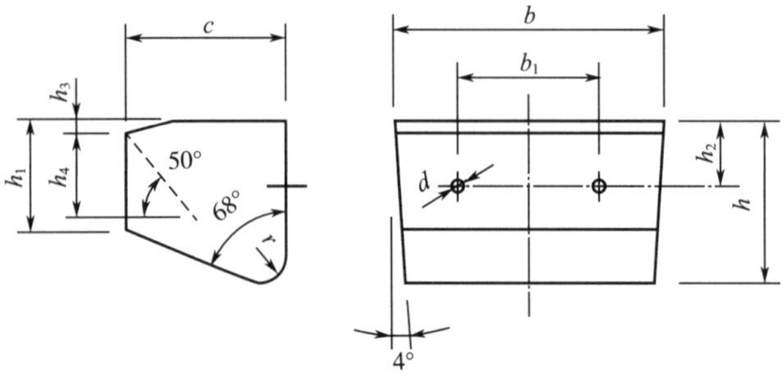

1. 畚斗间距可参照深型斗确定。
2. 容积 $i \approx \frac{1}{2}bch$。
3. 适于输送散落性好的粒状物料。

型号	畚斗尺寸/mm										畚斗容积 i/L	螺钉数/只	钢板厚/mm
	b	c	h	h_1	h_2	h_3	h_4	r	b_1	d			
DG160×110	160	110	110	77	44	10	60	25	90	9	1.25	2	1.5
DG220×125	220	125	125	85	50	11	70	25	80×2	9	2.2	3	2.0
DG320×150	320	150	150	100	60	13	80	25	85×3	9	4.6	4	2.0

表 6-11　　钢制无底型畚斗规格

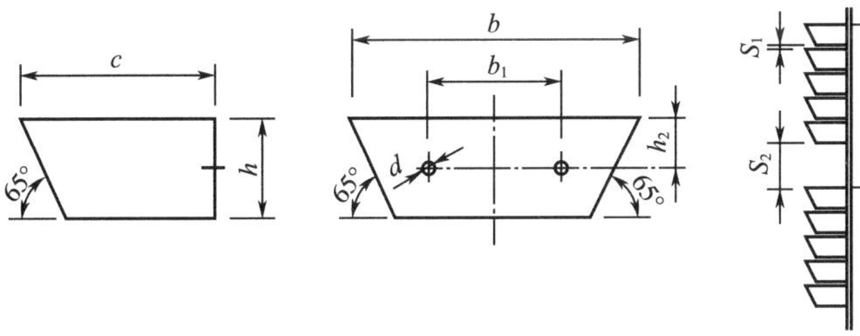

1. 容积 $i_0 \approx h\ (bc-0.466ch-0.233bh)$。
2. 容积 $i=n\times i_0$，n 为每组畚斗只数。
3. 畚斗间距 S_1 可取 10~15mm，两组间距 S_2 可取 150~200mm。
4. 适于输送散落性好的粒状物料。

型号	畚斗尺寸/mm						畚斗间距 a/mm	每斗容积 i_0/L	每组容积 i/L	i/a/(L/m)	螺钉数/只	钢板厚/mm
	b	c	h	h_2	b_1	d						
DW90×75—5	90	75	40	20	50	7	320	0.18	0.90	2.82	2	1.5
DW90×75—10							550		1.80	3.28		
DW110×90—5	110	90	45	22	60	7	345	0.31	1.55	4.50	2	1.5
DW110×90—10							600		3.10	5.18		
DW130×110—5	130	110	45	22	80	9	345	0.48	2.40	6.94	2	2
DW130×110—10							600		4.80	8.00		
DW180×125—5	180	125	60	30	60×2	9	420	0.99	4.95	11.80	3	2
DW180×125—10							750		8.90	13.20		
DW230×140—5	230	140	70	35	85×2	9	540	1.70	8.50	15.70	3	2
DW230×140—10							940		17.00	18.10		
DW280×140—5	280	140	70	35	100×2	9	940	2.10	10.50	19.40	3	2
DW280×140—10							940		21.00	22.30		

表 6-12　　塑料深型畚斗规格

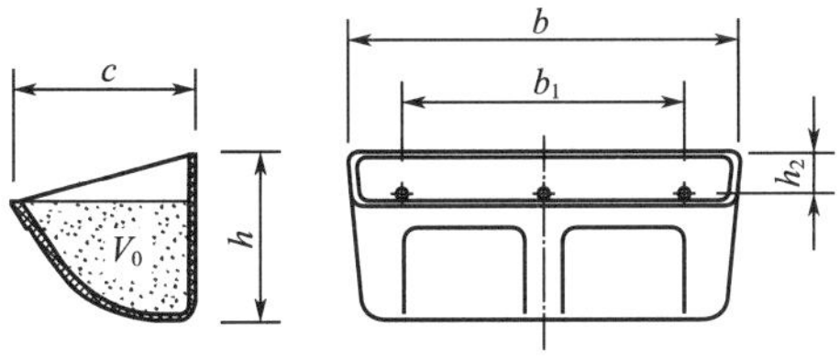

1. 适于重力式卸料或混合式卸料。
2. 建议最小斗距 S=畚斗凸度 c+25mm。
3. 建议提升机线速度 $v\leqslant 2.5$m/s。
4. 推荐以“可用容积” V_1 作为工程设计的计算容积。“可用容积” $V_1\approx$（1+10%）V_0。

型号	b/mm	c/mm	h/mm	h_2/mm	b_1/mm	孔数/个	孔径/mm	平装容积 V_0/L	可用容积 V_1/L
DS0705	78	55	71	20	40	2	7	0.06	0.07
DS0807	90	75	64	20	50	2	7	0.14	0.15

续表

型号	b/mm	c/mm	h/mm	h_2/mm	b_1/mm	孔数	孔径/mm	平装容积 V_0/L	可用容积 V_1/L
DS1009	100	90	93	24	50	2	7	0. 26	0. 29
DS1109	116	92	85	25	60	2	7	0. 27	0. 3
DS1307	130	75	80	25	60	2	7	0. 22	0. 24
DS1309	130	90	80	25	60	2	7	0. 23	0. 25
DS1311	134	115	94	35	60	2	7	0. 51	0. 56
DS1411	145	110	96	35	60	2	7	0. 54	0. 59
DS1508	152	84	78	18	76	2	7	0. 32	0. 35
DS1511	150	110	100	35	80	2	7	0. 56	0. 62
DS1612	165	120	110	40	90	2	7	0. 62	0. 68
DS1613	164	139	124	40	90	2	9	1. 02	1. 12
DS1812	188	125	115	40	120	2	9	0. 66	0. 73
DS1814	188	140	130	40	120	2	9	1. 35	1. 49
D52010	202	102	98	20	120	2	7	0. 6	0. 66
DS2014	208	140	120	40	120	2	9	1. 1	1. 21
DS2312	235	125	125	40	120	2	9	1. 2	1. 32
DS2314	235	140	130	40	85×2	3	9	1. 45	1. 6
DS2316	238	166	154	45	85×2	3	9	1. 68	1. 85
DS2511	250	114	115	25	125	2	7	0. 9	0. 99
DS2616	266	166	154	45	90×2	3	9	2. 09	2. 3
DS2812	280	125	130	40	100×2	3	9	1. 62	1. 78
DS2814	280	140	139	40	100×2	3	9	1. 7	1. 87
DS2816	282	168	154	45	100×2	3	9	2. 74	3. 01
DS2823	289	230	190	55	100×2	3	9	4. 41	4. 85
DS2916	297	170	155	45	110×2	3	9	2. 52	2. 77
DS2919	295	197	178	50	75×3	4	9	4. 29	4. 72
DS3114	312	147	146	45	80×3	4	9	2. 09	2. 3
DS3116	313	168	154	45	85×3	4	9	2. 81	3. 09
DS3118	315	190	175	45	85×3	4	9	3. 2	3. 52

续表

型号	b/mm	c/mm	h/mm	h_2/mm	b_1/mm	孔数	孔径/mm	平装容积 V_0/L	可用容积 V_1/L
DS3121	315	220	200	55	85×3	4	9	5. 56	6. 12
DS3518	358	190	180	50	95×3	4	9	4. 63	5. 09
DS3621	365	220	200	55	95×3	4	9	6. 45	7. 1
DS4118	419	190	180	50	85×4	5	9	5. 13	5. 64
DS4121	418	222	200	55	85×4	5	9	7. 97	8. 77
DS4621	460	220	200	55	95×4	5	9	8. 7	9. 57
DS4822	480	223	210	68	76×5	6	11	8. 4	9. 24
DS5121	519	225	210	55	90×5	6	11	10. 6	11. 66

表 6-13　　塑料浅型畚斗规格

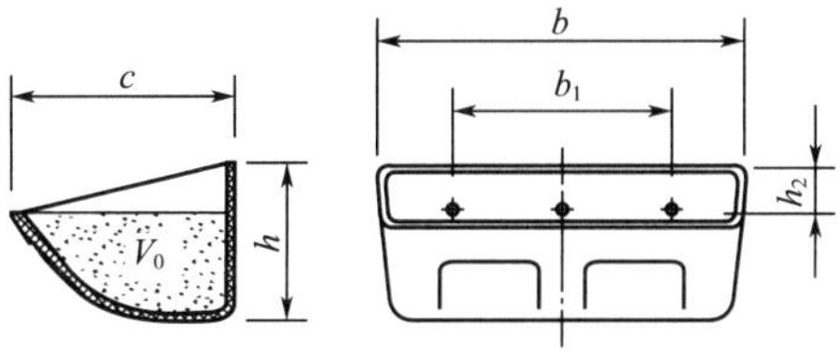

1. 适于高速离心式卸料和较轻物料的提升。
2. 建议最小斗距 S=畚斗凸度 c+25mm。
3. 建议提升机线速度 v≤3. 5m/s。
4. 推荐以“可用容积” V_1 作为工程设计的计算容积。“可用容积” V_1≈（1+5%）V_0。

型号	b/mm	c/mm	h/mm	h_2/mm	b_1/mm	孔数/个	孔径/mm	平装容积 V_0/L	可用容积 V_1/L
DQ1009	106	93	66	25	50	2	7	0. 21	0. 22
DQ1311	136	114	72	25	60	2	7	0. 3	0. 32
DQ1312	138	120	91	30	60	2	7	0. 61	0. 64
DQ1613	165	135	82	25	90	2	9	0. 72	0. 76
DQ1814	186	140	87	30	100	2	9	0. 78	0. 82
DQ1914	190	145	115	35	100	2	9	1. 2	1. 26
DQ2312	234	125	95	35	120	2	9	1. 1	1. 16
DQ2314	235	143	96	30	120	2	9	1. 22	1. 28
DQ2315	235	155	91	30	120	2	9	1. 42	1. 49
DQ2316	238	160	102	35	120	2	9	1. 31	1. 38
DQ2417	248	178	120	40	120	2	9	2. 18	2. 3
DQ2616	260	167	144	50	80×2	3	9	1. 25	1. 32

续表

型号	b/mm	c/mm	h/mm	h_2/mm	b_1/mm	孔数/个	孔径/mm	平装容积 V_0 /L	可用容积 V_1 /L
DQ2814	285	143	96	30	90×2	3	9	1. 51	1. 59
DQ2815	285	155	91	30	90×2	3	9	1. 77	1. 86
DQ2816	290	165	108	35	90×2	3	9	2. 2	2. 31
DQ2817	290	178	120	40	90×2	3	9	2. 5	2. 63
DQ2824	289	244	166	45	100×2	3	9	5. 6	5. 9
DQ3216	330	165	111	35	80×3	4	9	2. 25	2. 36
DQ3321	337	215	140	40	85×3	4	9	3. 7	3. 9
DQ3325	339	259	170	50	85×3	4	9	6. 55	6. 9
DQ3823	382	230	165	45	100×3	4	9	6	6. 3
DQ3917	393	170	130	40	100×3	4	9	3. 25	3. 42
DQ4423	447	230	165	45	90×4	5	9	7. 3	7. 67
DQ4723	475	230	164	45	95×4	5	9	8. 1	8. 5
DQ4726	470	260	170	50	95×4	5	9	9. 4	9. 9
DQ5121	519	225	168	50	100×4	5	11	8. 6	9. 46
DQ5626	569	260	170	50	115×4	5	11	11. 75	12. 35

表 6-14　　塑料隔板型畚斗规格

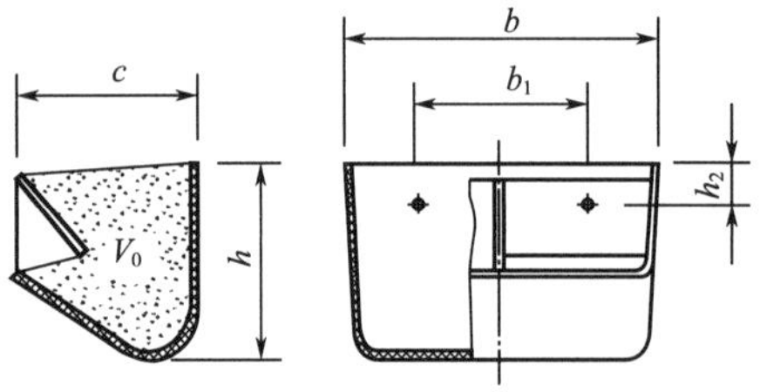

1. 适于高速离心式卸料。
2. 建议最小斗距 S=畚斗凸度 c+50mm。
3. 建议提升机线速度 v≤3. 5m/s。
4. 容积 V 为工程设计的计算容积。

型号	b/mm	c/mm	h/mm	h_2/mm	b_1/mm	孔数/个	孔径/mm	容积 V/L
DG1107	110	77	86	25	72	2	7	0. 45
DG1307	134	77	86	25	72	2	7	0. 56
DG1309	135	96	92	30	80	2	7	0. 75
DG1812	185	120	120	40	120	2	9	2. 00

（二）畚斗带

粮食加工厂的斗式提升机，其牵引构件通常采用橡胶帆布传动带或提升机专用的各类织物芯提升带，俗称畚斗带。只有某些特殊需要的场合才使用链条或钢绳芯橡胶带。

国产橡胶帆布传动带的规格如表 6-15 所示。

表 6-15　　橡胶帆布（棉）传动带规格

宽度 B /mm	帆布层数/层	径向扯断力（棉布）/ [N/（cm·层）]	各层间附着力/ （N/cm²）	每层帆布厚度/ （mm/层）
100、112、125、140、160、180	4~6			
200、224、250、280、315	4~10	>550	>12	1.2
355、400、450、500、560	6~12			

提升带的种类很多，有普通型、加强型、PVC 整芯等等，其宽度规格和抗拉强度可参考本章带式输送机的“输送带技术参数”。

畚斗带的宽度应根据畚斗宽度来选择。单列布置的料斗，当斗宽在 300mm 以下时，选择的带宽应比料斗宽度大 10~20mm；对于较大的料斗，带宽应比料斗宽度大 30~50mm。双列布置的料斗，带宽应为两个料斗的宽度再增加 40~80mm。

（三）头轮和底轮

斗式提升机的头轮直径主要取决于物料提升量和提升高度，提升量大、提升高度大时，头轮直径应越大。

粮食加工厂提升机的头轮直径系列推荐值如表 6-16 所示。

表 6-16　　提升机头轮直径系列推荐值

头轮	直径系列/mm
Ⅰ系列	150、200、260、360、480、630
Ⅱ系列	300、400、500、600、700、800、900、1000、1200、1250、1500

底轮的直径，一般情况下做成与头轮相同。当头轮直径较大时，有时为了减小机座体积和畚斗的挖料阻力，底轮的直径可减小到头轮直径的 1/2~2/3，此时需在下行分支接近底轮的位置安装一个导向轮，使畚斗带倾斜进入机座。

头轮和底轮的宽度应比带子宽度大 20~50mm。

四、斗式提升机输送量和功率的计算

（一）输送量的计算

$$Q = 3.6\frac{i}{a}\gamma\psi v \tag{6-9}$$

式中　Q——畚斗输送量，t/h；

i——畚斗容积，L；

a——畚斗间距，m；

γ——物料容重，kg/L 或 t/m^3；

ψ——畚斗装满系数，如表 6-17 所示；

v——畚斗提升速度，m/s。

畚斗的提升速度，应视被输送物料的性质而定。输送流散性好、不怕破碎的粒状物料时，取 $v=1.0\sim3.0$m/s，一般不超过 3.5m/s；输送流散性差、怕破碎或粉状的物料时，取 $v=0.6\sim1.5$m/s；牵引构件为链条时，取 $v\leqslant1.6$m/s。同时，速度的选择还要符合卸料方式的要求，即：

重力式卸料时，$v < 1.81\sqrt{D}$；混合式卸料时，$v = (1.87 \sim 2.2)\sqrt{D}$；离心式卸料时，$v > 2.2\sqrt{D}$。$D$ 为头轮直径，m。

表 6-17　　畚斗的装满系数 ψ

畚斗线速/（m/s）	逆向进料	顺向进料	料堆取料
1.0~1.5	0.95	0.90	0.60
1.5~2.5	0.90	0.80	0.50
2.5~4.0	0.80	0.70	0.40

（二）畚斗规格的计算选取

按照斗式提升机输送量的算法，可求出单位长度内所需的畚斗容积 $\frac{i}{a}$：

$$\frac{i}{a} = \frac{KQ}{3.6\gamma\psi v} \tag{6-10}$$

式中　K——进料不均匀系数，取 $K=1.2\sim1.4$。

其余各符号的意义同前。

根据计算的 $\frac{i}{a}$ 值，可从畚斗规格表中选取合适的畚斗规格。

（三）驱动功率的计算

斗式提升机的轴功率 N_0（kW）可用下式计算：

$$N_0 = \frac{QH}{367}(1.15 + K_0K_1) \tag{6-11}$$

式中　Q——提升机生产率，t/h；

H——提升高度，m；

K_0——牵引构件及畚斗自重系数，如表 6-18 所示；其中物料线载荷 $q = \frac{Q}{3.6v}$，kg/m；

K_1——系数，带式牵引取 $K_1=0.44$，链式牵引取 $K_1=0.36$。

表 6-18　牵引构件及畚斗自重系数 K_0

物料线载荷 q / (kg/m)		2 以下	2~5	5~10	10~20	20~40	40 以上
带式	深斗	2.16	1.87	1.68	1.52	1.37	1.23
	浅斗	3.1	2.68	2.41	2.18	1.97	1.76
单链	深斗	3.98	2.97	2.41	1.96	—	—
	浅斗	5.31	3.96	3.22	2.61	—	—
双链	深斗	—	3.63	2.95	2.39	1.94	1.58
	浅斗	—	4.95	4.02	3.26	2.65	2.15

电动机功率 $N_电$（kW）按下式计算：

$$N_电 = K\frac{N_0}{\eta} \tag{6-12}$$

式中　K——电动机功率储备系数；提升高度 $H<10$m，取 $K=1.45$；$H\geqslant 10$m，取 $K=1.25$；$H\geqslant 20$m，取 $K=1.15$；

η——传动效率，取 $\eta=0.88\sim0.94$。

斗式提升机的轴功率也可按下式计算：

$$N_0 = K_p \cdot Q \cdot (H + h_0) \tag{6-13}$$

式中　Q、H 意义同上；

K_p——系数，$K_p \approx 0.0031 \sim 0.0035$；输送量 $Q<10$ t/h 时，取 $K_p=0.0035$；$Q>100$ t/h 时，取 $K_p=0.0031$；中间按比例取值；

h_0——与带速有关的高度修正值：$v\leqslant 1.5$m/s 时，取 $h_0=4$；$v=2.0$m/s 时，取 $h_0=5$；$v=2.5$m/s 时，取 $h_0=6$；$v=3.0$m/s 时，取 $h_0=7$。

五、斗式提升机的选用

本部分列出的斗式提升机适合粮食仓库、粮食加工厂、饲料厂等垂直升运颗粒或粉状物料。

粮食行业的提升机目前有两个系列：系列Ⅰ是20世纪80年代粮食行业的定型产品，沿用至今，表6-8至表6-11的畚斗规格即与该系列相配套。系列Ⅱ是消化吸收国外产品后开发的新产品，特点是带速高、畚斗间距小、产量大，并向大型化发展。

（一）粮食工业系列Ⅰ斗式提升机

1. 规格与技术参数

规格与技术参数如表6-19所示。

表6-19　　系列Ⅰ斗式提升机规格与技术参数

项目		型号							
		TDTG 15/9	TDTG 15/11	TDTG 15/13	TDTG 15/18	TDTG 20/9	TDTG 20/11	TDTG 20/13	TDTG 20/18
头轮直径/mm		150	150	150	150	200	200	200	200
畚斗规格/mm（宽度×凸度）		90×75	110×75	130×75	180×75	90×75	110×90	130×90	180×90
头轮转速/（r/min）	颗粒	120				115			
	粉料	76				57			
畚斗带线速/（m/s）	颗粒	0.94				1.2			
	粉料	0.6				0.6			
畚斗间距/mm		200				200			
输送量/（t/h）	稻谷	1.2~1.6	1.5~2.0	1.8~2.3	2.5~3.2	1.6~2.0	3.0~3.9	3.6~4.6	4.9~6.4
	小麦	2.1~2.3	2.5~2.9	3.0~3.4	4.2~4.7	2.6~3.0	5.1~5.8	6.0~6.8	8.3~9.4
	颗粒、粉料	0.7	0.9	1.0	1.4	0.7	1.4	1.6	2.2
平均质量/（kg/m）		23				30			
项目		型号							
		TDTG 26/11	TDTG 26/13	TDTG 26/18	TDTG 26/23	TDTG 36/13	TDTG 36/18	TDTG 36/23	TDTG 36/28
头轮直径/mm		260	260	260	260	360	360	360	360
畚斗规格/mm（宽度×凸度）		110×90	130×110	180×110	230×110	130×110	180×125	230×125	280×125

续表

项目		TDTG 26/11	TDTG 26/13	TDTG 26/18	TDTG 26/23	TDTG 36/13	TDTG 36/18	TDTG 36/23	TDTG 36/28
头轮转速/(r/min)	颗粒	90				80			
	粉料	59				42			
畚斗带线速/(m/s)	颗粒	1. 2				1. 5			
	粉料	0. 8				0. 8			
畚斗间距/mm		250				300			
输送量/(t/h)	稻谷	2. 3~2. 9	4. 2~5. 4	5. 8~7. 6	7. 4~9. 5	4. 3~5. 6	7. 6~9. 9	9. 7~12. 5	13. 4~15. 2
	小麦	3. 8~4. 3	7. 0~7. 9	9. 6~11	12. 3~14	7. 2~8. 2	12. 6~14. 4	16. 2~18. 4	19. 7~22. 4
	粉、碎	1. 4	2. 3	3. 1	4	1. 9	3. 4	4. 4	5. 3
平均质量/(kg/m)		45				80			

项目		TDTG 48/13	TDTG 48/18	TDTG 48/23	TDTG 48/28	TDTG 63/18	TDTG 63/23	TDTG 63/28	TDTG 63/32
头轮直径/mm		480	480	480	480	630	630	630	630
畚斗规格/mm(宽度×凸度)		130×125	180×140	230×140	280×140	180×140	230×155	280×155	320×155
头轮转速/(r/min)	颗粒	65				50			
	粉料	40				30			
畚斗带线速/(m/s)	颗粒	1. 63				1. 65			
	粉料	1. 0				1. 0			
畚斗间距/mm		400				400			
输送量/(t/h)	稻谷	4. 7~6. 1	8. 4~10. 9	10. 7~13. 9	13. 0~18. 0	8. 2~10. 8	13. 3~17. 2	16. 1~20. 9	18. 4~23. 9
	小麦	7. 9~9. 0	14. 0~16. 0	17. 9~20. 4	21. 3~24. 8	14. 0~15. 9	22. 2~25. 3	27. 0~30. 7	30. 9~35. 1
	粉、碎	2. 3	4. 0	5. 1	6. 2	3. 9	6. 2	7. 5	8. 6
平均质量/(kg/m)		110				150			

注：1. TDTG 为固定斗式提升机的代号，字母后面数字分子为头轮直径，分母为畚斗宽度。

2. 配备动力可按本章有关公式计算。

3. 不同制造厂同型号规格的机重不等，表中所列为平均值。

2. 结构尺寸

结构如图 6-6 所示，尺寸如表 6-20 所示。

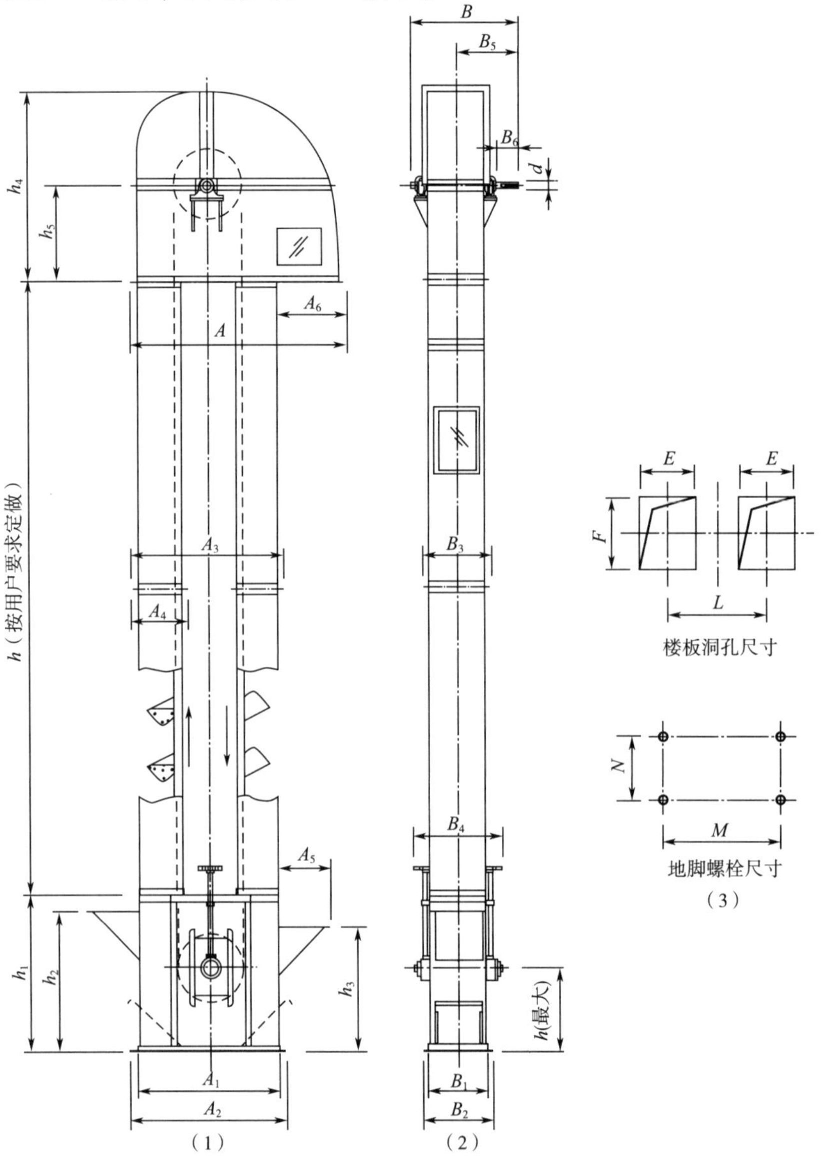

图 6-6　系列Ⅰ斗式提升机结构图

（1）主视图（2）左视图（3）楼板洞孔和地脚螺栓尺寸

表 6-20　系列Ⅰ斗式提升机尺寸表　单位：mm

项目	型号											
	TDTG 15/9	TDTG 15/11	TDTG 15/13	TDTG 15/18	TDTG 20/9	TDTG 20/11	TDTG 20/13	TDTG 20/18	TDTG 26/11	TDTG 26/13	TDTG 26/18	TDTG 26/23
A	666				776				628			

续表

项目	型号											
	TDTG 15/9	TDTG 15/11	TDTG 15/13	TDTG 15/18	TDTG 20/9	TDTG 20/11	TDTG 20/13	TDTG 20/18	TDTG 26/11	TDTG 26/13	TDTG 26/18	TDTG 26/23
A_1	376				456				558			
A_2	436				516				630			
A_3	416				496				608			
A_4	165				180. 5				215			
A_5	188（154）				200（170）				220（188）			
A_6	250				280				370			
B	324	349	374	424	340	365	390	440	391	416	466	516
B_1	145	170	195	245	145	170	195	245	175	200	250	300
B_2	205	230	255	305	205	230	255	305	247	272	322	372
B_3	185	210	235	285	185	210	215	285	205	250	300	350
B_4	235	260	285	335	311	336	361	411	353	378	428	478
B_5	192. 5	195	207. 5	232. 5	195. 5	208	220. 5	245. 5	228	240. 5	265. 5	295
B_6	40				50				65			
h（最大）	235				278				338			
h_1	450				520				600			
h_2	405				460				540			
h_3	320				380				450			
h_4	530				600				750			
h_5	250				282				350			
d	20				25				30			
E	210				225				260			
F	230	255	280	330	230	255	280	330	270	295	345	395
L	251				315. 5				383			
M	280				336				500			
N	181	206	231	281	181	206	231	281	217	240	292	345

续表

项目	型号											
	TDTG 36/13	TDTG 36/18	TDTG 36/23	TDTG 36/28	TDTG 48/13	TDTG 48/18	TDTG 48/23	TDTG 48/28	TDTG 63/18	TDTG 63/23	TDTG 63/28	TDTG 63/32
A	1114				1316				1552			
A_1	704				866				1050			
A_2	776				946				1 132			
A_3	754				916				1112			
A_4	240				265				296			
A_5	240（205）				271（231）				255（212）			
A_6	436				425				440			
B	445	495	545	595	466	517	568	619	548	598	648	698
B_1	205	255	305	355	212	263	314	365	274	324	374	424
B_2	277	327	377	427	292	343	394	445	345	404	454 ·	504
B_3	255	305	355	405	262	313	364	415	335	385	435	485
B_4	383	433	483	533	413	464	515	565	484	534	584	634
B_5	260	285	310	335	277	302. 5	328	353. 5	322	347	372	397
B_6	75				85				95			
h（最大）	414				499				609			
h_1	700				820				920			
h_2	640				750				880			
h_3	540				640				760			
h_4	860				1020				1180			
h_5	420				500				540			
d	35				40				45			
E	285				310				345			
F	250	295	350	395	320	345	370	395	380	430	480	530
L	514				651				816			
M	600				760				1000			
N	247	297	347	397	260	311	362	413	324	374	424	474

注：括号内数字适用于碎粒及粉状物料。

（二）粮食工业系列Ⅱ斗式提升机

1. 规格与技术参数

规格与技术参数如表 6-21 所示。

表 6-21　　系列Ⅱ斗式提升机规格与技术参数

项目		型号									
		TDTG 30/11	TDTG 30/13	TDTG 40/18	TDTG 40/23	TDTG 50/28	TDTG 60/33	TDTG 60/38	TDTG 80/46	TDTG 80/56	TDTG 80/46×2
产量/(m³/h)		5.5	12~20	27~40	40~55	68~110	125~165	205~275	275~345	275~485	550~830
头轮直径/mm		300	300	400	400	500	600	600	800	800	800
底轮直径/mm		300	300	400	400	500	600	600	800	800	800
畚斗	规格	DQ1009	DQ1312	DQ1814	DQ2314	DQ2817	DQ3321	DQ3823	DQ4723	DQ5626	DQ4723
	宽/mm	106	138	186	235	290	337	382	475	569	475
	凸/mm	93	120	140	143	178	215	230	230	260	230
畚斗带线速/(m/s)		1.35	≤1.8	≤2	≤2	≤2.5	≤2.5	≤2.5	≤3	≤3	≤3
畚斗间距/mm		125	125	125	125	150	175	200	200	210	200
畚斗排数		单排	单排	单排	单排	单排	单排	单排	单排	单排	2排
畚斗带宽度/mm		125	150	200	250	300	350	400	500	600	1100
最大提升高度/m		30	30	30	30	40	50	50	60	60	60

项目	型号									
	TDTG 80/56×2	TDTG 100/33×2	TDTG 100/46×2	TDTG 100/46×3	TDTG 100/56×2	TDTG 100/56×3	TDTG 120/56×3	TDTG 120/50×4	TDTG 125/24×3	TDTG 125/24×4
产量/(m³/h)	690~1100	530	665	1065	800	1330	1110~1800	1380~2080	2000	2665

续表

项目		型号									
		TDTG 80/56×2	TDTG 100/33×2	TDTG 100/46×2	TDTG 100/46×3	TDTG 100/56×2	TDTG 100/56×3	TDTG 120/56×3	TDTG 120/50×4	TDTG 125/24×3	TDTG 125/24×4
头轮直径/mm		800	1000	1000	1000	1000	1000	1200	1200	1250	1250
底轮直径/mm		800	1000	1000	1000	1000	1000	1200	1200	1250	1250
畚斗	规格	DQ5626	DQ3325	DQ4726	DQ4726	DQ5626	DQ5626	DQ5626	M5021	D24×10	D24×10
	宽/mm	569	339	470	470	569	569	569	520	637	637
	凸/mm	260	259	260	260	260	260	260	235	290	290
畚斗带线速/(m/s)		≤3	2.8	2.8	2.8	2.8	3.15	3.5	3.5	3.0	3.0
畚斗间距/mm		210	200	230	230	230	230	210	210	300	300
畚斗排数		2 排	2 排	2 排	3 排	2 排	3 排	3 排	4 排	3 排	4 排
畚斗带宽度/mm		1200	750	1030	1530	1230	1870	1800	2150	2050	2700
最大提升高度/m		50~60									

2. 结构尺寸

结构如图 6-7 所示、尺寸如表 6-22 所示。

表 6-22　　系列Ⅱ斗式提升机尺寸表　　单位：mm

项目	型号									
	TDTG 30/11	TDTG 30/13	TDTG 40/18	TDTG 40/23	TDTG 50/28	TDTG 60/33	TDTG 60/38	TDTG 80/46	TDTG 80/56	TDTG 80/46×2
A	861	1200	1415	1550	1835	2030	2200	2490	2825	3100
A_1	573	760	905	1020	1210	1320	1470	1630	1920	1990
A_2	576	650	830	850	1050	1220	1270	1490	1570	1580
A_3	636	710	890	930	1130	1300	1350	1580	1670	1680
A_4	225	265	310	340	390	440	440	470	540	510
A_5	270	205	250	250	300	365	365	430	450	450
A_6	200	250	300	400	486	520	606	660	832	700

续表

项目	型号									
	TDTG 30/11	TDTG 30/13	TDTG 40/18	TDTG 40/23	TDTG 50/28	TDTG 60/33	TDTG 60/38	TDTG 80/46	TDTG 80/56	TDTG 80/46×2
B	629	640	690	780	930	1070	1200	1300	1510	2200
B_1	363. 5	380	400	460	530	620	715	750	870	1290
B_2	182	240	280	350	430	480	540	620	810	1130
B_3	242	300	340	430	510	560	620	710	910	1250
B_4	425	580	620	680	850	925	1100	1200	1350	1700
h_1	800	800	1200	1200	1400	1500	1700	2000	2000	2050
h_2	720	750	1100	1100	1300	1400	1500	1800	1800	1900
h_3	—	650	900	900	1100	1200	1200	1500	1500	1500
h_4	730	970	1100	1215	1425	1585	1720	1925	2540	2500
h_5	300	540	590	640	740	820	910	950	1220	1280

项目	型号									
	TDTG 80/56×2	TDTG 100/33×2	TDTG 100/46×2	TDTG 100/46×3	TDTG 100/56×2	TDTG 100/56×3	TDTG 120/56×3	TDTG 120/50×4	TDTG 125/24×3	TDTG 125/24×4
A	3330	2830	2810	2806	2910	2910	3780	3780	3340	3340
A_1	2240	1946	1896	1896	1981	1981	2540	2540	2297	2297
A_2	1670	1750	1820	1820	1856	1858	1950	1950	2086	2086
A_3	1800	1876	1960	1960	1996	1970	2090	2090	2198	2198
A_4	570	566	650	650	656	630	580	580	573	573
A_5	450	657	712	718	661	660	550	480	795	795
A_6	800	860	830	830	850	850	900	900	800	800
B	2420	1990	2205	2724	2526	3215	3190	3540	3545	4195
B_1	1390	1145	1240	1565	1424	1795	1760	1930	1970	2295
B_2	1360	990	1200	1700	1408	2008	1960	2310	2258	2900
B_3	1490	1116	1340	1840	1546	2120	2100	2450	2378	3020
B_4	1910	—	1484	—	—	2382	2565	2890	2632	3282
h_1	2050	2160	2500	2500	2500	2500	2300	2300	2700	2700
h_2	1900	2000	2300	2300	2400	2400	2100	2100	2500	2500
h_3	1500	1600	1660	1660	1660	1800	1800	1800	1950	1950
h_4	3080	2028	2234	2114	2554	2554	3535	3535	2530	2530
h_5	1430	980	970	985	1230	1290	1580	1580	1400	1400

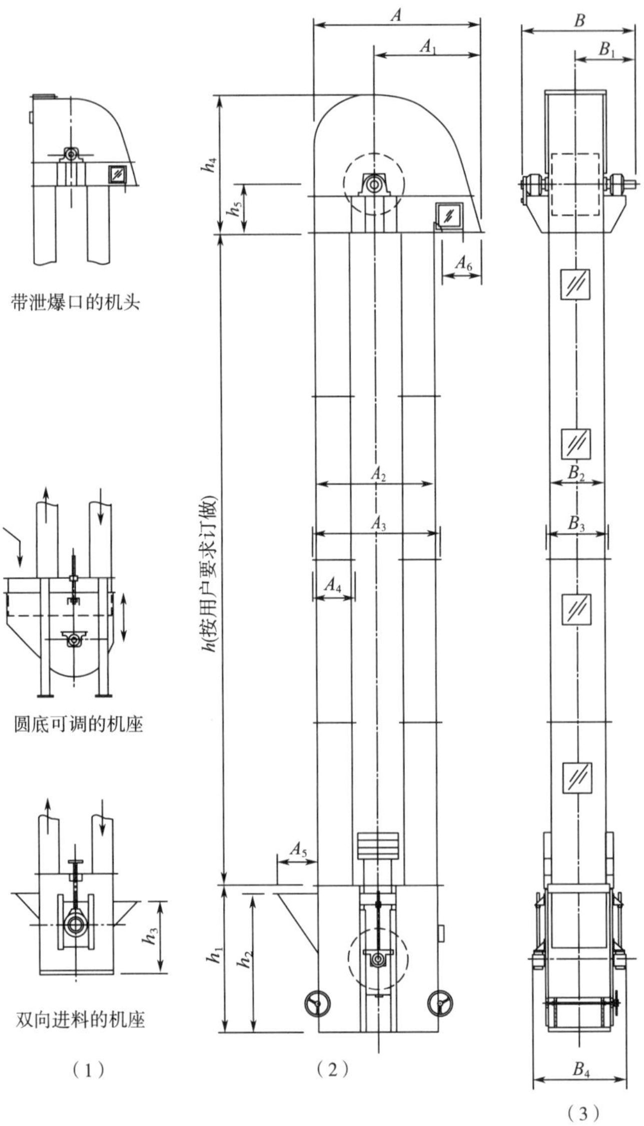

图 6-7　系列Ⅱ斗式提升机结构图

（1）机头机座图（2）主视图（3）左视图

第四节 带式输送机

一、概述

带式输送机是最典型的连续输送机械，具有输送能力大、输送距离远、能耗低等优点。可以输送容重在 2.5t/m³以下的散状物料或单件 100kg 以下的成件物品，特殊结构的带式输送机甚至可以输送集装箱或运载人员。带式输送机主要用于水平方向或小角度倾斜向上的输送，常见的布置形式如图 6-8 所示。特殊型式的带式输送机也可以实现大倾斜度甚至垂直向上的输送。

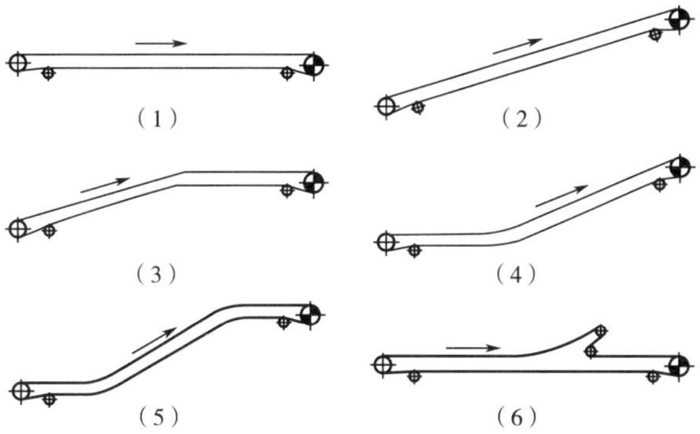

图 6-8　带式输送机常见布置形式

(1) 水平输送机 (2) 倾斜输送机 (3) 带凸弧段的输送机
(4) 带凹弧段的输送机 (5) 带凸弧凹弧段的输送机 (6) 带卸料小车的输送机

按照 LS/T 3515—1992《粮食带式输送机》规定，粮食带式输送机的型号表示方式为：

T　DS　G　□×□

- 主要规格：带宽(cm)×头尾轮最大中心距(m)
- 型式代号：G——固定式，Y——移动式
- 种类代号：DS 表示带式输送机
- 专业代号：T 表示通用机械

二、带式输送机的一般结构

带式输送机结构如图 6-9 所示，主要由输送带、滚筒、支承装置、驱动装置、张紧装置、加料装置、卸料装置、机架等部件组成。

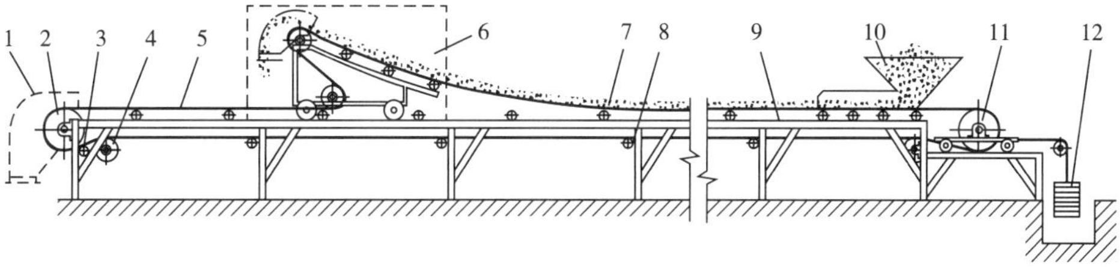

图 6-9　带式输送机结构图

1—卸料罩壳　2—驱动滚筒　3—清扫器　4—改向滚筒　5—输送带　6—卸料小车
7—上托辊　8—下托辊　9—机架　10—加料斗　11—张紧滚筒　12—张紧重锤

三、带式输送机的主要构件及规格尺寸

（一）橡胶输送带

1. 橡胶输送带的结构、类型与规格

普通橡胶输送带的应用最为广泛，其典型结构如图 6-10 所示。它由棉织物或化纤织物构成的带芯及其上、下表面及边缘的橡胶覆盖层构成。带芯是输送带的主体，承受输送带的纵向拉力和物料的冲击力；覆盖层是保护层，防止带芯受潮、机械损伤以及物料的磨损，并且可增大输送带与物料、驱动滚筒间的摩擦因数。

带芯的结构有多层芯和整体芯两种型式。图 6-10（1）所示是多层芯的结构，是由数层帆布通过芯胶黏合而成。帆布层数一般为 2~8 层，最少的只有 1 层，多的达 12 层。帆布材质有棉、锦纶（聚酰胺纤维或称尼龙）、涤纶（聚酯纤维）、维纶（聚乙烯醇纤维）等种类。图 6-10（2）所示为整体芯，是采用锦纶或涤纶与棉纱线混纺，编织成 3 层或 3 层以上的整体结构，作为独立的带芯。整体芯具有纵横方向柔性好、抗冲击能力强、不脱层、径向伸长率小等优点。

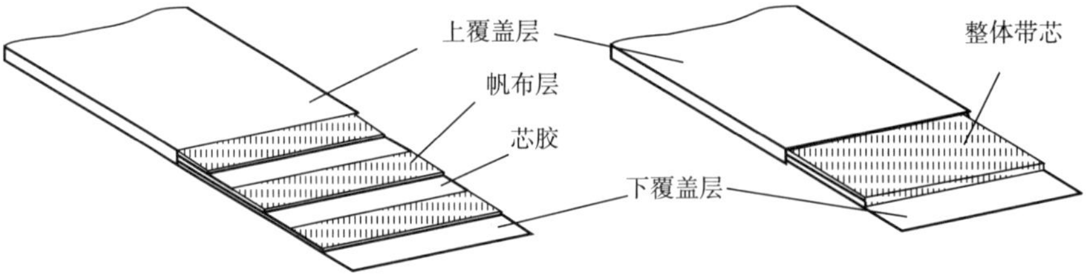

图 6-10 橡胶输送带结构图

（1）多层芯输送带（2）整体芯输送带

橡胶输送带的种类很多，有普通型、强力型、薄型（轻型）、井巷型、耐酸碱型、耐油型、耐寒型、耐热型、耐燃型、防静电型等。普通型输送带为棉或维棉交织的帆布带芯，用于容重在 2.5t/m^3 以下、中小块物料的中短距离输送；强力型为高强度尼龙或聚酯帆布带芯，用于容重较大的大、中、小块物料较长距离的输送；薄型输送带的特点是帆布层数少、带体轻薄、挠性好，用于容重小、磨磋性小的物料如谷物、木屑、粉末等的输送。

我国生产的橡胶输送带宽度规格有：300mm、400mm、500mm、650mm、800mm、1000mm、1200mm、1400mm、1600mm、1800mm、2000mm、2200mm、2400mm 等，特殊的规格也可以定制。带芯层数及覆盖层厚度根据输送带的使用要求而定。常用的多层帆布芯橡胶输送带技术参数如表 6-23 所示，部分薄型橡胶带的技术参数如表 6-24 所示。

表 6-23　　多层帆布芯橡胶输送带技术参数（摘录，参考值）

<table>
<tr><th rowspan="2">帆布材料</th><th rowspan="2">帆布代号</th><th rowspan="2">扯断强度/[N/(mm·层)]</th><th rowspan="2">每层厚度/mm</th><th rowspan="2">伸长率(定负荷)/%</th><th rowspan="2">带宽范围/mm</th><th rowspan="2">层数范围</th><th colspan="2">覆盖胶厚度/mm</th></tr>
<tr><th>上</th><th>下</th></tr>
<tr><td>棉帆布</td><td>CC-56</td><td>56</td><td>1.5</td><td>1.5~2</td><td>300~2000</td><td>2~10</td><td rowspan="8">1.5
3.0
4.5
6.0
8.0</td><td rowspan="8">1.5
3.0
4.5</td></tr>
<tr><td rowspan="7">尼龙帆布</td><td>NN-100</td><td>100</td><td>1.0</td><td>1.5~2</td><td>400~1800</td><td>2~6</td></tr>
<tr><td>NN-150</td><td>150</td><td>1.1</td><td>1.5~2</td><td>300~2000</td><td>2~6</td></tr>
<tr><td>NN-200</td><td>200</td><td>1.2</td><td>1.5~2</td><td>300~2000</td><td>2~6</td></tr>
<tr><td>NN-250</td><td>250</td><td>1.3</td><td>1.5~2</td><td>300~2000</td><td>2~6</td></tr>
<tr><td>NN-300</td><td>300</td><td>1.4</td><td>1.5~2</td><td>300~2000</td><td>2~6</td></tr>
<tr><td>NN-350</td><td>350</td><td>1.4</td><td>1.5~2</td><td>800~2000</td><td>2~6</td></tr>
<tr><td>NN-400</td><td>400</td><td>1.5</td><td>1.5~2</td><td>1000~2000</td><td>2~6</td></tr>
<tr><td rowspan="5">聚酯尼龙交织 帆布</td><td>EP-100</td><td>100</td><td>1.2</td><td>1.5</td><td>400~1800</td><td>2~6</td><td rowspan="5">3.0
4.5
6.0
8.0</td><td rowspan="5">1.5
3.0
4.5</td></tr>
<tr><td>EP-200</td><td>200</td><td>1.3</td><td>1.5</td><td>650~2200</td><td>2~6</td></tr>
<tr><td>EP-300</td><td>300</td><td>1.5</td><td>1.5</td><td>650~2200</td><td>2~6</td></tr>
<tr><td>EP-400</td><td>400</td><td>1.65</td><td>1.5</td><td>1000~2000</td><td>3~6</td></tr>
<tr><td>EP-500</td><td>500</td><td>2.75</td><td>1.5</td><td>1000~2000</td><td>3~6</td></tr>
</table>

表 6-24　　部分薄型橡胶带技术参数

<table>
<tr><th rowspan="2">帆布材料</th><th rowspan="2">帆布代号</th><th rowspan="2">扯断强度/[(N/mm·层)]</th><th rowspan="2">每层厚度/mm</th><th rowspan="2">带宽范围/mm</th><th rowspan="2">层数范围</th><th colspan="2">覆盖胶厚度/mm</th></tr>
<tr><th>上</th><th>下</th></tr>
<tr><td>维涤帆布</td><td>VP-30</td><td>30</td><td>1</td><td rowspan="3">300~2000</td><td rowspan="3">1~4</td><td>0.5~2.0</td><td rowspan="3">0.5~1.0</td></tr>
<tr><td rowspan="2">涤纶帆布</td><td>PP-90</td><td>90</td><td>1</td><td rowspan="2">0.5~3.0</td></tr>
<tr><td>PP-150</td><td>150</td><td>1</td></tr>
<tr><td rowspan="4">棉帆布</td><td>CC-18</td><td>18</td><td>0.5</td><td rowspan="8">300~1200</td><td rowspan="8">2~4</td><td rowspan="7">1.5、3.0</td><td rowspan="7">1.5</td></tr>
<tr><td>CC-25</td><td>25</td><td>0.65</td></tr>
<tr><td>CC-35</td><td>35</td><td>0.85</td></tr>
<tr><td>CC-56</td><td>56</td><td>1.2</td></tr>
<tr><td rowspan="4">维纶帆布</td><td>VV-36</td><td>36</td><td>0.4</td></tr>
<tr><td>VV-50</td><td>50</td><td>0.5</td></tr>
<tr><td>VV-70</td><td>70</td><td>0.6</td></tr>
<tr><td>VV-112</td><td>112</td><td>0.85</td><td>3.0</td><td>1.5、3.0</td></tr>
</table>

续表

帆布材料	帆布代号	扯断强度/[（N/mm·层）]	每层厚度/mm	带宽范围/mm	层数范围	覆盖胶厚度/mm	
						上	下
维纶减层芯	VV-224	224	1.1	300~1200	1~2	3.0	15、3.0
	VV-336	336	1.6				
尼龙减层芯	NN-224	224	1				
维纶整芯	VV-120	120	2		1	3.0	1.5、3.0
	VV-240	240	3				

2. 橡胶输送带的厚度与单位长度质量

输送带的厚度 δ（mm）与单位长度质量 q_0（kg/m）可依据生产厂家提供的数据计算。如无准确数据，可按下面的公式近似计算。

输送带厚度：

$$\delta = 1.1i + \delta_1 + \delta_2 \tag{6-14}$$

输送带单位长度质量 q_0：

$$q_0 = 1.2B(1.1i + \delta_1 + \delta_2) \tag{6-15}$$

式中 i——带芯帆布层数，层；

δ_1、δ_2——分别为输送带上、下覆盖层厚度，mm；

B——输送带宽度，m。

3. 橡胶输送带计量及标记

橡胶输送带的计量是以芯层与覆盖层展开后的平方米数计。平方米数的算法为：

$$\text{平方米数} = BL_0\left(i + \frac{\delta_1 + \delta_2}{1.5}\right) \tag{6-16}$$

式中 L_0——输送带长度，m；

其余符号同上。

按照 GB/T 7984—2013《普通用途织物芯输送带》规定，橡胶输送带产品规格采用统一的标记方法，举例如下。

例：输送带长 400m，宽 1200mm，纵向织物材质为涤纶（E），横向织物材质为锦纶（P），最小全厚度拉伸强度为 1000N/mm，具有 5 层带芯织物，上覆盖层厚度为 4mm，下覆盖层厚度为 2mm，覆盖层级别为 H 类。订货标记如下。

标准	长度/m	宽度/mm	织物材料		拉伸强度/（N/mm）	层数	覆盖层厚度/mm		覆盖层等级
			经线	纬线			上	下	
GB/T 7984—2013《普通用途织物芯输送带》	400	1200	E	P	1000	5	4	2	H

4. 橡胶输送带强度计算

输送带的抗拉强度取决于带宽度、带芯帆布层数及织物材料。选择输送带时，其抗拉强度应满足下面计算式：

$$S_{max} \leqslant \frac{Bi\sigma}{m} \tag{6-17}$$

式中　S_{max}——输送带工作时所承受的最大张力，N；

B——输送带宽度，mm；

i——带芯帆布层数，层；

σ——单层帆布径向扯断强度 N/（mm·层），也称极限强度，如表 6-23、表 6-24 所示；

m——安全系数，如表 6-25 所示。

表 6-25　　输送带安全系数 m

输送带种类	橡胶带（芯层 3~4 层）	橡胶带（芯层 5~8 层）	橡胶带（芯层 9~12 层）	塑料袋	钢芯带
硫化接头	8	9	10	9	≥ 10
机械接头	10	11	12	12~14	—

（二）滚筒

1. 滚筒的结构

带式输送机的滚筒按作用可分为驱动滚筒和改向滚筒。其结构如图 6-11 所示，有转轴式和定轴式两种。驱动滚筒只能用转轴式，改向滚筒多为定轴式，也可以是转轴式。滚筒的制作方法有钢板卷圆焊接和铸造焊接两类。

驱动滚筒的表面可以不包任何材料（称为光面滚筒），也可在其表面铸上一层橡胶或用机械方法包上一层橡胶（称为胶面滚筒），以提高滚筒表面与输送带之间的摩擦因数。

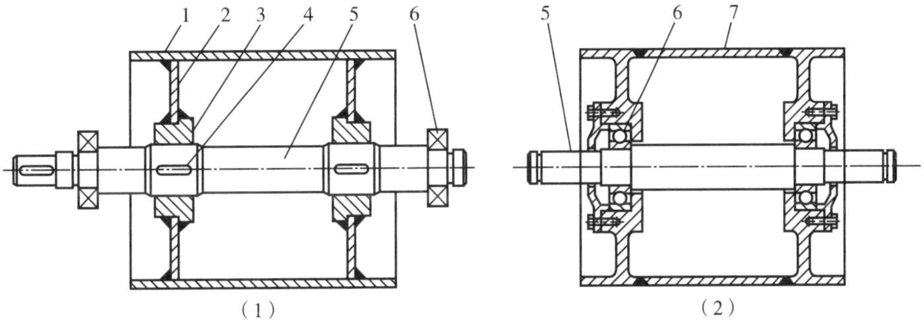

图 6-11　滚筒结构图

（1）钢板卷圆焊接（2）铸造焊接

1—钢板卷焊的筒体　2—辐板　3—轮毂　4—键　5—轴　6—轴承　7—铸焊的筒体

滚筒的外形有圆柱形、鼓形和圆台鼓形，如图 6-12 所示。用作驱动滚筒时圆柱形滚筒比较多见。鼓形滚筒可有效防止输送带跑偏，表面突起高度 δ（即滚筒中央处半径与边缘半径之差，mm）应根据输送带宽度确定，但不小于 4mm。

一般而言，对驱动滚筒：$\delta=\left(\frac{1}{60}\sim\frac{1}{50}\right)B$；对其他滚筒：$\delta=\frac{1}{100}B$。$B$ 为输送带宽度，mm。

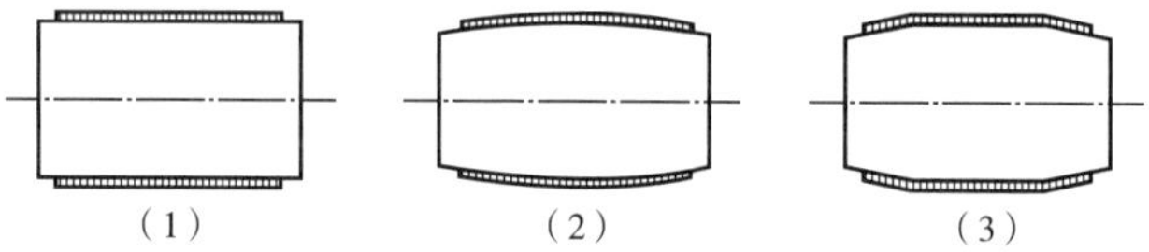

图 6-12　滚筒外形图

（1）圆柱形（2）鼓形（3）圆台鼓形

2. 滚筒的直径和长度

驱动滚筒的最小直径应满足下列经验公式：

$$D \geqslant K\delta \tag{6-18}$$

式中　D——驱动滚筒直径，mm；

δ——带芯厚度或钢绳直径，mm；

K——系数。对于固定式带式输送机，棉织物 $K=80$，尼龙 $K=90$，聚酯 $K=108$，钢绳芯 $K=145$。对移动式带式输送机，K 值可取上列值的约 0.8 倍。

改向滚筒的直径应与驱动滚筒的直径相配合，其值一般取为（0.5~1.0）D。

滚筒长度应比输送带的宽度大一些，一般取 $l=B+$（60~100）。

在带式输送机标准化设计中，滚筒直径和长度已经规格化。DTⅡ型带式输送机滚筒直径系列以及与输送带宽度的匹配关系如表 6-26 所示。

表 6-26　DTⅡ型带式输送机滚筒直径系列　单位：mm

带宽 B		300	400/500	650		800				1000/1200			1400	
驱动滚筒直径		400	500	500	630	500	630	800	1000	630	800	1000	800	1000
改向滚筒直径	~180°	320	400	400	500	400	500	630	800	500	630	800	630	800
	~90°	250	320	320	400	320	400	500	630	400	500	630	500	630
	~45°	250	320	320	320	320	320	400	500	400	400	500	500	500

注：移动式带式输送机的滚筒配套直径一般为表中所列值的 0.7~0.8 倍。

QD80 轻型带式输送机滚筒直径系列以及与输送带宽度的匹配关系如表 6-27 所示。

表 6-27 QD80 轻型带式输送机滚筒直径系列 单位：mm

带宽 *B*	300	400/500/650		800			1000/1200	
驱动滚筒直径	240	240	320	240	320	400	320	400
尾部滚筒	240			240、320			320	

（三）托辊

托辊用于支承输送带及带上物料质量，其辊体可用无缝钢管或硬质塑料管制作。

1. 托辊的构造

托辊的结构与安装形式如图 6-13 所示。

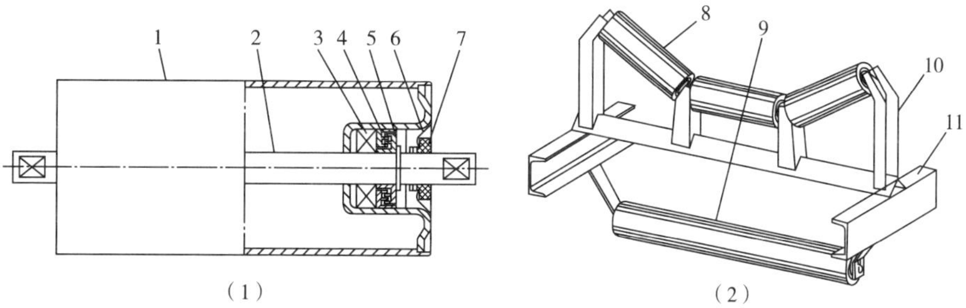

图 6-13 托辊

（1）结构图 （2）安装形式

1—辊体 2—轴 3—轴承 4—迷宫型密封圈 5—弹簧卡圈 6—防尘盖

7—橡胶密封圈 8—上托辊 9—下托辊 10—托辊支腿 11—机架

输送散料时，上托辊要用两个以上的托辊组合成槽形（或用单辊制成槽形），使输送带横向成为凹槽状，以提高物料的装载量。托辊组合形式有很多种，如图 6-14 所示。

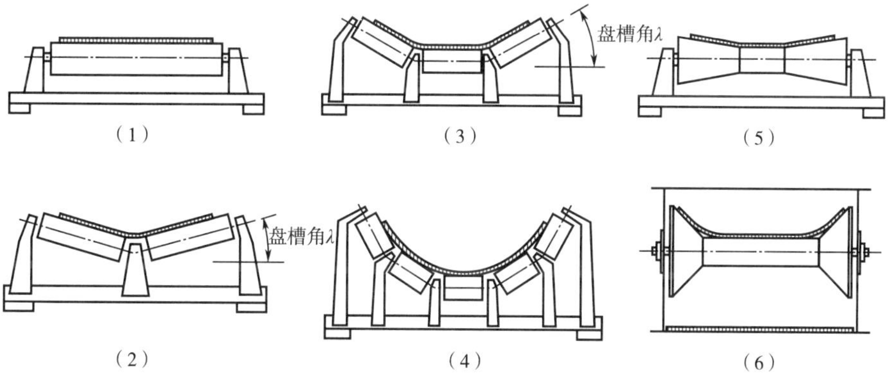

图 6-14 托辊的各种组合形式

（1）平直形单托辊（2）双辊“V”形（3）三辊槽形（4）五辊槽形（5）亚腰式单辊槽形（6）线轴式单辊槽形

2. 托辊直径

托辊直径的大小与带宽、被输送物料的容重和块度有关。我国的 DTⅡ型带式输送机规定了 7 种托辊直径规格，QD80 轻型带式输送机规定了 2 种托辊直径规格。不同的规格适用于不同的带宽，如表 6-28 所示。

表 6-28　托辊直径与带宽的对应关系

	DTⅡ型带式输送机						
带宽 *B*/mm	300~400	500~800	650~1400	800~2000	800~2400	1600~2400	2200~2400
托辊直径 *D*/mm	63.5	89	108	133	159	194	219
	QD80 型带式输送机		移动带式输送机				
带宽 *B*/mm	300~650	800~1200	300~400	500~800			
托辊直径 *D*/mm 50	60~76	60	76				

3. 托辊间距

托辊间距可依据表 6-29 选取。

表 6-29　托辊间距　　单位：mm

上托辊间距	DTⅡ型带式输送机	上托辊间距	1200~1500
		加料段托辊间距	400~600
		弧段托辊间距	600~700
	QD80 轻型带式输送机	上托辊间距	1000
	输送袋装物料	上托辊间距（袋质量≤20kg）	1000
		上托辊间距（袋质量>20kg）	<1/2 袋长度
下托辊间距			2500~3000

（四）气室

气室是气垫带式输送机的重要部件，其作用是通过顶部弧形盘槽的气孔向输送带下面供气并形成气垫，承托输送带及物料，如图 6-15 所示。

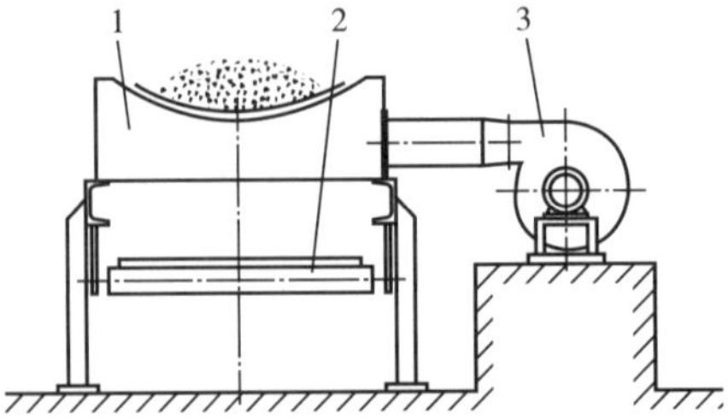

图 6-15　气室工作图

1—气室　2—下托辊　3—鼓风机

气室由薄钢板折弯成形后焊接而成，或者用螺栓连接而成。气室的断面形状有多种样式，有矩形、梯形、月牙形、双圆弧形、折边双圆弧形等，如图 6-16 所示。

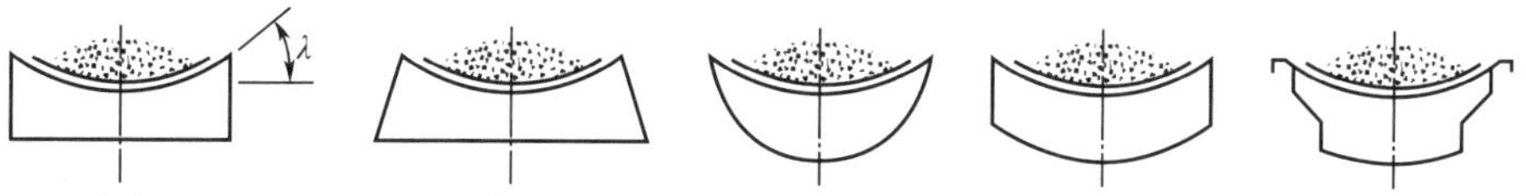

（1）　（2）　（3）　（4）　（5）

图 6-16　气垫带式输送机气室断面形状

（1）矩形（2）梯形（3）月牙形（4）双圆弧形（5）折边双圆弧形

气室盘槽边缘倾角 λ（简称“盘槽角”）有 20°、25°、30°直至 60°多种规格，较为常用的为 30°~45°。盘槽气孔一般采用直径 2~5mm（也有大至 8mm 的）的圆孔，按一定规则在盘槽上布置，开孔率在 0.25‰~1‰。气孔的布置方式如图 6-17 所示。

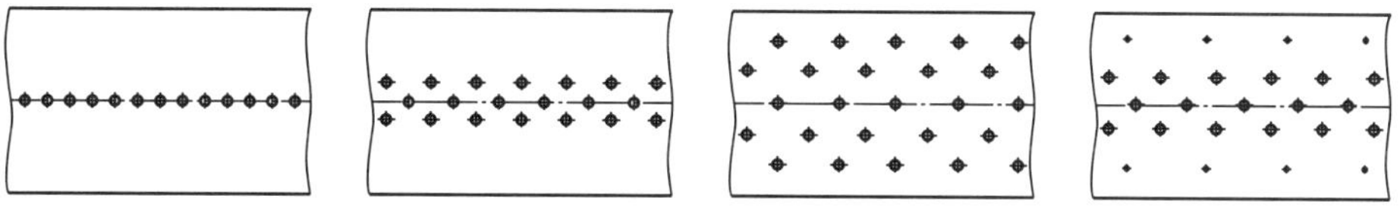

（1）　（2）　（3）　（4）

图 6-17　盘槽气孔布置方式

（1）单排孔（2）中央集中布孔（3）均匀布孔（4）渐变布孔

气室需要分节制造，安装时通过焊接或者螺栓法兰连接在一起。气室标准节长度一般为 3m 或 4m，非标准节为 2m、2.5m、3.5m。对于输送机的凹弧段，由于弧形气室较难加工，可用直线气室进行拼接，以折线代替弧线，每节气室长度 1m，相邻两节气室的转角 1°~2°。但在输送机的凸弧段，仍应采用托辊支承，不宜使用气室。

四、带式输送机输送量和功率的计算

（一）输送量的计算

1. 散状物料

散状物料的输送量 Q（t/h）可用下式计算：

$$Q = 3600Fv\gamma C\psi$$

$$= 3600K(0.9B - 0.05)^2 v\gamma C\psi \tag{6-19}$$

式中　F——带上物料横截面积，m^2；

K——物料断面系数。为计算方便，K 值可从表 6-30 查得；

B——输送带宽度，m；

v——输送带运行速度，m/s，速度的选取与物料特性、输送机布置形式、带宽等有关，可按表 6-31 的经验数据选用；

γ——物料容重，t/m^3；

C——倾角系数，如表 6-32 所示；

ψ——装载系数，一般取 ψ =0.8~0.9。

表 6-30　　平形和三辊槽形输送带物料断面系数 K

侧辊倾角 λ	物料动堆积角 ρ_d										
	10°	12.5°	15°	17.5°	20°	22.5°	25°	27.5°	30°	32.5°	35°
	物料断面系数 K										
0°（平形带）	0.0294	0.0369	0.0447	0.0525	0.0607	0.0690	0.0777	0.0868	0.0962	0.1062	0.1167
20°	0.0905	0.0976	0.1048	0.1123	0.1199	0.1278	0.1359	0.1444	0.1533	0.1627	0.1726
30°	0.1151	0.1217	0.1284	0.1353	0.1424	0.1497	0.1572	0.1651	0.1733	0.1820	0.1911
45°	0.1410	0.1466	0.1522	0.1579	0.1638	0.1699	0.1763	0.1828	0.1897	0.1970	0.2047

注：动堆积角可取静动堆积角的 0.7 倍，即 $\rho_d=0.7\rho_j$。

表 6-31　　各种物料的输送带速 v

	物料名称			
	小麦、稻谷、玉米	高粱、大米、小米、大麦	麸皮、米糠	小麦粉、灰尘、谷壳
输送带速/（m/s）	2.5~4.0	2.0~3.5	1.5~2.0	0.8~1.2

注：1. 物料容重大，取大值；容重小，取小值。
2. 输送带宽度大，取大值；宽度小，取小值。
3. 用挡板卸料时，v 不宜超过 2.0m/s；用卸料小车时，v 不宜超过 3.0m/s。

表 6-32　　倾角系数 C

	输送倾角 b								
	≤4°	6°	8°	10°	12°	14°	16°	18°	20°
倾角系数 C	1.00	0.98	0.96	0.94	0.92	0.90	0.88	0.85	0.81

2. 袋装物料

（1）袋装物料输送量 Q（t/h）的计算

$$Q=3.6\frac{G}{a}v \quad 或者 \quad Q=3.6\frac{G}{t} \tag{6-20}$$

式中　G——每包或每件的质量，kg；

a——前后相邻料包的中心距，m；

v——输送带运行速度，m/s；

t——料包的间隔时间，s。一般取 6~8 s。

（2）单位时间内输送的袋数（袋/h）

$$Q = 3600\frac{v}{a} \tag{6-21}$$

式中各符号意义同上。

（二）输送带宽度的确定

已知要求的散料输送量 Q，可根据下式计算所需的带宽 B（m）：

$$B = 1.1\left(\sqrt{\frac{Q}{3600Kv\gamma C\psi}} + 0.05\right) \tag{6-22}$$

式中各符号的意义同上。计算出的带宽 B 值，应圆整到带宽标准值。

输送袋装物料或其他成件物品时，输送带宽度应比物件的横向尺寸大 100~200mm。

（三）带式输送机驱动功率的简易算法

在一般的设计中，除了较长的（超过 80m）和布置形式复杂的输送机需用逐点张力法计算功率外，通常可采用简易计算法。

1. 驱动滚筒轴功率 N_0（kW）的计算

$$N_0 = (K_1L_hv + K_2QL_h \pm 0.00273QH)K_3K_4 + \sum N' \tag{6-23}$$

式中　K_1L_hv——输送机空载运转所需功率，kW；

K_2QL_h——物料水平运行所需功率，kW；

$0.00273QH$——物料垂直提升所需功率，kW。向上输送取“+”，向下输送取“-”。

Q——物料输送量，t/h；

v——输送带运行速度，m/s；

L_h——输送机水平投影长度，m；

H——倾斜输送机的垂直爬升高度，m。若有卸料小车，应加上小车提升高度。卸料小车提升高度如表 6-37 所示；

K_1——输送机空载运行功率系数，与带宽和托辊的阻力系数有关，如表 6-33 所示；

K_2——物料水平运行的功率系数，如表 6-33 所示；

K_3——与输送机水平投影长度有关的系数，如表 6-34 所示；

K_4——与输送机布置形式有关的系数，如表 6-35 所示。

$\sum N'$——卸料装置、清扫器等的附加功率，kW。按下列具体情况计算确定：

单侧犁式卸料器：$N'_1 = 0.011QB$。Q 为输送量，T/h；B 为带宽，m。

双侧犁式卸料器：$N'_2 = 0.0075QB$。Q、B 同上。

双滚筒卸料小车：$N'_3 = 0.225N_j + 0.005Q$。N_j为输送机未计$\sum N'$时的运行功率。

清扫器或加料拦板：$N'_4 = K_5v$。K_5为清扫器、加料栏板功率系数，如表 6-36 所示。

表 6-33　　空载运行功率系数 K_1 及物料水平运行功率系数 K_2

工作环境			清洁、干燥		少量灰尘、正常湿度		灰尘多、湿度大	
托辊阻力系数（滚动轴承）			平形托辊	槽形托辊	平形托辊	槽形托辊	平形托辊	槽形托辊
			0.018	0.020	0.025	0.030	0.035	0.040
空载运行功率系数 K_1	输送带宽度 B(mm)	300	0.0036	0.0040	0.0050	0.0060	0.0070	0.0080
		400	0.0048	0.0053	0.0066	0.0080	0.0093	0.0106
		500	0.0061	0.0067	0.0084	0.0100	0.0117	0.0134
		650	0.0074	0.0082	0.0103	0.0124	0.0144	0.0165
		800	0.0100	0.0110	0.0137	0.0165	0.0192	0.0220
		1000	0.0138	0.0153	0.0191	0.0229	0.0268	0.0306
		1200	0.0191	0.0212	0.0265	0.0318	0.0371	0.0424
		1400	0.0230	0.0255	0.0319	0.0383	0.0446	0.0510
物料水平运行功率系数 K_2			4.91×10^{-5}	5.45×10^{-5}	6.82×10^{-5}	8.17×10^{-5}	9.55×10^{-5}	10.89×10^{-5}

表 6-34　　系数 K_3 值

	输送机水平投影长度 L_h/m			
	≤15	15～30	30～45	>45
K_3	1.25	1.12	1.05	1.02

表 6-35　　系数 K_4 值

输送机布置形式	直线或凹弧转向	凸弧转向			尾部传动	有垂直张紧装置
		近头部	中间	近尾部		
K_4	1.0	1.06	1.04	1.02	1.08	1.06

注：一台输送机若具有上列的多个布置特征，K_4 值应将各个值相乘。

表 6-36　　系数 K_5 值

项目	带宽/mm					
	500	650	200	1000	1200	1400
弹簧清扫器	0.75	0.75	0.75	1.50	1.50	1.50
空段清扫器	0.10	0.13	0.16	0.20	0.23	0.25
加料拦板	0.37	0.67	1.00	1.57	2.25	3.00

表 6-37　　卸料小车提升高度 H

	带宽 B/mm					
	500	650	800	1000	1200	1400
提升高度 H/m	1.7	1.8	1.96	2.12	2.37	2.62

2. 电动机功率 $N_{电}$（kW）的计算

$$N_{电} = K\frac{N_0}{\eta} \tag{6-24}$$

式中　K——电动机功率储备系数，取 1.0~1.2；

η——总传动效率，一般取 η=0.88~0.94。

（四）输送带最大张力的计算

对于单滚筒驱动的带式输送机，输送带承受的最大张力可按下面简易方法计算：

$$S_{max} = K_6\frac{N_0}{v} \tag{6-25}$$

式中　S_{max}——输送带最大张力，N；

N_0——驱动滚筒轴功率，kW；

v——带速，m/s；

K_6——系数，如表 6-38 所示。

表 6-38　　系数 K_6 值

	光面滚筒		胶面滚筒	
	环境干燥 摩擦因数 μ =0.25	环境潮湿 摩擦因数 μ =0.20	环境干燥 摩擦因数 μ =0.40	环境潮湿 摩擦因数 μ =0.35
K_6	1935	2290	1430	1555

注：K_6 值是按输送带在驱动滚筒上包角 200°、滚筒驱动力储备系数 1.3 来计算的。

输送带宽度确定以后，应按输送带强度计算式校核其强度。

五、带式输送机的选用

本部分列出的带式输送机适合粮食仓库、粮食加工厂、饲料厂等场所水平或小倾角输送物料。

（一）通用型托辊带式输送机

通用型托辊带式输送机在各种带速下的输送能力如表 6-39 所示。

表 6-39　　通用带式输送机输送能力参考表

带宽/mm	带速/（m/s）											
	0.8	1	1.25	1.6	2	2.5	3.15	4	4.5	5	5.6	6.5
	输送能力/（m^3/h）											
500	69	87	108	139	174	217						
650	127	159	198	254	318	397						
800	198	248	310	397	496	620	781					
1000	324	405	507	649	811	1014	1278	1622				
1200		593	742	951	1188	1486	1872	2377	2674	2971		
1400		825	1032	1321	1652	2065	2602	3304	3718	4130		
1600					2186	2733	3444	4373	4920	5466	6122	
1800					2795	3494	4403	5591	6291	6989	7829	9083
2000					3470	4338	5466	6941	7808	8676	9717	11277
2200							6843	8690	9776	10863	12166	14120
2400							8289	10526	11842	13158	14737	17104

注：输送能力值是按水平输送、物料动堆积角为20°、托辊槽角为35°时计算的。

（二）气垫带式输送机

1. 规格与技术参数

规格与技术参数如表 6-40 所示。

表 6-40　　气垫带式输送机规格与技术参数

项目	型号								
	TQDS50	TQDS65	TQDS80	TQDS100	TQDS120	TQDS140	TQDS160	TQDS180	TQDS200
输送量/（m^3/h）	55~170	100~310	155~620	250~1100	470~2000	700~2800	1700~3500	2200~4500	2500~6000
皮带宽度/mm	500	650	800	1000	1200	1400	1600	1800	2000
带速/（m/s）	0.8~2.5	0.8~3.15	0.8~4	1.0~5.0	1.0~5.0	2.0~5.0	2.0~5.0	2.0~5.0	2.0~5.0
头部滚筒直径/mm	400	500	500	630	630	800	800	1000	1000
尾部滚筒直径/mm	280	320	320	400	400	400	500	500	630

续表

项目	型号								
	TQDS50	TQDS65	TQDS80	TQDS100	TQDS120	TQDS140	TQDS160	TQDS180	TQDS200
风机风压/Pa	1140	1830	3000	4020	5400	5800	8100	10000	12000
每米供风量/[m^3/(h·m)]	60	80	94	120	150	180	200	230	260
最大输送倾角	16°								

注：1. 表中的风压与风量是按双气垫、常规产量及速度计算的，风机选型时需根据不同要求进行计算。

2. 最大倾角是按谷物（容重：0.7~0.85t/m^3）考虑，具体最大角度需视物料及现场情况而定。

2. 结构尺寸

结构如图 6-18 所示，尺寸如表 6-41 所示。

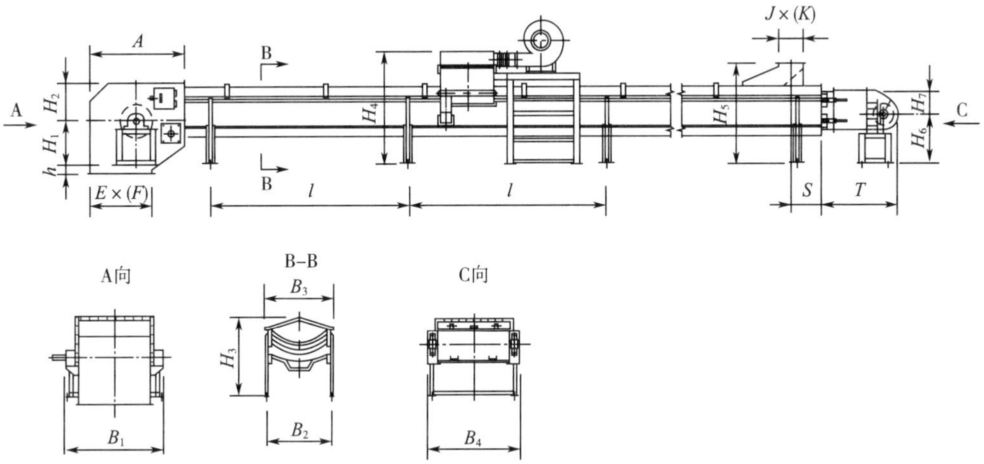

图 6-18　气垫带式输送机结构图

注：1. 输送带下分支的支承型式有气垫和托辊两种，本图所示为气垫支承。

2. 输送机长度不大于 50m 时，输送带的张紧方式可采用螺杆式；长度大于 50m 时，应采用垂直式或小车式张紧。图中 *T* 值为螺杆式张紧的长度。

3. 不同厂家的产品，尺寸不尽相同。

表 6-41　气垫带式输送机尺寸表　单位：mm

项目	型号								
	TQDS50	TQDS65	TQDS80	TQDS100	TQDS120	TQDS140	TQDS160	TQDS180	TQDS200
A	1100	1225	1727	2300	2300	2552	2552	2752	2752
B_1	1000	1220	1490	1690	1940	2180	2435	2690	3000
B_2	750	880	985	1185	1420	1630	1784	2334	2212

续表

项目		型号								
		TQDS50	TQDS65	TQDS80	TQDS100	TQDS120	TQDS140	TQDS160	TQDS180	TQDS200
B_3		808	958	1055	1230	1475	1684	1832	2040	2240
B_4		980	1390	1390	1610	1810	2040	2240	2460	2700
基础高度	H_1	550	550	817	1020	1020	1070	1070	1170	1270
	H_2	500	565	551	753	753	852	852	862	862
	H_3	720	1045	1370	1615	1615	1520	1832	1960	2190
	H_4	1570	1610	1955	2240	2240	2345	2345	2500	2730
	H_5	1160	1290	1620	2010	2330	2525	2700	3125	3435
	H_6	610	640	910	1065	1065	1185	1185	1420	1455
	H_7	360	340	340	380	380	380	450	450	510
l		3000	3000	3000	3000	3000	3000	3000	3000	3000
S（最小值）		500	550	550	550	650	700	750	850	1000
T	最小	1260	1280	1280	1340	1340	1340	1600	1800	2000
	最大	2060	2080	2080	2140	2140	2140	2400	2600	2800
进出口	E	700	700	800	1310	1350	1700	1800	2000	2000
	F	700	880	1070	1270	1500	1700	1900	2100	2300
	J	300	350	400	500	700	750	800	1000	1200
	K	300	350	400	500	700	750	800	1000	1200

（三）单托辊犁式卸料带式输送机

1. 规格与技术参数

规格与技术参数如表 6-42 所示。

表 6-42　　单托辊犁式卸料带式输送机规格与技术参数

项目	型号							
	TDDS50	TDDS65	TDDS80	TDDS100	TDDS120	TDDS140	TDDS160	TDDS180
输送量/(m^3/h)	55~170	100~310	155~620	250~1100	470~2000	700~2800	1700~3500	2000
皮带宽度/mm	500	650	800	1000	1200	1400	1600	1800
带速/（m/s）	0.8~2.5	0.8~3.15	0.8~4	1.0~5.0	1.0~5.0	2.0~5.0	2.0~5.0	3.15
头部滚筒直径/mm	400	500	500	630	630	800	800	800
尾部滚筒直径/mm	280	320	320	400	400	400	500	630

续表

项目	型号							
	TDDS50	TDDS65	TDDS80	TDDS100	TDDS120	TDDS140	TDDS160	TDDS180
最大输送倾角/(°)	16							

注：最大倾角是按谷物（容重 0.7~0.85t/m^3）考虑，具体最大角度需视物料及现场情况而定。

2. 结构尺寸

结构如图 6-19 所示，尺寸如表 6-43 所示。

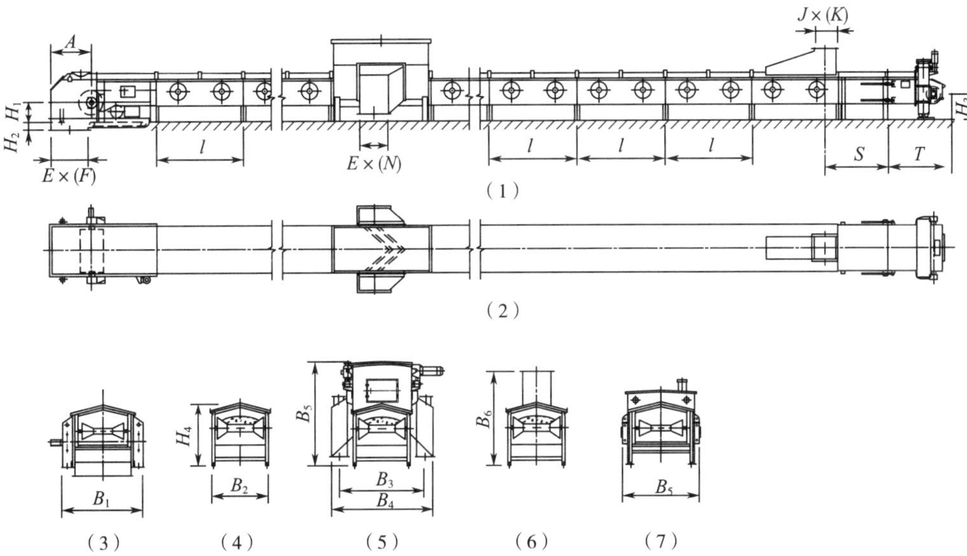

图 6-19　单托辊犁式卸料带式输送机结构图

（1）主视图（2）俯视图（3）机头段横截面（4）标准段横截面

（5）卸料段横截面（6）进料段横截面（7）机尾段横截面

注：1. 输送带下分支的支承型式有气垫和平板两种。采用气垫支承时需另加风机。

2. 输送机长度不大于 50m 时，输送带的张紧方式可采用螺杆式，长度大于 50m 时，应采用垂直式或小车式张紧，图中 T 值为螺杆式张紧的长度。

3. 不同厂家的产品，结构与尺寸不尽相同。此图仅供参考。

表 6-43　单托辊犁式卸料带式输送机尺寸表　单位：mm

项目	型号							
	TDDS50	TDDS65	DSCDC80	TDDS100	TDDS120	TDDS140	TDDS160	TDDS180
A	—	919	1018	1100	1200	1460	1600	1600
B_1	1000	1200	1540	1770	2070	2320	2640	2840
B_2	688	870	1016	1240	1460	1674	1890	2142

续表

项目		型号							
		TDDS50	TDDS65	DSCDC80	TDDS100	TDDS120	TDDS140	TDDS160	TDDS180
B_3		—	1448	1600	1850	2180	2322	2700	3100
B_4		—	1702	1900	2200	2580	2722	3192	3592
B_5		980	1140	1450	1676	2028	2228	2530	2730
基础高度	H_1	—	510	520	525	585	600	666	850
	H_2	—	195	210	200	195	195	200	200
	H_3	—	555	635	680	700	790	816	935
	H_4	—	995	1075	1315	1340	1425	1550	1766
	H_5	—	1766	1648	2186	2127	2250	2286	2581
	H_6	—	1500	1700	2000	2000	2100	2200	2500
l		2400	2400	2400	2400	2400	2400	2400	2400
S		—	1480	1560	1710	2110	2160	2290	2390
T	最小	1260	1355	1355	1636	1652	1652	1900	1987
	最大	2060	2005	2005	2286	2652	2650	2900	2987
进出口	E	700	820	1040	1000	1000	1200	1350	1350
	F	700	820	1040	1250	1500	1700	1900	2100
	J	300	400	450	600	700	800	900	1100
	K	300	400	450	600	700	800	900	900
	M	—	500	500	800	900	1000	1100	1200
	N	—	250	300	350	400	400	500	500

（四）移动式带式输送机

移动式带式输送机是在普通带式输送机的基础上，增加了移动装置和机身俯仰装置，可以随用随挪，在粮食加工厂主要用于原粮进出房式仓、成品装车等作业。滚筒、托辊直径较小，输送带较薄。输送带上分支一般为较浅的槽形，若单纯输送包料也可用平形。带速通常为 1~2. 5m/s，包、散两用的输送机也可将带速设计成快、慢两种速度。

移动式带式输送机结构如图 6-20 所示，输送能力如表 6-44 所示。

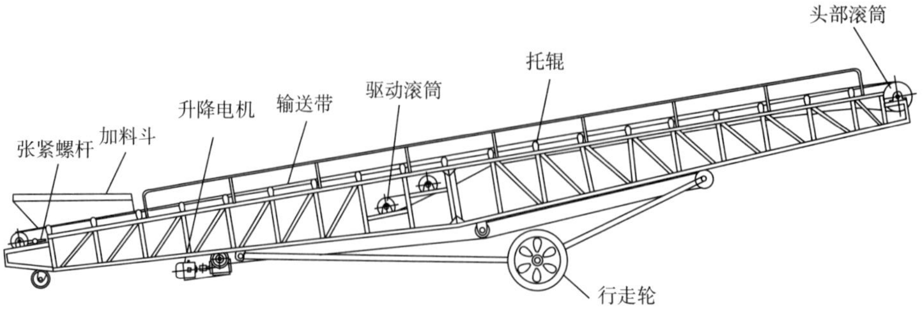

图 6-20　移动式带式输送机结构图

表 6-44　　移动式带式输送机的输送能力　　单位：m^3/h

带速/(m/s)	带宽/mm				机身长度/m	机身最大倾角/(°)
	400	500	650	800		
1.0	39	66	119	187	5~20	≤24
1.25	49	82	149	234		
1.6	63	105	190	300		
2.0	78	132	238	374		
2.5	98	165	297	468		

注：表中的输送量是在输送机倾斜角度为 15°、托辊槽角为 20°、物料动堆积角为 23°时的计算值。

第五节 埋刮板输送机

一、概述

埋刮板输送机可以在水平、倾斜或垂直方向输送粉状、粒状及小块状物料，被广泛用于化工、建材、冶金、电力、粮食、轻工等行业。因其在工作时刮板链条被埋在物料中与物料一起向前移动，故称为“埋刮板输送机”。

普通型埋刮板输送机共有 6 种标准布置形式，如图 6-21 所示。粮食加工厂常用的是水平型，某些场合也用到垂直型或 Z 型。

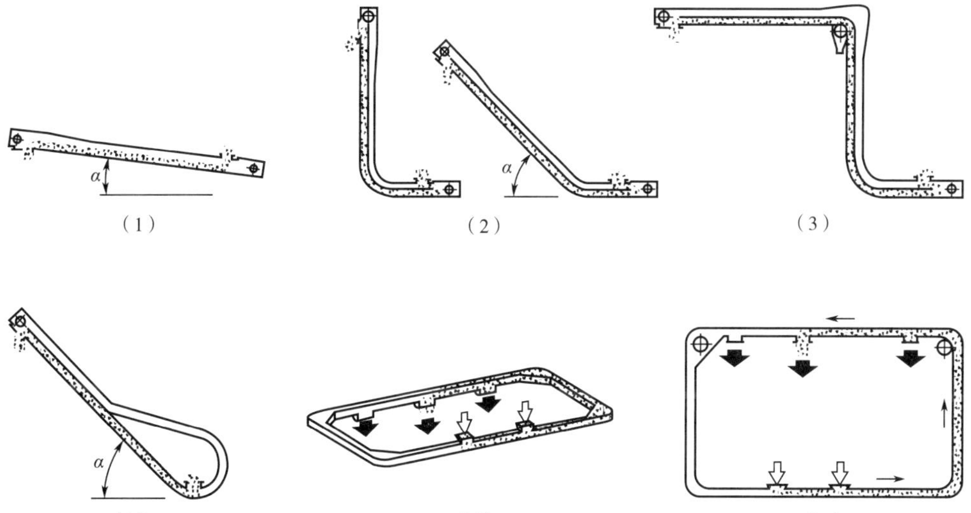

图 6-21　埋刮板输送机的布置形式

(1) 水平型（MS 型）(2) 垂直型（MC 型）(3) Z 型（MZ 型）

(4) 扣环形（MK 型）(5) 平面环形（MP 型）(6) 立面环形（ML 型）

水平型（MS 型）埋刮板输送机用作水平或小倾角的输送。其输送倾角 α 一般不大于 15°，采用特殊设计的可达到 30°。单台输送机输送长度可达 80～120m，机槽宽度自 160mm 到 1250mm 共 10 种规格，最大输送量可达 1600m³/h，可多点进料和多点卸料。

垂直型（MC 型）埋刮板输送机用作垂直提升或大倾角的输送，有 90°、75°、60°、45°、30°等 5 种标准布置倾角，可根据使用需要选择。单台输送机的提升高度可达 30～40m。机槽宽度自 160mm 到 630mm 共有 7 种规格，最大输送量可达 500m³/h，可以多点进料，通常只有单点卸料。

Z 型（MZ 型）埋刮板输送机用作“水平-垂直（或倾斜）提升-水平”的输送，其布置倾角通常为 60°～90°。垂直提升高度最大为 20m，上水平段输送长度一般不超过 30m。主要用于输送容重小于 1t/m³ 的轻物料。MZ 型的机槽宽度从 160mm 到 630mm 共 7 种规格，最大输送量可达 500m³/h。其刮板型式为 V 型，采用内向布置。上水平段可以多点卸料。

按照 GB/T 10596—2011《埋刮板输送机》规定，埋刮板输送机的型号表示方式为：

M S R □

- □ —— 主要规格：机槽宽度（cm）
- R —— 特性代号：如 R——热料型、Y——移动式等。普通型可不标
- S —— 型式代号：S——水平型，C——垂直型，Z——Z 型
- M —— 种类代号：M 表示埋刮板输送机

在粮食行业，通常采用如下的表示方式：

T GS S □

- □ —— 主要规格：机槽宽度（cm）
- S —— 型式代号：S——水平型，C——垂直型，Z——Z 型
- GS —— 种类代号：GS 表示埋刮板输送机
- T —— 专业代号：T 表示通用机械

二、埋刮板输送机的一般结构

埋刮板输送机由封闭的壳体、刮板链条、链轮、驱动装置及张紧装置等部件组成。结构如图 6-22 所示。工作时，物料经进料口进入机壳底部承载段，受到刮板的推力，与刮板链条形成整体一同向前运动，到达料槽的卸料口自行排出。刮板链条沿机壳的空载段返回。

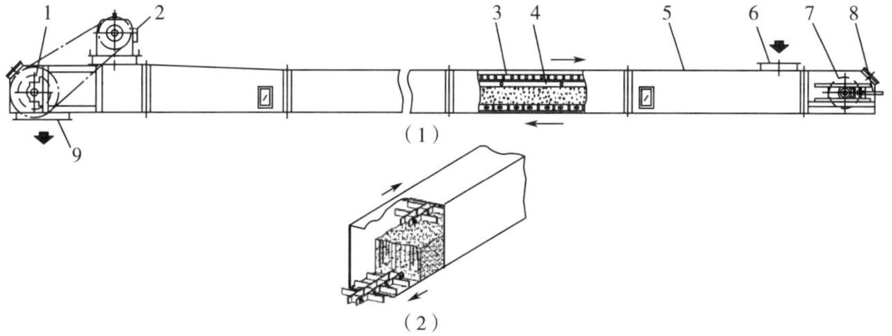

图 6-22　埋刮板输送机结构图

（1）外部结构（2）内部结构

1—头轮　2—驱动装置　3—刮板链条　4—导轨　5—机壳　6—进料口　7—尾轮　8—张紧装置　9—出料口

三、埋刮板输送机的主要构件及规格

（一）机槽

埋刮板输送机的机槽一般用 2~6mm 厚的钢板制作，其断面形状如图 6-23 所示。

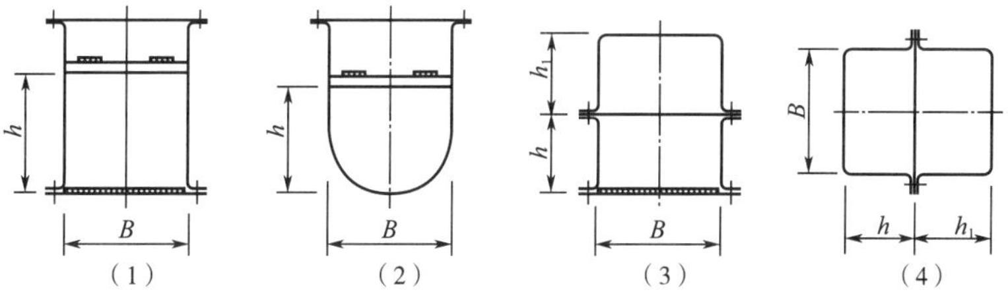

图 6-23　机槽横断面形状

（1）MS 型中间段机槽（2）MS 型自清式机槽（3）MC 型倾斜段机槽（4）MC 型、MZ 型垂直段机槽

注：B——槽宽；h——承载段槽高；h_1——空载段槽高。

承载段机槽的宽度和高度规格如表 6-45 所示。

表 6-45　承载段机槽的宽度和高度规格

型号		机槽宽度 *B* /mm									
		160	200	250	320	400	500	630	800	1000	1250
MS MP	承载机槽高度 *h*/mm	160	200	250	320	360	400	500	600	700	700
MC MZ ML MK		120	130	160	200	250	280	320	400	—	—

（二）刮板链条

1. 链条

埋刮板输送机常用的链条有 5 种，如图 6-24 所示。埋刮板输送机上通常采用的是模锻链、滚子链和双板链，弯板链用得较少，而圆环链则主要用于管链输送机。链条节距与机槽宽度的匹配关系如表 6-46 所示，对不同节距链条规定的破断载荷如表 6-47 所示。

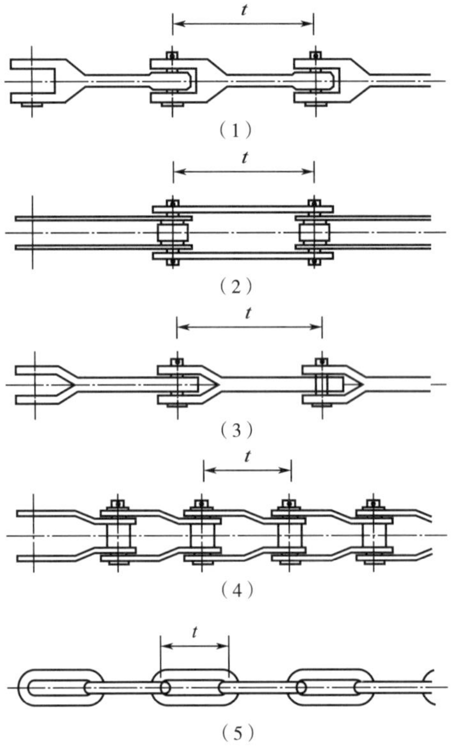

图 6-24　埋刮板输送机常用链条外形图

（1）模锻链（DL）（2）滚子链（GL）（3）双板链（BL）（4）弯板滚子链（5）圆环链（HL）

表 6-46　链条节距与机槽宽度的匹配关系

	机槽宽度 B/mm									
	160	200	250	320	400	500	630	800	1000	1250
输送链节距 t/mm	80	80	—	—	—	—	—	—	—	—
	100	100	100	—	—	—	—	—	—	—
	—	125	125	125	—	—	—	—	—	—
	—	—	—	160	160	160	160	—	—	—
	—	—	—	—	200	200	200	200	200	—
	—	—	—	—	—	250	250	250	250	250
	—	—	—	—	—	—	—	315	315	315

表 6-47 对不同节距链条规定的破断载荷（不含弯板链和圆环链）

破断载荷/kN	节距 t/mm						
	80	100	125	160	200	250	315
56	◆	◆	◆	—	—	—	—
80	◆	◆	◆	—	—	—	—
112	—	◆	◆	◆	◆	—	—
160	—	—	◆	◆	◆	—	—
224	—	—	—	◆	◆	◆	—
315	—	—	—	—	◆	◆	◆
450	—	—	—	—	◆	◆	◆
630	—	—	—	—	—	◆	◆
900	—	—	—	—	—	◆	◆

2. 刮板

埋刮板输送机刮板的外形如图 6-25 所示。T 型刮板用扁钢制成，其余的用圆钢或方钢制作。

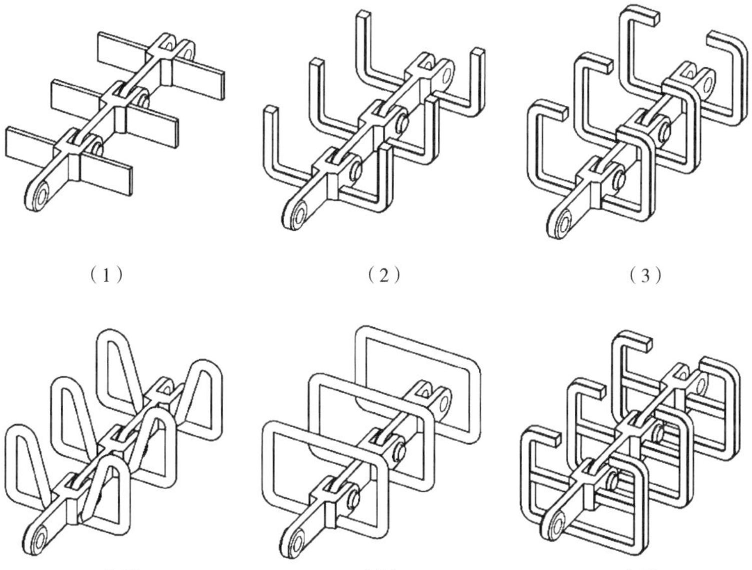

图 6-25 刮板外形图

(1) T 型 (2) U 型 (3) V 型 (4) B 型 (5) O 型 (6) H 型

T 型刮板用于机槽宽度不大的水平型（MS）埋刮板输送机，U 型刮板用于槽宽较大的水平型（MS）输送机。V 型、B 型、O 型、H 型刮板均可用于大倾角或垂直向上的输送，但 Z

型（MZ）输送机及头部带导向托轮的垂直型（MC）输送机仅能使用 V 型或 B 型刮板。

机槽宽度越大或者物料的流散性越好，选用的刮板型式应越复杂。

除以上基本型式外，刮板还可以根据使用要求或制作需要变化出更多的型式，如 U_2 型、O_2型、O_4型以及自清式刮板输送机使用的半圆型刮板等等。

刮板与链条合在一起称为刮板链条。不同型式的刮板与不同的链条可以组合成多种型式的刮板链条，如 GT 型（滚子链+T 型刮板）、GO 型（滚子链+O 型刮板）、DV 型（模锻链+V 型刮板）、BU 型（双板链+U 型刮板）等。刮板与链条一般以焊接的方式连接，有的也可以将刮板和链条一起制成，如滚子链的链板加长然后折弯即成 T 型刮板。

四、埋刮板输送机输送量和功率的计算

（一）输送量的计算

埋刮板输送机的输送量按下式计算：

$$Q = 3600Bhv\gamma\eta C \tag{6-26}$$

式中 Q——埋刮板输送机的输送量，t/h；

B——机槽有效宽度，m；

h——物料层高度，即机槽有效高度，m；

v——刮板链条平均运动速度，m/s。速度范围一般为 0.08～0.8m/s，有时可达 1.3m/s；在粮油工业中，输送原粮取 v=0.3～0.5m/s；小麦粉取 v=0.2m/s；

γ——被输送物料的容重，t/m^3；

η——输送效率。对于水平输送，机槽宽度 $B \leqslant 20$cm 时，取 η= 0.75～0.85；机槽 $B>20$cm 时，取 η=0.65～0.75。对于垂直输送，可取 η=0.7～0.85；

C——与输送机倾角有关的倾斜系数，如表 6-48 所示。

表 6-48　　输送机倾斜系数

	输送机倾角					
	0°～2.5°	2.5°～5°	5°～7.5°	7.5°～10°	10°～12.5°	12.5°～15°
倾斜系数 C	1.00	0.96	0.90	0.85	0.80	0.70

（二）链条最大张力的计算

对于水平型埋刮板输送机，链条最大张力的简易计算式为：

$$S_{max} = q_0 g(2.1L_h\mu - 0.1H) + qg[L_h f(1 + \frac{\lambda h'}{B\cos^2\alpha}) + H] + S_0 \tag{6-27}$$

式中 S_{max}——刮板链条绕入头轮时的张力，即链条的最大张力，N；

q_0——刮板链条每米质量，kg/m，如表 6-49 所示；

q——物料每米质量，kg/m；

L_h——输送机水平投影长度，m；

H——输送机垂直投影高度，m；

μ——链条与底板（或导轨）的摩擦因数，建议取 0.4~0.5；

f——物料与机槽的摩擦因数；

λ——物料对机槽侧壁的侧压系数。对于粮食物料，建议取 $\lambda=0.7$；

B——机槽宽度，m；

h'——机槽内物料的深度，m；

α——输送机倾角；

g——重力加速度，$g=9.81\text{m/s}^2$；

S_0——链条初张力，N。根据机型大小可取 $S_0=500\sim1000$N。

如果输送机倾角 $\alpha=0$，则上式可简化为：

$$S_{\max} = 2.1q_0Lg\mu + qLgf(1+\frac{\lambda h'}{B}) + S_0 \tag{6-28}$$

式中　L——输送机长度，m。

表 6-49　　刮板链条每米质量　　单位：kg/m

型式	机槽宽度					
	160	200	250	320	400	500
水平型（MS）	DT：5.92	DT：7.2	DT：12.2	BU：35.3	BU：36.3	BU：38.5
	GT：8.1	GT：11.3	GT：14.7	—	—	—
垂直型（MC）	DV：9.74	DV：10.35	DV：17.3	—	—	—
	DO：10.64	D0：11.33	DO：18.9	BO：40.9	DO：33.5	—
	GV：11.6	GV：14.7	GV：18.6	BO_4：42.3	DV：32	—
	GO：12.4	GO：15.9	GO：20.0	—	—	—
Z 型（MZ）	DV：12.7	DV：15.1	DV：19.3	DV：35	DV：45	—

（三）驱动功率的计算

埋刮板输送机所需电机功率 $N_{电}$（kW）按下式计算：

$$N_{电} = K\frac{(S_{\max}-S_0)v}{1000\eta} \tag{6-29}$$

式中　$S_{\max}$——链条绕入头轮时的最大张力，N；

S_0——链条绕出头轮时的张力，N；

v——刮板链条平均速度，m/s；

K——功率储备系数，$K=1.1\sim1.3$；

η——机械传动效率，$\eta=0.84\sim0.9$。

对于机槽宽度不大于500mm、水平布置的埋刮板输送机，轴功率也可按下式估算：

$$N_0 = 0.0035QL_h \tag{6-30}$$

式中各符号的意义同前。

五、埋刮板输送机的选用

（一）水平型埋刮板输送机

1. 规格与技术参数

规格与技术参数如表6-50所示。

表6-50 水平型埋刮板输送机规格与技术参数

项目	型号									
	TGSS16	TGSS20	TGSS25	TGSS32	TGSS40	TGSS50	TGSS63	TGSS80	TGSS100	TGSS120
输送量/(m^3/h)	22~26	34~40	50~100	90~150	150~280	180~350	280~640	390~870	480~1400	700~2000
机槽宽度/mm	160	200	250	320	400	500	630	800	1000	1200
有效承载深度/mm	160	160	250	320	400	420	500	540	540	650
刮板链条线速/(m/s)	0.3~0.35	0.4~0.5	0.35~0.63	0.35~0.63	0.35~0.63	0.35~0.63	0.35~0.8	0.35~0.8	0.35~1.0	0.35~1.0
最大输送距离/m	80	80	80	80	80	80	80	80	80	80

2. 结构尺寸

结构如图6-26所示，尺寸如表6-51所示。

表6-51 水平型埋刮板输送机尺寸表 单位：mm

项目	型号							
	TGSS25	TGSS32	TGSS40	TGSS50	TGSS63	TGSS80	TGSS100	TGSS120
A_1	1050	1250	1547	1547	1552	1752	1752	1752
A_2	947	987	1247	1247	1452	1452	1452	1552
B	250	320	400	500	630	800	1000	1200
B_1	645	720	850	950	1080	1330	1530	1730
B_2	522	600	738	838	977	1226	1426	1626

续表

项目		型号							
		TGSS25	TGSS32	TGSS40	TGSS50	TGSS63	TGSS80	TGSS100	TGSS120
H		420	500	630	630	715	760	760	890
l		3000	3000	3000	3000	3000	3000	3000	3000
S_1		335	385	550	550	650	650	750	750
S_2（最小）		300	300	600	600	600	600	600	750
卸料口	E	500	600	800	800	1000	1000	1200	1200
	F	250	320	400	500	630	800	1000	1200
进料口	J	350	400	800	800	1000	1000	1000	1200
	K	250	320	400	500	630	800	1000	1200

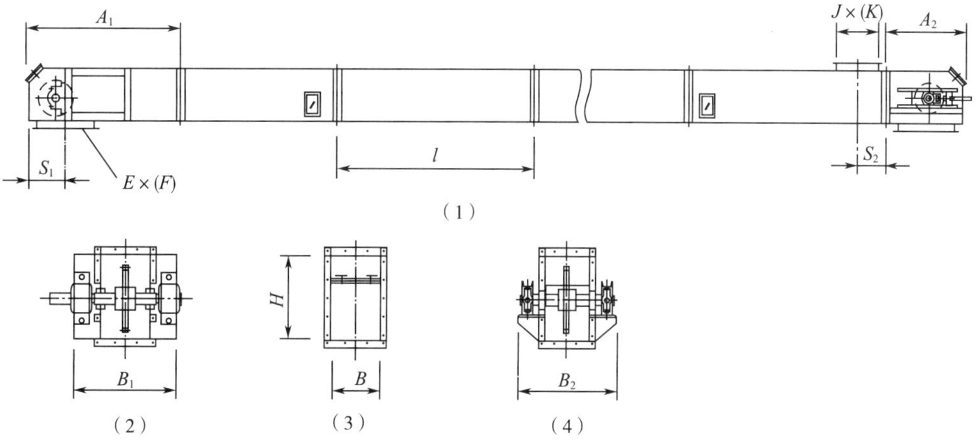

图 6-26　水平型埋刮板输送机结构图

（1）主视图（2）机头段横截面（3）中间段横截面（4）机尾段横截面

注：不同厂家的产品，尺寸不尽相同，本图与表所列尺寸仅作参考。

（二）垂直型埋刮板输送机

垂直型埋刮板输送机规格与技术参数如表 6-52、表 6-53 所示。结构如图 6-27 所示、尺寸如表 6-54 所示。

表 6-52　　垂直型埋刮板输送机规格与技术参数（一）

项目	型号					
	MC20	MC25	MC32	MC40	MC50	MC63
输送量/（t/h）	10～20	16～32	32～64	55～140	110～220	175～350
机槽宽度/mm	200	250	315	400	500	630
机槽承载深度/mm	200	250	315	400	500	500

续表

项目		型号					
		MC20	MC25	MC32	MC40	MC50	MC63
刮板链条	型号	3002H	3002H	3002H/3003H	3002H/3003H	3003H	3003H
	许用载荷/kN	40. 1	40. 1	40. 1/90	40. 1/90	90	90
	质量/（kg/m）	16. 1	26. 6	32. 5/37. 8	40. 9/46. 3	55. 8	58. 4
	速度/（m/s）	0. 16~0. 32	0. 16~0. 32	0. 2~0. 4	0. 2~0. 5	0. 25~0. 5	0. 32~0. 63
弯段角度		45°~90°					
最大提升高度/m		30	30	30	30	20	16

注：表中输送量是按小麦计算，容重 γ=0. 75t/m³。输送机垂直布置时，下水平段长为5m。

表 6-53　　垂直型埋刮板输送机规格与技术参数（二）

项目	型号				
	TGSC63	TGSC80	TGSC100	TGSC120	TGSC140
输送量/（t/h）	100~180	150~250	200~350	300~450	450~750
机槽宽度/mm	630	800	1000	1200	1400
机槽承载深度/mm	305	305	355	355	460
刮板链条速度/（m/s）	0. 35~0. 55	0. 35~0. 55	0. 35~0. 55	0. 35~0. 55	0. 35~0. 55
链条节距/mm	153. 67	153. 67	153. 67	153. 67	153. 67
头轮齿数	11	11	13	13	13
弯段角度	25°~90°				
最大水平输送距离/m	60				
最大提升高度/m	30				

注：表中输送量是以小麦计算，容重 γ=0. 75t/m³。

表 6-54　　垂直型埋刮板输送机尺寸表　　单位：mm

项目	型号				
	TGSC63	TGSC80	TGSC100	TGSC120	TGSC140
B	630	800	1000	1200	1400
H	305	305	355	355	460
H'	305	305	355	355	460
B_1	1825	2120	2145	2605	2725
B_2	1025	1194	1186	1456	1491
B_3	1210	1380	1590	190	2040
h_1	600	600	602	605	725
h_2	600	600	602	605	725

续表

项目		型号				
		TGSC63	TGSC80	TGSC100	TGSC120	TGSC140
h_3		1130	1130	1165	1165	1415
l		2980	2980	2980	2980	2980
S_1		1380	1380	1385	1385	1730
S_2（最小值）		3625	3625	3475	3475	3475
卸料口	E	1200	1200	1200	1200	1220
	F（宽）	830	1000	1220	1412	1600
进料口	J	800	800	500	500	500
	K（宽）	630	800	1000	1200	1400

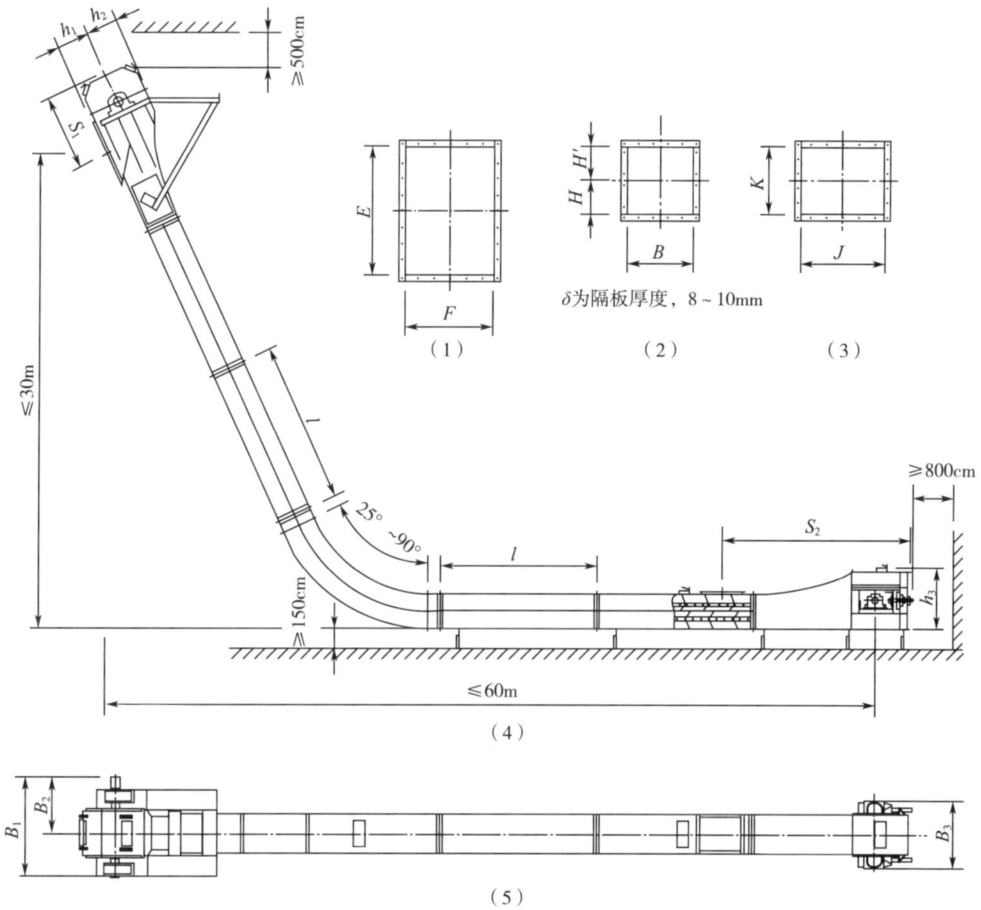

图 6-27　垂直型埋刮板输送机结构图

（1）卸料口尺寸图（2）中间机筒截面图（3）进料口尺寸图（4）主视图（5）俯视图

（三）管链输送机

管链输送机以圆环链作为牵引构件，装配圆形的刮板（或称链片）在封闭的圆形管道内输送物料，可以输送粉状、小颗粒状及小块状物料，如小麦粉、淀粉、谷物、乳粉、食品添加剂等。可以水平、倾斜、垂直输送或者多次转向的组合输送，一般用于精细化工、农药矿石、建筑材料、食品工业等。其主要特点有以下几条。

（1）密闭输送，无尘、安全、卫生。

（2）结构紧凑，占用空间小。

（3）输送线路灵活，可以在三维空间改变输送方向。

管链输送机的最大水平输送距离（单项）可达 60m，最大提升高度（单项）可达 40m。最大输送能力可达 $300m^3/h$，结构如图 6-28 所示。

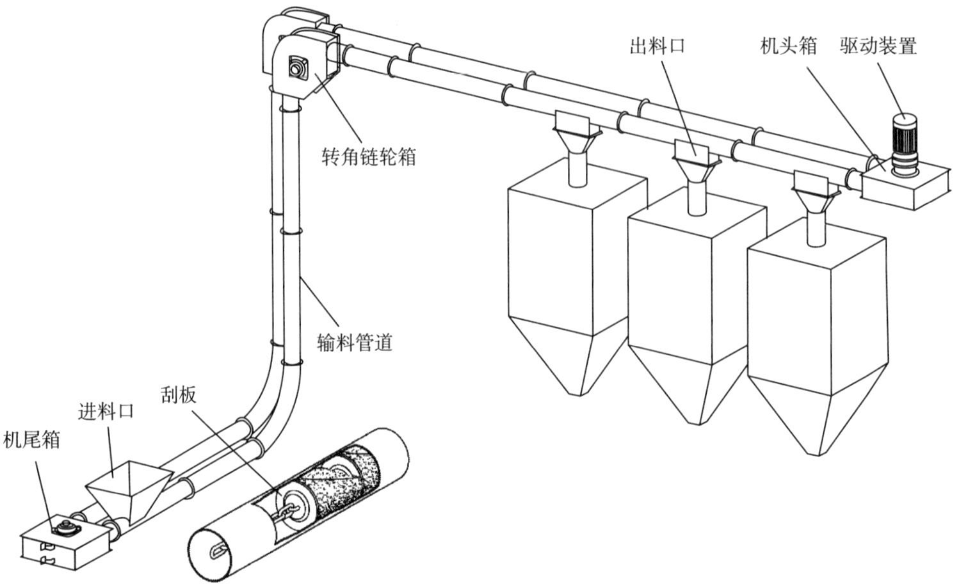

图 6-28　管链输送机结构图

管链输送机的规格及技术参数如表 6-55 所示。

表 6-55　管链输送机规格及技术参数

项目	型号															
	GL-80		GL-100		GL-150		GL-200		GL-250		GL-300		GL-350		GL-400	
管道内径/mm	80		100		150		200		250		300		350		400	
输送量/(m^3/h)	3.9	5.2	6.0	8.0	13.7	18.2	27.4	36.5	43.4	58.0	61.0	81.4	83.0	110	107.4	143.2

续表

项目	型号															
	GL-80		GL-100		GL-150		GL-200		GL-250		GL-300		GL-350		GL-400	
链轮转速/(r/min)	20.7	27.6	17.5	23.4	13.4	17.9	11.4	15.2	9.5	12.7	7.9	10.5	6.9	9.2	6.1	8.2
链条线速(m/s)	0.3	0.4	0.3	0.4	0.3	0.4	0.3	0.4	0.3	0.4	0.3	0.4	0.3	0.4	0.3	0.4

第六节 螺旋输送机

一、概述

螺旋输送机俗称“绞龙”，是一种无牵引构件的连续输送设备，它借助旋转螺旋叶片的倾斜推力将物料沿着机槽向前推动。可输送粉状、粒状及小块状的物料，既能水平输送，也能倾斜或者垂直向上输送。

螺旋输送机主要分为两大类：水平型（也称慢速螺旋输送机）和垂直型（也称快速螺旋输送机）。水平型输送机的输送长度一般小于40m，最长不超过70m，输送倾角$\beta \leq 20°$，输送量不超过300t/h。垂直型输送机的输送高度一般不大于10m，输送量不超过70t/h。

在粮食工业，通常以下列方式表示螺旋输送机的型号：

T　LS　S　□

- □——主要规格：螺旋直径(cm)
- S——型式代号：S——水平型，C——垂直型，Y——移动式
- LS——种类代号：LS 表示螺旋输送机
- T——专业代号：T 表示通用机械

二、螺旋输送机的一般结构

螺旋输送机的一般结构如图 6-29 所示。它由机槽、螺旋叶片和转动轴组成的螺旋体、两端轴承、中间悬挂轴承及驱动装置所组成。螺旋体由两端轴承和中间悬挂轴承支承，由驱动装置驱动。工作时，物料由进料口进入料槽，在旋转螺旋叶片的推动下，沿着料槽做轴向移动，直至卸料口排出。

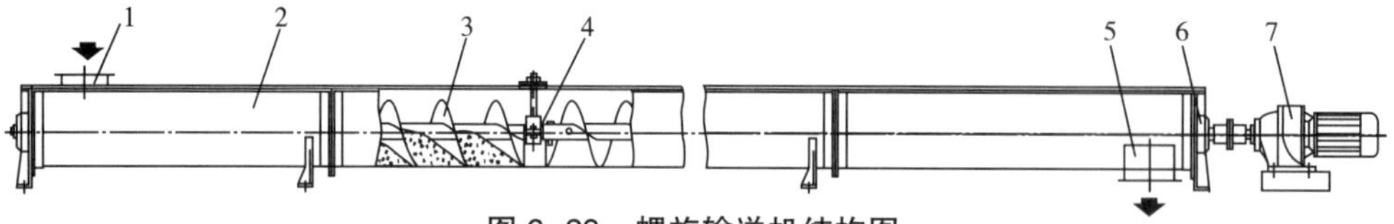

图 6-29 螺旋输送机结构图

1—进料口 2—机槽 3—螺旋体 4—吊挂轴承 5—出料口 6—端部轴承 7—驱动装置

三、螺旋输送机的主要构件及规格尺寸

（一）螺旋叶片

1. 叶片的类型

根据输送工艺的需要，螺旋叶片有许多种，常用的有满面式、带式、月牙式、桨式、齿式、无轴式六种，外形如图 6-30 所示。螺旋叶片与轴的合体称为螺旋体。

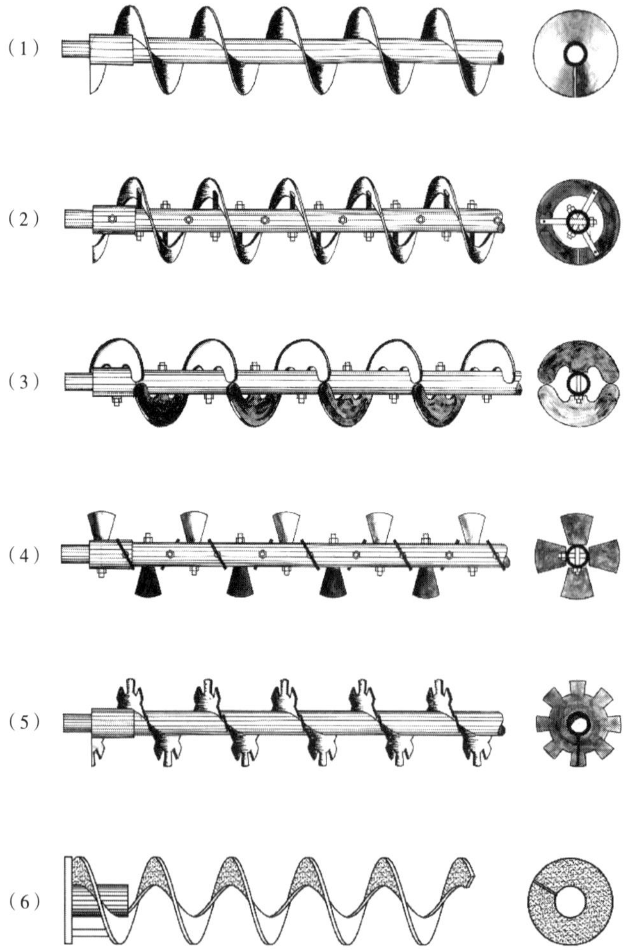

图 6-30 螺旋叶片外形图

(1) 满面式 (2) 带式 (3) 月牙式 (4) 桨式 (5) 齿式 (6) 无轴式

满面式螺旋叶片的内边与轴相贴，形成完整的螺旋面。这种叶片的构造简单，输送能力强，适宜输送散落性较好的、干燥的颗粒状或粉状物料，是使用最广泛的叶片型式。

带式螺旋叶片的内边与轴之间留有一定的空隙，叶片通过杆件与轴相连。这种叶片可避免物料在叶片与轴夹角处的黏附和堆积，适宜输送小块状的或黏滞性的物料。带式螺旋叶片对物料有较强的搅拌作用，但输送量较低。

月牙式叶片是独立的、状似月牙的平板叶片，用固定杆将其固定在轴上，并扭转一定的角度，使前后叶片首尾相接，形成近似的螺旋线。这种叶片在完成输送作业的同时，还具有较强的混合和搅拌作用，在小麦制粉厂里适合用在小麦着水绞龙、小麦粉收集绞龙等场合。

桨式叶片与月牙式叶片类似，也是独立的平板叶片，但其面积更小，沿螺旋线轨迹安装在轴上。这种叶片主要作用是搅拌混合，多用于散料混合机上。

齿式螺旋叶片的外缘有齿形凹槽，能在输送过程中对物料起到切割、松散、搅拌的作用，因而适宜输送黏性或容易被压实的物料。

无轴叶片顾名思义就是没有轴，如同螺旋弹簧一般。由于没有了中心轴，叶片在各个方向所受的力就需要叶片自身来承受，所以叶片厚度必须加大，以获得较大的强度。无轴螺旋叶片的最大优点是能够有效地避免杂物缠绕和物料在叶片上的黏结。粮食工业中极少应用。

2. 叶片的制法

粮食工业所用螺旋输送机的螺旋叶片通常由厚度为 2~8mm 的钢板制成。

月牙式和桨式叶片可利用模具冲裁或各种手段切割获得，然后焊上固定杆即可。

满面式叶片的制法有三种：单片拉伸法、带钢冷轧法、带钢缠绕法。

（1）单片拉伸法　先将钢板裁成开口的平面圆环，再经过冲压或专用的压制设备使其成为螺旋状，然后将多个这样的叶片在轴上焊接相连。或者，先将各个开口圆环相互焊接连在一起，然后套在轴上用工具拉开，焊接固定。单片拉伸法生产的螺旋叶片整体厚度相同，但制造效率较低。开口圆环的下料尺寸，可参考图 6-31 以及以下的公式计算。

根据图 6-31 可知，取叶片的一个螺距长度，其内侧和外侧螺旋线的长度分别为：

$$l = \sqrt{(\pi d)^2 + S^2} \qquad L = \sqrt{(\pi D)^2 + S^2}$$

两个螺旋线长度即是螺旋叶片展平后的圆环内、外弧长。根据 L、l 和 b 值，可以求得：

$$r = \frac{bl}{L - l} \quad 及 \quad R = \frac{bL}{L - l}（其中 b = \frac{D - d}{2}）$$

根据 R 和 r 之值，可以在钢板上进行下料，制出钢板圆环，然后求出缺口的圆心角 α，再切开即成。α 角的大小按式（6-31）计算：

$$\alpha = \frac{2\pi R - L}{2\pi R} \times 360° \tag{6-31}$$

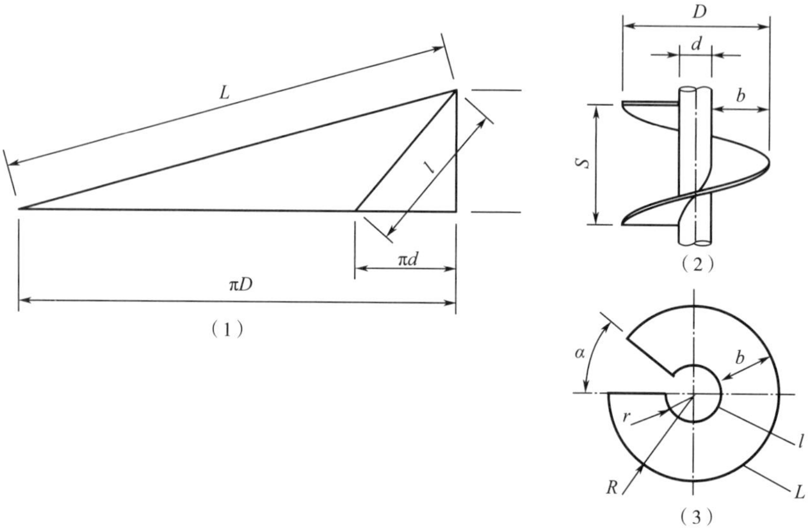

图 6-31　满面式叶片结构图

（1）叶片展开图（2）主视图（3）俯视图

这个 α 角的缺口可以切掉也可以不切掉。如果不切掉，叶片拉伸后的长度将大于一个螺距，也就是叶片绕轴盘旋超过了一圈。这样既节省材料，还能将叶片各个接口位置错开。

（2）带钢冷轧法　将带钢通过冷轧机上一对锥形轧辊辗压，使带钢的一侧变薄而伸展，从而变成连续多圈的环状件，再令其通过螺旋分导装置，则成为具有左（或右）旋向并有一定螺距的螺旋叶片。这种方法制作的叶片其根部较厚，外边缘较薄。

（3）带钢缠绕法　将带钢缠绕在螺旋形模具的空隙内，强制缠绕使其成形。缠绕时叶片外缘容易产生裂纹，叶片横截面容易发生弯曲，而且每种规格的叶片都要有专用的模具。

螺旋叶片有左旋和右旋之分，如图 6-32 所示。在制作时应注意其旋向。

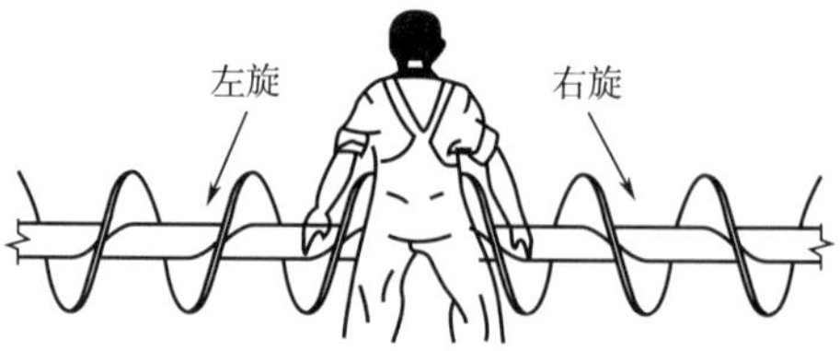

图 6-32　螺旋叶片的旋向

3. 螺旋叶片的直径 D 和螺距 S

螺旋叶片直径规格有：100mm、120（125）mm、160mm、200mm、250mm、320（315）mm、400mm、500mm、630mm、800mm 等，最大可达 1250mm。

螺旋叶片的螺距 S，可根据螺旋叶片直径、叶片型式、输送机的布置形式以及输送物料的特性来选取。满面式叶片螺距值 S 与螺旋直径 D 的关系如表 6-56 所示。

表 6-56　满面式叶片螺距值与螺旋直径的关系

项目	型号									
	TLSS10	TLSS12	TLSS16	TLSS20	TLSS25	TLSS32	TLSS40	TLSS50	TLSS63	TLSS80
螺旋直径 D/mm	100	120	160	200	250	320	400	500	630	800
螺距 S/mm	100	120	160	200	250	320	355	400	450	500

当叶片直径不大于 500mm 时，也可按下列对应关系计算选取螺距 S。

满面式：$S=(0.8\sim1.0)D$

带　式：$S=1.0D$

桨　式：$S=1.2D$

垂直输送：$S=(0.6\sim0.7)D$

确定螺旋叶片的螺距时，必须首先保证叶片螺旋线的升角符合要求，即：

$$\alpha_2 < 90-\rho \quad 其中 \quad \alpha_2=\arctan\frac{S}{\pi d} \tag{6-32}$$

式中　α_2——螺旋叶片内侧螺旋线的升角，(°)；

ρ——物料与叶片的摩擦角，(°)；

S——螺距，m；

d——螺旋轴直径，m。

（二）机槽

螺旋输送机的机槽有“U”形和圆筒形两种，如图 6-33 所示。常见的是“U”形机槽。

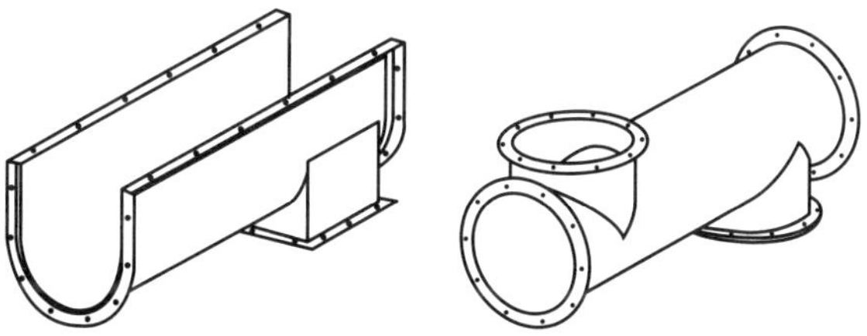

（1）　　（2）

图 6-33　机槽外形图

（1）“U”形机槽（2）圆筒形机槽

“U”形机槽一般用厚度 2~6mm 的钢板制成，其两侧壁垂直，底部呈半圆形。半圆的内径应大于螺旋叶片的半径，使叶片与机槽之间保持一定的间隙（输送粮食一般为 10mm 左右）。机槽上部用盖板封闭，盖板可以开启，方便对机槽内进行检查。有时也可将机槽底部做成活动底，便于快速、方便地清理输送机内部。当需要对物料进行加热、冷却或干燥时，可以制成带有夹套的机槽，夹套内通入连续流动的换热介质。每节机槽长 2~4m。

圆筒形机槽又称机筒，一般采用焊接钢管或无缝钢管制成。机筒的内径要比螺旋叶片直径大些，它们之间的缝隙为5~10mm。圆形机筒的密封性好、刚度大，但不便安装中间吊挂轴承。圆形机筒主要应用在：①垂直螺旋输送机；②物料充满机槽的输送机（如料仓出料口处）；③有严格密封要求的输送机。当物料完全充满机筒时，其输送量比"U"形机槽输送机要大得多。这种输送机称"圆管螺旋输送机"或"圆管绞龙"。

四、螺旋输送机输送量和功率的计算

（一）输送量的计算

1. 普通水平螺旋输送机输送量 Q（t/h）计算

$$Q = 47D^2 Sn\psi\gamma CK_1 \tag{6-33}$$

式中 D——螺旋叶片直径，m；

S——螺旋叶片螺距，m；

n——螺旋体转速，r/min；

ψ——机槽内物料的充填系数，如表6-57所示；

γ——物料容重，t/m³；

C——输送机倾斜布置时的修正系数，如表6-58所示；

K_1——螺旋叶片型式对输送量的影响系数，如表6-59所示。

表6-57 各种散拉物料的充填系数

物料名称	推荐充填系数 ψ	A值
小麦粉	0.25~0.35	55
小麦	0.30~0.40	65
稻谷	0.30~0.40	60
麸皮、米糠、胚片	0.20~0.35	40~50
棉籽	0.30~0.35	55
向日葵	0.25~0.30	50
菜籽、芝麻	0.25~0.35	45
碎油饼	0.25~0.30	40
大豆、花生仁、蓖麻	0.20~0.30	45

表6-58 倾斜修正系数 C

输送机的倾斜角度/（°）	5	10	15	20
修正系数 C	0.9	0.8	0.7	0.65

表 6-59　叶片型式对输送量的影响系数 K_1

叶片型式	满面式	齿式	带式	桨式
K_1	1.0	0.8	0.7	0.5

水平螺旋输送机的转速 n（r/min）应符合下式要求：

$$n < n_{极限} = \frac{A}{\sqrt{D}} \tag{6-34}$$

式中　$n_{极限}$——水平螺旋输送机的极限转速，r/min；

D——螺旋体直径，m；

A——物料特性系数，由表 6-57 查出。

2. 全充满的水平圆管螺旋输送机输送量 Q（t/h）计算：

$$Q = 47D_0^3 n\gamma\eta_z \tag{6-35}$$

式中　D_0——机筒内径，m；

η_z——总输送效率。物料与叶片的摩擦因数 f 越大，则 η_z 越小。对于粮食物料，可取 0.60~0.67。

其余符号同前。

3. 垂直螺旋输送机输送量 D（t/h）计算：

$$Q = 47D^2 Sn\psi\gamma C \tag{6-36}$$

式中　D——螺旋叶片直径，m；

S——螺旋叶片螺距，m，取 $S=(0.6\sim0.7)D$；

n——螺旋轴转速，r/min；

γ——物料容重，t/m^3；

ψ——物料充填系数，垂直使用时取 $\psi=0.3\sim0.5$；倾斜使用时取 $\psi=0.5\sim0.7$；转速高时取大值。

C——倾斜及垂直布置时的修正系数，如表 6-60 所示。

表 6-60　垂直螺旋输送机倾斜修正系数

倾斜角度/（°）	15	20	30	40	45	50	60	70	80	90
修正系数 C	0.90	0.87	0.80	0.73	0.70	0.67	0.60	0.53	0.47	0.40

垂直螺旋输送机的转速 n（r/min）应符合下式要求：

$$n > n_{临界} = 42.3\sqrt{\frac{\tan(\alpha + \rho_{叶})}{D \cdot f_{壳}}} \tag{6-37}$$

式中　$n_{临界}$——垂直螺旋输送机的临界转速，r/min；

$f_{壳}$——物料与机筒内壁的摩擦因数；

$\rho_{叶}$——物料与螺旋叶片的摩擦角，(°)；

D——螺旋叶片外径，m；

α——螺旋叶片的外侧升角，(°)。

输送一般的粮食物料时，不同直径的螺旋体临界转速如表 6-61 所示。

表 6-61 垂直螺旋输送机输送粮食时的临界转速

	螺旋直径/mm			
	150	200	250	300
临界转速/（r/min）	140~150	120~130	110~120	100~110

在实际使用中，螺旋体的转速要比临界转速大得多，一般都在 200r/min 以上。实践证明最佳转速为 450~600r/min。

（二）驱动功率的计算

螺旋输送机的驱动功率取决于物料在输送过程中的各方面的能量消耗，包括：物料与机槽、螺旋叶片之间的摩擦消耗；物料颗粒被搅拌、挤碎的能量损耗；轴承和传动装置的动力损耗以及物料倾斜向上输送时的能量消耗等。这些能耗很难精确计算，因而在生产中常按经验公式进行计算。

1. 普通水平型螺旋输送机功率计算

轴功率 $N_{轴}$（kW）：$N_{轴} = \frac{Q}{367}(L\omega_0 \pm H)$ （6-38）

所需电机功率 $N_{电}$（kW）：$N_{电} = K\frac{N_{轴}}{\eta_{总}}$ （6-39）

式中 Q——输送量，t/h；

L——输送机全长，m；

H——倾斜输送机垂直投影高度，m。向上输送取“+”号，向下输送取“-”号；

ω_0——物料的总阻力系数。对于一般的谷物及其加工产品，取 $\omega_0 = 2.1 \sim 2.2$；对于刚着水的湿麦、小麦粉、麸皮，取 $\omega_0 = 2.5 \sim 2.6$。

K——功率储备系数，一般取 1.2~1.5；

$\eta_{总}$——传动装置的总效率，一般取 0.88~0.94。

水平布置的螺旋输送机，其轴功率 N_0（kW）也可按下式估算（湿麦、小麦粉、麸皮适当加大）：

$$N_0 = 0.006QL \tag{6-40}$$

式中各符号的意义同上。

2. 全充满的水平圆管螺旋输送机功率计算

轴功率 $N_{轴}$（kW）：$N_{轴} = \frac{Q}{367}(L + \xi J)\omega_0$ （6-41）

所需电机功率 $N_{电}$（kW）：$N_{电} = K\frac{N_{轴}}{\eta_{总}}$ （6-42）

式中　ξ——进料口压力系数，与进料口型式、物料性质等有关。对于粉仓出仓绞龙，可取 $\xi=3\sim5$（数据仅供参考）；

J——进料口暴露的螺旋体长度，m；

ω_0——物料的总阻力系数。输送小麦时，可取 $\omega_0=3.0\sim3.6$；输送小麦粉时，可取 $\omega_0=4.5\sim5.0$（数据仅供参考）。

K——功率储备系数。因经常重载启动，建议取 1.5~2.0。

其余符号同前。

3. 垂直型（快速）螺旋输送机功率 $N_{轴}$（kW）计算：

垂直螺旋输送机的功率除了与输送量、输送高度、物料性能有关外，还与螺旋体的转速有关。准确的计算过程较复杂，一个很粗略的功率估算方法是：

$$N_{轴}=\frac{QH}{367}\omega_k \tag{6-43}$$

式中　Q——输送量，t/h；

H——垂直输送高度，m；

ω_k——垂直型螺旋输送机物料总阻力系数，对于谷物类物料，可取 $\omega_k=5.5\sim7.5$。

电机功率的算法同上。

五、螺旋输送机的选用

（一）TLSS 型螺旋输送机

1. 规格与技术参数

规格与技术参数如表 6-62 所示。

表 6-62　TLSS 螺旋输送机规格与技术参数（满面式叶片）

物料名称	螺旋叶片尺寸/mm		输送量/(t/h)								
	直径	螺距	n=60	n=70	n=80	n=90	n=100	n=110	n=120	n=140	n=160
小麦	100	80	0.56	0.65	0.74	0.84	0.93	1.02	1.12	1.30	1.49
	120	100	1.01	1.17	1.34	1.51	1.68	1.84	2.01	2.35	2.68
	160	130	2.32	2.71	3.10	3.48	3.87	4.26	4.65	5.42	6.19
	200	160	4.47	5.21	5.96	6.70	7.44	8.19	8.93	10.42	—
	250	200	8.72	10.18	11.63	13.09	14.54	16.00	17.45	—	—
	320	260	18.58	21.68	24.78	27.87	30.97	34.07	—	—	—
	400	320	35.74	41.69	47.65	53.60	59.56	—	—	—	—
	500	400	69.80	81.43	93.06	—	—	—	—	—	—

续表

物料名称	螺旋叶片尺寸/mm		输送量/（t/h）								
	直径	螺距	n =60	n =70	n =80	n =90	n =100	n =110	n =120	n =140	n =160
小麦粉	100	80	0. 34	0. 39	0. 45	0. 51	0. 56	0. 62	0. 68	0. 79	0. 90
	120	100	0. 61	0. 71	0. 81	0. 91	1. 02	1. 12	1. 22	1. 42	1. 62
	160	130	1. 41	1. 64	1. 88	2. 11	2. 35	2. 58	2. 82	3. 28	3. 75
	200	160	2. 71	3. 16	3. 61	4. 06	4. 51	4. 96	5. 41	6. 32	—
	250	200	5. 29	6. 17	7. 05	7. 93	8. 81	9. 69	10. 58	—	—
	320	260	11. 26	13. 14	15. 02	16. 89	18. 77	20. 65	—	—	—
	400	320	21. 66	25. 27	28. 88	32. 49	36. 10	—	—	—	—
	500	400	42. 30	49. 35	56. 40	—	—	—	—	—	—
稻谷	100	80	0. 42	0. 49	0. 56	0. 63	0. 69	0. 76	0. 83	0. 97	1. 11
	120	100	0. 75	0. 88	1. 00	1. 13	1. 25	1. 38	1. 50	1. 75	2. 00
	160	130	1. 73	2. 02	2. 31	2. 60	2. 89	3. 18	3. 47	4. 05	4. 62
	200	160	3. 34	3. 89	4. 45	5. 00	5. 56	6. 11	6. 67	7. 78	—
	250	200	6. 51	7. 60	8. 69	9. 77	10. 86	11. 94	13. 03	—	—
	320	260	13. 87	16. 19	18. 50	20. 81	23. 12	25. 44	—	—	—
	400	320	26. 68	31. 13	35. 58	40. 02	44. 47	—	—	—	—
	500	400	52. 11	60. 8	69. 48	—	—	—	—	—	—

注：小麦取 $\gamma=0.75$ t/m^3，$\psi=0.33$；小麦粉取 $\gamma=0.5$ t/m^3，$\psi=0.3$；稻谷取 $\gamma=0.56$ t/m^3，$\psi=0.33$。

2. 结构尺寸

结构如图 6-34 所示，尺寸如表 6-63 所示。

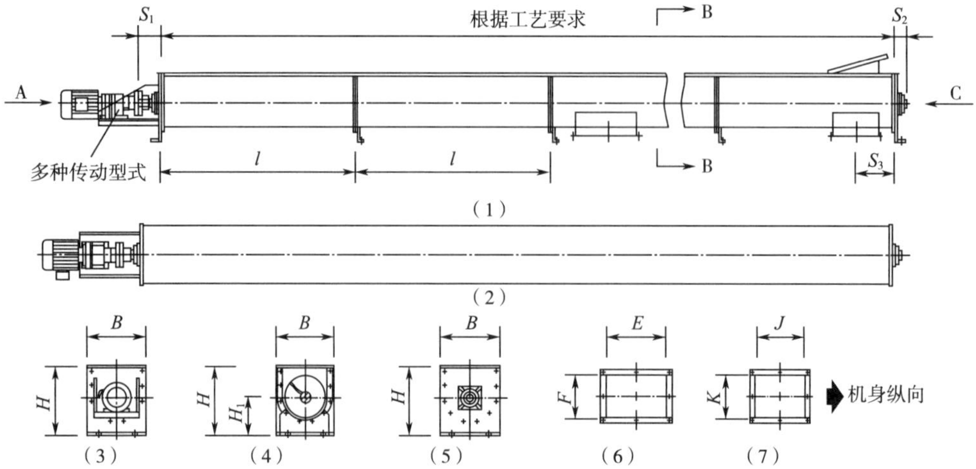

图 6-34　TLSS 型螺旋输送机结构图

（1）主视图（2）俯视图（3）A 向（4）B-B（5）C 向（6）中间出料口（7）末端出料口

表 6-63　　TLSS 型螺旋输送机尺寸表　　单位：mm

项目		TLSS16	TLSS20	TLSS25	TLSS32	TLSS40	TLSS50
B		260	300	360	450	520	615
H		405	405	405	510	555	660
H_1		290	255	225	290	300	352
l		1500	1500	1500	1500	1500	1500
S_1		125	153	144	167	178	182
S_2		62	70	72	80	94	94
S_3		150	200	250	300	300	350
中间出料口	E	250	300	400	500	600	800
	F	160	200	250	320	400	500
末端出料口	J	200	250	300	360	400	500
	K	160	200	250	320	400	500

（二）LS 型螺旋输送机

LS 型螺旋输送机按照 JB/T 7679—2019《螺旋输送机》标准设计制造，螺旋直径为 100～1250mm 共 11 种规格。其型号表示方式为"LS□"，□代表叶片直径，单位为 mm。

1. 规格与技术参数

规格与技术参数如表 6-64 所示。

表 6-64　　LS 型螺旋输送机规格与技术参数

项目		LS100	LS160	LS200	LS250	LS315	LS400	LS500	LS630	LS800	LS1000	LS1250
螺旋直径/mm		100	160	200	250	315	400	500	630	800	1000	1250
螺距/mm		100	160	200	250	315	355	400	450	500	560	630
转速与输送量	n/（r/min）	140	112	100	90	80	71	63	50	40	32	25
	Q/（m^3/h）	2.2	8	14	24	34	64	100	145	208	300	388
	n/（r/min）	112	90	80	71	63	56	50	40	32	25	20
	Q/（m^3/h）	1.7	7	12	20	26	52	80	116	165	230	320
	n/（r/min）	90	71	63	56	50	45	40	32	25	20	16
	Q/（m^3/h）	1.4	6	10	16	21	41	64	94	130	180	260
	n/（r/min）	71	50	50	45	40	36	32	25	20	16	13
	Q/（m^3/h）	1.1	4	7	13	16	34	52	80	110	150	200

注：表中输送量以充填系数 0.33 计算。

2. 结构尺寸

结构如图 6-35 所示，尺寸如表 6-65 所示。

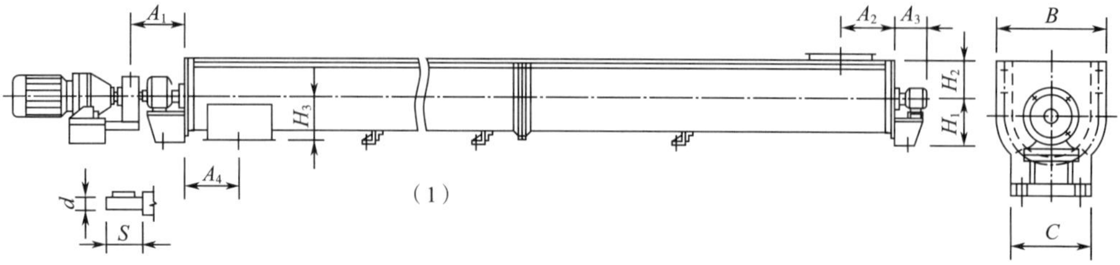

图 6-35 LS 型螺旋输送机结构图

（1）主视图（2）左视图

表 6-65 LS 型螺旋输送机尺寸表 单位：mm

项目	型号										
	LS100	LS160	LS200	LS250	LS315	LS400	LS500	LS630	LS800	LS1000	LS1250
A_1	208	240	280	285	320	395	397.5	445	457.5	455	465
A_2	180	200	225	250	330	350	400	450	550	650	800
A_3	180	180	180	200	220	227	250	300	340	360	380
A_4	180	200	225	250	390	390	400	450	550	650	800
H_1	112	150	180	224	280	355	400	500	630	710	800
H_2	63	90	112	140	180	224	280	355	450	560	710
H_3	112	150	180	224	250	280	340	420	520	630	760
B	178	266	320	370	443	533	653	790	970	1190	1440
C	160	160	200	250	350	400	500	630	800	1000	1250
d	30	35	40	50	60	80	90	100	120	150	140
S	58	58	82	82	105	130	130	165	165	200	200

（三）圆管螺旋输送机

圆管螺旋输送机在小麦加工行业简称“圆管绞龙”。该设备在小麦加工车间主要用于小麦和小麦粉定量出仓，实现配麦和配粉的目的。其型号表示方式为：TWLL□，意为通用设备、螺旋式喂料器，□表示叶片直径，单位为 cm。

1. 规格与技术参数

规格与技术参数如表 6-66 所示。

表 6-66 圆管螺旋输送机规格与技术参数（全充满状态）

物料名称	型号	螺旋叶片直径/mm	输送量/（t/h）									
			n=30	n=40	n=50	n=60	n=70	n=80	n=90	n=100	n=120	n=140
小麦	TWLL12	120	1.83	2.45	3.06	3.67	4.28	4.89	5.50	6.11	7.34	8.56

续表

物料名称	型号	螺旋叶片直径/mm	输送量/(t/h)									
			n=30	n=40	n=50	n=60	n=70	n=80	n=90	n=100	n=120	n=140
小麦	TWLL16	160	3.94	5.25	6.56	7.87	9.18	10.5	11.8	13.1	15.7	18.4
	TWLL20	200	7.23	9.64	12.1	14.5	16.9	19.3	21.7	24.1	28.9	33.7
	TWLL25	250	13.4	17.9	22.4	26.9	31.3	35.8	40.3	44.8	53.7	62.7
	TWLL32	320	27.0	35.9	44.9	53.9	62.9	71.9	80.9	89.8	107.8	—
	TWLL40	400	51.0	68.0	85.0	102.0	119.0	136.0	153.0	170.0	—	—
小麦粉	TWLL12	120	1.06	1.42	1.77	2.13	2.48	2.84	3.19	3.55	4.26	4.97
	TWLL16	160	2.31	3.07	3.84	4.61	5.38	6.15	6.92	7.69	9.22	10.8
	TWLL20	200	4.26	5.68	7.10	8.53	9.95	11.4	12.8	14.2	17.1	19.9
	TWLL25	250	7.96	10.6	13.3	15.9	18.6	21.2	23.9	26.5	31.8	37.2
	TWLL32	320	16.0	21.4	26.7	32.1	37.4	42.8	48.1	53.5	64.2	—
	TWLL40	400	30.5	40.6	50.8	60.9	71.1	81.2	91.4	101.5	—	—

注：1. 小麦取 $\gamma=0.75\ t/m^3$，总输送效率 $\eta_z=0.66$，管道内径=叶片直径+18mm；小麦粉取 $\gamma=0.5\ t/m^3$，总输送效率 $\eta_z=0.6$，管道内径=叶片直径+16mm。

2. 输送量受物料特性、机筒实际内径影响较大，此表数据仅供参考。

2. 结构尺寸

小麦制粉厂用于小麦粉出仓的圆管螺旋输送机结构如图 6-36 所示，尺寸如表 6-67 所示。

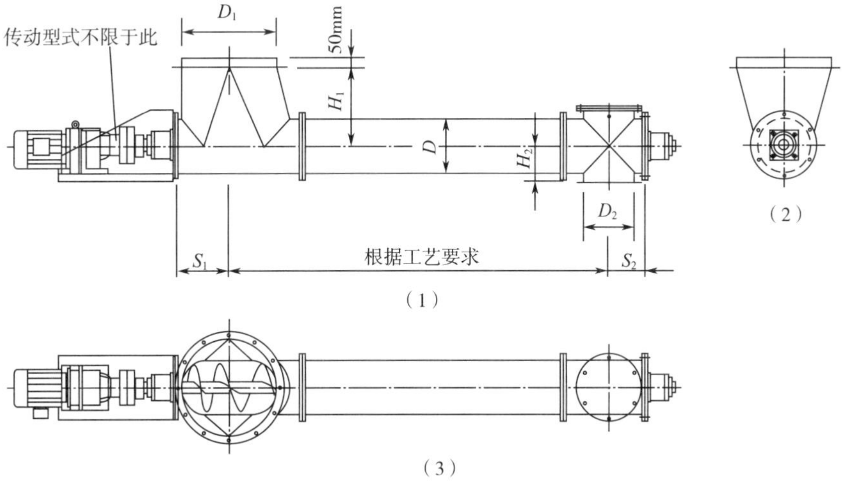

图 6-36　圆管螺旋输送机结构图

(1) 主视图 (2) 左视图 (3) 俯视图

表 6-67　　圆管螺旋输送机尺寸表　　单位：mm

项目	型号				
	TWLL12	TWLL16	TWLL20	TWLL25	TWLL32
D	133	180	219	273	325
D_1（进料口外径）	300	500	500	500	500
D_2（出料口外径）	180	219	219	273	325
H_1	400	400	400	400	420
H_2	117	140	160	187	214
S_1	180	280	280	280	280
S_2	140	94	160	187	214

第七章
小麦制粉厂供配电与自动控制

第一节
工厂供配电

随着小麦制粉厂生产规模越来越大，制粉厂的用电量也越来越大。合理的电能分配，最优配电方案，正确的选择配电开关和电缆对于小麦制粉厂的供配电系统越来越重要。

一、变配电所

小麦制粉厂中供配电包括供电电压的变换和电能的输送及分配。既能实现电压变换又能完成电能分配的称为变配电所，仅完成电能分配的称为配电所。

变配电所负担输送和分配电能任务的电路，称一次电路或一次回路或称主电路、主接线。一次电路中所有的电气设备，称一次设备。一次设备按其功能可分为变换设备、控制设备和保护设备三类。变压器及电流互感器，电压互感器属变换设备，各种高低压开关属控制设备，熔断器和避雷器属保护设备。

凡用来控制、指示、测量和保护一次设备运行的电路，称为二次电路或二次回路，或称二次接线、副接线。二次电路通常接在互感器的二次侧。二次电路中的所有电气设备，称为二次设备或二次元件。

高压一次设备主要包括：10kV 及以下一次电路中的高压隔离开关、高压负荷开关、高压断路器及高压开关柜等。

（一）高压隔离开关

高压隔离开关的功能主要是隔离高压电流，以保证其他电气设备（包括线路）的安全检修。因此它在结构上有这样的特点，即断开后有明显可见的断开间隙，而且断开间隙的绝缘及相间绝缘都足够可靠，能充分保证人身和设备的安全。但是隔离开关没有专门的灭弧装置，因此不允许带负荷操作。然而可用来通断一定的小电流，如励磁电流不超过 2A 的空载变压器、电容电流不超过 5A 的空载线路以及电压互感器和避雷器电路等。

高压隔离开关按安装地点，分为室内型和室外型两大类，如图 7-1 所示。

（二）高压负荷开关

高压负荷开关，具有简单的灭弧装置，因而能通断一定的负荷电流和过负荷电流，但它不能断开短路电流，因此它必须与高压熔断器串联使用，以借助熔断器来切断短路故障。负荷开关断开后，与隔离开关一样具有明显可见的断开间隙，因此它也具有隔离电源、保证安全检修的功能。

高压负荷开关的类型较多，一般配合电动操作机构进行操作。

（1）　　　　　　　　（2）

图 7-1　高压隔离开关

（1）室内高压隔离开关（2）室外高压隔离开关

（三）高压断路器

高压断路器的功能是不仅能通断正常负荷电流，而且能接通和承受一定时间的短路电流，并能在保护装置作用下自动跳闸，切除短路故障。

高压断路器按其采用的灭弧介质分类，有高压少油断路器、六氟化硫断路器、真空断路器，如图 7-2 所示。

（1）　　　　　　　　（2）　　　　　　　　（3）

图 7-2　高压断路器

（1）高压少油断路器（2）六氟化硫断路器（3）真空断路器

（四）高压开关柜

高压开关柜是按一定的线路方案将有关一、二次设备组装而成的一种高压成套配电装置，在发电厂和变配电所中作为控制和保护发电机、变压器和高压线路之用，也可作为大型高压交流电动机的起动和保护之用，其中安装有高压开关设备、保护电器、监测仪表和母线、绝缘子等。

高压开关柜有固定式和手车式两大类型，如图 7-3 所示。我国广泛使用的固定式高压开关柜主要是 GG-1A 型，按规定都装设了防止电气误操作的闭锁装置，即所谓“五防”：防止误跳、误合断路器；防止带负荷拉、合隔离开关；防止带电挂接地线；防止带接地线合隔离开关；防止人员误入带电间隔。

手车式高压开关柜的特点是：高压断路器等主要电气设备装在可以拉出和推入开关柜的手车上。检修时，可将设备拉出，再推入同类备用手车，即可恢复供电。具有检修安全，大大缩短停电时间等显著优点，但价格昂贵。所以从发展来看，手车式高压开关柜的应用将日益广泛。

为了采用 IEC 标准，我国近来设计生产了 KGN-10 型铠装型固定式金属封闭式开关柜，将取代 GG-1A 型；并将以 KYN-10 型和 JYN-10 型取代 GC-10 型开关柜。

（1）

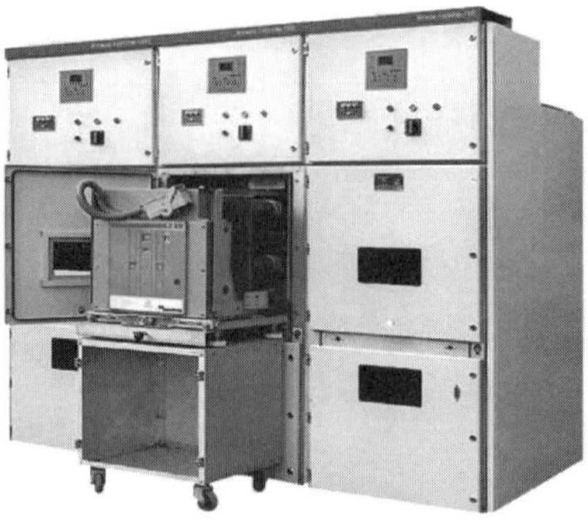

（2）

图 7-3　高压开关柜

（1）固定式高压开关柜（2）手车式高压开关柜

（五）高压一次设备的选择

电气设备按正常条件下工作选择，需要考虑电气装置的环境条件和电气要求。电气设备按短路故障条件下工作选择，就要检验其短路时的动稳定度和热稳定度。而高压一次设备的选择，不仅必须满足一次电路正常条件下和短路故障条件下工作的要求，同时应符合工作安全可靠，运行维护方便，投资经济合理等特点。

二、电力变压器

（一）变压器的特性参数

变压器的特性一部分由其电气参数决定，还与其本身的工艺技术和使用条件有关。

主要的电气性能包括以下几点。

（1）额定功率　以其他设计参数和变压器结构为基础的约定视在功率（kVA）。制造方面的试验和保证值与其额定值有关。

（2）频率　频率为 50Hz 或 60Hz。

（3）一次侧和二次侧额定电压　对于一次侧绕组可在多个电压等级上运行时，必须提供与每个电压等级相对应的额定功率值（kVA）。二次侧额定电压是其开路电压。

无载电压分接头选择开关一般允许选择在最高电压绕组的额定电压的±2.5%和±5%。操作该开关之前，变压器必须停电。

变压器绕组的联结组别以接线形式表示，其标准为星形、三角形和 z 形绕组（以及用于特殊用途的上述接线形式的组合，例如 6 相或 12 相整流变压器等）；并且采用 IEC 推荐的字母数字编码标注。该编码从左到右读起，第一个字代表电压最高的绕组，第二个字母代表第二个高电压的绕组，依次类推。读取方法如下：

大写字母代表电压最高的绕组：D——三角形；Y——星形；Z——曲折形（z 形）；N——有中性点引出。

小写字母用于三次和二次侧绕组：d——三角形；y——星形；z——曲折形（z 形）；n——中性点引线至套管处连接。

0~11 的数字对应于时钟刻度盘上相应的数字（“0”用于取代“12”）位于与其相配的任何一对字母之后，表示经过变压时的相位移（如果发生）。

若配电变压器很常用的绕组联结组别是 Dyn11，表达含义是一次侧绕组为三角形接线，二次侧绕组为星形接线，并将中性点引出。经过变压器的相位移为+30°，二次侧相电压位于“时针在 11 的位置”。

（二）变压器的基本类型

目前配电变压器的基本类型有干式（树脂浇注）和油浸式（充液体）两种，如图 7-4所示。

干式变压器的绕组大多采用环氧树脂真空浇注。以联苯 A 为基础的环氧树脂，其黏度和渗透性可确保绕组完全浸渍。而混合了柔韧添加剂的固化剂，使树脂绝缘体增加了必要的弹性，防止运行中出线龟裂。活性粉末的填料，含有氢氧化铝和石英粉，增强了树脂绝缘体的机械强度，并改进散热性，并达到阻燃效果。这三种成分组成的浇注系统具有 F 级绝缘（$\Delta\theta=100K$）及良好的阻燃和快速自熄特性，从而使变压器在污秽、潮湿等恶劣环境中也能正常运行。

绕组的浇注材料不包含卤素（氯、溴等）、腐蚀性或有毒化合物，因而在紧急情况下，特别是发生火灾事故时可确保人身的高度安全。通常根据下列要求来选择干式变压器。

（1）环境等级 E2　经常有凝露、高污染或两种条件同时存在。

（2）气候条件等级 C2　运行、运输和储存最低温度为-25℃。

（3）阻燃　变压器在低可燃性的火灾风险条件并在给定的时间内自熄。

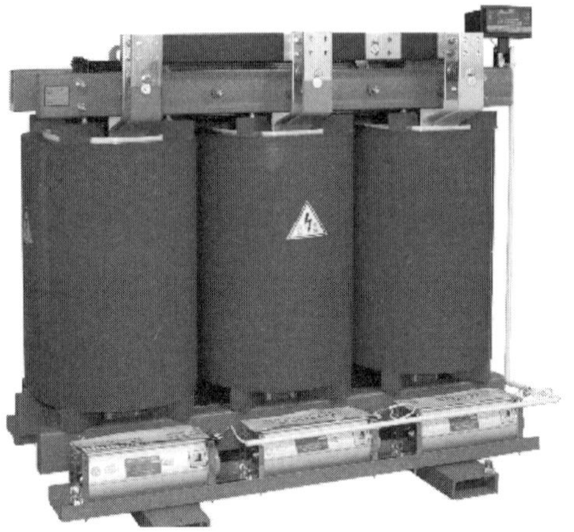

（1）

（2）

图 7-4　变压器

（1）干式变压器（2）油浸式变压器

油浸式变压器就是将变压器的线圈和磁芯浸泡在专用的变压器油里面，这样的好处是既可以散热又可以使线圈与空气隔绝防止空气中的湿气对变压器的磁芯造成腐蚀，同时还可以起到一定的灭弧作用，能够解决变压器大容量散热问题和高电压绝缘问题。由于变压器油绝缘性能好、导热性能好，且价格低廉，油浸式变压器相对于同等规格的干式变压器价格有一定优势。当然，油浸式变压器也有下列缺点。

（1）变压器油具有可燃性，当遇到火焰时可能会燃烧、爆炸；

（2）变压器油对人体有害；

（3）变压器油需定期检查；

（4）油浸式变压器抗短路能力差；

（5）油浸式变压器密封性能不良且易老化，在运行场所渗漏油严重，影响设备安全运行，同时影响环境；

（6）油浸式变压器绝缘等级低，按 A 级绝缘设计、制造。

（三）变压器的选择

进行变压器选型时主要应考虑设备的安全性，根据地方规则和权威机构意见选择合适的设备；还需从经济上考虑，综合比较价格、使用和维护成本等因素；并且，由于某种变压器在某些环境中特别适宜使用，使用环境的影响也不可或缺。

除以上因素外，选择最佳容量的变压器非常关键。选用过大容量的变压器将导致过大的投资和不必要的空载损耗；但是，选用容量过小的变压器将会使满负荷时效率降低（最高效率出现在满负荷的（50% ~ 70%），因此不能获得最佳负荷的效果。

变压器长期过负荷，将会造成变压器绕组的绝缘过早老化，最极端的情况是导致绝缘故障和变压器损坏，而对于电气装置而言，变压器的升温会引起保护继电器动作将其控制的断路器跳闸。因此，为了选择变压器的最佳容量（kVA），必须考虑下列因素。

（1）列出用电设备的安装功率；

（2）确定每个单项负荷的利用（需要）系数；

（3）确定装置的负荷循环周期，记下负荷和过负荷的持续时间；

（4）设置功率因数补偿装置；

（5）减少在基准电价上的罚款费用；

（6）减少申报的负荷数：S（kVA）$=P$（kW）$/\cos\phi$；

（7）在现有的变压器标准额定容量范围中选择变压器，要考虑装置将来扩建的所有可能性，确保变压器有冷却装置。

10kV 的干式变压器和油浸式变压器选型主要技术参数如表 7-1、表 7-2 所示。

三、工厂变配电所的任务和类型

（一）变配电所的任务

变电所担负着从电力系统受电，经过变压，然后配电的任务。配电所担负着从电力系统受电，然后直接配电的任务。显然，工厂变配电所是工厂供电系统的枢纽，在工厂里占有非常重要的地位。

（二）变配电所的类型

工厂变电所分总降压变电所和车间变电所。一般中小型工厂不设总降压变电所。

车间变电所按其变压器安装地点来分，有下列型式。

（1）车间附设变电所　变压器室的一面墙或几面墙与车间的墙共用，变压器室的大门朝车间外开。如果按变压器室位于车间的墙内还是墙外，还可进一步分为内附式和外附式。

（2）车间内变电所　变压器室位于车间内的单独房间内，变压器室的大门朝车间内开。

（3）露天变电所　变压器装在室外抬高的地面上。如果变压器的上方设有顶板或挑檐则称为半露天变电所。

（4）独立变电所　整个变电所设在与车间建筑物有一定距离的单独建筑物内。

（5）杆上变电台　变压器装在室外的电杆上面。

（6）地下变电所　整个变电所装设在地下的设施内。

变电所类型如图 7-5 所示。

表 7-1　　10kV 干式变压器选型主要技术参数

额定容量/kVA	电压组合			联结组标号	损耗/W		空载电流/%	阻抗电压/%	主机质量/kg	外形尺寸/mm 无防护外罩			外形尺寸/mm 有防护外罩			电流/A		本体轨距/mm
	高压/kV	分接范围	低压/kV		空载	负载 120℃				长(a)	宽(b)	高(c)	长(a)	宽(b)	高(c)	高压/kV	低压/kV	横向(d1)×纵向(d2)
30					190	710	2.4		250	700	350	620	1100	750	1020	1.73	43.30	300×300
50					270	1000	2.4		295	710	350	635	1110	750	1030	2.89	72.20	300×300
80					370	1380	1.8		430	860	730	780	1260	1130	1150	4.62	115.50	400×680
100					400	1570	1.8		520	940	710	795	1340	850	1200	5.77	144.30	400×680
125	6				470	1850	1.6		670	1000	710	860	1340	880	1270	7.22	180.50	400×680
160					550	2130	1.6	4	840	1080	710	1020	1380	1010	1420	9.24	230.90	550×660
200	6.3				630	2530	1.4		960	1100	710	1060	1400	1010	1450	11.55	288.70	550×660
250					720	2760	1.4		1120	1150	710	1100	1450	1010	1490	14.43	360.80	660×710
315					880	3470	1.2		1230	1150	770	1125	1550	1210	1520	18.19	454.70	660×820
400	10	±5%（±2×2.5%）	0.4	Yyn0 或 Dyn11	980	3990	1.2		1485	1190	870	1175	1590	1270	1570	23.10	557.40	660×820
500					1160	4880	1.2		1580	1230	870	1265	1630	1270	1660	28.87	721.70	660×820
630					1360	5880	1.0		1840	1465	870	1245	1770	1270	1635	36.37	909.30	660×820
630	10.5				1300	5960	1.0		1840	1465	870	1245	1770	1270	1635	36.37	909.30	820×820
800					1520	6960	1.0		2135	1420	870	1395	1820	1370	1790	46.19	1154.70	820×820
1000	11				1770	8130	1.0		2500	1460	870	1420	1860	1370	1820	57.74	1443.40	820×920
1250					2090	9690	1.0	6	2970	1580	970	1485	1980	1370	1870	72.17	1804.20	820×920
1600					2450	11730	1.0		3900	1640	1120	1715	2040	1520	2110	92.40	2309.40	820×1070
2000					3320	14450	0.8		4225	1780	1120	1710	2180	1570	2110	115.50	2886.80	1070×1070
2500					4000	17170	0.8		4700	1850	1120	1770	2250	1570	2170	144.30	3608.40	1070×1070

表 7-2　　10kV 油浸式变压器选型主要技术参数

额定容量/kVA	电压组合			联结组标号	损耗/W		空载电流/%	阻抗电压/%	质量/kg			外形尺寸/mm			电流/A		本体轨距/mm
	高压/kV	分接范围	低压/kV		空载	负载			器身重	油重	总重	长（L）	宽（W）	高（H）	高压/kV	低压/kV	横向（M）×纵向（N）
10					80	340	4.0		90	50	175	670	460	820	0.58	14.43	400×400
20					110	460	3.5		105	65	255	710	500	850	1.20	28.90	400×400
30					130	600/6300	2.3		170	72	280	745	530	890	1.73	43.30	400×400
50					170	870/910	2.0		230	85	365	790	560	940	2.89	72.20	400×450
63	6				200	1040/1090	1.9		265	100	425	820	570	950	3.64	90.91	400×450
80					250	1250/1310	1.9	4	300	105	485	850	580	1000	4.62	115.50	400×450
100					290	1500/1580	1.8		340	115	540	900	620	1010	5.77	144.30	400×450
125	6.3	±5%（±2×2.5%）	0.4		340	1800/1890	1.7		380	125	610	880	630	1050	7.22	180.50	400×550
160				Yyn0	400	2200/2310	1.6		440	148	710	950	690	1120	9.24	230.90	550×550
200					480	2600/2730	1.5		525	170	835	990	730	1200	11.55	288.70	550×550
250	10			或	560	3050/3200	1.4		610	200	970	1180	700	1200	14.43	360.80	550×650
315					670	3650/3830	1.4		710	225	1125	1230	760	1250	18.16	454.70	550×650
400				Dyn11	800	4300/4520	1.3		845	245	1310	1260	800	1300	23.10	577.40	550×750
500	10.5				960	5150/5410	1.2		980	285	1530	1400	900	1320	28.87	721.70	660×750
630					1200	6200	1.1		1180	365	1890	1530	940	1350	36.37	909.30	660×750
800					1400	7500	1.0	4.5	1380	405	2185	1580	1000	1420	46.19	1154.70	660×850
1000	11				1700	10300	1.0		1520	460	2480	1770	1180	1450	57.74	1443.40	820×850
1250					1950	12000	0.9		1840	550	3020	1920	1290	1430	72.17	1804.20	820×850
1600					2400	14500	0.8		2180	640	3550	1990	1340	1620	92.40	2309.40	820×900
2000					3000	17100	0.7		2650	885	4530	1950	1680	2100	115.20	2886.80	820×900
2500					3300	23200	0.7		3050	1005	5030	2020	1710	2100	144.30	3608.40	820×950

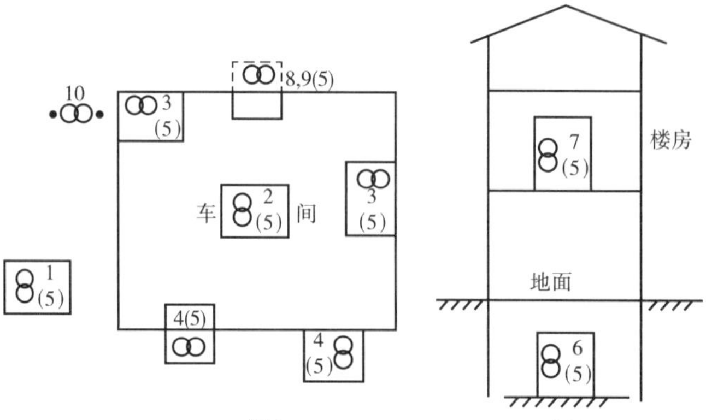

图 7-5 变电所类型

（1）与车间的关系（2）在楼中的位置

1—独立式 2—车间内式 3—内附式 4—外附式 5—组合式（箱式）

6—地下式 7—楼下式 8，9—露天式（或半露天式） 10—杆上式

以上所述的车间附设变电所、车间内变电所、独立变电所及地下变电所，统称为室内型变电所；而露天、半露天变电所和杆上变电所，统称为室外型变电所。

在负荷大而集中、设备布置比较稳定的大型生产厂房内，可以考虑采用车间内变电所的形式。这种车间内变电所，位于车间的负荷中心，可降低电能损耗和有色金属消耗量，并能减小线路的电压损耗，容易保证电压质量，因此这种变电所的技术经济指标比较好。但是这种变电所建在厂房内部，要占一定生产面积，所以对一些生产面积比较紧凑和生产流程要经常调整的车间不太适合。而且变压器室门朝车间内开，对生产的安全也有一定威胁。车间负载示意图如图 7-6 所示。

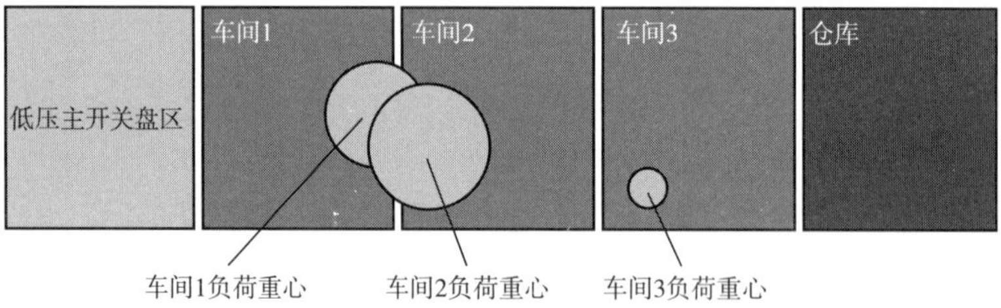

图 7-6 车间负载示意图

对生产面积较紧张和生产流程要经常调整的车间，宜采用附设变电所的型式。至于是采用内附式还是外附式，要依具体情况而定。内附式要占一定的生产面积，但它离负荷中心比外附式近，从建筑艺术来看，内附式一般比外附式好。外附式不占或少占生产面积，而且变压器装设在车间的墙外，比较起来更安全一些。因此内附式和外附式各有所长。这两种型式在机械类工厂中比较普遍。

露天和半露天变电所的型式比较简单经济，通风条件好，因此只要周围环境条件正常就可以采用。这种型式变电所在小厂中较为常见。但这种型式的变电所安全可靠性较差，不能在靠近易燃、易爆的厂房附近及大气中含有损伤电气设备的腐蚀性物质的场所采用。

独立变电所的型式建筑费用较高，因此除非各车间的负荷相当小而分散，或在需远离易燃、易爆和有腐蚀性物质的场所可以采用外，其他情况都不宜采用。

杆上变电台的型式最为简单经济。一般用于容量在 315kVA 及以下的变压器，而且多用于生活区供电。

地下变电所由于其全部装置设在地面以下，因此散热条件较差，温度较大，建筑费用很高；但相当安全，且不碍观瞻。这种变电所在国外比较多见，目前在国内较少。

工厂的高压配电所尽可能与邻近的车间变电所合建，以节约建筑费用，其型式都是室内型的。

变压器安装示意图如图 7-7、图 7-8 所示。

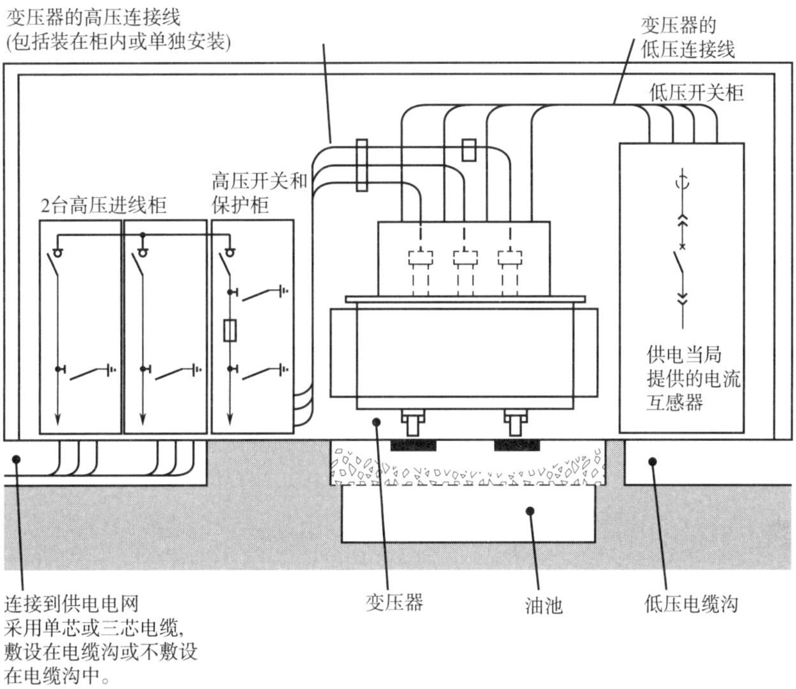

图 7-7　变压器安装示意图正面

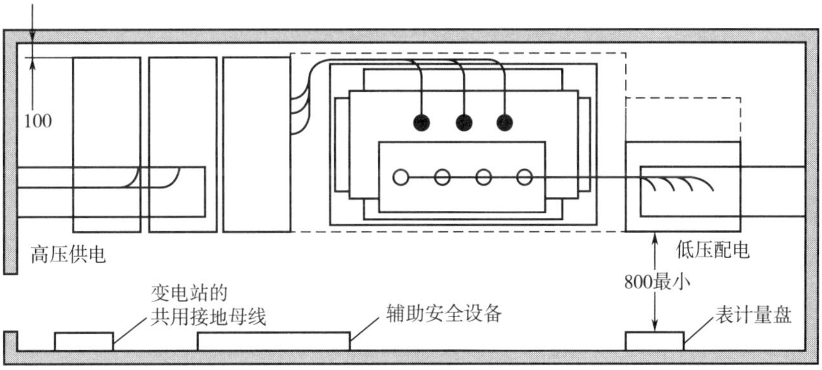

图 7-8　变压器安装示意图背面

四、低压配电

（一）低压配电的方式

根据制粉工厂的规模不同，用电点的数量不同，低压配电的方式有集中和分散两种方式，如图 7-9、图 7-10 所示。集中配电方式布置时，用电负荷采用放射式连接到供电电源。电缆适于集中布置，逐点将用电设备或分配电盘用电缆连接到低压主开关盘。分散配电方式布置时，用电设备采用母线连接到供电电源。母线槽系统适于分散布置，向很多分散的负荷供电，接线容易修改、移动、增减。

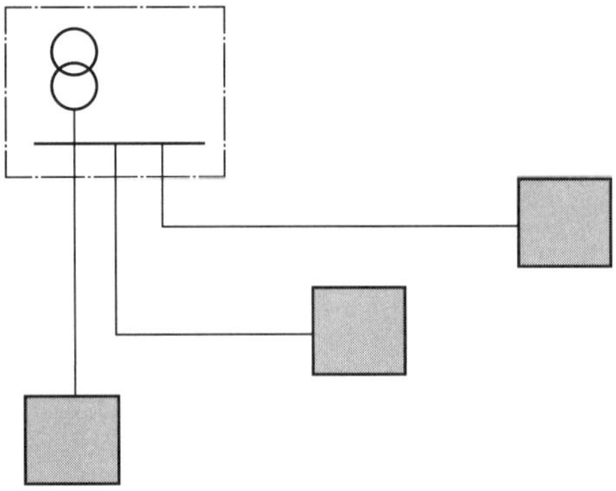

图 7-9　集中配电方式布置

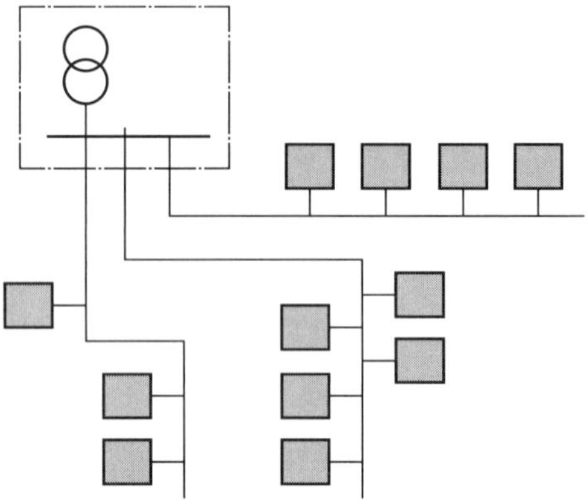

图 7-10　分散配电方式布置

（二）低压配电的设备

低压配电设备按用途可以分为配电电器、保护电器、控制电器、主令电器和执行电器，它们的主要功能如下。

（1）控制电器　用于各种控制电路和控制系统的电器。如接触器、各种控制继电器、控制器、起动器等。

（2）主令电器　用于自动控制系统中发送控制指令的电器。如控制按钮、主令开关、行程开关、万能转换开关等。

（3）保护电器　用于保护电路及用电设备的电器。如熔断器、热继电器、各种保护继电器、避雷器等。

（4）配电电器　用于电能的输送和分配的电器。如低压断路器、隔离开关、刀开关、自动开关等。

（5）执行电器　指用于完成某种动作或传动功能的电器。如电磁铁、电磁离合器等。

（三）低压配电柜

低压配电柜是电源进线分成若干单独回路的分界点，每个回路由开关柜的断路器或开关设备控制和保护。一台配电柜分成若干个功能单元，每个单元由完全满足给定的功能所需的全部电气的和机械的元件组成。因此，配电柜的型式必须要完全适合应用的要求。它的设计和结构必须符合适用的标准和规范。配电柜的外壳要有双重防护功能，即对于开关设备、显示仪器、继电器、断路器等的机械冲击、振动和其他外部影响有可能干扰运行的完整性（电磁干扰、尘埃、潮湿、害虫等）进行防护，同时对于人身直接和间接接触可能的电击进行防护。

低压配电柜的基本型式包括低压总开关柜（MLVS）、电动机控制中心（MCC）、分配电柜和终端配电盘。低压配电柜及配电盘如图 7-11 所示。

（1）　（2）　（3）　（4）

图 7-11　低压配电柜及配电盘

（1）低压总开关柜（2）电动机控制中心（3）分配电柜（4）终端配电盘

用于具体用途的配电柜可以装在低压总开关柜旁，也可靠近相关的用电负荷进行安装。分配电柜和终端配电盘一般分布在车间现场的不同区域。配电柜的分配和平面布置如图 7-12、图 7-13 所示。

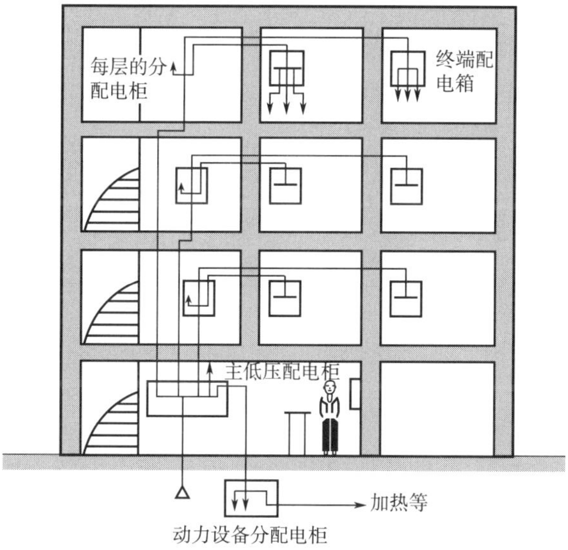

图 7-12　配电柜分配图

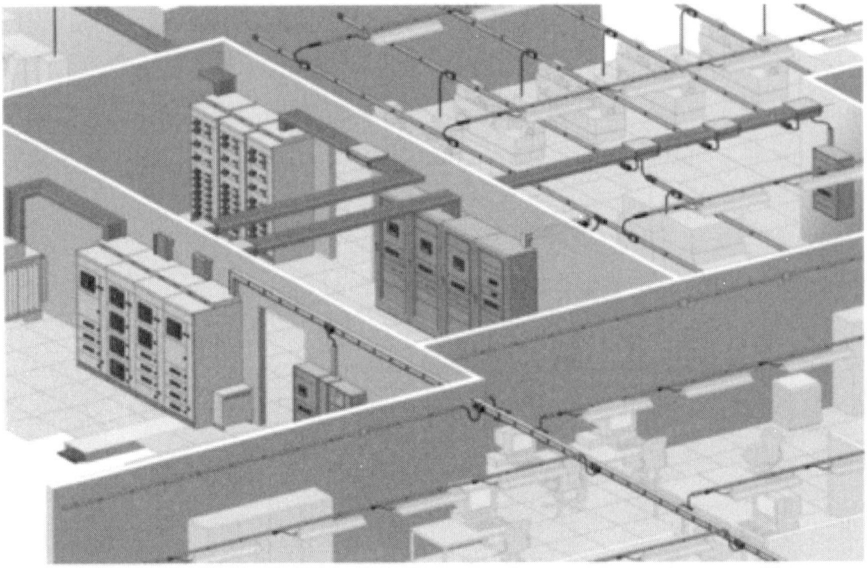

图 7-13 配电柜的平面布置

五、低压电缆

（一）低压电缆的种类

常用的电力电缆按其绝缘和护套层的不同，主要有以下几类。

(1) 油浸纸绝缘铅包（或铝包）电力电缆 如 ZQ02 型、ZLL32 型。

(2) 不滴流油浸纸绝缘电力电缆 如 ZQD 型、ZLQD12 型。

(3) 聚氯乙烯绝缘聚氯乙烯护套电力电缆 如 VV 型、VLV 型。

(4) 交联聚氯乙烯绝缘聚乙烯护套电力电缆 如 YJY 型、YJLY 型。

(5) 交联聚乙烯绝缘聚氯乙烯护套电力电缆 如 YJV 型、YJLV22 型。

(6) 橡皮绝缘电力电缆 如 XLV 型、XQZ 型。

按电缆的用途可以分为耐火电缆、阻燃电缆、屏蔽电缆和变频电机电缆。

按线芯可以分为单芯电缆和多芯电缆。

单芯电缆的结构组成如图 7-14 所示，多芯电缆的结构组成如图 7-15 所示。

（二）电缆的载流量

电缆载流量是指一条电缆线路在输送电能时所通过的电流量，在热稳定条件下，当电缆导体达到长期允许工作温度时的电缆载流量称为电缆长期允许载流量。

电缆的载流量值，采取如下参考环境温度且单根敷设时的测量值。

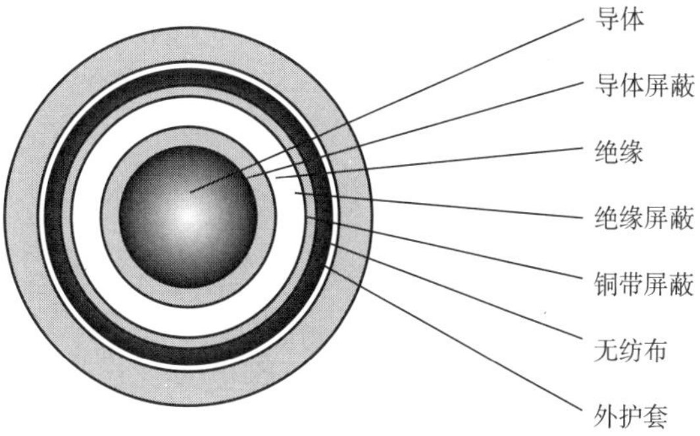

图 7-14　单芯电缆的结构组成

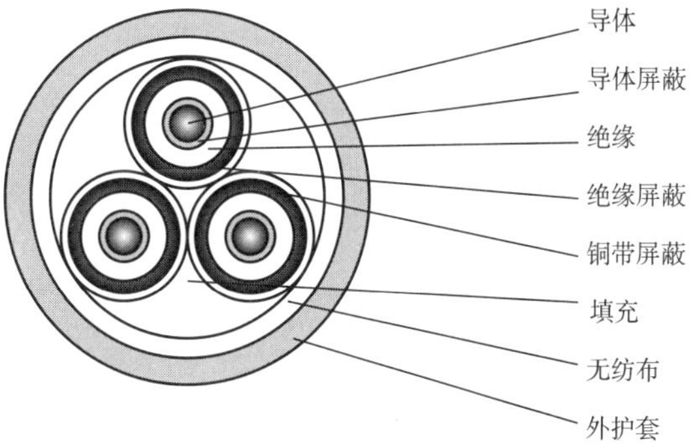

图 7-15　多芯电缆的结构组成

对于空气中的电缆，不论其敷设方式：30℃；

对于埋设的电缆，不论是直埋在土壤中或是在地中导管内：20℃。

正常运行时任何导体电流持续期间承载的电流必须使相应的温度限值不被超过，如表 7-3 所示。

表 7-3　　电缆绝缘层温度限值

绝缘类型	温度限值/ ℃
聚氯乙烯（PVC）	70，导体
交联聚乙烯（XLPE） 和乙烯-丙烯复合膏（EPR）	90，导体
矿物（PVC 护套或紧靠的裸电缆）	70，护套
矿物（不紧靠的裸电缆）	105

因为在实际电缆敷设时，土壤的有效热阻不同、环境温度不同、多根成组敷设都会影响电缆的载流量，所以在电缆选择时要对电缆提供的标准载流量进行修正后选择能满足要求载流量的电缆。可参考表 7-4～表 7-6。

表 7-4　　YJV 电力电缆载流量

标称截面面积/mm^2	非铠装						铠装					
	在空气中			在地下			在空气中			在地下		
	一芯	二芯	三芯	一芯	二芯	三芯	一芯	二芯	三芯	一芯	二芯	三芯
	铜	铜	铜	铜	铜	铜	铜	铜	铜	铜	铜	铜
1.5	31	26	22	44	35	28	—	—	—	—	—	—
2.5	41	36	30	59	45	38	—	—	—	—	—	—
4	58	46	40	78	60	50	—	46	40	—	57	48
6	72	60	50	96	74	63	—	60	51	—	71	60
10	102	85	72	134	102	74	105	85	72	129	98	83
16	136	114	97	177	134	102	142	116	98	168	130	111
25	183	150	131	230	170	134	183	156	130	225	160	131
35	224	150	156	279	210	170	224	183	156	271	189	162
50	285	183	197	339	257	210	285	230	197	332	231	204
70	339	230	244	397	312	257	353	277	245	392	281	249
95	421	278	298	472	358	312	428	307	298	464	355	293
120	489	305	346	532	410	358	495	355	345	524	400	355
150	570	416	401	607	454	410	569	408	400	608	438	382
185	664	474	461	678	512	454	651	471	457	662	502	427
240	745	—	549	760	—	512	768	—	542	764	—	494
300	902	—	611	896	—	—	896	—	610	882	—	569
400	995	—	678	990	—	—	991	—	670	987	—	638
500	1135	—	—	1089	—	—	1130	—	—	1022	—	—
630	1352	—	—	1257	—	—	1350	—	—	1239	—	—
800	1637	—	—	1465	—	—	1633	—	—	1440	—	—

表 7-5　VV22 电力电缆载流量

型号及芯数	标称截面面积/mm^2	参考外径/mm	载流量推荐值/A				成品参考质量/（kg/km）	
			空气中敷设		埋地敷设			
			铜芯	铝芯	铜芯	铝芯	铜芯	铝芯
VV22、VLV22单芯	10	13	76	59	97	75	314	250
	16	14	101	78	127	99	389	287
	25	15.7	132	103	166	129	527	366
	35	16.9	161	125	202	156	648	426
	50	18.7	191	148	240	186	813	511
	70	20.5	242	187	302	232	1050	612
	95	22.7	298	231	361	280	1371	765
	120	24.4	347	270	415	323	1638	873
	150	26.4	395	306	508	362	1959	1019
	185	28.7	459	356	530	412	2395	1215
	240	31.9	554	429	623	483	3333	1783
	300	36.2	637	493	708	548	4091	2145
	400	39.7	750	582	814	632	4972	2573
	500	—	843	655	862	670	—	—
	630	—	978	765	1001	776	—	—
VV22	2×4.0	16.3	34	27	41	33	388	338
	2×6.0	17.3	43	34	53	42	454	379
	2×10	20.0	58	45	70	54	589	459
	2×16	22.0	77	60	92	71	748	543
	2×25	25.5	104	81	122	95	1029	704
	2×35	27.8	129	100	149	116	1276	825
	2×50	26.5	146	113	171	133	1487	871
	2×70	30.3	188	144	214	165	2178	1315
	2×95	34.2	237	184	267	207	2800	1626
	2×120	36.5	274	213	306	238	3365	1869
	2×150	40.0	316	245	346	268	4059	2209
	2×185	43.8	368	286	394	306	4984	2610

表 7-6 铜母排不同规格不同放置方式时的载流量

	放置方式		铜排（宽x厚）																		
			15×3	20×3	25×3	30×4	40×4	40×5	50×5	50×6	60×6	60×8	60×10	80×6	80×8	80×10	100×6	100×8	100×10	120×8	120×10
载流量/A	开启排放	平放	162	212	264	368	485	540	660	740	873	1018	1140	1115	1270	1430	1356	1565	1735	1860	1980
		竖放	171	275	285	335	510	580	705	775	920	1070	1195	1205	1370	1540	1475	1685	1870	1955	2170
	封闭		130	175	215	300	400	440	540	605	718	837	935	915	1040	1170	1120	1280	1420	1485	1626

（三）低压电缆选择

为了做到供电上的安全、可靠、经济和技术合理，低压电缆导线截面应按下列原则确定：

（1）按长时允许负荷电流选择导线截面　使导线在最大负荷下长时工作而不过热，即不超过其长时允许温度。

（2）按允许电压损失选择导线截面　使受电端有足够的电压以保证供电质量。

（3）按经济电流密度选择导线截面　使输电线路的年运行费用最低，达到经济供电的目的。

（4）按机械强度选择导线截面　避免在运行或安装过程中断线，或因受砸压而损坏，以保证供电的安全运行。

（5）按短路时的热稳定条件选择导线截面　使导线通过短路电流时不致超过其短时允许温度。

除以上几点外，对于负荷电流大、线路长的干线电缆，其电压损失是主要矛盾，因此应按正常工作时的允许电压损失初选其截面。而对于经常移动的橡套电缆支线，应按机械强度初选其截面。对于电流虽然较大，但是线路较短，又不经常移动的电缆，应按长时允许负荷电流初选其截面。

初选出的电缆截面还应按其他条件进行校验。在校验时由于低压电网短路电流较小，保护装置一般又为瞬时动作，所以短路时的热稳定性一般均满足要求，可不必考虑。

但是当采用熔断器保护时，熔体的额定电流应与电缆截面相配合，否则会使电缆过热。对于干线电缆，不必校验机械强度。低压电缆一般不按经济电流密度选择截面。因为低压线路短、年利用小时数较小，对供电经济影响不大。

第二节
设备控制与保护

小麦制粉厂设备种类多，根据工艺的要求、设备控制要求，设备控制与保护方式多样。满足设备及工艺要求的控制和保护是保证设备安全可靠运行的必要条件，也是小麦粉生产线连续安全运转的重要环节。

小麦粉生产线的设备驱动 95%以上是采用三相异步电动机。此种电机具有既标准化、耐用、易于操作及维护，又有较好成本效益的特点。

三相异步电机的同步速度与电源频率成正比，与定子的对数成反比。

$$N_s = 60f/p \tag{7-1}$$

式中　N_s——同步速度，r/min；

f——频率，Hz；

p——磁极对数。

所以，控制交流电动机的转速有两种方法：改变磁极法和变频法，以往多用第一种方法，现在则利用变频技术实现对交流电动机的无级变速控制。基于磁极数和电流频率的同步速度如表 7-7 所示。

表 7-7　基于磁极数和电流频率的同步速度　单位：r/min

磁极数	旋转速度		
	50Hz	60Hz	100Hz
2	3000	3600	6000
4	1500	1800	3000
6	1000	1200	2000
8	750	900	1500
10	600	720	1200
12	500	600	1000
16	375	540	750

除改变转速外，还能对三相交流电动机的旋转方向进行调整：旋转磁场的旋转方向与绕组中电流的相序有关。相序 A、B、C 顺时针排列，磁场顺时针方向旋转，若把三根电源线中的任意两根对调，例如将 B 相电流通入 C 相绕组中，C 相电流通入 B 相绕组中，则相序变为：C、B、A，则磁场必然逆时针方向旋转。利用这一特性可以很方便地改变三相电动机的旋转方向。

在启动电机的时候，电源会产生一个较大的尖峰电流，这个电流会导致压降，影响负载运行。这种压降可能给照明设备带来比较明显的影响。为了消除这种效应，功率超过一定范围的电机禁止直接启动。在选择启动系统的时候，需要考虑到电气、机械需求以及经济效益问题，同时也要兼顾驱动的负载。

一、直接启动控制

直接启动是电机最简单的启动模式，定子直接连接到电源。电机按照自己的特性启动。在电机通电后，其工作与变压器二次侧类似，其中副边由短路的超低电阻转子笼形成。在转子中有一个较高的感应电流，这个电流会导致电源内的电流达到峰值。直接启动如图 7-16 所示。

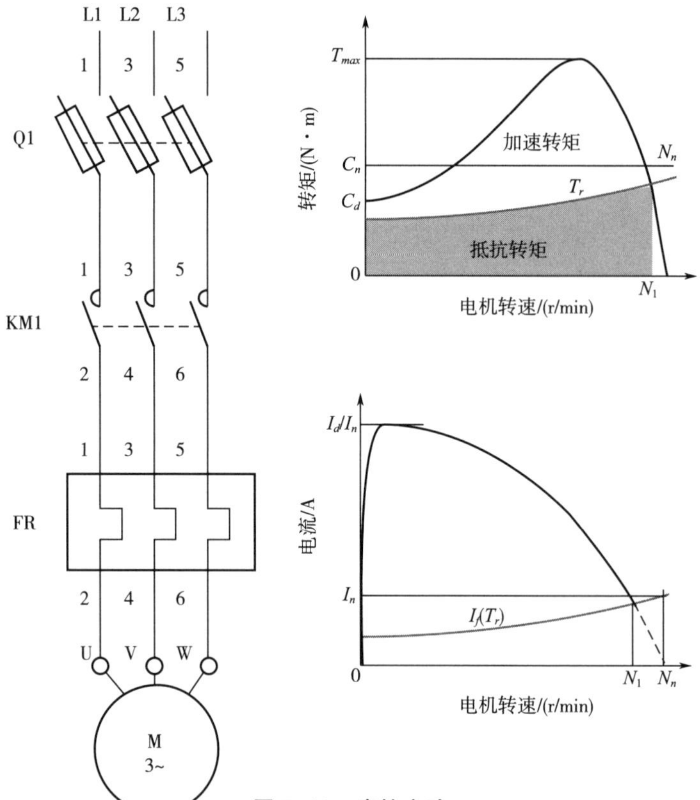

图 7-16　直接启动

注：I_d——实际运行电流；I_n——额定电流；T_r——抵抗转矩；I_f——达到额定转矩时的电流；N_n——额定转速；N_1——实际输出转矩与抵抗转矩相等时的转速；C_n——额定转矩；C_d——实际输出转矩。

启动时的电流=5~8 倍的额定电流；

平均启动转矩=0.5~1.5 倍的额定力矩 T。

小麦制粉厂如没有特殊要求的设备，功率小于 18.5kW 都可以采用直接启动的控制和保护方式。虽然直接启动有一些优势（设备简单，启动转矩高，启动快速，成本低），但是只适于以下场合。

（1）与电源相比，电机的功率较低，从而可以限制浪涌电流产生的干扰。

（2）要驱动的机器不需要逐步加速，或者有一个减振设备限制启动时的振动。要求立即达到额定转速。

（3）启动转矩可能比较高，不会影响机器运转或者被驱动的负载。

二、星-三角启动控制和保护

星-三角启动系统只能用于三个定子绕组末端都安装到端子排的电机。另外，必须完成绕组设置，以便三角连接与电源电压相匹配：比如 380V 的三相电源需要使用带 380V 三角和 660V 星形线圈的电机。星-三角启动如图 7-17 所示。

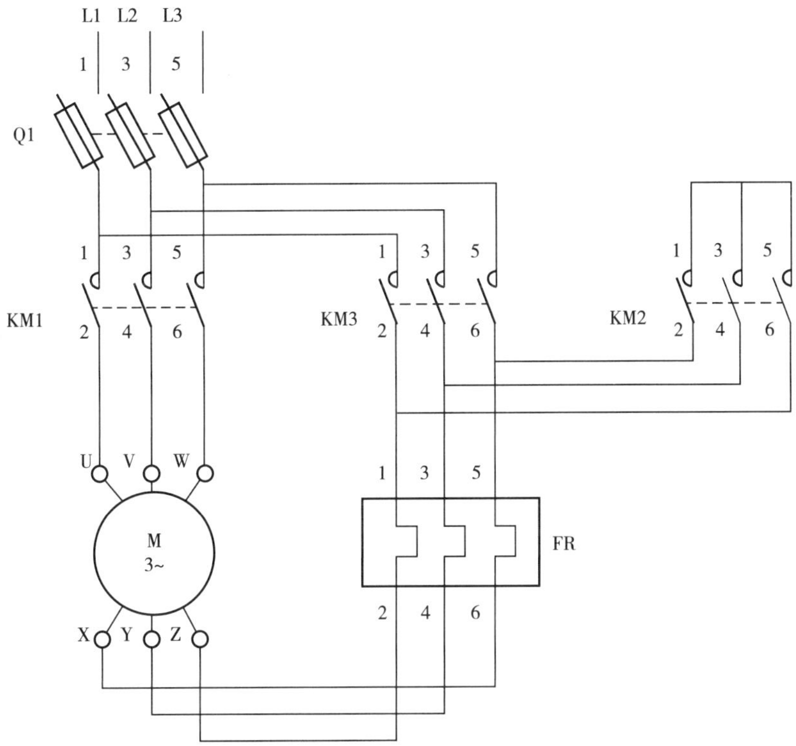

图 7-17　星-三角启动

这种启动系统的原理就是连接电源电压的星形绕组，将电机的额定星形电压均分到交流三相，电源电压 380V = 660V/$\sqrt{3}$。

启动电流峰值（SC）除以 3：

SC = 1.5~2.6 RC（RC 为额定电流）。

星形连接的 380V/660V 电机在 660V 的额定电压下吸收的电流小于 380V 下三角连接的$\sqrt{3}$倍。在 380V 的星形连接下，电流再次除以$\sqrt{3}$也就是总共除以 3。因为启动转矩（ST）与电源电压的平方成正比，所以也除以 3：

ST = 0.2~0.5 RT（RT 为额定转矩）。

当电机和抵抗转矩彼此相抵，电机速度会稳定下来，通常为额定速度的 75%~85%。

接下来绕组为三角连接，电机恢复自身的特性。从星形连接到三角连接的变化由一个定时器控制。在星形接触器断开30~50ms以后，三角接触器会闭合，防止相间短路（因为两个接触器不能同时闭合）。

在星形接触器断开以后，流过绕组的电流中断，在三角接触器闭合以后，绕组电流恢复。在转换到三角连接的过程中，因为电机会产生补偿性点动力，所以会产生一个较强的瞬态峰值电流。

星-三角启动适于负载转矩较低或者无负载启动的机器。例如：在制粉生产线中的磨粉机、高压风机（在启动时风门关闭）等均可采用星-三角启动控制和保护。

三、自耦降压启动控制和保护

电机在较低的电压下由一个自耦变压器驱动，在启动结束后，该自耦变压器会被旁路断开。自耦降压启动过程分为如下三步。

（1）自耦变压器为星形连接，接卜来电机会通过自动变压绕组的一部分连接到电源。该过程的运行电压较低，取决于自耦系数。自耦变压器通常采用抽头连接的方式，以便用户选择合适的自耦系数，进而确定最合适的电压值。

（2）在达到全压之前，会打开星形连接。线圈的一部分连接到电源，进而用作与电机串联的电感。在第一阶段结束速度达到平衡时会开始这种操作。

（3）第二阶段一般只持续不到一秒钟，然后实现全压连接。与电机串联的自耦变压器绕组片会被短路，自耦变压器被关闭。

电流和启动转矩按照同样的比例变化。得到的数值为：

SC=1.7~4RC（RC为额定电流）；

ST=0.5~0.85 RT（RT额定转矩）。

自耦降压启动过程中不会中断电机电流，因而不会出现断流所导致的短时停滞现象。不过，如果没有采取足够的保护措施，那么在全压连接时仍然可能出现类似的瞬态现象，这是因为在打开星形连接以后，与电机串联的电感比电机电感高，这样一来就会产生大幅度的压降，从而导致在全压连接时出现较高的瞬态峰值电流。

这种启动方式通常用于功率超过150kW的低压电机。因为自耦变压器的成本较高，所以会导致设备价格比较昂贵。自耦降压启动如图7-18所示。

四、正反转启动控制和保护

这种控制方式是采用两个接触器改变电机供电电源的相序，从而改变电机的旋转方向，通常是V相不变，将U相与W相对调，为了保证两个接触器动作时能够可靠调换电动机的相序，接线时应使接触器的上口接线保持一致，在接触器的下口调相。由于将两相相序对调，故须确保两个KM线圈不能同时得电。在工业生产中通常应用

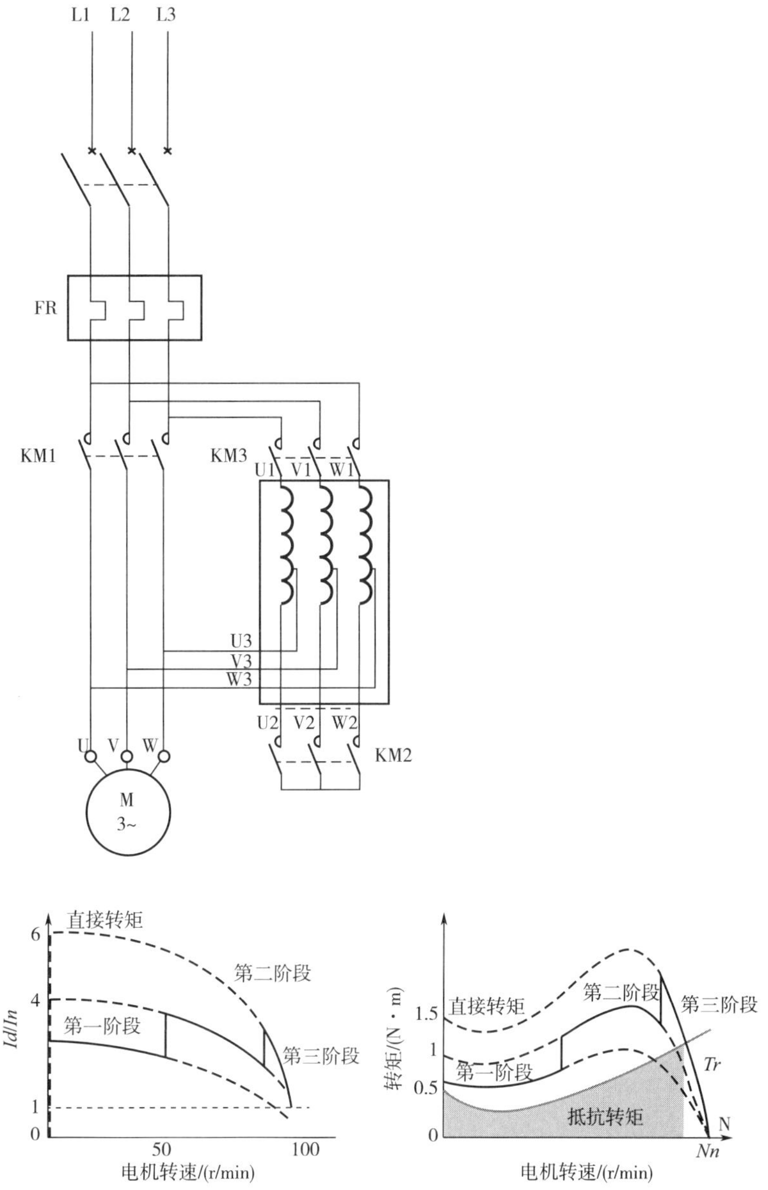

图 7-18　自耦降压启动

注：I_d/I_n——启动电流与额定电流比值；T_r——抵抗转矩；N_n——额定转速。

于电动闸门、锤片式粉碎机等设备的电机启动控制。正反转启动控制和保护如图 7-19 所示。

五、软启动器启动控制和保护

软启动器是一种集电机软启动、软停车、轻载节能和多种保护功能于一体的电机控

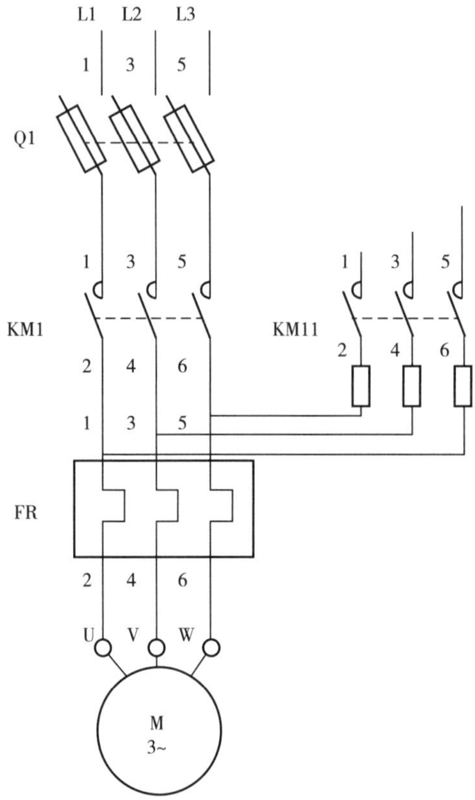

图 7-19　正反转启动控制和保护

制装置。不仅可实现在整个启动过程中无冲击而平滑的启动电机，而且可根据电动机负载的特性来调节启动过程中的参数，如限流值、调整转矩等。

限流控制功能可以在启动阶段设置一个最大电流（额定电流的 3~4 倍），并降低转矩性能，这种功能尤其适于小麦制粉厂的风机控制。

通过调整转矩来控制，可以在启动过程中优化转矩性能，并降低电源的浪涌电流。这适于恒定转矩的机器。

软启动器可以有以下多种组合方式。

（1）单向操作；

（2）双向操作；

（3）启动完成后元件关闭；

（4）软启和软停多台电动机。

软启动器启动如图 7-20 所示。

软启动器启动方式可以有效而平稳地启动和停止电机。对于制粉车间的高压风机、大功率输送设备（功率大于 30kW），建议采用此控制方式。

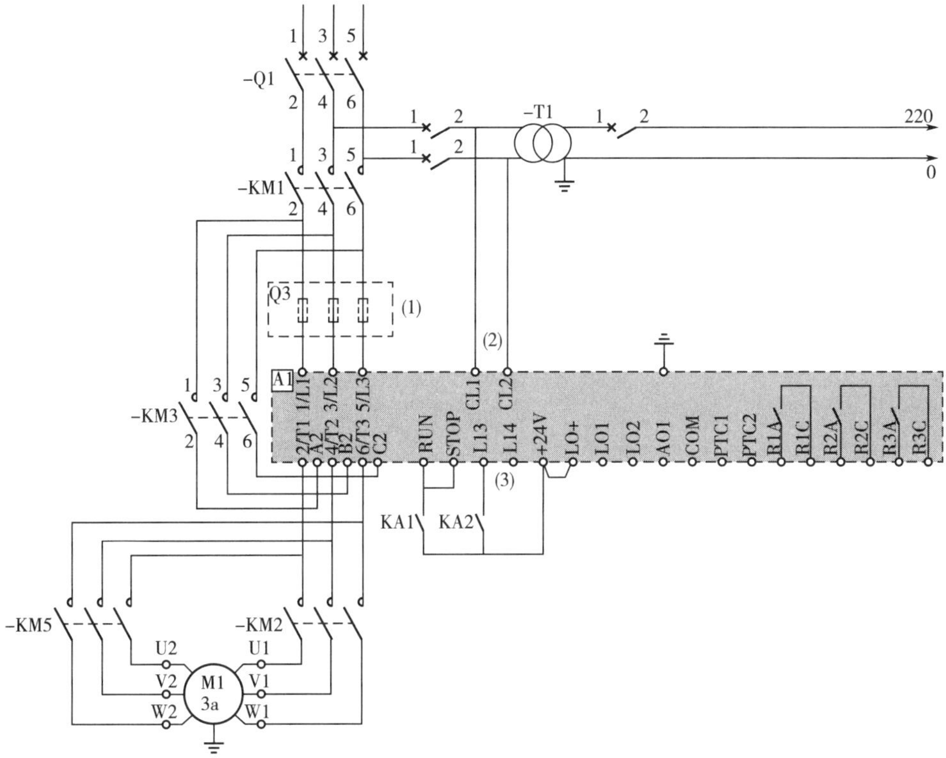

图 7-20 软启动器启动

六、变频器启动控制和保护

把工频交流电（或直流电）变换为电压和频率可变的交流电的电气设备称为变频器。变频器的主要用途是用于交流电动机的调速控制。在必须控制和调整速度的场合，是一种非常有效的启动控制方式。相对于其他电机启动方式，变频启动有以下优点。

（1）平滑软启动，降低启动冲击电流，减少变压器占有量，确保电机安全；

（2）在机械允许的情况下可通过提高变频器的输出频率提高工作速度；

（3）无级调速，调速精度大大提高；

（4）电机正反向无须通过接触器切换；

（5）便于接入通信网络控制，实现生产自动化控制。

变频器控制原理如图 7-21 所示。

在制粉过程中有许多环节需要流量的调整才能保证整个生产过程的物料平衡，变频器调速简单快捷的特点使其应用越来越广泛。如流量秤流量的控制、配料绞龙流量的控制、空压机的无级调速控制、润麦供水的恒压控制等。

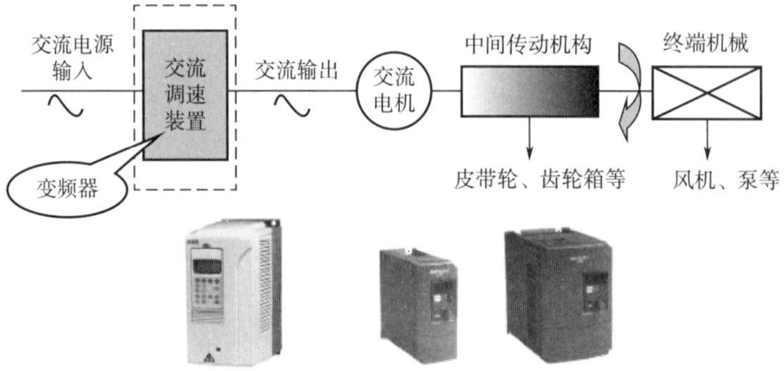

图 7-21　变频器控制原理图

七、设备启动控制和保护元件的选择

（一）自动空气开关的选择

自动空气开关如图 7-22 所示。

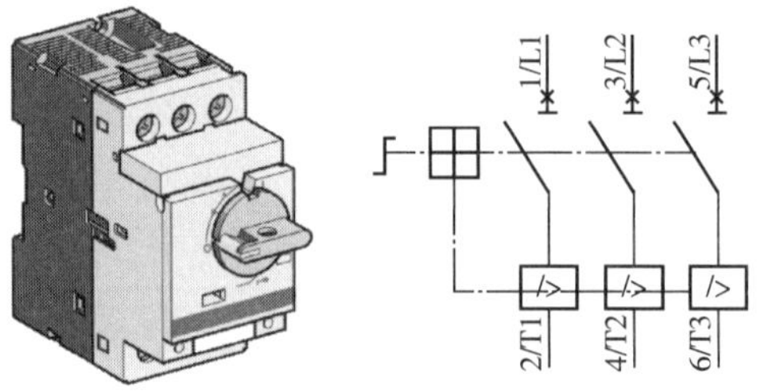

图 7-22　自动空气开关

自动空气开关的额定电压和额定电流应不小于电路的正常工作电压和工作电流。

热脱扣器的整定电流应按所控制的电动机的额定电流或负载额定电流的 1.05～1.1 倍整定。

电磁脱扣器瞬时脱扣整定电流应大于负载电路正常工作时的尖峰电流，对于电动机负载来说，启动电流应按式（7-2）计算：

$$I_Z \geqslant K \tag{7-2}$$

式中　K——安全系数，可取 1.5～1.7；

　　I_Z——电动机的启动电流，A。

（二）交流接触器的选择

交流接触器如图 7-23 所示。

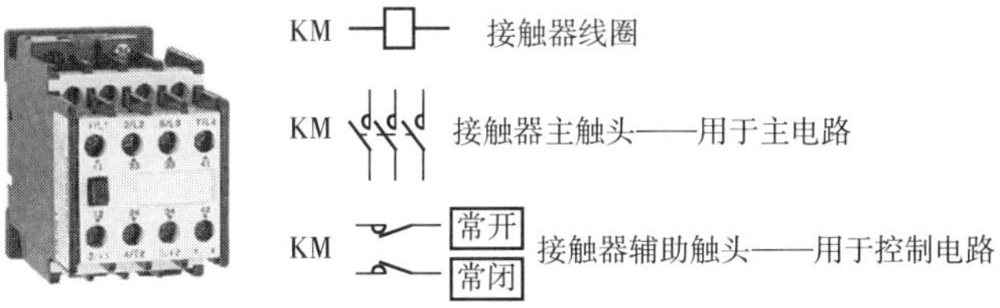

图 7-23　交流接触器

交流接触器的主要参数包括额定电压、额定电流、辅助触点种类、数量及触点额定电流、线圈的频率和额定电压以及额定操作频率等。

（1）接触器的额定电压指在规定条件下，能保证电器正常工作的电压值。指主触头的额定电压。通常使用规格的额定电压包括：127V、220V、380V、500V。

（2）接触器的额定电流指主触头的额定电流，由工作电压、操作频率、使用类别、外壳防护型式、触头寿命等决定。通常使用规格的额定电流包括：5A、10A、20A、40A、60A、100A、150A、250A、400A、630A。

通常交流接触器的额定电流要大于被控对象的额定电流。

$$I_{N.KM}>I_{N.L} \tag{7-3}$$

式中　$I_{N.KM}$——接触器额定电流，A；

$I_{N.L}$——被控对象的额定电流，A。

（3）辅助触点种类、数量及触点额定电流　辅助触头有常开和常闭触点，一般接触器本体带 1NO 和 1NC 触点。辅助触头的额定电流通常为 5A。

（4）线圈的频率和额定电压

①线圈频率：50/60Hz；

②额定电压：36V、110V（127V）、220V、380V。

（5）额定操作频率（次/h）　交流接触器的额定操作频率为 1200 次/h 或 600 次/h。

（三）热继电器的选择

热继电器的主要功能是对电动机和其他电气设备进行过载保护，如图 7-24 所示。它的选用条件主要是热元件的额定电流和热元件整定电流调节范围。应使：

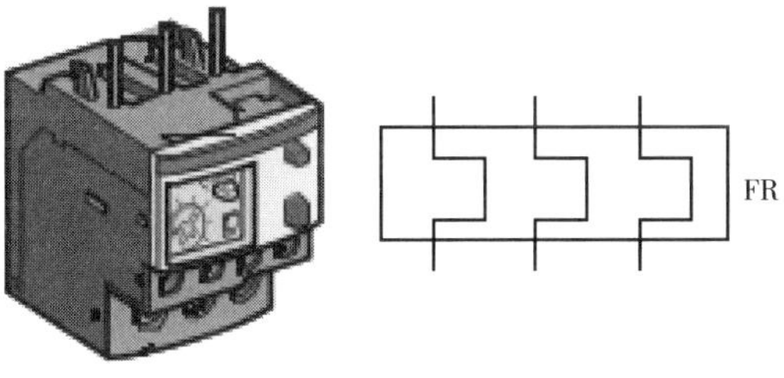

图 7-24　热继电器

$$I_{N.FR} \geqslant I_{N.L} \tag{7-4}$$

式中 $I_{N.FR}$——热元件的额定电流，A；

$I_{N.L}$——负载的额定电流，A。

从结构形式上，热继电器一般多选用三相结构式。对于三角形接法的电动机宜选用带断相保护功能的热继电器。

热继电器的整定电流宜为：$I_{FR.TR} \approx$（1.05～1.1）$I_{N.L}$，$I_{FR.TR}$为热继电器的整定电流值。

（四）时间继电器的选择

时间继电器用来按照所需时间间隔，接通或断开被控制的电路，以协调和控制生产机械的各种动作，因此是按整定时间长短进行动作的控制电器，时间继电器如图 7-25 所示。

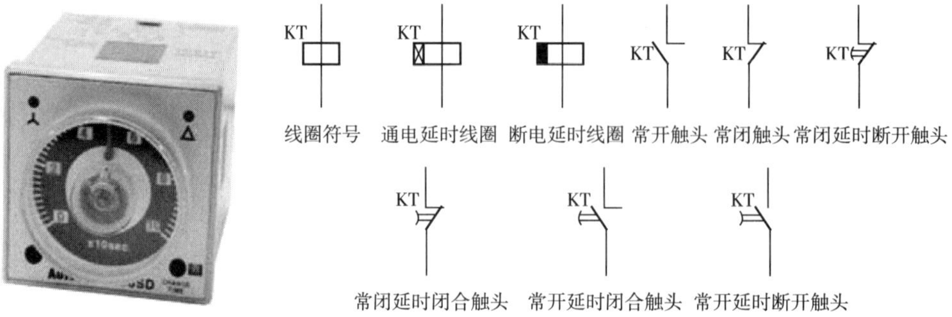

图 7-25　时间继电器

时间继电器的选择有以下几种方式。

按构成原理分为电磁式、电动式、空气阻尼式、晶体管式和数字式等。

按延时方式分为通电延时型、断电延时型。

按时间长短分为秒、分、时、日期型。

（五）变频器的选择

变频器如图 7-26 所示。考虑变频器运行的经济性和安全性，变频器选型保留适当的余量是必要的。要准确选型，必须要把握以下几个原则。

首先要充分了解控制对象性能要求。一般来讲对启动转矩、调速精度、调速范围要求较高的场合需考虑选用矢量变频器，否则选用通用变频器即可。

其次需要了解负载特性，如果通用场合，则需确定变频器是通用型还是矢量型，了解所用电机主要铭牌参数：额定电压、额定电流等。确定负载可能出现的最大电流，以此电流作为待选变频器的额定电流。如果该电流小于适配电机额定电流，则按适配电机选择对应变频器。

以下情况要考虑将变频器的容量放大一挡。

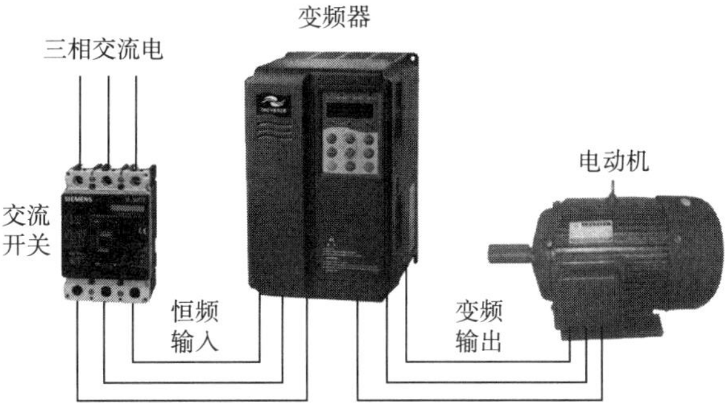

图 7-26　变频器

（1）长期高温大负荷；

（2）异常或故障停机会出现灾难性后果的现场；

（3）目标负载波动大；

（4）现场电网长期偏低而负载接近额定；

（5）绕线电机、同步电机或多极电机（6 极以上）。

（六）软启动器的选择

软启动器的主要特点是具有软启动和软停车功能，启动电流、启动转矩可以调节，保证电动机在负载要求的启动特性下平滑启动，对电网几乎没有什么冲击，在轻载时还能节电。除此而外，软启动器还具有多种保护功能，如限制启动次数和启动时间，过流、过载、过压 、欠压、缺相、接地故障保护等功能。

在实际工业生产中，软启动器能够满足大多数标准负载（泵类负载、压缩机、部分风机类负载等）和重型负载（提升机械、磨粉机、粉碎机等以及一拖多应用）的要求。在选型时主要注意软启动器的额定电流必须要大于负载的额定电流。

对电机可进行下面三种软启动方式。

（1）电流限幅软启动　设置相应的限流倍数，限流倍数选定后，会自适应调整启动时间。

（2）电压斜坡软启动　选择电压斜坡软启动方式，并设置相应的初始电压和启动时间。

（3）脉冲突跳软启动　对于大惯量、高静摩擦力的负载，如满载的运输带、搅拌机等，可依据用户的要求提供此种启动方式。

软启动器的控制接线功能端子如图 7-27 所示。

第三节
自动控制系统

随着现代化小麦粉工业的发展，生产规模不断扩大，工艺流程日趋复杂，实现生产

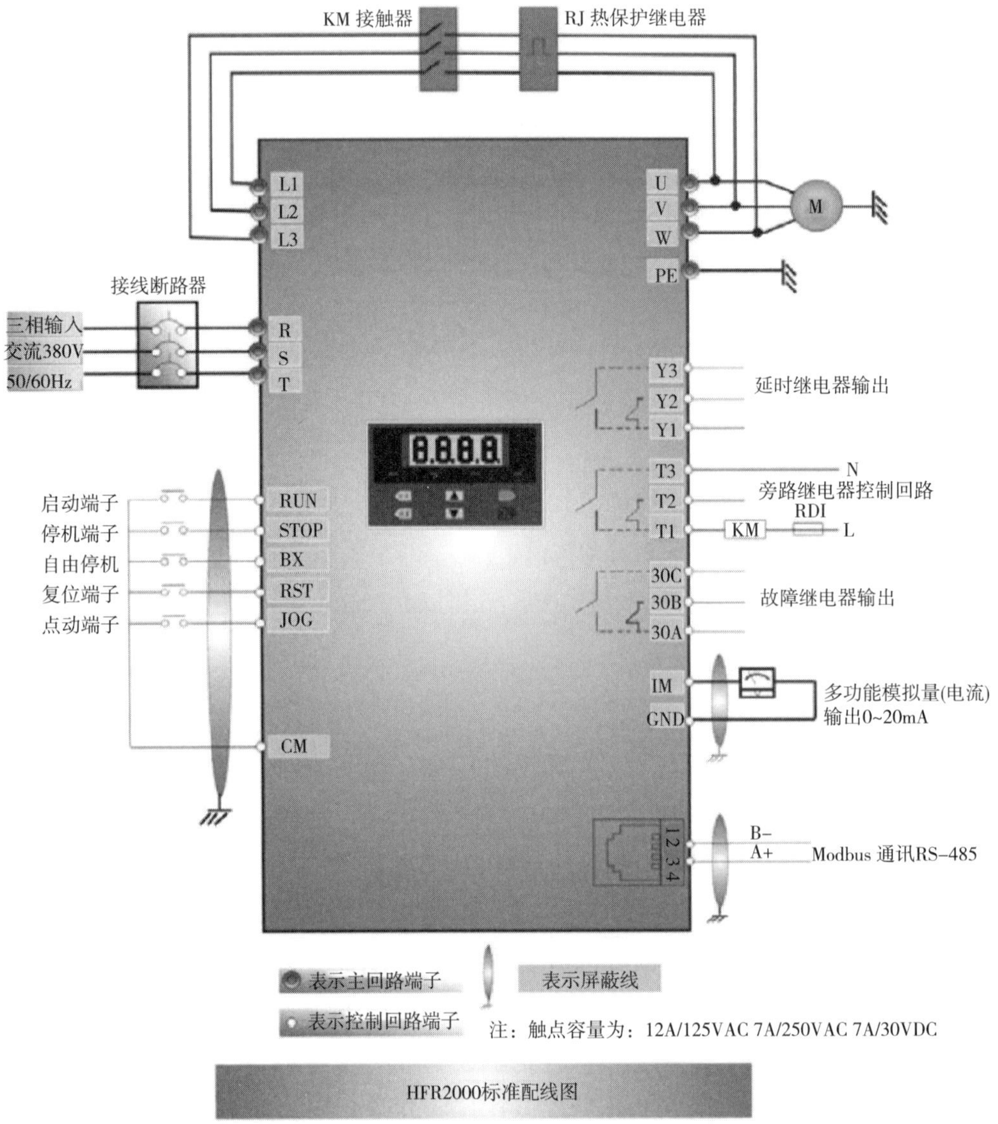

图 7-27　软启动器的控制接线功能端子

过程的自动控制面临新的挑战，也对自动化设备提出更高的要求。系统不但要有高度的可靠性、优良的控制性能，良好的性价比，还要求有灵活的构成方式、集中管理机制和操作方法，因此传统的继电器接触控制系统不能满足这种需要。20 世纪 70 年代，随着新的控制理论和新型电器及电子器件的出现，在国际上先后研制出了新型的工业控制器——可编程序控制器，以及更完美的控制系统——DCS 集散控制系统。

任何一个复杂的电气控制系统，不管是采用计算机控制、PLC 控制还是采用传统的继电器接触控制，都离不开各种电器元件，其控制线路也都是由各种基本控制单元组合而成的。

一、传感器

传感器是指能感受规定的被测量（包括物理量、化学量、生物量等）并按照一定的规律转换成可用信号的器件或装置，通常由敏感元件和转换元件组成。

在自动化控制系统中，传感器处于系统之首，它直接作用于被测量，并能按一定规律将被测量转换成同种或别种量值输出，快速、精确地获取信息，并能经受严酷环境考验，是机电一体化达到高水平的保证。若缺少这些，传感器对系统状态和对信息精确而可靠的自动检测、系统的信息处理、控制决策等功能就无从谈起和实现。

（一）传感器的组成

传感器一般由敏感元件、转换元件和测量电路三部分组成。有时还需要加辅助电源，原理如图 7-28 所示。

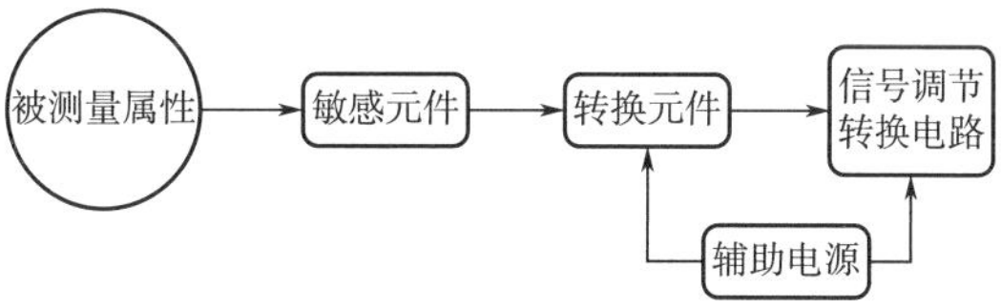

图 7-28　传感器原理

（1）敏感元件　将不能够直接变换为电量的非电量转换为可直接变换为电量的非电量的元件。

（2）转换元件　将感受到的非电量直接转换为电量的元件。如压电晶体、热电偶等。

（3）测量电路　将转换元件输出的电量变成便于显示、记录、控制和处理的有用电信号的电路称为测量电路。

现代传感器在原理与结构上千差万别，如何根据详细的测量意图、测量目标以及测量环境合理地选用传感器，是在进行某个量的测量时首先要处理的问题。当传感器确认之后，与其相配套的测量方法和测量设备就可以确认。测量结果的成败，在很大程度上取决于传感器的选用是否合理。

（二）传感器的指标

要进行一个详细的测量作业，首先要考虑采用何种原理的传感器，这需要分析多方面的要素后才能确认。即使是测量同一物理量，也有多种原理的传感器可供选用，哪一种原理的传感器更为适宜，则需根据被测量的特色和传感器的运用条件考虑以下一些详细问题：量程的大小；被测方位对传感器体积的要求；测量方式为触摸式还是非触摸式；信号的引出方法，有线或是否触摸测量；传感器的来历，国产还是进口，价格能否承受，是否自行研制。

在考虑上述问题之后才能确认选用何种类型的传感器，然后再考虑传感器的详细功能指标。

（1）灵敏度的挑选　一般在传感器的线性规模内，期望传感器的灵敏度越高越好。因为灵敏度高时，与被测量变化对应的输出信号的值才比较大，有利于信号处理。但要注意的是，传感器的灵敏度高，与被测量无关的外界噪声也容易混入，也会被放大体系放大，影响测量精度。因此，要求传感器自身应具有较高的信噪比，尽量削减从外界引进的干扰信号。

传感器的灵敏度是有方向性的。当被测量是单向量，并且对其方向性要求较高，则应挑选其他方向灵敏度小的传感器；假如被测量是多维向量，则要求传感器的交叉灵敏度越小越好。

（2）频率响应特性　传感器的频率响应特性决定了被测量的频率规模，有必要在答应频率规模内坚持不失真的测量条件，实际上传感器的响应总有一定延迟，期望延迟时间越短越好。

传感器的频率响应高，可测的信号频率规模就宽，而由于遭到结构特性的影响，机械体系的惯性较大，固有频率低的传感器可测信号的频率较低。

在动态测量中，应根据信号的特色（稳态、瞬态、随机等）响应特性，以免产生过大的差错。

（3）线性规模　传感器的线形规模是指输出与输入成正比的规模。从理论上讲，在此规模内，灵敏度坚持定值。传感器的线性规模越宽，则其量程越大，并且能确保一定的测量精度。在挑选传感器时，当传感器的种类确认以后首先要看其量程是否满足要求。

但实际上，任何传感器都不能确保绝对的线性，其线性度也是相对的。当所要求测量精度比较低时，在一定的规模内，可将非线性差错较小的传感器近似看作线性的，这会给测量带来极大的便利。

（4）安稳性　传感器运用一段时间后，其功能坚持不变化的能力称为安稳性。影响传感器长时间安稳性的要素除传感器自身结构外，主要是传感器的运用环境。因此，要使传感器具有良好的安稳性，传感器要有较强的环境适应能力。

在挑选传感器之前，应对其运用环境进行调查，并根据详细的运用环境挑选适宜的传感器，或采纳适当的措施，减小环境的影响。

传感器的安稳性有定量指标，在超过运用期后，在运用前应重新进行标定，以确认传感器的功能是否发生变化。

在某些要求传感器能长时间运用而又不容易替换或标定的场合，所选用的传感器安稳性要求更严格，要能够经受住长时间的检测。

（5）精度　精度是传感器的一个重要的功能指标，是关系到整个测量体系测量精度的一个重要环节。传感器的精度越高，其价格越贵重，因此，传感器的精度只要满足整个测量体系的精度要求就可以，不必选得过高。这样就可以在满足同一测量意图的诸多传感器中挑选比较便宜和简略的传感器。

假如测量意图是定性分析的，选用重复精度高的传感器即可，不宜选用绝对量值精度高的；假如是为了定量分析，有必要获得精确的测量值，就需选用精度等级能满足要求的传感器。对某些特别运用场合，无法选到适宜的传感器，则需自行设计制作传感器。自制传感器的功能应满足运用要求。

（三）传感器的选型

根据生产工艺和设备选择需要检测的生产或安全信息数据，再根据需要检测的信息类型选择合适的传感器，粮食加工生产过程中涉及的传感器主要有以下七类：物位传感器、安全检测传感器、水分传感器、流量传感器、温度传感器、压力传感器、液体流量传感器。小麦制粉厂用传感器如图 7-29 所示。

二、PLC 可编程逻辑控制器

PLC（Programmable Logic Controller）全称为可编程逻辑控制器，是专为工业生产设计的一种数字运算操作的电子装置，它采用一类可编程的存储器，用于其内部存储程序，执行逻辑运算，顺序控制，定时，计数与算术操作等面向用户的指令，并通过数字或模拟式输入/输出控制各种类型的机械或生产过程。

在小麦制粉厂自动化生产过程中，PLC 既可用于单台机电设备的控制，也可用于生产流水线的控制。使用者可以根据生产过程和工艺要求设计控制程序，然后将程序通过编程器输入 PLC。程序输入运行后，PLC 就在现场输入信号（按钮、行程开关、料位开关或其他传感器）的作用下，按照预先输入的程序控制现场的执行机构按一定规律动作。

（一）PLC 的主要功能

自 20 世纪 60 年代美国推出 PLC 取代传统继电器控制装置以来，PLC 得到了快速发展，在世界各地得到了广泛应用。同时，PLC 的功能也不断完善。目前，常见的 PLC 在生产控制中可以满足以下主要功能。

（1）条件控制（逻辑控制）　PLC 设置了与（AND）、或（OR）、非（NOT）等逻辑指令，能处理继电器接点的串联、并联、串并联等各种连接。因此，它可以替代继电器运行开关控制。

（2）定时控制　PLC 为用户提供了若干个计时器（定时器），并设置了计时指令。程序投入运行后，PLC 将根据用户设定的计时器值对某个操作进行限时控制和延时控制，以满足生产工艺要求。

（3）计数控制　PLC 的用户提供了若干个计数器，并设置了计数指令。程序投入运

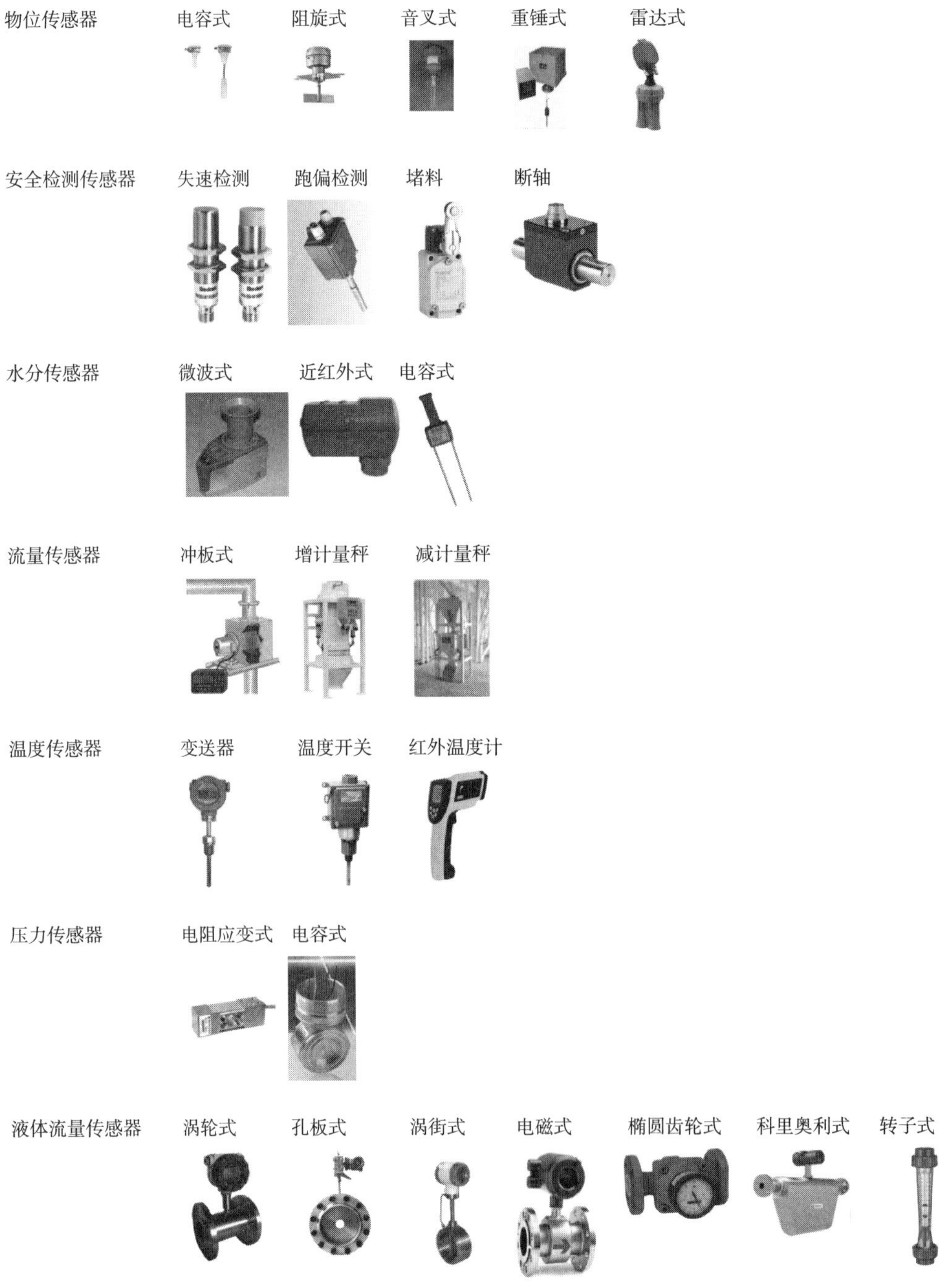

图 7-29　小麦制粉厂常用传感器

行后，PLC 将根据用户设定的计数值对某个输入信号计数，并对某个操作进行计数控制，以满足生产工艺的要求。

（4）数据处理　有些 PLC 具有数据处理功能，它具有并列运算指令，能进行数据并行传送，加、减、乘、除、开方等运算。

（5）通信联网　有些PLC采用了通信技术，可以进行远程I/O控制，多台PLC之间可以进行同位链接，PLC还可以与上位计算机链接，接受上位计算机的指令，并将执行结果告诉上位计算机。

（6）监控　PLC配置了较强的监控功能。它能记忆某些异常情况或在发生异常情况时自动中止运行。

（二）PLC的特点

作为离散控制的首选产品，PLC在20世纪80年代至90年代得到了迅速发展，世界范围内的PLC控制器年增长率保持为20%~30%。与一般控制装置相比较，PLC机有以下特点。

（1）通用性好　PLC通过软件实现控制。同一台PLC可用于不同的控制对象，只需改变软件就可以实现不同的控制要求。同一档次的PLC中不同机型的功能基本相同，可以互换。

（2）可靠性高　PLC由于采用了微电子技术，大量的开关动作由无触点的半导体电路来完成，在制造工艺上加强了抗干扰措施；屏蔽、滤波、隔离、采用模块式结构等，避免输入、输出部分窜入的干扰信号，能有效地防止空间电磁干扰，对高频干扰信号起到良好的抑制作用，因此可靠性很高，其平均无故障率（组成系统后的）可达4万~5万h。

由于PLC是专为工业控制而设计的，因此其适应性与可靠性为计算机所不及，许多工业环境对计算机来说太苛刻，例如电噪声，电源波动，振动、电磁干扰、高湿、高温以及空气中各种强腐蚀物质粒子等作用，使计算机生存期不到一年。

（3）功能强　前面介绍过，现代PLC功能越来越强。它既可以对开关量进行控制，又可以对模拟量进行控制；既可控制一台单机、一条生产线，又可控制一个机群、多条生产线；既可现场控制，又可远距离控制；既可控制简单系统，又可控制复杂系统。

（4）接线简单　PLC的接线只需将输入信号的设备（按钮、开关等）与PLC输入端子连接，将接受输出信号执行控制任务的执行元件（接触器、继电器等）与PLC输出端子连接，接线简单，工作量少。

（5）编程简单，使用方便　用PC（计算机）实现自动控制，常使用汇编语言编程，难于掌握，要求使用者具有一定水平的计算机硬件和软件知识。

PLC采用面向控制过程，面向问题的“自然语言”编程，容易掌握。例如目前大多数PLC均采用梯形图语言编程方式，既继承了传统控制线路的清晰直观感，又考虑到大多数电气技术人员的读图习惯及应用计算机的水平，很容易被电气技术人员接受，易于编程，程序改变时也容易修改，很灵活方便。

用PC控制，还要在输入输出接口上做大量工作，才能与控制现场连接起来，调试比较烦琐。

而 PLC 的输入输出接口已经做好，可直接与现场的用户设备直接连接。输入接口可以与各种开关和传感器连接，输出接口具有较强的驱动能力，可以直接与继电器、接触器、电磁阀等连接，使用方便。

PLC 为车间操作人员而设计，一般只要通过五六天的训练课程便能掌握，并学会编程和使用。而计算机则要求具有一定的计算机知识的专业人员操作。

（6）体积小、质量轻、功耗低　由于 PLC 采用半导体集成电路，其体积小、质量轻、功耗低。PLC 的结构紧凑，坚耐用，又具有较强的环境适应性和较高的抗干扰能力，因此是实现机电一体化的理想控制设备。

当然 PLC 也非十全十美，其缺点包括：①价格较高，一般比继电器控制高，比一般单片机系统也高；②工作速度比计算机慢，输出对输入的响应有滞后现象；③使用档次高的 PLC，要求使用者具有一定的计算机知识。

（三）PLC 的基本结构

可编程序控制器从内部电路结构来分析，通常由中央处理单元，输入输出单元，程序输入输出单元三部分构成。

（1）中央处理单元 CPU，包括存储器、运算器和控制器　存储器是存取程序的部件，在可编程序控制器工作之前，将被控设备的工作程序“写入”存储器中；工作时从存储器中将程序“读出”并执行程序规定的操作。更改存储器中的内容，即可改变控制程序，十分灵活方便。在可编程序控制器中，通常采用半导体存储器，根据不同的存取方式，分为读写存储器（RAM）和只读存储器（ROM）两种，在机器运行过程中 RAM 可以随时把信息存进去（称为“写入”），也可以把信息取出来（称为“读出”），修改程序方便，ROM 需要通过专门的装置，事先把信息写入，在机器运行过程中只能读出，存放的信息不易丢失，可靠性高。

存储器的主要参数是存储容量和存取时间，一个存储器的容量是指它所能存放的二进制数码的数量，用“字”和“字长”表示。例如某存储器的容量为 1024×8，是指它能存放 1024 个二进制数码（字）每个数码有 8 位（字长），通常用 8 位字长作为一个字（Bit），1k＝1024，则容量也可表示为 1kB。一般微型可编程序控制器的存储容量为 1～4kB，大型可编程序控制器的存储容量可达 64kB 以上。半导体存储器的存取时间为 100～500ns。运算器通常由各种逻辑运算电路和结果寄存器组成，可以完成各种逻辑运算，并将运算的结果保存在结果寄存器中，对于算术运算，一般采取逐位串行处理的方式来完成。

控制器的作用是产生各种控制信号，指挥整机正确协调地工作，在微型可编程序控制器中，常采用微处理器作为中央处理单元，起运算器和控制器的作用，存储器则另外设置。

（2）输入输出单元 BIO　包括输入电路，输出电路，计时电路和中间变量存储器。

输入电路包括输入隔离电路和输入选择电路两部分，其作用是将接入可编程序控制器的各种输入信号，经过隔离和变换后，根据存储器送来的地址信号，选择某一路输入信号送往运算器。

输出电路包括输出寄存器和输出驱动电路两部分，其作用是根据存储器送来的地址信号，将运算器的运算结果送往选定的某一路输出寄存器中，再通过输出驱动电路放大后，驱动某一路执行机构。输出驱动电路可采用继电器或大功率晶体管电路。

计时电路的作用是实现时序控制，中间变量存储器的作用是暂存中间运算结果，给出一些标志信号等。

（3）程序输入输出单元 PIO　程序输入输出单元是人机联系的设备，作为程序输入设备的有键盘、盒式磁带机等，作为程序输出设备的有打印机，盒式磁带机等等，其作用是输入或输出程序，通过配套的编程软件和编程通信电缆及接口，在计算机上也可以实现程序的输入及输出。

除上述三部分单元以外，还有各种总线。在 CPU 与 BIO 之间有输入输出总线，CPU 与 PIO 之间有程序输入输出总线，在 CPU 内部，还有地址总线，数据总线和控制总线，在不同的信号控制下，传送不同的信息。

（四）PLC 基本硬件配置

可编程序控制器在硬件结构形式上，分为整体盒式结构和模块组装式结构，控制点数少的多为整体盒式结构，其体积更加紧凑，在机电一体化设备中大量使用。控制点数较多的用于系统控制的多为模块组装式结构，其扩容、更换模块非常方便。在小麦粉加工生产过程控制中，常用到的是西门子公司 S7-300 系列 PLC，外形如图 7-30 所示，简单介绍如下。

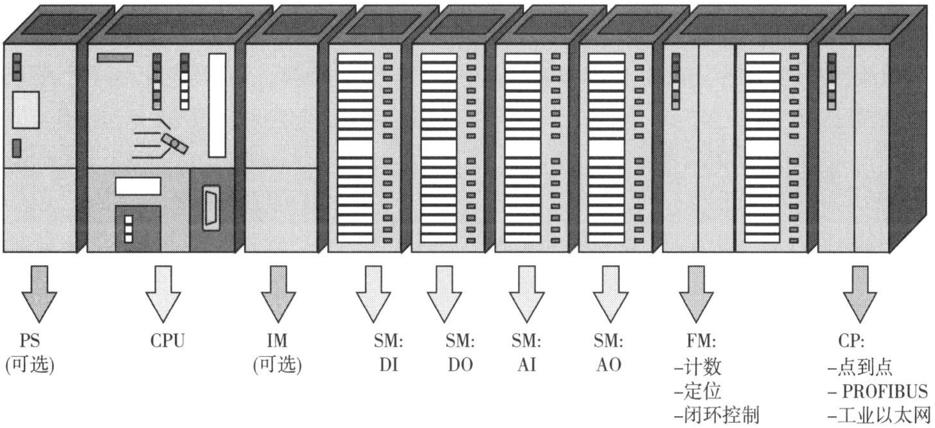

图 7-30　S7-300 PLC 外形图

（1）中央处理单元 CPU　中央处理单元（CPU）是 PLC 控制器的控制中枢。它按照 PLC 控制器系统程序赋予的功能接收并存储从编程器键入的用户程序和数据；检查电源、存储器、I/O 以及警戒定时器的状态，并能诊断用户程序中的语法错误。CPU 单元主要包括执行算术运算、逻辑运算等功能的运算器和控制整机各部分协调工作的控制器，如图 7-31 所示。

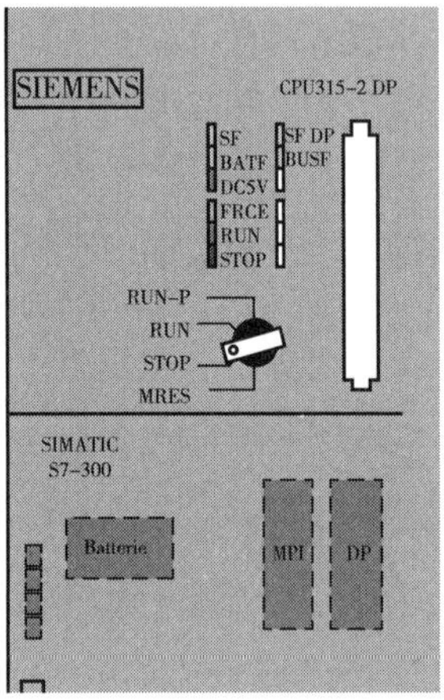

结构：
- 指示灯
  SF—系统故障
  BATE电池故障
  DC5V指示
  RUN/STOP
  …
- 开关
  RUN/RUN-P
  /STOP/MRES
- MPI通讯接口
  DP通讯接口
- 电源接线端子
- 存储卡插座
- 电池盒

特性：
- 负载存储器：内置RAM　40K字节
  存储器卡　256 K字节
- 随机存储器：内置　24K字节
- 速度：　执行1000条基本指令0.3ms
- 数字量I/O：　输入　外部512点
  输出　外部512点
- 模拟量I/O：　输入　外部64点
  输出　外部64点
- 标记寄存器：2048位（M0.0---M255.7）
- 计数器：　64个 (C0---C63)
- 定时器：　128个 (T0---T127)
- I/O映象区：　数字量输入I 0.0---I 127.7
  数字量输出Q 0.0---Q 127.7
- 内置时钟：　DT#1994-01-01-00：00：00
- 工作小时计时器：1个

图 7-31　PLC 中央处理器模块

中央处理单元的主要作用包括：

①PLC 本身的自检；

②接收输入模块的信息；

③执行监控程序和用户程序；

④输出控制信号；

⑤响应外部设备的请求。

（2）存储器　PLC 中存放系统、程序和数据的组件称为存储器，包括以下区域。

①系统程序存储区：采用 PROM 或 EPROM 芯片存储器，存放监控程序，用户不能访问和修改。

②用户程序存储区：用于存放经编程器输入的用户程序，采用 RAM、EPROM 或 EEPROM。

③数据存储区：采用 RAM，暂存输入、输出数据映象，定时器/计数器预置数和当前值等。

（3）电源　PLC 通常配有开关电源，电源的交流输入端一般都有脉冲吸收电路，交流输入电压范围一般都比较宽，抗干扰能力比较强。有些可编程序控制器还配有大容量电容作为数据后备，停电可以保持 50h。如图 7-32 所示。

一般直流 5V 电源供可编程序控制器内部使用，直流 24V 电源供输入输出端和各种传感器使用。

（4）输入输出单元　输入单元用于处理输入信号，对输入信号进行滤波、隔离、电平转换等，把输入信号的逻辑值安全可靠地传递到可编程序控制器内部。

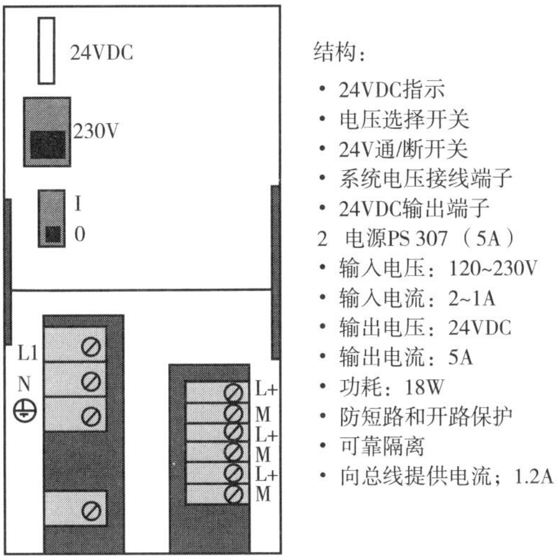

图 7-32　PLC 电源模块

输出单元用于把用户程序的逻辑运算结果输出到可编程序控制器外部，输出单元具有隔离 PLC 内部电路和外部执行元件的作用，还具有功率放大的作用。

PLC 输入输出模块如图 7-33 所示。

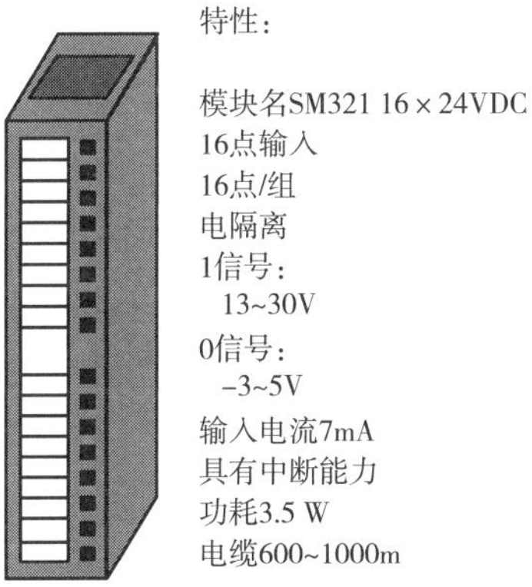

图 7-33　PLC 输入输出模块

除上述各型号 PLC 通用的四个结构单元外，部分 PLC 还具备包括扩展接口、编程器接口、存储器接口和通信接口等在内的接口单元，还有诸如编程器、文本显示器、操作面板等的外部设备。

（五）可编程序控制器编程

（1）PLC 循环扫描的工作过程　PLC 采用循环扫描的工作方式。这种工作方式是在系统程序的控制下顺序扫描各输入点的状态，按用户程序进行运算处理，然后顺序向各输出点发出相应的控制信号。整个工作过程可分为公共处理、外设处理、执行用户程序和数据输入/输出四个阶段，如图 7-34 所示。PLC 采用“顺序扫描，不断循环”的工作方式。

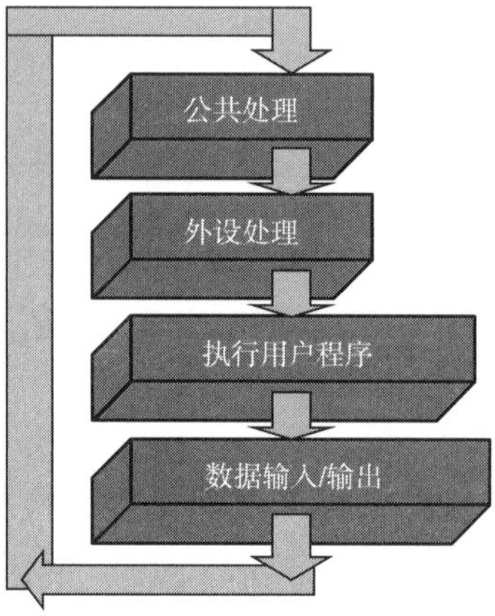

图 7-34　PLC 循环扫描工作过程

（2）PLC 编程语言　可编程序控制器常用的编程语言有：梯形图语言，功能图语言和助记符语言（一种汇编语言），功能较强的大型 PLC 也可使用高级语言编程，如 BASIC 语言、PASCAL 语言等。由于 PLC 是专为工业自动控制而开发的装置，PLC 产品的主要使用对象是广大电气操作维护人员，为了满足他们的传统习惯和掌握能力，通常采用梯形图语言和助记符语言。

（3）基本指令　PLC 的系统程序设计决定该类 PLC 的性质及其编程命令的使用。通常中小型 PLC 只具有基本编程功能，大中型 PLC 具有增强功能。利用增强功能指令系统的程序编制和程序执行的效率都较高。PLC 基本指令表如表 7-8 所示。

表 7-8　PLC 基本指令表

操作码（编程命令）	梯形图符号	功能
取 LD	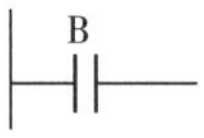	表示逻辑编程开始，把数 B 所指定的 I/O 状态表内对应位状态读入累加器
取非 LD NOT	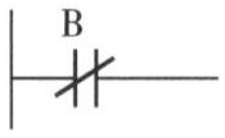	表示逻辑编程开始，把操作数 B 所指定的 I/O 状态表内对应位状态“取非”读入累加器
与 AND	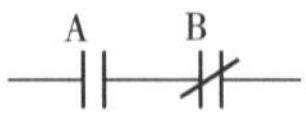	表示继电器接点串联编程。将 A 和 B 操作地址指定的 I/O 状态表内的两个位状态，在累加器内进行“与”操作
或 OR	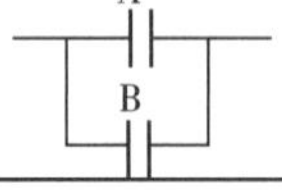	表示继电器接点并联编程。将 A 和 B 操作地址指定的 I/O 状态表内的两个位状态在累加器内进行“或”操作

续表

操作码 （编程命令）	梯形图符号	功能
输出 OUT	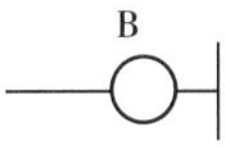	表示继电器输出线圈编程，即在一定的逻辑条件满足下把累加器的内容“写”到由 B 操作地址指定的输出状态表的对应位中
逻辑块与 AND LD	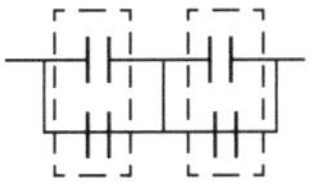	将每个虚线内的运算作为一个逻辑块，将逻辑块串联编程，即对逻辑块执行“与”操作
逻辑块或 OR　LD	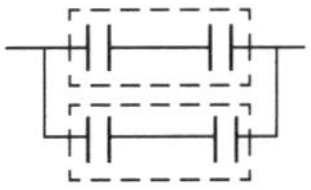	将每个虚线内的运算作为一个逻辑块，将逻辑块并联编程，即对逻辑块执行“或”操作
置位 SET		当执行条件满足时，置操作数 B 位为 ON，当执行条件不满足时，不影响操作数 B 位的状态
复位 RSET		当执行条件满足时 置操作数 B 位为 OFF，当执行条件不满足时不影响操作数 B 位的状态
计数器 CNT	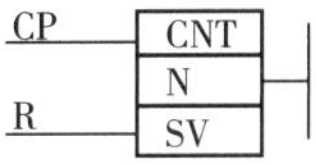	CP：计数脉冲；R：复位输入；CNT：减法计数器 SV：计数设定值 0~9999 每当计数输入信号从 OFF 变为 ON 一次，指定地址为 N 的计数器，当前计数值就减 1，从设定值递减直到 0 为止，其输出变为 ON 并保持在 ON 状态，直到有复位信号输入才返回计数设定值
计时器 TIM	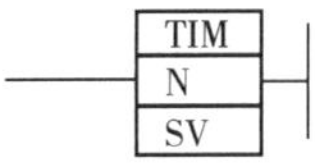	SV：计时设定值 000.0−999.9 TIM：接通延时定时器 当执行条件满足时 指定地址为 N 的计时器就开始计时，从设定值逐减到 0 为止，其输出变为 ON。执行条件不满足，其输出变为 OFF 并返回到计时设定值
联锁 IL（02） 联锁清除 ILC（03） ILC（03）	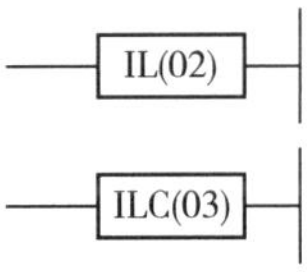	产生联锁，用以控制程序段的执行 指令执行后，整段复位 IL（02）和 ILC（03）总是成对使用
上沿微分 DIFU（13）	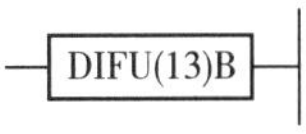	在收到输入信号上升的 1 个扫描周期内，操作数 B 位的状态为 ON
下沿微分 DIFU（14）	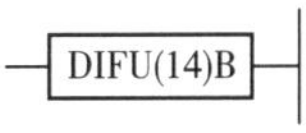	在收到输入信号下降的 1 个扫描周期内，操作数 B 位的状态为 ON
结束 END（01）		每个程序结尾必须有一条 END 指令，在 END（01）后的指令将不执行

（4）PLC 应用程序设计　按照生产工艺逻辑对 PLC 进行应用程序设计之前需要先拟定控制系统设计的技术条件，深入了解和分析被控对象的工艺条件和控制要求，在工业自动化中被控对象主要指受控的机械、电气设备、生产线或生产过程；而控制要求主要指控制的基本方式、应完成的动作、自动工作循环的组成、必要的保护和联锁等。完成这些工作后即可按照图 7-35 的流程完成 PLC 应用程序的设计工作。

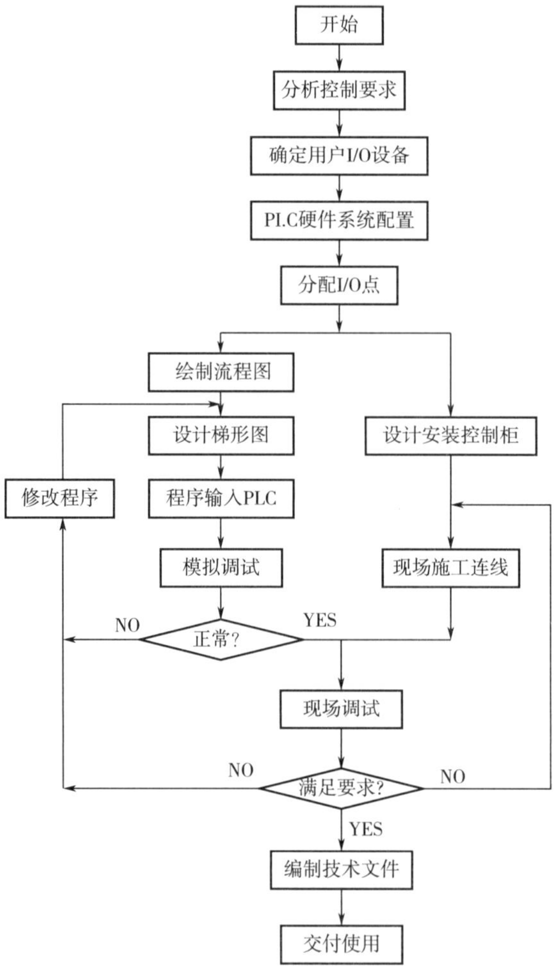

图 7-35　PLC 应用程序设计流程

①确定系统的输入、输出设备，并选择 PLC 类型：根据被控对象对 PLC 控制系统的功能要求，确定系统所需的输入、输出设备。

输入设备有按钮、开关、行程开关、传感器等。

输出设备有继电器、接触器、指示灯、电磁阀等。

根据系统的 I/O 设备，统计所需的输入信号和输出信号的点数，选择合适的 PLC 类型，包括机型、存储容量、I/O 模块和电源模块的选择。

②输入输出点的分配和建立 I/O 分配表：根据被控对象所需的 I/O 信号，进行 PLC 的 I/O 点分配。

合理安排内部辅助继电器，详细列出各内部辅助继电器在程序中的用途，避免重复使用。

分配定时器/计数器，要注意定时器和计数器的编号不能相同。

数据存储器也应根据程序设计的需要合理安排，列出各 DB 块在程序中的用途，避免重复使用。

③画出系统的控制流程图或工作波形图：对较复杂的控制系统，在设计梯形图程序之前，应根据生产工艺要求先画出控制流程图或波形图，以清楚地表明每步动作的顺序和转换条件，方便 PLC 程序设计。按照动作的先后顺序，各步的工作内容以及转步条件，画出控制流程图。

④设计应用系统的梯形图程序：根据控制要求，应用经验设计法、逻辑设计法或波形图设计法逐步编制梯形图程序。

在编写程序过程中，充分利用一些典型程序段，可提高编程效率。要及时对编出的程序进行注释，包括程序的功能，逻辑关系说明、设计思想、信号的来源和去向，以便阅读和调试。

⑤将程序输入 PLC：当使用简易编程器将程序输入 PLC 时，需要先将梯形图转换成指令助记符，以便输入。

当使用 PLC 的辅助编程软件在计算机上编程时，通过 PLC 编程软件在计算机上进行程序设计、离线或在线编程、离线仿真和在线调试等。S7-300 的编程软件“STEP 7”和仿真软件“PLCSIM”是 S7-300 系列 PLC 编程专用软件。使用这些编程软件可以十分方便地在计算机上离线或在线编程、在线调试。

⑥PLC 系统调试：PLC 系统调试包含两个阶段，第一阶段为模拟调试，以排除程序中的错误。在模拟调试时，外接适当数量的输入开关作为模拟输入信号，通过输出模块上的发光二极管来观察 PLC 的输出是否满足要求，发现问题立即修改和调整程序，直到满足控制要求。第二阶段为现场运行调试。如果控制系统由几个部分组成，则先作局部调试，然后进行整体调试；如果控制程序的步序较多，则可先进行分段调试，然后再连接起来总调。调试中发现的问题，要逐一排除，直至调试成功。

⑦编制技术文件和现场试运行：经过现场调试以后，控制电路和控制程序基本被确定了。这时就要全面整理技术文件，包括整理电路图、PLC 程序、使用说明及帮助文件。

三、DCS 集散控制系统

集散控制系统又称分布式控制系统（Distributed Control System，DCS）。20 世纪 70 年代后期随着大规模集成电路技术的发展，集散控制系统诞生并得到应用，工业过程计算机控制自此进入了一个全新的阶段。集散控制系统集计算机、控制、通信、图形显示这四种技术于一身，采用分级分布式结构，根据分散控制、集中操作、分级管理、统一协调的原则，克服了如 PLC 运算、存储、管理能力有限及计算机集中式控制可靠性低等缺陷，灵活性好、可靠性高、系统扩展方便、适应硬件设备范围广，具有很强的控制能力、数据管理能力和良好的图形用户操作界面，充分满足了现代工业过程计算机控制和管理的需要。

（一）集散控制系统的构成

集散控制系统的构成因不同开发商和不同行业用户而有着不同的形式，但究其实质，系统结构是一致的。按与工业过程的关系，自下到上分别为过程控制层、过程监控层、生产管理层、决策管理层，如图 7-36 所示。

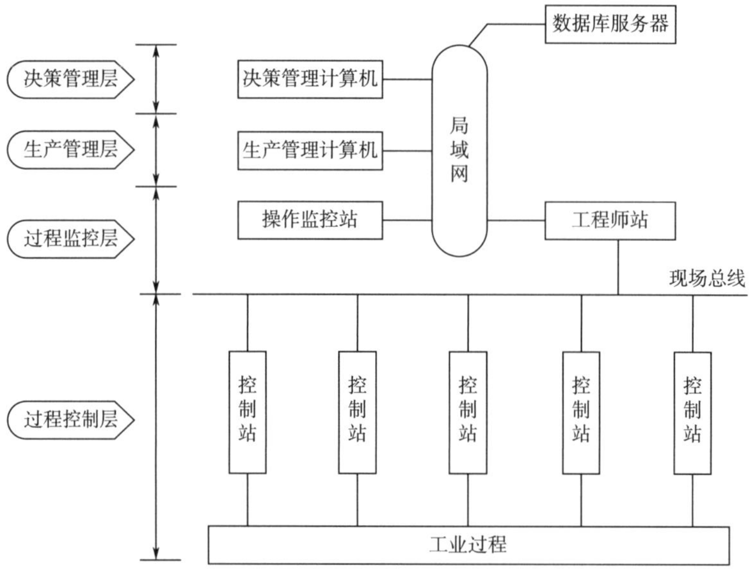

图 7-36　工业集散控制系统的构成

（1）过程控制层　过程控制层是集散控制系统的基础，直接与工业过程连接，负担基本的输入、输出和控制任务。该层的主要设备包括可编程序控制器（PLC）、智能电子仪表等，这些设备内部包含信号采集/变换器、输入输出模块、中央控制单元和通信模块等。PLC、智能电子仪表根据程序对现场设备和工业过程进行相应的控制，并将有关数据、状态和信息传送给上一级。该层设备大多在工业过程现场就近安装。

（2）过程监控层　过程监控层是集散控制系统的核心，是联结过程控制与生产管理的纽带，主要有操作、监视、设计、通信等功能，基本设备为操作监控站、工程师站等计算机工作站。操作监控站通过高分辨率彩色图形界面，结合图表、文本、音频、视频等多媒体手段，为操作员提供动态工艺流程及主要工艺参数显示平台、直观易用且功能强大的中心操控平台。工程师站是工程师对控制系统设计、组态和调试的工作平台，它提供系统组态、画面设计、报表制作、通信测试等开发、调试工具。该层设备一般位于中央控制室。

（3）生产管理层　生产管理层是集散控制系统基本构成的扩展，它在企业级的层次对工业过程的控制进行优化和调度，通常由一台计算机或多台计算机联网组成。该层通过对业主的原材料、能源、订单与库存、生产状况等的分析，合理调控有关工业过程。该层设备一般位于企业（公司）办公楼。

（4）决策管理层　决策管理层是集散控制系统更深入的扩展。它在企业级的顶层对企业（公司）的运作起调控作用，通常也由一台计算机或多台计算机联网组成。该层全面管理生产、供应、销售、技术、计划、市场、财务、人事、后勤等部门，以工业过程的有关信息为基础并综合其他重要信息，协助高级管理人员做出决策。该层设备一般位于企业（公司）总部办公楼。

简化的集散控制系统可以只包含过程控制和过程监控两个层次。数据服务器本身不属于集散控制系统的组成部分，但过程监控层、生产管理层、决策管理层之间的数据通信与信息交换依赖于其大容量的历史数据的存储，查询也必须通过它来实现。

（二）集散控制系统的应用

集散控制系统在粮食行业有着广泛的应用，进入 20 世纪 90 年代，国内一大批小麦粉、大米、饲料、油脂加工厂及粮食储备、中转库选用了不同规模的集散控制系统（DCS）。小麦制粉集散系统网络示意图如图 7-37 所示。以下对集散控制系统在小麦制粉厂的应用作一介绍：

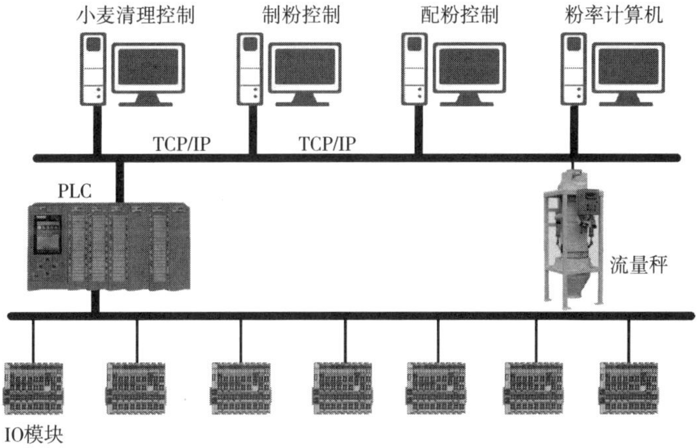

图 7-37　小麦粉加工集散控制系统

（1）小麦粉加工控制系统的比较　小麦粉加工集散控制系统系统的推广应用，不是一般性的技术革新，而是一种高层次先进技术的发展。以往小麦粉加工普遍采用的可编程序控制器（PLC）控制系统虽然具有可靠性高，编程简便以及便于维护及管理等优点，但其低下的运算、存储能力无法满足日益提高的现代工业的管理要求；与之相反，计算机集中控制系统采用集中控制与集中管理方式，虽然满足了小麦粉加工生产管理的要求，但其控制的高度集中，使系统危险性集中，可靠性降低，一旦计算机系统出现故障，就会造成全部控制系统瘫痪的严重后果。小麦粉加工集散控制系统在继承和发扬了上述两种控制系统的优点的同时又摒弃了其各自的缺陷，除了灵活性好、可靠性高、具有很强的控制能力等特点，同时还具有较高的数据管理能力和良好的图形用户界面，能够充分适应现代工业生产过程控制、管理的各种需要。

（2）小麦粉加工集散控制系统的组成　集散控制系统经过多年的不断发展，加上应用单位现场具体情况的特殊性，已演变出十分丰富的系统构成方式，但本质上仍保持着集中与分布良好结合的多级控制及相对集中的信息管理模式。

根据小麦粉加工的行业具体特点，小麦粉加工集散控制系统一般采用由计算机、PLC 及智能仪表、强电控制柜构成三级冗余监控管理的集散控制系统。

其中 PLC 负责控制现场设备的运行并获取其运行状态及故障信息；智能仪表负责控制现场机电一体化设备（计量设备、流量控制设备、负荷控制设备等）的运行并采集现场生产数据；而计算机则利用网络通信获取数据进行储存管理同时动态显示工艺流程、设备状态、生产数据、报警信息并生成各类生产报表。

这种系统构成具有灵活、方便、适应面广、价格便宜等特点。特别是我国已有部分小麦制粉厂采用了 PLC 控制系统，此种集散控制系统构成方式能非常方便地将 PLC 控制系统升级为集散控制系统。

（3）小麦粉加工集散控制系统构成要点　具体在配置小麦粉加工集散控制系统时，通常有以下几个方面的考虑。

计算机设置于中央控制室内，负责全面的监控管理，数量可以为单台和多台不等，尽量选用大屏幕高分辨率显示器。随着计算机硬件价格的不断下降，采用多台计算机的厂家越来越多，具体分工为：一台计算机负责显示动态工艺流程图、监视设备运转情况并打印故障报警信息，一台计算机负责显示工艺参数、生产数据并打印生产报表。此外还可再设置一台或多台管理计算机，便于生产管理人员随时了解生产情况、做出指示调度以及供管理部门全面管理小麦粉生产。

PLC 作为现场设备控制单元，应与车间 MCC 柜结合在一起。PLC 的具体配置与 MCC 柜的布置有直接关系：如果车间有条件将 MCC 柜集中设置，PLC 的配置就相对简单，价格也便宜，同时也便于 MCC 柜的维护与保养，但 MCC 柜至现场的动力电缆和控制线路将大大增加，增加了线路安装和维护的工作量和电线电缆投资；如将 MCC 柜分散到车间各楼层就能大幅度的减少电缆用量及现场按钮箱的数量（约减少 40%），并简化线路的安装与维护，但需要增加 PLC 远程 I/O 模块，同时也不便于 MCC 柜的集中管理与维护。因此，在设计中应根据现场实际情况经比较后确定采取何种方案。

智能仪表及其配套设备的数量是由工艺设计确定的。由于目前智能仪表及其配套设备的生产厂家多且不具备统一的标准，许多仪表不带有与计算机通信的接口，此类仪表就无法直接与集散控制系统连接。因此，在选购设备时一定要选购具有计算机通信接口并带有合适通信协议的智能仪表及其配套设备。

系统监控管理软件版本较多，国产软件有北京亚控自动化软件科技有限公司的组态王等，进口软件有 Rockwell 自动化公司（AB 公司）的 RSView32、GE 公司的 Cimplicity、Wonderware 公司 Intouch 软件等。国产软件价格便宜，功能较简单；进口软件价格较贵但性能优良、功能齐全、可靠性高。

计算机一般推荐使用 Pentium/Core i5（奔腾或酷睿 i5），8G 以上内存，负责显示工艺流程图、监视设备运行状况的计算机应配备大屏幕高分辨率彩色显示器。随着多媒体技术在集散控制系统中的应用，在配备计算机时还可考虑声卡和音箱等多媒体配件的选配，以便实现语音提示和报警等功能。

（4）小麦粉加工集散控制系统的通信网络　计算机用以显示工艺流程、设备运行状态、生产数据、故障报警所需的信息依赖于 PLC 及现场智能仪表采集的原始数据，而这些原始数据都经过通信网络传递至计算机。

通常情况下，计算机之间的网络通信较为规范，不同类型的网络均有与其配套的标准联网设备。但小麦粉加工现场所选用的 PLC 及智能仪表的型号多达几十种，其通信协议因生产厂家不同而不同，没有相对统一的规范。如果生产现场所选用的 PLC 及智能仪表能以统一的通信协议进行通信，此时系统构成就非常方便。否则就必须配置通信协议转换器。

通信协议转换器的作用是连接具有不同通信协议的 PLC 及智能仪表并将各种各样的通信协议转换成统一的计算机通信协议，使 PLC 及智能仪表能顺利地与计算机交换数据，构成集散控制系统。

此外，还有一种较为原始的数据采集方式被少量地应用在小麦粉加工集散控制系统中。这种方式是通过统计脉冲数量来获得原始数据。例如，对于打包秤来说，它只统计累计包数而不是统计实际质量，质量值通过包数与每包质量设定值相乘获得。采取这种方式就不存在通信协议的问题，现场设备与计算机连接非常方便。但这种方式最大的弊端就是统计精度差，随着时间的积累，其累计误差足以使统计报表失去利用价值。

（5）小麦粉集散控制系统的基本功能　小麦粉加工集散控制系统的功能可分为控制和管理两大部分。其中现场设备的控制可通过计算机向 PLC 发出指令由 PLC 执行，也可由 PLC 直接进行控制。管理功能是通过监控软件和数据库软件共同完成。

①由于小麦粉加工集散控制系统控制功能是由 PLC 完成的，因此集散控制系统完全兼容了 PLC 控制系统的所有功能。按物料流向反方向进行顺序启动，按照物料流向方向进行顺序停车。设备运行过程中发生故障时，立即进行联锁控制（关闭故障设备来料方向前所有设备及放料闸门）。设备与设备之间启停时间间隔可根据实际情况随意调整。

②当设备出现故障停机时，集散控制系统报警功能充分发挥了计算机的优越性。除

了保留传统的声光报警信号以外，还增加了：

a. 语音报警。即在设备发生故障停机时，计算机通过语音方式提示操作人员，向操作人员指示故障类型及故障所在工段等。

b. 画面报警。在故障发生时，计算机自动显示故障设备的现场画面，向操作人员指示故障设备在现场的具体位置。现场画面可以是现场照片和录像。

c. 报警信息。故障发生时，报警信息自动显示在计算机屏幕上。报警信息包含有故障设备名称、设备编号、所在楼层、控制元器件所在柜号及使用的元器件规格型号。报警信息还自动记录显示故障发生时间和排除时间。上述几种报警信息结合使用，可迅速锁定故障点，大大缩短故障停机时间。对于没有条件配备跟班电工及维修人员的厂家，集散控制系统系统在发生故障时能够自动通过电话系统发出传呼信息，将故障信息通知给维修人员以便及时到现场维修。

③小麦粉加工集散控制系统对生产现场设备运转情况、料位情况、闸门位置、流量大小等状态进行实时监控，并根据计算机发出的指令及事先设定的程序进行控制、调整与联锁。同时，小麦粉加工集散控制系统还具备小麦粉加工专家系统的功能，通过将小麦粉加工过程中成熟的操作经验总结提炼后输入计算机，当现场参数发生变化时，集散控制系统能自动进行判断，在数据库中找出与其对应的专家建议并显示给操作人员以供参考；发生报警时，计算机能自动根据报警性质在数据库中找出相应对策提示操作人员。

④小麦粉加工集散控制系统操作方式采用现场手动操作与中央控制室自动操作相结合，两者可相互平滑切换。现场手动操作主要应用在单机调试、故障停机和故障检修后手动试车时使用，正常操作是采用中央控制室自动操作方式进行的。中央控制室自动操作又可分为操作台主令开关操作和计算机鼠标、键盘操作。操作台主令开关直接操作PLC进行程序运行；而通过计算机操作则是先由计算机将操作命令送至PLC，再由PLC执行程序操作。由此，现场手动操作与中央控制室自动操作构成了一个三级冗余操作控制系统，大大提高了系统的可靠性。其中，通过计算机进行操作这种方式充分利用了计算机丰富的图形功能，使操作更加直观方便。通过计算机进行操作，不仅可以控制工段启停，还可以直接操作单台设备运转；不仅可以自动判别、选定工艺线路，还可以直接改变闸阀门的状态；此外，每当发出操作指令后，现场的反馈信号就能及时地显示在计算机屏幕上。

⑤小麦粉加工集散控制系统在安全性上为用户提供了可靠的保障。通常，为保证系统软件可靠稳定运行，可采用具有高安全等级的操作系统，从用户权限、操作权限、文件权限、设备权限等各方面保证系统安全。当进入系统时，计算机首先要求输入操作员密码，同时系统将该密码代表的操作员代码记录在案，以便在需要时调用核查。进入系统后，计算机屏幕上显示监控画面并自动进入监控状态，正确输入相应密码后，屏幕上将出现操作菜单或按钮。通过操作菜单及按钮，操作员能够方便地进行操作。如果操作员需要离开使用的计算机一段时间，在离开前通过用鼠标点击操作画面中的加密按钮，

屏幕上的操作菜单及按钮就会消失，防止其他人员的误操作。在正确输入解密密码后，系统操作恢复正常。

⑥小麦粉加工集散控制系统能够动态显示工艺流程图及过程参数。以往小麦粉加工过程普遍采用的模拟屏是将工艺流程图通过印刷或雕刻手段制作在有机玻璃或铁板上，这种模拟屏制作完成后将无法更改；而且，模拟屏信号通过小灯泡或发光二极管反映，显示呆板且可靠性不高。如图 7-38 所示的集散控制系统动态显示工艺流程图则是利用计算机丰富的图形显示功能，再加上动画技术生动直观地展现过程画面。可以通过变色、闪烁、移动、填充、消隐、覆盖等手段将现场信号反映到计算机屏幕上，同时还能将数据、曲线及棒状图等组合进画面，使画面更加丰富与实用。此外，计算机画面与模拟屏相比，其最大的优越性就是能够根据工艺的变化，便捷地进行修改，使画面始终与实际工艺流程保持一致。但由于受计算机屏幕大小的限制，工艺流程通常被分割成若干张画面进行显示，画面与画面之间能够灵活的切换，画面数量一般不受限制。

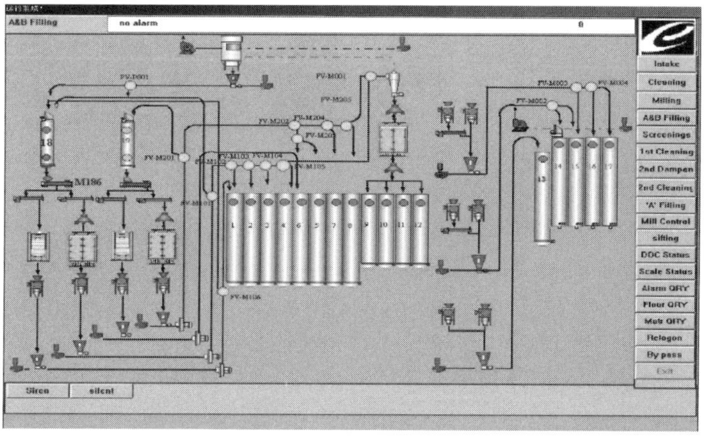

图 7-38　小麦粉加工集散系统动态显示工艺流程图

⑦小麦粉加工集散控制系统对生产进行管理，可包括生产与调度管理、仓储管理、合同管理、设备器材管理、检化验管理等。系统一方面能方便地实现生产现场实时数据、历史数据、参数变化趋势的记录与显示，计算机通过与现场智能仪表的通信，能够迅速、准确地接收和记录生产现场的原始数据，如产量、电耗、流量、料位、液位、温度、湿度等。并能以表格、曲线、柱状图等方式显示。此外，集散控制系统还为操作员专门留有数据输入接口，对于那些无法通过在线检测手段获取的参数，可通过键盘输入的方式输入计算机，所有数据均写入数据库并能及时更新。另一方面，对合同管理、设备器材管理、检化验管理也可在另外的管理计算机上通过数据库系统实现。

⑧小麦粉加工集散控制系统能够自动实现报警与报警历史记录。对于生产过程中的设备故障、料位报警、堵塞信号、转速信号等在向操作员发出报警信号的同时，能够自动在数据库内生成报警信息记录文件，内容包括报警时间、地点、内容、操作员、故障

排除时间等项目。这些报警信息记录文件可以随时方便地显示与打印。

⑨小麦粉加工集散控制系统能够根据数据库中的原始内容，统计生成各种生产数据实时报表、班报表、日报表等，报表格式可根据各企业的习惯进行设计，同时操作员还能方便地对其进行修改。报表输出方式多样，操作员可将其设置成定时打印或按需打印。系统还可以根据时间、日期以及其他特定条件等，查询、统计、打印需要的历史数据报表。

第八章

小麦制粉厂厂房建筑

第一节 厂址选择与总平面设计

一、厂址选择的基本要求

选择好的建厂地点，并对总平面布置做出合理的规划和设计，是关系到工厂建设投资、生产经营管理和职工工作生活等各方面的大问题，必须慎重对待。

我国小麦制粉厂建厂选址总的布局选择经历了三个阶段，第一阶段是20世纪50~80年代的计划经济情况下，主要建在消费区，即大中城市；第二阶段是改革开放以后，建厂规模越来越大，市场经济情况下是否能抓住原料（小麦）变得特别重要，因此小麦制粉厂纷纷建在小麦主产区，而很多消费城市的工厂逐步退出市场；第三个阶段是2008年四川汶川大地震后，认识到特殊情况下成品粮运输困难的问题，因此国家鼓励将部分工厂建在运输方便的物流节点上。从长远发展看，小麦制粉厂的布局应该是小麦主产区为主，物流节点、消费节点相辅的基本格局。

选择厂址需对各个有可能作为建厂的地点进行资料收集（包括城镇规划和建厂地点平面图；土壤、地质、地形和地下水位资料；给水、排水系统资料；供电情况资料；气象和气候资料；地震资料；粮食流向资料等）和初步勘察。按照经济上的合理性和技术上的可能性，在满足生产和生活要求的原则下，进行分析比较，来确定其中比较理想的地点。

厂址选择一般应符合下列要求。

（1）厂址选择必须同当地的城市规划结合起来，并符合粮食流向和工业布局。

（2）厂址应选择在水陆交通比较方便的地方，以利于原粮和成品运输。

（3）粮食加工厂应尽量同粮食仓储及食品厂临近，可缩短原粮和成品运输的距离，节省搬运费用和仓容。

（4）厂址所需的面积，应根据计划任务书规定的加工规模和仓容量确定。如计划任务书规定有工厂发展的远近规划时，应保证有扩展的余地。

（5）厂址的地形应尽量平坦，以减少土地平整所需的工程量和费用；厂址选在江河沿岸时，建筑物和道路的标高，应比最高水位高出0.5m。

（6）厂址的土壤耐压力一般要求不低于15t/m^2，这样可以减少建筑物的基础费用。地下水位最好低于拟建的地下室和地下构筑物深度，否则会增加防水处理费用。

（7）厂址选择应考虑给水、排水和供电的方便性，保证工厂生产和职工生活有足够的水源和电力供给，以及方便的污水排放系统。

（8）厂址选择还应符合安全、卫生及环境保护要求，尽量避开或远离易燃油库，易燃、易爆和有毒气的工矿企业。在靠近居民区时，应选在下风向位置。

（9）厂址不应该选择在容易发生水患、有地下矿藏和机场附近，以及飞机起落航线经过的地区。

二、总平面设计

工厂的总平面设计，就是对厂区内各种生产和生活建筑物和构筑物（包括现在准备建的和今后规划中扩建的）、铁路专用线、码头、道路、工程管线和绿化设施等，按照一定的原则，进行全面、科学和合理的布置。总平面设计一般由工艺部门、结构部门协同建筑总图部门一起进行。

（一）总平面图内的建、构筑物和设施

一般小麦制粉厂的总体设计应该包括原粮接收设施、原粮仓库、清理车间、制粉车间、后处理及包装车间、成品仓库和发放设施、副产品处理车间等几部分内容。因此，在工厂总平面内，必须包括有下列各项建、构筑物和设施。

（1）原粮接收设施（包括公路、铁路、水路来粮的各项接收设施和装置地中衡的建筑物）；

（2）原粮仓库（房式仓、立筒库和楼房仓等）；

（3）由小麦清理、制粉、配粉、成品打包等工序组成的生产车间；

（4）成品仓、成品发放设施和副产品仓库；

（5）副产品处理车间；

（6）机修车间；

（7）变配电（动力）间及 PLC 控制室；

（8）物料间、包材等器材仓库；

（9）检验化验室和拉丝间（可以附属于其他建筑物内）；

（10）锅炉房（需要蒸汽时配备）；

（11）消防水池、消防水箱及生产水箱等；

（12）门卫室、洗消系统及卫生间；

（13）行政办公大楼；

（14）生活辅助用房：宿舍、食堂、浴室、药品室等部分或全部生活福利用房；

（15）外来及办公停车场；

（16）围墙、道路和绿化设施；

（17）在总平面图上还应标出建厂地区的风玫瑰图和方位标志。

（二）总平面图布置原则

在进行总平面设计时，可将厂区规划成几个区域，例如主要生产区、辅助生产区、行政区和生活区等，然后按先生产区后行政区和生活区的原则逐步进行配置。对各种建、构筑物和设施的布置应符合生产管理要求、建筑方面要求、生活管理要求、防火和

卫生要求。

1. 生产管理要求

（1）对有密切联系的各生产车间，要就近布置，这样可使物料运输距离缩短。同时，要保证生产线路合理，避免使各车间的物料运输线路交叉。

（2）辅助车间、仓库、动力间尽量靠近相关的主要车间。

（3）联系密切的主要生产车间应布置在铁路线或主要运输线一侧，以方便生产管理。

（4）行政办公大楼应设置在大门和生产车间之间的通道上，以便内外工作联系。

2. 建筑方面要求

（1）尽量减少建筑物的占地面积。对于在生产上联系比较密切的主要和辅助车间，能组合在一个厂房内的要尽量合并。

（2）各建筑物的排列要整齐、美观。布置主要生产车间、宿舍、办公楼等建筑物时，应注意朝向、采光和自然通风条件。

（3）主厂房和原粮立筒库的布置，除了符合生产线路合理的要求外，还应考虑该处的地质条件。

（4）工厂内部道路要布置合理，并保证其直线性，同厂外的衔接点要选择恰当。

（5）给水、排水和供电线路也要布置合理，并使线路最短。

（6）要适当考虑发展空间。计划拟建的车间、仓库和宿舍等建筑物的位置，在总平面图上都应用虚线标出。

3. 生活管理要求

（1）工厂的生活区必须与生产区分开，并应与生产区有一定的距离，以保证生产人员良好的休息环境。

（2）浴室（如有）宜靠近锅炉房。与生产车间的距离不宜太远。

（3）宿舍必须布置在厂区外面，出入口也应同工厂大门分开。

4. 防火和卫生要求

遵守第九章规定规范。

（三）主要和辅助建筑物的配置

总平面图中的主要建筑物是指主厂房或主要生产车间、原粮仓库和成品仓库。主要建筑物配置的要求，必须保证生产过程按流水线进行，减少回路和迂回线路。同时，使小麦及其加工产品的输送距离缩短到最小。

辅助建筑物是指为生产服务的机修车间、交配电或动力间、下脚处理车间、物料器材库等以及行政和生活用房。这些建筑的配置应按下列各点考虑。

（1）机修车间应配置在各车间的中心位置，或适当靠近主厂房和材料库，以便于联系工作。车间内外要保留足够的空间，用以堆放需要加工的零部件。拉丝间一般配置在主厂房内。

（2）配电间一般配置在主厂房附近或车间一楼，且必须临近室外，向外开窗。如果有几个生产车间，则应配置在用电单位的中心位置，并适当靠近重点使用区。其原则是使低压配电线路越短越好，以减少线路电压损失。同时，还要保证高压线区的安全。

（3）下脚处理车间应配置在主要生产车间附近靠背面一侧。也可以配置在主厂房后面铁路线或公路的另一侧，成为单独的辅助生产区。下脚可借助输送装置输送到下脚车间。

（4）物料器材库可分为物料间（指保管机械设备零部件和易耗、易损物料的地方）、材料间（指保管钢材和其他金属材料的地方）、包装器材库（指保管麻袋、面袋和编织袋的地方）等。这些辅助建筑物可根据工厂的规模和需要，单独设立合并在其他建筑内。对于这些建筑物的配置主要应从方便管理和使用两方面考虑。

（5）行政和生活设施用房的配置，按布置原则中生产和生活管理要求进行。工厂的出入口，视实际情况而定。一般大型厂可分别设行政出入口和货运出入口。中小型厂为了便于管理，可只设一个总出入口。汽车地中衡可配置在货运出入口或总出入口处。

（6）消防和汽车库应配置在主要交通道附近，以便出入车方便迅速。

（四）厂区内工程管线布置

1. 小麦制粉厂内的工程管线

（1）给、排水管道　即供给生产、生活和消防用水的自来水管线，排出雨水和污水的下水道。

（2）电缆、电线　即供给生产用的动力线，生产和生活用的照明线，以及电话电缆等。

（3）热力管道　即供给生产和生活用的蒸汽和热水管道（有食品生产车间的情况下）。

（4）压缩空气和气力输送管道。

2. 工程管线的布置原则

（1）管线宜直线敷设，并与道路和建筑物的轴线相平行。主管线宜布置在靠近需用单位和支管线较多的一边。

（2）尽量减少管线之间及管线与铁路、道路之间的交叉。当交叉时宜呈直角交叉。下水道如与水管交叉时，水管应设置在下水道上方。

（3）管线布置应尽量避开填土较深和土质不良地段，同时还应避开露天堆场和拟扩建的建、构筑物用地。

（4）敷设热力管道，当地下水位高时，可改用架空式。架空管线尽可能采用共架或共杆布置。架空管线跨越铁路和公路时，应离地面有足够的高度，以免影响交通。

（5）地下管线一般不宜重叠敷设。在有特殊困难时，可考虑布置短距离的重叠管道。

在进行总平面设计时，为了使全厂各种管线的敷设能达最大程度的协调、经济和合理，需要进行工程管线的综合设计，一般由设计管线最多的部门负责，并应绘制出工程管线综合图（平面图和剖面图）。

（五） 总平面设计举例

图 8-1 为国内某小麦制粉厂总平面规划图，包括原粮仓、制粉车间、小麦粉库、麸皮库等设施。

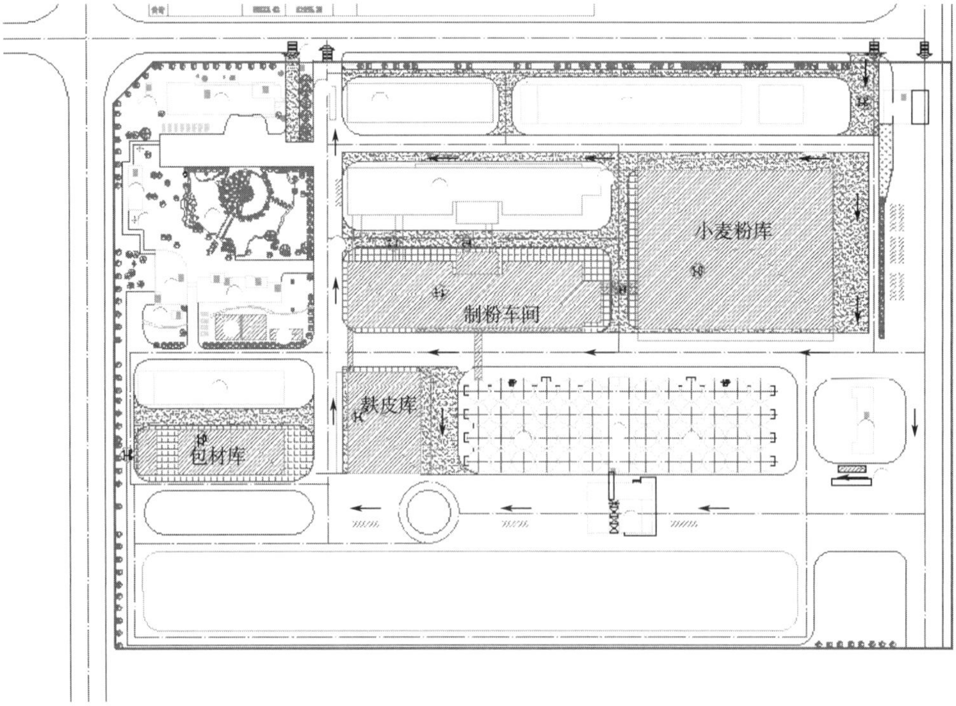

图 8-1 总平面规划图

图 8-2 为以小麦加工和食品加工为主的企业设计效果图，包括浅圆仓、立筒仓、小麦制粉车间、食品加工车间等设施。

图 8-2 企业设计效果图例一

图 8-3 和图 8-4 是以原粮储备为主的加工型企业设计效果图，包括浅圆仓、立筒仓和小麦制粉车间及辅助设施。

图 8-3 企业设计效果图例二

图 8-4 企业设计效果图例三

第二节 小麦制粉厂厂房建筑设计

一、厂房设计原理

小麦制粉厂厂房建筑设计，是根据工艺流程和设备布置的要求安排的。建筑物本身的设计，主要是通过平面图、立面图和剖面图来表达建筑意图。因此，在进行方案设计时，在完成工艺设计的前提下，从平面设计入手，结合立面、剖面设计中各种矛盾问题，进行多方面的分析比较，妥善地处理平、立、剖之间相互联系与制约的关系，从而逐步完善建筑与结构的设计。

工艺流程和设备布置是厂房设计的主要依据，不同工艺流程及其设备的布置决定着各个厂房的平面形状和各层间的相互关系。但是，各种粮食加工厂都有一个共同点，即利用物料的自重，用垂直布置的方式自上而下地逐层布置各生产车间的设备。

因为制粉车间采用垂直运输线路，所以厂房建筑都为多层楼房。多层厂房的最大特点，是生产所需的各种设备分别在不同标高的楼层上进行生产，各层之间不仅有水平方向的衔接，而且有垂直方向的联系。这就要求在设计厂房时，不但要考虑同一楼层各车间的相互配合，而且要解决各楼层之间的制约关系，合理安排垂直方向输送设备、管道以及交通的位置。粮食加工厂的生产工艺流程一般可分成几个主要部分或工段，相应地设置几个车间。

在设计厂房时，首先由工艺设计人员，根据生产上的要求和条件，选用适宜的设备，确定合理的工艺流程，然后根据工艺流程图及设备布置的方案，确定车间的建筑平面尺寸、楼层层数与楼层高度（即进行厂房的平面、剖面设计），最后进行立面处理及厂房结构的计算与构造设计。

二、小麦制粉厂的车间组成

小麦制粉厂的车间主要由麦仓、清理车间、制粉车间、配粉和后处理车间组成。

（一）麦仓

麦仓包括毛麦仓和润麦仓。为了满足生产的要求和缩短运送距离，一般平面处理是将麦仓布置在清理车间的一侧或者后侧。无论采取何种形式的麦仓，都应注意避免增加结构方案的复杂性。

（二）清理车间

小麦制粉厂清理车间的任务是将毛麦仓输送过来的小麦，经过除尘和清理设备，进行除杂。因为生产流程是连续的，所以布置工艺设备时，较理想的是使小麦自上而下，由一个工序直接流入下一道工序，以减少提升次数，这样可以节省动力，但工厂厂房需要的层数较多，所以在设计时，既要满足生产工艺的要求，尽可能减少提升次数；又要兼顾建筑的合理性和经济性。另外，清理车间是制粉车间的前一道工序，所以在设计时要与制粉车间的层数、层高、平面尺寸等同时考虑。

（三）制粉车间

制粉车间主要包括研磨、筛理、清粉、打（刷）麸等工段。其主要工序为用磨粉机进行小麦研磨，用高方筛将研磨过的物料进行筛选，用清粉机分级，用打（刷）麸机提取麸皮中的小麦粉。最后的粉粒经过检查筛进行再次检查，然后输入配粉和后处理车间。

（四）配粉和后处理车间

配粉和后处理车间是现代小麦制粉厂必要的组成部分。具有小麦粉散存、小麦粉配置、添加添加剂、集中打包等功能。配粉和后处理车间的建筑以散存仓、配粉仓和打包仓为主，可以是钢筋混凝土结构，也可以是钢板结构。

三、小麦制粉车间设计图纸表示方法

（一）平面图表示法

平面图用以表示厂房各层楼面（必要时应画出地下层和屋顶平面图）机器设备的平面布局。在平面图内应有下列内容和尺寸。

（1）厂房结构形式，包括墙身轮廓、门窗、楼梯、梁柱等位置。

（2）绘出厂房纵向中心线、开间（梁距）轴线、墙身轴线，标注外墙轴线间距尺寸、梁距尺寸。

（3）绘出机器设备的平面图形和设备中心线，标注定位尺寸（应以厂房纵向中心线和梁距轴线为基准）、料仓的平面尺寸和定位尺寸。

（4）标出剖切位置符号和投影方向。

（二）纵横剖视图表示法

纵横剖视图用以表示厂房各层楼面机器设备的立面布置。在纵剖视图和横剖视图内应有下列内容和尺寸。

（1）与平面图相同的厂房立面结构形式。

（2）绘出厂房开间轴线、墙身轴线、每层楼楼面线，标注外墙轴线间距尺寸、每层楼面的高度尺寸。

（3）绘出机器设备的立面图形（正视和侧视图），标注各种设备所需的安装高度，例如风网、传动轴、螺旋输送机、机架、工作平台、料仓等高度和地坑深度。

（4）一般高度尺寸在纵剖视图和横剖视图上只注一处。

（三）地脚螺栓和楼板洞眼图表示法

采用混凝土楼板的厂房，为了工艺设备安装需要，应单独绘出各层楼的预埋地脚螺栓和楼板洞眼图。在施工时，提供土建部门参考。

绘制地脚螺栓和楼板洞眼图，应根据设备平面布置位置进行。在图上首先要画出设备中心线，地脚螺栓中心线和洞眼纵横对称中心线，然后标出它们的定位尺寸。

预埋地脚螺栓表示方法，一般螺栓朝上的用黑点“·”表示；螺栓朝下的用圆点“◦”表示。如果图面较大，也可用虚圆“◌”。洞眼一般用半涂黑的符号“◪”“◐”表示。

在图上还应用文字加注地脚螺栓的规格和露头尺寸、洞眼的尺寸。如磨粉机、碾米机等布置有规律和规格一致的地脚螺栓，可只标注一个螺栓的规格并注明个数。

第三节 小麦制粉厂厂房平面、立面设计与尺寸要求

一、设计原则和方法

小麦制粉厂的设计，首先应根据原料情况和产品要求，设计能达到规定的技术经济指标的工艺流程图。并按设计要求，选定应采用的工艺设备，然后根据所用的设备和工艺流程，设计出合理的布置图。

工艺设备布置应遵循以下原则。

（1）各种清理设备，按工艺流程布置在相应的楼层上，设备的布置应尽量减少物料的提升次数。

（2）上道工序设备的物料流入下道工序设备时，要尽量多用溜管，不用或少用水平输送设备。

（3）相同的机器设备应尽量配置在同一楼层上，便于操作和管理。

（4）主要设备及设备的操作图，应布置在靠近窗户的地方，以便有良好的采光条件。

国内外现代化小麦制粉厂的制粉间，现在普遍采用气力输送。目前多采用6层或7层建筑，部分大产能车间按照8层建筑设计。由于生产能力的不同，产品等级要求的不同和工艺流程繁简的不同，制粉间楼层和各楼层面设备的配置也有差异。根据最新的国家规范，新建厂房不允许采用单跨设计。根据规模不同，多为双跨、三跨或四跨结构形式。设备区域每跨间距为7.5~8.5m，建议选择8m以上；附属间跨度根据需要确定，一

般不小于 5.5m。

机器设备应布置整齐，并保证有足够的安全走道和操作距离。按目前的设计标准，一般走道的设计宽度为 1000mm，主走道宽为 1500mm，设备之间的横向走道宽为 800mm，非操作设备离墙的距离和成组设备之间的距离为 350~500mm。

二、车间平面尺寸和楼层高度的确定

车间平面尺寸通常是指长度和宽度方面两墙（柱）的中心距离。在多层建筑中，车间的宽度和长度均以主要设备布置时所需最宽和最长的一层楼面为依据。实际经验表明，一般由磨粉机层或高方筛层决定。

（一）制粉间宽度（不含附属间）的确定

$$B = b_1 + b_2 + b_3 + b_4 \tag{8-1}$$

式中　b_1——机器设备占用车间的宽度，m；

b_2——纵向走道占用的宽度，通常纵向主要走道为 1.5m，次要走道 1m；

b_3——车间宽度方向上的设备间距之和，m；

b_4——纵墙（柱）厚（长）度，m。

根据不同情况，制粉间宽度由下列公式确定。

①单排时：$B = B_1 + 2B_2 + C$　(8-2)

②双排时：$B = 2(B_1 + B_2) + D + C$　(8-3)

③双跨双排时：$B = 2(B_1 + B_2 + B_3) + E + C$　(8-4)

④双跨四排时：$B = 4B_1 + 2(B_2 + B_3 + D) + E + C$　(8-5)

式中　B——制粉间宽度，m；

B_1——磨粉机外形宽度，m，单排时用平筛宽度计算；

B_2——纵向主要走道宽度，m；

B_3——纵向次要走道宽度，m；

D——两排磨粉机的间距，取 1.0m；

E——双跨建筑中柱的横向边长，一般为 0.6m；

C——纵墙（柱）厚（长）度，m。

（二）制粉间长度的确定

$$L = l_1 + l_2 + l_3 + l_4 \tag{8-6}$$

式中　L——制粉间长度，m；

l_1——机器设备占用车间的长度，m；

l_2——横向走道占用的长度，m，通常横向主要走道为 1.5m，次要走道 1m；

l_3——车间长度方向上设备间距之和，m；

l_4——横墙（柱）厚（宽）度，m。

上述公式计算所得的车间宽度和长度，必须按厂房的跨度，开间数和开间尺寸（梁距）进行调整。按建筑上要求，开间尺寸一般采用300mm为模数。

（三）楼层高度的确定

楼层高度的确定，主要从保证物料有安全的输送角度和设备检修时便于拆装零件等因素考虑。它与机器设备的高度、横梁高度、楼板厚度和设备横向配置等有关。

1. 底层高度的确定

底层大多设置磨粉机传动设备、气力输送的接料器或斗式提升机机座。

当在单跨区域布置双排磨粉机和用提升机输送物料时，底层高度 $H_{底}$（m）由式（8-7）确定（溜管角度设 $\alpha=45°$）。

$$H_{底} = 1.5b_1 + b_2 + h_{eb} + e \tag{8-7}$$

式中 b_1——磨粉机宽度，m；

b_2——磨粉机之间及磨粉机与提升机之间的宽度，m；

h_{eb}——斗式提升机进料口高度，m；

e——机座垫高距离，m。

当 $b_1=1.47$m，$b_2=2$m，$h_{eb}=0.72$m，$e=0.15$m 时，

$$H_{底}=1.5\times1.47+2+0.72+0.15=5.075\ (\text{m})$$

如上述车间改用气力输送，提料管沿两边墙安排，则底层高度可以降低。在这种情况下，可按磨粉机传动设备平台的安全操作高度来确定底层高度。每跨布置两排磨粉机，则底层高度可采用4.8m。但近年来小麦粉加工生产线因设备较多，工艺更新换代较快，一层楼层高度建议在4.8m以上，部分企业一层高度预留5.5m以上，以备工艺升级的需要。

2. 磨粉机层高度的确定

磨粉机层的高度，在一般情况下不低于4.8m。

3. 分配层和清粉机层高度的确定

分配层的高度如只配置管网，不低于4.5m，过低会使管网联系困难。

清粉机层高度决定于平筛和清粉机相互排列的位置，不低于4.8m，一般采用5m以上。

4. 平筛层高度 $H_{平}$（m）的确定

$$H_{平} = h_1 + h_2 + h_3 \tag{8-8}$$

式中 h_1——平筛的安装高度（从地面到吊架距离），高方筛安装高度为3.5m；

h_2——楼板与横梁的高度，m；

h_3——固定平筛用的金属梁高度，m。

当 $h_1=3.5$m，$h_2=0.75$m，$h_3=0.18$m；$H_{平}=3.5+0.75+0.18=4.43$（m）；通常采用4.5~4.8m。

5. 布筒过滤器层高度 $H_{布}$（m）的确定

$$H_{布} = h_1 + h_2 + C \quad (8-9)$$

式中　h_1——布筒过滤器高度，m；

h_2——横板与横梁的高度，m；

C——布筒过滤器与梁的间距，m。

当 $h_1=3.9$m，$h_2=0.6$m，$C=0.08$m；$H_{布}=3.9+0.6+0.08=4.58$（m）；通常布筒过滤器层高度采用 4.5~5.1m。

6. 顶层高度的确定

采用斗式提升机的小麦制粉厂，顶层高度决定于提升机机头到平筛进口的溜管角度和提升机的位置（位于车间中部还是靠墙设置）。

采用气力输送的小麦制粉厂，顶层主要配置卸料器、关风器和高压通风机等设备，而且往往将布筒过滤器同样也配置在顶层内。在这种情况下，顶层高度即可视为布筒过滤器层高度。

制粉间楼层的高度，除上述方案确定外，还应考虑建筑方面的要求，尽量使高度一致。

三、工艺设备布置实例和方案比较

小麦制粉车间一般采用双跨或多跨布局，车间大多 6~8 层楼，工艺设备布置实例如图 8-5、图 8-6 所示。图 8-5 表示三排磨粉机布局，图 8-6 表示双排磨粉机布局。

第四节 小麦制粉厂仓库设计

一、麦仓容设计

仓在设计清理间时，必须确定各种仓的仓容、形状和尺寸。

毛麦仓的仓容量 $V_{毛}$（m^3）按式（8-10）确定：

$$V_{毛} = \frac{Q_{计} \cdot t}{\gamma} \quad (8-10)$$

式中　$Q_{计}$——清理间计算产量，t/d；

t——储存时间，d，一般取 7~15d，最大不超过 30d，最小不低于 5d；

γ——小麦容重，t/m^3。

毛麦仓的仓数 Z（个）为：

$$Z = \frac{V_{毛}}{KV} \quad (8-11)$$

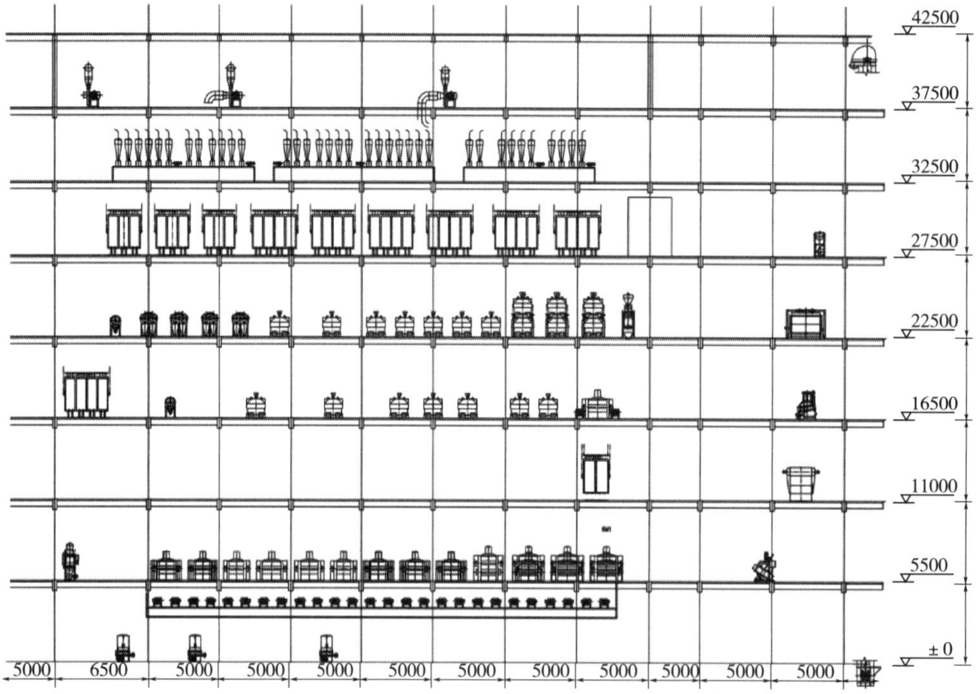

（1）

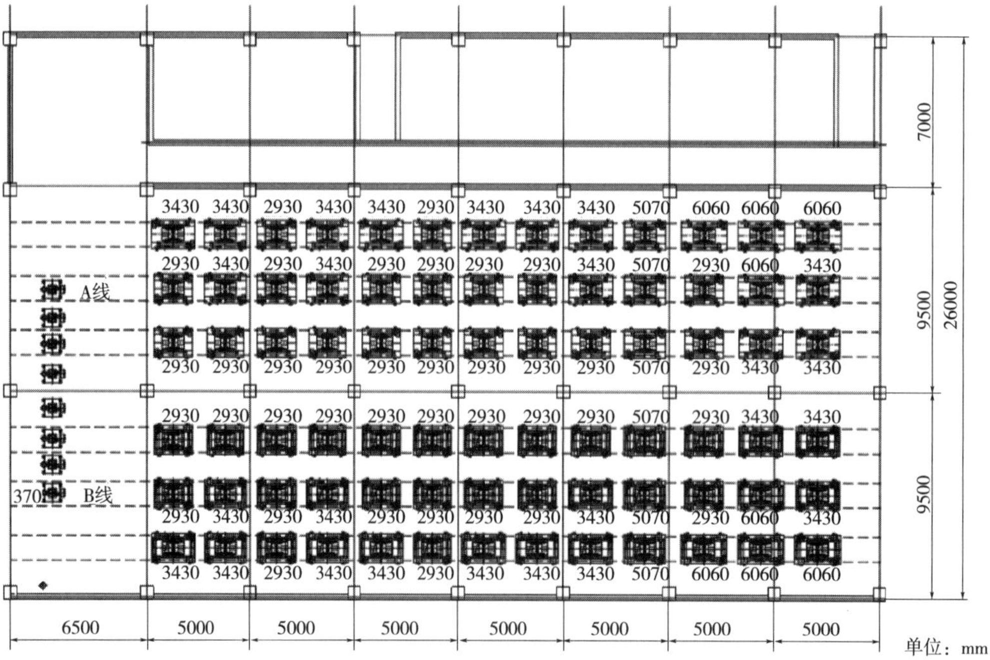

（2）

图 8-5 工艺设备布置实例一

（1）纵剖面图 （2）平面图（磨粉机层）

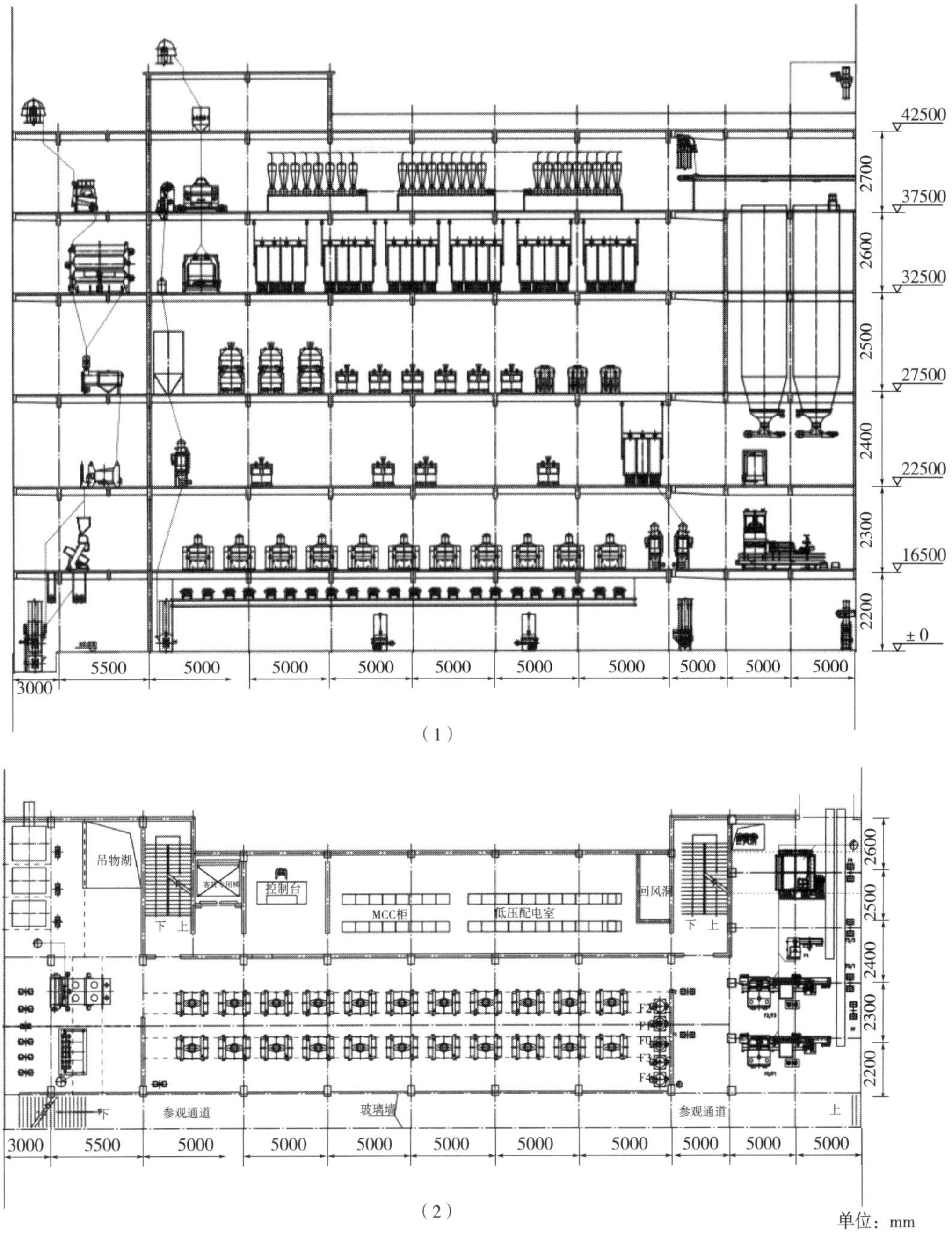

图 8-6 工艺设备布置实例二

（1）纵剖面图 （2）平面图（磨粉机层）

式中 K——仓的有效容积系数，一般取 0.85；

V——每个仓的容积，m^3。

润麦仓的仓容量仍可用式（8-10）计算，润麦储存时间取 $t=1\sim2d$，一般寒冷地区和硬麦所需的润麦时间要长。

润麦仓的仓数 Z（个）为：

$$Z = \frac{V_{润}}{KV} + 1 \tag{8-12}$$

净麦仓的仓容量 $V_{净}$（m^3）可按式（8-13）确定：

$$V_{净} = \frac{Q_{计}(1 - c)t}{K\gamma} \tag{8-13}$$

式中　$Q_{计}$——清理间计算产量，t/h；

c——原粮食含杂率,%；

t——净麦储存时间，取 $t=0.5\sim1.0$h，以取 $t=0.5$h 者为多数。

毛麦仓和润麦仓的截面形状，多为方形筒仓，也可以设计成矩形筒仓。毛麦仓边长为 3~4m，部分大型厂可以做到 6m；润麦仓边长可取 2.5~3m。在确定麦仓尺寸时，应结合清理间的开间和跨度同时考虑。为了减少死角，仓内四角应成斜棱或圆弧形。

毛麦仓和润麦仓的仓底应设计成截锥体。锥面的斜角，毛麦仓应不低于 45°，润麦仓不低于 55°。

为了克服粮食出仓时产生自动分级，现在毛麦（谷）仓和润麦仓都采用多出料口。根据麦仓的截面尺寸，出料口一般设 4~9 个，出料口一般为 220~250mm 的方口。

净麦仓因设在车间内部，其截面形状多数采用圆形，仓底可以设计成截圆锥体，锥面的斜角为 45°。

二、原粮立筒仓库的设计

小麦制粉厂原粮立筒库的仓容量一般为 1~2 个月的生产量。

圆形立筒库主筒仓实际容积 $V_{主}$（m^3）的计算可用下列公式：

$$V_{主} = Fh_1 - V_1 + V_2 \tag{8-14}$$

式中　F——筒仓横截面积，m^2；

h_1——筒身高度，m；

V_1——仓顶无粮部分的体积，m^3；

V_2——仓斗体积，m^3。

因为：

$$V_1 = K_0 D\tan\beta \tag{8-15}$$

$$V_2 = \frac{\pi h_2}{12}(D^2 + Da + a^2) \tag{8-16}$$

式中　K_0——系数，如表 8-1 所示；

D——仓筒直径，m；

β——粮食自然坡角，(°)；

h_2——仓斗高度，m；

a——卸料口直径，m。

$$V_{主} = \frac{\pi D^2}{4}h_1 - K_0 D^\delta \tan\beta + \frac{\pi h_2}{12}(D^2 + Da + a^2) \quad (8-17)$$

若仓斗锥面倾角为 α，则

$$h_2 = \frac{D - a}{2}\tan\alpha$$

式（8-13）可改为

$$V_{主} = \frac{\pi D^2}{4}h_1 - K_0 D^\delta \tan\beta + \frac{\pi(D^\delta - a^\delta)}{24}\tan\alpha \quad (8-18)$$

式中　α——仓斗倾角，小麦取 $\alpha=45°$，稻谷取 $\alpha=50°$。

表 8-1　　圆形筒仓进料口离中心不同距离时的 K_0 值

	C/D					
	0.5	0.4	0.3	0.2	0.1	0
K_0	0.444	0.332	0.331	0.293	0.27	0.262

注：C/D—圆形筒仓进料口中心距圆仓中心点的距离/圆形筒仓直径。

星仓的实际仓容 $V_{星}$（m^3）可按式（8-15）计算：

$$V_{星} = (D^2 - \frac{\pi D^2}{4})(h_1 + \frac{h_3}{3}) \quad (8-19)$$

式中　h_3——星仓仓斗高度，m。

方形立筒库的筒仓实际容积 V（m）按式（8-16）计算：

$$V = a^2 h_1 - K_0 a^\delta \mathrm{tg}\beta + \frac{h_2}{3}(a^2 + ab + b^2) \quad (8-20)$$

式中　a——筒边边长，m；

h_1——筒身高度，m；

K_0——系数，如表 8-2 所示；

β——粮食自然坡角，(°)；

h_2——仓斗高度，m；

b——卸料口边长，m。

表 8-2　　方形筒仓进料口离中心不同距离时的 K_0 值

c_1/a	c/a					
	0.5	0.4	0.3	0.2	0.1	0
0.5	0.765	0.705	0.658	0.622	0.6	0.593
0.4	0.705	0.641	0.589	0.551	0.528	0.52
0.3	0.658	0.589	0.534	0.493	0.469	0.461
0.2	0.622	0.551	0.493	0.45	0.426	0.415

续表

c_1/a	c/a					
	0.5	0.4	0.3	0.2	0.1	0
0.1	0.6	0.528	0.469	0.426	0.4	0.392
0	0.593	0.52	0.461	0.415	0.392	0.383

注：c/a——方形筒仓进料口中心距方仓中心点 X 轴线的垂直距离/方形筒仓边长；c_1/a——方形筒仓进料口中心距方仓中心点 Y 轴线的垂直距离/方形筒仓边长。

三、包装成品库设计

成品库的仓容量按库存时间的长短而定。库存时间的长短，则需根据粮食工厂的产品是内销还是外销来决定。一般库存时间 7~10d。

总仓容量 E（m^3）为：

$$E = TQ_{天} \tag{8-21}$$

$$E = \frac{Q_{年}}{t\varphi} \tag{8-22}$$

式中 T——库存时间，d；

$Q_{天}$——小麦工厂生产能力，t/d；

$Q_{年}$——小麦工厂年产量，t/年；

t——小麦工厂全年生产天数，可按 300d 计；

φ——成品发放不均匀系数，一般为 0.10~0.14。

成品库的建筑面积 F（m^2）可按式（8-19）计算：

$$F = \frac{1000Ef}{nq\eta} \tag{8-23}$$

式中 E——总仓容量，t；

f——一包小麦粉或大米的占地面积，m^2；

n——粮包堆高包数，包；

q——粮包的质量，kg/包；

η——成品库面积的利用系数，取 η =0.65。

25kg 装小麦粉包的尺寸为：长 700mm，宽 370mm，高 160mm。每包占地面积为 0.26m^2。每 100 包的体积为 4.14m^3。小麦粉堆桩体积和地面负荷如表 8-3 所示。

表 8-3 小麦粉堆桩体积和地面负荷

堆桩包数	堆桩高度/m	堆桩体积/m^3	地面负荷/（kg/m^3）
10	1.6	38.5	963
11	1.76	42.3	1058

续表

堆桩包数	堆桩高度/m	堆桩体积/m^3	地面负荷/（kg/m^3）
12	1.92	46.2	1155
13	2.08	50	1250
14	2.24	53.8	1345
15	2.4	57.7	1443
16	2.56	61.5	1538
17	2.72	65.4	1635
18	2.88	69.2	1730
19	3.04	73.1	1828
20	3.2	76.9	1923

四、 散装成品和副产品仓设计

成品散装储存是推广粮食散装运输工作的重要环节之一。近年来，我国推广散装运输。经验证明，对小麦粉实行散装运输，在节约劳动力和包装材料、节省搬运费用、减少浪费和污染、改善经营管理方面都有极大益处。在国外，由于劳动力费用昂贵，采用散存、散运反而更为经济。因此，小麦粉的散存、散运工作得到迅速发展。小麦粉散装储存的优点如下。

（1）可以使打包工作只限于日班进行，夜班不打包，以解除夜班工人繁重的体力劳动（另外夜班工资费用较高）。

（2）提高劳动生产率。小麦制粉厂 2~3d 的散存产品，用高速打包机，一个日班工作可完成打包和发放工作，提高工效 6~9 倍。

（3）小麦粉散存后，可以节约二次搬运量，节约包装仓库的面积。

（4）利用小麦粉的散装储存，可以进行完善的搭配，以获得各种不同品质要求的小麦粉。

（5）对小麦制粉厂刚开车时生产的，或因其他原因生产的不合格小麦粉，可以不必另做处理，在小麦粉搭配时给予解决。

（6）散存小麦粉通过定期倒仓，可以使小麦粉有较好的通气性和陈化作用。

（7）便于整个制粉厂实现自动化。

（8）在小麦制粉厂和饼干厂，小麦粉采用散装储存，可以减少袋装时造成的小麦粉损失，节约劳力，便于进行自动配料。

实行小麦粉的散装储存虽有上述优点，但也带来一定的问题，如大量小麦粉散存时，使小麦制粉厂存在粉尘爆炸的可能性，因此必须设置排气安全措施；存在发生虫害的危险性，因此每隔三个月要空仓清理一次，并使进仓的小麦粉先进撞击杀虫机，杀死虫卵；容易造成不合格粉，因此必须在进仓、打包或散装发放前进行重筛。

小麦粉散存装置的工艺流程，有以下 3 种典型设计方案。

（1）小麦粉散装储存，卸出后全部打包；

（2）小麦粉散装储存，卸出后部分打包，部分散装发放；

（3）小麦粉散装储存，卸出后全部散装发放。

小麦粉散装仓选用数量较多的小仓，可以使工厂保持高度的灵活性。同时，仓容量过小，仓数过多，会使储存每吨小麦粉的设备投入增高。一般至少应建有 24~48 h 储存量的小麦粉散装仓（卸出后日班打包储存），整体仓容量为 3~7d 的生产量。

第九章
小麦制粉厂安全生产

小麦加工从原粮接收到成品发放的生产全过程中，伴生有可燃性粉尘如小麦尘芥粉尘和小麦粉粉尘等，存在粉尘爆炸的危险因素。在设备操作、装卸、检维修和清理作业时，存在机械伤害、触电、火灾、高处坠落、起重伤害、物体打击、灼烫等危险因素。在清理麦仓和小麦粉仓结拱时，存在坍塌（掩埋）、窒息（缺氧）、粉尘爆炸、高处坠落等危险因素。

第一节
小麦加工领域的安全风险

厂房、仓库、办公楼等各类建筑存在导致火灾的危险因素。

小麦仓库有平房仓、筒仓（包括浅圆仓和立筒仓）两种型式，主要以散装形式储存。储存期间生虫需要进行虫害防治，在储存期间还可能发生粮食结拱、挂壁等状况需要清除，存在导致容器爆炸（未按规定的种类和容量充装，产生爆裂、掩埋危险）、坍塌、中毒和窒息等危险因素。

厂区的物流从小麦原料、小麦粉成品到原辅材料等运输主要使用重型货车运输，部分工厂还使用船运码头、火车专用线。大型货车在厂区行驶、过路口、转弯、货场倒车和卸粮作业、火车调车等存在导致车辆伤害的危险因素。货物内部转运和装卸主要使用叉车，也存在导致车辆伤害的危险因素。码头接驳和上船取样存在导致淹溺的危险因素。

公共辅助设施的供电、压缩空气、蒸汽等存在导致触电、火灾、容器爆炸、锅炉爆炸、灼烫等危险因素。

厂区的各种地下管沟、化粪池、污水池、窨井、阀门/表井等存在中毒和窒息等危险因素。厂区的消防水池、水箱等存在导致淹溺的危险因素。

综上所述，参照 GB 6441—1986《企业职工伤亡事故分类标准》划分的 20 类事故类型，小麦加工领域涉及其中 15 种类型，包括：①其他爆炸（粉尘爆炸）；②火灾；③坍塌（掩埋窒息）；④中毒和窒息；⑤机械伤害；⑥触电；⑦高处坠落；⑧起重伤害；⑨车辆伤害；⑩物体打击；⑪容器爆炸；⑫其他伤害；⑬锅炉爆炸；⑭灼烫；⑮淹溺。风险举例如表 9-1 所示。

表 9-1 小麦加工领域各种类型事故的主要风险点举例

事故类型	风险点（场所/设备设施/作业活动）
1. 其他爆炸（粉尘爆炸）	工作塔（筒仓）、小麦粉车间、料仓（麦仓、小麦粉仓、中间料仓、打包仓等）、气力输送及除尘系统、输送设备（斗式提升机、螺旋输送机、刮板输送机、皮带输送机等）、粉碎机、磨粉机、麸皮干燥机、动火作业、仓内作业用电、粉尘清扫等
2. 火灾	建筑物（防火间距、耐火等级、防火分区、构建材料等）、消防设备及通道、燃气管道和气瓶、电瓶/电池充电设施、变配电室、电气设备及线路、输送带（斗提机和皮带机等）、传动皮带、粉碎机、磨粉机、麸皮干燥机、动火作业等

续表

事故类型	风险点（场所/设备设施/作业活动）
3. 坍塌（掩埋窒息）	破除粮食结拱和鹅头状粮堆、清理粮食挂壁、仓内排堵、粮仓挡粮板、粮垛、危险建筑物等
4. 中毒和窒息	粮仓（平房仓、筒仓）、料仓、地下管沟、化粪池、污水池、窨井、阀门/表、熏蒸杀虫、各类入仓作业、清淤污等
5. 机械伤害	U 型螺旋输送机、关风器、磨粉机、包装机、机械手、车床、实验压片机、机械传动装置、设备故障处理和卡塞异物清理、检维修和试车调试等
6. 触电	变配电室、电气设备及线路、倒闸作业、临时用电、密闭容器内用电作业、电焊机、手持电动工具、检维修等
7. 高处坠落	吊物洞、仓顶孔洞、筒仓/垛顶、棚顶、屋顶、临边护栏、登高清理和检修（溜管、除尘器、仓下出仓设备）等
8. 起重伤害	吊葫芦、行车、吊车、吊索吊具等
9. 车辆伤害	叉车、货车、机车、封闭的卸粮点和装车点、装卸区/点、坡道、弯道等
10. 物体打击	踢脚板（吊物洞、作业平台等）、楼板孔洞、建筑物上广告牌等附属物、冬季冰挂、垂直交叉作业、高处作业（落物）、搬运作业等
11. 容器爆炸	粮仓（平房仓、筒仓）、压力容器（储气罐、分气缸等）、压力管道等
12. 其他伤害	楼梯（跌伤）、地面（坑洼、油水、钉子等）、工作通道上障碍物（管道、墙面支架等）、设备的锋利边缘和尖锐凸出等
13. 锅炉爆炸	蒸汽锅炉
14. 灼烫	电气焊作业、热力管道及设备、使用强酸和强碱的实验、烘焙实验、蒸煮和烹饪等
15. 淹溺	蓄水池/箱、消防水池/箱等

第二节
安全风险分析

以下安全风险分析是基于现行相关监管的法律、规范和标准的分析判断，是企业生产运营中应重点管控的风险和治理的隐患。企业在进行安全生产风险分析管控时，并不限于以下风险分析结果，企业还应结合工厂实际情况，学习 GB 18218—2018《危险化学品重大危险源辨识》，适当选用安全检查表法（SCL 法）、作业条件危险性分析法（LEC 法）、设备危险性分析法（LS 法）、职业病危害分级法、风险矩阵分析法等安全风险分析评价工具对生产经营各环节的安全风险进行辨识、评价和分级管控。

1. 重大事故隐患风险分析

《工贸行业重大生产安全事故隐患判定标准》将粉尘爆炸列为构成重大事故隐患的因素之一，并给出构成存在粉尘爆炸危险的小麦加工领域重大隐患的5种分类7种情形，如表9-2所示。

表9-2　存在粉尘爆炸危险的小麦加工领域工贸行业专项类重大事故隐患判定标准

隐患分类	隐患描述
建构筑物	粉尘爆炸危险场所设置在非框架结构的多层建构筑物内，或与居民区、员工宿舍、会议室等人员密集场所安全距离不足
除尘系统	干式除尘系统未规范采用泄爆、隔爆、惰化、抑爆等任何一种控爆措施
	除尘系统采用正压吹送粉尘，且未采取可靠的防范点燃源的措施
	除尘系统采用粉尘沉降室除尘，或者采用干式巷道式构筑物作为除尘风道
电气设备	粉尘爆炸危险场所的20区未使用防爆电气设备设施
典型工艺	在粉碎、研磨、造粒等易于产生机械点火源的工艺设备前，未按规范设置去除铁、石等异物的装置
现场管理	未制定粉尘清扫制度，作业现场积尘未及时规范清理

2. 较大安全风险分析

《轻工行业较大危险因素辨识与防范指导手册》中在谷物磨制工艺部分将“其他爆炸（粉尘爆炸）、坍塌、容器爆炸、中毒和窒息”列为有较大危险因素的风险点。在建筑及消防、特种设备、电气设备、检维修和清理作业等公共部分将“火灾、其他爆炸（粉尘爆炸）、坍塌、其他伤害、起重伤害、高处坠落、物体打击、容器爆炸、触电、车辆伤害、机械伤害”列为有较大危险因素的风险点。如工厂配置锅炉应将其作为较大危险的风险点进行管控。

第三节 安全生产管理

1. 新、改、扩建设项目的源头管理

小麦加工项目属于《建设项目安全施“三同时”监督管理办法》中“第七条规定以外的其他建设项目”，应当对安全生产条件和设施进行综合分析，形成书面报告备查；在建设项目初步设计时，委托有相应资质的初步设计单位对建设项目安全设施同时进行设计，编制安全设施设计的建设项目安全设施设计，并自行组织审查，形成书面报告备查；建设项目竣工投入生产或者使用前，应当自行组织对安全设施进行竣工验收，并形成书面报告备查。

根据GB 50016—2014《建筑设计防火规范》的生产的火灾危险性分类，制粉车间和工作塔的火灾危险性为乙类，新、改、扩建设项目应进行消防设计审核，消防验收。

2. 安全生产管理体系的建立

小麦制粉厂可参照《食品生产企业安全生产标准化评定标准》，结合本工厂安全生产的实际情况建立安全生产管理体系。

3. 生产运营中的主要安全风险管控措施

小麦加工生产运营中的主要安全风险管控措施如表 9-3 所示。

表 9-3　小麦加工生产运营中的主要安全风险管控措施举例

序号	事故类型	风险点	主要管控措施	相关法规标准
1	粉尘爆炸	场所	(1) 有爆炸危险的甲、乙类厂房宜独立设置，并宜采用敞开或半敞开式。其承重结构宜采用钢筋混凝土或钢框架、排架结构 (2) 员工宿舍严禁设置在厂房内。办公室、休息室等不应设置在甲、乙类厂房内，确需贴邻本厂房时，其耐火等级不应低于二级，并应采用耐火极限不低于 3.00h 的防爆墙与厂房分隔和设置独立的安全出口 (3) 应按爆炸性粉尘环境的要求对车间进行设计，应设泄爆口，并达到相应的泄爆面积 (4) 禁止使用易燃材料作为易爆粉尘建筑结构 (5) 建立粉尘清扫制度。应及时清扫附着在地面、墙体、设备等表面上的粉尘，避免粉尘堆积 (6) 易产尘地点应设置负压除尘措施，禁止采用正压吹扫。设置岗位粉尘扩散后应急处置措施 (7) 粉尘爆炸危险场所，应采取防雷、防静电措施 (8) 粉尘爆炸危险场所的出入口、生产区域及重点危险设备设施等部位，应设置显著的安全警示标识标志	GB 50016—2014《建筑设计防火规范》 GB 17740—2017《粮食加工储运系统粉尘防爆安全规程》 GB 15577—2018《粉尘防爆安全规程》
		设备设施	工艺设备： (1) 物料进入清理系统、磨粉机研磨系统、粉碎机前应设置除去金属杂质的磁选设备 (2) 斗式提升机、皮带输送机、刮板输送机等输送设备的胶带和链条传送装置应具有可靠张紧装置，并应按照 GB 17740—2017《粮食加工储运系统粉尘防爆安全规程》的要求配置皮带失速、跑偏和断链等监测装置，在爆炸危险区范围内的转动设备若必须使用皮带传动，应采用防静电皮带 (3) 制粉、磨粉设备设施运行中应密闭，防止粉尘扩散 (4) 粉尘爆炸危险场所的出入口、生产区域及重点危险设备设施等部位，应设置显著的安全警示标识标志	GB 17740—2017《粮食加工储运系统粉尘防爆安全规程》 GB 15577—2018《粉尘防爆安全规程》
			除尘系统： (1) 不同防火分区的除尘系统禁止互联互通	AQ 4273—2016《粉尘爆炸危险场所用除尘系统安全技术规范》

续表

序号	事故类型	风险点	主要管控措施	相关法规标准
1	粉尘爆炸	设备设施	(2) 干式除尘系统应按照可燃性粉尘爆炸特性采取预防和控制粉尘爆炸的措施，选用降低爆炸危险的以下一种或多种防爆装置：泄爆、隔爆、惰化、抑爆 (3) 其他粉尘爆炸危险场所除尘系统若采用正压吹送粉尘，则应采取可靠的防范点燃源的措施 (4) 除尘系统不应采用以沉降室为主的重力沉降除尘方式；不应采用干式巷道式构筑物作为除尘风道 (5) 干式除尘器运行工况应是连续卸灰、连续输灰。设置卸灰装置运行异常及故障停机的监控装置，出现运行异常及故障停机状况时应发出声光报警信号。设置输灰装置运行异常及故障停机的监控装置，出现运行异常及故障停机状况时应发出声光报警信号 (6) 风管的风量及风速应满足风管内不出现粉尘堵塞、风管内壁不出现厚度大于 1mm 积尘的要求 (7) 在水平风管每间隔 6m 处，以及风管弯管夹角大于 45°的部位，宜设置清灰口。在风管弯管夹角大于 45°的部位，宜设置监视粉尘在管道内流动的观察窗	AQ 4273—2016《粉尘爆炸危险场所用除尘系统安全技术规范》
			电气设备： (1) 应按照 GB 17740—2017《粮食加工储运系统粉尘防爆安全规程》“6. 2 电气设备的选择” 选用电气设备 (2) 20 区、21 区和 22 区内应采用粉尘防爆型照明装置。灯具和粮食净距不应小于 500 mm (3) 粮食加工、储运系统的生产作业，应设置符合工艺作业要求、保障安全生产的电气联锁，以保证在故障时生产作业的安全。电气联锁包括：①生产作业线之间的电气联锁；②生产作业线中各用电设备间的电气联锁；③生产作业线的紧急停车	GB 17740—2017《粮食加工储运系统粉尘防爆安全规程》
			防雷与防静电接地： (1) 粮食粉尘爆炸性环境防雷与接地设计应符合 GB 50057—2010《建筑物防雷设计规范》的规定。4. 2 设备、机架、管道的每段金属外壳间应采用跨接等方式，形成良好的电气通路，不得中断 (2) 在 20 区、21 区和 22 区内，可能产生静电危险的设备和管道，应有防静电接地措施，并应单独与接地体或接地干线相连，不得相互串联后再接地	GB 17740—2017《粮食加工储运系统粉尘防爆安全规程》
		作业活动	(1) 检查和维护用于粉尘爆炸危险场所 20 区、21 区和 22 区的电气设备和防爆装置应由熟悉防爆专业知识的人员进行	GB 17740—2017《粮食加工储运系统粉尘防爆安全规程》

续表

序号	事故类型	风险点	主要管控措施	相关法规标准
1	粉尘爆炸	作业活动	(2) 动火作业应执行审批程序。遵循“没有经过批准不动火；动火监护人不在现场不动火；安全措施没有落实不动火；动火部位、时间与《许可证》不符不动火” (3) 仓内作业应使用防爆工具、防爆灯具、粉尘防爆型防爆通信器材和电气设备，探入仓内进行照明的灯具应具有防碰撞的外壳或外罩 (4) 储运、加工系统中的安全、通风除尘、防爆、泄爆等设施，未经主管部门批准，不允许拆除或改变用途	GB 17740—2017《粮食加工储运系统粉尘防爆安全规程》
2	火灾	场所	厂房与仓库： (1) 厂房之间及与乙、丙、丁、戊类仓库等防火间距不应小于 GB 50016—2014 表 3 的规定 (2) 乙、丙、丁、戊类仓库之间及与其他建筑的防火间距不应小于 GB 50016—2014 表 3 的规定 (3) 各类建筑物的耐火等级、层数和单个防火分区的最大允许面积应与其使用特点和火灾危险性相适宜，并有明显标识 (4) 当同一建筑物内设置多种使用功能场所时，不同使用功能场所之间应进行防火分隔 (5) 建筑构建材料禁止使用聚氨酯泡沫板 (6) 应设自动火灾报警装置，应设置消防水系统与消防通道，并设置警示标志 (7) 厂房、仓库的出入口、生产区域及重点危险设备设施等部位，应设置显著的安全警示标识标志	GB 50016—2014《建筑设计防火规范》
			配电室： (1) 配电室具有防鼠、防雀等措施 (2) 每年进行防雷检测、电气设备检测 (3) 巡查接线、接地、零线是否松动（建议配备热成像仪检查发热点） (4) 室内及周边禁止存放易燃、易爆等的物品 (5) 设置通风系统或空调系统	
		设备设施	(1) 物料进入清理系统、磨粉机研磨系统、粉碎机前应设置除去金属杂质的磁选设备 (2) 斗式提升机、皮带输送机、刮板输送机等输送设备的胶带和链条传送装置应具有可靠张紧装置，并应按照 GB 17740—2017《粮食加工储运系统粉尘防爆安全规程》的要求配置皮带失速、跑偏和断链等监测装置，在爆炸危险区范围内的转动设备若必须使用皮带传动，应采用防静电皮带 (3) 麸皮干燥机不应安装在粉尘爆炸性危险环境内，并配置可靠的温度控制和超温报警装置 (4) 应建立设备巡检制度，磁选机、磨粉机、粉碎机、麸皮干燥机等重点防火部位应建立点检制度	GB 17740—2017《粮食加工储运系统粉尘防爆安全规程》

续表

序号	事故类型	风险点	主要管控措施	相关法规标准
2	火灾	设备设施	(5) 电瓶/电池充电设施应设置在独立的建筑内，充电时释放可燃气体的电池充电房应具有防爆设计和良好通风 (6) 配电箱（强电、弱电）无杂物，无私拉乱接，无电器元器件、线路老化及破损现象；临时用电管理：对临时线进行审批和敷设；巡查接线、接地、零线是否松动（建议配备热成像仪检查发热点） (7) 应当对地下和地下燃气管道进行标识，禁止占压地下管道。动土作业时进行管线图交底 (8) 气瓶：使用的气瓶充装单位具有《气瓶充装许可证》；气瓶无泄漏，色标、钢印、合格标签、警示标签齐全；直立放置防倒伏，旋紧安全帽、装有防震垫圈；存放场所通风，防日晒雨淋和腐蚀；使用现场存放数量不超过5瓶	GB 17740—2017《粮食加工储运系统粉尘防爆安全规程》
		作业活动	动火作业应执行审批程序。遵循“没有经过批准不动火；动火监护人不在现场不动火；安全措施没有落实不动火；动火部位、时间与《许可证》不符不动火”	—
3	坍塌 掩埋窒息	场所	危房处理： (1) 应对建筑物进行危房鉴定，且有鉴定结论或报告，并建立档案 (2) 凡鉴定为危险建筑物，应拆除或大修，暂时无法处理的应封闭，并拆除水、电和气源，设置明显标识	—
			粮仓： (1) 粮垛应横平竖齐，无歪斜；托盘码高堆放质量不应超过地坪和托盘的承重 (2) 做好粮情监测和倒仓清理，防止仓内小麦结拱、挂壁及鹅头 (3) 选择适宜仓型、出仓设备和定时倒仓防止小麦粉等物料结拱；麸皮不宜在仓内长时间存留，仓内麸皮宜当班出尽	—
		设备设施	在粮仓上部出口设系留装置；设置机械通风装置	LS 1206—2017《粮食仓库安全操作规程》
		作业活动	仓内作业： (1) 作业点应设置醒目的警示标识和清仓、维修作业流程 (2) 进入仓内作业应执行审批程序。作业先通风，再检测，合格后配备监护人进行监护作业 (3) 进入仓内作业时应正确佩戴安全绳、安全帽，配备应急呼救工具。监护人员到位，并配备急救用品和正压呼吸器	LS 1206—2017《粮食仓库安全操作规程》 DB 33/707—2008《有限空间作业安全技术规程》《工贸企业有限空间作业安全管理与监督暂行规定》

续表

序号	事故类型	风险点	主要管控措施	相关法规标准
3	坍塌 掩埋窒息	作业 活动	(4) 自然通风不良时，应采用机械通风置换空气，在作业过程中不得停风 (5) 应自上而下进入，不得从下部进入作业 (6) 严禁站在出仓流动的粮面上进行排堵等作业	LS 1206—2017《粮食仓库安全操作规程》 DB 33/707—2008《有限空间作业安全技术规程》《工贸企业有限空间作业安全管理与监督暂行规定》
4	中毒 和窒息	场所	(1) 应建立受限空间管理台账 (2) 有限空间入口处规范设置有限空间安全风险告知牌，包括有限空间编号、名称、主要危险有害因素、危险象形图、警示语句、防范和应急措施、报警电话等内容 (3) 必要时，有限空间入口处上锁管理	—
		设备 设施		
		作业 活动	有限空间作业（污水池、窨井等）： (1) 在作业点应设置醒目的警示标识和作业流程 (2) 必须严格执行危险作业审批程序，办理有限空间许可证 (3) 作业前，应先通风，现场作业人员在佩戴好防毒面具、安全带等防护用品的前提下，空间内的物料；再检测，对空间内硫化氢、氧气含量检测合格后方可作业；入口外至少设两人进行监护 (4) 进入自然通风换气效果不良的有限空间，应采用机械通风，通风换气次数不能少于3~5次/h。通风换气应满足稀释有毒有害物质的需要。作业时，操作人员所需的适宜新风量应为30~50m^3/h (5) 监护和救援人员应能正确使用防毒面具、空气呼吸器等有限空间作业个体防护用具与安全设施 (6) 作业时间超过30min时，必须重新进行池内气体检测 (7) 作业结束后，清理干净池内工具、杂物，作业和监护人员签字保存记录	DB33/707—2008《有限空间作业安全技术规程》 《工贸企业有限空间作业安全管理与监督暂行规定》
5	机械伤害	场所	(1) 生产区域应建立门禁制度，对来访人员进行管理 (2) 生产区域应有必要的风险警示标识或告知	—
		设备 设施	(1) 机械传动、运动部位的防护装置应齐全到位 (2) 设备上的进人孔、投料口等应有防护盖板、网和警示标识，必要时盖板加装连锁停机装置 (3) 设备现场开关合理，标识清晰，一是便于操作者紧急停车，二是避免误开动其他设备 (4) 人手频繁接触的机械，应设置紧急制动装置、制动按钮应设置在操作活动范围内可立即触及的位置	—

续表

序号	事故类型	风险点	主要管控措施	相关法规标准
5	机械伤害	设备设施	（5）具有机械伤害风险的部位应张贴安全警示标志 （6）U型螺旋输送机的机箱盖必须紧固，禁止任何正式和临时的敞口运转，并张贴安全警示标识标志。小麦粉汇集绞龙上的溜管孔盖应坚固，可经受猛烈踩踏 （7）关风器上下溜管的手孔宜设置在离叶轮顶一臂的距离 （8）磨粉机的磨辊、喂料辊的旋入端应有良好的防护和安全警示标示；磨粉机悬挂电机机架下应搭设防护网 （9）旋转夹袋多工位包装机应设置防止人员进入旋转夹袋机构的联锁停机防护装置；全自动包装机应全封闭，所有故障处置和检修门应设置联锁停机防护装置 （10）在码垛机械手的旋臂半径外设置防护栏，防护栏入口应设置联锁停机防护装置 （11）实验压片机的进料口应设置可靠的防护网，并张贴安全警示标志	—
		作业活动	（1）设备检维修应断电挂牌警示禁止合闸，必要时上锁 （2）检修完毕，试车前应确认人员全部撤离机械设备方可摘牌合闸，并遵循“谁挂牌、谁摘牌”原则 （3）检修中应按检修方案拆除安全装置，并有安全防护措施。安全防护装置的变更，应经安全部门同意，并应做好记录归档。检修完毕，安全装置应及时恢复 （4）对设备异常状况处理、卡塞异物等清理时应停机，必要时断电挂牌 （5）设备检维修的风险较大时，应制定安全施工方案，进行安全交底，严格执行工作票制、安全确认制度、挂牌制、监护制、锁具制，做好现场的安全措施和现场的安全交底	—
6	触电	场所	（1）变配电室应建立门禁制度，非工作人员禁止入内 （2）高、低压柜前必须铺设绝缘胶板 （3）高压试电笔、绝缘手套、绝缘套鞋、接地线等电工工具和防护用品必须按检验标准要求送检，并张贴标识	DL 408—1991《电业安全工作规程（发电厂和变电所电气部分）》
		设备设施	电气设备： （1）临时线路敷设符合安全要求，应安装总开关控制和漏电保护装置。无私自增加用电设备，超负荷使用大功率电器等不安全行为 （2）临时用电设备PE（保护接地线）连接可靠 （3）电气盘、箱、柜必须设置设备编号、当心触电标识、单线系统图、接地和接零标识；相序线及接线标识规范、柜门保护接地并牢靠、接线位和母牌等裸露部位均有有机玻璃罩、穿线孔应封堵、线路应横平竖直、固定有序	GB 50054—2019《低压配电设计规范》 GB/T 13869—2017《用电安全导则》 GB/T 3787—2017《手持式电动工具的管理、使用、检查和维修安全技术规程》

续表

序号	事故类型	风险点	主要管控措施	相关法规标准
6	触电	设备设施	(4) 电器设施设备接线、接地、零线紧固无松动，相应低压用电设备按规定安装漏电保护 (5) 无电器元器件、线路老化及破损现象	GB 50054—2019《低压配电设计规范》 GB/T 13869—2017《用电安全导则》 GB/T 3787—2017《手持式电动工具的管理、使用、检查和维修安全技术规程》
			手持式电动工具: (1) 电焊机一次和二次线接线柱端口防护罩良好；二次线电缆绝缘良好，无裸露；焊钳无破损，绝缘电阻 > 1M 欧；“一机一闸一漏一箱”，电焊机和电源箱外壳接地或接零，接地电阻<4 欧，接线螺钉规格 > M8，接地线整根中间无接头 (2) 手持式电动工具外壳及手柄无裂纹或破损；电缆线无破损；插头符合要求无破损；开关动作正常无破损；绝缘电阻符合要求，每半年检测一次	
		作业活动	(1) 倒闸作业：必须执行操作票和工作监护制 (2) 临时用电：宜采取《临时用电许可制度》管理 (3) 设备检维修应断电挂牌警示禁止合闸，必要时上锁；检修完毕，试车前应确认人员全部撤离机械设备方可摘牌合闸，并遵循“谁挂牌、谁摘牌”原则；严禁带电移动电气设备 (4) 密闭容器内作业使用行灯电压不应大于36V，进入潮湿密闭容器内作业不应大于12V (5) 电焊作业焊工持证上岗，无操作证和非岗位人员禁止操作；作业时穿戴绝缘手套、绝缘鞋	—
7	高处坠落	场所	(1) 识别承重表面与脆弱表面，包括彩钢板、采光板、石棉瓦、瓦楞板等轻型材料屋顶、棚顶和吊顶，车间内临时平台等。在其爬梯和通道入口实施锁控或隔离，并张贴安全警示标识进行告知 (2) 识别坡面屋顶、女儿墙或防护栏低于 800mm 的屋顶和仓顶，在其爬梯和通道入口实施锁控或隔离，并张贴安全警示标识进行告知 (3) 识别临时垛顶，进行区域隔离，并在醒目位置张贴安全警示标识进行告知	GB 4053—2009《固定式钢梯及平台安全要求》
		设备设施	(1) 吊物洞应安装盖板或标准防护栏 (2) 楼板及仓顶等孔洞应配置坚固、不能滑动的盖板，临时打开时必须设置防护装置或措施 (3) 在溜管、除尘器、仓下出仓设备等潜在的高处作业场所设置安全带悬挂装置、平台、固定爬梯、标准防护栏 (4) 便携式移动梯应指定专人定置管理维护，取用前进行点检，有缺陷的应报告，修复后方可使用 (5) 脚手架应符合相关安全技术规范	GB 12142—2007《便携式金属梯安全要求》 GB 130—2001《脚手架安全技术规范》

续表

序号	事故类型	风险点	主要管控措施	相关法规标准
7	高处坠落	作业活动	（1）高处作业宜实行作业许可制度 （2）适用于高处作业操作证管理的高处作业，必须持证操作 （3）高处作业应佩戴安全带，设安全通道、梯子、支架、吊台或吊盘 （4）高处检修管道及电气线路，应使用乘人升降机，不应使用起重卷扬机类设备带人作业 （5）使用吊物洞临边吊装时，应佩戴区域限制安全带 （6）禁止大风、冰雪等恶劣天气室外作业。其他特定条件应采取针对性安全措施	—
8	起重伤害	场所	吊物洞等常规性固定起重设备吊装场所应配置可靠的吊装区域隔离防护设施；临边吊装处应设置安全带系留装置；现场应张贴吊装安全操作规程和安全警示标识	GB/T 5972—2016《起重机钢丝绳保养、维护、检验和报废》 GB 6067—2010《起重机械安全规程》
		设备设施	严格执行起重机械、吊具检修维护、专检、点检等检查管理制度，吊具必须在其安全系数允许范围内使用	
		作业活动	（1）非固定的起重设备开展的临时性吊装作业宜实施作业许可制度 （2）不应利用煤气管道、氧气管道等做起重设备的支架 （3）严格执行吊装作业基本原则： ①指挥信号不明不准吊；②斜牵斜拉不准吊；③被吊物质量不明或超负荷不准吊；④散物捆扎不牢或物料装放过满不准吊；⑤吊物上有人不准吊；⑥埋在地下物不准吊；⑦机械安全装置失灵不准吊；⑧现场光线暗看不清吊物起落点不准吊；⑨棱刃物与钢丝绳直接接触无保护措施不准吊；⑩六级以上大风不准吊	
9	车辆伤害	场所	（1）新、改、扩建项目总平面设计应符合 GB 50187—2012《工业企业总平面设计规范》有关规定，合理划分功能分区，实现人车分流，缩短运输距离 （2）厂内道路平纵断面设计、宽度、坡度、路面等指标应符合 GB J 22—1987《厂矿道路设计规范》的有关规定 （3）参照 JTG D81—2017《公路交通安全设施设计规范》和 JTG D82—2009《公路交通标志和标线设置规范》的有关规定，合理设置厂内交通标志、标线和交通安全设施 （4）装卸场地平坦坚固，有良好的排水、照明设施。装卸场地不宜有坡度，如有坡度且大于 10%，应设置警示标志 （5）车间、仓库等室内车辆作业区域，应合理划分地面通道线、区域分界线、定位线。车辆作业平台边缘，可根据需要设置防护杆 （6）应识别车辆出入车间、仓库以及道路上的视觉盲区（鬼探头），并设置路人停留观察或绕行的物理隔离设施	GB 50187—2012《工业企业总平面设计规范》 GB J 22—1987《厂矿道路设计规范》 JTG D81—2017《公路交通安全设施设计规范》 JTG D82—2009《公路交通标志和标线设置规范》 GB 4387—2008《工业企业厂内铁路、道路运输安全规程》 TSG-N0001—2017《场（厂）内专用机动车辆安全技术监察规程》 TSG 08—2017《特种设备使用管理规则》

续表

序号	事故类型	风险点	主要管控措施	相关法规标准
9	车辆伤害	设备设施	（1）厂内存在铁路运输的，铁路运输设施、列车运行和调车作业等应符合 GB 4387—2008《工业企业厂内铁路、道路运输安全规程》有关规定 （2）叉车等厂内机动车辆应向政府有关部门办理使用登记，并挂厂内专用机动车辆车牌；对厂内机动车辆应进行经常性日常维护保养，并定期自行检查；在用厂内机动车辆应每年进行一次定期检验	GB 50187—2012《工业企业总平面设计规范》 GBJ 22—1987《厂矿道路设计规范》 JTG D81—2017《公路交通安全设施设计规范》 JTG D82—2009《公路交通标志和标线设置规范》 GB 4387—2008《工业企业厂内铁路、道路运输安全规程》 TSG-N0001—2017《场（厂）内专用机动车辆安全技术监察规程》 TSG 08—2017《特种设备使用管理规则》
		作业活动	（1）专职驾驶员、厂内机动车辆驾驶员应持有合法有效的机动车驾驶证、特种设备作业操作证 （2）卸粮站、散装小麦粉和下脚发放站等狭窄的室内车辆作业点应安排人员指挥车辆进出，车辆进出时，所有人员应撤离站点 （3）应根据本单位实际情况，合理设定厂区限速 （4）避免装卸单元区域内叉车和人工作业交叉	
10	物体打击	场所 设备设施	（1）建筑物上的避雷设施、广告牌等附属物应牢固，并定期检查维护 （2）吊物洞、作业平台等上的防护栏应安装踢脚板，楼板孔洞应用不滑动位移的盖板封堵 （3）在冬季对易形成冰挂的坡顶建筑周边进行维护警戒，并及时清除冰挂	—
		作业活动	（1）应尽量避免垂直交叉作业，如必须进行需做好防护措施和作业监护 （2）高处作业时应将携带工具袋，在栅栏栈桥上作业应将工具零件收纳到容器中，作业区域栅栏上铺垫防落毯或板 （3）搬运作业时应观察货架、物体上方的物件，防止碰落、滚落导致打击	—
11	容器爆炸	场所	粮仓必须由相应资质单位设计。粮仓应制作和安装粮仓设计说明标牌，标明粮仓的设计单位、年份、储粮品种、储存形式、装粮高度、仓容、使用年限等，用于指导和检查储粮，严禁超限装粮。粮仓第一次装粮应按设计要求进行压仓实验。非经相应资质单位设计的粮仓，必须委托相应资质设计单位论证是否符合结构安全和储粮工艺的要求，严禁不经论证直接储粮。超过设计结构使用年限的粮仓，必须委托相应资质的房屋鉴定机构进行鉴定，根据鉴定结论确定能否继续装粮	《粮库安全生产守则》

续表

序号	事故类型	风险点	主要管控措施	相关法规标准
11	容器爆炸	场所	（1）按照筒仓的设计能力和种类充装，不得超装，不得存放非允许类的其他粮食、物品 （2）应设置料位指示装置并设置超限报警装置 （3）立式仓周边禁止无关人员停留并设置提示标识	GB 50322—2011《粮食钢板筒仓设计规范》
		设备设施	（1）不在《特种设备使用管理规则》第 3.3.2 规定之列的压力容器需要办理使用登记，领取《特种设备使用登记证》 （2）《特种设备目录》在列的压力管道需办理使用登记，领取《特种设备使用登记证》	TSG 08—2017《特种设备使用管理规则》
		作业活动	严禁超过装粮线储粮	《粮库安全生产守则》
			（1）特种设备使用单位按照《特种设备使用管理规则》第 2.4.4.2 条规定配备专职安全管理员，并且取得相应的特种设备安全管理人员资格证书 （2）压力容器操作人员应具有规定类型的压力容器操作证 （3）操作、维护保养、定期检验、移装变更、维修、改造与报废应符合《特种设备法》和《特种设备使用管理规则》的要求	TSG 08—2017《特种设备使用管理规则》
12	其他伤害	场所	楼梯符合规范标准；地面整洁，无坑洼、无油水、无钉子等；工作通道畅通，地面设备管道上架设过桥；较低管道、墙面支架有防碰撞、刮挂保护和警示标识等	—
		设备设施	消除设备设施上的锋利边缘和尖锐凸出等	—
		作业活动	根据作业风险识别正确佩戴劳动防护用品	—
13	锅炉爆炸	场所	（1）锅炉房应与各个建筑物之间保持符合规范要求的防火间距，距离密集人员作业区较远位置 （2）需办理使用登记，领取《特种设备使用登记证》 （3）安全阀、压力表和锅炉应定期检测	GB 50041—2020《锅炉房设计规范》 TSG G0001—2012《锅炉安全技术监察规程》 TSG 08—2017《特种设备使用管理规则》
		设备设施		
		作业活动	（1）司炉工、水质化验员应持证上岗 （2）应保证水箱液位计或自动给水装置、低水位报警和联锁装置灵敏正常；排污阀关闭严密，防止锅炉缺水 （3）定时检测水质，及时维护软水系统，保证水质符合要求	

续表

序号	事故类型	风险点	主要管控措施	相关法规标准
14	灼烫	场所 设备设施	（1）热力管道及装置应进行保温；蒸汽阀门应标识开启方向和开启状态；风险较大部位应有防烫警示标志 （2）高温设备应有防烫警示标志 （3）使用强酸和强碱的实验室应配置洗眼器等冲洗装置	—
		作业活动	（1）根据作业风险识别正确穿戴劳动防护用品 （2）蒸汽阀门应站在侧位开闭操作	—
15	淹溺	场所 设备设施	（1）蓄水池/箱、消防水池/箱等应有进人孔盖板、上锁 （2）纳入有限空间统计台账编号管理，并在入口规范设置有限空间安全风险告知牌	—
		作业活动	对进入水箱维修、清理等作业宜实施作业许可管理	—

第十章
生产质量控制与技术管理

第一节 工艺技术测定

工艺测定是了解工艺运行情况的有效办法，可以根据需求进行总体测定，也可以分工段进行测定。

一、清理工艺测定的基本内容与方法

（一）清理间工艺测定的目的

通过对生产过程中各工序的流量、质量以及每台设备的耗电、作业情况进行技术测定，取得科学数据、分析研究清理工艺流程组合是否合理、各道设备的效能是否充分发挥、操作与工艺及设备是否相适应，从而为改进工艺和操作方法及合理选择、配备设备提出重要依据。

（二）清理工艺测定的组织与分工

工艺测定领导小组（组长一般由负责生产技术的厂长或技术负责人担任）下设流量组、检验组、动力组、生产组和统计组。

领导小组领导整个技术测定工作，负责组织分工，安排各项测定任务，审查麦路与实际生产流程是否相符，取样点编号、测定顺序是否适当，测定条件、测定器具和仪表以及技术力量的准备是否完备，组织研究分析测定资料，进行工作总结。

各组的工作职责如下。

1. 流量组

组长由车间负责人（或技术人员）担任，配备取样、计时、送样、过秤、记录、核算等人员，负责以下工作。

（1）负责测定流量的全部工作，准备测定流量的仪器和用具。

（2）根据生产流量进行测定取样点的编号，选定方便和安全的取样位置，贴好取样点编号卡片，核对麦路图。

（3）制定取样进度计划和测定顺序，组织测定流量人员的具体分工。

（4）负责测定清理设备的清理效率及各道清理设备的下脚含粮情况。

2. 检验组

组长由检（化）验室负责人担任，配备检（化）验人员数名，负责以下工作。

（1）负责麦路测定样品的抽样、分样、留样以及全部样品的质量检（化）验分析工作。保证检化验结果的准确，发现问题要及时复验。

（2）准备检（化）验仪器、药品、样袋、样瓶等。

（3）填报样品质量检（化）验分析报告单。

3. 动力组

组长由电器技术人员担任，配备进行动力测定及有关测定项目的工作人员和记录人员，负责以下工作。

（1）负责生产过程中整个车间动力消耗以及各台设备动力消耗的测定工作。

（2）根据动力测定工作的要求，确定测定方法和测定步骤、准备测定仪表和工具。

4. 生产组

组长由测定时当班的班长（或车间负责人）担任，配备当班有关操作工人数名，负责以下工作。

（1）负责测定当班的生产，保证测定时生产正常，操作稳定。

（2）在测定前，负责检查与调整机器设备和管道等方面存在的问题。

（3）负责测定后物料的清理和回机工作。

5. 统计组

组长由技术人员担任，并配统计、记录人员 3~4 人，负责以下工作。

（1）测定现场记录和核算工作。发现问题及时通知有关组复测。

（2）统计和核对各项测定资料，填写表格。

（3）进行资料整理。

各组分工负责的工作，可根据测定时的具体情况进行调整。

（三）测定内容

小麦清理工艺测定的主要内容如下。

（1）测定各清理设备的小麦和下脚出口流量。

（2）测定各清理设备的动力消耗。

（3）测定小麦清理运输设备（提升机和绞龙）、除尘设备的动力消耗。

（4）测定清理间各设备的吸风量。

（5）测定清理间各楼层的噪声。

（6）测定清理间各楼层空气的含尘浓度，除尘风网排出空气的含尘浓度。

（7）检（化）验各道清理设备的小麦和下脚质量，计算出各道设备的清理效率及下脚含粮率。

（8）检（化）验毛麦、小麦清理过程中着水前后以及入磨净麦的质量。

（四）测定前的准备工作

1. 原料的准备

为使测定过程中所用的小麦质量一致，在测定前必须预算测定时需用小麦的数量，准备好测定时所用的小麦，并经过符合要求的水分调节和适当的润麦时间。在测定时，一般应同时开用 2~3 个麦仓，使小麦合并入磨，避免由于集中使用仓底小麦而造成各系统物料的质量和流量发生变化。如有条件，最好不使用底仓小麦。

2. 设备的检修和确定取样位置

测定前应对各种设备和管道进行检查和修理，确保测定时设备运转正常。根据具体情况确定取样位置和取样方法。

3. 核对麦路和取样点的编号

对麦路要根据实际情况核对。在经过核对的麦路图上，按照各系统各台设备的顺序，逐一进行取样点的编号工作。

为使测定时前面的取样不对后面的流量造成影响，编号顺序应根据麦路图的物料走向从后往前，从清理间最后一道清理设备开始向前顺序编号。

清理间每台清理设备进口及小麦和杂质出口分别编一个号码，将编好号的麦路图复制几份，发给有关人员取样时使用。在取样点用不干胶标签贴上编号，编号后进行复查核对。

4. 准备测定用的取样卡片和记录本

取样卡片如图 10-1 所示。

取样卡片　　　　年 月 日

取样点编号	物料名称	取样时间		毛重/kg	净重/kg	流量/(kg/min)	备注
		min	s				

图 10-1　取样卡片

取样卡片在测定时由流量组长按取样先后次序，根据取样的进度情况，发给取样人员按取样点编号进行取样。同时测定时还应准备记录本数本，以便做好流量测定和检（化）验各项目的记录。

（1）测定功率消耗的准备　根据设备的传动情况，除整个车间生产用电的总电度表之外，还应对麦间的生产用电分装电度表。用于风运的高压风机也应单装电度表。

（2）准备测定的仪器、工具　测定时应准备以下仪器、工具。

①用于接取筛理设备出口流量的接料器数个；

②用于取样时的取样袋 150~200 个；

③秒表 3~4 只；

④最大称量为 25 kg 的台秤一台；

⑤最大称量为 500g 的天平一台；

⑥计算器 2~3 个；

⑦测定电机功率消耗的电度表 2~3 只；

⑧用于风网测定的比托管、U 形压力计等 3~4 套；

⑨供检（化）验样品的仪器和药品，根据实际需要适当准备。对使用的仪器和设备应进行核对和校验。

（3）测定前的预测　在测定前几天，可根据具体情况组织预测。预测内容包括组织有关人员进行流量测定、清理设备的除杂效率测定和各设备动力消耗的测定。预测应选择在比较复杂的测点上进行。

（五）测定工作方法和注意事项

（1）在测定开始前应做好准备工作，各组人员要充分了解测定的要求。生产组必须做好交接班工作，检查各系统的机器运转是否正常。

（2）流量测定工作，必须在一个生产班内完成。当班加工的原料，必须是预定供测定的小麦。在测定过程中，应保持原料的一致。

（3）在测定时，如生产上发生事故，生产组长应及时与测定领导小组长联系，在不影响测定工作的原则下适当处理，否则应立即停止测定工作。

（4）测定流量的时间，应视各测点物料的多少而定，一般可接取 30s 或 1min；个别测点流量较大时，可以适当缩短取样时间。如测点物料较少和排料间歇性较大，则应适当延长到 3~5min，以增加测定的准确性。

（5）测定流量时应采取两人一组，一人接样取料，一人记录时间。

（6）采取随接流量、随过秤、随记录，随计算、随留样、随核对的办法，各环节要相互衔接好。测定流量的物料过秤和记录时，应对物料进行感官鉴定，以免发生差错。

（7）统计组登记各系统进、出口流量时，必须当时核算进、出口物料流量是否平衡。如果进出口流量误差超过±5%，应当及时对该系统进行复测纠正。

（8）物料进行留样时，应须经过扦样、分样，用四分法取出质量均匀的样品，供检（化）验用。留样要留够备有复验的数量，贴好标签和密封。

（9）所有检（化）验工作，要做到及时准确，按照规定的检（化）验操作方法进行，并做好详细记录。

（10）留样后的剩余物料，可根据从哪道接出仍回入哪道的原则，在测定结束时即可进行回料。回料时应注意掌握流量，缓慢回入，以免影响正常生产。

（六）有关项目的测定操作方法和计算方法

1. 清理间除杂效率的计算

（1）清理间总除杂效率 $\eta_{清总}$（%）按式（10-1）计算：

$$\eta_{清总} = \frac{(a - b)}{a} \times 100\% \tag{10-1}$$

式中　a——毛麦的总含杂率，%；

b——入磨净麦的总含杂率，%。

（2）各清理设备的除杂效率 $\eta_{单机}$（%）按式（10-2）计算：

$$\eta_{单机} = \frac{(c-d)}{c} \times 100\% \tag{10-2}$$

式中　c——某设备清理前小麦的含杂率，%；

d——经该设备清理后小麦的含杂率，%。

2. 清理车间各楼层噪声的测定

按规定测每楼层东、西、南、北、中五点。在离设备 1m，距地面 1.5m 处测定。

3. 清理车间各楼层空气含尘浓度的测定

清理车间各楼层空气含尘浓度的测定的测点位置与测噪声的测点位置相同，并选择扬尘比较突出的点进行测定。排出空气的含尘浓度，在顺排出方向 0.5m 处测定。

4. 各气力输送风网的风量、风压和平均浓度比的测定

测定和计算各气力输送风网的风量、风压和平均浓度比。并绘制出气力输送风网图，图中应标明风管内径。

（七）整理测定资料和分析总结

1. 填制表格

（1）清理间各道清理设备技术特性与下脚含粮测定表　如表 10-1 所示。

表 10-1　清理车间各道清理设备技术特性与下脚含粮测定表

设备名称规格型号	转速/（r/min）	偏心距/mm	产量/（t/h）		技术配备	各类下脚含粮/（粒/g）					备注
			额定	实际		大杂	小杂	轻杂	石子	荞麦	

（2）动力设备测定分析表　如表 10-2 所示。

表 10-2　动力设备测定分析表　年　月　日

驱动设备名称	电机型号	装机容量/kW	额定电流/A	空载				重载					备注
				实测电压/V	实测电流/A	功率因数/cos¢	实耗功率/kW	实测电压/V	实测电流/A	功率因数/cos¢	实耗功率/kW	负荷率/%	

续表

驱动设备名称	电机型号	装机容量/kW	额定电流/A	空载				重载					备注
				实测电压/V	实测电流/A	功率因数/cosϕ	实耗功率/kW	实测电压/V	实测电流/A	功率因数/cosϕ	实耗功率/kW	负荷率/%	

注：1. 用电度表测实耗功率时可不填额定电流、空载实测电压、空载实耗功率和重载实测电压；
2. 功率因数按各厂实际填。

（3）麦间除尘风网测定表　如表 10-3 所示。

表 10-3　**麦间除尘风网测定表**

除尘风网序号及设备编号	设备名称	风管直径/mm	压力/mm 水柱			风速/（m/s）	风量/（m^3/h）	备注
			全压	静压	动压			

（4）麦间下脚计量统计表　如表 10-4 所示。

表 10-4　**麦间下脚计量统计表**

编号	下脚出处	物料质量/kg	备注	编号	下脚出处	物料质量/kg	备注

（5）含尘浓度、噪声测定表　如表 10-5 所示。

表 10-5　**含尘浓度、噪声测定表**

<table>
<tr><th>部别</th><th>楼层</th><th>测定点编号</th><th colspan="2">含尘浓度/（mg/m³）</th><th>噪声/dB</th><th>主要设备</th><th>备注</th></tr>
<tr><td rowspan="3"></td><td rowspan="3"></td><td></td><td></td><td rowspan="3">平均浓度比</td><td rowspan="3"></td><td rowspan="3"></td><td rowspan="3"></td></tr>
<tr><td></td><td></td></tr>
<tr><td></td><td></td></tr>
</table>

上述表是清理工艺技术测定后必须填写的表格，还可以根据这些资料整理编制其他专项表格和对比表格，以便于研究分析。

2. 分析和总结

所有表格整理好后，应组织有关人员进行仔细的讨论和研究分析，对清理工艺技术中的优缺点加以总结并提出改进意见。

根据测定资料，一般可以从以下几个方面进行分析。

（1）从毛麦和净麦的质量对比分析整个清理工序工作状况。

（2）从清理设备的除杂效率分析设备的运行情况。

（3）从除尘风网的风量、风压分析除尘风网的组合是否合理。

（4）从含尘浓度分析风网的运行情况。

（5）从车间噪声分析车间设备运行情况。

（八）设备的检修要求

配合设备的周检修工作，根据日常工艺检查测定的情况，对工作状态出现偏差的工艺设备应及时进行调整或检修，对有关部件应进行检查或及时更换。

对进行过工艺调整的设备，在投入运行后，应进行跟踪测定，以检查调整、检修的效果，如有问题应进一步调整。

二、制粉工艺技术测定

计算机技术和自控技术飞速发展，现代化的小麦制粉厂已实现高度连续化、自动化，小麦制粉厂的经济技术指标的好坏，除了与工艺、设备密切相关外，还与生产过程的运行管理密切相关。

现代化的小麦制粉厂要正常生产，要求各种机器设备组成的各个任务不同且又互相联系的系统，必须连续、正常运行；各个互相联系的系统构成一个完整而连续的生产体系，任何一系统工作状况的好坏，都紧密关联着生产的效果。为了解和检验工艺流程组合是否合理，各类设备的效能是否有效和充分发挥，操作与工艺、设备是否相适应，必须通过对整个生产过程中各系统物料的流量、质量以及每部机器设备的耗电、作业情况进行技术测定，以取得科学的数据，作为分析研究、改进工艺和操作方法的重要依据。

（一）技术测定的内容

（1）测定各个系统所有机器出口处物料的流量，单位为 kg/min；

（2）测定清理设备的工艺效率，对下脚质量进行检（化）验；

（3）检（化）验毛麦和入磨净麦的类型和质量；

（4）测定各对磨辊的研磨效果，对各道皮磨测定其剥刮率、出粉率，对渣磨、心磨测定其出粉率；

（5）测定各对磨辊研磨物料的温升和成品小麦粉的温度；

（6）测定筛理设备的筛理效率，包括筛净率和粉筛筛上物含粉率；

（7）测定各道磨粉机每对磨辊的功率消耗；

（8）测定工艺过程的功率消耗，区分麦间工艺电耗，粉间工艺电耗，麦间升运设备电耗和粉间风运电耗。

（二）技术测定的准备工作

1. 人员的组织和分工

制粉工艺技术测定是一项复杂细致的工作，必须有严密的组织和明确的分工，在统一指挥下，各方密切配合，统一行动，有秩序地进行测定，才能达到预期的要求。测定的组织和人员分工基本同清理工艺测定，不同之处在于测定对象为制粉设备，审核图纸为粉路图。

2. 测定前的准备工作

（1）原料的准备　为使测定过程中所用的小麦质量一致，在测定前必须预计测定时需用小麦的数量，准备好测定时所用的小麦，并经过符合要求的水分调节；在测定时间段内尽一切可能使用稳定均匀一致质量的小麦，以免由于小麦质量波动而造成各系统物料的质量和流量发生变化。

（2）做好设备的检修和确定取样位置　测定前应对各种作业机和管道等进行检查和修理，保证测定时设备运转正常。根据具体情况确定取样位置和取样操作方法。要注意核对筛网型号、磨辊的齿型配备是否与粉路图一致。

（3）核对粉路和进行取样点编号　对粉路图要根据实际情况核对。在经过核对的粉路图上，按照各系统内各台机器的顺序，逐一进行取样点的编号。编号次序，以第一道皮磨系统开始顺序编排，然后渣磨系统、心磨系统、每一个物料出口分别编一个号码。将编好号的粉路图复制几份，发给有关人员使用。要在取样点贴上纸写的编号，编号后进行复查核对。

（4）准备测定用的取样卡片和记录本　取样卡片的格式如上文图 10-1 所示。

取样卡片供测定时由流量组长按取样先后次序，根据取样的进度情况，发给取样人员，按照取样点编号取样，并进行记录。还应准备记录本数本，以便做好流量测定和检（化）验各项目的记录。

（5）测定功率消耗的准备　根据设备和传动情况，除整个车间生产用电的总电度之外，应分别对麦间、粉间的生产用电分装电度表。用于风运的高（低）压风机，如采用单独电机传动的，也应单装电度表。磨粉机单独电机传动的，可在各电机的电气线路上预先安装两块电流互感器，不测定时应将二次线圈短路，确保安全。

(6) 准备测定的仪器、工具　包括以下几种。

①用于接取筛理机器出口流量的接料器数个；

②用于接取磨粉机流量的接料器1个；

③用于存放物料过秤的容器数个；

④秒表2~3只；

⑤最大称量为25 kg的台秤1台；

⑥最大称量为500g的天平1台；

⑦计算器2~3个；

⑧供存放样品的容器数十个；

⑨供测定物料温度用的接样方匣5只（长、宽、高10cm，匣盖上开一孔，以备插进温度计）和温度计5支；

⑩供临时储存剩余样品的口袋10~20条；

⑪供检（化）验样品的仪器、容器、工具和药品，根据实际需要适当准备，对使用的仪器和设备应进行核对和校验，检（化）验操作方法应事先研究统一；

⑫测定电机功率消耗的电度表数只。

在测定前几天，可根据具体情况组织有关人员进行接流量、测定磨粉机研磨效果和设备动力消耗的预测和试算。预测应选择在比较复杂的测点上进行。

（三）测定工作方法和注意事项

(1) ~ (4) 同清理工艺测定。

(5) 测定流量的时间，在一般情况下，先测筛理设备，后测研磨设备；先测后路，后测前路（由最末一道向前推进）。若分组进行测定流量时，应根据事先编好的测定顺序表同时进行测定。

(6) 测定流量的时间应视各系统出口物料的多少和均匀程度而定，一般可接取30s或1min；个别设备出口物料特别多时，可以适当缩短取样时间；出口物料特别少和排出的物料的间歇性很大的，如吸风粉和刷麸机等则适当延长到3~5min，以增加测定的准确性。

(7) ~ (10) 同清理工艺测定的 (6) ~ (9)。

(11) 留样后的剩余物料，可根据从哪道接出仍回入哪道的原则，在该道测定流量工作完毕后即可随时回机。回机时应注意掌握流量，缓慢回入，以免影响正常生产和产品质量。测定班所有接出的物料，应在本班生产时间内回清，非测定当班的回机物料应分开存放，不得在测定班回机。

特别注意的是，流量和检验项目都应进行两次，两次误差不得超过5%。

（四）有关项目的测定操作方法和计算方法

1. 各作业机在单位时间内的物料流量

（1）筛理设备的流量　筛理设备（平筛、圆筛、打麸机、刷麸机等）的流量可在筛理后的各个出口处（或出口管道内）接取，接出每个出口的全部物料。一台（仓）筛理设备出口物料流量之和即为该台（仓）筛理设备的流量。

（2）磨粉机的流量　各道磨粉机的流量应根据各路来料的总和计算。一道磨粉机同时用几对磨辊时，每对磨辊的流量分配，可以从磨粉机出口管道内接取全部物料。如接取全部物料有困难时，可用宽 10cm 的接样器（为了计算方便，接样器的宽度以 10cm 为宜，长度和深度可根据各厂的具体情况确定），沿磨辊长度均匀地来回接取 10~30s，然后按式（10-3）计算核对磨辊的流量：

$$Q = \frac{L \times m \times 60}{10 \times t \times 1000} \tag{10-3}$$

式中　Q——磨辊的流量，kg/min；

L——磨辊接触长度，cm；

m——接取样品质量，g；

t——接样时间，s。

利用此方法得到的流量，往往有较大误差，测定时应注意使磨粉机喂料均匀，入磨物料均匀地分布在喂料辊的整个长度上，并且读时准确。

无论是采取从磨粉机出口管道内接取全部物料，还是用接样器接取物料后再经过计算求得的流量，都只能用来计算每对磨辊的流量分配比例。每对磨辊的流量应根据各路来料的总和与流量分配比例求得。

其他作业机可参照（1）中筛理设备的接流量方法进行。

2. 磨粉机的剥刮率和出粉率

（1）每对磨辊分别取研磨前和研磨后的物料（第一道皮磨只需取研磨后物料）100g 左右称重。要注意取多少克就用多少克，不要做任何添减。

（2）把称重后的样品放入已装置规定筛网型号的电动验粉筛中，筛内放置 ϕ19mm 的橡皮球一个，筛理 1min，然后分别称筛上留存和筛下物质量．计算研磨前或研磨后穿过粗筛和粉筛的百分率。

（3）1 皮研磨后物料穿过粗筛的百分比，即为 1 皮的剥刮率；穿过粉筛的百分比，即为 1 皮的出粉率，其余各道磨粉机，由于入磨物料中已含有可筛下物料，因此，其剥刮率和出粉率应按式（10-4）计算：

$$K = (A-B) / (1-B) \times 100\% \tag{10-4}$$

式中　K——剥刮率（或出粉率），%；

A——研磨后物料中穿过粗筛（或粉筛）的百分率，%；

B——研磨前物料中穿过粗筛（或粉筛）的百分率，%。

（4）为了便于各厂相互比较磨粉机研究效果，测定各系统剥刮率和出粉率的筛号可按表 10-6 配置。

3. 测定筛理效率

（1）筛净率　实际筛出物的数量占应筛出物数量的百分比，称为筛净率。筛净率可用式（10-5）计算：

$$\rho=\mu_1/\mu_2\times100\% \qquad (10-5)$$

式中　ρ——筛净率，%；

μ_1——实际筛出物的数量，%；

μ_2——应筛出物的数量，%。

式中，μ_1 可通过流量测定测得筛理机器进口流量和筛出物流量来求得。μ_2 可取一定数量（100g）未经筛理的物料，用与筛理机器上配备的筛网号相同的（如筛网型号有两种以上规格时，可选用其中有较大代表性的一种）筛网型号，电动验粉筛理 2min（筛内放置 ϕ19mm 的橡皮球一个）后求得百分比。

表 10-6　测定各系统剥刮率和出粉率筛　　年　月　日

系统	检验用粗筛筛网型号	检验用粉筛筛网型号		
		标准粉	特制粉	特二粉
1 皮	20W	CQ21	CQ36	CQ36
2 皮	24W	CQ23	CQ42	CQ42
3 皮~5 皮	26W	CQ29	CQ46	CQ46
1 渣~2 渣	—	CQ23	CQ42	CQ42
1 心	—	CQ21	CQ36	CQ36
2 心	—	CQ23	CQ42	CQ42
3 心~5 心	—	CQ29	CQ46	CQ46
6 心以后	—	CQ33	CQ50	CQ50

（2）粉筛筛上物含粉率

$$\text{粉筛筛上物含粉率（\%）}=\text{筛下物数量（g）}/\text{样品数量（g）}\times100\% \qquad (10-6)$$

从测定筛理机器粉筛筛上物料流中取样品 100g 左右（注意取多少克就用多少克，不要做任何添减），用与筛理机器上配合的粉筛筛网型号相同的（如筛网型号有两种以上规格时，可选用其中有较大代表性的一种筛网型号）电动验粉筛，筛格内放一个 ϕ19mm 的橡皮球，筛理 2min。取出筛下物称重，即为筛下物数量。

（3）小麦粉筛净率

$$\text{小麦粉筛净率（\%）}=\text{实际筛出物（\%）}/\text{应筛出物（\%）}\times100\% \qquad (10-7)$$

实际筛出物可通过流量测定得筛理机器流量和筛出的小麦粉流量求得：

$$实际筛出物 = 小麦粉流量（kg/min）/进口流量（kg/min）\times 100\% \quad (10-8)$$

应筛出物（%）可以从筛理机器进口处接出一定数量的物料，取 100g 左右（注意取多少克就用多少克，不要做任何添减）样品，用与筛理机器上配合的粉筛筛网型号相同的（如筛网型号有两种以上规格时，可选用其中有较大代表性的一种筛网型号）电动验粉筛，放一个 ϕ19mm 的橡皮球，筛理 2min，取出筛下物称重，即可求得。

$$应筛出物（\%）= 筛下物数量/样品数量 \times 100\% \quad (10-9)$$

4. 测定制粉工艺中麦间、粉间的工艺用电、风运用电

分别测定麦间工艺用电、粉间工艺用电，以及用于风运单独传动的高（低）压通风机电机用电，分别装接相适应的电度表，在测定当班接班和交班时，把各电度表所示数字记录准确，计算测定班的动力消耗。

风运电耗包括用于风运的高、低压通风机、关风器和过滤器的用量。关风器和过滤器如采用单独电机传动，也可根据实用电流和电压按式（10-10）计算：

$$P = \frac{\sqrt{3} \times U \times I \times \cos\varphi}{1000} \quad (10-10)$$

式中 P——实耗功率，kW；

U——电源电压，V；

I——负载电流，A；

$\cos\varphi$——功率因数，按各厂实际功率因数计算。

如果工厂没有功率因数表，可以按电动机的负载情况以表 10-7 查得的功率因数计算。

表 10-7 负载与功率因数关系

	负载情况				
	空载	1/4 负载	1/2 负载	3/4 负载	满载
功率因数	0.2	0.5	0.77	0.85	0.89

当关风器和过滤器采用集体传动时，其功率可参照类似情况的数值进行计算。

5. 测定磨粉机的实用功率消耗

磨粉机的实用功率不包括磨粉机空运转的功率消耗，仅指磨粉机研磨物料时所消耗的功率，即磨粉机重载负荷时较空载负荷时所增加的功率消耗。

（1）测定装置

①秒表 1 只；

②动力测定专用操作箱；操作箱由下列元件组成：三相有功电度表 1 个，级别 2.0；继电器 1 个；单级转换开关 1 个；指示灯 2 个（红、绿灯各 1 个），电压 220V；接线柱 8 个。

（2）测定的基本方法 分别测定电动机在一定负载条件下，电度表盘每秒的转数，进行功率计算。测定时表盘转数的选取，可根据实际情况决定，条件允许应多测几转、以提高测定精度。在重载情况下测定时、一般应测 5～10 转。

计算公式：

实耗功率（kW）=（表盘转数×3600）/（秒数×表常数）×电流互感器比值　（10-11）

互感器级别不低于 0.5 级。

（3）测定步骤尽可能安排在流量测定结束后，不改变磨粉机的操作，立即进行磨粉机实用功率的测定，使测定能反映当班流量、设备效果和功率消耗的真实情况。测定重载功率消耗需在生产正常、电流、电量、操作稳定的情况下进行。

①单独电机传动时，利用动力测定专用操作箱，分别测定各台电机的功率消耗；在磨粉机操作正常的情况下测定每对磨辊的重载功率，然后测定每对磨辊松开闸（中断喂料和使两磨辊分离）后空载功率；

一对磨辊实用消耗功率（kW）= 该对磨辊重载时功率（kW）-该对磨辊空载时功率（kW）　（10-12）

②各道研磨系统实际吨粉电耗的计算：按照流量测定，由平筛实测得的各道研磨系统的出粉数量（t/h）及动力测定测得的各道研磨系统实用功率消耗，按式（10-13）计算各道研磨系统实际吨粉电耗：

某道研磨系统实际吨粉电耗（3.6MJ/t）= 该系统磨粉机使用功率/该系统实际出粉量　（10-13）

利用加权平均法计算出的各道研磨平均实际吨粉电耗或检验吨粉电耗，称为“各道研磨系统平均实际吨粉电耗”或“各道研磨系统平均检验吨粉电耗”；

③以上算出的吨粉电耗（3.6MJ/t）的倒数即是单位电功率出粉量。

6. 测定入磨物料、磨下物料和打包小麦粉的温度

将测定物料温度的接样方匣，分别在磨上和磨下接取物料。在磨下接取物料时，必须沿磨辊长度来回均匀接取，及时装满匣子，稍稍振实后盖好匣盖，插入温度计。隔适当时间，温度不再上升后，检视温度计，即为该对磨辊入磨物料或磨下物料的温度。磨下物料温度减去入磨物料的温度，即为研磨后物料温升。注意同时要记录好室温。

打包小麦粉的温度可参照上述方法测定。

7. 小麦质量的检（化）验

为使检验的样品具有较大的代表性，测定班所用的毛麦，应根据大批小麦的批次，分别取样检验，然后求其平均值；测定班所用净麦应每 1～2h 取入磨麦样一次，分别检验后求其平均值。

小麦的分类（红硬、红软、白硬、白软）、灰分、水分、面筋含量、容重、含杂各项目除按国家标准中有关检验操作的规定进行。

8. 各路物料和成品，副产品的质量检验

（1）小麦粉的粉色麸星、灰分、水分、面筋含量、粗细度、含砂量、磁性金属物含

量按国家标准中有关检验方法检测。为了检查标准粉中含有细粉的数量，在检验粗细度时应在 CQ20（54GG）、CB30（7XX）之下加一格 CB42（10XX）筛格。

（2）检验各路物料的灰分和麸皮的灰分、水分、方法与检验小麦粉的方法相同。

（3）麸皮含粉率采用磨、研、筛理方法测定：

①取麸皮样品 100g，放入电动验粉筛，三层筛号分别为 CQ20（54GG）、CB30（7XX）、CB42（10XX），每格放入 ϕ19mm 橡皮球一个，筛理 10min，将 CB42（10XX）筛理 10min，将 CB42（10XX）筛下物称重；

②把留存 CQ20（54GG）、CB30（7XX）、CB42（10XX）的筛上物合并放入手摇磨碎机内磨两遍（把磨碎机紧到最紧程度）将磨后的混合物再放入电动验粉筛内筛理 10min，将 CB42（10XX）筛下物称重；

③将留存在 CB42（10XX）、CB30（7XX）筛上物合并放入研钵内研 100 下，将研后的混合物再放入电动验粉筛内筛理 10min，将 CB42（10XX）筛下物称重；

④将上述三次筛得的 CB42（10XX）筛下物的质量相加，求得麸皮含粉率。

（五）整理测定资料和分析总结

1. 整理前进行测定准确性检查

（1）将测定班的实际生产小麦粉和麸皮的总产量转换算成为每分钟的千克数，然后与测定所得的小麦粉及麸皮总和数（kg/min）相比较，误差低于 3%者，认为正确。

（2）将测定班所得的各系统小麦粉及麸皮总和数与测定 1 皮平筛各出口流量总和相比较，误差低于 3%者，认为正确。

（3）将测定班上实际所得的粉麸比与从各系统测得的粉麸相比较，两者应很接近。

2. 填制表格

（1）将取样卡片过秤记录的数字经过核对后，填入表 10-8 内的 3、8 两项，算出 9、10 两项。再计算出占 1 皮的流量，填入 4、11 两项。将灰分的化验结果填入 5、12 两项，算出流量与灰分的乘积，填入 6、13 两项。并算出 6 与 13 两项的误差，填入第 14 项。表内的 1、2、7、15 项可根据粉路图预先填好。

（2）吸风粉的分配方法，一般可按各系统磨辊接触长度的比例分配到各道。

（3）如有回路，应按实际情况测定，在计算时，可先假设该回路占 1 皮流量百分比为 x%。再根据物料路线及测定流量所得比例，从回入系统列出一个等式（回入物料等于回出物料），解出 x，即得该同路占 1 皮流量百分比。然后再按前述方法计算。但若回路较长，计算麻烦，而回路量又不多，对实际生产影响较小，也可在测定时将回路截断。

表 10-8 ~ 表 10-23 是制粉工艺粉测定后，必须具有的表格，测定单位还可以根据这些资料整理编制其他专项表格和对比表格，以便研究及分析。

表 10-8 各系统物料流量及质量测定统计表 年 月 日

系统名称	进入					获得									备注
	物料名称及粗细度	流量/（kg/min）	占1皮流量/%	灰分/%	占1皮流量与灰分的乘积	物料名称及粗细度	流量/（kg/min）	占本系统/%	进入与获得流的误差/%	占1皮流量/%	灰分/%	占1皮流量与灰分的乘积	进入与获得灰分的误差/%	送往系统	
1	2	3	4	5	6	7	8	9	10	11	12	13	14	15	16

表 10-9 各系统流量及质量平衡表 年 月 日

系统	灰分/%	占1皮流量/%													
		皮磨系统					渣磨系统	清粉系统	心磨系统			吸风粉	产品		
		1皮	2皮	3皮	4皮	刷麸	1渣	1皮	1心	2心	3心	4心		小麦粉	刷麸
1皮															
2皮															
3皮															
4皮															
刷麸															
吸风															
合计															

表 10-10　　基本情况和测定班生产技术指标表　　年　月　日

24h 加工净麦	t	24h 生产小麦粉	t	粉麸比/(%)	每 1t 小麦粉耗用电力	3. 6MJ	备注
主要设备名称	分类	台数	工作参数	单位流量	每 1m 磨辊配备筛理面积	m^2	
磨粉机	单式	台	接触长度　cm	kg/(cm·24h)	每 1cm 磨辊产小麦粉	kg/(cm·h)	
	复式	台	接触长度　cm				
	合计	台	接触长度　cm				
					每 100kg 小麦（24h）用磨辊	mm	
筛理设备（不包括刷麸机和检查筛）	平筛	台	筛理面积　m^2	t/(m^2·24h)	每 1cm 磨辊配动力	占磨粉机动力：　kW 占制粉部分动力：　kW	
	圆筛	台	筛理面积　m^2				
	合计	台	筛理面积　m^2				
小麦粉检查筛	平筛	台	筛理面积　m^2	t/(m^2·24h)	每 1t 小麦（24h）占用筛理面积	m^2	
	圆筛	台	筛理面积　m^2				
	合计	台	筛理面积　m^2				
刷麸机	中路刷麸机	台	筛理面积　m^2	t/(m^2·24h)			
	打包前刷麸机	台	筛理面积　m^2				
	合计	台	筛理面积　m^2				
动力设备	传动磨粉机动力：装机容量　kW				实际功率负荷　kW	粉间工艺用电　3. 6MJ/t 粉	
	传动清麦部分动力：装机容量　kW				实际功率负荷　kW	粉间风运用电　3. 6MJ/t 粉	
	传动制粉部分动力（包括磨粉机）：装机容量　kW				实际功率负荷　kW	麦间工艺用电　3. 6MJ/t 粉	
	合计：总装机容量　kW				实际功率负荷　kW	麦间风运用电　3. 6MJ/t 粉	

3. 结果分析

所有表格整理好后，应组织有关人员仔细讨论和研究分析，对制粉工艺技术中的优缺点加以总结并提出改进意见，整理出制粉工艺技术测定的全部资料。对粉路测定资料进行全面的分析，通常可从以下几个方面进行考虑。

表 10-11 小麦粉、麸皮质量情况表 年 月 日

小麦粉										麸皮						备注
名称	粉色麸星	干灰分/%	水分/%	湿面筋/%	粗细度/%			含砂量/%	磁性金属含量/%	水分/%	干灰分/%	麸皮含粉率/%				
					留存CQ20	留存CB30	留存CB42					第一次	第二次	第三次	合计	

表 10-12 原料质量情况表 年 月 日

样品名称	容量/(g/L)	干粒重/g	水分/%	干灰分/%	湿面筋/%	硬麦/%		软麦/%		尘芥杂质/%			粮谷杂质/%			备注
						白	红	白	红	有机杂质	无机杂质		总量	异品粮种	小麦的不完善粒	
											总量	其中：矿物质				
毛麦																
入磨麦																

（1）原料质量分析表可以反映毛麦与净麦的品质，杂质清除的程度，以及入磨小麦的性状，是否适合制粉的要求。

表 10-13 磨粉机技术特性情况表 年 月 日

系统名称	齿数/(牙/cm)		齿角/(°)		转速/(r/min)			排列	斜度/(°)	磨辊对数	接触长度/cm		备注
	快辊	慢辊	快辊	慢辊	快辊	慢辊	速比					占总/%	

表 10-14　　各系统磨辊接触长度、筛理面积及其流量分配表　　年　月　日

系统	流量/（t/24 h）	占 1 皮流量/%	磨粉机			筛粉机			备注
			长度/cm	占总/%	流量/（kg/cm · 24 h）	平筛/仓	占总/%	流量/（kg/m² · 24 h）	
1 皮									
2 皮									
小计									
1 渣									
小计									
1 心									
小计									
总计									

（2）在制粉流程中，进入同一研磨系统的物料，在粒度和质量（灰分含量）上应基本一致。

（3）在磨粉机和平筛的分配上，皮磨系统与心磨系统的比例是否适应加工原料的特性和成品质量的要求。

表 10-15　　刷麸机和麸粉筛筛理面积及其流量分配表　　年　月　日

系统	流量/t/h	占 1 皮流量的/%	台数（或仓数）	筛理面积/m²	流量/（t/m² · 24 h）

（4）各系统设备的流量要接近规定的指标，对于同一系统的设备，其流量分配要大致相同。

（5）各道磨粉机和平筛的技术特性，以及平筛的筛路和筛网号数，要适应本系统所处理物料的性质和流量情况，以充分发挥设备的效率。

（6）在粉路中，各系统物料的质量应顺序变次，从外观上有较明显的变化。

表 10-16　　各系统每对磨辊的物料流量、温升和研磨效果表

年　月　日　　室温　℃　　打包小麦粉　℃

系统名称及编号	磨辊长度/cm	流量	单位流量/（kg/cm² · 24 h）	研磨效果					入磨物料/℃	磨下物料/℃	研磨温升/℃
		占本系统/%		研磨前通过粗筛/%	研磨后通过粗筛/%	剥刮率/%	研磨前通过粉筛/%	研磨后通过粉筛/%			

续表

系统名称及编号	磨辊长度/cm	流量	单位流量/(kg/cm²·24 h)	研磨效果					入磨物料/℃	磨下物料/℃	研磨温升/℃
		占本系统/%		研磨前通过粗筛/%	研磨后通过粗筛/%	剥刮率/%	研磨前通过粉筛/%	研磨后通过粉筛/%			

（7）根据筛理设备的筛理效率，结合入筛物料的流量和性质，以及筛下物的数量和质量，分析筛网的筛号配置是否适宜。

表 10-17　各系统筛理设备流量和筛理效率表　年　月　日

系统名称及编号	筛理面积/m²	流量		单位流量/(t/m²·24 h)	筛理效率					备注
		kg/min	占本系统/%		应筛出物/%	实际筛出物/%	小麦粉筛净率/%	粉筛筛上物含粉率/%	测定粉筛筛上物含粉率的筛型号	

（8）根据打麸机（刷麸机）进口物料的灰分与筛上物的灰分差别，以及麸皮含粉率来分析打麸机的效果。

表 10-18　各系统磨粉机实用功率和出粉情况分析表　年　月　日

系统名称	磨粉机流量/(t/h)	单位流量/(kg/cm·24h)	实用功率/kW	平筛实测出粉				磨粉机验取粉			
				出粉数量/(t/h)	出粉率/%	实际单位电功率出粉量/(kg/3.6MJ)	实际吨粉电耗/(3.6MJ/t 粉)	出粉量/(t/h)	出粉率/(t/h)	检验单位电功率出粉量/(kg/3.6MJ)	检验吨粉电耗/(3.6MJ/t 粉)
1	2	3	4	5	6	7	8	9	10	11	12
1 皮											
2 皮											
前路平均											
各道平均											

（9）分析各系统的出粉率和小麦粉质量。编制各系统的出粉数量和质量统计表。该表将各系统的小麦粉按质量好次顺序排列（即小麦粉灰分含量由小到大），计算出小麦粉的累计数量和平均灰分。在生产中，成品小麦粉的灰分低而出粉率高，表明制粉工艺良好，有更高的经济效益。

表 10-19 动力设备测定分析表 年 月 日

驱动设备名称	装机容量/kW	额定电流/A	空载				重载					备注
			实测电压/V	实测电流/A	功率因数	实耗功率/kW	实测电压/V	实测电流/A	功率因数	实耗功率/kW	负荷率/%	
1	2	3	4	5	6	7	8	9	10	11	12	13

（10）根据清粉前后物料的数量和质量的变化，计算清粉效果；当效果不良时，应研究进料的流量、粒度和选配的筛网、吸风量是否适合。

表 10-20 麦间风网测定表

风网编号	吸口设备参数			刹克龙阻力/Pa	布袋除尘器阻力/Pa	风机出口全压/Pa	风机风量/(m^3/h)	风机编号	传动电机功率/kW	电机实测功率/kW	备注
	名称	风量/(m^3/h)	阻力/Pa								

（11）从物料在研磨过程中的水分损耗、磨下物料和小麦粉的温度，来检查有无不正常情况。

表 10-21 气力输送风网测定表一

提升管名称	风管直径/mm	测点编号	压力/Pa			提升风速/(m/s)	提升风量/(m^3/h)	提升流量/(kg/h)	浓度比	接料器阻力/Pa	卸料器阻力/Pa	备注
			全压	净压	动压							

（12）从磨粉机和筛理设备总平均流量检查设备利用率。

表 10-22 气力输送风网测定表二

气力输送风网编号	风机型号	风机进口全压/Pa	风机出口全压/Pa	风机风量/(m^3/h)	布袋除尘器阻力/Pa	提升物料总量/(kg/h)	平均浓度比	传动电机功率/kW	电机实测功率/kW	备注

（13）从工艺过程的吨粉电耗及各种设备的实用功率分析单位产品电耗高低的原因。

表 10-23　　清粉机风网测定表

风网编号	清粉机参数			刹克龙阻力/Pa	布袋除尘器阻力/Pa	风机进口全压/Pa	风机出口全压/Pa	风机风量/（m^3/h）	风机编号	传动电机功率/kW	电机实测功率/kW	备注
	名称	风量/（m^3/h）	阻力/Pa									

（六）粉路分析与（控制）调整

小麦制粉厂的规模有大有小，单位产量有高有低，物料分级有简有繁，小麦粉质量有精有粗，小麦粉出粉率有高有低。在当今的制粉工业中，粉路千差万别，没有先进与落后之别，只有合理与不合理之分。事实上对任何一个小麦制粉厂而言，逐道研磨的制粉基本方法，“同质合并、循序后推、负荷均衡”的指导思想，“磨透筛清”的要求，提高小麦粉质量和出粉率及降低消耗的宗旨都是一样的，因此，粉路分析的方法基本相同。

1. 工艺的合理性

根据原料品质、产品的质量要求、单位产量的多少、设备效能的高低等，分析制粉工艺的长度、宽度和分级情况是否合理。加工软麦时，皮磨的道数应适当加长，皮磨的设备分配比例特别是中后路应适当增加。加工硬麦时，渣磨与心磨的道数应适当加长，渣磨与心磨的设备分配比例增加。生产高精度小麦粉时，单位产量应适当降低，物料的分级应加强（包括清粉机的分级与平筛的分级），心路系统的出粉率应增加。生产低质量、高出粉率小麦粉时，单位产量应提高，物料的分级应简化，皮磨系统的出粉率应增加。制粉工艺最关键的是各项工作的协调与配合。粉路的长度和宽度必须和设备配置、操作指标、技术参数配备等完美地匹配在一起。

2. 各系统物料粒度曲线

在条件许可的情况下，应做出各系统物料粒度曲线，重点是 1 皮、2 皮与 3 皮的物料粒度曲线，比较生产效果最好与最差时粒度曲线的变化，判定各系统的研磨操作指标是否合理。

3. 各系统提取小麦粉的质量

比较各出粉点的小麦粉流量与小麦粉的灰分，画出累计出粉率、累计平均灰分曲线，从而调整部分不合理的粉筛筛号或筛理长度。

测出各出粉点的小麦粉白度、吸水率，画出其粉质曲线、拉伸曲线，做出其制作各种食品性能的评价，为调整小麦粉或基础粉的在线搭配做好准备。

4. 流量与质量平衡

编制小麦制粉厂的流量与质量平衡表。注意各台设备，如磨粉机、高方平筛、清粉机、打麸机，松粉机等，其负荷应相对均衡，不能出现某台设备的负荷过大或过小的现象；各系统物料的来料应符合“同质合并”原则。

没有条件进行流量与质量测定的小麦粉厂，可做物料排比试验，用感官判定各系统物料质量平衡状态的好坏。

5. 各台设备的选用和使用情况

分析各台设备的选用和使用情况，如清粉机的筛出率、物料灰分降低率；打麸机的麸皮灰分增加率、打麸粉的提取率；心磨松粉机的小麦粉出粉率增加值、小麦粉灰分增加量等。

6. 工艺中各种技术参数配备的合理性

分析工艺中各种技术参数配备的合理性，据此进行调整。此外，还应检查磨辊拉丝质量、筛面张紧状态（平筛与清粉机）、清理装置的使用效果、吸风粉的数量、机器安装的水平和牢固程度、管道的安装角度等。

7. 利用制粉曲线对制粉操作的控制

前面介绍了粒度曲线和皮磨剥刮率的应用，主要目的是用这两种方法控制皮磨系统的操作和整个粉路的物料分配及平衡，还可以利用累计出粉率——灰分曲线、累计出粉率——白度曲线、累计出粉率——蛋白质曲线，综合评述和分析整个粉路各出粉点的精度及与出粉率的关系。

第二节 设备管理

一、清理设备的管理

不论清理流程的长短与繁简，在每批小麦原料清理之前，操作者的首先任务是确定小麦原料的特性，原料特性如下。

（1）原料的含水量和籽粒水分均匀度。

（2）原料的含杂品种和含杂量。

（3）原料籽粒在大小、长度、厚度、宽度方面的一致性。

（4）原料的红白所占比例。

（5）原料的表皮厚薄。

（6）原料的结构力学特性（硬度、剪切力、抗压力等）。

（7）原料的面筋含量。

（8）原料的灰分含量。

（9）原料中软、硬麦的所占比例。

（10）一些影响最终产品的其他特性因素（如含荞麦比例等）。

在掌握了经过化验分析的这些原料特性后，操作者要正确确定清理间各种设备的技术参数。这些设备技术参数主要包括以下几点。

（一）筛理设备的筛孔

筛理设备的筛孔是根据原料籽粒的大小（粒度），即籽粒群的长度、厚度、宽度方面的一致性确定的。筛孔的确定有两方面，一方面是为了去除杂质；另一方面是为了小麦的分级处理。

如果是为了去除杂质，配备筛孔的大小一般要保证去除的杂质下脚中所含正常完整麦粒（留存于12W钢丝布的麦粒）不应超过1%。一般地，物料在去除大杂的筛面长度上不应流过1/3筛面；物料在去除中杂的筛面长度上不应流过2/3筛面；物料在去除小杂质时，先用确定的去除小杂质筛板（或筛框绷的筛网）模仿筛体运动做试验，应使所筛出的小杂质基本上落在筛板底部离进料端65%筛程上，这一点对于最后一道清理更有特殊的意义。对于几道筛理设备清除同样杂质时，通常前道筛孔配备稀一些，而越往后越密。

如果筛理设备配备的筛孔是为了小麦的分级，筛孔大小的配备主要取决于小麦分级所占比例。对于小麦原料粒度相差较大时，或者为了去除精选的荞麦、草籽时，利用筛孔的调整达到小麦的分级是现代清理流程中的一种方法。

此外，筛孔的确定还要考虑所使用筛理设备的运动特性，从而使选用的筛孔更为合适。

（二）打擦设备的转速和间隙

打擦设备的转速有的可调，有的不可调，对于不可调转速的打擦设备主要是结合设备的流量调节间隙。间隙大小根据原料中并肩杂质的含杂量和小麦本身灰分含量的高低来确定。当并肩杂质及小麦灰分含量高时，间隙小些，打擦力强一些；否则间隙大些。经过打麦机、擦麦机、洗麦机等设备清理后的小麦原料，碎麦（1/3以下麦粒）增加量应控制在0.5%以下。

（三）设备的吸风量

清理间的工艺流程中除了着水机外，包括运输设备（升运机、绞龙等）的所有清理设备一般都配有吸风除尘。设备的吸风量对于降低清理车间的含尘浓度，提高去杂效果有着决定的作用。但在实际工作中，设备的吸风量不予以重视，甚至运行后，连吸风的风门都不进行调节，因此无法取得好的生产效果。

设备吸风量的除尘管道连接着清理车间每个设备，把哪一台设备吸风量控制得合适，哪台设备清理效果就会提高。对于筛选设备、打擦设备来说，良好的吸风量可有助于筛板上减少筛孔堵塞，这一点对ϕ2mm（或1.5mm×10mm）以下筛孔非常明显。对于去石机来说，设备吸风量更为重要，吸风量控制不合适会直接影响去石机的正常工作。

为了减少风管中阻力和噪声（阻力与噪声随风速增加而成倍增加），设计部门对除尘风网管道中常采用6~8m/s的风速，在正常的生产操作中，这个风速是可行的，但是，当除尘管道中灰尘浓度偏高时或者除尘风网系统开机迟于清理设备启动时，或者除尘风网系统早于清理设备停机时，灰尘就会降落在除尘风网的水平管道中，以致除尘风网在开机时，水平管道中尘埃不易吸走而滞留。这一点在操作时极为重要。较好的办法是减小风网管径，增大水平管道的风速，一般采用8~14m/s为宜。在未改进管道管径之前，严格执行清理间的开停车顺序或提高风机转速也可收效。

清理车间中，用于除尘吸风的动力一般占清理车间的30%~60%，在保证清理设备运转正常、稳定清理效果的前提下，有效地控制各台设备的吸风量，是清理车间操作者降低能耗的一条重要途径。

（四）其他技术参数

筛孔、转速、吸风量是清理间各个主要设备经常调节的三个主要技术参数，此外，还应配以其他技术参数来调节，但它们的作用是辅助的，特殊需要时也可以调节。其他技术参数如下所示。

（1）筛理设备的倾角与振幅。

（2）去石机筛体振幅、筛面斜度、吊杆倾角及筛孔形状等。

（3）打擦设备的打板块数。

（4）洗麦机甩干桶内甩板块数与甩板倾角。

（5）磁选机或磁钢的吸力不得小于8kg。

（6）精选机的袋孔形状及尺寸。

（五）各设备的作用

（1）初清筛　设置在小麦的实际入口处以清除诸如钉子、木片等大型杂质，这些杂质会堵塞料仓底部出口或堵塞配麦器。

（2）头道麦筛（一般用振动筛或平面筛）　清理间的第一作业机，可将大、中、小杂质首先清除，以便保护后面的设备，为后道设备运行提供条件。

（3）磁选机或磁钢　装设在高速设备（如打麦机）前，避免金属物在输送、提升系统中对设备造成危害。

（4）去石机　去石机在流程中应安装在头道麦筛之后，减少石子对后道设备部件的磨损。

（5）精选机（或碟片、滚筒精选机）　一般安在将细绳、草、玉米、豆类、砂及小石子之类的明显杂质尽量去除后的位置上；因为碟片或滚筒零部件价值高昂，这样有利于降低精选机的费用，并提高精选效率。

（6）打擦设备　作用在于擦碎强度低于麦粒的并肩杂质和擦掉麦粒麦毛、病害麦粒等。

（7）洗麦机　作用在于去石、洗麦和着水，考虑到洗麦机需要供水和排除污水方便以及减轻洗麦机对清理间建筑的负荷，通常安装在清理间底层，目前因环保问题，基本不再使用。

（8）着水装置　作用在于加水，达到加水量。

（9）磨前喷雾着水　作用在于增加着水量，使麦粒麦皮松软。

（10）二、三道麦筛　作用在于将中、小杂质进一步分离，为其他设备创造好的条件。

（六）各台设备的日常检查

清理间工艺运行效果的好坏，在很大程度上取决于操作工的日常检查。管理良好的清理车间的操作工一般都懂得和执行“三勤”，“三勤”操作法是（以后讲的磨粉间也类似）清理操作工的基本工作方法。清理间操作工应完全懂得和熟悉清理设备和工艺的正规操作调节，以保持预期标准（包括取样检验分析）。

下面是一个常规的日常检查项目内容：

（1）各道麦筛的筛面应无缺损，筛孔无任何变大迹象；筛面要张紧，不得松弛下垂；筛面与筛面搭接无缝齐口；筛面清理所用橡皮球应弹跳自如；进料要均匀散布在整个筛面上；分离机构是否恰当；上层筛面是否被草、细屑和木屑等堵塞。

（2）各台清理机的吸风量不能过于强烈，过强的吸风量会将好的麦粒吸入下脚料中，但必须保证吸风量要足以吸走小麦中的细尘和轻杂，当小麦含杂的种类和数量变化时，吸风量应予以调整。

（3）应经常检查去石机鱼鳞板筛面的磨损情况和鱼鳞孔是否堵塞。

（4）要经常清理磁铁，金属物集结多时会掉回麦流中去。

（5）应定期检查打麦机筛面，不应有破损情况。同时还要定期检查打板的磨损情况。

（6）洗麦机甩干筒部分的筛面应保持清洁而不堵塞，要经常检查有无破洞，万一有洞麦粒也会进入下脚料中；要检查水位是否恰当。

（7）滚筒或碟片应维修完好。

①对于滚筒应时刻注意工作面的袋孔磨损情况，袋孔变大会导致分离不良。输送槽应经常翻倒，予以清理。

②对于碟片要注意袋孔的磨损以及是否有种子黏附在袋孔内，从而使效率降低。收集槽会磨损，也应检查。散落在机器底板上的物料应经常清除，以防碟片不必要的磨损。

③检查分离出的荞麦、燕麦和大麦中是否不含饱满麦粒。

（8）旋风集尘器（刹克龙）要防止锥筒部分磨损穿孔，穿孔后会漏风，漏风率达1%~5%，将使除尘效率下降20%~60%，因此，发现漏风孔应及时修补。

（9）布袋除尘器应经常检查和清理，集尘器布袋被尘土糊死会降低设备吸风系统的效率。集尘器的进人孔门边要黏结加厚绒布或海绵物（3~5cm 厚海绵），以防止从进人孔处飞出灰尘弥漫车间。

（10）着水装置的进水、喷射管的喷嘴，应检查有无堵塞或水流不畅现象。

（11）检查各作业机的清理程度，有无灰尘和潮湿物集结。

（七）各设备的日常维护保养事项

维护和保养是设备正常运转的重要条件，当日常检查发现设备有小毛病时，应及时给予维护；当设备噪声增大或设备运转部位（如轴瓦或轴承座处）升温时应及时给予保养。清理间日常维护保养事项有以下几条。

（1）初清筛　进料机构是否畅通；清理分离机构是否恰当；将堵塞局部筛面的杂质清除；不论三角带或平皮带，要检查传动皮带的磨损和松紧情况。

（2）磁铁　检查工作情况是否正常，清除集结的金属物；停车时，用铁块放在磁铁上，以防失磁。

（3）配麦器或插板装置　维护调节装置是否恰当，设备是否清洁和堵塞；保养所有传动机构。

（4）各道麦筛　与初清筛保养维护相同。

（5）干式去石机　调节进料机构使物料均匀地散布在整个筛面上，并检查有无杂物堵塞进口；石子和小麦分离情况是否正常；筛面能否通风，是否堵塞，以防小麦“上浮”；严防传动皮带打滑。

（6）打麦机　检查该机前面的磁铁是否有效；检查调节吸风分离器，其出口是否顺畅流通；检查传动装置；每周加注润滑油一次。

（7）吸风分离器　吸风是否有效；对于旋风除尘器要查听运行声音，撞击和噪声时有时无，意味着可能有小麦被吸入；对于布袋除尘器，根据集尘器形式，制定定期更换布筒的程序表。

（8）荞麦精选机　主要维护保养进料机构。

（9）洗麦机和甩干机　检查甩干机筛面的磨损情况，是否被细麦粒或碎麦粒堵塞，应每班清洗一次；定期清理去石绞龙和集尘箱；定期检查甩干板的磨损情况。

（10）着水机　要保证水源清洁，系统中的任何过滤器不应堵塞；经常检查和调节喷头保证供水量准确，水压稳定。

（11）润麦仓　要保证着水后的小麦正常进入润麦仓，各仓要适当周转使用；当着水量大时，进入润麦仓仓底的麦子要干，以防结块或出口不畅；润麦仓要建立记录簿并做好记录。

（12）净麦秤　检查空秤时正常质量的计量情况；检查进出料流动是否畅通；秤盘（或秤箱）中不能有物料或灰尘堆积；在流量均匀的情况下是否有规律地倾斜。

（13）各台设备的运转部位 检查各台设备的运转部位是否有不正常的振动和跳动，是否有升温现象。

二、制粉设备管理规范

制粉过程中有关制粉设备的管理规范参照表 10-24 内容执行。

表 10-24 制粉设备管理规范一览表

检查项目	周期
磨粉机：	
（1）进机物料应均匀分布于一组目的相同的磨辊上	每 1h
（2）进机物料无堵塞现象，且均匀沿磨辊长度分布	每 2h
（3）检查磨辊清理装置的工作，保证无缠辊现象	每 2h
（4）清理喂料门和喂料区域，保证磨辊均匀喂料	每班
（5）清理磨粉机的下料斗，保证磨下物顺利地输送	每班
（6）仔细检查全部传动装置和喂料辊传动装置	每周
（7）仔细检查皮磨辊上的磨钝状况	每周
（8）仔细检查心磨光辊的擦亮状况	每 2 周
（9）检查刷帚和刮刀的磨损状况	每周
平筛：	
（1）全部门和机仓要关紧，防止物料及粉尘向外漏	每班
（2）检查全部进口和出口，使其不积粉尘不阻塞	每 2h
（3）检查传动装置和平筛的总体结构	每周
（4）检查处理后路皮磨或打麸后油性物料的平筛	每周
（5）轮流拆开其余平筛	每 3 周
圆筛：	
（1）要清刷料斗，使研磨物料顺利流动	每日
（2）检查圆筛筛面，更换有疑问的筛面	每周
（3）检查全部主要的传动装置和刷帚的传动装置	每周
（4）检查打板以及打板与筛面间的间隙	每周
（5）更换打板和修补多次的筛面	定期

续表

检查项目	周期
清粉机：	
（1）进机物料应均匀分布在一组机器上	每 1h
（2）进机物料应均匀分布在每台喂料门全宽上	每 1h
（3）要清刷料斗，使研磨物料顺利流动	每班
（4）保证全部筛面张紧，刷帚清理机构有效工作	每周
（5）正确调整吸风，全部风管没有障碍或沉淀粉	每 2h
（6）仔细检查主要的传动装置	每周
（7）检查全部吸风管和集尘器，防止粉尘积聚沉淀渗漏	每周
刷麸机：	
（1）清理进、出口，使物料自由流动	每 2h
（2）检查筛面的破损状况	每班
（3）检查打板与筛面的间距	每周
（4）检查筛面是否张紧	每周
辅助机械：	
（1）检查磁铁是否有金属吸附物	每 4h
（2）布筒除尘器的布筒是否良好	每周
（3）绞龙、提升机及其他机械的传动部位是否加足润滑油	每 2h

第三节 运行管理

一、清理间的运行管理

小麦清理间的运行管理是将清理间的各种设备，依照设备间的内在联系，进行系统的、整体的运行管理，它不同于单机设备的操作与维护，仅要求根据来料小麦的物理特性，使该设备运行在最佳状态，而清理间的运行管理是把车间内的各种设备都有机地形成一个整体并使它运行在稳定而有效的工作状态，使清理间产出的产品——入磨净麦，具有良好的研磨特性。入磨净麦良好研磨特性是指具有合格的水分含量，尽可能小的含杂量，清洁而疏松的麦粒，这是小麦清理间的第一要求。清理间的第二要求是，在使用清理间的各种设备过程中，设备磨损小、动力消耗低，它是衡量清理间操作工运行管理水平重要准则，清理间的第三要求是清理间环境清洁、噪声低小。它是清理间操作工作效果的体现。此外，清理间下脚含粮等也是运行管理的重要方面。

（一）清理间的工艺操作指标

清理间就其对小麦的作用功能而言，分为三部分。首先是小麦的清理去杂，其二是着水润麦，其三是麦粒群均匀搭配。其目的有下列四条。

第一，去除小麦中的杂质和废弃物，以防损坏各种筛理、打擦、输送等设备。

第二，去除小麦中的有机杂质，否则会影响最终成品的质量。如小麦粉的色泽、味道、储存时间、蒸煮品质、烘焙特性、细菌数以及外观等。

第三，使去除杂质后的小麦具有最佳的研磨性能和制粉条件。为其取得最佳效益创造必要条件。

第四，经过合理的操作，达到较低的材料消耗和能耗。

经过清理间生产出的产品——入磨净麦必须达到以下最低工艺操作指标：

（1）入磨净麦中尘荞杂质不超过 0.3%，其中砂石不超过 0.02%；粮谷杂质不超过 0.5%（已脱壳的异品种粮粒暂不计入）；

（2）灰分降低应不小于 0.06%；

（3）入磨净麦平均水分：生产标准粉时，一般为 14%~14.5%；生产普通粉时一般为 13.5%~14%，生产特制粉时，一般为 15%~15.5%；

（4）入磨净麦中铁磁性杂质最高含量比例应小于 0.002%，一般情况下应检不出来。

（二）合理掌握清理间工艺流量

清理间的各台设备根据原料特性，确定各台设备的技术参数后，清理间重要的操作指标就是清理间的工艺流量。清理间的工艺流程中尽管在设计时已充分考虑了各台设备清理能力的配套性，但在实际生产中，原料特性多种多样。由于考虑到更换设备部件的复杂性，以及备件储量和停机因素，清理间各台设备的技术参数（也就是各台常使用的部件，如筛板、打板等）又是相对不变的。在这种情况下，为了达到预定的清理效果，保证清理间整套设备的稳定运行，在清理间第一要运行管理的就是设备工艺流量。很多小麦制粉厂清理间清理效果不佳的一个重要原因便是清理间工艺流量掌握不好。

清理间工艺流量的每一个具体的清理流程中都有其额定产量。对于筛理设备而言，在标准的清理流程中，流量变化在额定流量的±10%以内其影响不明显；而对于去石设备而言，必须严格掌握设备的流量，流量变化会严重影响去石效率指标，当然，去石机的流量略微变化（±5%以内），辅以吸风量直接调节，仍可维持其去石效率。由此可知，在一个具体的工艺流程中，工艺流量指标一般根据流程中去石机的额定流量而定。清理工艺在流量确定后，反过来根据原料特性再分别调节打擦设备间隙及其他设备的调节机构。值得注意的是，清理间是一个整体，各台设备的调节要相互配套，去石机固然是清理间操作的重点，但也不应忽视其他各道设备的作用，如果筛理设备去小杂的筛面堵塞，清理机构不理想，筛理效率下降，则更会影响去石机及打擦设备的清理效果。只有清理间的各台设备稳定高效率运行，才能使各台设备相互间不受影响维持高效率。

掌握清理间工艺设备流量的另一个操作因素是流量的“稳定”。清理间的工艺流量一经确定后，在原料特性不变的情况下，一般不予以调节。在确定的流量的操作过程中，流量要不以时间推移而变化，要保持每个单位时间内的流量均等，才能达到流量稳定。当清理间的毛麦仓、润麦仓换仓时，可能掌握不好，流量会发生一些变化，这就要求操作者多加注意。当额定流量稳定运行时，流量发生变化，这时可能增加碎麦、去石机的石子中含麦超标或麦中含石等。为了保持清理间工艺流量的稳定，在毛麦仓、润麦仓出口处安装和使用配麦器将具有重要意义。

（三）熟悉运用可调机构

清理间工艺流程中的各台设备上一般都具有一些可调机构。这些可调机构有的在设备停止运行时调节，有的在设备运行中调节，每台设备有几处调节对于操作者来说必须充分了解，并且要了解调节的最大幅度和范围以及对清理效能的影响程度。

熟悉运用可调机构的另一个重要方面是正确处理以下几个相互关系。

（1）原料特性与清理设备技术参数之间的关系。

（2）原料特性与设备流量之间的关系。

（3）设备技术参数与设备流量之间的关系。

（4）设备可调机构与设备流量之间的关系。

（5）设备流量与清理效率之间的关系。

（四）清理间的运行管理

1. 清理间操作模式

清理间运行管理的主要内容，首先是制定清理间的操作模式。

清理间的操作模式是在清理间工艺规程和操作规程这两项基本准则下制定的。主要包括下列内容。

（1）根据入机后原料红、白、软、硬比例，选用搭配方法及采用合适的配麦装置。

（2）根据入机后原料的含水量及产品质量和最佳出粉率的要求，确定小麦的着水量、着水方式（一次或二次着水）及着水过程中的注意事项。

（3）根据入机后小麦皮层的厚薄、粒度的大小、麦粒表面湿度及润麦仓的仓温，确定小麦润麦的最长时间和最短时间。

（4）根据入机原料的各项特性以及经过清理工艺流程各道工序和路线，确定各工序或各台作业机的生产技术数据和操作指标。

（5）确定清理间工艺流量。

2. 小麦着水量的控制

小麦着水是清理间运行管理的重要环节之一。着水量的大小及水分调节的工艺方法和时间长短，取决于小麦清理的下道工序——磨粉间（是气力输送还是升运机输送）工艺、气候情况及最高水分的要求。

使用任何一种方法，“着水装置”必须可靠、精密，并能故障自锁，即如果发生故障，水流能立即停止。传统的着水装置常使用水杯着水机，规模小的厂常使用水龙头着水。要使着水量控制合理，必须勤检查、勤观察，即使采用了先进的自控强力着水设备，也要经常化验核对小麦着水量。未经校验的自动仪表，不能轻信其读数。

为了使操作者做到对着水装置产生理想效果心中有数，操作者应做好整个班次的温度、设备情况和水分记录。记录的项目可包括：日期；时间；小麦品种；小麦着水时间长短；着水装置（水杯着水机）所有着水畚斗数、畚斗个数、畚斗倾角；加温空气（若小麦着水加温的话）温度、小麦温度、蒸汽温度；插板位置；洗麦机进机小麦水分；洗麦机出机小麦水分；清理间温度等。如项目很多，可采用字母代字并附查阅索引。项目多少依实用而定，不太必要的项目可不设，以减少操作者的麻烦。

3. 小麦搭配的注意事项

清理间小麦搭配分为毛麦搭配和净麦搭配。前者是小麦入机时进行或者在毛麦仓下搭配，后者是在润麦仓下搭配。为了搭配后清理效果始终如一，有时两批小麦相似，但装运批次不同也需做一些粗略的搭配。

小麦搭配过程中一个常见的问题是混合均匀程度和计量准确度达不到预定的效果。搭配工作可以用容积计量器和电子配麦器来实现。容积计量器是按照小麦容重的百分比来计量搭配的，它借改变转子的转速或关闭部分袋腔或改变袋腔的宽度来调节所送小麦的容积数量，当物料容重变化大时，应及时予以调整。电子配麦器利用流量传感器进行计量，准确便利。

净麦搭配比毛麦搭配的效果好，这是由于不同的小麦可做分别处理，但同时受到一些限制，诸如润麦仓的短缺、小麦品种的繁多以及清理间作业时间的限制等因素的影响，常常使净麦搭配方法不能付诸实施。实际生产中，将小麦分成软、中、硬 3 类，或者水分高、中、低 3 类，至少需要 9 个麦仓，才能使小麦入仓、存仓、出仓成为可能，完成净麦搭配工作。

4. 润麦仓的管理

润麦仓的管理是小麦着水、小麦搭配的继续，润麦仓的管理包括以下内容。

（1）根据原料原始含水量的高低及着水量的大小确定润麦时间。

（2）根据原料粒度的大小确定润麦时间，当粒度小时，润麦时间短，反之则时间长。

（3）润麦仓原料要执行先进先出的原则，以维持麦粒润麦时间的一致性。

（4）润麦时间过长对小麦并无好处，切勿超时润麦。但润麦时间过短便得不到润麦效果。

（5）润麦仓仓底要定期清理，以防仓底小麦霉烂。

（6）润麦仓发生放空和溢流时，操作者应能立即察觉，否则将严重影响生产的稳定运行。

5. 清理间操作工基本职责

清理间操作工的基本职责是坚守工作岗位，及时调整各作业机的技术参数，尽量提高小麦清理效果（至少小麦质量应合格），努力降低动力消耗和其他物料消耗，准确反馈清理间运行状态（运行状态中包括小麦来料质量状况；设备运行状况；工艺合理状况；原料清理后的质量状况及影响效益的关键因素）。在此基本职责下，执行任务中还必须做到以下几点。

（1）要充分明确清理间各作业机开、停车的顺序。

（2）使用合格小麦，对于含霉变麦粒超标小麦不准入机。

（3）进粮要仔细记录，还要记录倒仓情况，包括品种、数量、日期、时间的全部有关资料。

（4）根据确定的工艺流量，以正确喂料速率将合格小麦喂入各作业机。

（5）严格执行小麦水分调节方面的操作规程，用水量正确，达到预定水分含量。

（6）正确调节所有流程中的机器（包括集尘器），严禁超量完整的麦粒或碎麦混入下脚中。

（7）小麦进行净麦搭配要注意不同料仓的小麦实际消耗状况，用搭配后的小麦量进行相互校核。

（8）要格外注意自动秤的运行状况。

（9）入皮磨的小麦在净麦仓中存放时间或存入量要得到保证。

（10）注意在操作好清理间工艺的同时，将下脚料及时收集，适当粉碎，并且掺到小麦饲料中去，减少车间的堆积。

（11）定期分析清理间生产效果和实绩。

二、制粉间的运行管理

制粉间的制粉生产具有高度的连续性，在生产过程中，任何环节发生不协调情况，都将影响整个生产。良好的设备、合理的工艺流程、正确的基本技术操作是保证制粉生产正常运行，获得较高效率的三个要素，三者之间相互联系，互相制约。良好的设备如果没有正确的操作和定期的维护和保养，就会造成损坏，合理的工艺流程如果没有正确的操作仍然无法发挥其效益，而不合理的工艺流程在正确组织操作条件下，却可以得到调整和完善。小麦制粉厂经济效益的高低、制粉生产的稳定运行，关键在于操作者正确的操作和合理的运行管理。

（一）制粉生产的常规运行管理

在制粉生产中，设备和粉路是相对不变的，而原料品质、成品要求、气候条件等因素则经常改变。操作者应根据各种条件的变化，及时地、正确地调节设备和粉路，使各设备及粉路适应变化的情况，以期发挥设备及粉路的应有效能，确保制粉工艺效果。操作实践中，操作者除熟练地掌握各项设备的操作方法，搞好单机操作外，应根据具体制粉生产的特点，着重注意以下几个方面。

（1）严格按照操作规程进行操作，搞好设备安全防护措施，执行设备定期维修保养制度，严禁设备带“病”运转。

（2）根据自然气候条件的变化，改变操作方法。如当夏季温度、湿度高时，入磨小麦的水分应低些，吸风及磨齿的剪切作用适当加强，筛网略放粗，必要时还应降低产量，减轻各道负荷，以防止麸皮剥刮不净、筛理不透及筛孔堵塞等现象发生。

（3）根据原料品质变化，应相应改变操作方法：

①如原料中软质麦增加时，由于软质麦质地松软，在同样磨研条件下，前路出粉多、出渣少，胚乳与皮层粘连紧密，剥刮较困难，因此在操作时，前路研磨应适当放松，控制出粉率，保证各系统流量的均衡。后路则应加强研磨，以保证对麸皮的剥刮，在加强磨齿剪切作用的同时，应放粗筛网，还要加强刷麸和打麸。硬质麦增多时，则与此相反。

②原料中红麦增多时，为保证成品质量，防止麸皮破碎混入小麦粉，各道磨粉机的剥刮率应适当降低，减弱磨齿的剪切作用，对粉筛筛网根据情况适当加密，并注意后路次粉的掺入。当原料白麦增多时，则与此相反。

③当原料质量较次时，由于麸皮的比例相应增多，在流量相同的情况下，小麦粉出粉率应下降。如果强求成品产量不变，就必须增加设备的流量，特别是增加皮磨的流量。此外，各道磨粉机应适当放松，并在减弱磨齿剪切作用的同时，加密粉筛筛网。原料质量较好时，则与此相反。

④当原料水分较高时，应加强吸风和刷麸的作用，对后路研磨应适当加强，必要时应降低减轻后路总产量及设备的负荷，防止麸皮中含粉增加。如来料水分在清理间降不下来（原始水分较高），应加强磨齿的剪切作用，放粗筛网，加强磨辊和筛面的清理，防止出现缠辊和糊筛现象。原料水分偏低时，则应采取与此相反的措施。

（4）根据设备的自然磨损，应适当地改变操作，如使用新拉丝的磨辊时，由于磨齿锋利，应适当放松轧距或增大流量。磨齿变钝后，则应适当缩紧轧距或减少流量，使物料保持相近的破碎程度。

（5）调节操作时，要尽可能做到各道设备流量均匀，负荷平衡。物料流量不能忽高忽低，要使来料均匀地分布于设备的整个工作面上。各道设备之间的负荷不能忽轻忽重，以充分发挥各道设备的作用。

（6）在粉路操作中，要严格控制前路的剥刮率及出粉率，达到与规定的指标相吻合，对粉路中各系统的负荷，则应保证均衡。此外，要着重注意最后一道皮磨和心磨来料的数量和质量的变化，并根据情况，及时加以分析，妥善调整操作方法，保证成品质量和出粉率的稳定性，降低麸皮含粉量。

（7）在操作过程中，研磨与筛理应密切配合，尽量控制平筛筛上物的未筛净率，确保下道的研磨效果。筛得净、分得清，为下道研磨提供良好的物料；研磨过度或不足不利于研磨与筛理的有机配合，还会影响系统的稳定与平衡。

（8）制粉间操作的班长既是运行班的组织者和管理者，又必须是制粉运行班的操作粉师。该班生产效益的高低，粉师起着极其重要的作用。当粉路达到预定的研磨效果后，磨粉机组中所有磨辊的轧距未经粉师批准不得做任何调整。

（9）应明确粉间每个操作工的技术等级、工作职责、操作范围及权限，以及应遵守的行动准则。操作工及粉师等人员的稳定也是制粉间运转平衡的重要保证。

（二）制粉生产的日常检查

为保证制粉设备有较高的工作效率，各工序都能达到一定的工艺效果，在生产操作中，应随时对制粉过程进行全面检查。通过检查生产过程的实际情况，发现操作方法的偏差，采取措施，及时纠正，使设备、工艺、操作技能与加工原料相适应，并做到有机配合，以获得较好的技术经济指标。制粉生产的日常检查内容如下。

1. 入磨净麦的检查

入磨净麦应在 1B 磨前取样。检查其水分、容重、灰分及红、白、软、硬的比例；各类杂质的含量；入磨麦是否具有一致的水分；入磨麦中各种小麦经过水分调节后的状况等。

2. 制粉设备的检查

（1）磨粉机的检查

①向 1 皮磨喂料最好有一套正确的计量装置，如有，检查 1 皮磨计量装置的运行性能是否良好；

②各对 1 皮磨应有平衡的均匀喂料状态，后续各道磨也应使物料准确均匀喂入研磨区域；

③各道磨粉机的负荷是否平衡，流量是否正常，磨辊两端是否漏料；

④磨辗轧距调节后，对前路磨粉机要检查其剥刮率与出粉率是否符合操作指标，对其他磨粉机则用感官鉴定其研磨情况；

⑤各磨粉机磨上物料的含粉情况及吸风系统的工作情况，磨下物料的温度是否正常，磨齿是否已钝；

⑥轴承和轴颈的间隙是否正确，轴承（轴瓦）是否良好；

⑦轴承及齿轮箱的润滑油应符合规定；

⑧调节好主弹簧的工作压力；

⑨磨辊的转速要和要求的研磨程度相适应。

（2）平筛和圆筛的检查

①定期检查平筛、圆筛各筛上物的含粉率；

②检查各平筛或圆筛所出小麦粉的粉色、麸星及其粗细度；

③检查同一系统平筛各仓的流量是否均匀；

④每仓平筛内，物料应不渗漏及互混；

⑤定期检查平筛的粗筛、分级筛和粉筛筛面是否按筛理物料数量及分等要求正确选择，筛孔应不堵塞；

⑥平筛运转时，是否达到回转半径的规定；

⑦定期检查平筛中清理筛面用的帆布块、毛刷或橡皮球的磨损状况；

⑧圆筛的打板及筛面的间距要保持正确；

⑨要保持圆筛的筛面张紧、平直；

⑩用刷帚清理的圆筛，要保持刷帚与筛面接触，以防筛孔堵塞。

（3）清粉机的检查

①筛面物料的分布情况及各个风门的大小；

②感官鉴定筛上物、筛下物的质量，并定期化验其灰分，以检查清粉机的效率；

③筛面要张紧，且无破损，清理筛面的机构要有效地工作；

④筛面的运动轨迹应按精选物料的流量和性状正确地调节，吸风管道应畅通。

（4）刷麸机的检查

①感官鉴定麸片上胚乳的粘连程度，并定期测定麸皮含粉率；

②鉴定刷出物的色泽、含麸情况及粗细度；

③刷麸机打板上的刷毛与筛面的间距要调节得当，并定期检查刷毛及打板的磨损状况；

④筛面要张紧，无凸凹现象，清理筛面的机构要有效地工作。

（5）辅助设备的检查

①应定期清理磁铁吸住的金属杂质；

②布筒集尘器应保证维修良好，布筒应根据需要有计划地进行更换；

③应定期检查绞龙吊瓦磨损状况，并对绞龙上死角的积粉做定期清除，以防发生霉变及生虫；

④用于提升小麦粉的提升机的机头与机座要定期清除积集下来的粉尘块物等。

3. 皮磨剥刮率的检查

每道皮磨的剥刮率必须按照规定标准制定下来，同时考虑以下三个方面。

（1）入磨麦中硬麦与软麦之比，白麦与红麦之比。

（2）皮磨系统磨辊的分配比例及单位产量皮磨磨辐接触长度。

（3）小麦粉的最高灰分指标及要求达到的出粉率。

在调节皮磨系统的轧距时，各道皮磨要达到如下的研磨效果。

（1）对 1 皮磨和 2 皮磨，要按照该粉路流量平衡表的数量刮下最多的麦渣，同时保持麸片完整，并产生最少的细麸屑。

（2）对 2 皮磨，要刮净由前道皮磨产生的麸片。

（3）对 2 皮以后的各道磨，要回收仍然黏附在麦皮上的胚乳，注意尽可能产生较少的麸屑粉。

（4）当原料质量变化时，要重新确定皮磨剥刮率的指标，对皮磨系统的磨辊轧距也要重新调节。

4. 心磨出粉率的检查

皮磨系统生产出最大量的麦渣和麦心，有的经过了清粉机的精选，这些送入各道心磨的物料，在操作时，应根据心磨道数的长短均保持一定的出粉率，特别对于前路心磨系统的出粉率都不应低于规定的操作指标。在保证小麦粉质量标准的前提下，将心磨系统分级出来的渣料，按照同质合并的原则，送入相应的渣磨系统、皮磨系统或后路的心磨系统。

5. 粉路物料排比检查

为了迅速检查工艺、设备及操作上是否存在问题，可采用粉路物料排比的方法来进行。通常是使用平放的一块厚玻璃板，在玻璃板的下面垫有一张已制好的粉路道数顺序简易表格，作为每次物料排比时使用。如图 10-2 所示即为 4 皮、4 心粉路的物料排比示意图。

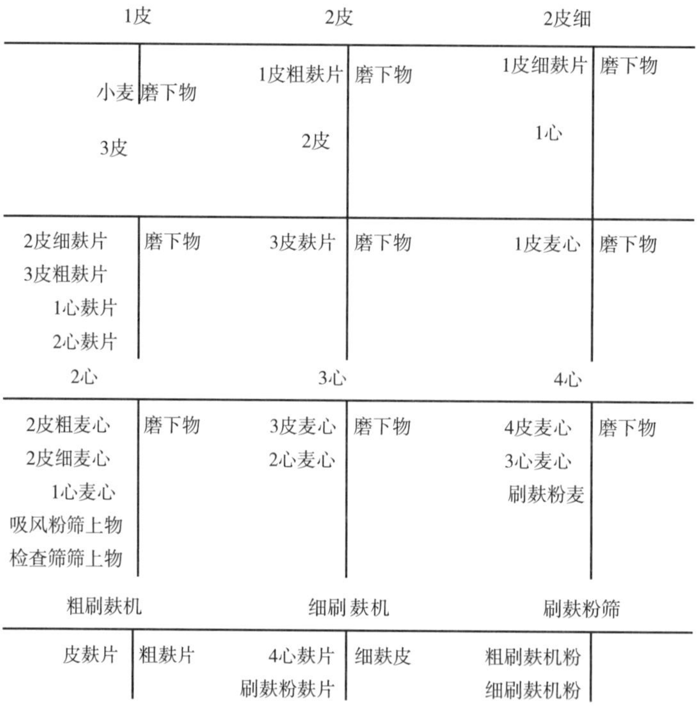

图 10-2　粉路物料排比示意图

从粉路中取出平筛、圆筛、刷麸机的出口样品及磨下物样品，按次序分别排在玻璃板上的方框位置上，然后把几路合并的物料进行对比，看它的质量及粗细度是否接近，衡量粉路是否贯彻了“同质合并”的原则；看各道磨粉机的研磨情况及各路物料的含粉情况来衡量是否达到“磨透筛净”的目的。把平筛、圆筛出口的小麦粉顺序放在长的粉板上，用湿法检验，对比其粉色、麸星，看各路小麦粉质量是否循序变次，是否有反常情况。由于物料排比直观性强，整个粉路物料一目了然，结合流量情况，既能迅速发现问题，又简单易行，是一种较好的检查方法。

6. 小麦粉质量的检查

小麦制粉厂专设化验室对小麦粉质量进行定期抽查是完全必要的，但更重要的是生产班每个操作工对小麦粉质量的检查。一般地，化验室主要对小麦粉的灰分、含砂量、磁性金属含量及细菌含量等指标进行检查，它是小麦粉质量精度、纯度及卫生指标的重要凭证。而对于小麦粉的粉色及粗细度应该完全由生产班进行检查，如果一批小麦粉的粉色和粗细度都不合格，则没有必要对灰分等指标进行抽检。在生产过程中，小麦粉的粉色和粗细度是最直观的两项指标，打包工在装小麦粉时，粉色及粗细度一目了然。检查粉色时，只需用面刀和打粉板做个粉样便可知粉色的高低，还要注意同种小麦粉在不同打包机上装包时，也应做粉样对比，以检查小麦粉物料流混合的均匀度。检查粗细度时，操作工要练习手感小麦粉的粗细，并结合一个小检验筛进行校正误差，以逐渐提高操作技能，循环往复，最终达到目的。检查粗细度的方法对于磨粉操作工来说则更重要，磨粉操作工经常接触磨粉机的磨上物和磨下物，通过反复实践，磨粉操作工可以摸索出研磨物剥刮率和出粉率。当然，这是需要操作工做艰苦的努力才能练就的基本功。打包工对小麦粉质量的检查是保证小麦粉质量合格的关键，当发现粉色异常时，应立即向粉师报告，并把不合格小麦粉另行装袋码放，以便采取相应措施解决问题。

7. 其他有关项目的检查

制粉生产的日常检查，除了上述六项主要检查项目外，还有一些次要的项目，如果这些次要项目所发生的问题不能及附检查出来并得到解决，它也将会给生产造成损失，这些应检查的次要项目如下：

（1）湿度的检查　任何一种制粉工艺过程，周围环境应保持稳定的湿度（相对湿度60%~65%最合适）。较低的空气湿度对制粉生产影响不大，高的空气湿度则对制粉过程有以下影响。

①物料筛理不良，可引起粉间的物料流量多变，出粉率及产量降低，但小麦粉色泽改善；

②一些设备和管道中结露现象增加，导致卫生条件恶化，会造成堵塞事故。因此，要定期检查清除结露，确保生产稳定运行。

（2）衡器的准确性检查　称重设备分车间内部和外部两类。在车间内部，要对1皮磨的小麦、生产出的小麦粉、副产品及下脚料进行称重。当称重设备不准时，会对制粉生产提供错误的信息，有可能造成对设备做不必要的调节。在车间外部，是用以计量进入麦仓的毛麦和发放最终成品的衡器，计量不准时，会给企业造成严重损失或非法盈利。为了确保计量准确性，应有准确校验的手段及定期维修保养的措施和制度。

（3）堵塞及回机物料的检查　粉间发生堵塞、提升管掉料、不合格小麦粉回机总是难免的。当发生堵塞或掉料后回机时，要检查物料是否回到原来的系统中，回机时要注意保证粉路质量平衡。当不合格小麦粉回机时，要做好回机小麦粉的记录，以保证准确的库存管理，并在计算出粉率时扣除。

（4）打包工序的检查

①包装机上的自动秤应调到最小允许误差范围内，以保证包装产品不低于或不高于规定的质量；

②袋装小麦粉必须按规定的时间抽样校验质量，以便准确地调节称重设备。当流量变化异常时，袋装小麦粉最好每袋复称；

③码垛产品必须做好准确的记录，以保证库存量的良好管理，在发放时要防止差错，避免造成损失。

8. 制粉生产的巡回检查

在制粉生产过程中，为了使生产稳定运行，必须对制粉生产进行周期性的检查。通常制粉生产巡回检查包括两项。其一是对制粉设备的巡回检查，如上文表 10-24 所示。其二是对粉路的巡回检查，如表 10-25 所示。

表 10-25 对粉路的巡回检查

检查项目	周期
皮磨系统：	
（1）检查 1 皮磨的进料情况	每 1h
（2）检查、测定各道皮磨的剥刮率是否符合规定指标，并了解麦渣、麦心、粗粉的比例	每班或原料变化时
（3）皮磨研磨物料的筛理分析，了解磨辊磨齿的磨损情况	每周
心磨系统：	
（1）全部心磨研磨物料作筛粉试验，测定各道心磨的出粉率	每班或原料变化时
（2）从全部心磨的磨辊中间和两头，分别取研磨物料筛理了解研磨程度是否均匀	每周
筛理物料：	
（1）对皮磨平筛所分级的物料进行排比，以保证皮磨物料和麦渣、麦心的质量和筛净程度	每日
（2）将各系统的小麦粉用粉样作粉色检查，以检查粉筛有无破损，或筛理设备流量是否平衡	每日
清粉物料：	
（1）保证清粉机筛上物要流量平衡，操作正确	每日
（2）按麦渣和麦心粒度和质量进入相应磨粉机处理	每日
成品小麦粉物料：	
（1）用粉料板作粉色检查，确定粉筛是否破损	每 1h
（2）检查小麦粉检验筛的筛上物，确定粉筛是否破损和有无夹杂物	每 1h
（3）检查入磨净麦原料水分和成品水分	每班
（4）用手筛或电动筛筛理小麦粉，是否有筛上物留存，检查是否合乎标准	每 2h

参考文献

[1] 田建珍，温纪平．小麦加工工艺与设备［M］．北京：科学出版社，2011.

[2] 田建珍．专用小麦粉生产技术［M］．郑州：郑州大学出版社，2004.

[3] 郭祯祥．小麦加工技术［M］．北京：化学工业出版社，2003.

[4] 毛广卿．粮食输送机械与应用［M］．北京：科学出版社，2003.

[5] 刘四麟．粮食工程设计手册［M］．郑州：郑州大学出版社，2002.

[6] 国家粮食局人事司．制米工-初级，中级，高级［M］．北京：中国轻工业出版社，2007.

[7] 上滝具贞．粉粒体的空气输送［M］．北京：电力工业出版社，1982.

[8] 余洲生．气力输送及其应用［M］．北京：人民交通出版社，1989.

[9] 佟庆理．两相流动理论基础［M］．北京：冶金工业出版社，1982.

[10] 北京钢铁学院热工、水力学教研组．气力输送装置［M］．北京：人民交通出版社，1974.

[11] 无锡轻工业学院．通风除尘与气力输送［M］．北京：中国商业出版社，1986.

[12] 周乃如，朱凤德．气力输送原理与设计计算［M］．郑州：河南科技出版社，1981.

[13] 吴建章，李东森．通风除尘与气力输送［M］．北京：中国轻工业出版社，2008.

[14] 卢文鹏．发电厂变电站电气设备［M］．2 版．北京：中国电力出版社，2007.

[15] 张涛，苏长宝．高压开关柜安装与检修［M］．北京：中国电力出版社，2014.

[16] 顺特电气有限公司．树脂浇注干式变压器和电抗器［M］．北京：中国电力出版社，2005.

[17] 周利军，吴广宁．牵引负荷对变压器绝缘老化和寿命损失的影响［J］．电力系统自动化，2005（18）：90-94.

[18] 赵进奎．车间变电所变压器的选择方法［J］．计量与测试技术，1999（1）：9.

[19] 李茂林．低压电器及电控配电设备选用手册［M］．沈阳：辽宁科学技术出版社，1998.

[20] 李国征．电力电缆线路设计施工手册［M］．北京：中国电力出版社，2007.

[21] 黄立培．电动机控制——清华大学电气工程系列教材［M］．北京：清华大学出版社，2003.

[22] 黄海平，黄鑫．电动机控制电路及应用（电动机控制电路应用技术丛书）［M］．北京：科学出版社，2009.

[23] 杨德印．电动机的控制与变频调速原理［M］．北京：机械工业出版社，2012.

[24] 乔长君．电动机保护器及控制线路［M］．北京：化学工业出版社，2010.

[25] 刘利，王栋．电动机软起动器入门与应用实例［M］．北京：中国电力出版社，2012.

[26] 陆琦．自动化控制系统中传感器技术的应用［J］．中国科技期刊数据库科研，2017，2（3）：321.

[27] 徐冲．工业自动化设备安装与调试［M］．天津大学出版社，2015.

[28] 王万强．工业自动化 PLC 控制系统应用与实训［M］．北京：机械工业出版社，2014.

[29] 王文义．可编程控制器（PLC）原理与应用［M］．北京：科学出版社，2010.

[30] 西门子有限公司自动化与驱动集团．深入浅出西门子 S7-300 PLC［M］．北京：北京航空航

天大学出版社, 2004.

[31] 刘晓雷．工业自动化控制 DCS 系统维护［J］. 化工管理, 2017（9）：187.

[32] 祝玉华, 甄彤．DCS 结构的面粉生产监控系统［J］. 计算机工程与应用, 2004, 40（7）：230-231.

[33] 马歌丽，张世涛，唐淑坤，等．谷朊粉的应用及研究进展［J］. 粮油加工与食品机械, 2005, 12：66-71．

[34] 孙辉，吴玉凯，杜政．谷朊粉对我国小麦粉品质改良的研究［J］. 粮油食品科技，2000, 3（8）：15-17．

[35] 魏本军．谷朊粉在面包专用粉中应用研究［J］. 粮食与油脂, 2002, 6：7-8．

[36] 张法玲，梁艳，李桂华，等．变性淀粉的应用研究［J］. 齐鲁工业大学学报．2014, 28（1）：27-31.

[37] 马清香．面制品中常用的酶制剂及其作用［J］. 现代面粉工业, 2013（5）：37-39.